《建筑设计防火规范》
GB 50016—2014（2018年版）
实施指南

Implementation Guidelines on the Code for
Fire Protection Design of Buildings

倪照鹏　刘激扬　张　鑫　编著

中国计划出版社

图书在版编目（ＣＩＰ）数据

《建筑设计防火规范》GB50016-2014实施指南. 2018
年版 / 倪照鹏，刘激扬，张鑫编著. -- 北京 ：中国计
划出版社，2020.3（2023.11重印）
　　ISBN 978-7-5182-1133-3

Ⅰ．①建… Ⅱ．①倪… ②刘… ③张… Ⅲ．①建筑设
计－防火－建筑规范－中国－指南 Ⅳ．①TU892-62

中国版本图书馆CIP数据核字(2020)第010110号

《建筑设计防火规范》**GB 50016—2014（2018 年版）实施指南**

倪照鹏　刘激扬　张鑫　编著

中国计划出版社出版发行

网址：www.jhpress.com

地址：北京市西城区木樨地北里甲 11 号国宏大厦 C 座 3 层

邮政编码：100038　电话：（010）63906433（发行部）

北京市科星印刷有限责任公司印刷

787mm×1092mm　1/16　33 印张　816 千字

2020 年 3 月第 1 版　2023 年 11月第 9 次印刷

印数 28501—29500 册

ISBN 978-7-5182-1133-3

定价：198.00 元

内 容 提 要

国家标准《建筑设计防火规范》GB 50016—2014 自 2015 年 5 月 1 日起实施，2018 年进行了局部修订，《建筑设计防火规范》GB 50016—2014（2018 年版）（以下简称《新建规》）自 2018 年 10 月 1 日起实施。为配合《新建规》宣贯、培训、实施以及监督工作的开展，全面系统地介绍其条文要点，帮助工程技术人员准确把握其有关要求，《新建规》主要起草人和标准管理组负责人倪照鹏研究员组织有关专家，结合规范实施以来各地反映的热点问题，编写了《〈建筑设计防火规范〉GB 50016—2014（2018 年版）实施指南》（以下简称《指南》）。

为便于读者使用，《指南》除绪论外，各章节内容及编号基本与《新建规》一致，对所有条文均给出了【条文要点】和【设计要点】，并对有关热点和难点问题给出了【释疑】和【应用举例】。《指南》按照"五点一线"的原则编写，即体现《新建规》执行中的盲点、疑点、难点、热点和相关点，沿着《新建规》的章、节、条文顺序这一条主线。《指南》可作为建筑消防设计、审查、监督人员和从事消防技术服务人员的工具书，也可作为相关院校消防工程专业学习的参考书。

前　言

　　根据工程建设标准体系的发展要求，经住房和城乡建设部同意，原公安部消防局于2009年12月组织有关单位在《建筑设计防火规范》GB 50016—2006（以下简称《建规》）和《高层民用建筑设计防火规范》GB 50045—95（2005年版）（以下简称《高规》）及其局部修订工作的基础上，对《建规》和《高规》进行了整合修订，形成《建筑设计防火规范》GB 50016—2014，于2014年8月发布，2015年5月1日起实施。

　　此后，根据2017年10月9日《国务院办公厅关于进一步激发社会领域投资活力的意见》（国办发〔2017〕21号）的要求，又对《建筑设计防火规范》GB 50016—2014进行了局部修订，形成了《建筑设计防火规范》GB 50016—2014（2018年版）（以下简称《新建规》），自2018年10月1日起实施。

　　《新建规》共分12章和3个附录，430条，主要内容包括：总则，术语、符号，厂房和仓库，甲、乙、丙类液体、气体储罐（区）和可燃材料堆场，民用建筑，建筑构造，灭火救援设施，消防设施的设置，供暖、通风和空气调节，电气，木结构建筑，城市交通隧道等。

　　由于规范本身技术性强、内容多且复杂，涉及专业多、建筑类型多，不同地区间的经济社会发展也不平衡，自然条件和人文环境等也多有差异，《新建规》难以一一反映各种情况。有些在局部地区是普遍性的事项，却不一定能上升到国家标准，更不能用一些特殊情况来看国家标准的要求。因此，在《建筑设计防火规范》GB 50016—2014实施5年多的时间里，社会各界也反映了一些问题。针对这些问题和意见，我们组织编写了《〈建筑设计防火规范〉GB 50016—2014（2018年版）实施指南》（以下简称《指南》），以方便大家更好地学习、理解和使用规范，期望建筑的防火设计更加科学合理，能更好地保证建筑的消防安全，并能使所采取的防火措施安全、可靠、实用。

　　《指南》主要内容包括：总则，术语与建筑高度，厂房和仓库，甲、乙、丙类液体、气体储罐（区）和可燃材料堆场，民用建筑，建筑构造，灭火救援设施，消防设施的设置，供暖、通风和空气调节，电气，木结构建筑，城市交通隧道等。各章节内容基本与《新建规》一一对应。

　　《指南》的编写纲要为"五点一线"。五点是指盲点、难点、疑点、热点和相关点；一线是指遵循《新建规》章节条文号的顺序，不另设章节编号，方便读者对照《新建规》的条文进行学习和理解。《指南》中"五点"的主要内容举例如下：

　　（1）盲点：对于民用建筑中疏散宽度计算时所需人员密度指标，《新建规》并未一一给出，在实际防火设计时难以找到可靠依据，在《指南》中列出了常见民用建筑内部分场所的人员密度；对敞开楼梯与敞开楼梯间给出了定量参考依据。

　　（2）难点：有关甲、乙类厂（库）房中的危险品和防爆计算等内容，大部分工程技术人员了解不多，这在工程设计中可能是正确执行规范的难点。《指南》提出了危险物质的生产和存储设计的参考性数值，给出了在同一厂房内存在不同危险物质的计算公式和计算例题以及厂房抗爆、泄压的设计和计算例题。

（3）疑点：《新建规》关于借用安全出口数量、借用安全疏散宽度和共用楼梯间等的要求，是容易疑惑的问题；第 5.5.17 条规定了一、二级耐火等级高层旅馆中疏散门至安全出口的疏散距离，此距离主要针对高层旅馆的客房部分，但对于高层旅馆的裙房和地下室内的一些非客房部分，按什么标准来控制疏散距离往往成为疑点。这些在《指南》第 5.5.9 条和第 5.5.17 条设计要点中做了说明。

（4）热点：《新建规》第 5.3.2 条关于防火分区建筑面积的计算，对采用敞开楼梯间的建筑，规范条文并未明确其上、下楼层的建筑面积是否要叠加。这在《建筑设计防火规范》GB 50016—2014 修编时也是大家关注的热点之一；对于层数低于 4 层的公共建筑，其疏散楼梯需采用封闭楼梯间且在首层不能直通室外时，是否要采用扩大封闭楼梯间，也是大家争论的热点。对此，《指南》第 5.3.2 条和第 5.5.17 条设计要点中做了说明。

（5）相关点：工程建设技术标准有很多，专业性强，给使用者带来一定困难。如在实践中经常会遇到燃气调压站（箱、柜）与各类建筑物的防火间距问题，涉及国家标准《城镇燃气设计规范》GB 50028—2006 的相关条文。为使读者对相关标准中的防火设计要求有所了解，在《指南》中引用了相关规范有关防火间距的条文和表格。

此外，《指南》对建筑设计中常遇到的一些问题也做了说明，例如：

（1）建筑总平面布置时，采取措施可减少相邻两座建筑之间的防火间距，但在遇到"T""L"等形状组合的平面布局以及屋顶开有天窗等情况时，《新建规》未明确相关要求；当民用建筑的平面布置出现凹口时，如何判定此凹口两翼的间距是否符合规范要求，也是大家关注的问题之一。为此，《指南》给出了一些图示供大家参考。

（2）采用表格归纳了《新建规》中有关工业建筑、民用建筑的规模、层数与耐火等级以及常见民用建筑的防火分区最大允许建筑面积等的要求，使相关要求一目了然。

（3）《指南》说明了坡地建筑地下层、地上层划分和防火分区划分问题，低层住宅建筑、独立单元式多高层住宅建筑的防火设计要求。

（4）有关高层住宅建筑设置三合一前室是否要设置环廊的疑问、裙房可以按多层建筑进行防火设计的条件等，《指南》进行了详细解释。

（5）对于民用建筑，规范有"……疏散门和安全出口最小净宽不应小于 0.90m"的规定。有人认为这样的规定存在两个问题：一是与国家建筑工程行业标准《办公建筑设计规范》JGJ 67—2006 第 4.1.7 条"办公建筑门洞口宽不应小于 1.00m（净宽达不到 0.90m）"规定不统一；二是按照国家标准图集《防火门窗》12J609 选用洞口尺寸（宽 × 高 =1.00m×2.30m）的单扇防火门，最小净宽也达不到 0.90m。如果要使单扇防火门的净宽达到 0.90m，则必须加大防火门洞口宽度。对此，《指南》对如何处理此类问题以及各标准之间的关系做了说明。

（6）对于防火墙和防火隔墙上开口的大小、裙房是否需要设置防烟楼梯间和消防电梯、防烟前室或合用前室的自然排烟窗设置等问题，《指南》均做了说明。

（7）为便于读者使用和查找，《指南》中的附表和附图，均按照章节的先后顺序列于各章节内，如第 3 章第 1 个附图则表示为"图 3.1"，第 3 章第 1 个附表则表示为"表 F3.1"（可区别于《新建规》中附表）；第 5 章第 24 个附图则表示为"图 5.24"，依次类推。

（8）在《指南》附录 C 中给出了"疑点释义内容索引表"，方便快速查找各"疑点"的"释义"内容。

由于编者水平有限，书中难免存在谬误，希望读者及时指正并提出宝贵意见。相关意见请发送到 nizhaopeng@sina.com 或寄至天津市卫津南路 110 号倪照鹏收，邮政编码：300381，以便再版时更正。

《指南》编写过程中，张耀泽、王宗存、邱培芳、郑晋丽等专家给予了很多帮助和支持，并提出了宝贵的建议和意见，使《指南》得以顺利完成。在此，向各位专家表示衷心的感谢！

编著者

2020 年 2 月

目　录

绪　论

一、《建筑设计防火规范》的历史沿革

1.《建筑设计规范》（1954 年）

1952 年 10 月，原建筑工程部组织编制了《建筑设计规范》，于 1954 年 4 月完稿，并在华北区试行，1954 年 11 月正式发布。该规范的主要内容是参考苏联的有关国家标准和建筑书籍，并结合我国当时的经济技术条件确定的，其中的建筑防火设计要求，是中华人民共和国成立后的第一个建筑防火设计技术依据。《建筑设计规范》有关建筑防火设计的要求，主要集中规定在"第二篇　建筑设计通则""第三篇　防火及消防""第四篇　居住及社会公用建筑"和"第五篇　生产及仓储建筑"中。

2.《关于建设设计防火的原则规定》（1960 年）

由于综合性的规范内容繁杂、前后牵制，难以及时修改补充，很难满足社会发展和经济建设的需要，于是国家组织编制了防火等不同专业的单行本。1960 年 9 月，原国家基本建设委员会会同公安部编制并印发了《关于建设设计防火的原则规定》，并附《建筑设计防火技术资料》。该规定共 8 条，具体内容如下：

（1）在设计建筑物时，必须正确决定建筑物的耐火等级、建筑面积、层数，合理布置防火隔离。在设计厂房和仓库时，必须根据其生产过程的火灾危险程度、储存物质的性质，设计民用建筑时，必须根据其使用性质和容纳人数等条件，确定其相应的耐火等级。建筑物的主要构件如果使用可燃材料，其层数不宜过高、面积不宜过大，但因特殊需要，在设有防火分隔物后，可以适当增加建筑面积。容易发生火灾、爆炸的厂房和仓库一般应为一层建筑。在设计建筑物时，必须根据本建筑物及周围建筑物的耐火等级、使用性质等情况，确定必要的防火间距。如因生产、地理等条件的限制，在采取防火墙等分隔物后，可以适当缩小或不考虑防火间距。

（2）为了有效防止火灾的扩大和蔓延，在设计建筑物时，对于火灾危险性较大的厂房、仓库和其他建筑物，以及建筑物内部容易造成重大损失的房间和容易蔓延的部位，应该有适当的防火分隔。

（3）为了在发生火灾时能够迅速安全的疏散人员和物资，减少火灾损失，在设计建筑物时，必须根据具体情况设计足够的安全出口。

（4）在进行城市规划、设计工业和民用建筑时，必须同时考虑和设计足够的消防用水量。

（5）为了便利和及时有效地扑灭火灾，在进行城市规划时，必须合理布置消防站；工业企业和居住区内，必须适当布置消防车通道，保证起火时消防车辆能够迅速到达灭火地点。

（6）具有较大爆炸危险性的生产车间和仓库，应该采用在受到爆炸波作用时容易脱落的屋盖，或者设置足够的泄压面积，从而在发生爆炸时减少人员伤亡和财产损失。

（7）对有可燃气体和粉尘爆炸危险性的房间，必须加强通风，使其不达到爆炸浓度；房间内的空气，含有燃烧和爆炸危险的粉尘、气体时，不得循环使用；输送具有起火或爆

炸物质的通风管道、通风机室、滤尘器和其他通风设备的配件，以及具有爆炸和易于发生火灾的房间内的全部通风管道，均应采用非燃烧材料。

（8）各建设单位和设计单位在新建或改建工业企业、居住区及工业与民用建筑时，应该遵照上述规定进行设计和施工。当地公安机关应该参加设计审核及验收工作。

这些规定以及配套的《建筑设计防火技术资料》（共 8 章 72 条），是后来《建筑设计防火规范》的基本框架和基础。

3. 《建筑设计防火规范》TJ 16—74（试行）

1974 年 10 月，原国家基本建设委员会会同原燃料化学工业部、公安部，在 1960 年版《关于建设设计防火的原则规定》的基础上组织编制了《建筑设计防火规范》（TJ 16—74，试行）。该规范共 9 章和 6 个附录，148 条，自 1975 年 3 月 1 日起作为全国通用设计标准试行。该规范对原规定所附《建筑设计防火技术资料》中的建筑物耐火等级、生产的火灾危险性分类、防火间距和消防给水进行了修订，增加了有关仓库的规定，内容较完整、系统。

4. 《建筑设计防火规范》GBJ 16—87

根据我国改革开放后工程建设中出现的新问题，由原公安部消防局会同机械工业部设计研究总院等 10 个单位对 1974 年发布的《建筑设计防火规范》（TJ 16—74）进行了修订。修订后的《建筑设计防火规范》共 10 章和 5 个附录，252 条，并于 1987 年 8 月由原国家计划委员会发布实施。该版规范确定了单层和多层民用建筑与高层民用建筑的划分界限，将高层民用建筑的防火要求单独编制成册，形成了《高层民用建筑设计防火规范》。《建筑设计防火规范》GBJ 16—87 在适用范围上与《高层民用建筑设计防火规范》进行了衔接。此后，《建筑设计防火规范》又分别于 1995 年、1997 年、2001 年进行了局部修订，2006 年进行了全面修订。1997 年根据当时哈龙淘汰的战略要求，修订了有关设置卤代烷灭火系统的场所。2001 年针对当时我国城市地下空间开发建设过程中存在的极大火灾隐患以及歌舞娱乐场所火灾形势严峻、群死群伤火灾不断发生的情况，补充和完善了有关歌舞娱乐场所和地下商店的防火规定。

5. 《建筑设计防火规范》GB 50016—2006

2006 年版《建筑设计防火规范》的全面修订始于 1998 年，2002 年完成报批，2005 年发布，共 12 章和 1 个附录，388 条。主要修订内容包括：

（1）调整了规范的适用范围，将无窗建筑、地下建筑和城市交通隧道工程的防火设计纳入规范，修改了建筑高度和层数的计算方法。

（2）原规范中附录"名词解释"修改为"术语"一章，并补充和完善了原名词解释。

（3）调整了部分章节结构，如将可燃气体、液体等储罐（区）、堆场的防火要求独立成章。

（4）修改了部分民用建筑的防火规定，补充了多用途建筑的组合建造原则和安全出口、疏散门、中庭防火分隔、商店疏散人数计算等的要求，修改补充了燃油、燃气锅炉房、柴油发电机房的设置要求。

（5）修改与补充了"消防车道"的设置要求。

（6）补充了建筑幕墙、管道穿过墙、楼板处的空洞、缝隙的封堵、带推闩装置的疏散用门等规定，局部修订了封闭楼梯间、防烟楼梯间、防火门、防火卷帘和防火阀等的防火要求。

（7）调整了室内消火栓和自动灭火系统的设置场所；增加了消防软管卷盘、轻便消防水龙、泡沫灭火系统等设置要求，删除了蒸汽灭火系统的设置要求。

（8）增加了"防烟与排烟"一章。

（9）调整了火灾自动报警系统的设置范围，补充了消防应急照明灯具和疏散指示标志的设置要求等。

（10）修改了需与其他现行国家标准协调的其他部分规定。

6.《建筑设计防火规范》GB 50016—2014

根据工程建设标准体系的发展要求，经住房和城乡建设部同意，原公安部消防局于2009年12月组织有关单位在《建筑设计防火规范》GB 50016—2006（以下简称《建规》）和《高层民用建筑设计防火规范》GB 50045—97（2005年版）（以下简称《高规》）及其局部修订工作的基础上，将两本规范整合修订成《建筑设计防火规范》GB 50016—2014，并于2014年8月发布，2015年5月1日开始实施。

《建筑设计防火规范》GB 50016—2014共12章和3个附录，423条，主要内容包括：生产和储存的火灾危险性分类、高层公共建筑的分类要求，厂房、仓库、住宅建筑和公共建筑等工业与民用建筑的建筑耐火等级分级及其建筑构件的耐火极限、平面布置与防火分区和防火分隔、建筑防火构造、防火间距和消防设施设置的基本要求，工业建筑防爆的基本措施与要求；工业与民用建筑的疏散距离、疏散宽度、疏散楼梯设置形式、应急照明和疏散指示标志以及安全出口和疏散门设置的基本要求；甲、乙、丙类液体和气体储罐（区）、可燃材料堆场的防火间距，成组布置和储量的基本要求；木结构建筑和城市交通隧道工程防火设计的基本要求，以及各类建筑为满足灭火救援要求需设置救援场地、消防车道、消防电梯等设施的基本要求，建筑供暖、通风和空气调节的防火设计要求，预防建筑电气火灾和消防用电设备的电源与配电线路等的基本要求。

7.《建筑设计防火规范》GB 50016—2014（2018年版）

根据2017年10月9日《国务院办公厅关于进一步激发社会领域投资活力的意见》（国办发〔2017〕21号）要求，为落实"扎实有效放宽行业准入"及"按照保障安全、方便合理的原则，修订完善养老设施相关设计规范、建筑设计防火规范等标准"等工作任务，针对各地对老年人照料设施建设中反映的问题，联合《老年人照料设施建筑设计标准》JGJ 450—2018共同对规范中有关老年人照料设施的相关建筑及其防火要求进行了修订。在修订《建筑设计防火规范》GB 50016—2014有关老年人活动场所的基础上，区分了老年人照料设施和其他老年人活动场所，新增了7条规定，形成了《建筑设计防火规范》GB 50016—2014（2018年版），并于2018年10月1日实施，主要修订内容为：明确了老年人照料设施的范围，老年人照料设施的允许建筑高度或层数及组合建造时的防火分隔要求，老年人生活用房、公共活动用房等的设置要求，适当强化了老年人照料设施的安全疏散、避难与消防设施设置要求。

二、《建筑设计防火规范》GB 50016—2014的编制情况

1. 编制原则

《建筑设计防火规范》GB 50016—2014（以下简称《规范》）整合修订的原则为：认真

吸取火灾教训，重点解决两项标准相互间不一致、不协调以及工程建设和消防工作中反映的突出问题，积极借鉴发达国家标准和消防科研成果，做到两项标准间的无缝对接。

2. 编制过程

（1）修订筹备工作阶段（2009 年 12 月～2010 年 2 月）。根据住房和城乡建设部《关于调整〈建筑设计防火规范〉〈高层民用建筑设计防火规范〉修订项目计划的函》（建标标函〔2009〕94 号）和原公安部消防局的要求，结合《建规》局部修订送审稿和《高规》局部修订征求意见稿提出了《建规》《高规》的整合修订建议稿，并在一定范围内征求有关设计、研究单位和公安机关消防监督机构的意见后完成了《规范》修订初稿。2010 年 3 月下旬，原公安部消防局在天津市组织召开了《规范》编制组成立暨第一次工作会议，宣布了修订编制组的主编单位、参编单位及编制组成员，确定了《规范》修订工作计划，明确了工作分工和需要重点调研的问题等。会议确定两本规范整合修订要重点解决火灾事故中暴露出标准需要完善的问题，工程建设和消防实际工作中反映的突出问题以及《建规》和《高规》之间存在不一致、不协调的问题，并积极吸纳《建规》和《高规》局部修订的成果，按照无缝对接的原则开展工作。

（2）征求意见稿阶段（2010 年 4 月～10 月）。根据第一次工作会议的要求，编制组在修改、完善《规范》初稿的基础上，提出了《规范》征求意见稿。该稿将《高规》《建规》的相关内容进行了有机整合，调整了《建规》与《高规》不协调、不一致的内容；吸纳了《建规》《高规》的局部修订成果；增加了"消防车道、场地和救援设施"和"消防设施的设置"两章，分别整合了当时规范中有关消防车道、消防电梯、消防救援场地及直升机停机坪和有关消防设施设置等的要求，补充完善了有关消防救援的要求；根据公安部和住房和城乡建设部《民用建筑外保温系统及外墙装饰防火暂行规定》（公通字〔2009〕46 号），补充了有关民用建筑外保温系统的防火要求，并于 2010 年 7 月向全国公开征求意见。

（3）送审稿阶段（2010 年 11 月～2011 年 12 月）。2010 年 11 月，原公安部消防局在天津市组织召开了《规范》修订编制组第二次工作会议，对各方反馈的意见逐条进行了认真研讨。同时，根据我国建筑外保温系统和高层建筑的火灾形势，开展了高层建筑和建筑外保温系统火灾的专题研究，补充了高层建筑、医疗建筑、建筑外保温系统等方面的防火要求，并再次向全国公开征求意见。

（4）报批稿阶段（2012 年 2 月～2014 年 8 月）。2012 年 2 月，原公安部消防局在天津市组织召开了《规范》整合修订送审稿审查会。审查会充分肯定了送审稿的主要内容，并提出了进一步完善规范的意见和建议。

此后，编制组对会议审查意见进行了认真研究。期间，原公安部消防局组织有关专家分别就建筑外保温、建筑内电梯用于人员安全疏散的保证条件、高层建筑的避难间设置要求、消防用电的配电安全、住宅建筑设置自动喷水灭火系统和火灾自动报警系统、避难间等问题进行了专题研究，并组织编制组就认真吸纳审查会意见，完善有关条文进行反复研究，在此基础上，提出了《规范》报批稿。

审查会后主要调整的内容：①进一步完善和调整了建筑外保温的相关防火要求，区别住宅建筑和公共建筑，允许建筑高度不大于 100m 的住宅建筑采用 B₁ 级保温材料，但应采取可靠的防火措施。同时，对不同高度的公共建筑，统筹考虑材料燃烧性能、防护层厚度、防火隔离带、防火门、窗等多方面因素，修改完善了部分规定；②完善了有关避难层（间）设置的技术要求；③完善了高层住宅建筑避难间的设置要求，提出应设置兼具使用功能的避难间；在维持有关建筑高度大于100m的住宅建筑应设置火灾自动报警系统的基础上，规定了建筑高度不超过100m的高层住宅建筑设置火灾自动报警系统的要求；④与《住宅建筑规范》协调，统一了住宅建筑按高度划分的要求；⑤与《消防给水及消火栓系统技术规范》GB 56974、《建筑防烟排烟系统技术标准》GB 51251等规范协调，取消了有关"消防给水系统和消火栓系统"和"防烟和排烟系统"系统设计的内容，改由上述两项技术标准规定。

有关"重要公共建筑"的术语，考虑到各地情况差别较大，暂不进行量化定义；考虑到电梯在火灾时使用的复杂性，暂不在《规范》中规定电梯疏散的要求。

3. 整合修订期间开展的相关研究工作

在整合修订期间，编制组在相关单位的支持下开展并完成了《建筑防火关键技术的研究》《大型综合商业建筑防火设计关键技术研究》《建筑外保温系统及外墙装饰防火关键技术研究》《火灾沿建筑外墙蔓延的特性研究》《大型公共建筑消防技术综合应用与呼吸式玻璃幕外墙防火技术的研究》《木结构建筑防火技术研究》《木结构与其他结构类型组合建造时建筑高度和层数的研究》《国内外三层以上纯木结构建筑防火技术研究》《国内外木结构建筑有关防火标准的比较研究》《丙、丁、戊类生产厂房中燃油储存和爆炸危险工段消防安全条件的研究》《沈阳万鑫大厦火灾数值仿真与致灾机理研究》《商场和会展建筑人员荷载的调查研究》《高层建筑火灾预防技术的研究》《国内外高层建筑防火标准的比较研究》和《部分国家建筑外保温系统防火标准的研究》等课题的研究，取得了一批科研成果，为确定规范的相关技术要求提供了依据。

4.《建筑设计防火规范》GB 50016—2014的变化

《规范》与《建规》《高规》的内容相比，主要有如下变化：

（1）在"建筑构造"一章补充了建筑内、外墙体和屋顶保温系统的防火要求。

（2）为便于建筑分类，将住宅建筑原来按层数划分多层和高层住宅建筑，修改为按建筑高度划分，并与原规范规定相衔接；修改、完善了住宅建筑的防火要求，例如：

1）住宅建筑与其他使用功能的建筑合建时，高层建筑中的住宅部分与非住宅部分防火分隔处的楼板耐火极限，从1.50h修改为2.00h。

2）要求建筑高度小于或等于100m的高层住宅建筑套内宜设置火灾自动报警系统，并对公共部位火灾自动报警系统的设置提出了要求。

3）规定建筑高度大于54m的住宅建筑应设置可兼具使用功能的避难房间，建筑高度大于100m的住宅建筑应设置避难层。

4）明确了住宅建筑疏散楼梯间的前室与消防电梯前室合用的条件。

5）规定高层住宅建筑的公共部位应设置灭火器。

（3）适当提高了高层公共建筑的防火要求，例如：

1）建筑高度大于100m的建筑楼板的耐火极限，从1.50h修改为2.00h。

2）建筑高度大于100m的建筑与相邻建筑的防火间距，不能按照有关要求减少。

3）完善了公共建筑避难层（间）的防火要求，高层病房楼从第二层起，每层应设置避难间。

4）规定建筑高度大于100m的建筑应设置消防软管卷盘或轻便消防水龙。

5）建筑高度大于100m的建筑消防应急照明和疏散指示标志的备用电源的连续供电时间，从30min修改为90min。

（4）补充并完善了幼儿园、托儿所和老年人建筑有关防火安全疏散距离的要求；对于医疗建筑，要求按照护理单元进行防火分隔；增加了大、中型幼儿园和总建筑面积大于500m²的老年人建筑应设置自动喷水灭火系统，大、中型幼儿园和老年人建筑应设置火灾自动报警系统的规定；医疗建筑、老年人建筑的消防应急照明和疏散指示标志的备用电源的连续供电时间，从20min和30min修改为60min。

（5）为满足各地商业步行街建设快速发展的需要，《规范》提出了利用有顶商业步行街进行疏散时，有关有顶商业步行街及其两侧建筑的排烟设施、防火分隔、安全疏散和消防救援等的防火设计要求；针对商店建筑疏散设计反映的问题，调整、补充了建材、家具、灯饰商店营业厅和展览厅的设计疏散人数计算依据。

（6）增加灭火救援设施一章，补充和完善了有关消防车登高操作场地、救援入口等的设置要求；规定消防设施应设置明显的标志，消防水泵接合器和室外消火栓等消防设施的设置应考虑灭火救援时对消防救援人员的安全防护；用于消防救援和消防车停靠的屋面上应设置室外消火栓系统；建筑室外广告牌的设置不应影响灭火救援行动。

（7）保留了有关消防设施设置范围的要求，将有关消防给水系统、室内外消火栓系统和防烟排烟系统设计的要求改由相应的国家标准进行规定。

（8）补充了地下仓库与物流建筑的防火要求，要求物流建筑应按生产和储存功能划分不同的防火分区，储存区应采用防火墙与其他功能空间进行分隔；补充了大型可燃气体储罐（区）、液氨、液氧储罐和液化天然气气化站及其储罐的防火间距。

（9）完善了公共建筑上下层之间防止火灾蔓延的要求，补充了地下商店的总建筑面积大于20000m²时有关防火分隔方式的具体要求。

（10）适当扩大了火灾自动报警系统的设置范围：如高层公共建筑、歌舞娱乐放映游艺场所、商店、展览建筑、财贸金融建筑、客运和货运等建筑；明确了甲、乙、丙类液体储罐应设置灭火系统，公共建筑中餐饮场所应设置厨房自动灭火装置的范围；扩大了冷库设置自动喷水灭火系统的范围。

（11）在比较研究国内外有关木结构建筑防火标准，开展木结构建筑的火灾危险性和木结构构件的耐火性能试验，并与《木结构设计标准》GB 50005和《木骨架组合墙体技术标准》GB/T 50361等标准协调的基础上，系统规定了木结构建筑的防火设计要求。

（12）调整了《建规》《高规》及与其他标准之间不协调的内容，补充了高层民用建筑与工业建筑和甲、乙、丙类液体储罐之间的防火间距、柴油机房等的平面布置要求，有关防火门等级和电梯层门的防火要求等；统一了一、二类高层民用建筑有关防火分区划分的建筑面积以及设置在高层民用建筑或裙房内的商店营业厅的疏散人数计算要求。

（13）进一步明确了剪刀楼梯间的设置及其合用前室、住宅户门开向前室的要求及高层民用建筑与裙房、防烟楼梯间与前室、住宅建筑与公寓等的关系，完善了建筑高度大于27m但不大于54m的住宅建筑设置一座疏散楼梯间的要求。

（14）调整了部分建筑采用钢结构时的防火保护要求。

（15）根据《国务院办公厅关于进一步激发社会领域投资活力的意见》（国发办〔2017〕

21 号）文件要求，《规范》完善了老年人照料设施防火设计的要求，形成了《新建规》。

三、关于《新建规》中的强制性条文与非强制性条文

1. 确定原则

工程建设标准强制性条文是现行工程建设标准中直接涉及工程建设安全、卫生、环保和其他公众利益、必须执行的强制性条款。规范中强制性条文的确定原则为：

（1）依据我国有关法律、法规，在工程建设标准中直接涉及工程建设安全、卫生、环保和其他公众利益、必须执行的强制性要求，同时要考虑保护资源、节约投资、提高经济效益和社会效益，即直接涉及人民生命财产安全、人身健康、环境保护、能源资源节约和其他公共利益，且必须严格执行的条文；

（2）对强制性标准的实施监督具有较强的可操作性；

（3）《新建规》中明确为"必须"或"严禁"的要求，一般应作为强制性条文；明确为"应"执行的要求，从严确定其为强制性条文；明确为"宜""可"执行的要求，一般不作为强制性条文。

根据上述原则，《新建规》共确定了 168 条强制性条文，约占全部条文的 39%。

在规范编写时，强制性条文一般为完整的条文，当特殊需要时会有采用款的表达形式。所有强制性条文均在标准正文中采用黑体字标示出来了。

2. 标准的强制性条文与非强制性条文的关系

（1）强制性条文与强制性标准。在现行有关法律、法规和部门规章中要求执行的标准均是强制性标准，强制性标准与强制性条文并不是同一个概念，但二者有着密不可分的联系。

强制性条文是摘自相应的强制性标准，并采用黑体字注明的方式保留在相应的标准中，推荐性标准中没有、也不应有强制性条文。因此，凡是标准条文中有用黑体字表示的标准就是强制性标准，或者说，凡是强制性标准均应设置强制性条文。

强制性条文是保证建设工程质量和安全的必要条件，是为确保国家及公众利益，针对建设工程提出的最基本技术要求，体现的是政府宏观管理的意志，也是政府进行监督检查的技术依据，但强制性条文不是工程技术活动的唯一依据。强制性标准是每个工程技术人员及管理人员在正常的技术活动中均应遵循的规则，其中的所有条文都是围绕某一范围的特定目标提出、成熟可靠和切实可行的技术要求或措施，但在实际工程中可以根据条文中规定用词（如"必须""应""宜""可"）的严格程度执行。强制性标准是判定责任的技术依据之一。

（2）强制性条文与非强制性条文。强制性条文是必须全部严格执行的规定，是参与建设活动各方执行工程建设标准强制性要求和政府对标准执行情况实施监督的依据；对于违反强制性条文者，无论其行为是否一定导致事故或其他危害，均会被追究法律责任和受到处罚。标准中的非强制性条文，是非强制监督执行的要求，如果不执行这些技术内容，同样可以保证工程的安全和质量，国家是允许的；但如果因为没有执行这些技术要求而造成工程质量和安全隐患或事故，同样要追究责任人的法律责任。

工程建设标准强制性条文是适应我国工程建设活动现状，并逐步向建立工程建设技术法规体系发展的过渡性标准形式。现行的有关强制性条文是工程建设技术法规体系的基

础，将会被政府需要严格控制并全面覆盖的技术法规取代。非强制性条文将会逐步转变为技术标准，供各方自愿采用。一旦某项技术标准被当事方约定采用，就成了约定各方的强制性标准。

（3）如何把握《新建规》强制性条文中的非强制性要求。尽管在编写《新建规》的条文和确定相应的强制性条文时，注意区分了强制性要求与非强制性要求，但为保持某些条文及相关要求完整、清晰和宽严适度，使其不会因强制某一事项而忽视了其中有条件可以调整的要求，导致个别强制性条文仍包含了一些非强制性的要求。对此，在执行时要注意区别对待。

如果某一强制性条文中含有允许调整的非强制性要求时，仍可根据工程实际情况和条件进行确定。例如，《新建规》第 4.4.2 条规定："液化石油气储罐之间的防火间距不应小于相邻较大罐的直径。数个储罐的总容积大于 3000m³ 时，应分组布置，组内储罐宜采用单排布置。组与组相邻储罐之间的防火间距不应小于 20m。"在这条规定中，强制的事项为储罐之间或组与组相邻储罐之间的防火间距以及储罐总容积大于 3000m³ 时应分组布置，但组内储罐是否要单排布置则不是强制的事项，有关组内储罐布置的要求可以根据储罐数量、大小和场地的实际情况进行确定，而不必强制执行。又如，《新建规》第 5.5.8 条规定："公共建筑内每个防火分区或一个防火分区的每个楼层，其安全出口的数量应经计算确定，且不应少于 2 个。设置 1 个安全出口或 1 部疏散楼梯的公共建筑应符合下列条件之一：①除托儿所、幼儿园外，建筑面积不大于 200m² 且人数不超过 50 人的单层公共建筑或多层公共建筑的首层；②除医疗建筑，老年人照料设施，托儿所、幼儿园的儿童用房，儿童游乐厅等儿童活动场所和歌舞娱乐放映游艺场所等外，符合表 5.5.8 规定的公共建筑。"在这条规定中，可以设置 1 个安全出口或 1 部疏散楼梯的要求，是对前述强制要求设置 2 个安全出口的调整。如果不作为一个完整的条文，则会因只强制执行前述要求而导致建筑的设计存在一定的不合理，有时甚至使相应的强制性要求缺乏可操作性。当然，也可以反过来看此条要求，即设置 1 个安全出口或 1 部疏散楼梯的公共建筑应符合下列条件之一：①除托儿所、幼儿园外，建筑面积不大于 200m² 且人数不超过 50 人的单层公共建筑或多层公共建筑的首层；②除医疗建筑，老年人照料设施，托儿所、幼儿园的儿童用房，儿童游乐厅等儿童活动场所和歌舞娱乐放映游艺场所等外，符合表 5.5.8 规定的公共建筑。从这个角度理解，公共建筑设置 1 个安全出口或 1 部疏散楼梯的条件则是强制性的。

四、如何把握好条文中的不同规定性程度用词

根据住房和城乡建设部发布的《工程建设标准编写规定》（建标〔2008〕182 号）的规定，标准中表示严格程度的用词应采用规定的典型用词，并应符合下列规定：

（1）表示很严格，非这样做不可的要求：正面词采用"必须"，反面词采用"严禁"；

（2）表示严格，在正常情况下均应这样做的要求：正面词采用"应"，反面词采用"不应"或"不得"；

（3）表示允许稍有选择，在条件许可时首先应这样做的要求：正面词采用"宜"，反面词采用"不宜"；

（4）表示允许有选择，在一定条件下可以这样做的，采用"可"。

根据上述规定，在规范条文中针对不同情况采用了上述不同典型用词来体现规范对某

一要求的严格程度。现以《新建规》的条文举例如下：

[例1]《新建规》第6.2.2条规定："医疗建筑内的手术室或手术部、产房、重症监护室、贵重精密医疗装备用房、储藏间、实验室、胶片室等，附设在建筑内的托儿所、幼儿园的儿童用房和儿童游乐厅等儿童活动场所、老年人照料设施，应采用耐火极限不低于2.00h的防火隔墙和1.00h的楼板与其他场所或部位分隔，墙上必须设置的门、窗应采用乙级防火门、窗。"条文中的"必须"不是严格程度的典型用词，但体现了在该分隔墙体上开设门、窗是别无选择的情况，如不开设门、窗就无法满足该场所的使用要求。而条文中的两个"应"所规定的内容，则是在正常情况下均要求做到的最低要求，如果不这样做，则要采取能与规定的分隔方法等效或超过规定要求防火安全性能的方法或方式进行分隔。

[例2]《新建规》第9.2.2条规定："甲、乙类厂房（仓库）内严禁采用明火和电热散热器供暖。"该规定要求在任何条件下，在建筑中的甲、乙类生产和储存场所的供暖设计中或在已投入使用的甲、乙类厂房或甲、乙类仓库内都不能采用明火或电散热器等方式进行供暖或取暖。因此，明火和电散热器供暖的方式，在甲、乙类的厂房或仓库内是严格禁止，不允许使用的。

[例3]《新建规》第5.5.14条规定："公共建筑内的客、货电梯宜设置电梯候梯厅，不宜直接设置在营业厅、展览厅、多功能厅等场所内。"条文要求设置在公共建筑内的客用电梯和货用电梯要设置候梯厅，并且不要直接设置在与开敞的高火灾危险空间没有防火防烟分隔的部位，以更好地阻止火势和烟气通过电梯竖井蔓延。考虑到部分场所设置候梯厅后对使用电梯等的影响，规范没有提出更严格的要求，允许根据实际情况来确定具体工程设计方案，但要尽量避免设置在这种直接与高火灾危险开敞空间相通的部位，是一种正常条件下均要这样做的要求。此外，规范的其他条文对此还有相应的弥补措施，如《新建规》第6.2.9条第5款规定："电梯层门的耐火极限不应低于1.00h，并应符合现行国家标准《电梯层门耐火试验　完整性、隔热性和热通量测定法》GB/T 27903规定的完整性和隔热性要求。"

五、执行条文与消防性能化设计或特殊消防设计的关系

近20年来，建筑消防性能化设计方法及其技术一直是各国消防安全工程技术和火灾科学研究领域的热点。相关研究和实践证明，建筑消防性能化设计方法是一种更具个性化的防火设计方法，特别是在解决大型复杂建设工程的防火设计问题方面，弥补了依据传统处方式标准进行设计的一些不足。但从国内外的实际应用情况看，建筑消防性能化设计技术还需要进一步发展和完善，一些问题还需要进行深入研究，大部分计算工具还需要更多的实验来验证并进一步完善。因此，应正确认识性能化设计方法，在实际工程设计要采取科学、严谨的态度审慎对待。

建筑防火设计以防止和减少火灾危害，保护人身和财产安全为主要目标。建筑消防性能化设计方法以消防安全工程学为基础，其设计过程和所用技术与传统设计方法有所区别，但相应的防火设计目标是一致的。因此，不能以消防性能化设计为由随意突破现行的国家标准，特别是强制性条文的要求，应确保采用消防性能化设计方法设计的建筑的消防安全水平不能低于现行国家标准所要求的消防安全水平。一般而言，现行国家标准确定的

强制性条文所规定的事项，不应作为消防性能化设计的对象。目前，适合进行消防性能化设计的情形主要为国家现行相关标准无明确规定和依照国家现行标准进行设计确实难以满足工程特殊使用功能的情形；不适合进行消防性能化设计的情形和建筑包括：

（1）国家法律法规和国家消防技术标准强制性条文规定的情形；

（2）国家消防技术标准已有明确规定，且无特殊使用功能的情形；

（3）居住建筑、医疗建筑、教学建筑、幼儿园、托儿所、老年人照料设施、歌舞娱乐游艺场所；

（4）室内净高小于8m的丙、丁、戊类厂房或仓库；

（5）甲、乙类厂房或仓库，可燃液体、气体储存设施及其他易燃、易爆工程或场所。

总之，不是所有建筑物或者建筑物的任何部分都有必要或适合进行消防性能化设计。对建筑进行消防安全性分析并进行性能化设计，需要针对特定的建筑对象建立消防安全目标和消防安全问题的解决方案，采用被广泛认可或经验证为可靠的分析工具和方法对设计对象的设定火灾场景进行确定性和随机性定量分析，以判断不同解决方案所体现的消防安全性能是否满足消防安全目标，从而使其设计更加科学、经济、合理、可行。

当然，进行消防性能化设计的建筑，当设计所用技术措施能直接符合现行国家标准的要求时，可以认为这些部分的设计能满足设定的消防安全要求。这在加拿大、澳大利亚和新西兰等国家的建筑规范中，均有明确规定。

六、正确处理好《新建规》与其他标准的关系

1. 《新建规》与其他建筑设计标准的关系

《新建规》是关于建筑设计中基本防火要求的综合性、通用性专业基础标准，与其他建筑设计标准间有密切的联系。《新建规》涉及面广，只规定了建筑的一些基本防火技术要求，而一些更加具体的防火技术要求、措施或防火构造要求就需要在其他建筑设计标准中予以体现或规定。如《商店建筑设计规范》JGJ 48—2014是一项关于商店的专项建筑设计标准，但该规范的第3章、第5章和第7章等章节规定了《新建规》未明确的防火设计要求，这些规定是《新建规》的补充。因此，在进行建筑防火设计时，《新建规》是主要的设计依据，但同时还要符合相关建筑标准的防火设计要求。但是，当《新建规》对某一类事项有明确规定，而其他建筑设计规范的相应规定又与其矛盾时，应符合《新建规》的规定。

2. 《新建规》与其他专项建筑设计防火标准的关系

自2000年以后，我国工程技术标准有了很大发展，并逐步建立了专业比较齐全的工程建设技术标准体系。工程建设消防技术标准也得到大力发展，至今已编制发布了30余项专项建筑防火的标准，这些标准大多是以《建筑设计防火规范》规定的原则为基础编制的，各侧重于某一行业的建筑工程，针对性更强、要求更具体。在设计时，一般要按照这些标准的规定确定相应建筑工程的防火要求。

3. 《新建规》与建筑消防设施技术标准的关系

《新建规》有关建筑防火的要求涉及各类消防设施的设置，但只规定了需要设置消防设施的场所或建筑的范围，即哪些建筑或建筑内的哪些部位或场所应该设置何种消防设施，并未规定应如何设计才能保证这些消防设施可靠、有效地发挥作用。根据2019年11月1日实施的《中华人民共和国消防法》（2019年修订）第七十三条的规定，"消防设施"

是指火灾自动报警系统、自动灭火系统、消火栓系统、防烟排烟系统以及应急广播和应急照明、安全疏散设施等。《新建规》对这些设施的设置范围均有相应要求。在实际工程设计时，首先要根据《新建规》的相应规定确定建筑内哪些场所或部位应该设置什么样的消防设施，再根据相应消防设施的设计标准进行具体的系统布置和专业设计。

有关消防设施设计的技术标准近 20 项，主要有：《火灾自动报警系统设计规范》GB 50116、《消防给水及消火栓系统技术规范》GB 50974、《自动喷水灭火系统设计规范》GB 50084、《水喷雾灭火系统技术规范》GB 50219、《固定消防炮灭火系统设计规范》GB 50338、《细水雾灭火系统技术规范》GB 50898、《二氧化碳灭火系统设计规范》GB 50193、《气体灭火系统设计规范》GB 50370、《泡沫灭火系统设计规范》GB 50151、《干粉灭火系统设计规范》GB 50347、《卤代烷 1211 灭火系统设计规范》GBJ 110、《卤代烷 1301 灭火系统设计规范》GB 50163、《建筑灭火器配置设计规范》GB 50140、《建筑防烟排烟系统技术标准》GB 51251、《消防应急照明和疏散指示系统技术标准》GB 51309 及相应的施工与验收标准等。

4.《新建规》与其他试验方法、消防产品等技术标准的关系

根据不同建筑和场所的设防要求，《新建规》的规定必然要涉及各类建筑材料、建筑制品和消防产品的应用要求。在规定时，规范在权衡各类建筑材料、制品或消防产品的性能在建筑整体消防安全性能中发挥的作用及其相互作用效果的基础上，确定了它们的基本防火性能要求。例如，不同建筑或建筑的不同部位对建筑材料和建筑构件的燃烧性能及构件的耐火极限要求、不同防火分隔部位对防火门或防火卷帘的不同尺寸与耐火性能、防烟性能等要求以及对消火栓、消防水泵接合器的规定等。但是，这些规定并未涉及各类建筑材料或制品如何达到相应的要求，也未规定消防产品应如何保证其性能或产品质量等要求。根据 2019 年 4 月 23 日实施的《中华人民共和国消防法》（2019 年修订）第七十三条的规定，"消防产品"是指专门用于火灾预防、灭火救援和火灾防护、避难、逃生的产品。因此，《新建规》涉及的建筑材料、建筑制品的燃烧性能、建筑构件的耐火极限和消防产品的性能等要求，应符合国家相应标准的要求，如《建筑材料及制品燃烧性能分级》GB 8624、《建筑构件耐火试验方法》GB/T 9978、《室内消火栓》GB 3445、《建筑通风和排烟系统用防火阀门》GB 15930、《防火门》GB 12955 和《电缆及光缆燃烧性能分级》GB 31247 等。

七、建筑防火设计的目标

一般建筑火灾的主要危害有：火灾或火灾产生的高温以及有毒烟气对建筑内的使用人员或需进入建筑的救援人员的人身安全和疏散安全的威胁；火焰或高温对建筑结构安全的热作用；燃烧扩大并超过某一允许程度时对相邻防火分区或相邻建筑安全的威胁；建筑灭火过程中对建筑本身的损害和对周围环境的不良影响；火灾对建筑物内的财产或因火灾造成的生产与经营中断等所产生的经济损失或次生危害；火灾对社会生活秩序等造成的不良影响等。因此，建筑防火设计的目标主要包括以下内容：

（1）保证建筑内的人员在火灾时能够安全疏散出建筑物，火灾不会引燃邻近建筑物。

（2）保证建筑结构在火灾中的安全，使其受到火灾或高温热作用后不会发生破坏，并且不会因建筑结构的垮塌而危及救援人员的人身安全。

（3）保证重要公用设施的正常运行、工业的正常生产或商业经营活动等不会因火灾而中断、停产或造成重大不良影响或巨大经济损失，如中断重要的广播电视节目、中断重要的通信与调度、破坏金融结算与数据交换、大面积中断供气、供水、供电或大型工业企业停止生产等。

（4）防止因火灾而导致周围环境受到重大影响或污染，如中石油吉林石化公司双苯厂苯胺装置发生的爆炸着火事故导致松花江下游水体受到重大污染等。

八、建筑防火设计的基本原则

《新建规》具有很强的技术性、经济性和政策性。建筑防火设计必须遵循国家的有关方针政策，从全局出发，针对不同建筑的火灾特点，结合具体工程、当地的地理环境条件、人文背景、经济技术发展水平和消防救援能力等实际情况进行，并处理好规范要求、建筑功能与建筑消防安全之间的关系，尽可能达到建筑消防安全水平与经济高效的统一。此外，设计师在选择具体设计方案与措施时还要综合考虑环境、节能、节约用地等国家政策的要求。

通常，建筑防火设计设防低的建筑，不一定是投资效益高的建筑，设防高的建筑也不一定是投资效益低的建筑。建筑的消防安全是相对的，设计者应根据标准的规定结合建筑的具体情况严格执行标准要求，但不是简单、机械地执行标准条文，而要结合建设工程的实际可行条件和标准要求来确定科学合理的设防要求，使之能符合标准的立法目标和标准规定的性能要求。对于标准条文的确定目的和理由，一般会在相应的条文说明中予以阐述，读者可以查阅和细心体会。此外，建筑的防火设计不仅要符合标准和满足建筑的使用功能要求，更要注意为建筑使用时的消防安全管理与灭火救援创造条件。

国家工程建设标准的制定原则是成熟一条制定一条，因而往往滞后于工程技术的发展，不能完全满足现实工程建设的需求。《新建规》涉及的建筑类型多、范围广，既很难在标准中有针对性地对各类建筑全面做出规定，也很难把各类建筑、设备的防火目标、功能要求和性能要求、试验方法等全部包括其中，只能对其一般防火问题和建筑消防安全所需的基本防火性能进行原则性规定。这些规定并不限制新技术、新方法和新产品等的发展和在建筑工程中的应用。因此，尽管标准要求建筑防火设计所采用的产品、材料、设备等应符合相关产品、试验方法等国家标准的要求，但在实际工程中仍然鼓励积极采用先进的防火技术和措施，允许其在一定范围内积极、慎重地进行试用，以积累经验。但是，在应用这些新技术、新材料、新工艺、新设备时，必须按照国家规定的程序经过必要的试验与论证，并应符合国家有关法律法规的规定。

九、建筑防火设计的主要内容

建筑防火设计的目的在于协调和优化建筑耐火、防火和灭火以及人员疏散安全等各部分的设防要求，确保建筑的消防安全性能达到一定的标准。建筑防火设计的主要内容包括建筑的总平面布局、被动防火设计、主动防火设计和建筑内的安全疏散设施等方面，具体包括：

（1）确定建筑总平面布局、消防车道布置、消防水源、建筑物间的防火间距或其他防火方法与措施等。

（2）根据建筑类别及其火灾危险性，确定建筑物的耐火等级及其建筑构件的耐火极限和燃烧性能等，选择和确定合适的建筑内外部装修材料及其燃烧性能。

（3）确定建筑平面布置和建筑内部的防火分隔、防火封堵及其具体方法与措施等。

（4）选择和设计建筑内外消防给水、消防排水以及建筑物内的灭火设施、防排烟设施和火灾自动报警系统等。

（5）确定并设计建筑物内的安全出口、疏散门、疏散楼梯（间）、应急指示标志和应急照明等安全疏散系统与避难区、避难走道等。

（6）确定建筑电气防火措施和保障消防设施和设备在火灾时能够持续正常运行的供配电要求与措施。

（7）确定并设计生产工艺的防火、防爆安全措施以及有爆炸危险的甲、乙类厂房或场所的防爆或泄压、抑爆设计等。

（8）建筑灭火救援场地、设施及消防电梯等的设计。

要做好上述设计，达到相应的防火目标和性能要求，在进行建筑设计时，设计单位、建设单位、图审机构、消防设计审查和消防监督与救援机构等的人员应密切配合，认真贯彻"预防为主，防消结合"的消防工作方针，做到防患于未然，从预防火灾、控制火灾规模和蔓延范围、为人员疏散与灭火救援行动提供安全和便利条件等方面确保建筑的消防安全。"预防为主，防消结合"是《中华人民共和国消防法》规定的消防工作方针，科学地反映了防火与灭火的辩证关系，是我国消防工作者长期同火灾斗争的经验总结。在进行建筑防火设计时，设计师一般要遵循如下原则：

（1）采取有效措施控制和降低建筑的火灾荷载，严格控制易燃材料的使用；

（2）合理地确定建筑物的耐火等级和建筑构件的耐火极限；

（3）合理地控制建筑制品、建筑内外装修装饰材料、保温材料和电线电缆的燃烧性能；

（4）对建筑内部空间进行必要、合理的防火分隔；

（5）针对工业生产工艺和方法，认真研究和采取相应的本质安全防火、防爆措施。

此外，还要根据建筑物的使用功能、空间平面特征和人员特点，设计合理的安全疏散设施与有效的灭火设施等主动防火设施，预防和控制火灾的发生及其蔓延，力求从根本上防止火灾发生和减少火灾危害。

1 总 则

1.0.1 为了预防建筑火灾，减少火灾危害，保护人身和财产安全，制定本规范。

【条文要点】

本条规定了制定《建筑设计防火规范》的目的。

广义上，建筑防火是研究建筑在规划、设计、建造和使用过程中，应采用的防止建筑发生火灾和减少建筑火灾危害的技术和方法的一门科学；狭义上，建筑防火是协调和合理确定建筑的被动防火、主动防火和安全疏散与避难的设防水准、相关工艺的本质安全等的技术措施与建筑的外部消防救援条件，并通过科学的消防安全管理，实现建筑消防安全目标的活动过程。可以说，建筑防火设计是在设计建筑时根据相关标准要求，结合建筑的功能要求和建筑的火灾危险性高低来协调和确定消防安全布局、灭火救援、结构耐火、安全疏散、消防设施设置等的设防标准，确定生产工艺中应采取的预防和控制建筑火灾的技术措施和方法，并通过设计来保证消防设施和产品等共同有效发挥作用，使建筑具有足够消防安全水平的活动过程。

因此，制定《建筑设计防火规范》的目的是要在建筑防火设计中充分利用现有科学技术、方法和措施来预防在建筑建造、使用、维护和拆除过程中发生火灾，或者发生火灾后可以有效控制火灾，从而避免或减轻火灾对人身和建筑及环境等造成的危害，减少财产损失。

【设计要点】

建筑防火设计规范针对不同性质、不同使用功能的建筑以及建筑内不同用途场所的火灾危险性，在建筑的被动防火、主动防火和安全疏散与避难等方面确定了相应建筑的基本防火技术要求。这些要求主要包括：

（1）降低建筑发生火灾危险概率所采用的方法和技术措施。

（2）及时、快速、有效侦测、控制和扑灭建筑火灾的方法和技术措施。

（3）限制火灾和烟气蔓延，保证建筑结构耐火性能的方法和技术措施。

（4）保证建筑内的人员安全疏散、安全避难的方法和技术措施。

《新建规》在确定不同建筑的防火要求时，除有明确规定外，规范规定的所有设计技术要求，均基于一座建筑物同时只发生一处火灾。这一假定，并不排除对建筑进行防火设计或消防性能化设计时，根据需要考虑在建筑内同时发生多处火灾的场景以及某些特殊建筑需要根据实际情况考虑同一时间可能发生多次火灾的情况，如地铁工程的多线换乘车站、地铁车辆基地与其上盖开发建筑和建筑面积大于 $50 \times 10^4 m^2$ 等超大体量的建筑等。

1.0.2 本规范适用于下列新建、扩建和改建的建筑：

1 厂房；

2 仓库；

3 民用建筑；

4 甲、乙、丙类液体储罐（区）；

5 可燃、助燃气体储罐（区）；

6 可燃材料堆场；

7 城市交通隧道。

人民防空工程、石油和天然气工程、石油化工工程和火力发电厂与变电站等的建筑防火设计，当有专门的国家标准时，宜从其规定。

【条文要点】

1.《新建规》适用于不同建造情形的工程，即新建、改建和扩建工程，不适用于既有建筑，但鼓励既有建筑按照《新建规》改善相应的消防安全条件。

2.《新建规》适用于工业和民用建设工程的建筑物、构筑物，甲、乙、丙类液体和可燃、助燃气体储罐或储罐区，可燃材料堆场以及城市交通隧道的防火设计。

3. 对上述建筑，凡国家有专项防火设计标准的，这些建筑应满足自身工程使用功能和特点的防火要求，特别是《新建规》未予明确的具体措施和要求以及工艺防火防爆技术要求，应执行相应的专项工程防火设计标准。但由于各项国家标准的制（修）订时间难以同步进行，有些专项标准的制（修）订时间滞后于《新建规》或《新建规》滞后于其他专项标准，在执行时要注意分析。当其中部分要求与《新建规》不协调，甚至不一致或者矛盾时，要以《新建规》的规定或其规定的目标、功能或性能要求为基础来确定其相应的防火设计要求。

【设计要点】

1. 改建的情形比较复杂。对于建筑在改建过程中没有改变建筑本身的高度和建筑面积等建筑规模，而改变了建筑内部的全部或部分平面布置、建筑结构或建筑结构类型、建筑内部的使用功能、建筑内部或外部装修、增加或改变建筑外墙和屋顶的内外部保温系统等情形（包括翻新），均应属于建筑改建的情形。但这些情形，在执行规范时，应该有所区别。例如，一座建筑只对其内部重新进行室内装修，此时要对建筑的安全疏散设施完全按新标准进行改造可能会有一定难度，因此在不能完全改变安全疏散条件时，就需要研究通过提高装修材料的燃烧性能、增加或改变相应的主动防火设施、限制或改变建筑的使用用途、加强内部的防火分隔等方式来保证建筑的使用人员在火灾时安全疏散。

还有些建筑工程在改建中要完全按照新修订的标准进行改建，会增加巨大的投资，有时甚至难以实现，此类问题则要进行专项研究。例如，地铁工程、部分山体地下工程（包括隧道工程）要增加直接对外的出入口就非常困难。对此，一些专项防火标准有所明确，如《地铁设计防火标准》GB 51298—2018 第 1.0.2 条规定："本标准适用于新建、扩建地铁和轻轨交通工程的防火设计。"

对于"翻新"的定义，美国《联邦火灾预防和控制法案》第三十一章"联邦政府辅助建筑的消防安全系统"中的定义可作参考。根据该法案，建筑中"修复或重建部分的价值不低于联邦办公楼现有价值（不包括建筑所在的土地价值）的 50%"的建筑改造活动，可称为"翻新"。

2. 扩建是指在既有建筑的基础上增加建筑的高度、面积，使得建筑规模有所增大。

3. 对于因某些原因拆除既有建筑的某些部分，而不对其他部分做任何改变的情形，原则上可以维持现状，但要注意检查其建筑结构、疏散设施和建筑内的主动消防设施是否能符合要求或正常运行并发挥作用。

1.0.3 本规范不适用于火药、炸药及其制品厂房（仓库）、花炮厂房（仓库）的建筑防火设计。

【条文要点】

本条规定了《新建规》的不适用范围。

【相关标准】

《工业炸药通用技术条件》GB 28286—2012；

《烟花爆竹工程设计安全规范》GB 50161—2009；

《火炸药生产厂房设计规范》GB 51009—2014；

《火炸药及其制品工厂建筑结构设计规范》GB 51182—2016；

《民用爆炸物品工程设计安全标准》GB 50089—2018；

《地下及覆土火药炸药仓库设计安全规范》GB 50154—2009。

【设计要点】

根据国家标准《火炸药生产厂房设计规范》GB 51009—2014 第 2.0.1 条和第 2.0.2 条的规定，火药为在适当的外界能量引燃下，能自身进行迅速而有规律的燃烧，同时生成大量高温气体的物质；炸药为在一定的外界能量作用下，能由其自身化学能快速反应发生爆炸生成大量的热和气体产物的物质。根据国家标准《烟花爆竹工程设计安全规范》GB 50161—2009 第 2.0.1 条的规定，花炮厂房也称烟花、爆竹厂房，是指生产用于烟花、爆竹产品的黑火药、烟火药、引火线电点火头等的厂房、场所及其配套仓库。

火药、炸药及其制品厂房（仓库）、花炮厂房（仓库）内生产或储存的物质具有很高的火灾危险性和高强度的剧烈爆炸危险性，其防火要求和安全要求与一般工业建筑有较大差异。《新建规》未针对这类厂房和仓库做出预防事故发生和减少事故危害的相应规定。这些建筑的防火设计要求应执行相应的专项国家标准或行业标准。

1.0.4 同一建筑内设置多种使用功能场所时，不同使用功能场所之间应进行防火分隔，该建筑及其各功能场所的防火设计应根据本规范的相关规定确定。

【条文要点】

本条规定了在同一使用性质的建筑物内不同使用功能场所之间，应进行防火分隔以及确定分隔后的设防要求的原则性规定。

【设计要点】

1. 规范允许在同一建筑物内设置两种或两种以上同一使用性质的不同使用功能场所，如在工业建筑内可以同时设置生产和储存场所，在民用建筑内可以同时设置办公与商业设施、住宅或商业建筑内可以设置汽车库等。在同一使用性质的建筑物内设置多种使用功能的场所时，这些场所的防火要求应符合规范规定。

2. 不同使用性质的场所不能合建在同一座建筑内，如民用建筑内不允许设置生产场所，生产厂房和仓库不应与民用建筑组合建造，生产场所不允许与商店合建等。有些要求，《新建规》第 5.4.2 条还有强制性规定。

3. 当在同一使用性质的建筑物内设置多种不同使用功能场所时，应按要求对这些场所进行防火分隔。防火分隔后的这些场所，可以根据规范对各自功能场所的要求确定相应的防火要求。例如，对于老年人照料设施与其他功能场所组合建造的建筑、住宅与商业服务网点或其他功能合建的建筑等，《新建规》第 5.4.10 条和第 5.4.11 条等条文有专门规定。

【释疑】

疑点 1.0.4-1：同一建筑内设置生产车间、办公和除宿舍外的生活用房时，是否全部要按工业建筑进行防火设计？

释义：这个问题涉及两个要点，一是建筑物定性；二是同一建筑内生产与办公及生活用房的防火分区、疏散距离等的设计。

（1）建筑物定性。该建筑设置生产车间、办公和生活用房后，仍应视为生产性建筑，否则，不可能建造。设置在厂房内的办公和生活用房应是为保证生产连续及在线生产质量控制与管理必须的；否则，应在厂房外独立设置。

（2）其中生产和辅助办公等功能场所的防火设计。厂房内的试验、检测等办公及其他辅助用房应与生产车间进行防火分隔。当其所占面积较小且在生产区分散布置时，应根据生产车间的火灾危险性，整体按该车间的相关防火要求进行设计；当厂房内研发（试验、检测室）办公等是单独成区时，应各自独立划分不同的防火分区，按规范要求设置独立的疏散设施，并按各自的火灾危险性和功能确定其他防火设计要求。涉及室外消防给水、消防车道、防火间距等，应按整座建筑及其火灾危险性考虑。相关设计要点，还可参见本《指南》第 3 章第 3.3.9 条的设计要点。

疑点 1.0.4-2：变配电站属于什么使用性质，能否和生产建筑或民用建筑合建？

释义：变配电站的火灾危险性需根据其内部可燃物情况来确定，一般可以比照丙类生产厂房来确定其防火设计要求。但变配电站不能简单地视为生产性建筑，而是一类为保证生产、生活正常运行的附属性特殊设施，建筑定性时要根据其服务的对象来考虑。

当设置在厂房附近或厂房内并为相应的生产建筑服务时，该变配电站就是厂房的附属设施，可以按照该厂房及变配电站的相应火灾危险性进行设防；当设置在民用建筑附近或民用建筑内并为民用建筑本身或邻近民用建筑服务时，该变配电站属于民用建筑的附属设施，但其防火设计要求仍要比照丙类生产厂房的相关要求来确定。

此外，还有锅炉房、发电机房、汽车库、水塔或高位水箱、泵站等建、构筑物，情况类似。

疑点 1.0.4-3：能否在地铁车辆基地的盖上建造其他建筑？

释义：地铁车辆基地是地铁车辆维修、停放、运行管理以及办公、培训的场所，主要由停车库、列检库、停车列检库、运用库、联合检修库、物资总库及易燃物品库、变配电站等构成。

地铁车辆本质上属于工业建筑，原则上不应与其他性质的建筑合建。但由于车辆基地占地和建筑规模都非常巨大，为了充分利用土地资源，在车辆基地的盖上建设非地铁功能的建筑的情况越来越多，往往需要经过专门论证来确定相应的要求。因此，国家标准《地铁设计防火标准》GB 51298—2018 不鼓励在车辆基地盖上再建造其他建筑，并在第 4.1.7 条规定"车辆基地建筑的上部不宜设置其他使用功能的场所或建筑"。但根据多年的实践经验，当确需在地铁车辆基地盖上建造其他建筑时，《地铁设计防火标准》GB 51298—2018 有一定要求，如需要将车辆基地和其上部的建筑进行严格的分隔，并确保车辆基地建筑的结构在火灾时能保持较高的耐火性能，要求车辆基地的顶盖和车辆基地内建筑的承重结构的耐火极限不应低于 3.00h 等。

疑点 1.0.4-4：在厂房或民用建筑内设置汽车库或停车场，是否可行？如果合建，该建筑如何定性？

释义：除甲、乙类生产厂房或仓库外，汽车库可以和其他使用功能的建筑合建或设置在建筑的地下部分。与汽车库合建的建筑，当汽车库设置在建筑的地下部分时，不影响该建筑的定性，即生产厂房设置汽车库，该建筑仍为工业建筑；民用建筑的地下部分设置汽车库，该建筑仍为民用建筑；当汽车库设置在建筑的地上部分时，由于涉及建筑的防火间距、室内外消防用水量等的要求，则要认真研究。其中的一些要求应按照规范对该建筑几种功能中要求最高者确定；对于室内防火要求，也要仔细分析，分别按照不同区域及整座建筑综合进行考虑。

1.0.5   建筑防火设计应遵循国家的有关方针政策，针对建筑及其火灾特点，从全局出发，统筹兼顾，做到安全适用、技术先进、经济合理。

【条文要点】
本条规定了建筑防火设计应遵循的原则。

【设计要点】

1. 建筑防火设计应当遵循国家有关安全、环保、节约资源等经济技术政策和工程建设的基本要求，必须贯彻"预防为主，防消结合"的消防工作方针。

2. 建筑防火设计应从全局出发，针对不同建筑及其使用功能的特点和防火、灭火需要，结合具体工程及当地的地理环境与气候等自然条件、人文背景、经济社会发展水平和消防救援力量等实际情况进行综合考虑。

3. 在建筑防火设计时，不仅要积极采用先进、成熟的防火技术和措施，更要坚持以人为本，正确处理好生产或建筑功能要求与消防安全的关系，考虑设计所采用的防火技术、方法和措施是要达到什么目的，解决什么问题，其针对性和有效性如何，能不能在现实中真正发挥作用、实现预期的目标。

1.0.6   建筑高度大于 250m 的建筑，除应符合本规范的要求外，尚应结合实际情况采取更加严格的防火措施，其防火设计应提交国家消防主管部门组织专题研究、论证。

1.0.7   建筑防火设计除应符合本规范的规定外，尚应符合国家现行有关标准的规定。

【条文要点】

1.《新建规》的防火技术要求是对常见建筑的一般性规定，难以完全满足建筑高度大于 250m 的建筑的消防安全要求。对于建筑高度大于 250m 的建筑，应采取更加严格的防火措施。有关此类建筑的整体设防水平和设计采取的建筑防火、灭火措施的可行性、可靠性和合理性等，应经过充分论证后进行确定。

2.《新建规》是一项防火专业的综合性标准，规定了建筑应具备的基本防火性能和要求，还有许多其他要求需要与国家其他相关标准配套使用，即除应符合本规范的规定外，尚应符合国家现行有关标准的规定。

【设计要点】

1. 建筑的防火设计，特别是高层建筑，应立足于自防、自救为主，外部灭火救援为辅。鉴于我国当前的灭火救援能力和相关防火技术水平，对于建筑高度大于 250m 的建筑，其防火设计重点是：从控制火灾的蔓延规模和蔓延途径、提高建筑疏散设施的疏散能力和避难安全性、增强建筑结构的耐火性能、保证和提高自动消防设施的可靠性与有效性、加强预防火灾发生的措施等方面采取更加严格的措施。相关措施，可参见本《指南》附录 A。

2. 建筑防火设计既要执行《新建规》，还要符合国家其他现行有关标准，包括国家标准、行业标准和地方标准，包括工程建设标准、产品标准和试验方法标准等。相关说明，可参见本《指南》的"绪论"。

2 术语与建筑高度

2.1 术　语

2.1.1　高层建筑　　high-rise building
　　建筑高度大于 27m 的住宅建筑和建筑高度大于 24m 的非单层厂房、仓库和其他民用建筑。
　　注：建筑高度的计算应符合本规范附录 A 的规定。

【条文要点】

1. 建筑高度大于 27m 的多层住宅建筑为高层住宅建筑，建筑高度小于或等于 27m 的住宅建筑为单层或多层住宅建筑。

2. 建筑高度大于 24m 的多层厂房、仓库为高层厂房或高层仓库；除住宅建筑外，建筑高度大于 24m 的其他多层民用建筑为高层民用建筑。建筑高度小于或等于 24m 的厂房、仓库和非住宅类民用建筑以及建筑高度大于 24m 的单层建筑，为单层或多层建筑。

3. 建筑高度应按《新建规》附录 A 的方法计算确定。

【相关标准】

《民用建筑设计统一标准》GB 50352—2019；

《住宅建筑规范》GB 50368—2005；

《住宅设计规范》GB 50096—2011；

《民用建筑设计术语标准》GB/T 50504—2009；

《建设工程分类标准》GB/T 50841—2013；

《城市居住区规划设计标准》GB 50180—2018。

【设计要点】

1. 住宅建筑，不包括宿舍、公寓等非住宅类居住建筑。住宅建筑按其建筑高度是否大于 27m 作为划分为高层住宅建筑的标准，与国家标准《住宅建筑规范》GB 50368—2005 按 9 层（层高按 3m 折算）作为多层和高层住宅建筑的划分标准一致。

2. 根据《新建规》第 5.1.1 条的规定，建筑高度大于 24m 的单层建筑仍为单层建筑，不属于高层建筑。

【释疑】

疑点 2.1.1-1：建筑高度大于 21m，但不大于 27m 的多层住宅建筑，其防火设计要求是否按规范有关多层住宅建筑的要求确定？

释义：根据国家标准《民用建筑设计统一标准》GB 50352—2019 和《城市居住区规划设计标准》GB 50180—2018 的规定，7 层～9 层的住宅建筑（层高按 3m 折算，建筑高度为 21m～27m）属中高层住宅建筑，该分类与确定建筑的防火设计要求无关；根据《新建规》第 5.1.1 条的规定，此建筑高度范围内的住宅建筑应为多层住宅建筑。因此，建筑高度大于 21m，但不大于 27m 的多层住宅建筑，可以按照规范对多层住宅建筑的相应要求进行防火设计。

疑点 2.1.1-2：建筑高度大于 24m，但其中局部有多个楼层的单层建筑，是否属于高层建筑？

释义：建筑高度大于 24m 的单层厂房、仓库和民用建筑，当其中局部设置多个楼层的其他功能用房时，是否要按高层建筑来考虑，要视具体情况而定。通常有以下几种情况：

（1）对于厂房，当单层厂房内某些部位因工艺设备的需要，在局部设置一些用于操作和检修的固定平台时，该建筑本质还是一座单层建筑，可以按照单层建筑考虑。

当一座建筑面积较大的厂房，其中部分为单层，部分为具有楼板分隔的多个楼层，且每层均有不同的使用功能房间或车间等时，如能将其中的单层部分与高层部分划分为不同的防火分区，并分别按照单层和高层厂房的相关要求进行设计比较合理。否则，应将整座建筑按高层建筑考虑。

（2）对于仓库，这种情形比较少见，可作为个案进行研究。但是，目前有一种采用所谓阁楼式仓储方式的仓库。这种仓库应根据其总建筑高度来确定建筑的类别，当建筑高度大于 24m 时，应按高层仓库考虑。

（3）对于公共建筑，常见的有剧场、体育馆、机场航站楼和会展中心等建筑，此类建筑的主体部分一般为建筑高度大于 24m 的单层空间，其周边会布置一些辅助的功能用房，甚至设置旅馆、商业设施、公共交通设施等。对于这些情形，要尽量将其他功能区采用防火墙与主要的单层空间完全分隔后，按贴邻布置的两座建筑分别考虑。例如，一单层航站楼中出发厅内部分区域设置了 2 层至 3 层的配套用房，这些用房并不影响该建筑的分类，防火设计时仍可将航站楼整座建筑视为单层建筑。

2.1.2 裙房 podium
在高层建筑主体投影范围外，与建筑主体相连且建筑高度不大于 24m 的附属建筑。

【条文要点】
1. 裙房的建筑高度不应大于 24m。
2. 裙房应与高层建筑主体直接相连。
3. 裙房应位于高层建筑主体的水平投影范围以外。

【设计要点】
1. 无论工业建筑还是民用建筑，符合上述定义的建筑，均属于裙房。
2. 高层建筑的裙房属于单、多层建筑，主体建筑属于建筑高度大于 27m（住宅建筑）或 24m（其他建筑）的高层建筑。

【释疑】
疑点 2.1.2：裙房与一座贴邻高层建筑的单、多层建筑有何区别？

释义：裙房与高层建筑的主体属于同一座建筑，结构互连，其消防设施的维护管理与其他内部管理统一，建筑内部具有一定的连通要求和条件，不一定要采用防火墙完全分隔，在防火设计上一般需要统一考虑。一座单层或多层建筑与一座高层建筑毗邻，属于两座不同的建筑，要根据规范有关防火间距的要求设置防火墙进行分隔，在防火设计和消防安全管理上不需要统一考虑。

2.1.3 重要公共建筑　important public building
发生火灾可能造成重大人员伤亡、财产损失和严重社会影响的公共建筑。

【条文要点】

根据火灾对建筑物造成后果的严重性定义重要公共建筑。

【设计要点】

1. 重要公共建筑在不同地区对发生火灾可能造成重大人员伤亡、财产损失和严重社会影响的界定标准存在差异，可以根据各地实际情况来确定。这些建筑主要包括：重要的党政机关办公楼、人员密集且发生火灾容易造成人员大量伤亡的建筑、对社会生活与秩序或政治产生重大影响的公用设施和关键设施等。

2. 为便于设计者掌握，可以参考国家标准《汽车加油加气站设计与施工验收规范》GB 50156—2012（2014 年版）附录 B 的举例来定量确定。有关内容摘录如下：

（1）地市级及以上的党政机关办公楼。

（2）设计使用人数或座位数超过 1500 人（座）的体育馆、会堂、影剧院、娱乐场所、车站、证券交易所等人员密集的公共室内场所。

（3）藏书量超过 50 万册的图书馆；地市级及以上的文物古迹、博物馆、展览馆、档案馆等建筑物。

（4）省级及以上的银行等金融机构办公楼，省级及以上的广播电视建筑。

（5）使用人数超过 500 人的中小学校及其他未成年人学校；使用人数超过 200 人的幼儿园、托儿所、残障人员康复设施；150 张床位及以上的养老院、医院的门诊楼和住院楼。这些设施有围墙者，从围墙边算起；无围墙者，从最近的建筑物算起。

（6）总建筑面积超过 20000m^2 的商店（商场）建筑和旅馆建筑，商业营业场所的建筑面积超过 15000m^2 的综合楼。

（7）地铁出入口、隧道出入口。

2.1.4 商业服务网点　commercial facilities
设置在住宅建筑的首层或首层及二层，每个分隔单元建筑面积不大于 300m^2 的商店、邮政所、储蓄所、理发店等小型营业性用房。

【条文要点】

1. 商业服务网点是设置在住宅建筑下部的小型社区营业性服务设施，主要为住宅居民提供便利性服务。

2. 商业服务网点应位于住宅建筑的首层或者一、二层，最多允许 2 层。

3. 每个独立商业服务网点的建筑面积（该商业服务网点首层和二层的建筑面积之和）不应大于 300m^2。

【相关标准】

《商店建筑设计规范》JGJ 48—2014；

《民用建筑设计统一标准》GB 50352—2019；

《住宅设计规范》GB 50096—2011；

《住宅建筑规范》GB 50368—2005；

《饮食建筑设计标准》JGJ 64—2017。

【设计要点】

1. 住宅建筑下部可以布置多个商业服务网点，其总建筑面积没有限制，但只允许布置为住宅居民提供便利性服务的杂货店、副食店、粮店、邮政所、储蓄所、理发店、洗衣店、药店、洗车店、餐饮店等小型营业性用房以及小区的物业服务设施。

2. 部分商业服务网点可能不完全处于上部住宅建筑的水平投影下，而可能超出其投影边界。对此，要视具体情况来确定这些设施是否为商业服务网点。一般，这些设施如为1 层或 2 层的小型商业服务设施，且与居民生活直接相关，每个设施的建筑面积及相关分隔等均与设置在住宅建筑投影下部的其他商业设施相同，仍可以视为商业服务网点。但如果上部住宅建筑的投影所占面积比例较小时，甚至小于 50% 时，则需要综合考虑将其视为商店建筑，按照其他功能与住宅组合建造的建筑进行考虑。

3. 无论高层住宅建筑，还是多层住宅建筑，商业服务网点的疏散设施与住宅部分的疏散设施均需要各自独立，相关要求见《新建规》第 5.4.11 条。

2.1.5 高架仓库   high rack storage
货架高度大于 7m 且采用机械化操作或自动化控制的货架仓库。

【条文要点】

1. 高架仓库为采用高货架存放物品，并采用自动化控制或采用机械化操作方式进行存取的仓库，物品存放密集。

2. 高架仓库不同于高层仓库，多数为建筑高度在 14m ~ 40m 的单层建筑，少数为 2层的高层仓库。

【相关标准】

《物流建筑设计规范》GB 51157—2016；

《通用仓库及库区规划设计参数》GB/T 28581—2012。

【设计要点】

建筑高度大于 24m 的单层高架仓库，不需要按照高层仓库考虑其防火设计要求。

2.1.6 半地下室   semi-basement
房间地面低于室外设计地面的平均高度大于该房间平均净高 1/3，且不大于1/2 者。

2.1.7 地下室   basement
房间地面低于室外设计地面的平均高度大于该房间平均净高 1/2 者。

【条文要点】

地下室、半地下室，要根据地下房间的室内平均净高与房间地面低于室外设计地面（非室外地坪）的平均高度的差值来判定。

【相关标准】

《民用建筑设计统一标准》GB 50352—2019。

【设计要点】

1. 坡地建筑的有关名称：

（1）坡地建筑—依坡地地形建造且至少有一面临坡，并有 1 层或 2 层及以上的建筑楼（地）面与室外设计地面相连接的建筑。

（2）直立式坡地建筑—以坡底场地作为地基，且建筑形体上下呈直立状的坡地建筑。

（3）退台式坡地建筑—以顺坡形成的台地为地基，其建筑形体上下呈退台状的坡地建筑，参见图 2.1（a）。

（4）坡底层—与坡底室外设计地面相连接的楼层。

（5）坡顶层—与坡顶室外设计地面相连接的楼层。

（6）吊层—坡顶层以下、坡底层及其以上的楼层。

（7）吊层接地层—吊层与具有室外设计地面的台地相连接的楼层。

坡底层、坡顶层、吊层、吊层接地层，参见图 2.1（b）。图中 H_1 为下段建筑高度，H_2 为上段建筑高度，H 为建筑总高度。

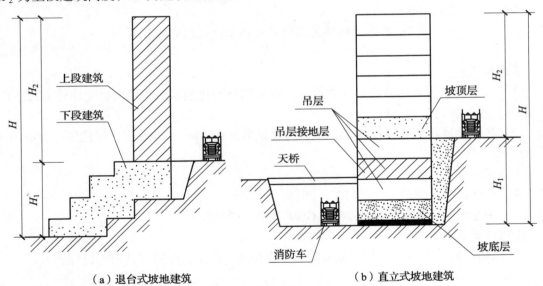

（a）退台式坡地建筑　　　　　　　　　（b）直立式坡地建筑

图 2.1　坡地建筑示意图

2. 地下室或半地下室的室内地面与室外设计地面的高差和地下房间室内平均净高的关系，参见图 2.2。当单体建筑的室外设计地面不在同一水平面时，坡顶层与坡底层之间的楼层是否为地下建筑（室），可参考图 2.3 所示情况进行判定。

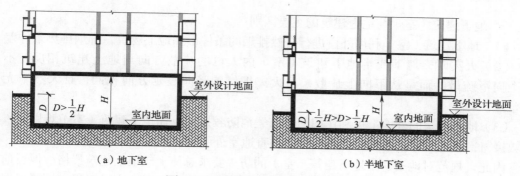

（a）地下室　　　　　　　　　　　　（b）半地下室

图 2.2　地下、半地下室示意图

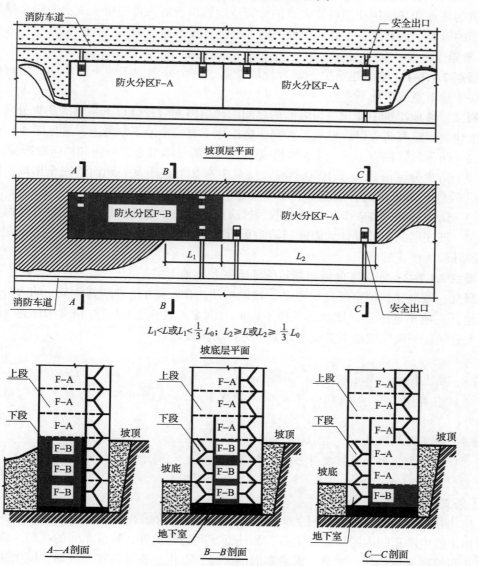

图 2.3　坡地建筑示意图

注：L 为防火分区的一个长边；L_0 为防火分区平面形状的周长；F-A 防火分区面积按地上建筑确定；F-B 防火分区面积按地下建筑确定。

3. 地下建筑（室）与地上建筑的主要区别：

（1）地下建筑（室）利用外窗进行自然排烟的条件不如地上建筑，排烟排热条件差。

（2）火灾时，地下或半地下建筑（室）内人员的疏散方向与地上建筑相反，不是从上向下疏散，而是从下向上疏散，与火灾烟气的竖向蔓延方向相同，且天然采光条件差。

（3）地上建筑的外墙上可利用门窗等布置消防救援窗，而地下建筑（室）难以设置消防救援窗，且地下通信条件差，设置较多的直通室外的出口困难。

因此，规范对地下、半地下建筑（室）的防火要求总体上较地上建筑严格。但目前有些地下建筑（室）往往埋深很大或者地下层数多。针对这种情况，实际工程设计要根据地下建筑的特点和其使用功能可能带来的火灾危险性以及对人员疏散、灭火救援、排烟排热等方面的影响，认真研究更有针对性的防火方法、技术和措施。

【释疑】

疑点 2.1.7-1：坡地建筑中一部分外墙外露、其余外墙位于地下的房间，如何判断其是否属于地下室或半地下室？

释义：坡地建筑中坡顶层与坡底层之间的楼层内同时符合以下条件的防火分区，可以按地上建筑确定其防火设计要求；否则，应按地下室或半地下室考虑，参见图2.3。

（1）防火分区应有不少于1/3周长或1个长边的外墙可布置外窗和消防救援窗。

（2）防火分区面积大于1000m²时，应至少有2个直通室外地面的安全出口；防火分区面积不大于1000m²时，应至少有1个直通室外地面的安全出口。

（3）防火分区内各安全出口或疏散楼梯应能从上向下经坡底层疏散到室外地面。

（4）坡底层的室外设计地面能与消防车道或基地内机动车道相连通，并能满足消防车停靠展开救援作业的要求。

疑点 2.1.7-2：如何区分坡地建筑的地下室和半地下室？

释义：坡地建筑的室外地坪复杂，难以按图2.1所示方法判断其中某一防火分区是否属于地下室或半地下室。坡地建筑内不能同时满足"疑点2.1.7-1"释义中所述4个条件的防火分区，一般应按地下室或半地下室进行防火设计。

2.1.8 明火地点 open flame location

室内外有外露火焰或赤热表面的固定地点（民用建筑内的灶具、电磁炉等除外）。

2.1.9 散发火花地点 sparking site

有飞火的烟囱或进行室外砂轮、电焊、气焊、气割等作业的固定地点。

【条文要点】

1. 明火地点是室内或室外的固定地点，具有外露火焰或者具有赤热的表面，一般为工业加工或生产车间内的固定加工点，如轧钢车间的轧机处、冶炼车间的高炉，玻璃器具加工车间的高温加热处、炉窑、锅炉房的锅炉等，石化企业等的室外火炬。民用建筑内的烹饪灶具、电磁炉、冬季的炭火盘等，均为短时使用且高温或明火部位小的地点，可以不视为明火地点。

2. 散发火花地点是在室外能产生明显火花或飞火的固定地点，如电焊作业地点、机械切割加工地点等。

【设计要点】

在确定甲、乙类厂房和仓库，甲、乙、丙类可燃液体储存场所，可燃、助燃气体储存场所和可燃材料储存场所的总平面布局时，要注意调查其周围是否存在明火地点和散发火花地点，准确确定相应的防火间距。

2.1.10 耐火极限 fire resistance rating

在标准耐火试验条件下，建筑构件、配件或结构从受到火的作用时起，至失去承载能力、完整性或隔热性时止所用时间，用小时表示。

【条文要点】

1. 建筑构件主要为柱、承重墙等竖向承重构件，梁、板等水平受力构件及屋架，非承重墙体、吊顶、屋面板等围护构件；建筑配件主要为门、窗、楼梯等。建筑结构主要为隧道的承重与围护结构或由多构件组合成的受力结构体系等。

2. 不同建筑构配件或建筑结构的耐火极限判定标准不同，有的只考察其高温下的承载力情况；有的只考察其隔热性能和完整性能；有的既要考察其高温下的承载力，又要考察其隔热性能和完整性能，这取决于该建筑构件或结构在建筑中所起的作用。相关耐火性能可以根据国家标准《建筑构件耐火试验方法》GB/T 9978—2008 的规定进行测定，部分构件也可以通过计算来确定，如钢结构构件、木结构构件。

3. 建筑构配件或结构在进行耐火测试时，其耐火极限是用分钟表示，但在规范的规定中是用小时来表示，故通常要精确到小数点后 2 位，如 1.50h。

【相关标准】

《建筑构件耐火试验方法》GB/T 9978—2008；

《建筑钢结构防火技术规范》GB 51249—2017；

《压型金属板工程应用技术规范》GB 50896—2013；

《木结构设计标准》GB 50005—2017；

《木骨架组合墙体技术标准》GB/T 50361—2018；

《组合结构设计规范》JGJ 138—2016。

【设计要点】

1. 常见建筑构件、配件的耐火极限参见《新建规》条文说明附表 1 及《木骨架组合墙体技术标准》GB/T 50361—2018。组合结构构件的耐火极限参见《建筑钢结构防火技术规范》GB 51249—2017、《压型金属板工程应用技术规范》GB 50896—2013 和《组合结构设计规范》JGJ 138—2016。

2. 不同结构形式和构造的构件或结构，其耐火极限有所差异，不能完全按照有关标准所列数据来确定，而需要通过实际火灾测试或计算来确定。当采用推论方式确定时，应符合国家标准《建筑构件耐火试验方法》GB/T 9978—2008 的规定。

【释疑】

疑点 2.1.10–1：可燃材料制作的构件是否没有耐火极限？

释义：任何材料制作的构件均具有一定的耐火极限，只是时间长短和耐火性能类别不同而已。例如，未做防火保护的木构件属于可燃性构件，但木材在燃烧时会炭化而形成保护层，只要断面设计合适，也可以具有较长的耐火时间。在现实中，很少有木结构房屋着火后很快就垮塌的现象。

疑点 2.1.10-2：不燃材料、难燃材料是否不考虑耐火极限？

释义：耐火极限是衡量建筑构配件或建筑结构耐火性能的指标，既考虑其燃烧性能，也考察其耐火时间。对于材料，通常采用燃烧性能衡量其防火性能，即材料的被点燃性能和火焰蔓延性能以及产烟性能和烟气毒性等。《新建规》允许符合一定条件的某些构件在采用不燃性材料时，不考虑其耐火极限，如部分二级耐火等级民用建筑的吊顶。

疑点 2.1.10-3：组合楼板的耐火极限如何确定？

释义：无论哪类结构类型或构造方式的建筑构配件或结构，其耐火极限均需要以实际火灾测试结果为基础来确定。现行规范在总结过去数十年试验所积累的数据基础上，列出了一些构造的构件的耐火时间和燃烧性能，以方便使用。但这些数据远远不能满足实际工程设计需要，特别是一些新型材料或构造形式的构件，如钢管混凝土柱、压型钢板混凝土组合楼板等组合构件以及装配式建筑的构件。此外，还有些耐火时间要求高的构件，目前尚无相应的试验数据（如地铁车辆基地上盖的楼板）。这些均需要根据具体构件的设计构造和受力情况等通过火灾测试来确定。

2.1.11　防火隔墙　fire partition wall
　　建筑内防止火灾蔓延至相邻区域且耐火极限不低于规定要求的不燃性墙体。

2.1.12　防火墙　fire wall
　　防止火灾蔓延至相邻建筑或相邻水平防火分区且耐火极限不低于 3.00h 的不燃性墙体。

【条文要点】

1. 防火隔墙、防火墙均为用于防止火灾水平蔓延的墙体。对于防火墙，应为不燃性墙体；对于防火隔墙，主要为不燃性墙体，部分建筑也可以采用难燃性或可燃性墙体，如木骨架组合墙体或轻型木结构建筑中的分隔墙体、CLT 构造的分隔墙体等。本《指南》未特别指出什么燃烧性能的防火隔墙，均指不燃性防火隔墙。

2. 防火墙是一种特殊的防火隔墙，不仅其耐火极限要求不应低于 3.00h，少数要求不应低于 4.00h，而且对其构造与设置位置均有较高要求。

3. 防火隔墙的耐火极限要求以 2.00h 为主，其他还有 1.00h、1.50h、2.50h 和 3.00h 等，其构造要求低于防火墙。

【设计要点】

1. 在防火隔墙和防火墙上，一般不允许开设洞口或敷设、穿越管线，特别是要禁止可燃气体、可燃液体管道和风管穿越；当不可避免需要开设洞口或穿越管线时，应采取可靠的防火措施，如采取设置防火门、防火窗、防火阀、紧急切断阀等，并对相应的缝隙进行防火封堵。在有特殊需要的部位，可以采用防火玻璃墙局部替代防火隔墙或防火墙。

2. 防火隔墙是在同一防火分区内用于将其中不同火灾危险性的区域分隔开来的墙体。通过将防火分区分隔成更小的空间来进一步降低火灾风险，减少火灾危害。例如，要将建筑中不同用途的房间相互分隔开来，就可以采用防火隔墙。

3. 防火墙是在同一座建筑内用于将建筑分成多个不同防火分区，或者用于分隔多座不同建筑的墙体，所需控制的火灾规模更大、火灾延续时间更长，因而相应的要求也更高。例如，在一座厂房内要将丙类生产场所与甲类生产场所分隔成不同的防火分区，就应该采用防火墙，甚至防爆墙。

在设计中，不要将防火隔墙与防火墙混淆，认为只是耐火极限不同而已，或者只要采用耐火极限不低于 3.00h 的防火隔墙就认为是防火墙了，以致不少设计文件经常存在将防火隔墙当成防火墙，或者设计的就是防火隔墙，却把它作为防火墙的情形。有关防火墙和防火隔墙的构造要求，分别见《新建规》第 6.1 节和第 6.2 节。

【释疑】

疑点 2.1.12-1：防火墙上的洞口采用甲级防火门、窗分隔时，对门、窗的面积是否有限制？

释义：除规范特别规定外，考虑到实际使用需要，虽没有禁止在防火墙上开设门、窗等洞口，但在防火墙上通常不应开设洞口。确需在防火墙上开设门、窗等洞口时，对门、窗的面积没有限制，只要能确保这些门、窗及其墙体在火灾时能达到防火墙的设置目标和相应的功能要求即可。

疑点 2.1.12-2：防火墙上的洞口采用防火卷帘分隔时，对该洞口大小是否有限制？

释义：防火墙上的洞口采用防火卷帘分隔时，该洞口的大小和长度应符合《新建规》第 6.5.3 条的规定。

2.1.13　避难层（间）　refuge floor（room）
建筑内用于人员暂时躲避火灾及其烟气危害的楼层（房间）。

【条文要点】

1. 避难层是建筑内的一个专用的楼层。避难间是建筑楼层上或建筑工程中（包括地铁、隧道工程等）任一防火区域内在疏散出口附近设置的一个具有较高防火性能的房间。避难间一般可以兼作其他火灾危险性较小的用途，避难层除可以兼作设备层外，不能有其他使用功能。

2. 避难层和避难间均为火灾时的临时安全区，只能在建筑发生火灾时为人员提供一定时间的安全避难条件。

【设计要点】

1.《新建规》有关避难层的设置，主要针对建筑高度大于 100m 的民用建筑，但建筑高度大于 100m 的工业建筑也应考虑设置避难层，只是因这种建筑极少，所以规范未明确规定。其他建筑高度的工业与民用建筑也有必要根据建筑内的火灾危险性等设置避难层（间）。

避难层可以在其中独立分隔的区域内设置设备和管线，但不应设置其他使用功能，而应以避难功能为主，并应有消防电梯和至少 2 条竖向疏散路径与避难区连通。

2. 避难间可以方便楼层上行动不便者，或因疏散楼梯拥堵而滞留在楼梯间外的人员就近应急避难，如高层病房楼、洁净手术部、老年人照料设施和高层住宅建筑中设置的避难间等。此外，当建筑难以设置避难层或部分避难层间隔高度较大时，也可以采用在上下两个避难层之间的楼层或间隔楼层设置避难间的方式进行弥补。

3. 避难间或避难层上的避难区都应该具有直接面向救援场地的外窗。

2.1.14　安全出口　　safety exit
供人员安全疏散用的楼梯间和室外楼梯的出入口或直通室内外安全区域的出口。

【条文要点】
安全出口是建筑内某一区域直通室内或室外安全区的疏散出口，通常有直通室外安全区域（包括符合疏散要求的室外地面、下沉广场、屋面、平台、天桥等）的出口、符合规范要求的疏散楼梯间的楼层入口（防烟楼梯间为其前室的楼层入口）、室外疏散楼梯的楼层入口、通向避难走道前室或避难间的入口、进入相邻防火分区的入口等。

【设计要点】
1. 安全出口是建筑室内人员疏散的最后节点，它的合理布置能够大大提高人员在火灾时疏散的安全性。安全出口的设置要注意出口的宽度和位置分布的合理性和可达性，这与场所的使用用途、人员密度、空间高度和面积大小及平面形状等因素有关。

2. 安全出口是疏散出口的一种，主要针对某一个独立的防火分区或楼层而言；疏散出口不一定是安全出口，疏散出口包括安全出口和房间的疏散门，因此安全出口是安全度更高的疏散出口。例如，一座3层的办公楼，在首层设置了一间大会议室，在其他楼层设置了办公室，则首层大会议室直通室外的疏散出口既是安全出口，也是疏散门，而各层办公室通向疏散走道的房间门就只是疏散门，而不是安全出口，但楼层上通向疏散楼梯间处的入口则是该楼层的安全出口。又如，一座3层的商店建筑，其二层营业厅设置了4道门，每道门均直通封闭楼梯间，则这4道门既是该营业厅的安全出口，也是其疏散门。

3. 在计算安全出口的净宽度时，一般应以安全出口门的净宽度和疏散楼梯梯段的净宽度中的最小者确定。设计时，疏散走道和楼梯间梯段、首层出口门的宽度通常应大于楼梯间楼层入口门的宽度。

【释疑】
疑点2.1.14：哪些区域属于室内安全区域？哪些区域属于室外安全区域？
释义：疏散楼梯间及其前室、避难间、避难层、避难走道、符合要求的室内步行街或有顶下沉广场、有顶庭院、相互间采用防火墙完全分隔的相邻防火分区等，均可视为室内安全区域。

符合人员安全停留并能使人员快速疏散离开的室外设计地面（包括露天下沉广场），上人屋面或平台，连接相邻建筑的开敞天桥或连廊，室外楼梯，建筑中连接疏散楼梯（间）、相邻建筑的上人屋面、天桥的敞开外廊等，均可视为室外安全区域。

2.1.15 封闭楼梯间　　enclosed staircase

在楼梯间入口处设置门，以防止火灾的烟和热气进入的楼梯间。

2.1.16 防烟楼梯间　　smoke-proof staircase

在楼梯间入口处设置防烟的前室、开敞式阳台或凹廊（统称前室）等设施，且通向前室和楼梯间的门均为防火门，以防止火灾的烟和热气进入的楼梯间。

【条文要点】

1. 封闭楼梯间在从楼层进入楼梯间的入口处要设置具有防烟作用的门。

2. 防烟楼梯间是较封闭楼梯间的防烟性能更高的楼梯间，由防烟前室和封闭楼梯间组合而成。开敞式阳台或凹廊，可以视为前室。

【设计要点】

1. 考虑到防火卷帘的实际使用效果及其防火防烟的可靠性等情况，楼梯间不允许采用防火卷帘与其他部位进行分隔。考虑到防火玻璃及其固定构造在火灾或高温作用下的可靠性，应尽量避免采用防火玻璃墙作为楼梯间的分隔墙体。

2. 符合规定的室外楼梯可以视为封闭楼梯间或防烟楼梯间。

3. 封闭楼梯间的作用是，火灾时能在一定程度上阻止火灾的烟和热直接进入楼梯间，提高人员在楼梯间内疏散时的安全性。这种楼梯间适用于火灾危险性较高、使用人员较多或使用人员行为能力较弱的多、高层工业与民用建筑。

封闭楼梯间的防烟门一般应为甲级或乙级防火门。一些火灾危险性较低的建筑，该门可以采用无防火性能要求的门，但要具有自行关闭的功能和一定的挡烟性能。

4. 防烟楼梯间采用开敞式阳台或凹廊作为防烟前室时，应确保这些阳台或凹廊具备良好的自然通风与排烟条件，能有效防止烟气在其中积聚，避免采用一面敞开的深凹廊。阳台和凹廊的净面积应符合规范对相应建筑前室的使用面积要求。

5. 安全出口的数量，不能简单地认为是疏散楼梯的数量。楼层上进入疏散楼梯的门口属于安全出口，但安全出口还包括通向其他安全区域的出口。

【释疑】

疑点 2.1.15-1：常见的室内疏散楼梯间有防烟楼梯间、封闭楼梯间、敞开楼梯间，疏散用的楼梯间指的是哪种楼梯间？敞开楼梯能否作为疏散楼梯间？

释义：不同火灾危险性或不同使用用途、不同建筑高度的建筑，其疏散楼梯的防火性能要求不同。所有符合规范要求，并且规范允许设置形式的楼梯间或楼梯均可以用作火灾时的疏散楼梯。敞开楼梯与疏散楼梯间是两种不同的事物，不能等同。

疑点 2.1.15-2：疏散楼梯间的围护结构指哪些建筑构件？

释义：疏散楼梯间的围护结构主要为楼梯间（空间）与室内其他部位的分隔墙体，大部分疏散楼梯间的围护结构还包括屋面板和外墙。对于疏散楼梯间与室内其他部位分隔的墙体，其耐火极限和燃烧性能不应低于相应耐火等级建筑对楼梯间分隔墙体的要求。不同耐火等级或结构形式的建筑，对疏散楼梯间分隔墙体的耐火极限和燃烧性能的要求不同，相关要求见《新建规》第 3.2.1 条、第 5.1.2 条和第 11.0.1 条等。疏散楼梯间的分隔墙体实际上属于防火隔墙，因此，只要符合相应耐火极限要求的防火分隔均可用作疏散楼梯间的分隔墙体。

疑点 2.1.15-3：封闭楼梯间和防烟楼梯间在每个自然楼层的开门数量是否有规定？

释义：封闭楼梯间和防烟楼梯间在每个楼层的开门数量，应保证门的启闭不影响人员的疏散行动，不会减小楼梯的疏散宽度，也不会因增加门的数量而增大进入楼梯间的热和烟气或降低进入楼梯间内的人员的安全性。除个别休息平台较大的封闭楼梯间或前室较大的防烟楼梯间外，一般在每自然楼层内不允许开设多个方向进入楼梯间的门。当设置多道进入楼梯间的门时，要避免因门开启导致进入楼梯间的人员出现拥挤，疏散楼梯的梯段宽度要与门的位置及开启情况匹配，确保所有门均能及时可靠地关闭，以保证烟气不会进入封闭楼梯间或保证前室及楼梯空间内的正压或门洞风速符合防烟要求。

疑点 2.1.15-4：封闭楼梯间、防烟楼梯间前室直接开向室外的门（含楼梯间出屋面的门）是否可用普通门？

释义：封闭楼梯间、防烟楼梯间前室直接开向室外的门，包括在首层、屋面或其他楼层（如坡顶层）直接通向室外的门。对于封闭楼梯间，在首层或屋面直通室外处可以不设置门，也可采用无防火性能要求的门，但如果将封闭楼梯间设置在首层门厅内或楼梯间内设置了机械加压送风防烟系统，则要视具体情况确定设置门与否，一般仍应设置防火门。对于防烟楼梯间，由于在火灾时需要保持其中具有一定的正压，防烟楼梯间在首层或屋面直通室外处仍应设置防火门或烟密闭性能符合要求的普通门或防火门；但前室在直通室外处，一般可以不设置门。

2.1.17 避难走道 exit passageway
采取防烟措施且两侧设置耐火极限不低于 3.00h 的防火隔墙，用于人员安全通行至室外的走道。

【条文要点】

避难走道是室内具有可靠防火、防烟性能的疏散走道，除出入口外，避难走道的上下和两侧均应采用耐火结构（楼板和墙体等）与其他空间进行了分隔。

【相关标准】

《人民防空工程设计防火规范》GB 50098—2009。

【设计要点】

1. 避难走道两侧的围护结构应为耐火极限不低于 3.00h 的不燃性防火隔墙，不允许采用防火卷帘等其他分隔方式，尽量避免采用防火玻璃墙。

2. 避难走道的顶板、底板应为耐火极限不低于 1.50h 的不燃性楼板。

3. 避难走道的设防水平与防烟楼梯间相当，但安全条件较防烟楼梯间略好。避难走道需要设置防烟前室。

4. 避难走道通常用于难以按照规范要求设置直通地面的安全出口的地下建筑，或者平面面积巨大且难以按照规范要求设置直通室外的安全出口的建筑。

5. 避难走道的相关要求见《新建规》第 6.4.13 条。

2.1.18　闪点　　flash point

在规定的试验条件下，可燃性液体或固体表面产生的蒸气与空气形成的混合物，遇火源能够闪燃的液体或固体的最低温度（采用闭杯法测定）。

【条文要点】

闪点不是定值，它随环境条件变化而变化，一般用 ℃ 表示。

【相关标准】

《闪点的测定　宾斯基 – 马丁闭口杯法》GB/T 261—2008；

《闪点的测定　快速平衡闭杯法》GB/T 5208—2008；

《闪点的测定　闭杯平衡法》GB/T 21775—2008；

《泰格闭口杯闪点测定法》GB/T 21929—2008；

《石油产品　闪点测定　阿贝尔 – 宾斯基闭口杯法》GB/T 27847—2011；

《石油产品　闪点和燃点的测定　克利夫兰开口杯法》GB/T 3536—2008；

《石油产品和其他液体闪点的测定　阿贝尔闭口杯法》GB/T 21789—2008；

《胶粘剂闪点的测定　闭杯法》GB/T 30777—2014；

《液态沥青和稀释沥青　闪点测定　阿贝尔闭口杯法》GB/T 27848—2011；

《增塑剂闪点的测定　克利夫兰开口杯法》GB/T 1671—2008；

《危险品　易燃液体闭杯闪点试验方法》GB/T 21615—2008；

《塑料燃烧性能试验方法　闪燃温度和自燃温度的测定》GB/T 9343—2008。

【相关名词】

1. **燃点**——可燃物质受热分解并被点燃发生持续燃烧所需的最低温度，一般用 ℃ 表示。

燃点不是闪点。在闪点对应的温度下，物质被点燃后一闪即灭，不能持续燃烧；在燃点对应的温度下，物质被点燃后可持续燃烧。闪点在 100℃ 以下的物质，其燃点常与闪点相当接近，在评估或表示某一物质的危险程度时，常用闪点，较少采用燃点。

闪点是判定一种可燃液体或固体火灾危险性的重要参数。闪点越低，该物质的火灾危险性越大，越容易发生燃烧。如汽油的闪点小于 28℃，煤油的闪点为 28℃ ~ 60℃，重柴油的闪点大于 60℃。这三种油品的火灾危险性类别依次为甲、乙、丙类，而且汽油的危险性最大，重柴油最低。

2. **自燃点**——可燃物质在没有外部火花、火焰等火源的作用下，能使物质因受热或自身发热并蓄热而发生自行燃烧的最低温度，一般用 ℃ 表示。

自燃点和燃点都是动态的，与压力、氧浓度等相关。两者的区别在于使物质发生燃烧是否需要施加外部点火源。

2.1.19　爆炸下限　　lower explosion limit

可燃的蒸气、气体或粉尘与空气组成的混合物，遇火源即能发生爆炸的最低浓度。

【相关名词】

1. **爆炸极限**——可燃的气体、蒸气或粉尘、纤维与空气组成的混合物遇火源即能发生爆炸的最低或最高浓度，其最高浓度称为爆炸上限，最低浓度称为爆炸下限。可燃性蒸气或气体的浓度按体积比计算，用体积百分比（V/V）% 表示；可燃性粉尘或纤维的浓度为单位体积空气中含有可燃性粉尘或纤维的质量，用 g/m^3 表示。

当可燃的气体、蒸气或粉尘、纤维与空气组成的混合物浓度处于爆炸上限以上或爆炸下限以下时，会因氧浓度或可燃物的浓度不够而无法使燃烧持续进行，因此不会发生燃烧或爆炸。

2. **爆炸危险指数**——某一物质的爆炸上、下限的差值与其爆炸下限的比值。

【条文要点】

可燃物质在空气中遇火源能发生爆炸的最低浓度。

【设计要点】

1. 在实际工作中，对易燃、易爆物质的使用和控制都很严格，通常采用物质的爆炸下限来对环境和生产过程等进行控制和报警，更能反映现实情况。

2. 爆炸下限越小，表示该物质越容易发生爆炸，其危险性越大。爆炸危险指数越高，该物质的爆炸危险性越高。在设计时，即使划分为同一类别火灾危险性的物质，在采取相应的防火防爆措施时，仍要根据不同物质的爆炸下限区别对待，选择更有针对性的防爆措施。

2.1.20　沸溢性油品　　boil–over oil

含水并在燃烧时可产生热波作用的油品。

【条文要点】

沸液性油品不仅是一种含水的油品，而且是在燃烧时可产生热波作用的油品，并通过热波作用将热量不断传递至下部油品，如原油、渣油、重油等油品，含水率一般为 0.3% ~ 4.0%。

【设计要点】

当油品的温度高于100℃时，在热量向下传递时遇到油品所含的水，便可引起水的汽化，使水的体积膨胀，从而引起油品沸溢。这种油品在燃烧时一旦发生突沸现象，将具有极大的危险性，容易危及救援人员安全，并引发更大面积的流淌火。因此，在布置此类油品的储罐时，要注意与其他性质的油品分开，且要每罐设置一个防火堤或防火隔堤；在灭火过程中，要安排观察哨密切注意观察和组织及时撤离。

2.1.21　防火间距　　fire separation distance

防止着火建筑在一定时间内引燃相邻建筑，便于消防扑救的间隔距离。

注：防火间距的计算方法应符合本规范附录 B 的规定。

【条文要点】

1. 防火间距是一个空间间隔，用相对水平距离度量，一般用"m"表示。

2. 防火间距不是安全距离，不能完全防止火灾在持续较长时间后向相邻建筑的蔓延，也不能有效降低爆炸对相邻建筑的破坏作用。

3. 防火间距应能满足消防车通行和展开进行灭火救援的基本要求。

【设计要点】

1. 火灾发生、发展的整个过程始终伴随着热传播。热传播主要有热传导、热对流和热辐射三种途径以及飞火直接点燃的传播方式。《新建规》对建筑之间的防火间距要求，主要基于火灾的热辐射作用。因此，在确定防火间距时，相邻建筑的相对立面上下各处均需要符合规定距离。

2. 对于某些情形，如堆垛高度高的可燃材料堆场以及建筑邻近可燃材料堆场时，在确定防火间距时，还要考虑堆垛高度对飞火以及塌落等对火灾蔓延的影响，不能仅仅符合规范规定的最小数值。

2.1.22　防火分区　　fire compartment

在建筑内部采用防火墙、楼板及其他防火分隔设施分隔而成，能在一定时间内防止火灾向同一建筑的其余部分蔓延的局部空间。

【条文要点】

1. 防火分区是在建筑内部人为划分的一个用于控制火灾蔓延，减少火灾危害或损失的局部空间，用分区的建筑面积表示。

2. 防火分区周围应采用能防止火灾蔓延的耐火构配件、结构或其他防火分隔设施围合封闭。

【设计要点】

1. 防火分区的主要作用，一是将建筑内发生的火灾控制在一个限定的空间内，减小火灾的危害或损失；二是为建筑内其他防火分区内的人员争取更多的逃生时间；三是便于应急救援和灭火。因此，建筑设计一般需要根据其内部空间的不同功能和用途合理地划分防火分区。

2. 防火分区主要有按竖向和水平方向进行划分两种方式。在竖向（即沿建筑高度方向），一般按自然楼层划分，主要采用耐火楼板进行分隔；在水平方向，主要采用防火墙等进行分隔。

无论竖向的防火分区还是水平的防火分区，均要严格控制一个防火分区的建筑面积，确保防火分区之间分隔措施的可靠性和有效性。防火分区的建筑面积是大多数建筑防火设计的一项重要控制指标。对此，《新建规》规定了不同建筑中一个防火分区的最大允许建筑面积。

【释疑】

疑点 2.1.22–1：贯穿于建筑内各楼层的楼梯间、电梯竖井、竖向风井的建筑面积能否不计入防火分区的建筑面积？

释义：贯穿于建筑内各楼层的楼梯间、电梯竖井、竖向风井，均应划分在各自楼层的相应防火分区内，其建筑面积也应计入相应防火分区的建筑面积。

疑点 2.1.22–2：按竖向划分防火分区时，是否要考虑建筑物的耐火等级？

释义：划分防火分区时，无论是竖向还是水平方向，均应根据建筑的耐火等级来确定其大小。在竖向，无论建筑的耐火等级高低，均应采用耐火楼板进行分隔。对于采用难燃性或可燃性楼板的木结构建筑和四级耐火等级的建筑，在计算防火分区的建筑面积时，一般需将上下层的建筑面积叠加计算。

2.1.23 充实水柱 full water spout

从水枪喷嘴起至射流 90% 的水柱水量穿过直径 380mm 圆孔处的一段射流长度。

【条文要点】

充实水柱是从水枪喷嘴出水后的一段水未发散、基本实心的射流长度，该定义也是确定充实水柱长度的方法，单位为"m"。

充实水柱是衡量消防水枪有效射程的指标。在确定室内消火栓的设置间距时，应根据室内可燃物的分布状态和高度来确定其所需充实水柱的长度，进而确定室内消火栓的布置间距及消火给水系统的设计工作压力。

2.2 建 筑 高 度

建筑高度为建筑物从室外设计地面至其屋面的高度，是判定单层、多层、高层建筑和确定建筑设防水平的重要参数之一。不同屋面形式的建筑物，其建筑高度的计算方法略有差异。

1. 坡屋面或穹顶建筑。

（1）对于坡屋面建筑，其建筑高度应为建筑的室外设计地面至其檐口与屋脊的平均高度，即建筑的室外设计地面至其檐口的距离和至其屋脊的距离的平均值，参见图 2.4（a）。

（2）对于穹顶屋面的建筑，其建筑高度应为建筑的室外设计地面至穹顶顶部与建筑顶层水平层高线的平均高度处的距离，参见图 2.4（b）。

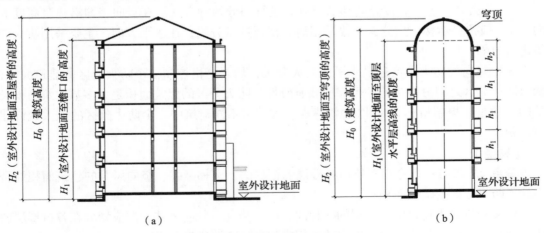

图 2.4 坡屋面示意图（一）

注：建筑高度 $H_0 = \dfrac{H_1 + H_2}{2}$；$h_2 = h_1$（建筑物标准层的层高）。

（3）对于坡屋面跨越多个楼层的建筑，其建筑高度应为建筑的室外设计地面至坡屋面的坡顶与建筑顶层水平层高线的平均高度处的距离，参见图 2.5。

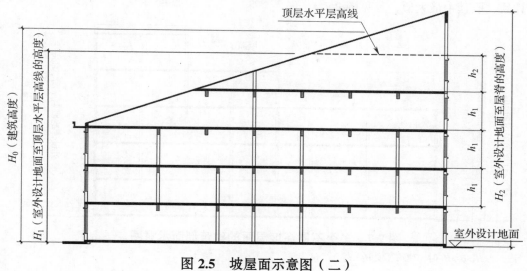

图 2.5　坡屋面示意图（二）

注：建筑高度 $H_0 = \dfrac{H_1 + H_2}{2}$；$h_2 = h_1$（建筑物标准层的层高）。

2. 平屋面建筑。

平屋面建筑的建筑高度应为建筑的室外设计地面至屋面面层的距离，参见图 2.6（a）。当平屋面上有局部突出的建筑物且突出部分占用屋面的总面积超过本章第 2.2.5 条的推荐数值时，其建筑高度应计算至局部突出的建筑物平屋面的面层，参见图 2.6（b）。

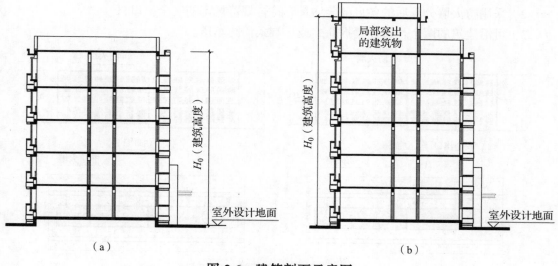

（a）　　　　　　　　　　　　　　　（b）

图 2.6　建筑剖面示意图

3. 多个不同高度屋面的建筑。

对于同时存在多种形式或多个不同高度屋面的建筑，其建筑高度应按照上述方法分别计算后，取其中最大值，参见图 2.7。

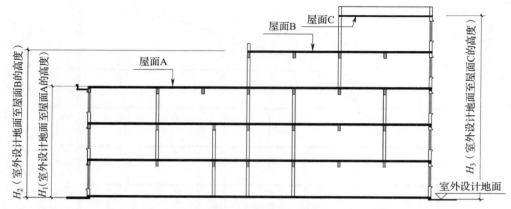

图 2.7　多个不同高度屋面的建筑剖面示意图

注：当 $H_3 > H_2 > H_1$ 时，建筑高度 $H_0 = H_3$。

4. 坡地或山地建筑。

（1）在纵向：位于坡地、山地等类似台阶式地坪上的建筑，当同时符合下列条件时，可以分别按上述方法计算该建筑不同部分的建筑高度，参见图 2.8（a）；否则，应按其中建筑高度最大者确定其建筑高度，参见图 2.8（b）：

1）同一建筑沿纵向（即沿建筑长度方向）位于不同高程地坪上的不同部分之间设置防火墙；

2）采用防火墙分隔后的各自部分均具有符合规范规定的安全出口；

3）可沿建筑的两个长边设置贯通式或尽端式消防车道。

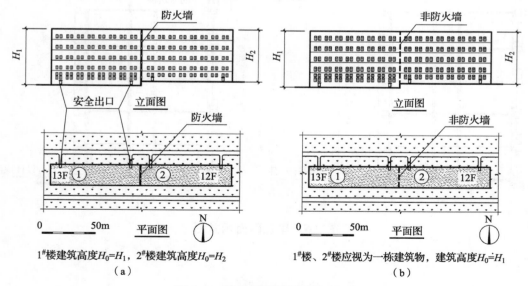

1#楼建筑高度 $H_0 = H_1$，2#楼建筑高度 $H_0 = H_2$　　　1#楼、2#楼应视为一栋建筑物，建筑高度 $H_0 = H_1$

（a）　　　　　　　　　　　　　　　　　（b）

图 2.8　坡地建筑示意图（一）

（2）在横向：位于坡地、山地等类似台阶式地坪上的建筑，当同时符合下列条件时，可以分别按上述方法计算该建筑不同部分的建筑高度 H_1、H_2，参见图 2.9（a）；否则，应按其中建筑高度最大者确定该建筑的建筑高度 H_1，参见图 2.9（b）：

1）同一建筑沿横向（即沿建筑物宽度方向）位于不同高程地坪上的不同部分之间设置防火墙；

2）采用防火墙分隔后的各部分均具有符合规范规定的安全出口；

3）可沿建筑的两个长边设置贯通式或尽端式消防车道。

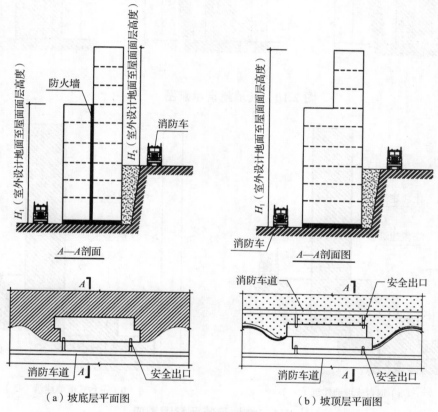

图 2.9　坡地建筑示意图（二）

（3）上、下段功能相同的坡地建筑：上、下段使用功能相同的坡地建筑，应视分段界面与坡顶的位置来确定该建筑上、下段的建筑高度和总建筑高度。

1）当分段界面与坡顶平齐，即 $H_1=H_0$ 时［参见图 2.10（a）］，上段的建筑高度为 H_2，下段的建筑高度为 H_1，总建筑高度为 H。

2）当分段界面高于坡顶，即 $H_1<H_0$ 时［参见图 2.10（b）和图 2.11（a）］，上段的建筑高度为 H_2，下段的建筑高度为 H_0，总建筑高度为 H。

3）当分段界面低于坡顶，即 $H_1>H_0$ 时［参见图 2.10（c）和图 2.11（b）］，上段的建筑高度为 H_2，下段的建筑高度为 H_1，总建筑高度为 H。

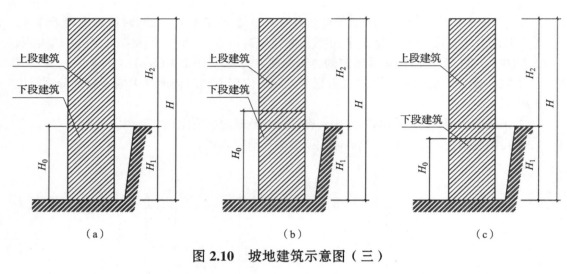

（a） （b） （c）

图 2.10 坡地建筑示意图（三）

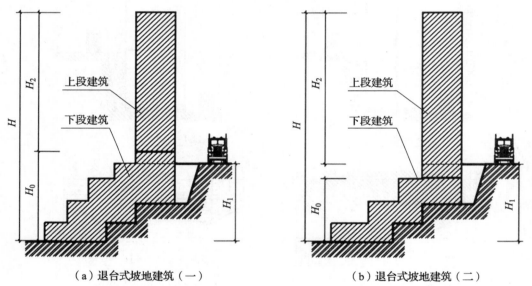

（a）退台式坡地建筑（一） （b）退台式坡地建筑（二）

图 2.11 坡地建筑示意图（四）

（4）上、下段功能不同的坡地建筑：上、下段使用功能不同的坡地建筑，应视功能分区楼板与坡顶的位置来确定上、下段的建筑高度和总建筑高度。

1）功能分区楼板与坡顶平齐，即 $H_1=H_0$ 时［参见图 2.12（a）］，上段的建筑高度为 H_2，下段的建筑高度为 H_1，总建筑高度为 H。

2）功能分区楼板高于坡顶，即 $H_1<H_0$ 时［参见图 2.12（b）和图 2.13（a）］，上段的建筑高度为 H_2，下段的建筑高度为 H_0，总建筑高度为 H。

3）功能分区楼板低于坡顶，即 $H_1>H_0$ 时［参见图 2.12（c）和图 2.13（b）］，上段的建筑高度为 H_2，下段的建筑高度为 H_1，总建筑高度为 H。

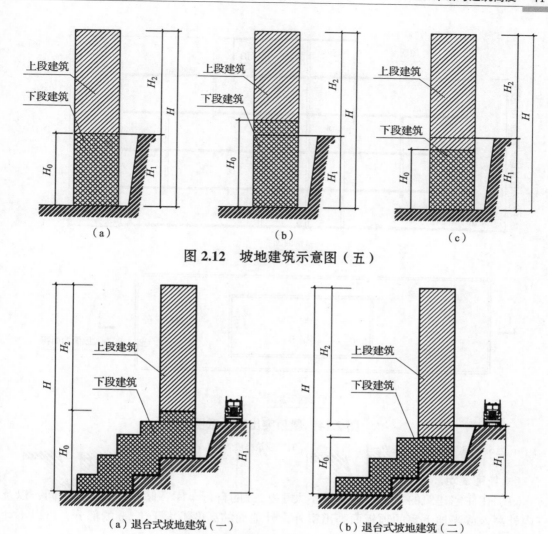

图 2.12 坡地建筑示意图（五）

图 2.13 坡地建筑示意图（六）

（5）对于上、下段使用功能不同的建筑，当功能分区楼板和楼板处外墙上下开口的防火措施符合相关规定时，上、下段建筑可按各自建筑高度进行防火设计。否则，应按总建筑高度进行防火设计。

5. 屋面有突出设施的建筑。

建筑屋面上设置的瞭望塔、冷却塔、水箱间、微波天线间或设施、电梯机房、排风和排烟机房以及楼梯出口小间和辅助用房，当这些设施占用屋面的总面积较小时，其高度可以不计入该建筑的建筑高度，参见图 2.14；否则，应按上述方法计算建筑高度。

至于这些设施或用房占用屋面的面积多大可以不考虑，则要视该建筑的屋面大小而定，一般为屋面面积的 1/8 ~ 1/4。例如，《新建规》第 5.3.1 条规定，高层公共建筑中每个防火分区的最大允许建筑面积不应大于 1500m²（当建筑内设置自动灭火系统时，每个防火分区的最大允许建筑面积可为 3000m²）。对于一类高层公共建筑，如再按 1/4 来控制突出屋面的建（构）筑物，其占用屋面的面积最大可达 750m²，这时按照 1/8 来控制较为合理。

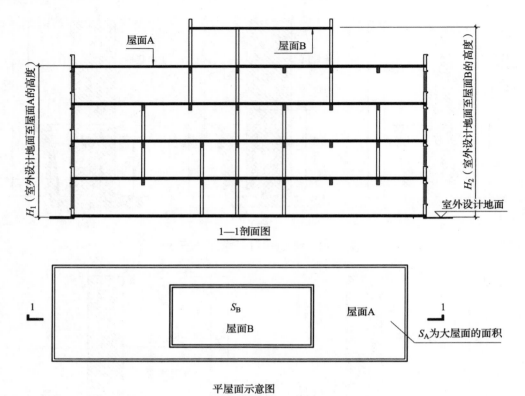

图 2.14　屋顶突出物示意图

注：当 $S_B > \frac{1}{8} S_A$ 时，建筑高度 $H_0 = H_2$；当 $S_B \leqslant \frac{1}{8} S_A$ 时，建筑高度 $H_0 = H_1$。

6. 住宅建筑。

（1）在住宅建筑的下部设置层高不大于 2.2m 的自行车库、储藏室或敞开空间，以及室内外高差或半地下室的顶板面高出室外设计地面的高度不大于 1.5m 的部分，可以不计入住宅建筑的建筑高度。

（2）设置商业服务网店的住宅建筑，其建筑高度应按上述第 2.2.1 条～第 2.2.5 条的方法确定。

（3）与除商业服务网点外的其他使用功能合建的住宅建筑，其建筑高度一般应从建筑的室外设计地面算起；但当非住宅部分的屋面具有满足消防车灭火救援要求的场地、车道和消防给水系统等，且住宅部分的疏散楼梯直接通至该屋面并到达室外地坪时，其建筑高度可以从停靠消防车的屋面或平台算起，其他计算方法同上。住宅与其他使用功能组合建造的建筑的总建筑高度，为建筑中住宅部分与其他使用功能部分组合后的建筑最大高度，并应从建筑的室外设计地面算起。建筑中非住宅部分的建筑高度应为建筑的室外设计地面至其最上一层顶板或屋面面层的高度。

对于住宅建筑，符合如下情况之一时，其底部高度可以不计入住宅建筑的建筑高度：

（1）设置在住宅建筑下部且室内高度不大于 2.2m 的自行车库、储藏室、敞开空间，参见图 2.15（a）；

（2）住宅建筑的地下或半地下室的顶板面高出室外设计地面的高度不大于 1.5m 的部分，参见图 2.15（b）；

（3）住宅建筑室内外高差不大于 1.5m 的部分，参见图 2.15（c）。

当住宅建筑的地下或半地下室的顶板面高出室外设计地面的高度大于 1.5m 时，其底部高度应计入建筑高度，参见图 2.15（d）。

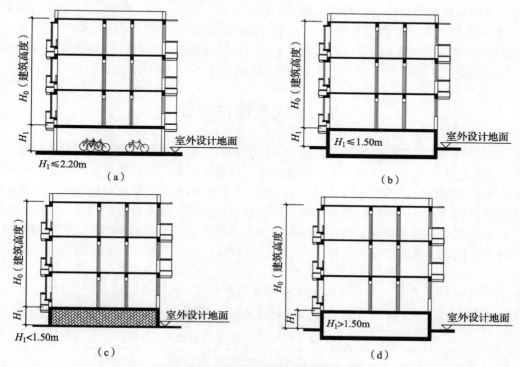

图 2.15　住宅建筑底部剖面示意图

3　厂房和仓库

　　工业建筑主要分为生产厂房、仓库和辅助附属设施。辅助附属设施主要由热能、动力类建（构）筑物及设备设施构成，常见的有水泵站、变配电站、柴油发电机房、致冷机房、锅炉房、（氧气、乙炔、煤气等）气体站房、热交换站、燃气调压站等各类建筑。这些为工业生产或仓储服务的建筑的防火要求，可以比照相应火灾危险性类别的厂房或库房来确定。因此，工业建筑的防火设计主要体现为各类厂房、仓库的防火设计。

3.1　火灾危险性分类

　　生产厂房的火灾危险性类别是其防火设计的基础，需由建筑专业与工艺专业根据厂房的实际用途、工艺流程、环境或生产条件和生产过程中所用物质及其产品的数量与火灾危险性等情况共同确定。由于生产工艺千差万别，而厂房的火灾危险性类别与生产过程中所使用的原材料或产生的中间物质及最终产品的数量及其火灾危险性直接相关，因此，在确定厂房的火灾危险性类别时，设计者要对厂房内各部位生产中使用和产生的物质的物理与化学特性、数量及环境或生产条件，不同生产部位在厂房内所占比例等有明确的了解。

3.1.1　生产的火灾危险性应根据生产中使用或产生的物质性质及其数量等因素划分，可分为甲、乙、丙、丁、戊类，并应符合表 3.1.1 的规定。

表 3.1.1　生产的火灾危险性分类

生产的火灾危险性类别	使用或产生下列物质生产的火灾危险性特征
甲	1．闪点小于 28℃ 的液体； 2．爆炸下限小于 10% 的气体； 3．常温下能自行分解或在空气中氧化能导致迅速自燃或爆炸的物质； 4．常温下受到水或空气中水蒸气的作用，能产生可燃气体并引起燃烧或爆炸的物质； 5．遇酸、受热、撞击、摩擦、催化以及遇有机物或硫黄等易燃的无机物，极易引起燃烧或爆炸的强氧化剂； 6．受撞击、摩擦或与氧化剂、有机物接触时能引起燃烧或爆炸的物质； 7．在密闭设备内操作温度不小于物质本身自燃点的生产
乙	1．闪点不小于 28℃，但小于 60℃ 的液体； 2．爆炸下限不小于 10% 的气体； 3．不属于甲类的氧化剂； 4．不属于甲类的易燃固体； 5．助燃气体； 6．能与空气形成爆炸性混合物的浮游状态的粉尘、纤维、闪点不小于 60℃ 的液体雾滴

续表 3.1.1

生产的火灾危险性类别	使用或产生下列物质生产的火灾危险性特征
丙	1. 闪点不小于 60℃的液体； 2. 可燃固体
丁	1. 对不燃烧物质进行加工，并在高温或熔化状态下经常产生强辐射热、火花或火焰的生产； 2. 利用气体、液体、固体作为燃料或将气体、液体进行燃烧作其他用的各种生产； 3. 常温下使用或加工难燃烧物质的生产
戊	常温下使用或加工不燃烧物质的生产

【条文要点】

1. 厂房内不同生产部位的火灾危险性类别需根据该部位生产所使用或产生的物质的性质及其数量、生产条件等因素确定。

2. 厂房内各类生产的火灾危险性类别可以分为甲、乙、丙、丁、戊类共 5 类。

3. 规定了确定各类生产火灾危险性分类的基本原则和相应物质的基本特征。

【设计要点】

生产的火灾危险性分类一般遵循以下原则，不同生产的火灾危险性类别举例见表 F3.1。

表 F3.1　生产的火灾危险性分类举例

生产的火灾危险性类别	举　例
甲类	1. 闪点小于 28℃的油品和有机溶剂的提炼、回收或洗涤部位及其泵房，橡胶制品的涂胶和胶浆部位，二硫化碳的粗馏、精馏工段及其应用部位，青霉素提炼部位，原料药厂的非纳西汀车间的烃化、回收及电感精馏部位，皂素车间的抽提、结晶及过滤部位，冰片精制部位，农药厂乐果厂房，敌敌畏的合成厂房、磺化法糖精厂房，氯乙醇厂房，环氧乙烷、环氧丙烷工段，苯酚厂房的磺化、蒸馏部位，焦化厂吡啶工段，胶片厂片基车间，汽油加铅室，甲醇、乙醇、丙酮、丁酮异丙醇、醋酸乙酯、苯等的合成或精制厂房，集成电路工厂的化学清洗间（使用闪点小于 28℃的液体），植物油加工厂的浸出车间；白酒液态法酿酒车间、酒精蒸馏塔，酒精度为 38 度及以上的勾兑车间、灌装车间、酒泵房；白兰地蒸馏车间、勾兑车间、灌装车间、酒泵房； 　2. 乙炔站，氢气站，石油气体分馏（或分离）厂房，氯乙烯厂房，乙烯聚合厂房，天然气、石油伴生气、矿井气、水煤气或焦炉煤气的净化（如脱硫）厂房压缩机室及鼓风机室，液化石油气灌瓶间，丁二烯及其聚合厂房，醋酸乙烯厂房，电解水或电解食盐厂房，环己酮厂房，乙基苯和苯乙烯厂房，化肥厂的氢氮气压缩厂房，半导体材料厂使用氢气的拉晶间，硅烷热分解室； 　3. 硝化棉厂房及其应用部位，赛璐珞厂房，黄磷制备厂房及其应用部位，三乙基铝厂房，染化厂某些能自行分解的重氮化合物生产，甲胺厂房，丙烯腈厂房； 　4. 金属钠、钾加工厂房及其应用部位，聚乙烯厂房的一氧二乙基铝部位，三氯化磷厂房，多晶硅车间三氯氢硅部位，五氧化二磷厂房；

续表 F3.1

生产的火灾危险性类别	举 例
甲类	5. 氯酸钠、氯酸钾厂房及其应用部位，过氧化氢厂房，过氧化钠、过氧化钾厂房，次氯酸钙厂房； 6. 赤磷制备厂房及其应用部位，五硫化二磷厂房及其应用部位； 7. 洗涤剂厂房石蜡裂解部位，冰醋酸裂解厂房
乙类	1. 闪点大于或等于 28℃至小于 60℃的油品和有机溶剂的提炼、回收、洗涤部位及其泵房，松节油或松香蒸馏厂房及其应用部位，醋酸酐精馏厂房，己内酰胺厂房，甲酚厂房，氯丙醇厂房，樟脑油提取部位，环氧氯丙烷厂房，松针油精制部位，煤油灌桶间； 2. 一氧化碳压缩机室及净化部位，发生炉煤气或鼓风炉煤气净化部位，氨压缩机房； 3. 发烟硫酸或发烟硝酸浓缩部位，高锰酸钾厂房，重铬酸钠（红矾钠）厂房； 4. 樟脑或松香提炼厂房，硫黄回收厂房，焦化厂精萘厂房； 5. 氧气站，空分厂房； 6. 铝粉或镁粉厂房，金属制品抛光部位，煤粉厂房、面粉厂的碾磨部位、活性炭制造及再生厂房，谷物筒仓的工作塔，亚麻厂的除尘器和过滤器室
丙类	1. 闪点大于或等于 60℃的油品和有机液体的提炼、回收工段及其抽送泵房，香料厂的松油醇部位和乙酸松油脂部位，苯甲酸厂房，苯乙酮厂房，焦化厂焦油厂房，甘油、桐油的制备厂房，油浸变压器室，机器油或变压油罐桶间，润滑油再生部位，配电室（每台装油量大于 60kg 的设备），沥青加工厂房，植物油加工厂的精炼部位； 2. 煤、焦炭、油母页岩的筛分、转运工段和栈桥或储仓，木工厂房，竹、藤加工厂房，橡胶制品的压延、成型和硫化厂房，针织品厂房，纺织、印染、化纤生产的干燥部位，服装加工厂房，棉花加工和打包厂房，造纸厂备料、干燥车间，印染厂成品厂房，麻纺厂粗加工车间，谷物加工厂房，卷烟厂的切丝、卷制、包装车间，印刷厂的印刷车间，毛涤厂选毛车间，电视机、收音机装配厂房，显像管厂装配工煅烧枪间，磁带装配厂房，集成电路工厂的氧化扩散间、光刻间，泡沫塑料厂的发泡、成型、印片压花部位，饲料加工厂房，畜（禽）屠宰、分割及加工车间、鱼加工车间
丁类	1. 金属冶炼、锻造、铆焊、热轧、铸造、热处理厂房； 2. 锅炉房，玻璃原料熔化厂房，灯丝烧拉部位，保温瓶胆厂房，陶瓷制品的烘干、烧成厂房，蒸汽机车库，石灰焙烧厂房，电石炉部位，耐火材料烧成部位，转炉厂房，硫酸车间焙烧部位，电极煅烧工段，配电室（每台装油量小于等于 60kg 的设备）； 3. 难燃铝塑料材料的加工厂房，酚醛泡沫塑料的加工厂房，印染厂的漂炼部位，化纤厂后加工润湿部位
戊类	制砖车间，石棉加工车间，卷扬机室，不燃液体的泵房和阀门室，不燃液体的净化处理工段，除镁合金外的金属冷加工车间，电动车库，钙镁磷肥车间（焙烧炉除外），造纸厂或化学纤维厂的浆粕蒸煮工段，仪表、器械或车辆装配车间，氟利昂厂房，水泥厂的轮窑厂房，加气混凝土厂的材料准备、构件制作厂房

注：本表引自《新建规》第 179 页～第 182 页。

（1）生产中使用的物质，主要指相应部位生产时所用的主要原料或产出的产品（包括中间产品和最终产品）中数量较多或者虽数量少，但易引发爆炸或燃烧的物质。

（2）甲、乙、丙类可燃液体以其闪点作为划分基准。闪点小于 28℃的液体划分为甲类、闪点大于或等于 28℃但小于 60℃的液体或可燃液体雾滴划分为乙类，闪点大于或等于60℃的液体划分为丙类。

（3）甲、乙类可燃或助燃气体以其爆炸下限为划分基准。爆炸下限小于10%的气体划分为甲类、爆炸下限大于或等于10%的气体划分为乙类。

（4）能与空气形成爆炸性混合物的浮游状态的可燃粉尘或纤维划分为乙类。所有在生产或操作过程中可能产生可燃粉尘或纤维的场所，均应考虑是否要采取相应的防爆措施，如亚麻生产车间、面粉生产车间、轮毂抛光车间、可能产生锯末粉尘的木材或木器加工车间等。粉尘的粒径大小、空气湿度、化学成分、点火能或点火温度以及爆炸极限浓度等，是决定能否引发粉尘爆炸的主要因素。

（5）影响火灾危险性的因素主要有生产工艺、生产过程中原料的性质和数量、中间或最终产品的性质和数量、实际生产或环境条件等。

在确定厂房中某部位生产的火灾危险性类别时，要确定生产过程中该部位可能存在的全部物质（包括原料、中间产物或最终产品）中每一种物质的火灾危险性特征和数量以及生产中的生产或操作条件（如温度、压力、湿度等）是否会改变物质的性质。一般要按其中危险性类别高的物质确定，当同时存在甲、乙、丙类时，一般要按照甲类确定；当存在多种形态的物质时，要分别按照不同形态物质的危险性特征来确定各物质的火灾危险性，再确定该部位的火灾危险性。另外，生产方法和生产条件对物质火灾危险性的影响也较大。例如，不同的金属加工过程，有的会产生金属粉尘，如金属研磨；有的则不会，如金属锻造。又如，操作温度超过其闪点的乙类液体应视为甲类液体，操作温度超过其闪点的丙类液体应视为乙类液体等。

在实际工程中，一些产品可能有若干种不同工艺的生产方法，其中使用的原料和生产条件也可能不尽相同，由不同生产方法所具有的火灾危险性也会有差异，分类时要注意区别对待。

3.1.2　同一座厂房或厂房的任一防火分区内有不同火灾危险性生产时，厂房或防火分区内的生产火灾危险性类别应按火灾危险性较大的部分确定；当生产过程中使用或产生易燃、可燃物的量较少，不足以构成爆炸或火灾危险时，可按实际情况确定；当符合下述条件之一时，可按火灾危险性较小的部分确定：

1　火灾危险性较大的生产部分占本层或本防火分区建筑面积的比例小于5%或丁、戊类厂房内的油漆工段小于10%，且发生火灾事故时不足以蔓延至其他部位或火灾危险性较大的生产部分采取了有效的防火措施；

2　丁、戊类厂房内的油漆工段，当采用封闭喷漆工艺，封闭喷漆空间内保持负压、油漆工段设置可燃气体探测报警系统或自动抑爆系统，且油漆工段占所在防火分区建筑面积的比例不大于20%。

【条文要点】

本条规定了一座生产厂房或厂房内一个防火分区的火灾危险性确定原则，以便合理确定相应的防火要求。

【设计要点】

1. 一座厂房的火灾危险性类别一般应根据该厂房内不同防火分区或不同楼层的火灾

危险性中的最大者确定。例如，一座 3 层的生产厂房，每层划分为一个防火分区，其中一层的火灾危险性为丙类、二层的火灾危险性为乙类、三层的火灾危险性为甲类，则该厂房的火灾危险性类别应划分为甲类。又如，一座划分 3 个防火分区（分别为 A、B、C 区）的单层生产厂房，其中 A 区的火灾危险性为丁类，B 区的火灾危险性为丙类，C 区的火灾危险性为乙类，则该厂房的火灾危险性类别应划分为乙类。

2. 同一座厂房内不同防火分区的火灾危险性应根据该防火分区内各生产部位中火灾危险性较大者确定。例如，一座划分有 2 个防火分区的厂房，其中一个防火分区内生产过程由 A、B、C 三个工序组成，A 工序的生产火灾危险性为甲类、B 工序的火灾危险性为乙类、C 工序的火灾危险性为丁类，则该防火分区的火灾危险性类别一般应划分为甲类。

3. 在一座厂房或一个防火分区中，如果其中火灾危险性较大部分在生产过程中使用或产生易燃、可燃物的量较少，不足以构成爆炸或火灾危险时，可按实际情况确定。例如，一座 3 层的空调机生产厂房，其中的一、二层均为机械加工与装配车间，三层部分区域为包装与成品中间库，则该厂房的火灾危险性类别可按照丁类确定。又如，一汽车生产装配车间，其中火灾危险性大的喷漆作业部位采取了设置相应的防火分隔和可燃气体探测与灭火等防火防爆措施，当该部位的建筑面积较小时（规范规定小于所在防火分区总建筑面积的 20%），该车间的火灾危险性类别仍可划分为丁类。

在该条的规范条文说明中给出了可不按物质危险特性确定生产火灾危险性类别的最大允许量，参见表 F3.2。

表 F3.2   可不按物质危险特性确定生产火灾危险性类别的最大允许量

火灾危险性类别		火灾危险性的特性	物质名称举例	最大允许量	
				与房间容积的比值	总量
甲类	1	闪点小于 28℃的液体	汽油、丙酮、乙醚	0.004L/m³	100L
	2	爆炸下限小于 10% 的气体	乙炔、氢、甲烷、乙烯、硫化氢	1L/m³（标准状态）	25m³（标准状态）
	3	常温下能自行分解导致迅速自燃爆炸的物质	硝化棉、硝化纤维胶片、喷漆棉、火胶棉、赛璐珞棉	0.003kg/m³	10kg
		在空气中氧化即导致迅速自燃的物质	黄磷	0.006kg/m³	20kg
	4	常温下受到水和空气中水蒸气的作用能产生可燃气体并能燃烧或爆炸的物质	金属钾、钠、锂	0.002kg/m³	5kg
	5	遇酸、受热、撞击、摩擦、催化以及遇有机物或硫黄等易燃的无机物能引起爆炸的强氧化剂	硝酸胍、高氯酸铵	0.006kg/m³	20kg
		遇酸、受热、撞击、摩擦、催化以及遇有机物或硫黄等极易分解引起燃烧的强氧化剂	氯酸钾、氯酸钠、过氧化钠	0.015kg/m³	50kg

续表 F3.2

火灾危险性类别		火灾危险性的特性	物质名称举例	最大允许量	
				与房间容积的比值	总量
甲类	6	与氧化剂、有机物接触时能引起燃烧或爆炸的物质	赤磷、五硫化磷	0.015kg/m³	50kg
	7	受到水或空气中水蒸气的作用能产生爆炸下限小于10%的气体的固体物质	电石	0.075kg/m³	100kg
乙类	1	闪点大于或等于28℃至60℃的液体	煤油、松节油	0.02L/m³	200L
	2	爆炸下限大于或等于10%的气体	氨	5L/m³（标准状态）	50m³（标准状态）
	3	助燃气体	氧、氟	5L/m³（标准状态）	50m³（标准状态）
		不属于甲类的氧化剂	硝酸、硝酸铜、铬酸、发烟硫酸、铬酸钾	0.025kg/m³	80kg
	4	不属于甲类的化学易燃危险固体	赛璐珞板、硝化纤维色片、镁粉、铝粉	0.015kg/m³	50kg
			硫黄、生松香	0.075kg/m³	100kg

注：本表引自《新建规》第183页～第185页。

【释疑】

疑点 3.1.2：在含有多种甲、乙类物质的丁、戊类厂房内，如何通过定量计算确定其火灾危险性类别？

释义：在丁、戊类生产车间内存在少量甲、乙类物质或甲、乙类火灾危险性的区域时，可以按照面积比或物质的含量方法经定量计算来确定其火灾危险性类别。

1. 面积比法。根据高火灾危险性区域在建筑或车间中所占建筑面积与该建筑或防火分区的建筑面积之比（K_S）来确定该车间或防火分区的火灾危险性类别。

$$K_S=\frac{火灾危险性较大区域的建筑面积（m^2）}{火灾危险性较大区域所在厂房或防火分区的建筑面积（m^2）}\times100\% \quad （式3.1）$$

当 K_S 符合表F3.3的数值时，可按火灾危险性类别较小者确定。

表 F3.3 面积比 K_S 的最大允许值

分类	生产车间情况		K_S
1	丁、戊类厂房	喷漆工段采用封闭喷漆工艺，封闭喷漆空间内保持负压、且油漆工段设置可燃气体探测报警系统或自动抑爆系统	≤ 20%
2		自行车生产等其他情况的油漆工段，发生火灾时不足以蔓延至其他部位，或采取了有效的防火措施	<10%
3	其他厂房	火灾危险性较大的生产部位发生火灾时不足以蔓延至其他部位，或采取了有效的防火措施	<5%

【应用举例】

例 3.1.2-1：一座长度为 120m、宽度为 36m 的汽车装配车间，主要区域的火灾危险性类别为丁类。其中的喷漆工段长度为 24m、宽度为 12m，喷漆作业所用物质主要为甲醇、乙醇、石脑油、二甲苯、乙酸 -2- 丁氧基乙酯、正丁醇、丁醚等，该工段的火灾危险性为甲类。喷漆工段与其他区域间设置了防火隔墙，喷漆区设置了可燃气体探测报警系统和细水雾灭火系统，平面布置参见图 3.1。试通过计算确定该车间的火灾危险性类别。

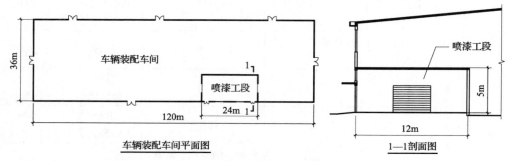

图 3.1　车辆装配车间示意图

解：第一步，计算该车间不同火灾危险性区域的面积比 K_S，即：

喷漆工段的建筑面积 =24×12=288（m^2），汽车装配车间的建筑面积 =120×36=4320（m^2），则：

$$K_S=\frac{288}{4320}\times 100\%=6.67\%$$

第二步，判断该装配车间的火灾危险性类别，经计算 K_S=6.67%<20%。

因此，该厂房的生产火灾危险性类别仍可划分为丁类，但喷漆工段应满足甲类火灾危险性的相关防火要求。

2. 物质含量法。生产车间内产生少量的甲、乙类物质（气态、液态和固态），当其总量和单位容积含量按下述方法计算后符合表 F3.2 规定时，可按其中的火灾危险性类别较小者确定。这种方法适用于空间容积较小的场所，当场所的面积和容积均较大时，计算结果仅供参考。

（1）甲、乙类物质（气态、液态和固态）含量：

$$\frac{\text{甲、乙类物质的总量（kg 或 L）}}{\text{所在场所的容积（}m^3\text{）}}<\text{最大允许值（}kg/m^3\text{ 或 }L/m^3\text{）}\qquad\text{（式 3.2）}$$

（2）易挥发性甲、乙类可燃液体的挥发性气体体积：

$$V=830.39\frac{\rho_1}{\rho_2}V_{\text{液体}}\qquad\text{（式 3.3）}$$

式中：V——挥发性气体的体积（L）；

　　　ρ_1——液体的相对密度，无量纲量；

　　　ρ_2——挥发性气体的相对密度，无量纲量；

　　$V_{\text{液体}}$——易挥发液体的体积（L）。

（3）对于一些遇水能起化学反应生成易燃气体的固体物质，可根据这些物质与水的化学反应方程式，求出其单位物质生成的可燃气体体积。

1.0mol 理想气体在标准状态（T=273.15K，P=101.33kPa）下的体积 V=22.414L。

【应用举例】

例 3.1.2-2：已知钾、钠、锂、电石各 1.0g 分别与水发生完全反应，求其分别能生成多少体积的易燃气体。

解：（1）钾与水反应：$2K+2H_2O \rightarrow 2KOH+H_2\uparrow$，钾的原子量为 39.098。

即 1.0g 钾与水完全反应所产生的氢气为 $0.5 \times 22.414 \div 39.098$=0.287（L）。

（2）钠与水反应：$2Na+2H_2O \rightarrow 2KOH+H_2\uparrow$，钠的原子量为 22.99。

即 1.0g 钠与水完全反应所产生的氢气为 $0.5 \times 22.414 \div 22.99$=0.487（L）。

（3）锂与水反应：$2Li+2H_2O \rightarrow 2LiOH+H_2\uparrow$，锂的原子量为 6.941。

即 1.0g 锂与水完全反应所产生的氢气为 $0.5 \times 22.414 \div 6.941$=1.615（L）。

（4）电石与水反应：$CaC_2+2H_2O \rightarrow Ca（OH）_2+C_2H_2\uparrow$，电石的分子量为 64.1。

即 1.0g 电石与水完全反应所产生的乙炔气体为 $22.414 \div 64.1$=0.35（L）。

上述计算的气体体积是按参与反应的物质纯度为 100% 计算的，实际物质纯度将低于100%，所产生的气体也会低于计算数值。

答：经计算，质量 1.0g 的钾、钠、锂、电石与水完全反应生成的易燃气体量，见表F3.4。

表 F3.4　质量 1.0g 的钾、钠、锂、电石与水完全反应生成的易燃气体量（L）

物质名称	钾	钠	锂	电石
氢气	0.287	0.487	1.615	—
乙炔气	—	—	—	0.35

3. 存在多种甲、乙类物质场所的火灾危险性类别确定。表 F3.2 所列甲、乙类物质可以分为四类：第一类是具有助燃、易燃、易爆性质的甲、乙类气体，如乙炔、氢气、氨气和氧气等；第二类是易挥发性的甲、乙类易燃液体，如汽油、乙醚、煤油等；第三类是与水反应能生成易燃气体的固体，如钾、钠、锂和乙炔等；第四类是固体物质自身属于甲、乙类氧化剂，如硝酸胍、氯酸钾、赤磷、硝酸铜、硫黄等。当在同一场所内同时存在上述四类物质时，可按如下规则定量验算其总量是否超过规范限定值。

（1）将各种易挥发的甲、乙类液体按（式 3.3）换算成易燃气体。

（2）将各种与水反应能生成易燃气体的物质，按例 3.1.2-2 方法换算成易燃气体。

（3）上述经化学反应生成的易燃气体体积是在标准状态（绝对温度 T=273.15K，标准气压 P=101.33kPa）下的计算结果。绝对温度 T=273.15K 相当于摄氏温度 0℃，当实际温度大于 0℃时，生成易燃气体的体积应根据理想气体状态方程进行换算，一般海拔地区可视为气压恒定不变：

$$V_2 = \frac{T_2 P_1 V_1}{T_1 P_2}$$

（式 3.4）

式中：V_1——环境温度为 0℃时的气体体积（m^3）；

$\qquad V_2$——环境温度为 t 时的气体体积（m^3）；

$\qquad T_1$——绝对温度（K）；

$\qquad T_2$——实际环境温度（K）；

$\qquad P_1$——标准气压（kPa）；

$\qquad P_2$——实际环境气压（kPa）。

（4）将按上述（1）（2）款换算的各气体求和，并考虑环境温度对气体体积的影响，忽略气压的变化，按（式 3.4）计算出实际的气体体积，并与既有气体的体积相加。根据房间的容积，按（式 3.5）计算出单位容积所含危险性气体的百分比 K_1，即：

$$K_1 = \frac{\text{甲、乙类气体体积的总和（}m^3\text{）}}{\text{所在场所的容积（}m^3\text{）}} \times 100\% \qquad （式 3.5）$$

（5）在甲、乙类易燃易爆气体中，计算 K_1 与爆炸下限的百分比。依据"当室内使用的可燃气体同空气所形成的混合性气体的浓度不大于爆炸下限的 5% 时，可不按甲、乙类火灾危险性划分"的规定，当满足（式 3.6）时，该场所的火灾危险性类别可不划分为甲、乙类。

$$K = \frac{K_1}{\text{气体的最低爆炸下限}} \times 100\% < 5\% \qquad （式 3.6）$$

（6）假设液态（或固态）物质的体积为 V_1，气态物质的体积为 V_2。经过对部分甲、乙类液体和固体物质挥发或反应前、后体积比的分析计算，即：$V_1/V_2 \approx 0.1\% \sim 0.5\%$。当同一空间内含有甲、乙类易燃易爆气体、液体和固体物质时，液态和固态物质与气态物质的体积之比值会很小，如按表 F3.2 规定存放甲、乙类液体和固体物质时，其体积相对气态的总体积可忽略不计。因此，除上述一些液态和固态物质可产生甲、乙类气体外，其他甲、乙类物质可按下式验算其单位容积含量和总量的最大允许值。

$$\frac{q_1}{w_2} + \frac{q_2}{w_2} + \frac{q_3}{w_3} + \cdots + \frac{q_n}{w_n} < 1 \qquad （式 3.7）$$

$$\frac{Q_1}{W_1} + \frac{Q_2}{W_2} + \frac{Q_3}{W_3} + \cdots + \frac{Q_n}{W_n} < 1 \qquad （式 3.8）$$

式中：q_1，q_2，q_3，$\cdots$，q_n——单位体积内实际所含甲、乙类液态或固态物质的质量（kg/m^3）；

$\qquad w_1$，w_2，w_3，$\cdots$，w_n——单位体积内甲、乙类液态或固态物质的质量最大允许值（kg/m^3），查表 F3.2；

$\qquad Q_1$，Q_2，Q_3，$\cdots$，Q_n——场所内实际所含甲、乙类液态或固态物质的质量（kg）；

$\qquad W_1$，W_2，W_3，$\cdots$，W_n——场所内甲、乙类液态或固态物质的质量最大允许值（kg），查表 F3.2。

当验算满足（式 3.6）～（式 3.8）时，可不按火灾危险性大的物质确定该场所的火灾危险性类别。

注：以上公式根据《危险化学品重大危险源辨识》GB 18218—2018 第 4.2.2 条规定的原理改写而成。

3.1.3 储存物品的火灾危险性应根据储存物品的性质和储存物品中的可燃物数量等因素划分，可分为甲、乙、丙、丁、戊类，并应符合表 3.1.3 的规定。

表 3.1.3 储存物品的火灾危险性分类

储存物品的火灾危险性类别	储存物品的火灾危险性特征
甲	1. 闪点小于 28℃ 的液体； 2. 爆炸下限小于 10% 的气体，受到水或空气中水蒸气的作用能产生爆炸下限小于 10% 气体的固体物质； 3. 常温下能自行分解或在空气中氧化能导致迅速自燃或爆炸的物质； 4. 常温下受到水或空气中水蒸气的作用，能产生可燃气体并引起燃烧或爆炸的物质； 5. 遇酸、受热、撞击、摩擦以及遇有机物或硫黄等易燃的无机物，极易引起燃烧或爆炸的强氧化剂； 6. 受撞击、摩擦或与氧化剂、有机物接触时能引起燃烧或爆炸的物质
乙	1. 闪点不小于 28℃，但小于 60℃ 的液体； 2. 爆炸下限不小于 10% 的气体； 3. 不属于甲类的氧化剂； 4. 不属于甲类的易燃固体； 5. 助燃气体； 6. 常温下与空气接触能缓慢氧化，积热不散引起自燃的物品
丙	1. 闪点不小于 60℃ 的液体； 2. 可燃固体
丁	难燃烧物品
戊	不燃烧物品

【条文要点】

1. 库房内不同防火分区的火灾危险性类别需根据该分区所储存物质的性质及其数量等因素确定。

2. 库房内各类物质的火灾危险性类别可以分为甲、乙、丙、丁、戊类共 5 类。

3. 规定了确定各类储存物品物质火灾危险性类别的基本原则和物质的基本特征。

4. 有关储存物品的火灾危险性分类不同于危险物品分类。根据《危险货物分类和品名编号》GB 6944—2012，危险物品分为九大类，包括有毒性、放射性和腐蚀性等危险物品。

【相关标准】

《化学品分类和危险性公示　通则》GB 13690—2009；

《常用化学危险品贮存通则》GB 15603—1995；

《危险货物品名表》GB 12268—2012；

《易燃易爆性商品储存养护技术条件》GB 17914—2013；

《危险货物分类和品名编号》GB 6944—2012；

《建筑材料及制品燃烧性能分级》GB 8624—2012。

【设计要点】

甲、乙、丙、丁、戊类火灾危险性的储存物品分类举例，见表 F3.5。

表 F3.5　储存物品的火灾危险性分类举例

火灾危险性类别	举　例
甲类	1. 己烷，戊烷，环戊烷，石脑油，二硫化碳，苯、甲苯，甲醇，乙醇，乙醚、蚁酸甲酯、醋酸甲酯、硝酸乙酯，汽油，丙酮，丙醛，酒精度为 38 度及以上的白酒； 2. 乙炔，氢，甲烷，环氧乙烷，水煤气，液化石油气，乙烯、丙烯、丁二烯，硫化氢，氯乙烯，电石，碳化铝； 3. 硝化棉，硝化纤维胶片，喷漆棉，火胶棉，赛璐珞棉，黄磷； 4. 金属钾、钠、锂、钙、锶，氢化锂、氢化钠，四氢化锂铝； 5. 氯酸钾、氯酸钠，过氧化钾、过氧化钠，硝酸铵； 6. 赤磷，五硫化二磷，三硫化二磷
乙类	1. 煤油，松节油，丁烯醇、异戊醇，丁醚，醋酸丁酯、硝酸戊酯，乙酰丙酮，环己胺，溶剂油，冰醋酸，樟脑油，蚁酸； 2. 氨气、一氧化碳； 3. 硝酸铜，铬酸，亚硝酸钾，重铬酸钠，铬酸钾，硝酸，硝酸汞、硝酸钴，发烟硫酸，漂白粉； 4. 硫黄，镁粉，铝粉，赛璐珞板（片），樟脑，萘，生松香，硝化纤维漆布，硝化纤维色片； 5. 氧气，氟气，液氯； 6. 漆布及其制品，油布及其制品，油纸及其制品，油绸及其制品
丙类	1. 动物油、植物油，沥青，蜡，润滑油、机油、重油，闪点大于等于 60℃ 的柴油，糖醛，白兰地成品库； 2. 化学、人造纤维及其织物，纸张，棉、毛、丝、麻及其织物，谷物，面粉，粒径大于或等于 2mm 的工业成型硫黄，天然橡胶及其制品，竹、木及其制品，中药材，电视机、收录机等电子产品，计算机房已录数据的磁盘储存间，冷库中的鱼、肉间
丁类	自熄性塑料及其制品，酚醛泡沫塑料及其制品，水泥刨花板
戊类	钢材、铝材，玻璃及其制品，搪瓷制品，陶瓷制品，不燃气体，玻璃棉、岩棉、陶瓷棉、硅酸铝纤维、矿棉，石膏及其无纸制品，水泥、石、膨胀珍珠岩

注：本表引自《新建规》第 189 页～第 190 页。

【释疑】

疑点 3.1.3-1：储存物品的火灾危险性分类与生产的火灾危险性分类有什么区别？

释义：储存物品的火灾危险性分类与生产的火灾危险性分类，既有共同点，又有不同处。共同点均是根据物质的特性将火灾危险性划分为甲、乙、丙、丁和戊类。不同处是，对于储存物品，其火灾危险性类别只与物质本身的特性和存放数量有关；而生产的火灾危险性类别不仅与生产的原料特性和数量有关，还与生产过程中的中间产物及最终产品的状态及生产过程中的环境温度、压力、湿度等条件有关。如铝材，在正常状态下储存时，铝材属于不燃物质，其火灾危险性类别为戊类；但在热加工制造铝材时，则存在高温加热过程，其生产的火灾危险性类别应为丁类；在对铝质轮毂进行抛光加工时，则其生产部位的火灾危险性类别应为乙类。

疑点 3.1.3-2：仓库内储存危险物品时，其储量有限制吗？

释义：任何危险物品的储存不仅有储存量限制，而且对相应的储存环境条件有要求。建筑防火标准因关注建筑本身的防火防爆要求而未对此予以明确，只从控制防火分区的建筑面积及仓库的占地面积方面给予了限制。相关要求请见《新建规》第 3.3.2 条和《危险化学品重大危险源标识》GB 18218—2018 的规定。

疑点 3.1.3-3：仓库内哪些危险物品不能共同存放？

释义：危险物品储存禁忌，相关国家标准均有明确，如国家标准《危险化学品经营企业安全技术基本要求》GB 18265—2019、《常用化学危险品贮存通则》GB 15603—1995、《易燃易爆性商品储藏养护技术条件》GB 17914—2013 等。危险物品储存应根据其化学性质分区、分类、分库储存，禁忌物料不能混存。灭火方法不同的物品应分库或分间储存。

3.1.4 同一座仓库或仓库的任一防火分区内储存不同火灾危险性物品时，仓库或防火分区的火灾危险性应按火灾危险性最大的物品确定。

【条文要点】

本条确定了一座仓库或仓库内一个防火分区的火灾危险性分类原则，以便合理确定相应的防火要求。

【相关标准】

《危险化学品经营企业安全技术基本要求》GB 18265—2019；

《危险货物分类和品名编号》GB 6944—2012。

【设计要点】

1. 对于建筑面积不大于一个防火分区最大允许建筑面积的仓库，一般不再划分防火分区。此时，在同一座仓库内储存多种不同火灾危险性的物品时，该仓库的火灾危险性类别应按库内火灾危险性最大的物品的火灾危险性类别确定。例如，一座二级耐火等级的建材仓库，建筑面积为 1200m²，存放木材、竹材、钢材和水泥等物品，仓库内未划分防火分区，则该仓库的火灾危险性类别应按照其中木材和竹材的火灾危险性类别确定为丙类。

2. 对于建筑面积较大或者储存多种不同性质或火灾危险性类别的仓库，一般需要划分防火分区。此时，每个防火分区的火灾危险性类别应按分区内火灾危险性最大的物品的火灾危险性类别确定，该仓库的火灾危险性类别应按所有防火分区中火灾危险性最大者确定。例如，一座二级耐火等级的仓库，建筑面积为 $600m^2$，划分为 3 个防火分区，分别储存钾和钠、亚硝酸钾，该仓库的火灾危险性类别应按照钾和钠的火灾危险性类别确定为甲类。

3. 在确定仓库的火灾危险性类别时，主要根据其中储存物品的火灾危险性类别来确定，一般不考虑储存物品的数量，这主要因仓库的使用性质所决定。不过，存在可燃包装数量较大时，应考虑包装材料对仓库的火灾危险性类别的影响，见《新建规》第 3.1.5 条。

3.1.5 丁、戊类储存物品仓库的火灾危险性，当可燃包装重量大于物品本身重量 1/4 或可燃包装体积大于物品本身体积的 1/2 时，应按丙类确定。

【条文要点】

本条规定了丁、戊类储存物品仓库的火灾危险性分类的量化调整条件，确保建筑的设防水平与实际火灾危险性相适应。

【相关标准】

《物资仓库设计规范》SBJ 09—1995；

《商业仓库设计规范》SBJ 01—1988；

《烟草及烟草制品 仓库 设计规范》YC/T 205—2017；

《石油化工全厂性仓库及堆场设计规范》GB 50475—2008；

《化工粉体物料堆场及仓库设计规范》HG/T 20568—2014；

《自动化立体仓库 设计规范》JB/T 9018—2011；

《自动化立体仓库 设计通则》JB/T 10822—2008。

【设计要点】

1. 丁、戊类物品属于难燃或不燃物品，火灾危险性较低，除少数无须包装的物品或材料外，一般物品都有包装，大多采用泡沫塑料、纸板、木材等进行包装。由于丁、戊类仓库的防火分区允许建筑面积大，有的甚至不限制，如果包装材料的数量不加控制，当包装材料的体积或重量所占比例较大时，会大大增加仓库的火灾危险性，特别是泡沫塑料和木材与纸箱包装。

2. 在确定仓库的火灾危险性类别时，不能简单地考虑包装材料的体积或重量，更不能本应按照体积考虑的，反而按照其重量考虑。例如，采用木材进行包装时，如按其重量计算，仓库的火灾危险性可能需要按照丙类划分，而按照其体积计算时，则可能仍只需按照戊类划分。又如，采用泡沫塑料包装的物品，如按照泡沫塑料的重量计算，仓库的火灾危险性可能会按照丁类划分；而按照其体积计算时，则需要划分为丙类。因此，在确定仓库的火灾危险性类别时，是计算包装材料的重量还是体积，应从最不利原则出发，分别按照体积和重量计算比较后确定。

包装材料的体积应按其实际体积，而不是包装箱体的自然体积计算，即将包装箱拆解后的包装材料体积。

【释疑】

疑点 3.1.5： 包装材料的类型和数量不确定的丁、戊类仓库，如何确定其火灾危险性类别？

释义： 对于一项具体的工程项目，其用途是确定的，因此包装材料的数量、特性和包装方式基本是确定的。设计前，设计者应在建设单位和使用单位的配合下进行充分调研确定相关物质的数量，以更准确地确定仓库的火灾危险性类别；否则，应按最不利情况考虑。

3.2 厂房和仓库的耐火等级

厂房和仓库属于房屋建筑。耐火等级是衡量房屋建筑耐火性能高低的参数，由组成建筑物的墙、柱、楼板、屋顶承重构件等主要结构构件的燃烧性能和耐火时间决定。使不同建筑具有与其火灾危险性和高度、规模相适应的耐火等级，是基本的防火技术措施之一。不同类型和规模的工业建筑设定不同的耐火等级，既有利于消防安全，又有利于提高投资效益。

3.2.1 厂房和仓库的耐火等级可分为一、二、三、四级，相应建筑构件的燃烧性能和耐火极限，除本规范另有规定外，不应低于表 3.2.1 的规定。

表 3.2.1 不同耐火等级厂房和仓库建筑构件的燃烧性能和耐火极限（h）

构件名称		耐火等级			
		一级	二级	三级	四级
墙	防火墙	不燃性 3.00	不燃性 3.00	不燃性 3.00	不燃性 3.00
	承重墙	不燃性 3.00	不燃性 2.50	不燃性 2.00	难燃性 0.50
	楼梯间和前室的墙 电梯井的墙	不燃性 2.00	不燃性 2.00	不燃性 1.50	难燃性 0.50
	疏散走道 两侧的隔墙	不燃性 1.00	不燃性 1.00	不燃性 0.50	难燃性 0.25
	非承重外墙 房间隔墙	不燃性 0.75	不燃性 0.50	难燃性 0.50	难燃性 0.25
柱		不燃性 3.00	不燃性 2.50	不燃性 2.00	难燃性 0.50
梁		不燃性 2.00	不燃性 1.50	不燃性 1.00	难燃性 0.50
楼板		不燃性 1.50	不燃性 1.00	不燃性 0.75	难燃性 0.50
屋顶承重构件		不燃性 1.50	不燃性 1.00	难燃性 0.50	可燃性
疏散楼梯		不燃性 1.50	不燃性 1.00	不燃性 0.75	可燃性
吊顶（包括吊顶搁栅）		不燃性 0.25	难燃性 0.25	难燃性 0.15	可燃性

注：二级耐火等级建筑内采用不燃材料的吊顶，其耐火极限不限。

【条文要点】

本条划分了工业建筑的耐火等级，并规定了不同耐火等级工业建筑各类构件的基本耐火极限和燃烧性能要求，以便有针对性地协调设防水平。

【相关标准】

《装配式钢结构建筑技术标准》GB/T 51232—2016；

《建筑钢结构防火技术规范》GB 51249—2017；

《石油化工企业设计防火标准》GB 50160—2008（2018 年版）；

《石油天然气工程设计防火规范》GB 50183—2015；

《组合结构设计规范》JGJ 138—2016；

《组合楼板设计与施工规范》CECS 273—2010；

《建筑构件耐火试验方法》GB/T 9978—2008；

《建筑材料及制品燃烧性能分级》GB 8624—2012。

【设计要点】

1. 在工程设计时，先要根据规范的要求和设计对象的具体用途与所需建筑面积、高度等确定其耐火等级，然后根据规范的要求确定不同构件应具备的最低耐火极限和燃烧性能，再根据建筑构件的设计耐火极限和燃烧性能，确定拟采用的结构形式、构造和结构材料，最后根据建筑内消防设施等的设置情况进行调整，并确定构件的结构构造及防火保护方法与措施。

2. 当构件的构造及构成材料与规范相关说明给出的构件耐火性能及其截面大小、材料及构造信息不一致或者无相关资料时，应根据设计制作相应的构件试样进行火灾试验，并根据测试结果综合考虑进行结构设计。在利用推论法确定结构或构件的耐火极限时，应符合国家标准《建筑构件耐火试验方法　第 1 部分　通用要求》GB/T 9978.1—2008 的规定。构件的燃烧性能应根据国家标准《建筑材料及制品燃烧性能分级》GB 8624—2012 经试验确定。

【释疑】

疑点 3.2.1-1：在建筑工程设计中，当缺少新型组合构件的耐火极限数据时，如钢、型钢、（矩形、圆形）钢管与混凝土组合的梁和柱，压型钢板与混凝土的组合楼板等，怎么办？

释义：新型组合构件的耐火极限，应根据构件的设计构造制作试样进行火灾试验确定，或在试验的基础上，根据相关标准及构件的实际受力、构件的长细比等情况经计算确定。

疑点 3.2.1-2：规范对构筑物、露天构架、平台等结构构件是否有燃烧性能和耐火极限的规定？

释义：无论构筑物、露天构架还是平台等结构构件，一般均应具备一定耐火极限和相应的燃烧性能。在实际工程中，要根据这些结构构件所处位置的火灾危险性和重要性以及对火灾蔓延的影响来确定其最低的燃烧性能和耐火极限。有些场所的构筑物、露天构架、平台等结构构件，相应的防火标准有明确规定，如国家标准《石油化工企业设计防火标准》GB 50160—2008（2018 年版）第 5.6 节和《石油天然气工程设计防火规范》GB 50183—2015第 6.10 节的相关条文规定，火灾危险性为甲、乙、丙类生产的构筑物、露天构架、平台等各类构件应采用不燃性材料，其耐火极限不应低于二级耐火等级建筑的相应要求。

3.2.2 高层厂房，甲、乙类厂房的耐火等级不应低于二级，建筑面积不大于300m²的独立甲、乙类单层厂房可采用三级耐火等级的建筑。

3.2.3 单、多层丙类厂房和多层丁、戊类厂房的耐火等级不应低于三级。

使用或产生丙类液体的厂房和有火花、赤热表面、明火的丁类厂房，其耐火等级均不应低于二级，当为建筑面积不大于500m²的单层丙类厂房或建筑面积不大于1000m²的单层丁类厂房时，可采用三级耐火等级的建筑。

3.2.4 使用或储存特殊贵重的机器、仪表、仪器等设备或物品的建筑，其耐火等级不应低于二级。

3.2.7 高架仓库、高层仓库、甲类仓库、多层乙类仓库和储存可燃液体的多层丙类仓库，其耐火等级不应低于二级。

单层乙类仓库，单层丙类仓库，储存可燃固体的多层丙类仓库和多层丁、戊类仓库，其耐火等级不应低于三级。

【条文要点】

上述4条条文规定了不同类型和不同火灾危险性类别工业建筑的最低耐火等级，确保这些建筑具备较高的被动防火性能。

【设计要点】

根据上述4条条文的规定及相关规范规定，将不同建筑规模及层数厂（库）房的最低耐火等级要求归纳于表F3.6，供参考。其中，丁、戊类厂房或仓库可采用木结构建筑，但应符合《新建规》第11章的相关防火要求。

表 F3.6　不同建筑规模及层数的厂（库）房的最低耐火等级要求

耐火等级	厂（库）房类型、层数及规模
二级	1. 光纤厂房、多晶硅生产厂房、集成电路封装测试生产厂房、光纤器件生产厂房、印制电路板厂房、洁净厂房，电动汽车充电站内建筑； 2. 建筑面积大于300m²的甲、乙类厂房； 3. 使用或储存特殊贵重的机器、仪表、仪器等设备或物品的建筑； 4. 甲类仓库、多层乙类仓库和储存可燃液体的多层丙类仓库； 5. 使用或产生丙类液体或有火花、赤热表面、明火作业，且建筑面积大于500m²的单层丙类厂房或建筑面积大于1000m²的单层丁类厂房； 6. 高架仓库、其他高层厂房和仓库
三级	1. 建筑面积不大于300m²的单层独立甲、乙类厂房； 2. 建筑面积不大于500m²的单层丙类厂房； 3. 建筑面积不大于1000m²的单层丁类厂房； 4. 单层乙类仓库，其他丙类仓库，其他丁类仓库，戊类仓库

【释疑】

疑点 3.2.2-1： 地下、半地下厂（库）房的耐火等级如何确定？

释义： 所有地下、半地下厂（库）房建筑的耐火等级均不应低于二级。有关地下、半地下工业建筑的耐火等级要求，见《新建规》第3.3.1条表3.3.1和第3.3.2条表3.3.2。实际上，地下、半地下建筑（室）的耐火等级均能达到一级，这主要与其火灾的扑救难度大、火灾的热量难以排除有关。因此，地下、半地下工业建筑的耐火等级一般要求不应低于一级。

疑点 3.2.2-2：建筑高度大于 50m 的厂（库）房的耐火等级如何确定？

释义：根据《新建规》第 3.2.2 条和第 3.2.7 条的规定，高层工业建筑的耐火等级不应低于二级，即使是建筑高度大于 50m 的单层工业建筑，其耐火等级也不应低于二级。但比照民用建筑的相关规定，对于建筑高度大于 50m 的丙类工业建筑，其耐火等级要尽量按一级进行设计。

> **3.2.5**　锅炉房的耐火等级不应低于二级，当为燃煤锅炉房且锅炉的总蒸发量不大于 4t/h 时，可采用三级耐火等级的建筑。
>
> **3.2.6**　油浸变压器室、高压配电装置室的耐火等级不应低于二级，其他防火设计应符合现行国家标准《火力发电厂与变电站设计防火规范》GB 50229 等标准的规定。
>
> **3.2.8**　粮食筒仓的耐火等级不应低于二级；二级耐火等级的粮食筒仓可采用钢板仓。
>
> 　　粮食平房仓的耐火等级不应低于三级；二级耐火等级的散装粮食平房仓可采用无防火保护的金属承重构件。

【条文要点】

上述 3 条条文规定了独立建造的工业辅助建筑和粮食仓库的最低耐火等级，确保这些建筑具备较高的被动防火性能。

【相关标准】

《锅炉房设计规范》GB 50041—2008；

《20kV 及以下变电所设计规范》GB 50053—2013；

《火力发电厂与变电站设计防火标准》GB 50229—2019；

《粮食平房仓设计规范》GB 50320—2014；

《粮食钢板筒仓设计规范》GB 50322—2011。

【设计要点】

这 3 条条文中规定的锅炉房、变配电站的最低耐火等级要求，是对独立建造的建筑而言。对于设置在工业建筑内的锅炉房和变配电站，则应比照二级耐火等级对相关构件的耐火极限与燃烧性能要求，确定其构件的耐火极限和燃烧性能，并与相邻场所进行防火分隔。当其他标准还有更高的耐火等级要求时，这些建筑的耐火等级还应符合相应标准的规定，如《锅炉房设计规范》GB 50041—2008 和《火力发电厂与变电站设计防火标准》GB 50229—2019 等。

根据上述 3 条规定和相关规范规定，将不同类型工业辅助建筑的最低耐火等级归纳于表 F3.7，供参考。

表 F3.7　锅炉房、粮食仓房及变配电室的最低耐火等级要求

序号	建筑的耐火等级	建筑类型
1	二级	锅炉房、油浸变压器室、高压配电装置室，粮食筒仓
2	三级	总蒸发量不大于 4（t/h）的燃煤锅炉房，粮食平房仓

3.2.9　甲、乙类厂房和甲、乙、丙类仓库内的防火墙，其耐火极限不应低于4.00h。

【条文要点】

本条对甲、乙类厂房和甲、乙、丙类仓库内防火墙的耐火极限做了特别规定。

【设计要点】

防火墙的最低耐火极限不应低于3.00h。对于甲、乙类厂房和甲、乙、丙类仓库，燃烧或爆炸着火后的火灾蔓延面积会在短时间内扩大，且甲、乙类厂房或仓库内部的消防设施大部分不能发挥作用，只能依靠外部救援力量进行扑救和控制，丙类仓库由于防火分区面积较甲、乙类大，其内部的火灾荷载较其他厂房和建筑都要高很多。因此，提高这些场所内防火墙的耐火极限对防止火灾蔓延具有重要作用。

这些场所内的防火墙一般不应开设洞口，如必须开设洞口，除要尽量控制开口的大小外，还应提高相应开口防火分隔措施的防火性能，如防火窗和防火卷帘的耐火性能等。另外，根据《新建规》第3.3.2条的规定，甲、乙类库房内防火分区间的防火墙上不应设置任何开口。

3.2.10　一、二级耐火等级单层厂房（仓库）的柱，其耐火极限分别不应低于2.50h和2.00h。

3.2.11　采用自动喷水灭火系统全保护的一级耐火等级单、多层厂房（仓库）的屋顶承重构件，其耐火极限不应低于1.00h。

3.2.12　除甲、乙类仓库和高层仓库外，一、二级耐火等级建筑的非承重外墙，当采用不燃性墙体时，其耐火极限不应低于0.25h；当采用难燃性墙体时，不应低于0.50h。

4层及4层以下的一、二级耐火等级丁、戊类地上厂房（仓库）的非承重外墙，当采用不燃性墙体时，其耐火极限不限。

3.2.13　二级耐火等级厂房（仓库）内的房间隔墙，当采用难燃性墙体时，其耐火极限应提高0.25h。

3.2.14　二级耐火等级多层厂房和多层仓库内采用预应力钢筋混凝土的楼板，其耐火极限不应低于0.75h。

3.2.15　一、二级耐火等级厂房（仓库）的上人平屋顶，其屋面板的耐火极限分别不应低于1.50h和1.00h。

【条文要点】

这6条条文对一、二级耐火等级工业建筑部分构件的最低耐火极限要求，根据其重要性、内部消防设施的设置情况或燃烧性能做了调整，主要针对火灾危险性较低的单、多层工业建筑，使被动防火要求与主动防火措施相协调。建筑的整体耐火性能应与建筑的规模、火灾危险性及其火灾的扑救难易程度等相适应。

【设计要点】

根据上述6条条文的规定和相关规范规定，将不同类型工业建筑（厂房和仓库）部分构件的耐火极限的调整情况归纳于表F3.8，供参考。

表 F3.8　不同类型工业建筑部分构件的耐火极限调整后的要求

建筑类型	构件名称	燃烧性能、耐火极限（h）		备注
		一级	二级	
单层工业建筑	柱	不燃性 2.50	不燃性 2.00	—
单层、多层工业建筑	屋顶承重构件	不燃性 1.00	不调整（不燃性 1.00）	设置自动灭火系统
各类工业建筑	屋面板	不燃性 1.50	不燃性 1.00	上人平屋顶
各类工业建筑	房间隔墙	不适用	难燃性 0.25	—
多层工业建筑	楼板	不调整（不燃性 1.50）	不燃性 0.75	预应力钢筋混凝土板
甲、乙、丙类工业建筑，5 层及以上层数的丁、戊类工业建筑	非承重外墙	不燃性 0.25	不燃性 0.25	不适用于甲、乙类仓库和高层仓库
		难燃性 0.50	难燃性 0.50	
4 层及以下的丁、戊类工业建筑		不燃性（不限）	不燃性（不限）	—

注：1. 金属夹芯板材应采用不燃性夹芯材料。
　　2. 表内建筑均指地上建筑或建筑的地上部分。
　　3. 其他构件的耐火极限见《新建规》第 3.2.1 条表 3.2.1。

【释疑】

疑点 3.2.11：在房屋建筑中，屋顶承重构件包括哪些？

释义：屋顶承重构件是指承受屋面板及屋面上其他荷载的结构梁、屋顶网架结构或屋盖结构体系中的屋面支撑、系杆等，即当这种构件一旦失去承载能力，屋顶将会发生大面积坍塌。对于屋盖结构中的檩条，根据受力性质的不同可分为两类：

（1）一类檩条仅对屋面板起支承作用。此类檩条破坏，仅影响局部屋面板，对屋盖结构整体受力性能影响很小，即使在火灾中出现破坏，也不会造成结构整体失效。因此，不需要作为屋盖主要结构体系的一个组成部分，这类檩条的耐火极限可不做要求。

（2）另一类檩条除支承屋面板外，还兼作纵向系杆，对主结构（如屋架）起到侧向支撑作用；或者作为横向水平支撑开间的腹杆。此类檩条破坏，可能导致主体结构失去整体稳定性，造成整体倾覆。因此，此类檩条应视为屋盖主要结构体系的一个组成部分，其耐火极限需要按照屋顶承重构件的要求确定。

对于起屋顶围护作用的屋面板，主要有现浇钢筋混凝土板、预制钢筋混凝土板、檩条与其他块状板材组合的屋面板、其他有檩体系的屋面板和结构受力与围护一体的壳体屋面板。对于起围护作用的屋面板体系，当部分屋面板或檩条受到破坏或失去承载能力，不会导致屋顶大面积坍塌。工业建筑中此类屋面板的耐火极限及燃烧性能应符合《新建规》第 3.2.15 条和第 3.2.16 条的规定。对于既作围护又起承重作用的屋面板，如梁板一体结构或结构受力与围护一体的壳体屋面板，则需要按照屋顶承重结构确定其耐火性能。

3.2.16 **一、二级耐火等级厂房（仓库）的屋面板应采用不燃材料。**

　　屋面防水层宜采用不燃、难燃材料，当采用可燃防水材料且铺设在可燃、难燃保温材料上时，防水材料或可燃、难燃保温材料应采用不燃材料作防护层。

【条文要点】

　　1. 本条规定了一、二级耐火等级厂房（仓库）屋面板的燃烧性能，使屋面板的耐火性能与一、二级耐火等级的安全性能相匹配。

　　2. 本条规定了屋面防水层材料的燃烧性能和相应的防火保护措施。

【相关标准】

　　《建筑材料及制品燃烧性能分级》GB 8624—2012。

【设计要点】

　　1. 一、二级耐火等级工业建筑的屋面板应选用符合国家标准《建筑材料及制品燃烧性能分级》GB 8624—2012 规定的 A 级材料，即不燃材料，尽量采用钢筋混凝屋面板，不应选用可燃或难燃泡沫塑料的金属夹芯板。

　　2. 屋面防水层大多位于屋面外层，容易被飞火点燃或成为火灾蔓延的通道，要尽可能采用不燃、难燃材料。因此，当采用可燃或难燃的防水材料制作防水层时，防水层上要尽量采用不燃材料做防火保护层；当可燃防水层设置在可燃或难燃保温材料上面（正置屋面）或下面（倒置式屋面）时，应在其外表面用不燃材料做防火保护层。

3.2.17 **建筑中的非承重外墙、房间隔墙和屋面板，当确需采用金属夹芯板材时，其芯材应为不燃材料，且耐火极限应符合本规范有关规定。**

【条文要点】

　　可燃和难燃金属夹芯板的火灾扑救难度大，本条规定严格限制了可燃或难燃金属夹芯板材的使用。

【设计要点】

　　1. 对于各级耐火等级的工业建筑，无论是厂房还是仓库，无论是甲、乙类还是丙、丁、戊类建筑，其非承重外墙、房间隔墙和屋面板，尽量不要采用金属夹芯板材。确需采用金属夹芯板作外围护结构时，不允许采用可燃或难燃夹芯材料的金属复合板，必须采用岩棉等不燃性夹芯材料。

　　2. 采用不燃夹芯材料金属复合板构造的非承重外墙、房间隔墙和屋面板，其耐火极限仍应不低于前述相应耐火等级建筑的要求。

　　3. 防火墙、承重墙、楼梯间的墙、电梯井的墙以及楼板等构件，规范要求具有较高的耐火极限。不燃材料金属夹芯板材的耐火极限受其夹芯材料的容重、填塞的密实度、金属板的厚度及其构造等影响，不同生产商的金属夹芯板材的耐火极限差异较大，难以满足相应建筑构件的耐火性能、结构承载力及其自身稳定性能的要求。因此，这些构件不能采用金属夹芯板材进行构造。

3.2.18 除本规范另有规定外，以木柱承重且墙体采用不燃材料的厂房（仓库），其耐火等级可按四级确定。

【条文要点】

本条规定了以木柱承重的工业建筑的耐火等级确定方法，主要方便在确定建筑之间的防火间距时认定既有建筑的耐火等级，也适用于新建和扩建的建筑。

【相关标准】

《木结构设计标准》GB 50005—2017；

《木骨架组合墙体技术标准》GB/T 50361—2018。

【设计要点】

采用木柱承重的厂房或仓库，通常是规模较小的既有历史遗留建筑。在确定其耐火等级时，只要建筑的外墙和内部隔墙是采用不燃材料构筑的，就可以按照四级耐火等级确定，不需再去考虑木柱及墙体的耐火极限到底能达到多长时间。但是，对于现代木结构建筑，则应符合《新建规》第 11 章及国家标准《木结构设计标准》GB 50005—2017 等的有关要求。

3.2.19 预制钢筋混凝土构件的节点外露部位，应采取防火保护措施，且节点的耐火极限不应低于相应构件的耐火极限。

【条文要点】

本条规定了预制钢筋混凝土构件外露节点的防火要求与性能，确保结构在高温作用下的安全。

【设计要点】

1. 预制构件节点的外露部位，即其连接金属件等要采取防火保护措施。

2. 经防火保护后的预制构件节点的耐火极限，不应低于该节点所连接的构件中耐火性能要求最高者的耐火极限。例如，梁和柱节点的耐火极限不应低于柱的耐火极限。

3.3 厂房和仓库的层数、面积和平面布置

仓库的平面布置较简单，但生产厂房的平面布置因生产工艺的不同而有较大差异，有的简单，有的复杂。《新建规》从防火防爆角度，对工业建筑平面布置中火灾危险性大的场所的设置位置、防火分隔、出口布置等做了通用性的原则规定。为满足生产和储存功能的需要，平面布置尚应符合《冷库设计规范》GB 50072—2010、《棉纺织工厂设计规范》GB 50481—2009、《纺织工程设计防火规范》GB 50565—2010 等专项工业建筑设计标准和专项防火标准的要求。通过合理布置各类生产车间和库房，并划分防火分区，可以有效减小火灾的危害。

3.3.1 除本规范另有规定外，厂房的层数和每个防火分区的最大允许建筑面积应符合表 3.3.1 的规定。

表 3.3.1　厂房的层数和每个防火分区的最大允许建筑面积

生产的火灾危险性类别	厂房的耐火等级	最多允许层数	每个防火分区的最大允许建筑面积（m²）			
			单层厂房	多层厂房	高层厂房	地下或半地下厂房（包括地下或半地下室）
甲	一级	宜采用单层	4000	3000	—	—
	二级		3000	2000	—	—
乙	一级	不限	5000	4000	2000	—
	二级	6	4000	3000	1500	—
丙	一级	不限	不限	6000	3000	500
	二级	不限	8000	4000	2000	500
	三级	2	3000	2000	—	—
丁	一、二级	不限	不限	不限	4000	1000
	三级	3	4000	2000	—	—
	四级	1	1000	—	—	—
戊	一、二级	不限	不限	不限	6000	1000
	三级	3	5000	3000	—	—
	四级	1	1500	—	—	—

注：1　防火分区之间应采用防火墙分隔。除甲类厂房外的一、二级耐火等级厂房，当其防火分区的建筑面积大于本表规定，且设置防火墙确有困难时，可采用防火卷帘或防火分隔水幕分隔。采用防火卷帘时，应符合本规范第 6.5.3 条的规定；采用防火分隔水幕时，应符合现行国家标准《自动喷水灭火系统设计规范》GB 50084 的规定。

2　除麻纺厂房外，一级耐火等级的多层纺织厂房和二级耐火等级的单、多层纺织厂房，其每个防火分区的最大允许建筑面积可按本表的规定增加 0.5 倍，但厂房内的原棉开包、清花车间与厂房内其他部位之间均应采用耐火极限不低于 2.50h 的防火隔墙分隔，需要开设门、窗、洞口时，应设置甲级防火门、窗。

3　一、二级耐火等级的单、多层造纸生产联合厂房，其每个防火分区的最大允许建筑面积可按本表的规定增加 1.5 倍。一、二级耐火等级的湿式造纸联合厂房，当纸机烘缸罩内设置自动灭火系统，完成工段设置有效灭火设施保护时，其每个防火分区的最大允许建筑面积可按工艺要求确定。

4　一、二级耐火等级的谷物筒仓工作塔，当每层工作人数不超过 2 人时，其层数不限。

5　一、二级耐火等级卷烟生产联合厂房内的原料、备料及成组配方、制丝、储丝和卷接包、辅料周转、成品暂存、二氧化碳膨胀烟丝等生产用房应划分独立的防火分隔单元，当工艺条件许可时，应采用防火墙进行分隔。其中制丝、储丝和卷接包车间可划分为一个防火分区，且每个防火分区的最大允许建筑面积可按工艺要求确定，但制丝、储丝及卷接包车间之间应采用耐火极限不低于 2.00h 的防火隔墙和 1.00h 的楼板进行分隔。厂房内各水平和竖向防火分隔之间的开口应采取防止火灾蔓延的措施。

6　厂房内的操作平台、检修平台，当使用人数少于 10 人时，平台的面积可不计入所在防火分区的建筑面积内。

7　"—"表示不允许。

【条文要点】

1. 规定了不同耐火等级、不同类别火灾危险性生产厂房内一个防火分区最大允许建筑面积的基本要求及相应的允许建筑层数或高度，以便能够将火灾控制在一定空间内。

2. 规定了生产厂房内防火分区的分隔方式，以既满足生产要求，又可以较好地控制火灾蔓延。

3. 根据生产厂房的工艺要求和实际火灾危险性，对部分纺织厂房、造纸生产联合厂房、卷烟生产联合厂房等的防火分区最大允许建筑面积做了有条件的调整。

4. 明确了生产厂房内可以不计入防火分区建筑面积的部位。

【相关标准】

《钢铁冶金企业设计防火标准》GB 50414—2018；

《棉纺织工厂设计规范》GB 50481—2009；

《麻纺织工厂设计规范》GB 50499—2009；

《纺织工程设计防火规范》GB 50565—2010；

《有色金属工程设计防火规范》GB 50630—2010；

《机械工业厂房建筑设计规范》GB 50681—2011；

《制浆造纸厂设计规范》GB 51092—2015；

《卷烟厂设计规范》YC/T 9—2015。

【设计要点】

1. 在确定生产厂房的具体用途后，先要根据生产工艺的要求确定各主要功能区的布置和建筑所需层数与高度，再根据不同区域的火灾危险性类别和规范要求确定建筑的耐火等级、划分相应的防火分区。其中，确定建筑的耐火等级高低和防火分区大小，是一个为满足实际生产需要，在规范最低要求的基础上动态调整的过程。按规范要求确定了一个防火分区的建筑面积基本值后，还可以根据《新建规》第 3.3.3 条的规定进行调整，即当防火分区内全部设置自动灭火系统后，该防火分区的最大允许建筑面积可以增加 1.0 倍；对于丁、戊类的地上厂房，防火分区的建筑面积可以不限。

例如，拟建一座 5 层电子设备加工生产厂房，层高 5.5m，每层建筑面积 3000m²。设计时，先要确定该厂房为高层厂房，火灾危险性为丙类，各层的生产火灾危险性也为丙类。如将该建筑的耐火等级设计为二级，则每个防火分区的建筑面积不应大于 2000m²。根据《新建规》第 8.3.1 条的规定，该厂房每层均应设置自动喷水灭火系统，则每个防火分区的建筑面积最大可至 4000m²。因此，该厂房可以采用二级耐火等级的建筑，每层可以按一个防火分区划分。

2. 当一座厂房内存在多个不同类别火灾危险性的防火分区时，无论该厂房的火灾危险性类别如何，厂房内不同防火分区的最大允许建筑面积均可以根据该防火分区自身的火灾危险性类别来确定。例如，一座二级耐火等级的丙类单层厂房，划分了 A、B、C 区 3 个防火分区，其中 A、B 区的生产火灾危险性为丙类，C 区的生产火灾危险性为丁类。当厂房内未设置自动灭火系统时，A、B 区的最大允许建筑面积均应按照不大于 8000m² 划分，C 区的建筑面积可以不限。

因此，上述条文表 3.3.1 中的"生产火灾危险性类别"既是厂房的火灾危险性类别，也是一个防火分区的火灾危险性类别。当确定建筑的层数或高度时，需要考虑整座厂房的火灾危险性类别；当确定一个防火分区的最大允许建筑面积时，只需考虑该防火分区自身的火灾危险性类别。

3. 在确定厂房的允许建筑层数和防火分区的建筑面积时，还应符合相应的专项工业建筑设计标准和专项工业建筑设计防火标准的规定。

（1）对于纺织厂房，有关防火分区建筑面积的扩大要求主要针对纺纱车间。因此，对于原棉开包、清花车间等危险性较高的场所，其防火分区的最大允许建筑面积仍需按照表内有关丙类厂房的要求来确定，且无论是否为独立的防火分区，均应采取防火分隔墙与其他区域进行分隔。

（2）对于造纸生产联合厂房，要注意区分干式和湿式生产工艺。干式造纸厂房的防火分区不能按照表3.3.1注3的规定扩大。湿式造纸厂当符合纸机烘缸罩内设置自动灭火系统，完成工段设置有效灭火设施保护的要求时，其每个防火分区的建筑面积可以按照工艺要求确定，没有具体的面积限制。但是，其中成品库仍应采取防火分隔措施与生产工艺段分隔，车间内的变配电室、监控室、休息室等生产辅助用房也需要与生产作业区进行防火分隔。

（3）对于卷烟生产联合厂房，要将原料、备料及成组配方、制丝、储丝和卷接包、辅料周转、成品暂存、二氧化碳膨胀烟丝等不同生产作业部位，采用防火隔墙划分各自独立的防火区域，且尽量采用防火墙进行分隔。在此基础上，可以将制丝、储丝和卷接包等生产部位划入同一个防火分区，且每个防火分区的最大允许建筑面积可按工艺要求确定，没有具体的面积限制。对于与生产厂房联合建造的办公、变配电、动力、热能等辅助用房，则均应按照独立的建筑进行设计，即应在满足灭火救援场地、消防扑救面和消防车道设置要求的基础上，采用防火墙等方式与厂房贴邻。

4. 表3.3.1中无明确要求的栏目，表示正常情况下是不允许的。例如，正常情况下不允许建造甲类高层厂房，无论其耐火等级有多高；不允许建造四级耐火等级的多层和三、四级耐火等级的高层丁、戊类厂房，无论其建筑面积有多大。对于因生产工艺需要，非高层建筑不能满足生产要求而需要建造高层甲类厂房时，则应按照国家有关法规的规定经论证后确定。

【释疑】

疑点3.3.1：《新建规》第3.3.1条表3.3.1规定二级耐火等级丙类地下、半地下厂房内每个防火分区的最大允许建筑面积为500m²，是否说明地下、半地下厂房建筑（或地下、半地下室）的耐火等级允许采用二级？

释义： 在1980年代之前建设的一些工业建筑的地下、半地下建筑（或地下、半地下室），大多采用砖混结构或砖混和钢木结构，其耐火等级一般只能得到二级。随着钢筋混凝土结构的应用，近几十年来地下、半地下生产建筑（或厂房的地下、半地下室）均采用钢筋混凝土结构，其耐火等级均能达到一级。因此，工业建筑中厂房和仓库，当布置在地下、半地下建筑（室）内时，其耐火等级一般不应低于一级。参见疑点3.2.2-1。

3.3.2 除本规范另有规定外，仓库的层数和面积应符合表 3.3.2 的规定。

表 3.3.2 仓库的层数和面积

储存物品的火灾危险性类别		仓库的耐火等级	最多允许层数	每座仓库的最大允许占地面积和每个防火分区的最大允许建筑面积（m²）						
				单层仓库		多层仓库		高层仓库		地下或半地下仓库（包括地下或半地下室）
				每座仓库	防火分区	每座仓库	防火分区	每座仓库	防火分区	防火分区
甲	3、4项	一级	1	180	60	—	—	—	—	—
	1、2、5、6项	一、二级	1	750	250	—	—	—	—	—
乙	1、3、4项	一、二级	3	2000	500	900	300	—	—	—
		三级	1	500	250	—	—	—	—	—
	2、5、6项	一、二级	5	2800	700	1500	500	—	—	—
		三级	1	900	300	—	—	—	—	—
丙	1项	一、二级	5	4000	1000	2800	700	—	—	150
		三级	1	1200	400	—	—	—	—	—
	2项	一、二级	不限	6000	1500	4800	1200	4000	1000	300
		三级	3	2100	700	1200	400	—	—	—
丁		一、二级	不限	不限	3000	不限	1500	4800	1200	500
		三级	3	3000	1000	1500	500	—	—	—
		四级	1	2100	700	—	—	—	—	—
戊		一、二级	不限	不限	不限	不限	2000	6000	1500	1000
		三级	3	3000	1000	2100	700	—	—	—
		四级	1	2100	700	—	—	—	—	—

注：
1. 仓库内的防火分区之间必须采用防火墙分隔，甲、乙类仓库内防火分区之间的防火墙不应开设门、窗、洞口；地下或半地下仓库（包括地下或半地下室）的最大允许占地面积，不应大于相应类别地上仓库的最大允许占地面积。
2. 石油库区内的桶装油品仓库应符合现行国家标准《石油库设计规范》GB 50074 的规定。
3. 一、二级耐火等级的煤均化库，每个防火分区的最大允许建筑面积不应大于 12000m²。
4. 独立建造的硝酸铵仓库、电石仓库、聚乙烯等高分子制品仓库、尿素仓库、配煤仓库、造纸厂的独立成品仓库，当建筑的耐火等级不低于二级时，每座仓库的最大允许占地面积和每个防火分区的最大允许建筑面积可按本表的规定增加 1.0 倍。
5. 一、二级耐火等级粮食平房仓的最大允许占地面积不应大于 12000m²，每个防火分区的最大允许建筑面积不应大于 3000m²；三级耐火等级粮食平房仓的最大允许占地面积不应大于 3000m²，每个防火分区的最大允许建筑面积不应大于 1000m²。
6. 一、二级耐火等级且占地面积不大于 2000m² 的单层棉花库房，其防火分区的最大允许建筑面积不应大于 2000m²。
7. 一、二级耐火等级冷库的最大允许占地面积和防火分区的最大允许建筑面积，应符合现行国家标准《冷库设计规范》GB 50072 的规定。
8. "—"表示不允许。

【条文要点】

1. 规定了不同耐火等级、不同类别火灾危险性库房内一个防火分区最大允许建筑面积的基本要求及相应的允许建筑层数或高度，以便能够将火灾控制在一定空间内。

2. 规定了库房内防火分区的分隔方式，确保在长时间火灾作用下能够发挥防火分区的作用。

3. 对部分库房的占地面积、防火分区最大允许建筑面积做了调整。

4. 规定了地下或半地下仓库的占地面积与防火分区建筑面积的确定原则。

【相关标准】

《冷库设计规范》GB 50072—2010；

《粮食平房仓设计规范》GB 50320—2014；

《粮食钢板筒仓设计规范》GB 50322—2011；

《建筑工程建筑面积计算规范》GB/T 50353—2013。

【设计要点】

1. 在确定仓库的建筑层数或高度时，应考虑该仓库的火灾危险性类别；在确定仓库内一个防火分区的最大允许建筑面积时，只需要考虑该防火分区的火灾危险性类别。因此，当仓库内每个防火分区的火灾危险性类别相同时，一座仓库的最大允许占地面积是规范表 3.3.2 中规定的一个确定数值；当一座仓库内存在火灾危险性类别不相同的防火分区时，一座仓库的最大允许占地面积则是一个不确定的数值，但一座仓库最多允许设置 3 个或 4 个防火分区是确定的。

2.《新建规》对一座仓库的最大允许占地面积和一个防火分区的最大允许建筑面积的规定，是一个通用的基本要求，对于特定物质仓库，相应的专项建筑设计标准有的还有更加具体和严格的规定，设计时还需符合相应标准的要求。

对于地下、半地下仓库或仓库的地下或半地下室，由于每个防火分区的最大允许建筑面积较小，规范没有再限制其防火分区数量，允许其占地面积按照相应火灾危险性类别的地上仓库的最大允许占地面积确定。

当一个防火分区全部设置自动灭火系统时，该防火分区的最大允许建筑面积可按表 3.3.2 中的数值增加 1.0 倍；相应地，该仓库的最大允许占地面积也可以按增加的面积扩大。

3. 在仓库内划分防火分区时，必须采用实体防火墙进行分隔，不能采用水幕等防火分隔方式进行分隔。甲、乙类仓库内的防火分区之间应采用无任何开口的防火墙进行分隔。丙、丁、戊类仓库内防火分区之间的防火墙上允许设置为便于运输和通行的开口，但开口应设置甲级防火门或防火卷帘等；当设置防火卷帘时，应同时在卷帘附近设置甲级防火门作为逃生门。

4. 对于煤均化库，尽管规范只规定了一个防火分区的最大允许建筑面积，其占地面积理论上允许扩大至 48000m^2，但实际上一座煤均化库一般只设置一个防火分区就基本能满足要求。

【释疑】

疑点 3.3.2-1：为什么仓库要限制其占地面积？

释义：仓库是物质集中的场所，单位地面面积上可燃物的数量也较一般建筑高出很多，占地面积大和防火分区划分数量较多、分隔面积较大，均不利于火灾控制和扑救，不利于减少火灾损失。即使储存物品为难燃或不燃物质的丁、戊类仓库，其包装也大多为可燃材料，且少数材料还燃烧猛烈。此外，耐火等级低的建筑自身也存在可燃或难燃构件，不能认为丁、戊类仓库就是没有火灾危险的场所，建筑的面积可以不限制或者建筑不需要设防。因此，在建筑防火上，既要控制建筑中每个防火分区的建筑面积，也要控制一座仓库的占地面积。

疑点 3.3.2-2：地下仓库的最大占地面积如何计算？

释义：仓库地上部分的占地面积按照仓库外墙结构所围合的首层建筑面积计算，地下部分的占地面积按照地下部分的外围护结构所围合的一个楼层的建筑面积计算。建筑面积的计算方法，应符合国家标准《建筑工程建筑面积计算规范》GB/T 50353—2013 的规定。

3.3.3 厂房内设置自动灭火系统时，每个防火分区的最大允许建筑面积可按本规范第 3.3.1 条的规定增加 1.0 倍。当丁、戊类的地上厂房内设置自动灭火系统时，每个防火分区的最大允许建筑面积不限。厂房内局部设置自动灭火系统时，其防火分区的增加面积可按该局部面积的 1.0 倍计算。

仓库内设置自动灭火系统时，除冷库的防火分区外，每座仓库的最大允许占地面积和每个防火分区的最大允许建筑面积可按本规范第 3.3.2 条的规定增加 1.0 倍。

【条文要点】

本条规定了工业建筑的防火分区最大允许建筑面积，且设置自动灭火系统的区域的建筑面积可相应扩大 1.0 倍。

【设计要点】

1. 不同耐火等级各类火灾危险性的工业建筑，无论位于地上还是位于地下或半地下，当一个防火分区内全部设置自动灭火系统时，该防火分区的最大允许建筑面积均可按照《新建规》第 3.3.1 条表 3.3.1 和第 3.3.2 条表 3.3.2 中的规定值（包括表注内的规定值）增加 1.0 倍。

对于丁、戊类火灾危险性的地上厂房，当建筑内全部设置自动灭火系统时，每个防火分区的最大允许建筑面积不限。因此，丁、戊类厂房内全部设置自动灭火系统时，每个楼层实际上可以划分为一个防火分区。

2. 仓库内全部设置自动灭火系统时，一座仓库的最大允许占地面积可按《新建规》第 3.3.2 条的规定值增加 1.0 倍。

3. 当工业建筑内一个防火分区中的局部区域设置自动灭火系统时，该防火分区的增加面积可按设置了自动灭火系统区域的面积的一半计算。例如，一座二级耐火等级的单层乙类生产厂房，划分 2 个防火分区，其中 S_1 区的局部（S_{1a}）设置自动灭火系统，其平面布置参见图 3.2。在计算 S_1 区的允许建筑面积时，可以按 $S_1=S_{1b}+（S_{1a}÷2）=3000m^2+2000m^2÷2=4000m^2$ 计算。

在设计时，不能为了某一防火分区面积大于规范规定值，而简单地在局部设置自动灭火系统。在同一个防火分区内需要设置自动灭火系统的场所，应是其火灾危险性高于其他区域，需要设置自动灭火系统对其初期火灾实施控制和灭火，是提高建筑整体消防安全性能的措施之一，而不只是为了扩大防火分区的建筑面积而设。因此，这样的高火灾危险区域通常需要和该防火分区的其他部位进行防火分隔。

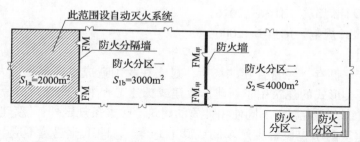

图 3.2　防火分区内局部设置自动灭火系统时的建筑面积调整示意图

【释疑】

疑点 3.3.3：厂（库）房内的上下楼层有开口时，其防火分区的建筑面积是否需要叠加计算？

释义：厂（库）房内上下楼层有敞开楼梯间、吊装孔等开口时，其防火分区的建筑面积应叠加计算。

3.3.4　甲、乙类生产场所（仓库）不应设置在地下或半地下。

【条文要点】

本条规定了在地下或半地下建筑（室）内，不应布置甲、乙类的生产或储存场所。

【设计要点】

甲、乙类工业建筑具有爆炸危险，地下或半地下空间的密闭性往往高于地上建筑，发生事故后的危害巨大且难以处置。设计时，应避免将甲、乙类生产车间或甲、乙类库房布置在地下或半地下，无论是独立的地下或半地下建筑，还是建筑的地下或半地下室。对于少数因特殊原因必须布置在地下的类似场所，应经过严格的论证程序确定其防火、防爆等要求。对于需防止较空气重的可燃气体或蒸气进入地下、半地下场所的建筑，还要注意不应设置地下、半地下室。

3.3.5　员工宿舍严禁设置在厂房内。

办公室、休息室等不应设置在甲、乙类厂房内，确需贴邻本厂房时，其耐火等级不应低于二级，并应采用耐火极限不低于 3.00h 的防爆墙与厂房分隔，且应设置独立的安全出口。

办公室、休息室设置在丙类厂房内时，应采用耐火极限不低于 2.50h 的防火隔墙和 1.00h 的楼板与其他部位分隔，并应至少设置 1 个独立的安全出口。如隔墙上需开设相互连通的门时，应采用乙级防火门。

【条文要点】

本条规定了厂房内必要的办公室、休息室等辅助生产用房的布置与分隔要求，明确了员工宿舍的设置要求，以防止火灾或爆炸危及人身安全。

【相关标准】

《宿舍建筑设计规范》JGJ 36—2016；

《办公建筑设计规范》JGJ 67—2006。

【设计要点】

住宿与生产、储存、经营合建的场所，过去在我国造成过多起重特大火灾，教训深刻，必须禁止此类形式的建筑用于新建、改建或扩建工程中。此外，宿舍属于民用建筑，厂房属于工业建筑，两者属于不同使用性质的建筑。除本条规定外，《新建规》第 5.4.2 条也明确"民用建筑内不应设置生产车间或其他仓库"，即工业建筑不应与民用建筑混合建造。

为保障连续生产和产品质量、生产人员健康必须设置的监控室、质控室和工间休息室等，应避免设置在危险性大的场所或附近。确需设置在厂房内时，应采用防火隔墙等与生产区域分隔（防火隔墙的耐火极限和构造视相邻部位的火灾危险性类别而定），并设置独立的安全出口或疏散楼梯，不应将与本车间生产无直接关系的其他用房设置在厂房内，参见图 3.3。

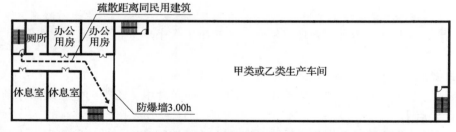

图 3.3　甲、乙类生产车间与辅助生产用房贴邻平面示意图

【释疑】

疑点 3.3.5–1： 防爆墙与防火墙有什么不同？

释义： 防爆墙又称抗爆墙，是用于抵抗来自建筑物外部或内部爆炸冲击波的围挡与防护结构，通常采用钢筋混凝土或配筋砌体墙体，此类墙体一般能抵抗爆炸压力值不小于 0.4MPa 的冲击；抗爆门一般为钢质材料，抗爆窗一般由钢和夹层玻璃构成，允许抗爆压力值均不小于 1MPa。

防爆墙与防火墙的主要区别在于墙体本身的抗侧压强度不同。防爆墙主要考虑爆炸冲击波对整个墙体产生的超压冲击，而防火墙则主要考虑一侧因火灾导致结构破坏或倒塌后作用于墙体某局部面积的侧压力。

疑点 3.3.5–2： 防爆墙如何设计？

释义： 防爆墙需要根据设置部位所在空间的几何形状与尺寸、爆炸物质的特性、爆炸后可能产生的超压强度，经计算后确定其墙体类型、厚度、配筋及必要的减压措施。例如，在防爆墙外表面设置减压板等吸能设施。

3.3.6　厂房内设置中间仓库时，应符合下列规定：

　　1　甲、乙类中间仓库应靠外墙布置，其储量不宜超过1昼夜的需要量；

　　2　甲、乙、丙类中间仓库应采用防火墙和耐火极限不低于1.50h的不燃性楼板与其他部位分隔；

　　3　丁、戊类中间仓库应采用耐火极限不低于2.00h的防火隔墙和1.00h的楼板与其他部位分隔；

　　4　仓库的耐火等级和面积应符合本规范第3.3.2条和第3.3.3条的规定。

【条文要点】

本条规定了厂房内设置中间仓库的位置、大小及分隔要求，以保证连续生产需要，并对仓库规模有所控制，便于控制和扑救火灾。

【相关名词】

中间仓库——为满足日常连续生产需要，在厂房内存放从仓库或上道工序取得的原材料、半成品、辅助材料的场所。中间仓库的火灾危险性分类应符合《新建规》第3.1.3条有关仓库火灾危险性分类的规定。

【设计要点】

1. 中间仓库是厂房的一部分，其耐火等级不应低于所在厂房的耐火等级，并应符合规范对仓库耐火等级的要求。中间仓库的占地面积和其中一个防火分区的最大允许建筑面积应符合规范中相应耐火等级和火灾危险性类别仓库的要求。

中间仓库的建筑面积与所服务生产区的建筑面积之和不应大于该中间仓库所在厂房一个防火分区的最大允许建筑面积。

2. 甲、乙类中间仓库应靠厂房的外墙布置，一般要将其布置在远离车间出入口的靠外墙处，并应采用耐火极限不低于4.00h的防火墙（见《新建规》第3.2.9条）和耐火极限不低于1.50h的不燃性楼板与其他部位进行分隔。甲、乙类中间仓库内物品的最大存储量尽量控制在生产车间的24h所需用量以内。

丙类中间仓库应采用耐火极限不低于4.00h的防火墙（见《新建规》第3.2.9条）和耐火极限不低于1.50h的不燃体楼板与其他部位进行分隔。

丁、戊类中间仓库应采用耐火极限不低于2.00h的防火隔墙和耐火极限不低于1.00h的不燃性楼板与其他部位进行分隔。

【释疑】

疑点3.3.6：厂房内丙、丁、戊类中间仓库的储量或规模如何确定？

释义：中间仓库是为生产服务的辅助用房，所设计建筑的规模应以生产区为主。丙、丁、戊类中间仓库的储量要根据上下游连续生产的需要确定，其面积按照相应火灾危险性类别和耐火等级的仓库确定，且中间仓库的建筑面积与生产区的建筑面积之和不应大于相应火灾危险性类别和耐火等级、高度或层数厂房的最大允许建筑面积。

【应用举例】

例3.3.6：某一级耐火等级的多层丙类生产厂房，24h内生产需用动物油20L×200桶。首层车间的建筑面积为5950m²，在该车间内拟设置一建筑面积为650m²的动物油储存中间仓库。试进行平面布置。

解： 动物油的火灾危险性为丙类1项，查表3.3.2得，该类仓库一个防火分区的最大允许建筑面积为700m²，中间仓库面积为650m²，符合规范规定。查表3.3.1得，多层丙类生产车间一个防火分区的最大允许建筑面积为6000m²。该厂房首层的建筑面积为5950m²，故该厂房首层可以设置此动物油储存中间仓库，平面布置示意参见图3.4。

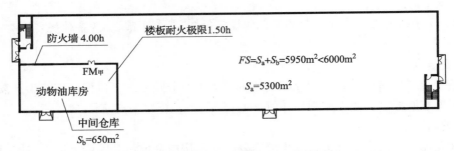

图3.4 丙类中间仓库在生产建筑中的平面布置示意图

3.3.7 厂房内的丙类液体中间储罐应设置在单独房间内，其容量不应大于5m³。设置中间储罐的房间，应采用耐火极限不低于3.00h的防火隔墙和1.50h的楼板与其他部位分隔，房间门应采用甲级防火门。

【条文要点】

本条规定了厂房内允许存放的可燃液体储量及其防火分隔要求，以满足生产需要，并有利于减小火灾危害。

【设计要点】

1. 中间储罐是为满足连续生产需要而设置的原料供应罐或中间产品调节罐。每个中间储罐的容量或每间储罐室内中间储罐的总容量不允许大于5m³。当生产需要更多丙类液体时，需要按上述容量要求分罐分间设置。

2. 中间储罐应布置在单独的房间内，该房间与厂房内其他部位之间应采用耐火极限不低于3.00h的防火隔墙和1.50h的楼板进行分隔。防火隔墙上的门应采用甲级防火门，门洞口的下部应有防止油品溢流的措施。

3. 中间储罐不应储存甲、乙类可燃液体。甲、乙类液体中间储罐和容量大于5m³的丙类液体中间储罐，均应设置在厂房外。

3.3.8 变、配电站不应设置在甲、乙类厂房内或贴邻，且不应设置在爆炸性气体、粉尘环境的危险区域内。供甲、乙类厂房专用的10kV及以下的变、配电站，当采用无门、窗、洞口的防火墙分隔时，可一面贴邻，并应符合现行国家标准《爆炸危险环境电力装置设计规范》GB 50058等标准的规定。

乙类厂房的配电站确需在防火墙上开窗时，应采用甲级防火窗。

【条文要点】

本条规定了公共变、配电站和专用变、配电站的位置及其防火分隔要求，以减少变、配电站运行时引发火灾和爆炸事故。

【相关标准】

《20kV 及以下变电所设计规范》GB 50053—2013；

《低压配电设计规范》GB 50054—2011；

《爆炸危险环境电力装置设计规范》GB 50058—2014；

《石油化工企业设计防火标准》GB 50160—2008（2018 年版）；

《火力发电厂与变电站设计防火标准》GB 50229—2019。

【设计要点】

1. 公共变、配电站和 10kV 以上的变、配电站应独立建造，不允许设置在甲、乙类生产厂房内，也不允许与甲、乙类厂房贴邻。

2. 公共或专用变、配电站均不应设置在爆炸性气体、粉尘环境的危险区域内。爆炸危险区域的划分应符合国家标准《爆炸危险环境电力装置设计规范》GB 50058—2014 的要求。

3. 为甲、乙类厂房服务的 10kV 及 10kV 以下的专用变、配电站，在采用无任何开口的防火墙分隔后，允许其一面外墙与厂房的外墙贴邻建造。防火墙的耐火极限不应低于 4.00h。

为乙类厂房服务的专用变、配电站的一面外墙与厂房的外墙贴邻后，必须设置的观察窗等应控制其面积，并应采用固定的甲级防火窗，即无可开启窗扇的防火窗。

4. 独立建造的变、配电站与甲、乙类生产厂房的防火间距，应符合《新建规》第 3.4.1 条的规定。

3.3.9 **员工宿舍严禁设置在仓库内。**

办公室、休息室等严禁设置在甲、乙类仓库内，也不应贴邻。

办公室、休息室设置在丙、丁类仓库内时，应采用耐火极限不低于 2.50h 的防火隔墙和 1.00h 的楼板与其他部位分隔，并应设置独立的安全出口。隔墙上需开设相互连通的门时，应采用乙级防火门。

【条文要点】

本条规定了库房内必要的办公室、休息室等辅助生产用房的布置与分隔要求，明确了员工宿舍的设置要求，以预防火灾或爆炸对人身的伤害。

【相关标准】

《工业企业设计卫生标准》GBZ 1—2010；

《宿舍建筑设计规范》JGJ 36—2016；

《办公建筑设计规范》JGJ 67—2006。

【设计要点】

宿舍是供职工生活、休息的场所，属于民用建筑，与厂房、仓库要有一定防火间距，严禁设置在仓库内，也不应该与厂房、仓库贴邻。其他设计要点参见第3.3.5条。

【释疑】

疑点3.3.9： 工业建筑中，宿舍、办公、休息等生活用房的疏散设计是否与工业厂房的要求相同？

释义： 根据《工业企业设计卫生标准》GBZ 1—2010，宿舍、办公、休息、厕所和洗浴等用房是为保障工业生产经营正常运行，为劳动者生活和健康而设置的辅助用房，属于生活用房。本条所规定的宿舍和办公与休息用房与此生活用房既有共同处，又有所区别。

员工宿舍是集中设置的员工生活用房，属于民用建筑，其防火设计应符合民用建筑中居住建筑的要求。集中设置的办公与休息用房，不完全是生活用房，但属于民用建筑的范畴，其防火设计要求应符合办公建筑或居住建筑的要求，需要独立设置或采用防火墙等措施与生产车间分隔，疏散系统各自独立；分散布置在厂房内的办公用房属于生产作业辅助用房，休息室可视为生活用房，但这些用房处于与生产区同一防火分区内，属于生产区的一部分，因此其防火设计要求应按所在车间的防火要求和相应民用建筑的防火要求中的较高者确定。

3.3.10 物流建筑的防火设计应符合下列规定：

1 当建筑功能以分拣、加工等作业为主时，应按本规范有关厂房的规定确定，其中仓储部分应按中间仓库确定。

2 当建筑功能以仓储为主或建筑难以区分主要功能时，应按本规范有关仓库的规定确定，但当分拣等作业区采用防火墙与储存区完全分隔时，作业区和储存区的防火要求可分别按本规范有关厂房和仓库的规定确定。其中，当分拣等作业区采用防火墙与储存区完全分隔且符合下列条件时，除自动化控制的丙类高架仓库外，储存区的防火分区最大允许建筑面积和储存区部分建筑的最大允许占地面积，可按本规范表3.3.2（不含注）的规定增加3.0倍：

　　1）储存除可燃液体、棉、麻、丝、毛及其他纺织品、泡沫塑料等物品外的丙类物品且建筑的耐火等级不低于一级；

　　2）储存丁、戊类物品且建筑的耐火等级不低于二级；

　　3）建筑内全部设置自动水灭火系统和火灾自动报警系统。

【条文要点】

本条规定了不同类型物流建筑的防火设计原则和耐火等级、防火分区等基本设防要求，以满足实际需要又确保消防安全。

【相关标准】

《通用仓库及库区规划设计参数》GB/T 28581—2012；

《自动化立体仓库的安装与维护规范》GB/T 30673—2014；

《工业企业总平面设计规范》GB 50187—2012；

《物流建筑设计规范》GB 51157—2016。

【相关名词】

物流建筑——根据国家标准《物流建筑设计规范》GB 51157—2016，物流建筑是进行物品收发、储存、装卸、搬运、分拣、包装等物流活动的建筑的统称，一般分为作业型、存储型和综合型物流建筑。

1. 作业型物流建筑的主要功能是分拣、加工等生产性质的活动，应同时满足下列条件：

（1）建筑内存储区的面积与该建筑的物流生产面积之比不大于15%；

（2）建筑内存储区的容积与该建筑的物流生产区容积之比不大于15%；

（3）货物在建筑内的平均滞留时间不大于72h；

（4）建筑内存储区的占地面积总和不大于《新建规》规定的每座仓库的最大允许占地面积。

2. 存储型物流建筑的主要功能是储存物品，应满足下列条件之一：

（1）建筑内存储区的面积与该建筑的物流生产区面积之比大于65%；

（2）建筑内存储区的容积与该建筑的物流生产区容积之比大于65%。

3. 综合型物流建筑是不满足上述条件的物流建筑。

【设计要点】

1. 作业型物流建筑的主要功能和火灾危险性与相同类别火灾危险性的厂房相近，其防火设计应按照厂房的相关要求确定，其中的仓储部分尽管所占面积较小，但可燃物较集中、火灾危险性高，应按照厂房内中间仓库的要求确定。

2. 存储型物流建筑的主要功能和火灾危险性与相同类别火灾危险性的仓库类似，其防火设计应按照仓库的相关要求确定，其中分拣等作业区尽管与生产作业相似，但在建筑中所占面积不大。因此，整体上仍可按照仓库的要求进行设计，但应独立划分防火分区。

3. 综合型物流建筑，尽管难以明确区分其是作业型还是存储型，但其作业区和物品储存区是明确的，而且在建筑中所占面积相当。因此，此类建筑可以视为厂房与仓库贴邻建造的情形，在采用防火墙分隔后分别按照相应类别厂房和仓库的防火要求进行设计。

4. 物流建筑中处理的物品涉及的火灾危险性多样，不同火灾危险性物品的储存及防火分区最大允许建筑面积、库房的最大允许占地面积和厂房中一个防火分区的最大允许建筑面积等，还应符合《新建规》其他条文的规定。因此，甲、乙类物品，棉、麻、丝、毛及其他纺织品、泡沫塑料和自动化控制的高架仓库等的有关建筑面积，仍应符合《新建规》第3.3.2条~第3.3.4条的规定，建筑内防火墙的耐火极限和防爆墙的设置、休息室布置、消防设施设置等应符合《新建规》的其他相关规定。

5. 除本条文第2款规定的情形外，其他物品的储存区，当建筑内设置自动灭火系统时，其防火分区的最大允许建筑面积和储存区部分建筑的最大允许占地面积，可以按照《新建规》第3.3.3条的规定增加。例如，一座一级耐火等级的单层存储型物流建筑，其中的储存区储存纤维纺织品，设置了火灾自动报警系统和自动喷水灭火系统，则其一个防火分区的建筑面积最大允许3000m²，储存区的占地面积最大允许

12000m²。

条文第 2 款规定的泡沫塑料物品，为物流过程中处理的塑料制成品，不包括包装材料中的泡沫塑料。符合条文第 2 款规定条件的物品储存区，其防火分区最大允许建筑面积可为《新建规》第 3.3.2 条表 3.3.2 中规定值的 4.0 倍。例如，一座一级耐火等级的单层存储型物流建筑，其中的储存区储存电子产品，其他条件均符合规范规定，则其中一个防火分区的最大允许建筑面积可为 6000m²，储存区的最大允许占地面积可为 24000m²。

6. 物流建筑的防火设计除应符合《新建规》的要求外，尚应符合《物流建筑设计规范》GB 51157—2016 等标准的规定。

3.3.11 甲、乙类厂房（仓库）内不应设置铁路线。

　　需要出入蒸汽机车和内燃机车的丙、丁、戊类厂房（仓库），其屋顶应采用不燃材料或采取其他防火措施。

【条文要点】

本条规定了蒸汽机车和内燃机车进出工业建筑的防火要求，以预防因机车进入建筑时摩擦产生的静电、火花以及飞火等引发火灾和爆炸事故。本条要求对于电力牵引机车同样适用。

【相关标准】

《石油化工企业设计防火标准》GB 50160—2008（2018 年版）；

《工业企业总平面设计规范》GB 50187—2012；

《化工企业总图运输设计规范》GB 50489—2009；

《医药工业总图运输设计规范》GB 51047—2014。

【设计要点】

铁路运输线和装卸平台应设置在防爆区外，进入丙、丁类车间或仓库的铁路线与可能存在可燃物的区域要有明确的标示和足够的距离，在机车上设置阻火罩等。

布置铁路线的丙、丁、戊类工业建筑，其屋顶应采用不燃材料，如采用可燃或难燃材料的屋顶，则需要采取设置防火吊顶等防火措施。

3.4　厂房的防火间距

3.4.1 除本规范另有规定外，厂房之间及与乙、丙、丁、戊类仓库、民用建筑等的防火间距不应小于表 3.4.1 的规定，与甲类仓库的防火间距应符合本规范第 3.5.1 条的规定。

表3.4.1　厂房之间及与乙、丙、丁、戊类仓库、民用建筑等的防火间距（m）

名称	甲类厂房 单、多层 一、二级	乙类厂房（仓库） 单、多层 一、二级	乙类厂房（仓库） 单、多层 三级	乙类厂房（仓库） 高层 一、二级	丙类厂房（仓库） 单、多层 一、二级	丙类厂房（仓库） 单、多层 三级	丙类厂房（仓库） 四级	丙类厂房（仓库） 高层 一、二级	丁、戊类厂房（仓库） 单、多层 一、二级	丁、戊类厂房（仓库） 三级	丁、戊类厂房（仓库） 四级	丁、戊类厂房（仓库） 高层 一、二级	民用建筑 裙房，单、多层 一、二级	民用建筑 单、多层 三级	民用建筑 四级	民用建筑 高层 一级	民用建筑 高层 二级
甲类厂房 单、多层 一、二级	12	12	14	13	12	14	16	13	12	14	16	13	25	25	25	50	50
乙类厂房 单、多层 一、二级	12	10	12	13	10	12	14	13	10	12	14	13	25	25	25	50	50
乙类厂房 单、多层 三级	14	12	14	15	12	14	16	15	12	14	16	15	25	25	25	50	50
乙类厂房 高层 一、二级	13	13	15	13	13	15	17	13	13	15	17	13	25	25	25	50	50
丙类厂房 单、多层 一、二级	12	10	12	13	10	12	14	13	10	12	14	13	10	12	14	20	15
丙类厂房 单、多层 三级	14	12	14	15	12	14	16	15	12	14	16	15	12	14	16	25	20
丙类厂房 四级	16	14	16	17	14	16	18	17	14	16	18	17	14	16	18	—	—
丙类厂房 高层 一、二级	13	13	15	13	13	15	17	13	13	15	17	13	13	15	17	20	15
丁、戊类厂房 单、多层 一、二级	12	10	12	13	10	12	14	13	10	12	14	12	10	12	14	15	13
丁、戊类厂房 三级	14	12	14	15	12	14	16	15	12	14	16	14	12	14	16	18	15
丁、戊类厂房 四级	16	14	16	17	14	16	18	17	14	16	18	16	14	16	18	—	—
丁、戊类厂房 高层 一、二级	13	13	15	13	13	15	17	13	12	14	16	13	13	15	17	15	13
室外变、配电站 变压器总油量(t) ≥5,≤10	25	25	25	25	12	15	15	12	12	15	15	12	15	20	25	20	20
室外变、配电站 变压器总油量(t) >10,≤50	25	25	25	25	15	20	20	15	15	20	20	15	20	25	30	25	25
室外变、配电站 变压器总油量(t) >50	25	25	25	25	20	25	25	20	20	25	25	20	25	30	35	30	30

注：
1 乙类厂房与重要公共建筑的防火间距不宜小于50m，与明火或散发火花地点，不宜小于30m。单、多层戊类厂房及与戊类仓库的防火间距可按本规范第5.2.2条执行。单、多层戊类厂房与戊类厂房的防火间距不应小于6m。与民用建筑的防火间距可将戊类厂房等同民用建筑按本表确定。为丙、丁、戊类厂房服务而单独设置的生活用房应按民用建筑确定，与所属厂房的防火间距不应小于6m。确需相邻布置时，应符合本表注2、3的规定。

2 两座厂房相邻较高一面外墙为防火墙，或相邻两座高度相同的一、二级耐火等级建筑中相邻任一侧外墙为防火墙且屋顶的耐火极限不低于1.00h时，其防火间距不限，但甲类厂房之间不应小于4m。两座一、二级耐火等级厂房，当相邻较低一面外墙为防火墙，且较低一座厂房的屋顶无天窗、屋顶的耐火极限不低于1.00h，或相邻较高一面外墙的门、窗等开口部位设置甲级防火门、窗或防火分隔水幕或按本规范第6.5.3条规定设置防火卷帘时，甲、乙类厂房（仓库）不应小于6m；丙、丁、戊类厂房（仓库）不应小于4m。

3 两座一、二级耐火等级的厂房，当相邻两座高度相同，相邻较低一面外墙为防火墙，其外墙上的门、窗、洞口与相邻较高一座厂房相邻外墙为防火墙，且门、窗、洞口不正对开设时，其防火间距可减少25%。甲、乙类厂房（仓库）不应与其他建筑贴邻。

4 发电厂内的主变压器，其油浸变压器与各类建筑物的防火间距应符合本表的规定。

5 耐火等级低于四级的既有厂房，其耐火等级可按四级确定。

6 当丙、丁、戊类厂房与丙、丁、戊类仓库相邻时，应符合本表注2、3的规定。

【条文要点】

本条规定了各类厂房之间、各类厂房与各类仓库、民用建筑之间的防火间距，以减小相互之间的火灾作用和危害。

【相关标准】

《汽车库、修车库、停车场设计防火规范》GB 50067—2014；

《汽车加油加气站设计与施工规范》GB 50156—2012（2014年版）；

《石油化工企业设计防火标准》GB 50160—2008（2018年版）；

《工业企业总平面设计规范》GB 50187—2012；

《火力发电厂与变电站设计防火标准》GB 50229—2019；

《钢铁冶金企业设计防火标准》GB 50414—2018；

《有色金属工程设计防火规范》GB 50630—2010；

《纺织工程设计防火规范》GB 50565—2010；

《机械工业厂房建筑设计规范》GB 50681—2011；

《酒厂设计防火规范》GB 50694—2011；

《卷烟厂设计规范》YC/T 9—2015。

【设计要点】

1. 在平面布局时，厂房之间、厂房与仓库之间、厂房与民用建筑之间的防火间距，首先应符合《新建规》第3.4.1条表3.4.1中的规定值，再根据具体情况按照表3.4.1注的规定分别进行调整。当其他相关标准有较《新建规》更严格的规定时，尚应符合相应专项标准的规定。

2. 甲、乙类厂房与重要公共建筑、明火或散发火花地点的防火间距分别不应小于50m和30m，在选址时先要考虑此间距的要求。对于受地形等特殊条件限制，乙类厂房不能按照这一要求进行布局时，必须采取能减小火灾和爆炸作用的有效防火、防爆技术措施。对于甲类厂房，如不能满足此要求时，则需要考虑另行选址。

3. 表3.4.1注1中的生活用房，参见本《指南》第3.3.9条的释义，主要包括为生产服务和保障员工健康的宿舍、浴室、餐厅等。

根据表3.4.1注2规定的条件，当相邻两座工业建筑之间的防火间距可以不限时，还需要根据建筑设置消防车道的要求来确定两建筑间的间距，以满足消防车在应急救援时的通行和灭火需要；对于单层、多层建筑，消防车道一般兼作灭火救援场地，因此该间距还需要考虑灭火救援时安全、方便作业的需要。

4. 对于甲类厂房，符合表3.4.1注2规定的条件时，甲类厂房之间的防火间距可以减小，但仍不应小于4m。

对于甲、乙类厂房，除可以与为其服务的办公、休息室贴邻外，不得与其他任何建筑贴邻。当丙、丁、戊类厂房与丙、丁、戊类仓库相邻时，其防火间距可以按照表3.4.1注2和注3的规定进行调整。

【释疑】

疑点3.4.1-1：厂（库）房之间设置封闭式或敞开式连廊时，厂（库）房之间的防火间距如何确定？

释义：两座通过连廊连接的工业建筑，不论该连廊是否封闭，其防火间距均应根据《新建规》第3.4.1条的规定，按照两座相互独立的建筑进行确定。

疑点 3.4.1–2：相邻两座耐火等级均不低于二级并且平面呈"丁"字形布置的厂房，如需减小其防火间距，建筑应采用何种防火构造？

释义：1. 当两座建筑需贴邻布置或防火间距不足 4m 时，建筑中相邻较高一面的外墙或相邻高度相等的任一外墙应采用防火墙，屋顶的耐火极限不应低于 1.00h，并对相邻处的防火墙采取防止火灾在相邻处蔓延的措施，参见图 3.5。但采用此防火构造的甲类厂房之间的间距仍不应小于 4m。

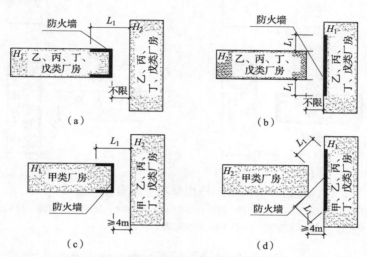

图 3.5 两座厂房相邻布置示意图（一）

注：厂房的耐火等级均不低于二级，屋面板的耐火极限不低于 1.00h，当相邻建筑高度不等时，较低一侧的建筑屋面不开天窗。建筑高度：$H_1>H_2$（或 $H_1=H_2$）。L_1 按《新建规》中表 3.4.1 的规定确定。

2. 当相邻厂房为丙、丁、戊类厂房，防火间距不符合表 3.4.1 的规定值，但大于规定值的 75% 时，相邻两面外墙均应采用耐火极限符合规范规定的不燃性墙体，可燃性屋檐不应外露或采用不燃性外露屋檐，每面外墙上的门、窗、洞口面积之和分别不应大于所在外墙面积的 5%，并应相对错位开设，参见图 3.6。

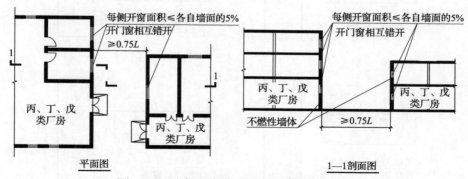

图 3.6 两座厂房相邻布置示意图（二）

注：L 按《新建规》中表 3.4.1 的规定确定。

3. 当相邻厂房为甲、乙类厂房，防火间距不符合规范规定值，但不小于 6m，或者相邻厂房为丙、丁、戊类厂房，防火间距不符合规范规定值，但不小于 4m 时，建筑中相邻较低一面的外墙应采用防火墙，较低一座厂房应采用耐火极限不低于 1.00h 且不开设天窗或其他开口的屋顶，并对相邻处的防火墙采取防止火灾在相邻处蔓延的措施，参见图 3.7。

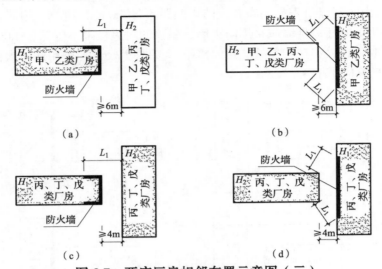

图 3.7　两座厂房相邻布置示意图（三）

注：厂房的耐火等级均不低于二级，屋面板的耐火极限不低于 1.00h，建筑高度较低一侧的建筑屋面不开天窗。

建筑高度：$H_1 < H_2$。L_1 按《新建规》中表 3.4.1 的规定确定。

4. 当相邻厂房为甲、乙类厂房，且防火间距不符合规范规定值，但不小于 6m，或者相邻厂房为丙、丁、戊类厂房，防火间距不符合规范规定值，但不小于 4m 时，如相邻较高一面外墙必须开口，则应在建筑中相邻较高一面外墙上的门、窗、洞口部位采取设置甲级防火门窗、防火卷帘或防火分隔水幕等防火措施，参见图 3.8。

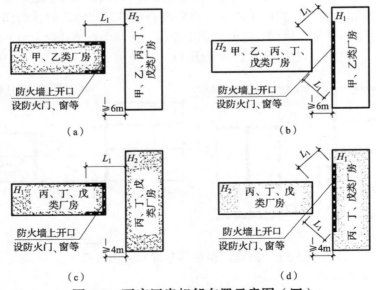

图 3.8　两座厂房相邻布置示意图（四）

注：厂房的耐火等级均不低于二级，屋面板的耐火极限不低于 1.00h，建筑高度较低一侧的建筑屋面不开天窗。

建筑高度：$H_1 > H_2$。L_1 按《新建规》中表 3.4.1 的规定确定。

疑点 3.4.1–3：相邻两座耐火等级均不低于二级的丙、丁、戊类厂房与丙、丁、戊类仓库相邻且平面呈"丁"字形布置时，如防火间距不足，建筑需采用何种防火构造？

释义：1. 当两座建筑需贴邻布置或防火间距不足 4m 时，建筑中相邻较高一面的外墙或相邻高度相等的任一侧外墙应采用防火墙，屋顶的耐火极限不应低于 1.00h，并对相邻处的防火墙采取防止火灾在相邻处蔓延的措施，参见图 3.9。

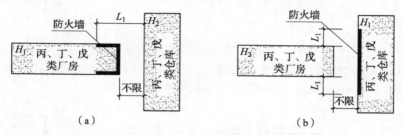

图 3.9　厂房与仓库相邻布置示意图（一）

注：厂房和仓库的耐火等级均不低于二级，屋面板的耐火极限不低于 1.00h，当相邻建筑高度不等时，较低一侧的建筑屋面不开天窗。建筑高度：$H_1 > H_2$（或 $H_1 = H_2$）。L_1 按《新建规》中表 3.4.1 的规定确定。

2. 当相邻两座建筑的防火间距不符合表 3.4.1 的规定值，但大于规定值的 75% 时，建筑中相邻两面外墙均应采用耐火极限符合规范规定的不燃性墙体，可燃性屋檐不应外露或采用不燃性外露屋檐，每面外墙上的门、窗、洞口面积之和分别不应大于所在外墙面积的 5%，并应相对错位开设，参见图 3.10。

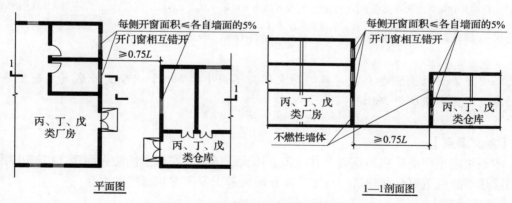

图 3.10　厂房与仓库相邻布置示意图（二）

3. 当相邻两座建筑的防火间距不符合规范规定值，但不小于 4m 时，建筑中相邻较低一面外墙应采用防火墙，较低一座厂房应采用耐火极限不低于 1.00h 且不开天窗或其他开口的屋顶，并对相邻处的防火墙采取防止火灾在相邻处蔓延的措施，参见图 3.11。

4. 当相邻两座建筑的防火间距不符合规范规定值，但不小于 4m 时，如建筑中相邻较高一面外墙必须开设门、窗等开口，则应在这些开口部位采取设置甲级防火门窗、防火卷帘或防火分隔水幕等防火措施，参见图 3.12。

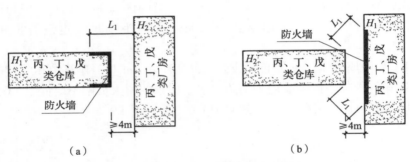

图 3.11 厂房与仓库相邻布置示意图（三）

注：厂房和仓库的耐火等级均不低于二级，屋面板的耐火极限不低于 1.00h，建筑高度较低一侧的建筑屋面不开
天窗。建筑高度：$H_1 < H_2$。L_1 按《新建规》中表 3.4.1 的规定确定。

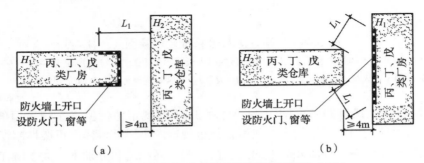

图 3.12 厂房与仓库相邻布置示意图（四）

注：厂房和仓库的耐火等级均不低于二级，屋面板的耐火极限不低于 1.00h，建筑高度较低一侧的建筑屋面不开
天窗。建筑高度：$H_1 > H_2$。L_1 按《新建规》中表 3.4.1 的规定确定。

3.4.2 甲类厂房与重要公共建筑的防火间距不应小于 50m，与明火或散发火花地点的防火间距不应小于 30m。

【条文要点】

本条规定了甲类厂房与重要公共建筑、明火或散发火花地点的防火间距，以减小甲类厂房爆炸事故对重要公共建筑的危害，防止明火等引发火灾和爆炸事故。

【相关标准】

《氧气站设计规范》GB 50030—2013；

《汽车加油加气站设计与施工规范》GB 50156—2012（2014 年版）；

《石油化工企业设计防火标准》GB 50160—2008（2018 年版）；

《氢气站设计规范》GB 50177—2005。

【设计要点】

1. 甲类厂房与重要公共建筑的防火间距不应小于 50m。重要公共建筑的范围，参见本《指南》第 2.1.3 条的释义。

2. 甲类厂房与明火地点或散发火花地点的防火间距不应小于 30m。明火地点和散发火花地点的范围，参见本《指南》第 2.1.8 条和第 2.1.9 条的释义。

3. 甲类厂房与其他建筑的防火间距及与架空电力线的最小水平距离，应分别符合《新建规》第 3.4.1 条、第 3.5.1 条和第 10.2.1 条的规定。

3.4.3 散发可燃气体、可燃蒸气的甲类厂房与铁路、道路等的防火间距不应小于表 3.4.3 的规定，但甲类厂房所属厂内铁路装卸线当有安全措施时，防火间距不受表 3.4.3 规定的限制。

表 3.4.3 散发可燃气体、可燃蒸气的甲类厂房与铁路、道路等的防火间距（m）

名称	厂外铁路线中心线	厂内铁路线中心线	厂外道路路边	厂内道路路边	
				主要	次要
甲类厂房	30	20	15	10	5

【条文要点】

本条规定了散发可燃气体、可燃蒸气的甲类厂房与铁路、道路的防火间距，以防止机车和机动车产生的火花引发爆炸。

【相关标准】

《铁路工程设计防火规范》TB 10063—2016。

【设计要点】

1. 散发可燃气体、蒸气的甲类厂房与国家铁路线、地方铁路线、厂内自用铁路线、厂内外机动车道路的防火间距，不仅要符合本条表 3.4.3 的规定，而且要根据厂房所散发的可燃气体、蒸气的密度和可能扩散的范围来确定合适的间距；与国家铁路线、地方铁路线的防火间距，尚应符合国家铁路工程建设行业标准《铁路工程设计防火规范》TB 10063—2016 第 3.1.1 条的规定。

2. 铁路装卸线的防火安全措施通常有：在机车进入装卸线时，关闭机车灰箱、设置阻火罩、车厢顶进，并在装甲、乙类物品的车辆之间停放隔离车辆、在装卸线与厂间设置隔离墙等阻止机车火星散发和防止影响厂房防火安全的措施。

3.4.4 高层厂房与甲、乙、丙类液体储罐，可燃、助燃气体储罐，液化石油气储罐，可燃材料堆场（除煤和焦炭场外）的防火间距，应符合本规范第 4 章的规定，且不应小于 13m。

【条文要点】

本条规定了高层厂房与各类储罐（区）、堆场的防火间距。

【相关标准】

《城镇燃气设计规范》GB 50028—2006；

《汽车加油加气站设计与施工标准》GB 50156—2012（2014 年版）；

《石油化工企业设计防火标准》GB 50160—2008（2018 年版）；

《液化石油气供应工程设计规范》GB 51142—2015；

《化工粉体物料堆场及仓库设计规范》HG/T 20568—2014。

【设计要点】

高层厂房建筑高度高，在火灾时的热辐射作用和飞火影响范围大，需要较大距离防止其火灾时导致邻近可燃液体、可燃与助燃气体储罐等发生火灾，反之亦然。但条文规定的距离仅仅是针对这些对象的一个基本要求，而不同形式、容积和储存物质的储罐，不同可燃材料、占地面积和堆高的可燃材料堆场，在火灾时的热辐射作用差别很大，设防的重要程度也不一样，因而所需防火间距差异大。实际设计时，要根据《新建规》第4章及其他相关工程建设标准的规定来确定合理的间距。

对于一些在工业用地上建设的用于研发、办公等非生产性的高层厂房，应按高层民用建筑确定相应的防火间距。

3.4.5 丙、丁、戊类厂房与民用建筑的耐火等级均为一、二级时，丙、丁、戊类厂房与民用建筑的防火间距可适当减小，但应符合下列规定：

1 当较高一面外墙为无门、窗、洞口的防火墙，或比相邻较低一座建筑屋面高15m及以下范围内的外墙为无门、窗、洞口的防火墙时，其防火间距不限；

2 相邻较低一面外墙为防火墙，且屋顶无天窗或洞口、屋顶的耐火极限不低于1.00h，或相邻较高一面外墙为防火墙，且墙上开口部位采取了防火措施，其防火间距可适当减小，但不应小于4m。

【条文要点】

本条规定了一、二级耐火等级的民用建筑与一、二级耐火等级的丙、丁、戊类厂房相邻时可减小防火间距的条件，以使建筑的耐火性能水平、火灾危险性与其设防水平相匹配。

【设计要点】

耐火等级均不低于二级的相邻两座丙、丁、戊类厂房和民用建筑，当采取防火构造措施时，可减少厂房与民用建筑的防火间距。当防火构造措施符合本条第1款规定时，相邻建筑间的防火间距可以不限，即可以贴邻；当防火构造措施符合本条第2款规定时，相邻建筑间的防火间距仍不应小于4.0m。

【释疑】

疑点3.4.5-1：丙、丁、戊类厂房与高层公共建筑相邻时，是否可以按相关规定减少防火间距？

释义：高层公共建筑与一、二级耐火等级的丙、丁、戊类厂房的防火间距，同样可以按照《新建规》第3.4.5条的规定进行调整，但调整后的消防车登高操作场地及消防车道应符合规范要求。对于建筑高度大于100m的公共建筑，不论采取何种防火构造措施，其防火间距仍应符合《新建规》第3.4.1条的规定，不应减小。

疑点3.4.5-2：丙、丁、戊类厂房与住宅建筑相邻时，是否可以按相关规定减少防火间距？

释义：住宅建筑属于民用建筑，住宅建筑与一、二级耐火等级的丙、丁、戊类厂房的防火间距，可以按照《新建规》第3.4.5条的规定调整，但调整后的消防车登高操作场地及消防车道应符合规范要求。对于建筑高度大于100m的住宅建筑,不论采取何种防火构造措施,其防火间距仍应符合《新建规》第3.4.1条的规定,不应减小。

疑点3.4.5-3: 耐火等级不低于二级的丙、丁、戊类厂房与耐火等级不低于二级的民用建筑呈"丁"字形相邻布置时,其防火间距如需调整,相邻建筑需采用什么防火构造?

释义: 1. 当上述两座建筑需贴邻布置或防火间距小于4m,且相邻较高一面的建筑外墙较相邻较低一侧建筑的屋面高出小于15m时,较高一面外墙应为无任何开口的防火墙,并对相邻处的防火墙采取防止火灾在相邻处蔓延的措施,参见图3.13。

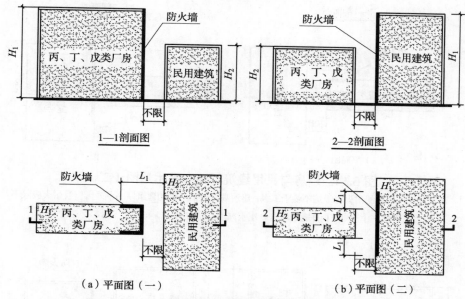

图3.13 厂房与民用建筑相邻布置示意图(一)

注:1. 厂房和民用建筑的耐火等级均不低于二级,建筑高度较低一侧的建筑屋面不开天窗且耐火极限不低于1.00h。

2. L_1 按《新建规》中表3.4.1的规定确定。建筑高度:$H_1 > H_2$,$H_1 < 100m$。

2. 当上述两座建筑需贴邻布置且防火间距小于4m,相邻较高一面的建筑外墙较相邻较低一侧的建筑屋面高出大于15m时,应将较高一面外墙在其高出较低一侧屋面15m及以下范围内改为无任何开口的防火墙,并对相邻处的防火墙采取防止火灾在相邻处蔓延的措施,参见图3.14。

3. 当上述两座建筑间的防火间距不小于4m时,相邻较低一面的建筑外墙应为防火墙,较低一侧的建筑屋顶的耐火极限不应低于1.00h且不开设天窗或其他开口,并对相邻处的防火墙采取防止火灾在相邻处蔓延的措施,参见图3.15。

4. 当上述两座建筑间的防火间距不小于4.0m,且相邻较高一面的外墙需开口时,相邻较高一面的建筑外墙应为防火墙,并在防火墙上的开口部位按规范规定采取设置甲级防火门窗、防火卷帘等防火措施,参见图3.16。

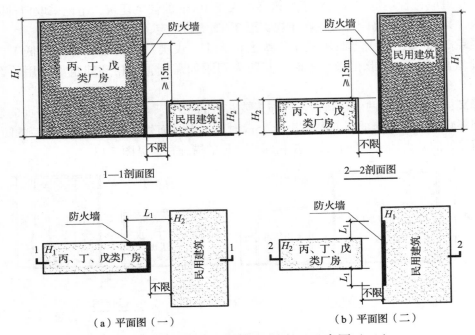

图 3.14　厂房与民用建筑相邻布置示意图（二）

注：1. 厂房和民用建筑的耐火等级均不低于二级，建筑高度较低一侧的建筑屋面不开天窗且耐火极限不低于 1.00h。

2. L_1 按《新建规》中表 3.4.1 的规定确定。建筑高度：$H_1 > H_2$，$H_1 < 100m$。

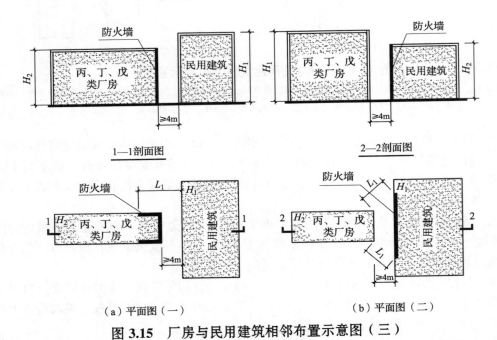

图 3.15　厂房与民用建筑相邻布置示意图（三）

注：1. 厂房和民用建筑的耐火等级均不低于二级，建筑高度较低一侧的建筑屋面不开天窗且耐火极限不低于 1.00h。

2. L_1 按《新建规》中表 3.4.1 的规定确定。建筑高度：$H_1 > H_2$，$H_1 < 100m$。

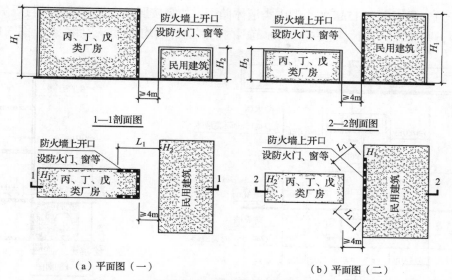

图 3.16　厂房与民用建筑相邻布置示意图（四）

注：1. 厂房和民用建筑耐火等级均不低于二级，建筑高度较低一侧的建筑屋面不开天窗且耐火极限不低于 1.00h。

　　2. L_1 按《新建规》中表 3.4.1 的规定确定。建筑高度：$H_1 > H_2$，$H_1 < 100m$。

3.4.6　厂房外附设化学易燃物品的设备，其外壁与相邻厂房室外附设设备的外壁或相邻厂房外墙的防火间距，不应小于本规范第 3.4.1 条的规定。用不燃材料制作的室外设备，可按一、二级耐火等级建筑确定。

　　总容量不大于 15m³ 的丙类液体储罐，当直埋于厂房外墙外，且面向储罐一面 4.0m 范围内的外墙为防火墙时，其防火间距不限。

【条文要点】

本条规定了设置在厂房外为保证生产需要的化学易燃物品的设备与相邻厂房、设备的防火间距。

【相关标准】

《石油化工企业设计防火标准》GB 50160—2008（2018 年版）；

《工业企业总平面设计规范》GB 50187—2012。

【设计要点】

1. 附设在厂房外的化学易燃物品的设备，多为不燃材料制作的储存容器或装置，但具有较高的火灾危险性，有的具有爆炸危险，但又是生产工艺所必需的设施。布置时，可以根据工艺要求确定其与厂房的间距，而不考虑该设备与所服务厂房的防火间距，但相互间一般应设置必要的防火分隔或防爆措施。

2. 这些设备与相邻其他厂房或相邻室外化学易燃物品的设备的防火间距，可以将不燃材料制作的设备视为一、二级耐火等级的建筑，按照相邻厂房的火灾危险性类别和该设备自身的火灾危险性类别，比照两座相邻生产建筑来确定，可以不考虑这些装置的保温绝热材料的燃烧性能。

对于总容量不大于 15m³ 的小型丙类液体储罐，如需按照条文规定减小其与厂房之间的防火间距，则储罐的上下、左右各 4.0m 范围内的厂房外墙均应为防火墙，参见图 3.17。

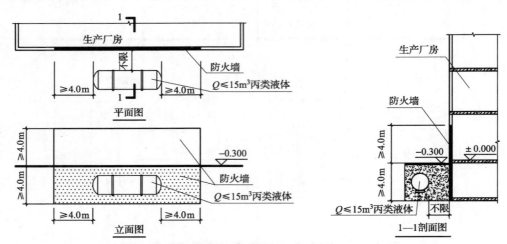

图 3.17　埋地储罐与相邻厂房的防火间距示意图

3.4.7　同一座"U"形或"山"形厂房中相邻两翼之间的防火间距，不宜小于本规范第 3.4.1 条的规定，但当厂房的占地面积小于本规范第 3.3.1 条规定的每个防火分区最大允许建筑面积时，其防火间距可为 6m。

【条文要点】

本条规定了同一座"U"字形或"山"字形厂房中相邻两翼之间的间距，以防止火灾蔓延至不同的防火分区或楼层，并方便灭火救援。

【设计要点】

平面形状呈"U"字形、"山"字形等类似具有凹口形状布置的建筑，火灾时的火势或热辐射作用与相邻两座相对布置的建筑基本相同。因此，在设计时一般要将其相邻两翼视为相邻的两座不同建筑考虑，尽量按照相邻两座建筑之间的防火间距确定建筑中相邻两翼的间距。当此凹口进深较大时，还应根据其建筑高度，考虑可能的火旋风效应和灭火救援所需操作空间，有效减小火灾的相互作用，防止火灾蔓延扩大。厂房建筑凹口之间的防火间距要求参见图 3.18。

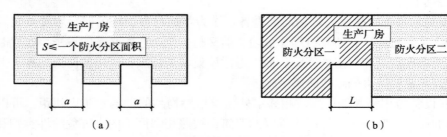

图 3.18　厂房平面呈凹口布置示意图

注：1. 单多层建筑时，$a \geq 6$m；2. 高层建筑时，$a \geq 13$m；3. L 按《新建规》第 3.4.1 条的规定确定。

当厂房的凹口之间一侧设置防火墙等措施，且符合《新建规》第 3.4.1 条表 3.4.1 注
2、注 3 规定的条件时，可适当减少相邻两翼的间距，但仍需考虑消防救援操作空间，其
最小净距仍不应小于 6m。

3.4.8 除高层厂房和甲类厂房外，其他类别的数座厂房占地面积之和小于本规范第
3.3.1 条规定的防火分区最大允许建筑面积（按其中较小者确定，但防火分区的最大
允许建筑面积不限者，不应大于 10000m²）时，可成组布置。当厂房建筑高度不大于
7m 时，组内厂房之间的防火间距不应小于 4m；当厂房建筑高度大于 7m 时，组内厂
房之间的防火间距不应小于 6m。

组与组或组与相邻建筑的防火间距，应根据相邻两座中耐火等级较低的建筑，
按本规范第 3.4.1 条的规定确定。

【条文要点】

本条规定了厂房可成组布置的条件及组与组、组与相邻建筑的防火间距。此要求可在
保障基本消防安全的情况下充分利用土地资源，有利于火灾危害较小的小型厂房的建设。

【设计要点】

1. 除高层厂房和甲类厂房外，其他火灾危险性类别的厂房，无论其耐火等级高低，
均可以按要求成组布置。这实际上是将总占地面积小于相应火灾危险性类别厂房中一个防
火分区最大允许建筑面积的多座小型厂房，视为同一个防火分区中的不同防火隔间，只
是形式上采用空间分隔，而不是采用实体防火隔墙来进行分隔。因此，条文规定的 4m 或
7m 间距，可认为具有与防火隔墙基本等效的防火作用。

2. 在考虑一个防火分区的最大允许建筑面积时，应按组内火灾危险性最大、防火分
区最大允许建筑面积较小者确定。例如，4 座三级耐火等级的厂房成组布置，其中 2 座单
层丁类厂房，两座均为 2 层的丙类厂房，则该组厂房的总占地建筑面积应按多层丙类厂房
中一个防火分区的最大允许建筑面积考虑，即不应大于 2000m²。

3. 在确定组与组或组与相邻建筑的防火间距时，可以将每组视为同一座建筑考虑，
但应按不同组中相邻一侧建筑的高度、实际耐火等级和火灾危险性类别，按照《新建规》
第 3.4.1 条的规定确定。

4. 此规定主要考虑小型厂房的建设需要，对于一、二级耐火等级的单、多层丁、戊
类厂房，由于一个防火分区的最大允许建筑面积可以不限，因而每组的总建筑面积也不能
不限制。根据规范条文规定，每组建筑的总建筑面积不应大于 10000m²。

本条允许成组布置的厂房减小防火间距的必要条件是：数座厂房占地面积之和不大于
10000m² 或小于《新建规》第 3.3.1 条规定的一个防火分区的最大允许建筑面积。如果厂
房坐落在较大的地下或半地下室上，且地下或半地下室占地面积不符合上述规定时，则有
关防火间距不能减小。

【应用举例】

例 3.4.8：两组二级耐火等级的厂房，第一组由 1 号~4 号厂房组成，第二组由
5 号~9 号厂房组成。1 号厂房的生产火灾危险性为丙类，其他厂房的生产火灾危险性均
为戊类。试绘出这些厂房成组布置的示意图。

解：第一组的最高火灾危险性为丙类，第二组的最高火灾危险性为戊类。分单层和多层两种情况查《新建规》第 3.3.1 条表 3.3.1 得 S_A 和 S_B。绘出其平面布置示意图，见图 3.19。

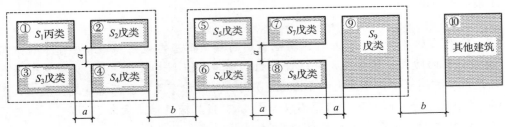

图 3.19　厂房成组布置平面示意图

图中 S_A、S_B 为各组厂房的占地面积之和，即 $S_A = S_1 + S_2 + S_3 + S_4$，$S_B = S_5 + S_6 + S_7 + S_8 + S_9$。$a$、$b$ 的取值如下：

（1）当 1 号 ~ 9 号厂房均为建筑高度不大于 7.0m 的单层建筑时，$S_A \leq 8000\mathrm{m}^2$、$S_B \leq 10000\mathrm{m}^2$，则 a 不应小于 4m，b 不应小于 10m。

（2）当 1 号 ~ 9 号厂房为建筑高度均大于 7.0m 的多层建筑时，$S_A \leq 4000\mathrm{m}^2$、$S_B \leq 10000\mathrm{m}^2$，则 a 不应小于 6m，b 不应小于 10m。

3.4.9　一级汽车加油站、一级汽车加气站和一级汽车加油加气合建站不应布置在城市建成区内。

3.4.10　汽车加油、加气站和加油加气合建站的分级，汽车加油、加气站和加油加气合建站及其加油（气）机、储油（气）罐等与站外明火或散发火花地点、建筑、铁路、道路的防火间距以及站内各建筑或设施之间的防火间距，应符合现行国家标准《汽车加油加气站设计与施工规范》GB 50156 的规定。

【条文要点】

1. 限制在城市建成区内建设一级加油站、一级加气站和一级加油加气合建站。

2. 明确了加油站、加气站和加油加气站的站内建筑之间及与站外其他建、构筑物的防火间距，以既方便标准使用，又避免重复和矛盾，保持各自标准的完整性。

【相关标准】

《汽车加油加气站设计与施工规范》GB 50156—2012（2014 年版）。

【设计要点】

1. 城市建成区往往建筑密度、人口密度均较大，一级加油站、加气站和加油加气合建站的可燃液体、可燃气体储量大，具有较高的火灾爆炸危险，事故后果严重，要严格控制其在城市建成区和人口聚集区内建设。城市建成区的范围，应符合城市规划的有关规定，一般指城市行政区内实际已成片开发建设、市政公用设施和公共设施基本具备的地区。第 3.4.9 条规定与国家标准《汽车加油加气站设计与施工规范》GB 50156—2012（2014 年版）第 4.0.2 条规定的"在城市建成区不宜建一级加油站、一级加气站、一级加油加气合建站"略有差别。两者的差别在于：前者为强制性条文，后者为非强制性条文。本规范的要求是强制性的，在实际工程建设中，如与《汽车加油加气站设计与施工规范》

GB 50156—2012（2014 年版）的规定不一致，应执行本条规定。

2. 有关加油站、加气站和加油加气站的分级，应符合国家标准《汽车加油加气站设计与施工规范》GB 50156—2012（2014 年版）第 3.0.1 条～第 3.0.16 条的规定。

3.4.11　电力系统电压为 35kV～500kV 且每台变压器容量不小于 10MV·A 的室外变、配电站以及工业企业的变压器总油量大于 5t 的室外降压变电站，与其他建筑的防火间距不应小于本规范第 3.4.1 条和第 3.5.1 条的规定。

【条文要点】

本条规定了室外变、配电站与其他建筑的防火间距，以减小变电站火灾对其他建筑的危害。

【相关标准】

《35kV～110kV 变电站设计规范》GB 50059—2011；

《20kV 及以下变电所设计规范》GB 50053—2013；

《火力发电厂与变电站设计防火标准》GB 50229—2019。

【设计要点】

1. 油浸变压器内部使用了大量可燃油品，闪点一般都在 120℃ 以上，主要起散热、绝缘和消弧作用。发生故障产生电弧时，变压器内的绝缘油会迅速发生热分解，析出氢气、甲烷、乙烯等可燃气体，使内部压力骤增，造成外壳爆裂而大量喷油，或者析出的可燃气体与空气混合形成爆炸性混合物，在电弧或火花的作用下引起燃烧爆炸。变压器爆裂后，火势将随高温变压器油的流淌而蔓延，如灭火方法不当，容易形成大范围的火灾。因此，一方面要加强油浸变压器自身的防爆与自动灭火措施，另一方面要使之与其他建筑保持足够的间距。

变压器的总油量是针对可燃油油浸变压器而言。规范规定的"变压器总油量"是指室外一处变、配电站或一处油浸变压器设置场所中全部变压器中的可燃油量之和。例如：某工业企业在一处设置了 2 台变压器，每台变压器所用可燃油油量为 2.52t，则该处变压器的总油量应为 5.04t。变压器的油量与变压器的电压、制造厂家、外形尺寸有关，同样容量的变压器，油量不尽相同。一般，每台额定容量为 5MV·A 的 35kV 铝线电力变压器，存油量为 2.52t；每台额定容量为 10MV·A 时，油量为 4.3t；每台额定容量为 10MV·A 的 110kV 双卷铝线电力变压器，存油量为 5.05t。

《新建规》第 3.4.1 条和第 3.5.1 条按照变压器总油量将防火间距分为三档：第一档总油量定为 5t～10t，相当于设置 2 台 5MV·A～10MV·A 变压器的规模；第二档总油量定为 10t～50t，相当于设置 3 台～8 台 10MV·A 的 110kV 双卷铝线电力变压器的规模；第三档总油量定为大于 50t，相当于设置 10 台 10MV·A 的 110kV 双卷铝线电力变压器的规模。

2. 室外变、配电站的耐火等级不应低于二级。根据国家标准《火力发电厂与变电站设计防火标准》GB 50229—2019 第 11.1.1 条的规定，各种类型变配电站的火灾危险性见表 F3.9。

表 F3.9　变配电站的火灾危险性分类

序号	变配电站名称	设 备 名 称	火灾危险性分类	
			单室	主制室
1	油浸式变配电站	油浸变压器室	丙	丙
		电容器室（有可燃介质）	丙	
		其他单台设备充油量 ≥ 60kg	丙	
		有电缆夹层	丙	
2	油浸式变配电站	油浸变压器室	丙	丙
		气体或干式电容器室	丁	
		其他单台设备充油量 <60kg	丁	
		无电缆夹层	—	
3	干式变配电站	气体或干式变压器室	丁	丙
		电容器室（有可燃介质）	丙	
		其他单台设备充油量 ≥ 60kg	丙	
		有电缆夹层	丙	
4	干式变配电站	气体或干式变压器室	丁	丁
		干式电容器室	丁	
		其他单台设备充油量 <60kg	丁	
		有电缆夹层（与主控室有防火分隔）	丙	
5	干式变配电站	气体或干式变压器室	丁	丁
		干式电容器室	丁	
		无含油电气设备	戊	
		无电缆夹层	—	

3.4.12　厂区围墙与厂区内建筑的间距不宜小于 5m，围墙两侧建筑的间距应满足相应建筑的防火间距要求。

【条文要点】

本条规定了厂区围墙与厂区内外建筑的关系，以保证消防车的通行需要，有利于公平利用土地。

【相关标准】

《石油化工企业设计防火标准》GB 50160—2008（2018 年版）；

《工业企业总平面设计标准》GB 50187—2012；

《化工企业总图运输设计规范》GB 50489—2009。

【设计要点】

厂区围墙或地界线距厂区内各建筑外墙不宜小于 5m，并能保证消防车的通行要求。厂区围墙两侧建筑之间的水平净距，不应小于《新建规》第 3.4.1 条、第 3.5.1 条和第 5.2.2 条等条文的规定及其他工程建设标准的规定。

3.5　仓库的防火间距

仓库是火灾荷载相对集中的场所，即使是丁类仓库，也存在数量不少的可燃包装材料，一旦发生火灾，不仅易造成巨大的经济损失，而且对邻近建筑的威胁大。因此，要根据仓库内储存物品的火灾危险性类别、仓库的规模和耐火等级等，在仓库与相邻建筑之间设置足够的防火间距。

3.5.1　甲类仓库之间及与其他建筑、明火或散发火花地点、铁路、道路等的防火间距不应小于表 3.5.1 的规定。

表 3.5.1　甲类仓库之间及与其他建筑、明火或散发火花地点、铁路、道路等的防火间距（m）

名　　称		甲类仓库（储量，t）			
		甲类储存物品第 3、4 项		甲类储存物品第 1、2、5、6 项	
		≤ 5	>5	≤ 10	>10
高层民用建筑、重要公共建筑		50			
裙房、其他民用建筑、明火或散发火花地点		30	40	25	30
甲类仓库		20	20	20	20
厂房和乙、丙、丁、戊类仓库	一、二级	15	20	12	15
	三级	20	25	15	20
	四级	25	30	20	25
电力系统电压为 35kV～500kV 且每台变压器容量不小于 10MV·A 的室外变、配电站，工业企业的变压器总油量大于 5t 的室外降压变电站		30	40	25	30
厂外铁路线中心线		40			
厂内铁路线中心线		30			
厂外道路路边		20			
厂内道路路边	主要	10			
	次要	5			

注：甲类仓库之间的防火间距，当第 3、4 项物品储量不大于 2t，第 1、2、5、6 项物品储量不大于 5t 时，不应小于 12m。甲类仓库与高层仓库的防火间距不应小于 13m。

【条文要点】

本条规定了甲类仓库之间、甲类仓库与厂房、甲类仓库与其他火灾类别的仓库、甲类仓库与民用建筑、甲类仓库与明火或散发火花地点、铁路、道路等的防火间距。

【相关标准】

《35kV～110kV 变电站设计规范》GB 50059—2011；

《20kV 及以下变电所设计规范》GB 50053—2013；

《火力发电厂与变电站设计防火标准》GB 50229—2019；

《通用仓库及库区规划设计参数》GB/T 28581—2012；

《石油化工企业设计防火标准》GB 50160—2008（2018 年版）；

《石油化工全厂性仓库及堆场设计规范》GB 50475—2008；

《化工企业总图运输设计规范》GB 50489—2009；

《化工粉体物料堆场及仓库设计规定》HG/T 20568—2014；

《铁路工程设计防火规范》TB 10063—2016。

【设计要点】

1. 虽然甲类仓库建筑规模通常较小，但事故以爆炸为主，破坏性巨大，与相邻建筑间应保持较大的间距。由于《新建规》不适用于火药、炸药等火工品和花炮等烟花爆竹仓库，因此，规范中的甲类仓库不包括火药、炸药等物品的仓库。

2. 甲类仓库的耐火等级不应低于二级，占地面积不大于 300m² 的单层独立甲类仓库的耐火等级最低可以为三级。

3. 甲类仓库的防火间距与其储存物品的火灾危险性分项、储量有关，应注意区别。甲类仓库与厂房、民用建筑、其他仓库及道路、铁路等防火间距应符合《新建规》表 3.5.1 的规定。

4. 甲类仓库与其他类别火灾危险性的高层仓库的防火间距，除储存量小于或等于 10t 的甲类第 1、2、5、6 项物品仓库与丙、丁、戊类高层仓库的防火间距可按不小于 13m 确定外，其他甲类仓库与丙、丁、戊类高层仓库的防火间距均不应小于规范表 3.5.1 中的规定值。

3.5.2 除本规范另有规定外，乙、丙、丁、戊类仓库之间及与民用建筑的防火间距，不应小于表 3.5.2 的规定。

表 3.5.2 乙、丙、丁、戊类仓库之间及与民用建筑的防火间距（m）

名称			乙类仓库 单、多层 一、二级	乙类仓库 单、多层 三级	乙类仓库 高层 一、二级	丙类仓库 单、多层 一、二级	丙类仓库 单、多层 三级	丙类仓库 单、多层 四级	丙类仓库 高层 一、二级	丁、戊类仓库 单、多层 一、二级	丁、戊类仓库 单、多层 三级	丁、戊类仓库 单、多层 四级	丁、戊类仓库 高层 一、二级
乙、丙、丁、戊类仓库	单、多层	一、二级	10	12	13	10	12	14	13	10	12	14	13
		三级	12	14	15	12	14	16	15	12	14	16	15
		四级	14	16	17	14	16	18	17	14	16	18	17
	高层	一、二级	13	15	13	13	15	17	13	13	15	17	13
民用建筑	裙房，单、多层	一、二级	25			10	12	14	13	10	12	14	13
		三级				12	14	16	15	12	14	16	15
		四级				14	16	18	17	14	16	18	17
	高层	一类	50			20	25	25	20	15	18	18	15
		二类				15	20	20	15	13	15	15	13

注：1 单、多层戊类仓库之间的防火间距，可按本表的规定减少 2m。

2 两座仓库的相邻外墙均为防火墙时，防火间距可以减小，但丙类仓库，不应小于 6m；丁、戊类仓库，不应小于 4m。两座仓库相邻较高一面外墙为防火墙，或相邻两座高度相同的一、二级耐火等级建筑中相邻任一侧外墙为防火墙且屋顶的耐火极限不低于 1.00h，且总占地面积不大于本规范第 3.3.2 条一座仓库的最大允许占地面积规定时，其防火间距不限。

3 除乙类第 6 项物品外的乙类仓库，与民用建筑的防火间距不宜小于 25m，与重要公共建筑的防火间距不应小于 50m，与铁路、道路等的防火间距不宜小于表 3.5.1 中甲类仓库与铁路、道路等的防火间距。

【条文要点】

本条规定了乙、丙、丁、戊类仓库之间，乙、丙、丁、戊类仓库与民用建筑等之间的防火间距。

【相关标准】

《石油化工企业设计防火标准》GB 50160—2008（2018 年版）；

《工业企业总平面设计规范》GB 50187—2012；

《石油化工全厂性仓库及堆场设计规范》GB 50475—2008。

【设计要点】

1. 两座一、二级耐火等级丙类仓库的相邻外墙均为防火墙时，无论相邻两座建筑是单层、多层还是高层，其防火间距均不应小于6m。对于与建筑高度大于100m的仓库相邻时，还需参照规范有关民用建筑的防火间距要求，按不小于13m确定，并应符合规范第3.5.2条的规定。

2. 两座一、二级耐火等级丁、戊类仓库的相邻外墙均为防火墙时，无论相邻两座建筑是单层、多层还是高层，其防火间距均不应小于4m。对于与建筑高度大于100m的仓库相邻时，还需参照规范有关民用建筑的防火间距要求，按不小于13m确定，并应符合规范第3.5.2条的规定。

3. 两座一、二级耐火等级且建筑高度不同的仓库相邻，当相邻较高一面外墙为防火墙，两座仓库的总占地面积不大于《新建规》第3.3.2条有关一座相应火灾危险性类别仓库的最大允许占地面积时，其防火间距不限，即可贴邻建造。

4. 两座一、二级耐火等级且建筑高度相同的仓库相邻，当相邻任意一侧外墙为防火墙且该建筑的屋顶耐火极限不低于1.00h（应为同一侧建筑，不能是其中一座建筑相邻一侧的外墙为防火墙，另一座建筑的屋顶耐火极限不低于1.00h），两座仓库的总占地面积不大于《新建规》第3.3.2条有关一座相应火灾危险性类别仓库的最大允许占地面积时，其防火间距不限，即可贴邻建造。

5. 乙类物品中的氧气等助燃气体和油纸、油绸及其制品等在常温下与空气接触能缓慢氧化、积热不散引起自燃的物品，通常不存在爆炸危险，但具有加速燃烧或一旦引燃变为明火则燃烧速度快的特点。因此，《新建规》第3.1.3条中的乙类5项和乙类6项物品仓库与重要公共建筑的防火间距不应小于25m。当储存物品数量较少时，与其他非重要公共建筑的防火间距可以在采取必要的防火措施后酌情调整。

6. 除甲、乙类仓库外，丙、丁、戊类仓库通常占地面积较大，当按照规范规定确定防火间距，特别是允许减小防火间距时，应充分考虑建筑周围消防车道、灭火救援场地的设置要求和消防车灭火救援时的通行需要。

3.5.3 丁、戊类仓库与民用建筑的耐火等级均为一、二级时，仓库与民用建筑的防火间距可适当减小，但应符合下列规定：

　　1 当较高一面外墙为无门、窗、洞口的防火墙，或比相邻较低一座建筑屋面高15m及以下范围内的外墙为无门、窗、洞口的防火墙时，其防火间距不限；

　　2 相邻较低一面外墙为防火墙，且屋顶无天窗或洞口、屋顶耐火极限不低于1.00h，或相邻较高一面外墙为防火墙，且墙上开口部位采取了防火措施，其防火间距可适当减小，但不应小于4m。

【条文要点】

本条规定了一、二级耐火等级丁、戊类仓库与民用建筑的防火间距可以调整的条件。

【设计要点】

1. 耐火等级不低于二级的丁、戊类仓库与耐火等级不低于二级的民用建筑的防火间距，当丁、戊类仓库与民用建筑相邻且高度不同时，在采取下列防火措施后可以适当减小：

（1）相邻两座建筑中任一建筑相邻较高一面外墙为无任何开口的防火墙时，由于此时较低一座建筑发生火灾不会蔓延至较高的建筑，因此其防火间距不限，即可以贴邻。此时，较高一侧的外墙高出较低一侧建筑屋面不大于 15m，参见图 3.20。

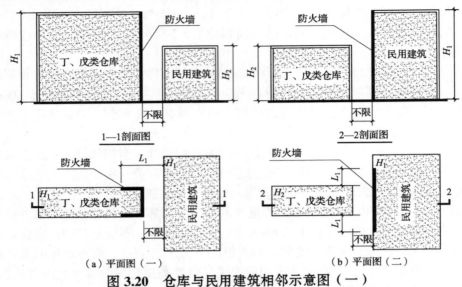

图 3.20　仓库与民用建筑相邻示意图（一）

注：1. 仓库和民用建筑的耐火等级均不低于二级，建筑高度较低一侧的建筑屋面不开天窗且耐火极限不低于 1.00h。

2. L_1 按《新建规》中表 3.5.2 的规定确定。建筑高度：$H_1>H_2$，$H_1<100m$。

（2）相邻两座建筑中任一建筑相邻较高一面外墙比相邻较低一座建筑屋面高出 15m 及以下范围内的外墙为无任何开口的防火墙时，较低一座建筑发生火灾不会蔓延至较高一侧的建筑，因此其防火间距也可以不限，即可以贴邻。此时，较高一侧的外墙高出较低一侧建筑屋面大于 15m，参见图 3.21。

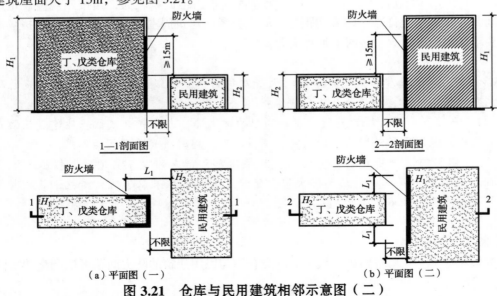

图 3.21　仓库与民用建筑相邻示意图（二）

注：1. 仓库和民用建筑的耐火等级均不低于二级，建筑高度较低一侧的建筑屋面不开天窗且耐火极限不低于 1.00h。

2. L_1 按《新建规》中表 3.5.2 的规定确定。建筑高度：$H_1>H_2$，$H_1<100m$。

（3）相邻两座建筑中任一建筑相邻较低一面外墙为无任何开口的防火墙，较低建筑的屋顶耐火极限不低于1.00h且屋顶无天窗或洞口时，其防火间距不应小于4m，参见图3.22。

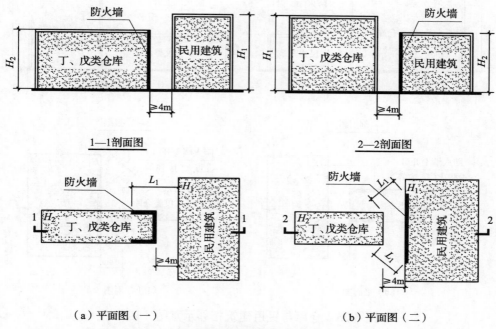

图 3.22　仓库与民用建筑相邻示意图（三）

注：1. 仓库和民用建筑的耐火等级均不低于二级，建筑高度较低一侧的建筑屋面不开天窗且耐火极限不低于1.00h。

2. L_1 按《新建规》中表 3.5.2 的规定确定。建筑高度：$H_1 > H_2$，$H_1 < 100m$。

（4）相邻两座建筑中任一建筑相邻较高一面外墙为防火墙，且墙上开口部位采取了防火措施时，其防火间距不应小于4m，参见图3.23。

2. 当两座建筑高度相同的丁类或戊类仓库与民用建筑相邻时，可以按照上述情形确定其防火间距，即当相邻一侧建筑中任何一面外墙为无任何开口的防火墙，且该侧建筑屋顶的耐火极限不低于1.00h、屋顶无天窗或洞口时，其防火间距不限；当相邻一侧建筑中任何一面外墙为无任何开口的防火墙时，防火间距不应小于4m。

当相邻两座建筑中任一侧的建筑高度大于100m或两座建筑的建筑高度均大于100m时，其防火间距应参照《新建规》第5.2.6条的要求，按照规范规定和不小于13m确定。

【释疑】

疑点3.5.3-1：丁、戊类仓库与民用建筑呈"丁"字形贴邻布置，相邻两座建筑的耐火等级均不低于二级且高度不同时，如何考虑其防火构造？

释义：丁、戊类仓库与民用建筑的耐火等级均不低于二级并呈"丁"字形贴邻布置时，意味着相邻两座建筑没有间距，因此，要求相邻建筑采取如下防火构造措施之一：

（1）当其中较高一面外墙比相邻较低一座建筑屋面高出不大于15m时，应将较高一侧建筑的相邻外墙改为无任何开口的防火墙，参见图3.20。

（2）当其中较高一面外墙比相邻较低一座建筑屋面高出大于15m时，应将较高一侧建筑的相邻外墙在高出相邻较低一侧外墙 15m 及以下范围内的外墙改为无任何开口的防火墙，参见图 3.21。

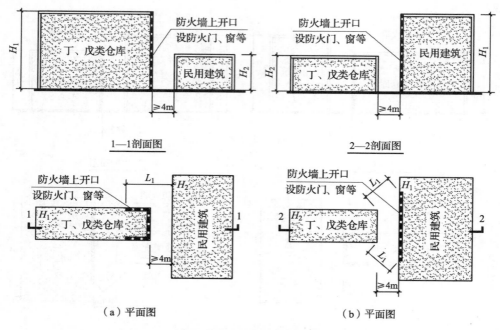

图 3.23　仓库与民用建筑相邻示意图（四）

注：1. 仓库和民用建筑的耐火等级均不低于二级，建筑高度较低一侧的建筑屋面不开天窗且耐火极限不低于 1.00h。

　　2. L_1 按《新建规》中表 3.5.2 的规定确定。建筑高度：$H_1 > H_2$，$H_1 < 100m$。

疑点 3.5.3–2：丁、戊类仓库与民用建筑呈"丁"字形相邻布置，相邻两座建筑的耐火等级均不低于二级且高度相同时，采取什么防火构造可以减小其防火间距？

释义：丁、戊类仓库与民用建筑呈"丁"字形相邻布置，当其中任一座建筑在火灾作用范围内的相邻外墙采用无任何开口的防火墙，且屋顶承重构件及屋面的耐火极限均不低于 1.00h、屋顶无天窗或洞口时，可以贴邻建造；当其中任一座建筑（建筑高度小于或等于 100m）在火灾作用范围内的相邻外墙采用无任何开口的防火墙时，其防火间距不应小于 4m，参见图 3.22。

疑点 3.5.3–3：对于高层民用建筑或建筑高度大于 100m 的民用建筑，是否可与耐火等级不低于二级的丁、戊仓库贴邻？采取防火措施后是否可以减小防火间距？

释义：高层民用建筑与耐火等级不低于二级的丁、戊类仓库的防火间距，可以按照上述条件进行调整，调整后的最小防火间距不应影响消防车登高操作场地及消防车的通行。其中，建筑高度大于 100m 的民用建筑与耐火等级不低于二级的丁、戊类仓库的防火间距不应减小，仍应符合《新建规》第 3.5.2 条的规定。

3.5.4　粮食筒仓与其他建筑、粮食筒仓组之间的防火间距，不应小于表 3.5.4 的规定。

表 3.5.4 粮食筒仓与其他建筑、粮食筒仓组之间的防火间距（m）

名称	粮食总储量 W（t）	粮食立筒仓			粮食浅圆仓		其他建筑		
		W≤40000	40000<W≤50000	W>50000	W≤50000	W>50000	一、二级	三级	四级
粮食立筒仓	500<W≤10000	15	20	25	20	25	10	15	20
	10000<W≤40000	15	20	25	20	25	15	20	25
	40000<W≤50000	20	20	25	20	25	20	25	30
	W>50000	25					25	30	—
粮食浅圆仓	W≤50000	20	20	25	20	25	20	25	—
	W>50000	25					25	30	

注: 1 当粮食立筒仓、粮食浅圆仓与工作塔、接收塔、发放站为一个完整工艺单元的组群时，组内各建筑之间的防火间距不受本表限制。

2 粮食浅圆仓组内每个独立仓的储量不应大于 10000t。

【条文要点】

本条规定了粮食筒仓与其他建筑、粮食筒仓组与组的防火间距。

【相关标准】

《粮食平房仓设计规范》GB 50320—2014；

《粮食钢板筒仓设计规范》GB 50322—2011；

《粮食立筒仓设计规范》LS 8001—2007。

【设计要点】

1. 粮食筒仓是一类特殊的建筑物，在筒仓的上部和下部设置了具有一定火灾危险性的装、卸粮设施，在粮食的装卸过程中还存在一定的粉尘爆炸危险。此外，筒仓的高度相对较高，浅圆仓的直径较大。因此，筒仓的间距不仅要考虑部分设施火灾和爆炸的作用范围，而且要考虑灭火救援作业的空间。设计时，不仅要符合标准规定的最小值，而且要考虑筒仓的高度和大小对火灾作用以及实际灭火救援的影响。

2. 粮食立筒仓、粮食浅圆仓与工作塔、接收塔、发放站之间具有一定的分隔条件，但相互间联系紧密，设置较大的间距不利于发挥各自的作用，增加作业难度，通常可以作为一个完整的工艺单元考虑。粮食立筒仓、粮食浅圆仓与工作塔、接收塔、发放站之间的间距主要根据操作需要和工艺设备布置要求来确定，但由于工作塔的火灾危险性为乙类（见《指南》表 F3.1），在确定工作塔与筒仓等间距时，应尽量加大相应的距离。

3.5.5 库区围墙与库区内建筑的间距不宜小于 5m，围墙两侧建筑的间距应满足相应建筑的防火间距要求。

【条文要点】

本条规定了仓库区的围墙与库区内外建筑的关系，便于消防车通行，并有利于公平利用土地。

【设计要点】

库区围墙与库区内建筑的间距主要考虑消防车通行等因素，而围墙两侧建筑之间的防火间距则涉及建筑物的耐火等级、火灾危险性类别、建筑物的使用性质、建筑高度（如低层、多层、高层）等因素。根据相关规范规定，其间距应按相关规定值中的最大者确定。

3.6 厂房和仓库的防爆

爆炸是物质在外界的因素激发下，由一种状态突变成另一种状态，瞬间发生激烈变化并释放出大量气体和能量的一种现象。爆炸时，物质发生急剧的物理、化学变化，在短时间内迅速释放大量能量，常借助于气体的膨胀而产生强大的冲击波。

按爆炸能量的来源，爆炸可以分为物理爆炸、化学爆炸和核爆炸。建筑防火设计一般只考虑可燃气体或蒸气、可燃粉尘或纤维引起的化学爆炸的预防、抑制和防护。化学爆炸的物质不论是可燃物质与空气的混合物，还是爆炸性物质，都是一种相对不稳定的系统，在外界一定强度的能量作用下，能发生剧烈的放热反应，产生高温、高压和冲击波，具有强烈的破坏作用。与爆炸物品的爆炸相比，气体混合物爆炸时的反应速度慢、爆炸功率小、温度很少超过 1000℃、爆炸压力很少超过 2MPa。

1. 可燃性气体爆炸：

爆炸性气体混合物的爆炸需要具备三个要素：可燃物（可燃气体）、助燃剂（氧气、空气等）、点火能（明火、电火花、静电放电或其他点火能）。爆炸性气体混合物的爆炸造成的事故，在生产、生活中具有事故多、后果严重的特点。

可燃气体、蒸气与空气混合形成的气体混合物，只有处于其爆炸极限范围内才可能发生爆炸。爆炸极限范围越宽，下限越低，爆炸危险性越大。爆炸极限受气体混合物的温度、压力、杂质或惰性气体的含量、火源性质、密闭空间大小等因素的影响。

2. 可燃性粉尘爆炸：

可燃性粉尘爆炸的燃烧速度、爆炸压力比可燃气体爆炸小，但是燃烧时间长，产生的能量大，破坏力和烧毁程度大。最初局部性粉尘爆炸产生的爆炸冲击波使周围粉尘飞扬，会引发后续的多次爆炸，进一步增加了爆炸的危害。与气体相比，粉尘易引起不完全燃烧，在不完全燃烧的气体里存在大量一氧化碳。

粉尘与空气充分混合并处于浮游状态是引发粉尘爆炸的必要条件。在可燃性物质的粉碎、输送、细分、搅拌以及粉体物质的干燥、混合、分级、计量等过程中，容易发生粉尘爆炸。除在常温下物质本身发热的一部分金属类粉尘外，粉尘着火爆炸必须存在点火源。因此，粉尘着火爆炸的条件是：粒度合适的可燃性粉尘、在助燃性气体中充分混合并保持浮游状态、合适能量的点火源。

3.6.1 有爆炸危险的甲、乙类厂房宜独立设置，并宜采用敞开或半敞开式。其承重结构宜采用钢筋混凝土或钢框架、排架结构。

【条文要点】

本条规定了有利于减轻爆炸危害作用的建筑结构形式，确保建筑主要承重结构在爆炸中不被破坏。

【设计要点】

1. 敞开式厂房一般只设置屋顶，无建筑外围护结构或外围护结构的封闭面积小于该建筑外围护墙体表面面积的三分之一。半敞开式厂房一般设置屋顶，建筑外围护结构的封闭面积不超过该建筑外围护墙体表面面积一半。

2. 绝大部分甲、乙类生产厂房中的部分或全部生产都具有爆炸危险性，这些爆炸均为可燃气体或蒸气、可燃粉尘与纤维的爆炸，爆炸后会在极短时间内对建筑围护结构产生较强的超压作用。过去的厂房爆炸事故，大部分建筑物会被摧毁。采用独立建筑能很好地减小对相邻建筑的破坏作用，采用敞开和半敞开建筑，有利于及时泄压，减轻爆炸对自身建筑承重结构的超压作用。对于不具有爆炸危险的甲、乙类厂房，可以不考虑爆炸泄压设计。

3. 厂房主体结构采用钢筋混凝土框架或排架结构具有较高的耐火性能，且结构整体性较好，较之砖墙承重结构具有较好的抗爆性能。钢结构具有较好的延性，对爆炸产生的超压能起到一定的缓冲作用。

4. 甲、乙类厂房的耐火等级一般不应低于二级，如需封闭，其围护结构应采用轻质、且不易形成尖锐碎片的不燃材料，并满足相应的泄压面积设置要求。

3.6.2 有爆炸危险的厂房或厂房内有爆炸危险的部位应设置泄压设施。

【条文要点】

本条规定有爆炸危险的厂房应设置泄压设施，以减轻爆炸对厂房承重结构的破坏。

【相关标准】

《粉尘爆炸泄压指南》GB/T 15605—2008；

《粉尘爆炸危险场所用收尘器防爆导则》GB/T 17919—2008；

《锅炉房设计规范》GB 50041—2008。

【设计要点】

1. 一般情况下，等量的同一易爆物质在密闭的空间与在开敞的空间内发生爆炸所产生的压强有相当大的差别。前者对结构的破坏性大，后者因有足够的泄压面积而对结构的破坏性较小。在有爆炸危险区域设置泄压设施，对减轻爆炸作用十分有效。

2. 对于有爆炸危险的厂房，其爆炸危险区占据厂房的主要面积，其爆炸作用较强、范围较大，需要考虑对厂房中有爆炸危险的整个车间设置泄压设施。对有些只在某部分生产工序具有爆炸危险、其他部位为普通火灾危险的厂房，只需在有爆性危险的部位设置泄压设施。

3. 为减轻爆炸对整座厂房或车间的破坏作用，有爆炸危险的楼层、防火分区或部位应尽可能设置在建筑的上部或靠建筑外墙布置。爆炸危险性区域一般应采用防爆墙与非爆炸危险区域进行分隔。

3.6.3 泄压设施宜采用轻质屋面板、轻质墙体和易于泄压的门、窗等，应采用安全玻璃等在爆炸时不产生尖锐碎片的材料。

泄压设施的设置应避开人员密集场所和主要交通道路，并宜靠近有爆炸危险的部位。

作为泄压设施的轻质屋面板和墙体的质量不宜大于 60kg/m^2。

屋顶上的泄压设施应采取防冰雪积聚措施。

【条文要点】

本条规定了泄压设施的基本性能和设置位置要求，以实现快速泄压和避免危及人身安全，减小对重要或贵重设备、设施的破坏作用。

【设计要点】

1. 泄压设施是设置在建筑围护结构或密闭管道、容器上，在爆炸压力峰值到达前，与爆炸冲击波一接触即可打开或被破坏进行泄压的设施。例如，采用爆炸螺栓固定的轻质外墙、屋顶和易于破碎的安全玻璃窗、轻质围护结构等。

2. 爆炸危险性厂房的泄压设施设计，应根据防护空间内爆炸可能产生的初始压力值确定，不能按照超压中值，更不能采用超压峰值进行设计。由于爆炸压力加速度大，在极短时间内即可达到超压峰值，如不能迅速在低压时就泄压，将会使厂房的主要承重结构及其他非泄压面积同时受到峰值超压的作用，而使泄压设施失去作用。因此，"作为泄压设施的轻质屋面板和墙体的质量不宜大于 60kg/m^2" 的要求，不适用于所有需进行爆炸泄压的场所，设计要尽可能采用单位质量更小的材料作为泄压设施，减小其自身的质量惯性。

此外，泄压设施的固定与释放机构也十分重要。对于寒冷和严寒地区，应采取有效措施，消除积雪和结冰产生的作用力对泄压设施释放滞后的影响。

3.6.4 厂房的泄压面积宜按下式计算，但当厂房的长径比大于 3 时，宜将建筑划分为长径比不大于 3 的多个计算段，各计算段中的公共截面不得作为泄压面积：

$$A=10CV^{\frac{2}{3}} \tag{3.6.4}$$

式中：A——泄压面积（m^2）；

V——厂房的容积（m^3）；

C——泄压比，可按表 3.6.4 选取（m^2/m^3）。

表 3.6.4　厂房内爆炸性危险物质的类别与泄压比规定值（m²/m³）

厂房内爆炸性危险物质的类别	C 值
氨、粮食、纸、皮革、铅、铬、铜等 $K_{\text{尘}}<10$ MPa·m·s^{-1} 的粉尘	≥ 0.030
木屑、炭屑、煤粉、锑、锡等 10 MPa·m·s$^{-1} \leqslant K_{\text{尘}} \leqslant 30$ MPa·m·s^{-1} 的粉尘	≥ 0.055
丙酮、汽油、甲醇、液化石油气、甲烷、喷漆间或干燥室，苯酚树脂、铝、镁、锆等 $K_{\text{尘}}>30$ MPa·m·s^{-1} 的粉尘	≥ 0.110
乙烯	≥ 0.160
乙炔	≥ 0.200
氢	≥ 0.250

注：1　长径比为建筑平面几何外形尺寸中的最长尺寸与其横截面周长的积和 4.0 倍的建筑横截面积之比。
　　2　$K_{\text{尘}}$ 是指粉尘爆炸指数。

【条文要点】

本条规定了厂房泄压面积的计算方法和部分物质的泄压比。

【相关标准】

《粉尘爆炸泄压指南》GB/T 15605—2008；

《粉尘云最大爆炸压力和最大压力上升速率测定方法》GB/T 16426—1996；

《铝镁粉加工粉尘防爆安全规程》GB 17269—2003；

《饲料加工系统粉尘防爆安全规程》GB 19081—2008；

《纺织工业粉尘防爆安全规程》GB 32276—2015；

《铝镁制品机械加工粉尘防爆安全技术规范》AQ 4272—2016。

【设计要点】

1. 粉尘爆炸指数（$K_{\text{尘}}$）是在密闭容器中，给定的粉尘发生爆炸所产生的最大爆炸压力上升速率与爆炸容器容积立方根的乘积，是一个常数。粉尘爆炸指数可以按照国家标准《粉尘云最大爆炸压力和最大压力上升速率测定方法》GB/T 16426—1996 规定的方法进行测定，其量纲为（MPa·m·s^{-1}）。

2. 长径比可用计算厂房段的长度（L）与厂房横截面的周长（$2W+2H$）的乘积除以 4 倍的厂房横截面积（$W \cdot H$）计算，为无量纲量，参见图 3.24，其计算式见（式 3.9）。

当计算厂房的长径比大于 3 时，需要将狭长的厂房分成若干段，使得每个计算厂房段的长径比不大于 3。厂房各计算段中的公共截面不得计为实际泄压面积。

3. 厂房的泄压设施应靠近易爆炸设备或区域布置，当爆炸危险部位较分散时，应分散布置泄压设施。

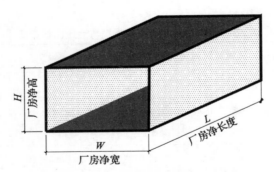

图 3.24　厂房立体简化模型示意图

$$\lambda = \frac{2(W+H)L}{4WH} \leq 3 \qquad （式 3.9）$$

式中：λ——长径比，无量纲；

　　W——厂房的净宽（m），取厂房两侧外墙内表面之间的水平净距；

　　H——厂房的净高（m），当为坡屋面时，可取屋脊高与外墙顶净高的平均值；

　　L——厂房的净长度（m），取计算厂房段两端山墙内表面之间的水平净距。

【释疑】

疑点 3.6.4：平面较复杂厂房的泄压面积如何计算？

释义：对于平面较复杂的厂房，要先将厂房划分为不同计算段后按（式 3.9）计算每段厂房的长径比（λ），使得每个计算段厂房的长径比 $\lambda \leq 3$；再按《新建规》第 3.6.4 条公式（3.6.4）计算每段厂房的泄压面积（A）。

根据设计厂房屋面和外墙（外门、窗）材料的密度（单位面积质量）情况，按《新建规》第 3.6.4 条的规定计算出每个计算段实际可用泄压面积（S）。比较厂房中每个计算段所需最小泄压面积（A）与实际可用泄压面积（S），使之满足 $S \geq A$。在计算厂房中各计算段的实际可用泄压面积时，各计算段中的公共截面不得计入泄压面积。

【应用举例】

例 3.6.4-1：某矩形平面的单层镁粉厂房，火灾危险性为乙类。已知厂房的室内净宽度为 24.0m，净长度为 72.0m，室内高度 8.0m ～ 9.2m，见图 3.25 所示。求该厂房所需最小泄压面积。

解：厂房的平均净高 $H=(8.0+9.2)/2=8.6m$，将 W、H、L 的值代入（式 3.9），求其长径比：$\lambda = \frac{2(W+H)L}{4WH} = \frac{2 \times (24.0+8.6) \times 72.0}{4 \times 24.0 \times 8.6} \approx 5.68 > 3$。因此，需按规定将厂房平均分为 2 个长度均为 36.0m 的计算段①和②，即 $L_{总} = L_1 + L_2 = 36.0 + 36.0 = 72.0$（m）。将 $L=36.0m$ 代入（式 3.9）得：

$$\lambda = \frac{2(W+H)L}{4WH} = \frac{2 \times (24.0+8.6) \times 36.0}{4 \times 24.0 \times 8.6} \approx 2.84 < 3，\lambda 符合规范规定。$$

按规范公式（3.6.4）求各计算段所需最小泄压面积。以镁粉物质查规范表 3.6.4 得，$C=0.11m^2/m^3$。

计算厂房中每个计算段的容积 $V = 24.0 \times 8.6 \times 36.0 = 7430.4$（$m^3$），再将 V、C 值代入规范中的公式（3.6.4）计算每个计算段所需最小泄压面积：

$A_1=10CV^{2/3}=10C\sqrt[3]{V^2}=10\times0.11\times\sqrt[3]{7430.4^2}=1.1\times380.8=418.9$（m²）。

因此，该厂房所需总泄压面积为：$A=2A_1=2\times418.9=837.8$（m²）。

答： 该镁粉生产厂房所需泄压面积不应小于837.8m²，并应较均匀地设置在建筑的外墙和屋顶上。

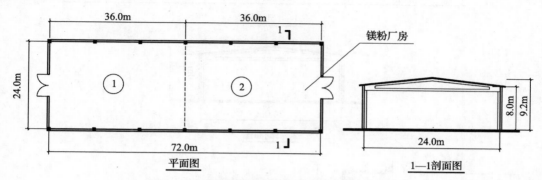

图 3.25　某镁粉厂房平面、剖面示意图

例 3.6.4-2： 某呈 L 形平面布置的煤粉生产厂房，火灾危险性为乙类。已知该厂房由①、②和③段组成。①段厂房的室内净宽度为 36.0m，净长度为 48.0m，室内净高度为 9.5m ~ 11.3m；②、③段厂房的室内净宽度均为 24.0m，净长度均为 36.0m，室内净高度均为 8.0m ~ 9.2m，如图 3.26 所示。求该厂房所需最小泄压面积。

解： ①段厂房的净宽度 $W=36.0$m，平均净高度 $H=(9.5+11.3)/2=10.4$（m），$L_1=48.0$m；②、③段厂房的净宽度 $W=24.0$m，平均净高度 $H=(8.0+9.2)/2=8.6$（m），$L_2=36.0$m。将 W、H、L_1、L_2 分别代入（式 3.9）计算各计算段的长径比：

对于①段，$\lambda_1=\dfrac{2(W+H)L_1}{4WH}=\dfrac{2\times(36.0+10.4)\times48.0}{4\times36.0\times10.4}\approx2.97<3$，$\lambda_1$ 符合规范规定。

对于②、③段，$\lambda_2=\dfrac{2(W+H)L_2}{4WH}=\dfrac{2\times(24.0+8.6)\times36.0}{4\times24.0\times8.6}\approx2.84<3$，$\lambda_2$ 符合规范规定。

按《新建规》规定的公式（3.6.4）求各计算段所需最小泄压面积。以煤粉物质查规范中的表 3.6.4 得，$C=0.055$m²/m³。

求各计算段的容积：

对于①段，$V_1=WHL_1=36.0\times10.4\times48.0=17971.2$m³；

对于②、③段，$V_2=WHL_2=24.0\times8.6\times36.0=7430.4$m³。

将 V_1、V_2、C 值分别代入规范规定的公式（3.6.4）计算各计算段所需最小泄压面积：

$A_1=10CV_1^{2/3}=10C\sqrt[3]{V_1^2}=10\times0.055\times\sqrt[3]{17971.2^2}=0.55\times686.1=377.4$（m²）；

$A_2=10CV_2^{2/3}=10C\sqrt[3]{V_2^2}=10\times0.055\times\sqrt[3]{7430.4^2}=0.55\times380.8=209.4$（m²）。

则，$A_{总}=A_1+A_2+A_2=377.4+209.4\times2=796.2$（m²）。

答： ①段煤粉生产厂房所需泄压面积不应小于377.4m²，②、③段煤粉生产厂房所需泄压面积分别不应小于209.4m²，该厂房总泄压面积不应小于796.2m²。

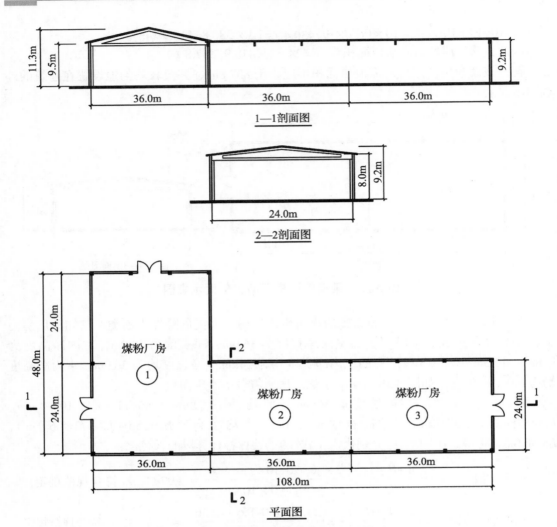

图 3.26　某煤粉厂房平面、剖面示意图

3.6.5　散发较空气轻的可燃气体、可燃蒸气的甲类厂房，宜采用轻质屋面板作为泄压面积。顶棚应尽量平整、无死角，厂房上部空间应通风良好。

【条文要点】

本条规定了相对密度小于 0.75 的可燃气体、蒸气爆炸危险性厂房的泄压设施设置要求和防止可燃气体、蒸气在室内积聚的措施。

【设计要点】

厂房内较空气轻的可燃气体、蒸气容易上升到室内上部并聚积在通风不良部位，其浓度往往较厂房下半部分空间高，存在因局部发生爆炸而引发更大火灾或爆炸事故的危险。在建筑设计时，只要顶棚处理得当，容易将厂房内较空气轻的可燃气体、蒸气排除到室外。例如，采用平整光滑无死角的顶棚、在顶棚易形成死角处设置自然通风口、在厂房上部设置良好的自然通风口或机械通风设施等。

3.6.6 散发较空气重的可燃气体、可燃蒸气的甲类厂房和有粉尘、纤维爆炸危险的乙类厂房，应符合下列规定：

　　1 应采用不发火花的地面。采用绝缘材料作整体面层时，应采取防静电措施。

　　2 散发可燃粉尘、纤维的厂房，其内表面应平整、光滑，并易于清扫。

　　3 厂房内不宜设置地沟，确需设置时，其盖板应严密，地沟应采取防止可燃气体、可燃蒸气和粉尘、纤维在地沟积聚的有效措施，且应在与相邻厂房连通处采用防火材料密封。

【条文要点】

本条规定了防止在具有可燃粉尘、纤维和相对密度大于 0.75 的可燃气体、蒸气爆炸危险性厂房内产生或形成爆炸条件的措施。

【相关标准】

《建筑地面设计规范》GB 50037—2013；

《电子工程防静电设计规范》GB 50611—2010；

《建筑内部装修设计防火规范》GB 50222—2017。

【设计要点】

1. 空间内散发的粉尘、纤维受重力作用会沉积到地面及凹凸不平的墙体、梁柱构件及其他物体的表面；相对密度大于 0.75 的可燃气体、蒸气则可能在地面、地沟等室内低洼处聚积，并形成一定浓度的气氛。要预防在室内形成爆炸性条件，重点要控制室内的点火源和避免在室内形成爆炸性气氛。

因此，在建筑设计时，要使所设计的建筑具有较高的本质安全性能，并根据厂房内爆炸性危险物质的种类和特性，采取针对性的预防措施。例如，采用不发火花的地面，可以有效避免撞击等产生火花；在可能产生静电的地面和墙面采取防静电措施，可有效避免形成静电放电；室内表面尽量设计成不易积尘的光滑、平整、无死角、易清扫的表面，可以有效减少粉尘和纤维在突出部位或凹凸处积聚，减小诱发多次爆炸的危险。

2. 生产厂房内尽量避免设置地沟或其他低洼构造，必须设置的地沟或其他低洼部位均需要采取严密封闭等能有效防止较空气重的可燃气体、粉尘等在地沟内聚集的措施。对于排除可燃气体、蒸气和粉尘、纤维的管道，需要将其设计成内部光滑、无凹凸接头，并在管道的适当位置设置泄压口。

【释疑】

疑点 3.6.6–1：什么叫不发火花的地面？

释义：不发火花的地面又称不发火地面。这种地面的面层采用大理石、白云石或其他材料加工而成，在金属或石料撞击地面时不会产生火花，常用于具有火灾爆炸危险的场所。这种地面不能混入金属或其他易发生火花的材料，并需经试验合格后方可使用。

疑点 3.6.6–2：为什么建筑的地面和墙面要防静电？

释义：在不良导体上因摩擦等原因产生的静电会逐步积累而发生高压放电，并产生静电火花。在有可燃液体的作业场所（如油料运装等），可能由静电火花引起火灾；在有气体、蒸气爆炸性混合物或有粉尘纤维爆炸性混合物的场所（如乙炔、煤粉、铝粉、面粉等），可能由静电火花引起爆炸。采用防静电地面，如防静电活动地板、防静电砂浆内配钢筋网接地等，可以起到防止产生静电积累的作用。

> **3.6.7** 有爆炸危险的甲、乙类生产部位，宜布置在单层厂房靠外墙的泄压设施或多层厂房顶层靠外墙的泄压设施附近。
>   有爆炸危险的设备宜避开厂房的梁、柱等主要承重构件布置。

【条文要点】

本条规定了厂房内爆炸危险部位的平面布置原则，以减轻爆炸对建筑主要承重结构及厂房内其他生产设施、设备的破坏作用。

【设计要点】

有爆炸危险的生产部位应靠外墙或在顶层布置，便于泄压和减轻爆炸对整个厂房的破坏。泄压设施应设置在爆炸危险部位的附近或正上方。当有爆炸危险的生产部位难以避开厂房的梁、柱等主要承重结构布置时，需要采取增大梁、柱的截面，加强配筋，提高主要承重结构的抗超压性能，或在结构表面安装减压板等减压设施进行防护。

> **3.6.8** 有爆炸危险的甲、乙类厂房的总控制室应独立设置。
> **3.6.9** 有爆炸危险的甲、乙类厂房的分控制室宜独立设置，当贴邻外墙设置时，应采用耐火极限不低于3.00h的防火隔墙与其他部位分隔。

【条文要点】

这两条规定了爆炸危险性厂房中控制室的设置要求，以减轻爆炸对控制室的破坏作用。

【设计要点】

甲、乙类生产厂房的总控制室、分控制室对保障生产十分重要。总控制室是整个厂区的控制中枢，担负指挥、控制、调度和数据交换与储存等职能；分控制中心是一个车间或生产过程的重要设施，与生产的联系紧密。总控制室和分控制室既要保障局部爆炸事故后其他生产的正常运行，还要通过控制来降低次生灾害风险。

有爆炸危险厂房的总控制室和分控制室，要从平面布局上尽量减小爆炸和火灾对控制室的危害作用。总控制室不仅要独立设置，而且要与厂房保持足够的防火间距，并采取设置必要的防爆墙等防护措施；分控制室也要尽量独立设置，并视具体的设置位置采取在面向爆炸危险部位一侧设置防爆墙，保持控制室微正压等分隔和防护措施。控制室不应设置在爆炸危险性区域内。

【释疑】

疑点3.6.9-1：独立设置的厂房总控制室与甲、乙类厂房的防火间距如何确定？

释义：独立设置的厂房总控制室应按民用建筑确定其与甲、乙类厂房的防火间距，即不应小于25m。

疑点3.6.9-2：与甲、乙类厂房贴邻的厂房分控制室，其防火隔墙是否要考虑抗爆?

释义：与甲、乙类厂房贴邻的厂房分控制室，应将面向爆炸危险区一侧的防火隔墙设计成抗爆墙；如不与爆炸危险区相邻，该防火隔墙可以不考虑抗爆要求。

3.6.10 有爆炸危险区域内的楼梯间、室外楼梯或有爆炸危险的区域与相邻区域连通处，应设置门斗等防护措施。门斗的隔墙应为耐火极限不应低于 2.00h 的防火隔墙，门应采用甲级防火门并应与楼梯间的门错位设置。

【条文要点】

条文规定了厂房内有爆炸危险场所与其他场所连通时的防护措施。

【设计要点】

1. 有爆炸危险的区域除应设置相应的泄压设施外，还应采取措施避免发生爆炸时通过与其他区域的连通处，将爆炸作用直接传递到相邻区域或疏散楼梯间内，或者因爆炸使疏散楼梯间等受到破坏，并致火势蔓延到相邻区域。

2. 在爆炸危险性区域与疏散楼梯间或与其他区域的连通处，应通过设置门斗来有效减弱爆炸作用，以防护疏散楼梯间和与爆炸危险性区域相连通的区域。门斗实际上相当于防火隔间的作用，但进出门斗的两扇门应错位布置，避免正对，以提高门斗的防护效果，参见图 3.27。

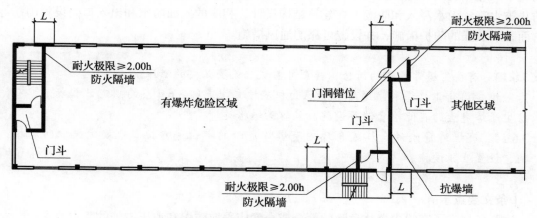

图 3.27 有爆炸危险的厂房防护示意图

注：1. 门斗均设置甲级防火门。
   2. 图中 $L \geqslant 2.0\text{m}$。

3.6.11 使用和生产甲、乙、丙类液体的厂房，其管、沟不应与相邻厂房的管、沟相通，下水道应设置隔油设施。

3.6.12 甲、乙、丙类液体仓库应设置防止液体流散的设施。遇湿会发生燃烧爆炸的物品仓库应采取防止水浸渍的措施。

【条文要点】

1. 本条规定了厂房和仓库内防止可燃液体流散的技术措施，预防可燃液体通过厂房间相通的管、沟扩散，并在管沟内积存产生可燃性蒸气而致爆炸或扩大火灾。

2. 本条规定了遇湿会发生燃烧爆炸的物品仓库的防护措施。

【设计要点】

1. 厂房内的管、沟在生产和管理过程中是易忽视的地方，也是使用和生产甲、乙、丙类液体厂房内容易积存可燃液体或蒸气的地方，往往难以清除。在设计时，应结合生产工艺过程，对生产或使用甲、乙、丙类液体并易产生滴漏或流散的重点部位，设置收纳可燃液体的相应设施；对于输送可燃液体或导除可燃性废液的管沟，应直接进出厂房，不应与其他厂房相通，并在进入下水道前设置隔油设施，避免可燃液体进入其他区域；对于水溶性可燃液体，尽管与水混合后的火灾与爆炸危险性有所降低，仍应根据具体生产情况采取相应的排放处理措施。

2. 甲、乙、丙类液体仓库一般采用桶装的方式储存，虽不像室外储罐那样发生事故会产生大量可燃液体流散，但桶装可燃液体的规格多样，有的容积也不小。因此，相应的仓库设计需要根据实际储存对象在各防火分区的出入口处设置挡液门槛等，尽量采取分区存放并按不同区设置防止液体流散的相应措施。

3. 遇水会发生燃烧或爆炸的物品，主要为活泼金属及其氢化物等，遇水会发生剧烈的化学反应，放出大量可燃气体和热量，有的不需明火即能燃烧或爆炸。这类仓库主要需防止被水淹、雨水浸入和防潮，在建筑结构设计、相应的屋面防水和出入口处设置雨篷等方面采取加强的防护措施，并设置可靠的通风措施。

3.6.13 有粉尘爆炸危险的筒仓，其顶部盖板应设置必要的泄压设施。

粮食筒仓工作塔和上通廊的泄压面积应按本规范第 3.6.4 条的规定计算确定。有粉尘爆炸危险的其他粮食储存设施应采取防爆措施。

3.6.14 有爆炸危险的仓库或仓库内有爆炸危险的部位，宜按本节规定采取防爆措施、设置泄压设施。

【条文要点】

这两条规定了有粉尘爆炸危险的筒仓或仓库应采取防爆和泄压措施的基本要求。

【设计要点】

1. 无论是厂房还是仓库，易发生爆炸的物质及其爆炸条件是一样的，不同之处在于空间的大小和形状以及设置泄压面积设置的难易程度。因此，对于有爆炸危险的仓库或仓库内有爆炸危险的部位，其预防爆炸的方法和所需设置泄压面积大小的计算方法、泄压设施的基本要求均与厂房相近，可以根据相应仓库的建筑特性和爆炸性气氛的特性，依据厂房防爆泄压的相关规定计算和确定仓库的具体泄压方式、泄压面积和泄压设施的设置位置。

2. 粮食筒仓的筒体通常具有较高的承压强度，正常使用时筒仓内部的装粮高度高，难以设置相应的泄压面积，筒仓下部也具有较多操作设备和空间，且往往与其他筒仓连通。因此，在粮食筒仓的上部设置必要的泄压设施较合理。粮食筒仓的泄压面积可以根据筒体可承受的耐压强度来调整。

3. 对有爆炸危险性的仓库或仓库内有爆炸危险性的部位，既要考虑设置泄压设施，也要注意采取预防爆炸的相应措施，如通风、静电导除、防止粉尘或可燃气体等在库内积聚等措施。不同物质的防爆措施不同，要注意所设计防爆措施的针对性和有效性。例如，电石仓库就应注意采取防雨、防潮和通风措施。

对于储煤仓等其他各类储存物质的仓库，其防爆泄压还应符合国家相关标准的规定。

3.7 厂房的安全疏散

3.7.1 厂房的安全出口应分散布置。每个防火分区或一个防火分区的每个楼层，其相邻 2 个安全出口最近边缘之间的水平距离不应小于 5m。

【条文要点】
本条规定了厂房和厂房内一个防火分区的安全出口设置应符合双向疏散的原则，要求能保证一座厂房或其中的每个防火分区（包括只划分一个防火分区的每个楼层）均具备不少于 2 条不同方向的疏散路径。

【设计要点】
1. 对于单层厂房和多、高层厂房的首层，其安全出口是厂房直接通向室外安全区域的疏散门。对于多、高层厂房的其他楼层，其安全出口是各楼层直接开向封闭疏散楼梯间或防烟楼梯间的前室的门。在设计时，要注意厂房及厂房内的每个防火分区要求设置的均是安全出口，位于防火分区内的房间门则为疏散门。

2. 每座厂房或厂房内每个防火分区（包括只划分一个防火分区的每个楼层）的安全出口布置，不仅要满足相邻两个安全出口的最近水平距离不小于 5m 的要求，而且要保证室内任意位置均具有至少 2 个不同的疏散方向。

相邻两个安全出口最近边缘之间的水平距离，为相邻两安全出口洞口之间的最小水平距离，不包含折线段。有关单向疏散、双向疏散、多向疏散和 2 个安全出口最近距离（$L \geqslant 5.0\text{m}$）的含义示意，参见图 3.28。

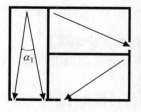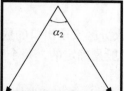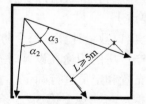

（a）单向疏散（$\alpha_1<45°$）　（b）双向疏散（$\alpha_2\geqslant45°$）（c）多向疏散（$\alpha_2\geqslant45°$，$\alpha_3\geqslant45°$）

图 3.28　疏散形式示意图

> **3.7.2** 厂房内每个防火分区或一个防火分区内的每个楼层，其安全出口的数量应经计算确定，且不应少于 2 个；当符合下列条件时，可设置 1 个安全出口：
>
> **1** 甲类厂房，每层建筑面积不大于 100m²，且同一时间的作业人数不超过 5 人；
>
> **2** 乙类厂房，每层建筑面积不大于 150m²，且同一时间的作业人数不超过 10 人；
>
> **3** 丙类厂房，每层建筑面积不大于 250m²，且同一时间的作业人数不超过 20 人；
>
> **4** 丁、戊类厂房，每层建筑面积不大于 400m²，且同一时间的作业人数不超过 30 人；
>
> **5** 地下或半地下厂房（包括地下或半地下室），每层建筑面积不大于 50m²，且同一时间的作业人数不超过 15 人。

【条文要点】

本条规定了厂房内每个防火分区或一个防火分区内的每个楼层的安全出口最少设置数量。

【相关标准】

《洁净厂房设计规范》GB 50073—2013；

《火力发电厂与变电站设计防火标准》GB 50229—2019；

《钢铁冶金企业设计防火标准》GB 50414—2018；

《有色金属工程设计防火规范》GB 50630—2010；

《棉纺织工厂设计规范》GB 50481—2009；

《麻纺织工厂设计规范》GB 50499—2009；

《纺织工程设计防火规范》GB 50565—2010；

《食品工业洁净用房建筑技术规范》GB 50687—2011；

《酒厂设计防火规范》GB 50694—2011；

《服装工厂设计规范》GB 50705—2012；

《物流建筑设计规范》GB 51157—2016；

《卷烟厂设计规范》YC/T 9—2015；

《生物液体燃料工厂设计规范》GB 50957—2013。

【设计要点】

1. 安全出口数量计算。每个防火分区安全出口的数量计算步骤如下：

（1）生产厂房的用途在设计时一般是确定的，每个防火分区的疏散人数可以根据生产厂房的工艺布置和定员进行确定。

（2）根据《新建规》第 3.7.5 条规定的百人疏散净宽度指标，计算出每个防火分区所需疏散总净宽度。

（3）根据《新建规》第 3.7.5 条规定的每个安全出口的最小净宽度要求及第 3.7.4 条的疏散距离要求，按照每个防火分区不少于 2 个安全出口和安全出口分散布置的原则及防火分区内任一点的最大疏散距离要求确定各个防火分区安全出口所需最少数量。

当楼层建筑面积较小，只需划分一个防火分区时，该楼层的安全出口数量确定方法与一个防火分区的安全出口数量确定过程相同。

2. 可以设置 1 个安全出口的条件。厂房的生产类别多，建筑规模差别大。对于所需建筑面积小、同一时间作业人员少的厂房，允许设置 1 个安全出口。有关设置条件见表 F3.10。规范的规定尽管是针对一个楼层设置安全出口的要求，但实际上对于每个同样大小建筑面积的 1 个防火分区，其安全出口设置数量也可以按此规定确定。只是实际工程中几乎不会将一座厂房划分为每个建筑面积如此小的防火分区，只有小型生产厂房才会出现此情形。

3. 每个防火分区的安全出口设置数量，还应符合国家其他标准对相应生产类别厂房的规定。

表 F3.10 厂房允许设置 1 个安全出口的条件

楼层位置	生产的火灾危险性类别	每层或每个防火分区的最大建筑面积（m²）	每层或每个防火分区同一时间的最多作业人数（人）
地上	甲类	100	5
	乙类	150	10
	丙类	250	20
	丁、戊类	400	30
地下、半地下	丙、丁、戊类	50	15

【释疑】

疑点 3.7.2-1：每层允许设置 1 个安全出口的厂房，其耐火等级是否有要求？

释义：允许设置 1 个安全出口的厂房每层的建筑面积均不大，小于规范对任何耐火等级厂房中一个防火分区的最大允许建筑面积要求，表面上看此情况对厂房的耐火等级没有要求。但是，不同火灾危险性类别的厂房均有最低耐火等级的要求，因此，实际上是有规定的。相关要求请见《新建规》第 3.2.2 条和第 3.2.3 条的规定。

疑点 3.7.2-2：每层允许设置 1 个安全出口的厂房，是否限制其地上和地下的建筑层数？

释义：每一种生产均有其自身的工艺条件和工艺过程要求，每层允许设置 1 个安全出口的厂房属于小型厂房，基本不存在层数较多的情形（少数为层数较多的高层建筑，如粮食筒仓的工作塔），因而对其地下和地上的建筑层数没有限制，也基本上不需要限制，但只限于生产性用房。

疑点 3.7.2-3：每层允许设置 1 个安全出口的厂房，其设置条件中的每层或每个防火分区的最大建筑面积可否理解为厂房的局部楼层或房间的面积？

释义：《新建规》第 3.7.2 条是针对小型生产厂房的规定，对于每层允许设置 1 个安全出口的厂房的建筑面积，其设置条件的规定已经明确，即建筑中每层的建筑面积或者一个防火分区的最大建筑面积。在工程设计中，不能也没有必要去为迎合设置 1 个安全出口的条件而将建筑人为划分为多个局部小面积的区域。但是，如果一座建筑的上下楼层建筑面积不一致，当上部不需要更大建筑面积时，只要该楼层的建筑面积不大于规范的规定，可以在该层设置 1 个安全出口。此要求适用于同样大小建筑面积防火分区的安全出口设置。

3.7.3 地下或半地下厂房（包括地下或半地下室），当有多个防火分区相邻布置，并采用防火墙分隔时，每个防火分区可利用防火墙上通向相邻防火分区的甲级防火门作为第二安全出口，但每个防火分区必须至少有 1 个直通室外的独立安全出口。

【条文要点】

本条规定了划分多个防火分区的地下或半地下厂房（室）中的每个防火分区，当其安全出口难以全部通至地面时，可借用相邻防火分区进行疏散的条件。

【设计要点】

对于一些特殊生产往往需要设置在地下或半地下，且所需建筑面积很大，此时如要将每个防火分区的疏散楼梯均通至地面，有时十分困难，甚至无法做到。对此，在保证每个防火分区至少有 1 个直通地面的安全出口的情况下，允许利用设置在通向相邻防火分区的防火墙上的门作为第二安全出口，也可以利用下沉广场和避难走道的方式进行疏散。但应注意的是，利用通向相邻防火分区的门作为安全出口时，在防火分区分隔处除允许设置需连通的甲级防火门外，其他部位均应为防火墙，不应采用设置防火卷帘等可靠性低的其他防火分隔措施替代，参见图 3.29 和图 3.30。

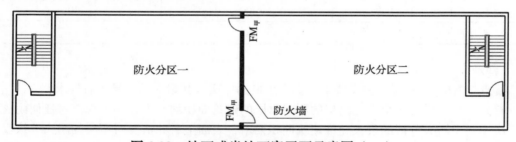

图 3.29 地下或半地下室平面示意图（一）

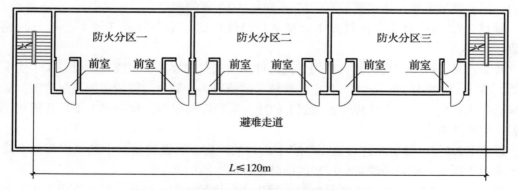

图 3.30 地下或半地下室平面示意图（二）

对于厂房的地下或半地下室，可以是生产场所，也可以是设备用房。但如用作汽车库，则应符合国家标准《汽车库、修车库、停车场设计防火规范》GB 50067—2014 的规定。

3.7.4　厂房内任一点至最近安全出口的直线距离不应大于表 3.7.4 的规定。

表 3.7.4　厂房内任一点至最近安全出口的直线距离（m）

生产的火灾危险性类别	耐火等级	单层厂房	多层厂房	高层厂房	地下或半地下厂房（包括地下或半地下室）
甲	一、二级	30	25	—	—
乙	一、二级	75	50	30	—
丙	一、二级	80	60	40	30
	三级	60	40	—	—
丁	一、二级	不限	不限	50	45
	三级	60	50	—	—
	四级	50	—	—	—
戊	一、二级	不限	不限	75	60
	三级	100	75	—	—
	四级	60	—	—	—

【条文要点】

本条规定了不同耐火等级、不同生产火灾危险性类别的厂房内的最大疏散距离。

【相关标准】

《汽车库、修车库、停车场设计防火规范》GB 50067—2014；

《火力发电厂与变电站设计防火标准》GB 50229—2019；

《纺织工程设计防火规范》GB 50565—2010；

《钢铁冶金企业设计防火标准》GB 50414—2018；

《有色金属工程设计防火规范》GB 50630—2010。

【设计要点】

1. 规范规定的厂房内任意一点至最近安全出口的最大疏散距离，分别是厂房内任意一点至最近安全出口，而不是疏散门的直线距离，当遇到分隔墙体或建筑结构时，应按绕行的各段折线距离之和计算，可以不考虑设备布置的遮挡。当厂房或其中一个防火分区内全部设置自动灭火系统或（和）火灾自动报警系统时，该疏散距离的规定值仍不允许增加。

2. 当专项工业建筑设计或防火标准有更严格要求时，厂房内的疏散距离还应符合相应专项标准的规定。

3. 对于附设在厂房内的办公、休息等生产辅助性用房，其疏散距离应符合规范对相应民用建筑疏散距离的规定。

【释疑】

疑点 3.7.4-1：根据规范要求，厂房内允许设置 1 个安全出口的楼层，其疏散距离如何控制？

释义：根据《新建规》第 3.7.2 条的规定，厂房内允许设置 1 个安全出口的楼层，其建筑面积不大，实际疏散距离应不存在问题，原则上仍需按照不大于表 3.7.4 中的规定值确定。

疑点 3.7.4-2：电缆层、电缆隧道内的疏散距离如何确定？

释义：电缆层和电缆隧道的火灾危险性均为丙类。严格地，这两类场所均不属于生产厂房，而属于生产辅助性设施。有关电缆层和电缆隧道的疏散距离，可参照国家标准《钢铁冶金企业设计防火标准》GB 50414—2018 第 5.1 节和《有色金属工程设计防火规范》GB 50630—2010 第 6.1 节等标准的规定确定。电缆层的疏散距离也可根据其所在建筑的耐火等级和建筑高度，按照《新建规》第 3.7.4 条有关丙类生产厂房的疏散距离确定。

3.7.5 厂房内疏散楼梯、走道、门的各自总净宽度，应根据疏散人数按每 100 人的最小疏散净宽度不小于表 3.7.5 的规定计算确定。但疏散楼梯的最小净宽度不宜小于 1.10m，疏散走道的最小净宽度不宜小于 1.40m，门的最小净宽度不宜小于 0.90m。当每层疏散人数不相等时，疏散楼梯的总净宽度应分层计算，下层楼梯总净宽度应按该层及以上疏散人数最多一层的疏散人数计算。

表 3.7.5 厂房内疏散楼梯、走道和门的每 100 人最小疏散净宽度

厂房层数（层）	1 ~ 2	3	≥ 4
最小疏散净宽度（m/ 百人）	0.60	0.80	1.00

首层外门的总净宽度应按该层及以上疏散人数最多一层的疏散人数计算，且该门的最小净宽度不应小于 1.20m。

【条文要点】

本条规定了疏散楼梯、疏散走道、疏散出口门的最小净宽度和总净宽度的基本要求。

【相关标准】

《建筑门窗洞口尺寸系列》GB/T 5824—2008；

《防火门》GB 12955—2008；

《建筑门窗洞口尺寸协调要求》GB/T 30591—2014。

【设计要点】

1. 厂房内疏散楼梯、疏散走道、安全出口门的各自总净宽度，分别是厂房内每个防火分区或一个防火分区的每个楼层上所有疏散楼梯的净宽度之和、所有疏散走道的净宽度之和、所有安全出口门的净宽度之和。这些总净宽度应根据各防火分区内或楼层上需要疏散的总人数，根据建筑的总层数和表 3.7.5 规定的百人所需最小净宽度经计算后确定。

2. 对于疏散楼梯的净宽度，应按进入楼梯间的门和楼梯梯段中净宽度较小者确定。一般，楼梯梯段的宽度应大于楼层上进入疏散楼梯（包括防烟楼梯间的前室）的门的净宽度，以便火灾时人员能在较安全的楼梯间内停留，而不会滞留在着火区或较不安全的疏散走道内。

3. 表 3.7.5 中的"厂房层数"是指厂房的建筑总层数，而不是各楼层所在位置。例如，表中厂房层数等于 3 时，100 人所需最小疏散净宽度为 0.80m，是指一座 3 层的厂房

在计算其中各防火分区或每个楼层上所需疏散总净宽度时，各层的百人疏散净宽度指标均应为 0.80m/ 百人，而不是一、二层为 0.60m/ 百人，三层为 0.80m/ 百人。

4. 建筑的首层外门是上部楼层均需要经过首层这些门汇合后再至室外的外门，不包括首层各防火分区直接开向室外的外门。首层外门的总净宽度不应小于地下和地上各层设计所需疏散总净宽度中的最大值；当首层部分或全部区域独立设置直接通向室外的安全出口时，首层外门的总净宽度可以不包括这些具有独立的安全出口的区域所需疏散宽度。

5. 对于每层疏散人数不相等的厂房，疏散楼梯的总净宽度应分层计算。其中，建筑地上部分下层疏散楼梯的总净宽度应按该层及以上疏散人数最多一层的疏散人数计算，并且下部楼梯的宽度不应小于上部楼梯的宽度；建筑地下部分的上层疏散楼梯总净宽度应按该层及以下疏散人数最多一层的疏散人数计算，并且上部楼梯的宽度不应小于下部楼梯的宽度。但是，地下厂房设置多层且每层需疏散人数较多者并不多见。因此，规范的规定未强调地下部分疏散楼梯宽度的计算要求。

6. 厂房内的疏散楼梯、疏散走道、疏散门除应满足各自所需总净宽度要求外，还应符合各自的最小净宽度要求。厂房内疏散楼梯、疏散走道和疏散门的最小净宽度要求，参见表 F3.11。其中，疏散门包括安全出口的门和房间的疏散门。

表 F3.11 厂房内疏散楼梯、疏散走道和疏散门的最小净宽度要求（m）

部位	疏散门	疏散走道	疏散楼梯	首层外门
最小净宽度（m）	0.90	1.40	1.10	1.20

7. 疏散门、疏散走道和疏散楼梯的净宽度应按下述方法确定：

（1）单扇门的净宽度应为门扇呈 90° 角打开时，从门侧柱或门框边缘到门表面之间的宽度；双扇门的净宽度应为两扇门分别呈 90° 角打开时，相对两扇门表面之间的宽度。

（2）疏散走道的净宽度应为疏散走道全长中相对墙体装修后的表面之间的最小水平距离；当两侧设置扶手时，应为疏散走道全长中相对扶手外侧之间的最小水平距离；当单侧设置扶手时，应为疏散走道全长中扶手外侧与相对墙体装修后的表面之间的最小水平距离。

（3）两侧只有围墙而无扶手栏杆的楼梯，应为两侧墙体装修后的表面之间的宽度；只有一侧为墙体、另一侧有扶手栏杆的楼梯，应为墙体装修后的表面到栏杆或扶手内侧的宽度；两侧均有扶手栏杆的楼梯，应为两侧栏杆或扶手相对内表面之间宽度中的较小者。

【释疑】

疑点 3.7.5：如疏散门的净宽与洞口宽度不符合有关建筑门窗洞口尺寸标准的模数标准，怎么办？

释义：要求净宽度等于 0.90m 的疏散门，洞口宽度不能完全按照《建筑门窗洞口尺寸系列》GB/T 5824—2008 和《建筑门窗洞口尺寸协调要求》GB/T 30591—2014 的模数标准进行设计。否则，疏散门的净宽度将小于 0.90m。在建筑设计时，无论门洞是否符合模数，均应保证按照疏散门的净宽度计算方法先确定门扇及其框架后，再确定门洞的开口预留宽度。

规范对疏散门净宽度的要求是最小净宽度，设计应通过加大疏散门的最小净宽度来满足建筑门窗洞口尺寸的模数。

3.7.6　高层厂房和甲、乙、丙类多层厂房的疏散楼梯应采用封闭楼梯间或室外楼梯。建筑高度大于 32m 且任一层人数超过 10 人的厂房，应采用防烟楼梯间或室外楼梯。

【条文要点】

本条规定了各类厂房的疏散楼梯基本形式，以满足火灾时人员疏散的安全。

【设计要点】

1. 地下或半地下厂房（室）的疏散楼梯间形式，应符合《新建规》第 6.4.4 条第 1 款的规定，即室内地面与室外出入口地坪高差大于 10m 或 3 层及 3 层以上的地下、半地下厂房，其疏散楼梯应为防烟楼梯间；室内地面与室外出入口地坪高差小于或等于 10m 或 1 层～2 层的地下、半地下厂房，其疏散楼梯应为封闭楼梯间。厂房中局部区域独立设置的专用疏散楼梯，可按照其实际服务的楼层数或地下的埋深来确定其疏散楼梯间的形式。

2. 火灾危险性低的多层丁、戊类厂房，厂房的耐火等级为一、二级时，其防火分区面积和疏散距离均可不限；厂房的耐火等级为三、四级时，层数较低，防火分区面积也较小，故此类厂房的疏散楼梯间的形式也不限，即可以是敞开楼梯间。除甲、乙类生产厂房外，设计时难以准确确定生产火灾危险性类别的丙、丁、戊类厂房，其疏散楼梯的形式应按规范有关丙类厂房的要求确定。

3. 建筑中符合规范要求的室外疏散楼梯，可以视为封闭楼梯间或防烟楼梯间。各类厂房的疏散楼梯形式和对应的建筑耐火等级要求，见表 F3.12。

表 F3.12　各类厂房建筑层数、耐火等级和疏散楼梯形式

厂房类型	耐火等级	建筑高度和层数	楼梯形式
地下或半地下厂房（室）	一、二级	埋深不大于 10m，或层数不大于 2 层	封闭楼梯间
		埋深大于 10m，或层数为 3 层及以上	防烟楼梯间
高层厂房	一、二级	建筑高度大于 32m 且任一层使用人数多于 10 人	防烟楼梯间
		其他情形	封闭楼梯间
甲、乙类多层厂房	一、二级	建筑高度不大于 24m	封闭楼梯间
丙类多层厂房	一级～三级		

【释疑】

疑点 3.7.6-1：丁、戊类多层厂房的疏散楼梯形式是否有规定？

释义：丁、戊类多层厂房的火灾危险性较低，其疏散楼梯的形式不限。

疑点 3.7.6-2：疏散楼梯的形式与厂房的耐火等级是否有关？

释义：厂房的疏散楼梯形式与厂房的耐火等级没有直接关系，只与其火灾危险性类别和建筑高度或埋深（或地下部分的层数）有关。但间接地，规范对不同建筑高度、火灾危险性或建筑面积的厂房有最低耐火等级要求。因此，实际上是有所规定的，参见本《指南》表 F3.12。

疑点 3.7.6-3：多层厂房内的疏散楼梯是否需要通至屋面？

释义：具备条件的厂房，其疏散楼梯间均应尽量能通至屋面，特别是只设置一座疏散楼梯间的厂房，但丁、戊类多层厂房的火灾危险性较低，其疏散楼梯可不出屋面。

疑点 3.7.6-4：厂房内设置的普通电梯（如货梯）是否需要设置电梯厅？

释义：电梯竖井是建筑室内火灾和烟气蔓延的重要途径，具备条件的建筑应尽量设置电梯厅，并采用耐火极限不低于 2.00h 的防火隔墙及甲级或乙级防火门与其他部位分隔，但丁、戊类多层厂房的火灾危险性较低，厂房内设置的普通电梯可以不设置电梯厅。

3.8　仓库的安全疏散

由于仓库内的人员通常较少，且均为熟悉环境的工作人员，无须特别考虑疏散距离和人员密度对安全疏散的影响，规范对仓库内的疏散距离也未予明确。库房内的疏散门、疏散走道、疏散楼梯梯段的最小净宽，只要满足《新建规》第 3.7.5 条的规定，均可满足仓库内的人员安全疏散要求。当然，对于兼作库内物品和运输设备通行的门和通道，其宽度肯定满足人员安全疏散的要求。

3.8.1 仓库的安全出口应分散布置。每个防火分区或一个防火分区的每个楼层，其相邻 2 个安全出口最近边缘之间的水平距离不应小于 5m。

【条文要点】

本条规定了仓库的安全出口设置应符合双向疏散的原则，要求仓库内的每个防火分区（包括只划分一个防火分区的每个楼层）均具备不少于 2 条不同方向的疏散路径，使得其中一个或几个安全出口在火灾中不能安全使用时，仍具有安全的路径和出口用于人员疏散。一般，设计只考虑其中一个疏散出口失效的情形。

【设计要点】

1. 仓库的疏散与生产厂房和民用建筑相比，具有人员少且熟悉环境的特点。因此，规范并不强制要求每个防火分区应具备多少数量的安全出口，但要求每个防火分区（对于只划分一个防火分区的楼层，就是一个楼层）内的任意位置均应具备至少 2 个不同疏散方向的路径。

2. 仓库的安全出口是指该座仓库中直接通向室外地面的出口或者通向疏散楼梯（间）的门。实际上，对于仓库内的防火分区而言，为保证疏散楼梯的安全，防止火势经过楼梯间蔓延，要尽量将楼梯间和电梯井设置在库房外。因此，往往是多个防火分区共用楼层上的安全出口，即进入疏散楼梯间或防烟楼梯间前室的门，防火分区的安全出口实际是通向直接连通疏散楼梯（间）的疏散走道的疏散门，并不严格要求每个防火分区的出口在分区内直接通向室外或疏散楼梯（间）。相关规定见《新建规》第 3.8.2 条。

3. 安全出口的布置不能仅满足于相邻两个安全出口的最近水平距离不小于 5m，而应该充分利用建筑的平面条件或适当改变建筑的平面布置，使相邻两个安全出口之间的夹角尽量大来满足双向疏散的布置原则。单、双向疏散方式参见图 3.28。

3.8.2 每座仓库的安全出口不应少于 2 个，当一座仓库的占地面积不大于 300m² 时，可设置 1 个安全出口。仓库内每个防火分区通向疏散走道、楼梯或室外的出口不宜少于 2 个，当防火分区的建筑面积不大于 100m² 时，可设置 1 个出口。通向疏散走道或楼梯的门应为乙级防火门。

3.8.3 地下或半地下仓库（包括地下或半地下室）的安全出口不应少于 2 个；当建筑面积不大于 100m² 时，可设置 1 个安全出口。

　　地下或半地下仓库（包括地下或半地下室），当有多个防火分区相邻布置并采用防火墙分隔时，每个防火分区可利用防火墙上通向相邻防火分区的甲级防火门作为第二安全出口，但每个防火分区必须至少有 1 个直通室外的安全出口。

【条文要点】

　　这两条规定了地上和地下、半地下每座仓库安全出口和每个防火分区出口的最少设置数量。

【设计要点】

　　1. 设计时，要细心体会规定中对每座仓库要求设置安全出口和每个防火分区要求设置出口的含义。这里的出口是疏散出口，包括安全出口和房间疏散门。

　　每座仓库的安全出口不应少于 2 个，是对一座仓库而言，而仓库内每个防火分区可以通过防火分区自身设置的安全出口直接疏散至室外或疏散楼梯（间），也可以通过疏散门和疏散走道经仓库的安全出口进行疏散。这样，可以在满足每个防火分区或楼层具有多个疏散方向的情况下，减少疏散楼梯（间）的设置数量，而又能满足仓库内人员安全疏散的要求。当然，大部分仓库中的防火分区均具备设置直接通向室外的安全出口，但对于冷库、物流仓库和多、高层仓库，情况则有所不同。

　　2. 根据仓库的疏散特点，为了简化要求，对于可设置 1 个安全出口的仓库，无论该座仓库是单层还是多个楼层，无论属于何种火灾危险性类别，只要一座仓库的占地面积不大于 300m²，均可按此要求设置安全出口或疏散楼梯（间）。但如果该仓库每层只划分一个防火分区，根据建筑面积大于 100m² 的每个防火分区应设置 2 个及以上出口的要求，则该仓库至少需要设置 2 个安全出口。例如，一座占地面积为 300m² 的 2 层丙类仓库，每层划分为一个防火分区，则该仓库首层至少应设置 2 个直通室外的安全出口，二层至少应设置 2 部疏散楼梯间。但如果该仓库每层划分为 3 个建筑面积均为 100m² 的防火分区，则其首层每个防火分区可以设置 1 个直通室外的安全出口，共需要 3 个；二层每个防火分区可以各设置 1 部疏散楼梯，或者分别设置 1 个疏散门后经疏散走道通至共用的疏散楼梯间，此时可以在二层只设置 1 座疏散楼梯间。

　　3. 规范规定仓库内每个防火分区通向疏散走道、楼梯或室外的出口不宜少于 2 个，除明确规定建筑面积较小的防火分区外，都要满足多向疏散的原则。每个防火分区（或楼层）仍需要设置 2 个或多个疏散门或安全出口。当防火分区的疏散门不能直接通向疏散楼梯间时，应在出口处设置甲级或乙级防火门，确保人员在疏散走道内的安全，参见图 3.31。由于多层仓库的疏散楼梯间没有要求必须采用封闭楼梯间或防烟楼梯间，因此（图中 B 型平面）从防火分区直接进入疏散楼梯间的门也应为甲级或乙级防火门。

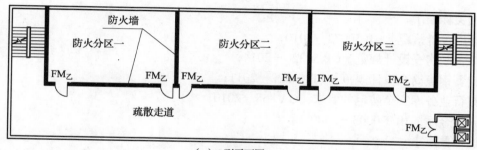

（a）A型平面图

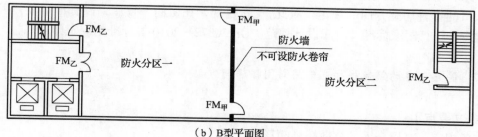

（b）B型平面图

图 3.31　地上多层仓库平面布置示意图

4. 对于划分多个防火分区的地下或半地下仓库（包括建筑的地下或半地下室仓库），其安全出口可以按照图 3.32 所示方法布置，但一般要尽量利用自身的安全出口或通过疏散走道的方式进行疏散，以确保防火分区分隔的有效与可靠。

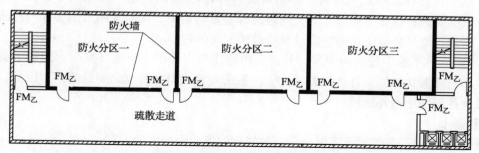

图 3.32　地下仓库平面布置示意图

3.8.4　冷库、粮食筒仓、金库的安全疏散设计应分别符合现行国家标准《冷库设计规范》GB 50072 和《粮食钢板筒仓设计规范》GB 50322 等标准的规定。

3.8.5　粮食筒仓上层面积小于 1000m²，且作业人数不超过 2 人时，可设置 1 个安全出口。

3.8.6　仓库、筒仓中符合本规范第 6.4.5 条规定的室外金属梯，可作为疏散楼梯，但筒仓室外楼梯平台的耐火极限不应低于 0.25h。

【条文要点】

这三条规定了冷库、粮食筒仓、金库的安全出口设置要求。

【相关标准】

《冷库设计规范》GB 50072—2010；

《粮食平房仓设计规范》GB 50320—2014；

《粮食钢板筒仓设计规范》GB 50322—2011；

《银行业务库安全防范的要求》GA 858—2010；

《银行金库》JR/T 0003—2000。

【设计要点】

冷库、粮食筒仓和金库的管理和使用具有与其他仓库区别明显的特性，相关专项标准对出入口的设置均有专门的规定。对此，《新建规》在协商一致后，没有再重复，因此相关工程设计执行国家标准《冷库设计规范》GB 50072—2010 等标准的规定即可。

3.8.7 高层仓库的疏散楼梯应采用封闭楼梯间。

【条文要点】

本条规定了高层仓库的疏散楼梯间形式。

【设计要点】

1. 各类火灾危险性多层仓库的疏散楼梯设置，需根据储存物品的火灾危险性和燃烧特性、疏散楼梯是否在库房内设置、仓库建筑的耐火等级以及建筑高度等因素确定。一般，除高层仓库要求采用封闭楼梯间外，其他仓库的疏散楼梯间形式不限，但地下、半地下仓库的疏散楼梯间形式仍应符合《新建规》第 6.4.4 条的规定。此外，对于在库房内设置的疏散楼梯间，也要考虑防止火灾通过楼梯蔓延的情形，而要采用封闭楼梯间或防烟楼梯间。因此，要尽量避免在库房内设置疏散楼梯间的情形。

2. 地下、半地下场所的埋深，是指室内地面与室外出入口地坪高差，即地下室最低一的地面与疏散楼梯间室外入口处地坪（一般为楼梯入口平台）之间的高差。因此，室外出入口地坪不等于室外地坪。

【释疑】

疑点 3.8.7-1：各类地上多层仓库疏散楼梯的形式应如何确定？

释义：地上多层仓库的疏散楼梯可以采用敞开疏散楼梯间或室外疏散楼梯，但在防火分区内直通疏散楼梯间或室外疏散楼梯处应设置甲级或乙级防火门。

疑点 3.8.7-2：建筑高度大于 32m 的高层仓库是否要设置防烟楼梯间？

释义：高层仓库的疏散楼梯应为封闭楼梯间或室外疏散楼梯，建筑高度大于 32m 的高层仓库也可以采用封闭楼梯间。

疑点 3.8.7-3：仓库建筑的耐火等级与疏散楼梯的形式有何直接关系？

释义：仓库建筑的耐火等级与疏散楼梯的形式没有直接关系。因为三级或四级耐火等级的仓库只允许采用最多 3 层或单层的建筑，且占地面积、每个防火分区的建筑面积要求均较小，对人员疏散安全的影响不大。

疑点 3.8.7-4：地下或半地下仓库的疏散楼梯形式应如何确定？

释义：地下或半地下仓库的疏散楼梯间形式应符合《新建规》第 6.4.4 条第 1 款的规定，即室内地面与室外出入口地坪高差大于 10m 或 3 层及 3 层以上的地下、半地下仓库，其疏散楼梯应为防烟楼梯间；室内地面与室外出入口地坪高差不大于 10m 或 1 层、2 层的地下、半地下仓库，其疏散楼梯应为封闭楼梯间。

3.8.8 除一、二级耐火等级的多层戊类仓库外，其他仓库内供垂直运输物品的提升设施宜设置在仓库外，确需设置在仓库内时，应设置在井壁的耐火极限不低于 2.00h 的井筒内。室内外提升设施通向仓库的入口应设置乙级防火门或符合本规范第 6.5.3 条规定的防火卷帘。

【条文要点】
本条规定了仓库用竖向提升设施的防火措施。

【设计要点】
在仓库内设置垂直运输物品的提升设施会破坏建筑竖向防火分隔的完整性，可能导致火灾蔓延至其他楼层。在设计时，要尽量将这类提升设施设置在仓库外，并在楼层与提升设施连通处采取设置甲级或乙级防火门、防火卷帘等防火分隔措施；当设置在仓库内时，除应设置提升竖井外，尚应在进入储存区前设置电梯厅并采用甲级或乙级防火门、防火卷帘等进行分隔，电梯井与电梯厅的分隔墙体应为不燃性墙体，耐火极限不应低于 2.00h。特殊类型仓库的设计尚应符合相关标准的规定。

【释疑】
疑点 3.8.8：规范对厂（库）房的疏散楼梯布置是否有要求？
释义：有明确规定。厂（库）房的疏散楼梯的布置要求，应符合《新建规》第 6.4.1 条、第 6.4.2 条和第 6.4.3 条的规定。一般，疏散楼梯间应尽量靠外墙布置，在首层应直通室外，确有困难时，可按《新建规》第 6.4.2 条和第 6.4.3 条规定采用扩大的封闭楼梯间或扩大的前室。不满足自然排烟条件的楼梯间，应采取机械防烟措施或采用防烟楼梯间。

4 甲、乙、丙类液体、气体储罐（区）和可燃材料堆场

4.1 一 般 规 定

4.1.1 甲、乙、丙类液体储罐区，液化石油气储罐区，可燃、助燃气体储罐区和可燃材料堆场等，应布置在城市（区域）的边缘或相对独立的安全地带，并宜布置在城市（区域）全年最小频率风向的上风侧。

甲、乙、丙类液体储罐（区）宜布置在地势较低的地带。当布置在地势较高的地带时，应采取安全防护设施。

液化石油气储罐（区）宜布置在地势平坦、开阔等不易积存液化石油气的地带。

【条文要点】

本条规定了可燃液体、可燃气体和助燃气体储罐或储罐区及可燃材料堆场选址和总图布局的基本原则，强调了液化石油气储罐或储罐区的布局要求。

【相关标准】

《石油化工企业设计防火标准》GB 50160—2008（2018 年版）；

《石油天然气工程设计防火规范》GB 50183—2015；

《液化石油气供应工程设计规范》GB 51142—2015；

《工业企业总平面设计规范》GB 50187—2012；

《储罐区防火堤设计规范》GB 50351—2014；

《城镇燃气设计规范》GB 50028—2006。

【相关名词】

1. **液化天然气**——一种低温液态流体，主要为甲烷和少量的乙烷、丙烷、氮及其他成分。

天然气的相对密度约为 0.55，较空气轻，属易燃气体，火灾危险性为甲类。液化天然气是将天然气降温变成液体，压缩天然气是将天然气经过高压压缩变成压缩气体。液化天然气使用前需经气化、减压，压缩天然气使用前只需要减压。

2. **液化石油气**——由多种低沸点气体组成的混合物，主要成分是丁烯、丙烯、丁烷和丙烷。

液化石油气相对密度约为 1.69，较空气重，属易燃气体，其火灾危险性为甲类。液化石油气是将石油气降温变成液体，使用前需气化、减压。

3. **可燃气体**——能够与空气（或氧气）在一定浓度范围内均匀混合形成混合气体，遇到火源会发生爆炸，并在燃烧时释放出大量热量的气体。如氢气、一氧化碳、甲烷、天然气等，其火灾危险性多为甲类。

4. **助燃气体**——有助于燃烧的气体，如氧气，氯气等，其火灾危险性为乙类。

【设计要点】

1. 甲、乙、丙类液体储罐区、液化石油气及其他可燃气体储罐区、助燃气体储罐区，一般为规模较大的集中储存区，通常为区域的重大危险源。在选址和布局时，要尽量布置在城市（区域）的边缘或相对独立的安全地带，以及城市或区域的全年最小频率风向的上风侧。要远离人口居住密集区、文化教育区、商业区和重要的桥梁和城市生命线等设施；要远离城市的重要水源地，避免发生火灾和爆炸事故时对这些区域的生产、生活及环境造成重大影响。

2. 可燃固体材料堆场有企业生产所需材料的堆场（如造纸厂的木材、草料、芦苇等堆场）和转运的材料堆场（如燃煤堆场、原木堆场等）。企业内的可燃材料堆场布局要尽量设置在厂区的全年最小频率风向的上风侧，并尽量靠近水源地。转运的可燃材料堆场则要避开和远离甲、乙、丙类可燃液体、可燃气体储罐区，并尽量处于储罐区最小频率风向的上风侧，避免可燃材料火灾时的飞火引发储罐区火灾。储罐区火灾一般以热辐射作用为主，可通过防火间距、高的防护墙和防护冷却设施等来减弱其作用。

全年最小频率风向是指全年出现次数最小的风向。例如，某地区的最小频率风向为西北风，即该地区来自西北方向的风很少，因此该地区的最小频率风向的上风侧，就是西北侧。全年最小频率风向与全年主导风向不同，参见图 4.1。全年最小频率风向的上风侧为西北侧，而全年主导风向的下风侧则为西南侧。

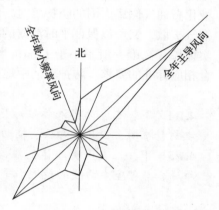

图 4.1　风玫瑰图示意

3. 甲、乙、丙类液体储罐或储罐区的布置，要防止储罐受到火灾和爆炸作用发生破坏后引起可燃液体流淌，导致火灾范围扩大、火灾不易控制和扑救。因此，可燃液体储罐要尽量布置在地势较低的地带，利用自然地形阻挡液体流散。但有些地区（如平原地区）往往难以找到合适的低洼地来布置储罐（区），因此受地形限制而需在地势平缓或地势较高地带布置的储罐（区），应设置防火堤、围堰和防护墙等安全防护设施，防止液体外流及火灾蔓延扩大。

4. 液化石油气以及其他较空气重的可燃气体储罐（区），则要尽量布置在地势平坦、开阔地带，以便利用自然风将平时泄漏的气体吹散，使之不会因地势导致窝风积聚不散形成爆炸性气氛而引发事故。

5. 可燃液体、可燃气体储罐火灾延续时间长，用水量大，选址应充分利用天然水体作为消防水源。有关布局还应符合国家标准《石油库设计规范》GB 50074—2014、《城镇燃气设计规范》GB 50028—2006、《石油化工企业设计防火标准》GB 50160—2008（2018年版）等标准的规定。

4.1.2　桶装、瓶装甲类液体不应露天存放。

4.1.3　液化石油气储罐组或储罐区的四周应设置高度不小于 1.0m 的不燃性实体防护墙。

【条文要点】

这两条规定了桶装和瓶装甲类液体的存放要求和液化石油气储罐区的防护要求。

【相关标准】

《液化石油气》GB 11174—2011；

《石油化工企业设计防火标准》GB 50160—2008（2018 年版）；

《储罐区防火堤设计规范》GB 50351—2014；

《液化石油气供应工程设计规范》GB 51142—2015。

【设计要点】

1. 甲类可燃液体的闪点低、沸点低，易气化。采用储罐储存时，一般需设置雨淋或水喷雾系统对其降温保护；采用桶装或瓶装储存时，由于难以设置固定降温设施保护，而不应露天直接存放，需采取设置遮阳棚等防止日光直晒导致超压爆炸着火的措施。

2. 防护墙是用于阻挡泄漏的液化可燃气体或可燃液体外溢的构筑物。液化石油气储罐为压力罐，发生泄漏事故时，泄漏后的气化体积大，扩散迅速，需要重点防护。在设计液化石油气储罐周围的防护墙时，既要考虑在储罐发生泄漏事故时可以阻止泄露的液化石油气扩散，又可以保证平时泄露的液化气不会因窝气而积聚不散。该防护墙应采用无孔的实体墙，高度一般不小于 1.0m；当其他专项标准对防护墙的设置要求另有规定时，应符合相应标准的要求。防护墙的距地高度还要考虑方便灭火救援。

4.1.4 甲、乙、丙类液体储罐区，液化石油气储罐区，可燃、助燃气体储罐区和可燃材料堆场，应与装卸区、辅助生产区及办公区分开布置。

4.1.5 甲、乙、丙类液体储罐，液化石油气储罐，可燃、助燃气体储罐和可燃材料堆垛，与架空电力线的最近水平距离应符合本规范第 10.2.1 条的规定。

【条文要点】

这两条规定了可燃液体、气体储罐区和可燃材料堆场内部的平面布局要求以及储罐和堆垛与架空电力线的防护距离。

【相关标准】

《66kV 及以下架空电力线路设计规范》GB 50061—2010；

《石油化工企业设计防火标准》GB 50160—2008（2018 年版）；

《工业企业总平面设计规范》GB 50187—2012；

《1000kV 架空输电线路设计规范》GB 50665—2011；

《110kV ~ 750kV 架空输电线路设计规范》GB 50545—2010。

【设计要点】

1. 甲、乙、丙类液体储罐区，液化石油气储罐区，可燃、助燃气体储罐区和可燃材料堆场，属于易燃、易爆和灭火难度大的高危险场所，在储存场地内部规划布局时，不同功能区要清晰，相互间应具有能满足消防车通行的道路贯通，使之既便于日常物质装卸和进出操作与管理，又方便火灾时的应急救援和车辆安全通行，保障人员安全。一般，储存区应采用一定的隔离措施与装卸区、辅助生产区及办公区等分开，储存区要尽量布置在该区域全年最小频率风向的上风侧。

2. 甲、乙、丙类液体储罐，液化石油气储罐，可燃、助燃气体储罐和可燃材料堆垛，与架空电力线的水平距离要求，见《新建规》第 10.2.1 条的【设计要点】。

4.2 甲、乙、丙类液体储罐（区）的防火间距

4.2.1 甲、乙、丙类液体储罐（区）和乙、丙类液体桶装堆场与其他建筑的防火间距，不应小于表 4.2.1 的规定。

表 4.2.1 甲、乙、丙类液体储罐（区）和乙、丙类
液体桶装堆场与其他建筑的防火间距（m）

类别	一个罐区或堆场的总容量 V（m³）	建筑物				室外变、配电站
		一、二级		三级	四级	
		高层民用建筑	裙房，其他建筑			
甲、乙类液体储罐（区）	1 ≤ V<50	40	12	15	20	30
	50 ≤ V<200	50	15	20	25	35
	200 ≤ V<1000	60	20	25	30	40
	1000 ≤ V<5000	70	25	30	40	50
丙类液体储罐（区）	5 ≤ V<250	40	12	15	20	24
	250 ≤ V<1000	50	15	20	25	28
	1000 ≤ V<5000	60	20	25	30	32
	5000 ≤ V<25000	70	25	30	40	40

注：1 当甲、乙类液体储罐和丙类液体储罐布置在同一储罐区时，罐区的总容量可按 1m³ 甲、乙类液体相当于 5m³ 丙类液体折算。

2 储罐防火堤外侧基脚线至相邻建筑的距离不应小于 10m。

3 甲、乙、丙类液体的固定顶储罐区或半露天堆场，乙、丙类液体桶装堆场与甲类厂房（仓库）、民用建筑的防火间距，应按本表的规定增加 25%，且甲、乙类液体的固定顶储罐区或半露天堆场，乙、丙类液体桶装堆场与甲类厂房（仓库）、裙房、单、多层民用建筑的防火间距不应小于 25m，与明火或散发火花地点的防火间距应按本表有关四级耐火等级建筑物的规定增加 25%。

4 浮顶储罐区或闪点大于 120℃ 的液体储罐区与其他建筑的防火间距，可按本表的规定减少 25%。

5 当数个储罐区布置在同一库区内时，储罐区之间的防火间距不应小于本表相应容量的储罐区与四级耐火等级建筑物防火间距的较大值。

6 直埋地下的甲、乙、丙类液体卧式罐，当单罐容量不大于 50m³，总容量不大于 200m³ 时，与建筑物的防火间距可按本表规定减少 50%。

7 室外变、配电站指电力系统电压为 35kV ~ 500kV 且每台变压器容量不小于 10MV·A 的室外变、配电站和工业企业的变压器总油量大于 5t 的室外降压变电站。

【条文要点】

本条规定了甲、乙、丙类液体储罐（区）及堆场与罐区外其他建筑的防火间距。

【相关标准】

《石油化工企业设计防火标准》GB 50160—2008（2018 年版）；

《储罐区防火堤设计规范》GB 50351—2014。

【设计要点】

1. 表 4.2.1 中"总容量"为一个罐区或堆场内各单罐（单桶）的几何容积之和。对于同时布置有甲、乙、丙类储罐的罐区，在计算罐区的总容量时，一般需将其中甲、乙类液体储罐的总容量按 1.0m³ 甲、乙类液体相当于 5.0m³ 丙类液体折算后计算。例如，一储罐区内布置有 1 个 200m³ 的甲苯储罐、1 个 200m³ 的丁醚储罐和 1 个 500m³ 的重油储罐，则该储罐区按丙类可燃液体计算时，总容量为 2500m³；按甲、乙类可燃液体计算时，总容量为 500m³。

2. 表 4.2.1 中"建筑物"一栏包括各类工业与民用建筑。

3. 半露天堆场为只有顶棚，四周没有封闭式围护设施的堆场。

固定顶罐是顶部结构与罐体采用焊接方式连接，顶部固定的一种储罐，分拱顶罐和锥顶罐。

防火堤是围绕储罐或储罐组设置，用于防止可燃液体储罐发生泄漏时的液体外流和火灾蔓延的构筑物，为采用不燃材料建造的实体矮墙，密实、闭合、不泄漏。防火堤设计详见国家标准《储罐区防火堤设计规范》GB 50351—2014。防火堤的容积一般应能容纳堤内最大一个储罐的全部可燃液体。

4. 甲、乙类液体的固定顶储罐区或半露天堆场与甲类厂房（仓库）、民用建筑的防火间距，应根据其总容量按表 4.2.1 内的规定值分别增加 25%。乙、丙类液体桶装堆场与甲类厂房（仓库）、民用建筑的防火间距，应根据其总容量按表 4.2.1 内的规定值分别增加 25%。

5. 甲、乙类液体的固定顶储罐区或半露天堆场，与甲类厂房（仓库）、裙房、单、多层民用建筑的防火间距分别不应小于 25m。乙、丙类液体桶装堆场，与甲类厂房（仓库）、裙房、单、多层民用建筑的防火间距分别不应小于 25m。此时，不需要计算罐区的可燃液体总容量。

6. 甲、乙类液体的固定顶储罐区或半露天堆场与明火或散发火花地点的防火间距，应根据其总容量按表 4.2.1 中有关四级耐火等级建筑物的规定值增加 25%。

乙、丙类液体桶装堆场与明火或散发火花地点的防火间距，应根据其总容量按表 4.2.1 中有关四级耐火等级建筑物的规定值增加 25%。

7. 浮顶储罐是其顶盖悬浮于罐体内，随着罐内液位的升降而升降的一种储罐，主要用于存贮可燃气体和可燃液体，分内浮顶罐和外浮顶罐。大型煤气、原油罐、重油储罐均采用浮顶储罐。浮顶储罐的火灾一般发生在其密封圈周围，较易控制；闪点大于 120℃ 的液体在正常储存条件下不易被点燃。这两类储罐区与其他建筑的防火间距，可根据其总容量按表 4.2.1 中的相应规定值减少 25%。

8. 在较大的库区内常会布置多个储罐区，储罐区之间的防火间距应根据相邻罐区的总容量，按不小于表 4.2.1 中相应容量的储罐区与四级耐火等级建筑物防火间距的较大值确定。例如，在一个库区内有两组均储存丙类可燃液体的浮顶储罐罐区，其总容量分别为 4800m³ 和 15000m³，则这两个罐区之间的防火间距应按 22.5m 和 30m 中的较大值确定为不应小于 30m。

9. 直埋地下的甲、乙、丙类液体卧式罐，具有良好的防护性能。当单罐容量不大于 50m³、总容量不大于 200m³ 时，与建筑物的防火间距可根据建筑物的耐火等级按表 4.2.1 中的规定值分别减少 50%。这种储罐主要是直接为车间生产服务的可燃液体中间储罐，或为工业与民用建筑内的大型锅炉房或柴油发电机组等服务的可燃液体储罐，一般靠近所服务建筑就近布置。

4.2.2　甲、乙、丙类液体储罐之间的防火间距不应小于表 4.2.2 的规定。

表 4.2.2　甲、乙、丙类液体储罐之间的防火间距（m）

类　别			固定顶储罐			浮顶储罐或设置充氮保护设备的储罐	卧式储罐
			地上式	半地下式	地下式		
甲、乙类液体储罐	单罐容量 V（m³）	$V \leqslant 1000$	0.75D	0.5D	0.4D	0.4D	$\geqslant 0.8m$
		$V>1000$	0.6D				
丙类液体储罐		不限	0.4D	不限	不限	—	

注：1　D 为相邻较大立式储罐的直径（m），矩形储罐的直径为长边与短边之和的一半。
　　2　不同液体、不同形式储罐之间的防火间距不应小于本表规定的较大值。
　　3　两排卧式储罐之间的防火间距不应小于 3m。
　　4　当单罐容量不大于 1000m³ 且采用固定冷却系统时，甲、乙类液体的地上式固定顶储罐之间的防火间距不应小于 0.6D。
　　5　地上式储罐同时设置液下喷射泡沫灭火系统、固定冷却水系统和扑救防火堤内液体火灾的泡沫灭火设施时，储罐之间的防火间距可适当减小，但不宜小于 0.4D。
　　6　闪点大于 120℃ 的液体，当单罐容量大于 1000m³ 时，储罐之间的防火间距不应小于 5m；当单罐容量不大于 1000m³ 时，储罐之间的防火间距不应小于 2m。

【条文要点】
本条规定了甲、乙、丙类液体储罐在同一储罐区内布置时相互间的防火间距。

【设计要点】
1. 在储罐区内布置甲、乙、丙类液体储罐时，储罐之间的防火间距主要考虑安装、检修和安全灭火操作的空间，并尽量减小着火储罐对其他储罐的热辐射作用。储罐上一般均要求设置冷却降温和防护冷却水幕或雨淋系统，在火灾时加上外部救援力量的水枪或水炮喷水保护，可以较好地控制着火储罐对相邻罐的热作用。

2. 在确定相同可燃液体储罐之间的间距时，应按照相邻罐中罐径最大者的直径确定。矩形储罐的当量直径（D）为矩形长边（A）与短边（B）的均值，即 $D=（A+B）/2$。当储罐区内布置不同液体、不同形式的储罐时，储罐之间的防火间距应按表 4.2.2 中对相邻储罐间距要求的较大值确定。例如，3 个单罐容量均大于 1000m³ 的圆柱形固定顶地上式储罐，圆柱形储罐的直径均为 D，分别储存了甲、乙、丙类可燃液体，呈品字形布置，则两两储罐之间的防火间距应按表 4.2.2 中规定的较大值确定，即不应小于 0.6D。

表 4.2.2 中"甲、乙、丙类液体储罐的单罐容量"，是指储罐的有效容积。

3. 半地下式储罐是储罐底埋入地下深度不小于罐高的一半，且储罐内的液面与附近地面（距储罐 4m 范围内的地面）的高差不大于 2.0m 的储罐。

地下式储罐是储罐内的最高液面低于附近地面（距储罐 4m 范围内的地面）的最低标高 0.2m 的储罐。

卧式储罐则是将储罐横着放置的储罐。

地下、半地下式固定顶储罐形式，可参见标准图集《小型立、卧式油罐图集》R111 和《拱顶油罐图集》R112。

4. 储罐区内成排布置的卧式储罐之间的防火间距不应小于 3.0m。

5. 单个罐容量不大于 1000m³ 且设置固定冷却系统的甲、乙类液体的地上式固定顶储罐，储罐之间的防火间距不应小于 0.6D；对于丙类液体储罐，储罐之间的间距仍不应小于 0.4D。

6. 同时设置液下喷射泡沫灭火系统、固定冷却水系统和扑救防火堤内液体火灾的泡沫灭火设施的地上式储罐甲、乙、丙类液体储罐，储罐之间的防火间距均可适当减小，但不宜小于储罐直径的 0.4 倍，即 0.4D，并应满足灭火救援的操作要求。

泡沫灭火系统有低倍数、中倍数和高倍数泡沫灭火系统之分。液下喷射泡沫灭火系统是泡沫从液面下喷入被保护储罐内的泡沫灭火系统，属于低倍数泡沫灭火系统，使用氟蛋白、成膜氟蛋白或水成膜泡沫液，主要用于扑救非水溶性甲、乙、丙类液体固定顶储罐火，不适用于外浮顶和内浮顶储罐火，也不适用于扑救水溶性的甲、乙、丙类液体和其他对普通泡沫有破坏作用的甲、乙、丙类液体固定顶储罐火。该系统的工作原理是采用高背压泡沫产生器将 2 倍~4 倍的泡沫灭火剂从液面下喷射到储罐内，泡沫在初始的动能和浮力的推动下到达燃烧液体的表面，通过隔绝、冷却的作用使燃烧终止进行灭火。

7. 闪点大于 120℃ 的丙类液体（如豆油、菜籽油、橄榄油、棕榈油等植物油，润滑油、重油），当单罐容量大于 1000m³ 时，储罐之间的防火间距不应小于 5m；当单罐容量不大于 1000m³ 时，储罐之间的防火间距不应小于 2m。对于表 4.2.2 中间距不限者，除防火间距可不限外，要考虑储罐之间安装、检修操作和安全方便灭火的需要，一般也需要按照上述两个距离值控制。

4.2.3 甲、乙、丙类液体储罐成组布置时，应符合下列规定：

1 组内储罐的单罐容量和总容量不应大于表 4.2.3 的规定。

表 4.2.3 甲、乙、丙类液体储罐分组布置的最大容量

类　　别	单罐最大容量（m³）	一组罐最大容量（m³）
甲、乙类液体	200	1000
丙类液体	500	3000

　　2　组内储罐的布置不应超过两排。甲、乙类液体立式储罐之间的防火间距不应小于 2m，卧式储罐之间的防火间距不应小于 0.8m；丙类液体储罐之间的防火间距不限。

　　3　储罐组之间的防火间距应根据组内储罐的形式和总容量折算为相同类别的标准单罐，按本规范第 4.2.2 条的规定确定。

【条文要点】

　　本条规定了小型甲、乙、丙类液体储罐成组布置时的基本要求，主要为充分利用土地资源，在可接受的火灾损失的情况下，将一组储罐作为一个中型储罐考虑，减小了罐组内储罐之间的布置间距。

【相关标准】

　　《石油化工企业设计防火标准》GB 50160—2008（2018 年版）。

【设计要点】

　　1.　成组布置甲、乙、丙类液体储罐时，要严格控制罐组内每个单罐的容量和一个罐组的总容量。每组储罐的布置不应超过 2 排。

　　2.　在同一组储罐内，储罐之间的间距主要考虑检修、安装等操作要求。甲、乙类液体立式储罐之间的防火间距不应小于 2m，甲、乙类液体卧式储罐之间的防火间距不应小于 0.8m；丙类液体储罐之间的防火间距不限。甲、乙类液体立式储罐与丙类液体立式储罐之间的防火间距也不应小于 2m；当均为卧式储罐时，不应小于 0.8m。

　　3.　储罐组之间的防火间距，实际上是将一个罐组内所有储罐的容量折算为同一类别可燃液体的总容量后，将一个罐组看成一个储罐，再根据储罐的形式和容量按照《新建规》第 4.2.2 条中表 4.2.2 及表注的规定来确定。例如，一个罐区有 2 组储罐，一组为 4 个 200m³ 的汽油罐，直径均为 6.6m；另一组为 4 个 500m³ 的柴油（闪点大于 60°）罐，直径均为 9m；上述 8 个储罐均为地上式拱顶罐，储罐未设置固定冷却系统和固定灭火系统。根据表 4.2.2，则这两组储罐之间的间距应为不小于 4.95m（即 0.75×6.6m=4.95m 与 0.4×9m=3.6m 的较大值）。

4.2.4　甲、乙、丙类液体的地上式、半地下式储罐区，其每个防火堤内宜布置火灾危险性类别相同或相近的储罐。沸溢性油品储罐不应与非沸溢性油品储罐布置在同一防火堤内。地上式、半地下式储罐不应与地下式储罐布置在同一防火堤内。

【条文要点】

　　本条规定了一个储罐区内储存的可燃液体类型和储罐形式的要求，便于灭火救援与应急处置。

【设计要点】

　　1.　将火灾危险性相同、相近的可燃液体布置在同一防火堤内，其储罐形式和所用灭火剂类型、灭火方式等都相同或相近，一旦泄漏或发生火灾，便于消防施救。

　　2.　沸溢性油品在火灾时会发生突沸现象，非沸溢性油品无此现象。将沸溢性油品储罐与非沸溢性油品分开布置在不同防火堤内，有利于消防施救和减小相互间火灾导致的次生危害；地下式储罐与地上式、半地上式储罐的防护方法与设防标准不同。

在布置储罐时，要从有利于控制火灾、节约用地和减小危害出发，在同一个罐区或库区内，将沸溢性油品储罐与非沸溢性油品储罐、地下式储罐与地上式、半地下式储罐分开布置在不同的防火堤内，在每个防火堤内要尽量布置火灾危险性类别相同或相近的储罐。

4.2.5 甲、乙、丙类液体的地上式、半地下式储罐或储罐组，其四周应设置不燃性防火堤。防火堤的设置应符合下列规定：

1 防火堤内的储罐布置不宜超过2排，单罐容量不大于$1000m^3$且闪点大于120℃的液体储罐不宜超过4排。

2 防火堤的有效容量不应小于其中最大储罐的容量。对于浮顶罐，防火堤的有效容量可为其中最大储罐容量的一半。

3 防火堤内侧基脚线至立式储罐外壁的水平距离不应小于罐壁高度的一半。防火堤内侧基脚线至卧式储罐的水平距离不应小于3m。

4 防火堤的设计高度应比计算高度高出0.2m，且应为1.0m～2.2m，在防火堤的适当位置应设置便于灭火救援人员进出防火堤的踏步。

5 沸溢性油品的地上式、半地下式储罐，每个储罐均应设置一个防火堤或防火隔堤。

6 含油污水排水管应在防火堤的出口处设置水封设施，雨水排水管应设置阀门等封闭、隔离装置。

【条文要点】
本条规定了在地上式、半地上式可燃液体储罐或储罐组四周设置防火堤的要求，以发挥防火堤的挡液、蓄液作用，减小流散液体火灾扩大，便于控制和扑救火灾。

【相关标准】
《储罐区防火堤设计规范》GB 50351—2014。

【设计要点】
防火堤主要用于拦蓄事故油罐泄漏的可燃液体，防止其流散而导致更大范围的污染或火灾，避免更多储罐卷入火灾，以减小控制和扑救火灾的难度。在储罐或储罐组周围设置防火堤能有效减小储罐泄漏及相应的火灾危害。因此，防火堤应按能实现上述目标进行设计：

1. 防火堤内的有效容量不应小于防火堤内最大储罐的容量。对于内浮顶罐和外浮顶罐，防火堤的有效容量可为其中最大储罐容量的一半；对于半地上储罐，罐容可以按其地上部分计算。当一个防火堤内存在多种类型储罐时，防火堤内的有效容量应按上述容量中的最大值确定。

2. 罐高与罐容及罐的类型有很大关系。防火堤距离其中立式罐的最近外壁不应小于该罐罐高的一半，确保液体泄漏时能流入防火堤内。卧式罐由于高度较低，泄漏量较小，可以按不小于3m确定防火堤与卧式罐最近外壁的距离。

3. 对于沸液性油品，每个储罐均应设置独立的蓄液池，防止其在火灾时因突沸所致外溢液体火灾蔓延至其他储罐。为节约用地，防火隔堤的有效容量可以小些。

4. 防火堤高度应经计算确定，设计高度应为计算高度加0.2m，一般为1.0m～1.6m，但不应低于1.0m。防火堤的设计高度应便于救援人员观察堤内情况，方便人员进出。每个防火堤应在便于消防救援人员观察和出入的相对安全位置设置进出防火堤的踏步，并在堤内外同一位置均应设置。

5. 含油污水排水管的储罐，应在防火堤的出口处设置水封设施，防止油污外流。穿防火堤的雨水排水管应设置阀门等封闭、隔离装置，防止油污从雨水排水管流出。

6. 同一防火堤内的储罐成排布置时，其排数应方便事故处置和灭火救援，并应控制其总罐容。

7. 防火堤的厚度应与其高度相适应，能满足蓄液后在静压作用下的稳定性要求。

8. 防火堤和防火隔堤应为不燃性实体构筑物，耐火极限一般不应低于3.00h。

4.2.6 甲类液体半露天堆场，乙、丙类液体桶装堆场和闪点大于120℃的液体储罐（区），当采取了防止液体流散的设施时，可不设置防火堤。

【条文要点】

本条规定了可以不设置防火堤的堆场与储罐区类型及其条件。

【设计要点】

甲类液体半露天堆场和乙、丙类液体桶装堆场，储罐容量较小，一般可以采用设置高度较矮的围挡、集液坑等来防止泄漏的液体流散。闪点大于120℃的液体储罐主要为植物油储罐等，这些可燃液体相对安全，防止这些液体储罐泄漏的措施要求可以低些。例如，采用要求较防火堤低些的围堤等，但也要视罐容考虑其围挡蓄液设施的有效容量。

4.2.7 甲、乙、丙类液体储罐与其泵房、装卸鹤管的防火间距不应小于表4.2.7的规定。

表4.2.7 甲、乙、丙类液体储罐与其泵房、装卸鹤管的防火间距（m）

液体类别和储罐形式		泵房	铁路或汽车装卸鹤管
甲、乙类液体储罐	拱顶罐	15	20
	浮顶罐	12	15
丙类液体储罐		10	12

注：1 总容量不大于1000m³的甲、乙类液体储罐和总容量不大于5000m³的丙类液体储罐，其防火间距可按本表的规定减少25%。

2 泵房、装卸鹤管与储罐防火堤外侧基脚线的距离不应小于5m。

【条文要点】

本条规定了甲、乙、丙类液体储罐与其工艺辅助设施的防火间距。

【相关标准】

《石油化工企业设计防火标准》GB 50160—2008（2018年版）。

【设计要点】

1. 装卸鹤管是一种可以伸缩移动的管子，其外形犹如松鹤的头和脖颈，多用于石油、化工码头液体装卸，管内输送油品和其他液体等介质。

2. 泵房、装卸鹤管与储罐的联系密切，是储罐进出可燃液体的必需工艺设备。储罐与泵房及装卸鹤管之间的间距确定，主要应从防止装卸可燃液体过程中因泵或鹤管原因引发的火灾影响到储罐的安全考虑。泵房、装卸鹤管应设置在储罐的防火堤外。

3. 表4.2.7注1中的"总容量"为一个防火堤内全部储罐的容量之和。

4.2.8 甲、乙、丙类液体装卸鹤管与建筑物、厂内铁路线的防火间距不应小于表4.2.8的规定。

表4.2.8 甲、乙、丙类液体装卸鹤管与建筑物、厂内铁路线的防火间距（m）

名　　称	建　筑　物			厂内铁路线	泵房
	一、二级	三级	四级		
甲、乙类液体装卸鹤管	14	16	18	20	8
丙类液体装卸鹤管	10	12	14	10	

注：装卸鹤管与其直接装卸用的甲、乙、丙类液体装卸铁路线的防火间距不限。

【条文要点】

本条规定了甲、乙、丙类液体装卸鹤管与建筑物、厂内铁路线之间的防火间距。

【设计要点】

表4.2.8内的"建筑物"包括各类工业与民用建筑，"泵房"为服务于储罐装卸可燃液体的工艺泵房。消防水泵房应根据其耐火等级（一般不低于二级），按表内"建筑物"的相应要求确定其防火间距。

4.2.9 甲、乙、丙类液体储罐与铁路、道路的防火间距不应小于表4.2.9的规定。

表4.2.9 甲、乙、丙类液体储罐与铁路、道路的防火间距（m）

名　　称	厂外铁路线中心线	厂内铁路线中心线	厂外道路路边	厂内道路路边	
				主要	次要
甲、乙类液体储罐	35	25	20	15	10
丙类液体储罐	30	20	15	10	5

【条文要点】

本条规定了甲、乙、丙类液体储罐与铁路、道路之间的防火间距。

【设计要点】

道路路边为距离储罐最近的道路路牙边缘。

4.2.10　零位罐与所属铁路装卸线的距离不应小于6m。

4.2.11　石油库的储罐（区）与建筑的防火间距，石油库内的储罐布置和防火间距以及储罐与泵房、装卸鹤管等库内建筑的防火间距，应符合现行国家标准《石油库设计规范》GB 50074 的规定。

【条文要点】

这两条规定了零位罐与铁路装卸线的距离及石油库的储罐与库内外建筑的防火间距确定方法。

【设计要点】

1. 零位罐为依靠势能自流卸液的一种缓冲罐，平时不存液。零位罐容量较小，但在卸液过程中仍存在一定的火灾危险性。零位罐与所属铁路装卸线的防火间距应为与零位罐最近的铁路线中心线的距离。

2. 《新建规》有关甲、乙、丙类液体储罐（区）的规定，主要针对工矿企业内和独立建设的各类甲、乙、丙类可燃液体储罐或罐区、堆场，包括企业自用和商用的储罐，不包括石油库的储罐或罐区。有关石油库的储罐布置及储罐或罐区与库内外建筑物的防火间距，应符合国家标准《石油库设计规范》GB 50074—2014 的规定。

4.3　可燃、助燃气体储罐（区）的防火间距

4.3.1　可燃气体储罐与建筑物、储罐、堆场等的防火间距应符合下列规定：

1　湿式可燃气体储罐与建筑物、储罐、堆场等的防火间距不应小于表 4.3.1 的规定。

表 4.3.1　湿式可燃气体储罐与建筑物、储罐、堆场等的防火间距（m）

名　称		湿式可燃气体储罐（总容积 V，m^3）				
		$V<1000$	$1000 \leqslant$ $V<10000$	$10000 \leqslant$ $V<50000$	$50000 \leqslant$ $V<100000$	$100000 \leqslant$ $V<300000$
甲类仓库 甲、乙、丙类液体储罐 可燃材料堆场 室外变、配电站 明火或散发火花的地点		20	25	30	35	40
高层民用建筑		25	30	35	40	45
裙房，单、多层民用建筑		18	20	25	30	35
其他 建筑	一、二级	12	15	20	25	30
	三级	15	20	25	30	35
	四级	20	25	30	35	40

注：固定容积可燃气体储罐的总容积按储罐几何容积（m^3）和设计储存压力（绝对压力，10^5Pa）的乘积计算。

2 固定容积的可燃气体储罐与建筑物、储罐、堆场等的防火间距不应小于表 4.3.1 的规定。

3 干式可燃气体储罐与建筑物、储罐、堆场等的防火间距：当可燃气体的密度比空气大时，应按表 4.3.1 的规定增加 25%；当可燃气体的密度比空气小时，可按表 4.3.1 的规定确定。

4 湿式或干式可燃气体储罐的水封井、油泵房和电梯间等附属设施与该储罐的防火间距，可按工艺要求布置。

5 容积不大于 20m³ 的可燃气体储罐与其使用厂房的防火间距不限。

【条文要点】
本条规定了各类可燃气体储罐与罐区内、外其他建筑物、储罐、堆场等的防火间距。

【相关标准】
《工业燃气丙烷 / 天然气混合气》HG/T 4983—2016；
《天然气》GB 17820—2018；
《城镇燃气设计规范》GB 50028—2006；
《钢铁冶金企业设计防火标准》GB 50414—2018；
《压缩天然气供应站设计规范》GB 51102—2016；
《石油天然气工程设计防火规范》GB 50183—2015；
《发生炉煤气站设计规范》GB 50195—2013。

【相关名词】
1. **干式可燃气体储罐**——罐内装有活塞的立式柱状罐体，罐内活塞周边具有密封机构，活塞随其下部所存气量而升降。活塞的密封方式有油液密封式、油脂密封式和柔膜密封式。干式可燃气体储罐的设计压力通常不大于 8.0kPa。

2. **湿式可燃气体储罐**——下部为水槽，上部有若干个由钢板焊成的可升降套筒形塔节，塔节随储气量的改变而升降，塔节之间设置水封来保证塔节之间连接和密封的储罐。湿式可燃气体储罐的设计压力通常不大于 4.0kPa。

3. **固定容积储罐**——为容积不可变化的卧式圆筒形或球形罐体。这类储罐的设计储存压力通常为 1.0MPa ~ 1.6MPa。固定容积储气罐的几何容积不等于（标准大气压状态下的）气体的容积，气体的容积应为储罐的几何容积（m³）与设计储存压力（绝对压力，10^5Pa）的乘积。

【设计要点】
1. 可燃气体储罐按照构造形式可以分为干式储罐和湿式储罐。除固定容积储气罐外，其他可燃气体储罐的储气压力大多低于 10kPa。表 4.3.1 中所列可燃气体储罐的容积为储罐的几何容积。但固定容积储气罐（常见为球形罐）的储气压力（通常为 1.0MPa ~ 1.6MPa）远大于标准大气压。

大部分可燃气体（如天然气和煤制气）的密度较空气小，泄漏后主要向上逸散，火灾较易控制。这些气体的储罐与其他建筑物的距离主要考虑储罐辐射热作用可能带来的危险。对于密度较空气大的可燃气体（如乙烷、丙烷、一氧化碳等），由于存在其他向下扩散的情形，因而需要考虑更大的安全距离。

2. 煤制气是指水煤气、高炉煤气、焦炉煤气和水煤气等。

3. 湿式或干式可燃气体储罐的水封井、油泵房和电梯间等附属设施，与该储罐的防火间距不限，但应满足工艺的要求。

4. 容积不大于 $20m^3$ 的可燃气体储罐，火灾危险性小，与其所服务的厂房的防火间距不限。

5. 表 4.3.1 中的"其他建筑"主要指生产建筑、仓储建筑及其他辅助建筑。

【释疑】

疑点 4.3.1-1： 对于不同储存压力的储罐，罐内气体的体积如何换算为标准大气压下的体积？

释义： 对于理想气体，在温度恒定时，一定量气体的体积（V）与气体所受压力（p）的乘积为恒量。因此，在按规范表中固定容积可燃气体储罐的总容积确定相关间距时，该总容积为单罐的可燃气体在绝对压力下的总容积，应按储罐的几何容积和可燃气体的设计储存压力（绝对压力，10^5Pa）的乘积计算，即：

$$V_1 = \frac{V_2（P_d + P_0）}{P_0} \qquad （式4.1）$$

式中：V_1——气体压力为 P_0 时的体积（m^3）；

V_2——气体压力为 $P_d + P_0$ 时的体积（m^3）；

P_0——为标准大气压，即 $P_0 = 1.01325 \times 10^5$（$Pa$）；

P_d——设计储存压力或称表压（Pa），也称相对压力，$P_d > P_0$。

疑点 4.3.1-2：《新建规》第 4.3.1 条表 4.3.1 中的气体总容积，是在何种状态下的容积？

释义：《新建规》第 4.3.1 条表 4.3.1 中的气体总容积，根据储罐形式分两种情况：

（1）对于干式或湿式可燃气体储罐，其总容积为各储罐的几何容积之和；

（2）对于固定容积储罐，应根据其绝对压力按（式4.1）换算为标准大气压下的气体总容积。

疑点 4.3.1-3： 建筑物与储罐的防火间距如何确定？

释义： 对于干式和湿式可燃气体储罐，储罐的设计压力通常不大于 8.0kPa，不需要将其中的可燃气体按照绝对压力进行换算，只需要根据每个储罐的几何容积计算其总容积，再按表 4.3.1 的规定值直接确定储罐与建筑物之间的防火间距。

对于固定容积的储罐（其表压一般不小于 1.6MPa），其罐内气体的绝对压力等于表压加标准大气压（即 $P_d + P_0$），按（式4.1）换算为标准大气压下的气体总体积 V_1（即有 $V_1 > V_2$），由 V_1 再按《新建规》表 4.3.1 确定储罐与各类建筑的防火间距。

4.3.2 可燃气体储罐（区）之间的防火间距应符合下列规定：

1 湿式可燃气体储罐或干式可燃气体储罐之间及湿式与干式可燃气体储罐的防火间距，不应小于相邻较大罐直径的 1/2。

2 固定容积的可燃气体储罐之间的防火间距不应小于相邻较大罐直径的 2/3。

3 固定容积的可燃气体储罐与湿式或干式可燃气体储罐的防火间距，不应小于相邻较大罐直径的 1/2。

4 数个固定容积的可燃气体储罐的总容积大于 **200000m³** 时，应分组布置。卧式储罐组之间的防火间距不应小于相邻较大罐长度的一半；球形储罐组之间的防火间距不应小于相邻较大罐直径，且不应小于 **20m**。

【条文要点】

本条规定了各类可燃气体储罐之间的防火间距。

【相关标准】

《城镇燃气设计规范》GB 50028—2006；

《石油化工企业设计防火标准》GB 50160—2008（2018 年版）；

《钢铁冶金企业设计防火标准》GB 50414—2018。

【设计要点】

1. 可燃气体储罐之间的距离主要考虑正常安装与操作所需距离，该距离基本能够满足消防需要。干式和湿式可燃气体储罐的火灾危险性相当，在确定防火间距时，可以视为同一类型的储罐。固定容积的储罐（球形罐和卧式圆筒形罐）的储存压力大，其火灾危险性较干式或湿式可燃气体储罐大，其间距也应相应增大。

2. 湿式可燃气体储罐之间、干式可燃气体储罐之间、湿式可燃气体储罐与干式可燃气体储罐的防火间距，不应小于相邻储罐中直径较大罐的直径的 1/2。

湿式或干式可燃气体储罐与固定容积的可燃气体储罐的防火间距，不应小于相邻储罐中直径较大罐的直径的 1/2。

固定容积的可燃气体储罐之间的防火间距，不应小于相邻储罐中直径较大罐的直径的 2/3。

3. 当一个储罐区内固定容积的可燃气体储罐的总容积（标准大气压状态）大于 $2.0 \times 10^5 m^3$ 时，应分组布置。在分组布置的可燃气体储罐区内，可燃气体卧式储罐组与组之间的防火间距不应小于相邻较大罐长度的 1/2；可燃气体球形储罐组与组之间的防火间距不应小于相邻较大罐直径，且不应小于 20m。

4.3.3 氧气储罐与建筑物、储罐、堆场等的防火间距应符合下列规定：

1 湿式氧气储罐与建筑物、储罐、堆场等的防火间距不应小于表 4.3.3 的规定。

表 4.3.3 湿式氧气储罐与建筑物、储罐、堆场等的防火间距（m）

名　　称		湿式氧气储罐（总容积 V, m³）		
		$V \leqslant 1000$	$1000 < V \leqslant 50000$	$V > 50000$
明火或散发火花地点		25	30	35
甲、乙、丙类液体储罐，可燃材料堆场，甲类仓库，室外变、配电站		20	25	30
民用建筑		18	20	25
其他建筑	一、二级	10	12	14
	三级	12	14	16
	四级	14	16	18

注：固定容积氧气储罐的总容积按储罐几何容积（m³）和设计储存压力（绝对压力，10⁵Pa）的乘积计算。

2 氧气储罐之间的防火间距不应小于相邻较大罐直径的 1/2。

3 氧气储罐与可燃气体储罐的防火间距不应小于相邻较大罐的直径。

4 固定容积的氧气储罐与建筑物、储罐、堆场等的防火间距不应小于表 4.3.3 的规定。

5 氧气储罐与其制氧厂房的防火间距可按工艺布置要求确定。

6 容积不大于 50m³ 的氧气储罐与其使用厂房的防火间距不限。

注：1m³ 液氧折合标准状态下 800m³ 气态氧。

【条文要点】

本条规定了氧气储罐之间、氧气储罐与其他建筑物、储罐、堆场等的防火间距。

【相关标准】

《氧气站设计规范》GB 50030—2013。

【设计要点】

1. 氧气是助燃气体，本身不会燃烧，但化学性质活泼。液氧是处于液体状态的氧气，其温度低于氧气的临界温度。

湿式氧气储罐又称水槽式氧气储罐，主要由水槽、塔节、钟罩和水封等组成，储罐的设计压力通常小于 4kPa。固定容积氧气储罐的总容积应按储罐的几何容积（m³）与其设计储存压力（绝对压力，10⁵Pa）的乘积计算，见（式 4.1）；其他氧气储罐的总容积应为储罐组内各单罐的有效容积之和。

2. 设置在制氧厂房外为保证生产连续性的氧气储罐，主要为缓冲罐，与其所服务厂房的防火间距不限，但应符合工艺要求。

储罐几何容积不大于 50m³ 的氧气储罐与其所服务厂房的防火间距不限。

3. 表 4.3.3 中的数值是将氧气储罐视为一、二级耐火等级的乙类仓库，参照有关乙类仓库与储罐、堆场外的其他建筑的防火间距确定的，但考虑其助燃性而又有所区别。因此，表中未做规定者，可以按照此原则来确定相关间距。表 4.3.3 中的"民用建筑"不区分高层与单、多层；"其他建筑"主要指生产建筑、仓储建筑及其他辅助建筑，不区分高层与单、多层。

4.3.4 液氧储罐与建筑物、储罐、堆场等的防火间距应符合本规范第 4.3.3 条相应容积湿式氧气储罐防火间距的规定。液氧储罐与其泵房的间距不宜小于 3m。总容积小于或等于 3m³ 的液氧储罐与其使用建筑的防火间距应符合下列规定：

1 当设置在独立的一、二级耐火等级的专用建筑物内时，其防火间距不应小于 10m；

2 当设置在独立的一、二级耐火等级的专用建筑物内，且面向使用建筑物一侧采用无门窗洞口的防火墙隔开时，其防火间距不限；

3 当低温储存的液氧储罐采取了防火措施时，其防火间距不应小于 5m。

医疗卫生机构中的医用液氧储罐气源站的液氧储罐应符合下列规定：

    1 单罐容积不应大于 5m³，总容积不宜大于 20m³；

    2 相邻储罐之间的距离不应小于最大储罐直径的 0.75 倍；

    3 医用液氧储罐与医疗卫生机构外建筑的防火间距应符合本规范第 4.3.3 条的规定，与医疗卫生机构内建筑的防火间距应符合现行国家标准《医用气体工程技术规范》GB 50751 的规定。

4.3.5 液氧储罐周围 5m 范围内不应有可燃物和沥青路面。

【条文要点】

1. 规定了液氧储罐与其他建筑物、储罐、堆场等的防火间距。

2. 规定了医疗卫生机构中医用液氧储罐气源站中液氧储罐的总容积和单罐容积允许值及相关防火间距。

3. 规定了液氧储罐周围的防火措施。

【相关标准】

《医用气体工程技术规范》GB 50751—2012；

《综合医院建筑设计规范》GB 51039—2014。

【设计要点】

1. 在确定液氧储罐与其他建筑物、储罐和堆场等的防火间距时，应先将液氧储罐的容积按 1m³ 液氧折合成 800m³ 标准状态下气态氧气后的体积，再根据《新建规》第 4.3.3 条规定的相应容积的湿式氧气储罐来确定其防火间距。

2. 工厂、医院和科研机构等中使用的液氧，用量通常较小，多采用小容积的液氧储罐设置集中的气化供气站。设置在独立的一、二级耐火等级的专用建筑物内且总容积（液氧供应站内所有储罐的几何容积之和）不大于 3.0m³ 的液氧储罐，与其所服务建筑的防火间距不应小于 10m，在氧气气化供气站与使用氧气的建筑物之间设置无开口的防火墙时，防火间距可以不限，与其他不使用此液氧储罐的建筑物之间仍应保持不小于 10m 的间距。

3. 总容积（液氧供应站内所有储罐的几何容积之和）不大于 3.0m³ 的低温液氧储罐，通常为双层储罐，罐体设置有液位计、压力表、夹层设置外筒防爆装置、内胆设置组合安全系统等多重安全装置和仪表，具有较高的安全性。当低温储存的液氧储罐采取了防火措施时，与其使用建筑的防火间距不应小于 5m。常见的防火措施为设置房间或防火隔墙，与邻近建筑物或其他火灾的热辐射源隔离。

4. 医用液氧储罐与医疗卫生机构外部建筑的防火间距应符合《新建规》第 4.3.3 条的规定，与医疗卫生机构内部建筑的防火间距，应符合《医用气体工程技术规范》GB 50751—2012 第 4.6.4 条第三款的规定，即不应小于表 F4.1 中的数值。

5. 液氧储罐周围 5m 范围内不应存放可燃物，不应铺设沥青路面，不应作为存放车辆的场地，也不应种植花草或其他植物，以防止火势延烧至储罐或因液氧泄漏而引发火灾。

表 F4.1　医用液氧储罐与医疗卫生机构内部建筑物、构筑物之间的防火间距（m）

建筑物、构筑物名称	防火间距
医院内道路	3.0
一、二级耐火等级建筑物的墙壁或突出部分	10.0
三、四级耐火等级建筑物的墙壁或突出部分	15.0
医院变电站	12.0
独立车库、地下车库出入口、排水沟	15.0
公共集会场所、生命支持区域	15.0
燃煤锅炉房	30
一般架空电力线	≥ 1.5 倍电杆高度

注：当面向液氧储罐的建筑外墙为防火墙时，液氧储罐与一、二级耐火等级建筑物的墙壁或突出部分的防火间距不应小于5.0m，与三、四级耐火等级建筑物的墙壁或突出部分的防火间距不应小于7.5m。

4.3.6　可燃、助燃气体储罐与铁路、道路的防火间距不应小于表4.3.6的规定。

表 4.3.6　可燃、助燃气体储罐与铁路、道路的防火间距（m）

名　称	厂外铁路线中心线	厂内铁路线中心线	厂外道路路边	厂内道路路边	
				主要	次要
可燃、助燃气体储罐	25	20	15	10	5

【条文要点】

本条规定了可燃、助燃气体储罐与铁路、道路的防火间距。

【设计要点】

可燃、助燃气体储罐包括《新建规》第4.3.1条规定的可燃气体储罐，第4.3.3条、第4.3.4条规定的氧气储罐或液氧储罐及其他助燃气体储罐。

4.3.7　液氢、液氨储罐与建筑物、储罐、堆场等的防火间距可按本规范第4.4.1条相应容积液化石油气储罐防火间距的规定减少25%确定。

【条文要点】

本条规定了液氢、液氨储罐与建筑物、储罐、堆场等的防火间距。

【设计要点】

1. 氢气是最轻的气体，相对密度约为0.09，火灾危险性为甲类。液氢是经降温处理后处于液体状态的氢，沸点 -252.78℃，密度为70.85kg/m³。

液氨又称无水氨，是一种无色液体，有强烈刺激性气味，沸点为 -33.5℃，相对密度为 0.59，火灾危险性为乙类。氨气的相对密度约为 0.597。

2. 尽管液氢和液氨泄漏后会很快气化而向上扩散，不易积聚，其点火能低，极易发生燃烧爆炸，较甲烷等可燃气体的火灾危险性大，与液化石油气近似，但因其比空气轻而较液化石油气的火灾危险性要低些。液氢、液氨储罐与建筑物、储罐、堆场等的防火间距，可按《新建规》第 4.4.1 条中相应容积液化石油气的有关防火间距减少 25%。

【应用举例】

例 4.3.7：某液氨储罐区布置了 4 个液氨储罐，单罐容积均为 45m³，试确定其与一丁醚（火灾危险性为乙类）储罐的防火间距。

解：根据《新建规》第 4.4.1 条表 4.4.1 中对液氨罐区的单罐容积和总容积进行复核，单罐容积 45m³<50m³，储罐总容积 4×45m³=180m³<200m³，与表 4.4.1 中的 50m³<V≤200m³ 一栏对应。丁醚储罐为乙类可燃液体储罐，查表 4.4.1 可知相应的防火间距为不应小于 45m，按本条规定折算后为 45m×0.75=33.75m。因此，该液氨储罐区与相邻丁醚储罐的防火间距不应小于 34m（圆整后的数值）。

4.3.8 液化天然气气化站的液化天然气储罐（区）与站外建筑等的防火间距不应小于表 4.3.8 的规定，与表 4.3.8 未规定的其他建筑的防火间距，应符合现行国家标准《城镇燃气设计规范》GB 50028 的规定。

表 4.3.8 液化天然气气化站的液化天然气储罐（区）与站外建筑等的防火间距（m）

名 称	液化天然气储罐（区）（总容积 V，m³）							集中放散装置的天然气放散总管
	V≤10	10<V≤30	30<V≤50	50<V≤200	200<V≤500	500<V≤1000	1000<V≤2000	
单罐容积 V（m³）	V≤10	V≤30	V≤50	V≤200	V≤500	V≤1000	V≤2000	
居住区、村镇和重要公共建筑（最外侧建筑物的外墙）	30	35	45	50	70	90	110	45
工业企业（最外侧建筑物的外墙）	22	25	27	30	35	40	50	20
明火或散发火花地点，室外变、配电站	30	35	45	50	55	60	70	30
其他民用建筑，甲、乙类液体储罐，甲、乙类仓库，甲、乙类厂房，秸秆、芦苇、打包废纸等材料堆场	27	32	40	45	50	55	65	25
丙类液体储罐，可燃气体储罐，丙、丁类厂房，丙、丁类仓库	25	27	32	35	40	45	55	20

续表 4.3.8

名称		液化天然气储罐（区）（总容积 V, m³）							集中放散装置的天然气放散总管
		$V \leq 10$	$10 < V \leq 30$	$30 < V \leq 50$	$50 < V \leq 200$	$200 < V \leq 500$	$500 < V \leq 1000$	$1000 < V \leq 2000$	
单罐容积 V（m³）		$V \leq 10$	$V \leq 30$	$V \leq 50$	$V \leq 200$	$V \leq 500$	$V \leq 1000$	$V \leq 2000$	
公路（路边）	高速，Ⅰ、Ⅱ级，城市快速	20				25			15
	其他	15				20			10
架空电力线（中心线）		1.5 倍杆高						1.5 倍杆高，但 35kV 及以上架空电力线不应小于 40m	2.0 倍杆高
架空通信线（中心线）	Ⅰ、Ⅱ级	1.5 倍杆高			30		40		1.5 倍杆高
	其他	1.5 倍杆高							
铁路（中心线）	国家线	40	50	60	70		80		40
	企业专用线	25			30		35		30

注：居住区、村镇指 1000 人或 300 户及以上者；当少于 1000 人或 300 户时，相应防火间距应按本表有关其他民用建筑的要求确定。

【条文要点】

本条规定了液化天然气气化站的液化天然气储罐（区）与站外建筑等的防火间距。

【相关标准】

《城镇燃气设计规范》GB 50028—2006；

《石油化工企业设计防火标准》GB 50160—2008（2018 年版）；

《石油天然气工程设计防火规范》GB 50183—2015；

《化工企业总图运输设计规范》GB 50489—2009；

《液化天然气接收站工程设计规范》GB 51156—2015。

【设计要点】

1. 液化天然气为经低温处理后的液态天然气，其体积约为同量气态天然气体积的 1/625，相对密度为 0.42 ~ 0.46，火灾危险性为甲类。液化天然气以液态形式储存在储罐内，使用时自然气化。

液化天然气气化站是具有将槽车或槽船运输的液化天然气进行卸气、储存、气化、调压、计量和加臭，并送入城镇燃气输配管道功能的站场。

2. 少量液化天然气泄漏后会很快气化扩散，火灾危险性较小；大量液化天然气泄漏后会在地面形成流淌的液池，具有液体的特性和低温冷冻作用。液化天然气从液态变化到气态后体积将膨胀大约 600 倍，泄漏产生的可燃气体浓度极易达到爆炸浓度（5% ~ 15%）。泄漏的液化天然气遇水后会发生急剧的相变，而以爆炸的速度产生蒸气，易引发二次事故。

虽然泄漏后的液化天然气具有与液化石油气类型的特性，但由于其蒸发后形成的气态天然气较空气轻，因而火灾危险性较液化石油气小，与相邻建筑和储罐等的防火间距可以比对相应规模的液化石油气的间距要求小；但由于泄漏的液化天然气除流散外，还具有较大的气体膨胀扩散特性，且直接蒸发为气体，较一般的可燃液体储罐泄漏后的火灾危险性要大，相应的防火间距也要大。

3. 液化天然气气化站的液化天然气储罐与表 4.3.8 未规定的其他建筑的防火间距，如液化天然气储罐与气化站站内建构筑物的防火间距、放散总管与建筑物或储罐的防火间距等，均应符合现行国家标准《城镇燃气设计规范》GB 50028 的规定。

4. 表 4.3.8 中的"单罐容积"为单个储罐的几何容积，储罐区的总容积为储罐区内各储罐的几何容积之和。

储罐与工业企业（最外侧建筑物的外墙）的防火间距计算：当工业企业设置实体围墙时，应算至围墙的外侧；其他情况，均算至该企业中最外侧建筑物的外墙。储罐与居住区、村镇的防火间距应算至居住区和村镇中距离液化天然气储罐最近的建筑物外墙。

【应用举例】

例 4.3.8：某液化天然气气化站内有 4 个单罐容积为 $12m^3$ 的液化天然气储罐，试确定其与邻近丙类生产厂房的防火间距。

解：根据《新建规》第 4.3.8 条表 4.3.8 中对单罐容积和总容积进行对比，单罐容积 $12m^3 < 30m^3$，储罐区总容积 $4 \times 12m^3 = 48m^3 < 50m^3$，符合表 4.3.8 第 3 列的规定。查表 4.3.8 得，该液化天然气气化站中液化天然气储罐与邻近丙类生产厂房的防火间距不应小于 32m。

4.4 液化石油气储罐（区）的防火间距

4.4.1 液化石油气供应基地的全压式和半冷冻式储罐（区），与明火或散发火花地点和基地外建筑等的防火间距不应小于表 4.4.1 的规定，与表 4.4.1 未规定的其他建筑的防火间距应符合现行国家标准《城镇燃气设计规范》GB 50028 的规定。

表 4.4.1 液化石油气供应基地的全压式和半冷冻式储罐（区）与明火或散发火花地点和基地外建筑等的防火间距（m）

名　　称	液化石油气储罐（区）（总容积 V，m^3）						
	$30 < V$ ≤ 50	$50 < V$ ≤ 200	$200 < V$ ≤ 500	$500 < V$ ≤ 1000	$1000 < V$ ≤ 2500	$2500 < V$ ≤ 5000	$5000 < V$ ≤ 10000
单罐容积 V（m^3）	$V \leq 20$	$V \leq 50$	$V \leq 100$	$V \leq 200$	$V \leq 400$	$V \leq 1000$	$V > 1000$
居住区、村镇和重要公共建筑（最外侧建筑物的外墙）	45	50	70	90	110	130	150

续表 4.4.1

名　称		液化石油气储罐（区）（总容积 V, m^3）						
		$30 < V$ $\leqslant 50$	$50 < V$ $\leqslant 200$	$200 < V$ $\leqslant 500$	$500 < V$ $\leqslant 1000$	$1000 < V$ $\leqslant 2500$	$2500 < V$ $\leqslant 5000$	$5000 < V$ $\leqslant 10000$
单罐容积 V（m^3）		$V \leqslant 20$	$V \leqslant 50$	$V \leqslant 100$	$V \leqslant 200$	$V \leqslant 400$	$V \leqslant 1000$	$V > 1000$
工业企业（最外侧建筑物的外墙）		27	30	35	40	50	60	75
明火或散发火花地点，室外变、配电站		45	50	55	60	70	80	120
其他民用建筑，甲、乙类液体储罐，甲、乙类仓库，甲、乙类厂房，秸秆、芦苇、打包废纸等材料堆场		40	45	50	55	65	75	100
丙类液体储罐，可燃气体储罐，丙、丁类厂房，丙、丁类仓库		32	35	40	45	55	65	80
助燃气体储罐，木材等材料堆场		27	30	35	40	50	60	75
其他建筑	一、二级	18	20	22	25	30	40	50
	三级	22	25	27	30	40	50	60
	四级	27	30	35	40	50	60	75
公路（路边）	高速，Ⅰ、Ⅱ级	20	25					30
	Ⅲ、Ⅳ级	15	20					25
架空电力线（中心线）		应符合本规范第 10.2.1 条的规定						
架空通信线（中心线）	Ⅰ、Ⅱ级	30			40			
	Ⅲ、Ⅳ级	1.5 倍杆高						
铁路（中心线）	国家线	60	70		80		100	
	企业专用线	25	30		35		40	

注：1　防火间距应按本表储罐区的总容积或单罐容积的较大者确定。

　　2　当地下液化石油气储罐的单罐容积不大于 $50m^3$，总容积不大于 $400m^3$ 时，其防火间距可按本表的规定减少 50%。

　　3　居住区、村镇指 1000 人或 300 户及以上者；当少于 1000 人或 300 户时，相应防火间距应按本表有关其他民用建筑的要求确定。

【条文要点】

本条规定了液化石油气供应基地的全压式和半冷冻式储罐（区），与明火或散发火花地点和基地外建筑等的防火间距。

【相关标准】

《城镇燃气设计标准》GB 50028—2006；

《石油化工企业设计防火标准》GB 50160—2008（2018 年版）；

《液化石油气供应工程设计规范》GB 51142—2015。

【设计要点】

1. 液化石油气是以液态形式储存在储罐内，使用时经气化、燃烧提供热值。液化石油气的密度与其压力和温度关系密切，一般为 500kg/m³ ~ 600kg/m³，气态液化石油气的密度为 2.0kg/m³ ~ 2.5kg/m³，闪点低于 –45℃，爆炸极限范围为 2% ~ 9%。液化石油气为火灾和爆炸危险性高的甲类可燃气体。

2. 全压式液化石油气储罐是在常温和较高压力下将气态液化石油气变为液态进行存储的储罐。半冷冻式储罐是在较低温度和较低压力下将气态液化石油气变为液态进行存储的储罐。液化石油气储罐区与供应基地内建构筑物的防火间距，应符合现行国家标准《液化石油气供应工程设计规范》GB 51142—2015 第 5 章的规定。

3. 表 4.4.1 中所指单罐容积、储罐区总容积，均指储罐内液态石油气容积，等于储罐的几何容积。

【应用举例】

例 4.4.1：某液化石油气供应基地有 4 个单罐容积均为 48m³ 的液化石油气储罐，试确定其与明火地点的防火间距。

解：根据《新建规》第 4.4.1 条表 4.4.1 中对单罐容积和总容积进行对比，单罐容积 48m³<50m³，储罐区总容积 4×48m³=192m³<200m³，符合表 4.4.1 第 2 列的规定。查表 4.4.1 得相应的防火间距为不应小于 50m。因此，该液化石油气供应基地中储罐区内的液化石油气储罐与明火地点的防火间距不应小于 50m。

4.4.2 液化石油气储罐之间的防火间距不应小于相邻较大罐的直径。

数个储罐的总容积大于 3000m³ 时，应分组布置，组内储罐宜采用单排布置。组与组相邻储罐之间的防火间距不应小于 20m。

【条文要点】

本条规定了液化石油气储罐区内相邻储罐之间的防火间距。

【设计要点】

1. 对于储罐的总几何容积小于 3000m³ 的罐区，罐区内相邻储罐之间的防火间距按不小于相邻储罐中较大罐的直径确定。

2. 对于储罐的总几何容积大于 3000m³ 的罐区，应先将罐区内的储罐按照每组总容积小于 3000m³ 的罐组分组布置，组内相邻储罐之间的防火间距按不小于相邻储罐中较大罐的直径确定；组与组相邻储罐之间的防火间距不应小于 20m。

4.4.3 液化石油气储罐与所属泵房的防火间距不应小于 15m。当泵房面向储罐一侧的外墙采用无门、窗、洞口的防火墙时，防火间距可减至 6m。液化石油气泵露天设置在储罐区内时，储罐与泵的防火间距不限。

【条文要点】

本条规定了液化石油气储罐与所属泵房的防火间距。

4.4.4 全冷冻式液化石油气储罐、液化石油气气化站、混气站的储罐与周围建筑的防火间距，应符合现行国家标准《城镇燃气设计规范》GB 50028 的规定。

工业企业内总容积不大于 10m³ 的液化石油气气化站、混气站的储罐，当设置在专用的独立建筑内时，建筑外墙与相邻厂房及其附属设备的防火间距可按甲类厂房有关防火间距的规定确定。当露天设置时，与建筑物、储罐、堆场等的防火间距应符合现行国家标准《城镇燃气设计规范》GB 50028 的规定。

【条文要点】

本条规定了确定全冷冻式液化石油气储罐、液化石油气气化站的储罐、液化石油气混气站的储罐与周围建筑的防火间距以及单位自用气化站、混气站储罐与相邻建筑的防火间距的依据。

【相关标准】

《城镇燃气设计规范》GB 50028—2006；

《液化石油气供应工程设计规范》GB 51142—2015。

【设计要点】

1. 液化石油气气化站的储罐、液化石油气混气站的储罐及液化石油气供应基地内的全冷冻式液化石油气储罐与周围建筑的防火间距，应按照现行国家标准《城镇燃气设计规范》GB 50028—2006 第 8 章的规定确定。

2. 工业企业内总容积不大于 10m³（指液态）的液化石油气气化站储罐或混气站的储罐设置在专用的独立建筑内时，可将该专用房间视为甲类厂房，并以此为基础按照《新建规》第 3.4.1 条确定其与相邻建筑的防火间距。此间距在现行国家标准《液化石油气供应工程设计规范》GB 51142—2015 第 6 章中也有相应规定。

工业企业内总容积不大于 10m³（指液态）的液化石油气气化站储罐或混气站的储罐露天直接设置时，储罐与相邻厂房及其附属设备的防火间距，应按照现行国家标准《液化石油气供应工程设计规范》GB 51142—2015 第 6.1 节的规定确定。

4.4.5 Ⅰ、Ⅱ级瓶装液化石油气供应站瓶库与站外建筑等的防火间距不应小于表 4.4.5 的规定。瓶装液化石油气供应站的分级及总存瓶容积不大于 1m³ 的瓶装供应站瓶库的设置，应符合现行国家标准《城镇燃气设计规范》GB 50028 的规定。

表 4.4.5　Ⅰ、Ⅱ级瓶装液化石油气供应站瓶库与站外建筑等的防火间距（m）

名　称	Ⅰ级		Ⅱ级	
瓶库的总存瓶容积 V（m³）	$6 < V \leq 10$	$10 < V \leq 20$	$1 < V \leq 3$	$3 < V \leq 6$
明火或散发火花地点	30	35	20	25
重要公共建筑	20	25	12	15
其他民用建筑	10	15	6	8
主要道路路边	10	10	8	8
次要道路路边	5	5	5	5

注：总存瓶容积应按实瓶个数与单瓶几何容积的乘积计算。

【条文要点】

本条规定了Ⅰ、Ⅱ级瓶装液化石油气供应站瓶库与站外建筑等的防火间距。

【相关标准】

《城镇燃气设计规范》GB 50028—2006；

《液化石油气供应工程设计规范》GB 51142—2015。

【设计要点】

1. Ⅰ、Ⅱ级瓶装液化石油气供应站的分级，应符合现行国家标准《液化石油气供应工程设计规范》GB 51142—2015 第 8.0.1 条的规定。Ⅰ、Ⅱ级瓶装液化石油气供应站瓶库与站外建筑等的防火间距，应按照《新建规》第 4.4.5 条表 4.4.5 和现行国家标准《液化石油气供应工程设计规范》GB 51142—2015 第 8.0.4 条的规定确定。

2. 总存瓶容积不大于 1m³ 的瓶装液化石油气供应站为Ⅲ级站，瓶装供应站瓶库的设置应符合现行国家标准《液化石油气供应工程设计规范》GB 51142—2015 第 8.0.5 条的规定。

3. 瓶装液化石油气供应站的总存瓶容积，应按供应站内存放的液化石油气瓶数量与单个液化石油气气瓶几何容积的乘积计算。

4.4.6　Ⅰ级瓶装液化石油气供应站的四周宜设置不燃性实体围墙，但面向出入口一侧可设置不燃性非实体围墙。

Ⅱ级瓶装液化石油气供应站的四周宜设置不燃性实体围墙，或下部实体部分高度不低于 0.6m 的围墙。

【条文要点】

本条规定了Ⅰ、Ⅱ级瓶装液化石油气供应站防止外部火源侵入和防止泄露的液化石油气扩散的措施。

【相关标准】

《城镇燃气设计规范》GB 50028—2006；

《液化石油气供应工程设计规范》GB 51142—2015。
【设计要点】
实体围墙不应有花格、镂空等有孔洞。Ⅱ级瓶装液化石油气供应站四周距地面不小于0.6m 的围墙应为无孔洞的实体墙。

4.5　可燃材料堆场的防火间距

4.5.1　露天、半露天可燃材料堆场与建筑物的防火间距不应小于表 4.5.1 的规定。

表 4.5.1　露天、半露天可燃材料堆场与建筑物的防火间距（m）

名　称	一个堆场的总储量	建筑物		
		一、二级	三级	四级
粮食席穴囤 W（t）	$10 \leq W < 5000$	15	20	25
	$5000 \leq W < 20000$	20	25	30
粮食土圆仓 W（t）	$500 \leq W < 10000$	10	15	20
	$10000 \leq W < 20000$	15	20	25
棉、麻、毛、化纤、百货 W（t）	$10 \leq W < 500$	10	15	20
	$500 \leq W < 1000$	15	20	25
	$1000 \leq W < 5000$	20	25	30
秸秆、芦苇、打包废纸等 W（t）	$10 \leq W < 5000$	15	20	25
	$5000 \leq W < 10000$	20	25	30
	$W \geq 10000$	25	30	40
木材等 V（m³）	$50 \leq V < 1000$	10	15	20
	$1000 \leq V < 10000$	15	20	25
	$V \geq 10000$	20	25	30
煤和焦炭 W（t）	$100 \leq W < 5000$	6	8	10
	$W \geq 5000$	8	10	12

注：露天、半露天秸秆、芦苇、打包废纸等材料堆场，与甲类厂房（仓库）、民用建筑的防火间距应根据建筑物的耐火等级分别按本表的规定增加25%且不应小于25m，与室外变、配电站的防火间距不应小于50m，与明火或散发火花地点的防火间距应按本表四级耐火等级建筑物的相应规定增加25%。

当一个木材堆场的总储量大于25000m³或一个秸秆、芦苇、打包废纸等材料堆场的总储量大于20000t 时，宜分设堆场。各堆场之间的防火间距不应小于相邻较大堆场与四级耐火等级建筑物的防火间距。

不同性质物品堆场之间的防火间距，不应小于本表相应储量堆场与四级耐火等级建筑物防火间距的较大值。

【条文要点】

本条规定了可燃材料堆场与建筑物的防火间距，限制了一个可燃材料堆场的总储量。

【设计要点】

1. 粮食席穴囤大多采用苇席覆盖，雷击、意外火种和粮食受潮发热自燃均有可能引发火灾。木材、秸秆、芦苇、打包废纸等露天存放比较常见，煤过去露天存放也较多，目前大多因环保要求而采用膜结构等进行围护。棉、麻、毛、化纤、百货等采用半露天或室内存放较多。当可燃材料采用室内存放或堆场具有封闭的外围护结构时，其防火分区大小、占地面积和防火间距等应按照丙类仓库的要求确定；当可燃材料露天或半露天存放时，应按照本条的要求确定这些可燃材料堆场与邻近建筑物的防火间距。

对于粮食席穴囤、木材、秸秆、芦苇、打包废纸等，在确定其防火间距时，既要考虑这些堆场火灾辐射热的作用和飞火对邻近建筑物的点燃危险，也要考虑周围建筑火灾的热辐射作用与飞火可能点燃这些堆场的危险。由于建筑物的火灾危险较堆场小，因此主要还是以可燃材料堆场的火灾对邻近建筑的危害作用为主。煤和焦炭火灾以阴燃或无焰燃烧为主，即使有火焰也对周围建筑影响很小。

对于粮食席穴囤、木材、秸秆、芦苇、打包废纸等堆场火灾，用水量和灭火难度均较大，往往需要很长时间才能有效控火、灭火，在设计时要控制每个堆场的总储量。当一个堆场的总储量大于本条规定时，应分开成不同的堆场；即使在同一堆场内也应分成较小的多个不同堆垛，以便为灭火、控火提供有利条件。分设的堆场之间的防火间距不应小于相邻较大堆场与四级耐火等级建筑物的防火间距。

2. 当一个区域（如码头或火车货运车站）存在多个不同品种可燃材料的堆场时，不同类型可燃材料堆场之间的防火间距，不应小于表 4.5.1 中各自类型相应储量堆场与四级耐火等级建筑物防火间距的较大值。

3. 露天、半露天秸秆、芦苇、打包废纸等材料堆场，与室外变、配电站的防火间距不应小于 50m，主要应防止可燃油油浸变压器站的火灾危害。这种变电站发生火灾多以先爆炸后燃烧为主要特征，易形成可燃液体的流淌火，对可燃材料堆场的威胁大。

露天、半露天秸秆、芦苇、打包废纸等材料堆场，容易被室外明火或火花点燃。这些堆场与室外明火或散发火花地点的防火间距，应根据堆场的储量按表 4.5.1 中与四级耐火等级建筑物的相应防火间距分别增加 25%。例如，一总储量为 6000t 的打包废纸堆场，其与邻近散发火花地点的防火间距应为不小于 37.5m（30m×1.25=37.5m）。露天、半露天秸秆、芦苇、打包废纸等材料堆场与甲、乙类厂房、甲、乙类仓库、民用建筑的防火间距，则应根据建筑的耐火等级按照表中的数值增加 25% 后，再与 25m 进行校核，保证最小间距应为 25m。

4.5.2 露天、半露天可燃材料堆场与甲、乙、丙类液体储罐的防火间距，不应小于本规范表 4.2.1 和表 4.5.1 中相应储量堆场与四级耐火等级建筑物防火间距的较大值。

4.5.3 露天、半露天秸秆、芦苇、打包废纸等材料堆场与铁路、道路的防火间距不应小于表 4.5.3 的规定，其他可燃材料堆场与铁路、道路的防火间距可根据材料的火灾危险性按类比原则确定。

表4.5.3 露天、半露天可燃材料堆场与铁路、道路的防火间距（m）

名　　　称	厂外铁路线中心线	厂内铁路线中心线	厂外道路路边	厂内道路路边	
				主要	次要
秸秆、芦苇、打包废纸等材料堆场	30	20	15	10	5

【条文要点】

这两条规定了可燃材料堆场与甲、乙、丙类液体储罐以及铁路、道路的防火间距。

【设计要点】

露天、半露天可燃材料堆场包括秸秆、芦苇、打包废纸等材料堆场，煤堆场，木材堆场，粮食席芡囤，棉、麻、毛、化纤、百货堆场等。这些堆场与甲、乙、丙类液体储罐的防火间距，不应小于《新建规》第4.2.1条表4.2.1和第4.5.1条表4.5.1中相应储量堆场与四级耐火等级建筑的防火间距之较大值。

露天、半露天秸秆、芦苇、打包废纸等材料堆场，与铁路、道路的防火间距不应小于表4.5.3的规定。对于新型电力机车，其距离可比照场外道路的相关规定确定或按照国家有关专业标准的要求确定。其他可燃材料堆场与铁路、道路的防火间距，可根据材料的燃烧特性按类似可燃材料的防火间距类比确定。

5 民用建筑

民用建筑按其使用功能可分为居住建筑和公共建筑两大类。居住建筑主要是住宅建筑、公寓、宿舍等建筑，公共建筑主要是商店、旅馆、图书馆、会展中心、展览馆、体育馆、影剧院、教学楼、办公楼、医技楼等建筑。

5.1 建筑分类和耐火等级

5.1.1 民用建筑根据其建筑高度和层数可分为单、多层民用建筑和高层民用建筑。高层民用建筑根据其建筑高度、使用功能和楼层的建筑面积可分为一类和二类。民用建筑的分类应符合表 5.1.1 的规定。

表 5.1.1 民用建筑的分类

名称	高层民用建筑		单、多层民用建筑
	一类	二类	
住宅建筑	建筑高度大于54m的住宅建筑（包括设置商业服务网点的住宅建筑）	建筑高度大于27m，但不大于54m的住宅建筑（包括设置商业服务网点的住宅建筑）	建筑高度不大于27m的住宅建筑（包括设置商业服务网点的住宅建筑）
公共建筑	1. 建筑高度大于50m的公共建筑； 2. 建筑高度24m以上部分任一楼层建筑面积大于1000m²的商店、展览、电信、邮政、财贸金融建筑和其他多种功能组合的建筑； 3. 医疗建筑、重要公共建筑、独立建造的老年人照料设施； 4. 省级及以上的广播电视和防灾指挥调度建筑、网局级和省级电力调度建筑； 5. 藏书超过100万册的图书馆、书库	除一类高层公共建筑外的其他高层公共建筑	1. 建筑高度大于24m的单层公共建筑； 2. 建筑高度不大于24m的其他公共建筑

注：1 表中未列入的建筑，其类别应根据本表类比确定。

2 除本规范另有规定外，宿舍、公寓等非住宅类居住建筑的防火要求，应符合本规范有关公共建筑的规定。

3 除本规范另有规定外，裙房的防火要求应符合本规范有关高层民用建筑的规定。

【条文要点】

1. 按建筑高度将民用建筑分为高层民用建筑和单、多层民用建筑；按使用功能分为住宅建筑和公共建筑，非住宅类居住建筑的防火要求归类为公共建筑。

2. 根据建筑高度和重要程度等，将高层民用建筑分为一类和二类高层民用建筑。在分类时，绝大部分是按照单一功能来确定；对于具有多种功能且建筑高度小于或等于 50m 的高层民用建筑，统一按照是否符合建筑高度 24m 以上任一楼层建筑面积大于 1000m^2 这一条件来确定。

【相关标准】

《汽车库、修车库、停车场设计防火规范》GB 50067—2014；

《住宅设计规范》GB 50096—2011；

《民用建筑设计统一标准》GB 50352—2019；

《住宅建筑规范》GB 50368—2005；

《综合医院建筑设计规范》GB 51039—2014；

《商店建筑设计规范》JGJ 48—2014；

《办公建筑设计规范》JGJ 67—2006；

《旅馆建筑设计规范》JGJ 2—2014；

《宿舍建筑设计规范》JGJ 36—2016；

《饮食建筑设计标准》JGJ 64—2017；

《展览建筑设计规范》JGJ 218—2010；

《图书馆建筑设计规范》JGJ 38—2015；

《老年人照料设施建筑设计标准》JGJ 450—2018。

【设计要点】

1. 建筑的分类，应综合考虑建筑的高度、实际用途、发生火灾后可能产生的后果、扑救难易程度等，分类中的建筑称谓只表示其使用功能或用途，实际设计中不应拘泥于建筑的称呼，而应考虑上述主要因素。在表 5.1.1 中未明确的建筑，其分类可以根据上述原则采用类比方法比照表 5.1.1 中的相应规定项来确定。

对于建筑高度不大于 50m 的高层商店、展览、电信、邮政、财贸金融建筑及其他多种功能组合的高层公共建筑，当只在建筑高度小于或等于 24m 以下部分的楼层建筑面积大于 1000m^2，而上部楼层的建筑面积均小于 1000m^2 时，可以划分为二类高层民用建筑；当距设计地面高度大于 24m 以上部分的任何楼层的建筑面积大于 1000m^2，无论大于 1000m^2 的楼层有多少层，均应划分为一类高层民用建筑。

对于建筑高度不大于 50m 的医疗建筑、重要公共建筑，独立建造的老年人照料设施、省级及以上的广播电视和防灾指挥调度建筑、网局级和省级电力调度建筑和藏书超过 100 万册的图书馆、书库，无论建筑楼层面积多大，只要其建筑高度大于 24m，均应划分为一类高层民用建筑。当这些建筑与其他功能组合建造时，只要建筑的主要功能为上述功能时，就应划分为一类高层民用建筑；否则，可以按照多种功能的高层建筑的分类要求确定其建筑类别。

2. 在划分高层建筑的类别时，不考虑其地下、半地下的面积和使用功能。如在高层住宅或高层商店的地下设置汽车库，该建筑仍可以只按照其地上部分的功能和建筑高度等来确定其建筑类别，而不需要将其视为多种功能组合的建筑。

对于在建筑下部设置商业服务网点的住宅建筑，仍按照建筑高度和住宅建筑的分类条件进行分类。对于住宅与除商业服务网点外的其他功能组合建造的建筑，其分类方法见《新建规》第 5.4.10 条的规定。

3. 宿舍、公寓，无论其平面布置形式如何，均属于居住建筑，但其防火设计均应按照国家标准有关公共建筑的要求确定。

4. 老年人照料设施，包括床位总数不少于 20 床的老年人全日照料设施和可容纳的老年人总数不少于 20 人的老年人日间照料设施；不包括其他专供老年人使用的设施或场所，如老年大学、老年活动中心等，也不包括床位总数少于 20 床的老年人全日照料设施和可容纳的老年人总数少于 20 人的老年人日间照料设施。

5. 裙房的防火设计要求，原则上要与高层建筑主体的要求一致。一般，除防火间距和消防电梯的设置要求外，裙房的防火要求与高层建筑主体的要求相同；但裙房与主体之间采用防火墙和甲级防火门完全防火分隔后，裙房部分的防火分区、安全疏散设施、消防设施与消防给水的设置等的设计可以根据其自身的高度或层数和功能按照单、多层建筑的要求确定，但考虑到结构之间的关系，裙房的耐火等级不应低于高层建筑主体的耐火等级。

【释疑】

疑点 5.1.1-1：住宅与公共建筑组合在同一座建筑内，是否属于多种功能组合的建筑？

释义：住宅与除商业服务网点以外的其他民用功能合建时，其建筑可以依据《新建规》第 5.4.10 条的规定，将住宅部分与其他民用功能部分分开来单独进行分类，不需要对整座建筑进行分类，但相互间的分隔和疏散应符合规范要求。

疑点 5.1.1-2：单元式或通廊式公寓，其户与户之间是否要按住宅建筑的要求进行防火分隔？

释义：尽管公寓的消防设施设置要求一般要较住宅建筑的高，但单元式公寓与单元式住宅建筑基本相似，只是使用人员、业主关系、居住时间和管理方式等有所差别，一般要按照住宅中套与套之间的防火分隔要求进行分隔。通廊式公寓单体建筑应按公共建筑进行防火设计，户与户之间应按住宅建筑的要求进行分隔。

疑点 5.1.1-3：集体宿舍与其他功能用房合建时，其疏散设施是否要各自独立？

释义：与食堂、办公等其他功能用房合建的集体宿舍，根据国家现行标准《宿舍建筑设计规范》JGJ 36—2016 第 5.2.2 条的规定，集体宿舍与食堂、办公的安全出口宜各自独立设置。因此，一般情况下，集体宿舍与食堂、办公的疏散系统应各自独立，当确实不能各自独立时，要采取防止食堂或办公部分发生火灾后危及宿舍区的措施。例如，设置封闭楼梯间或防烟楼梯间、采用室外楼梯或外走廊连接、在不同用途的楼层处进行分隔等。

5.1.2 民用建筑的耐火等级可分为一、二、三、四级。除本规范另有规定外，不同耐火等级建筑相应构件的燃烧性能和耐火极限不应低于表 5.1.2 的规定。

表 5.1.2　不同耐火等级建筑相应构件的燃烧性能和耐火极限（h）

构件名称		耐火等级			
		一级	二级	三级	四级
墙	防火墙	不燃性 3.00	不燃性 3.00	不燃性 3.00	不燃性 3.00
	承重墙	不燃性 3.00	不燃性 2.50	不燃性 2.00	难燃性 0.50
	非承重外墙	不燃性 1.00	不燃性 1.00	不燃性 0.50	可燃性
	楼梯间和前室的墙电梯井的墙 住宅建筑单元之间的墙和分户墙	不燃性 2.00	不燃性 2.00	不燃性 1.50	难燃性 0.50
	疏散走道两侧的隔墙	不燃性 1.00	不燃性 1.00	不燃性 0.50	难燃性 0.25
	房间隔墙	不燃性 0.75	不燃性 0.50	难燃性 0.50	难燃性 0.25
柱		不燃性 3.00	不燃性 2.50	不燃性 2.00	难燃性 0.50
梁		不燃性 2.00	不燃性 1.50	不燃性 1.00	难燃性 0.50
楼板		不燃性 1.50	不燃性 1.00	不燃性 0.50	可燃性
屋顶承重构件		不燃性 1.50	不燃性 1.00	可燃性 0.50	可燃性
疏散楼梯		不燃性 1.50	不燃性 1.00	不燃性 0.50	可燃性
吊顶（包括吊顶搁栅）		不燃性 0.25	难燃性 0.25	难燃性 0.15	可燃性

注：1　除本规范另有规定外，以木柱承重且墙体采用不燃材料的建筑，其耐火等级应按四级确定。
　　2　住宅建筑构件的耐火极限和燃烧性能可按现行国家标准《住宅建筑规范》GB 50368 的规定执行。

【条文要点】

1.　表 5.1.2 规定了不同耐火等级建筑中对应各类建筑构件应具备的最低耐火时

间和燃烧性能。在工程设计时，各类建筑构件的耐火极限设计值均不应低于这些规定值。

2. 住宅建筑构件的耐火性能可以执行《新建规》，也可以执行国家标准《住宅建筑规范》GB 50368—2005 的规定，但不能部分选择性地应用其中一项标准。

【相关标准】

《木结构设计标准》GB 50005—2017；

《汽车库、修车库、停车场设计防火规范》GB 50067—2014；

《古建筑木结构维护与加固技术规范》GB 50165—1992；

《木骨架组合墙体技术标准》GB/T 50361—2018；

《住宅建筑规范》GB 50368—2005；

《压型金属板工程应用技术规范》GB 50896—2013；

《建筑材料及制品燃烧性能分级》GB 8624—2012；

《组合结构设计规范》JGJ 138—2016。

【设计要点】

1. 表 5.1.2 所列建筑构件的燃烧性能有不燃性、难燃性和可燃性三个等级，这些燃烧性能等级应符合现行国家标准《建筑材料及制品燃烧性能分级》GB 8624—2012 的分级要求。一、二、三级耐火等级建筑中的防火墙、承重墙、疏散走道两侧的隔墙、楼梯间的隔墙、电梯井的井壁、住宅建筑单元之间和套之间的墙、非承重外墙均应为不燃性墙体，楼板应为不燃性楼板，梁、柱和疏散楼梯均应为不燃性结构。

无论建筑的耐火等级高低，防火墙的耐火极限均不应低于 3.00h。

2. 表 5.1.2 注 1 中的承重木柱与《新建规》第 11 章规定的木承重柱不完全是一回事。这里的承重木柱是针对我国传统建筑采用原木方木等木结构的既有建筑而言，主要为确定防火间距时方便确定建筑的耐火等级，尽管有些这种建筑的耐火等级可能还达不到四级。

3. 对于住宅建筑，《新建规》与《住宅建筑规范》GB 50368—2005 在规定部分耐火等级建筑的最多允许层数及相关建筑构件的耐火极限方面存在一定差异，主要体现在一、二级耐火等级建筑中承重墙的耐火极限和三、四级耐火等级建筑中相应构件的耐火极限及建筑最多允许层数。为避免使用者混淆，《新建规》表 5.1.2 注 2 明确了相关协调要求，在使用时要全面采标，不能选择部分有利的要求，而不采纳其他相关要求。

例如，当按照《新建规》设计住宅建筑时，四级耐火等级的住宅建筑不应大于 2 层，三级耐火等级的住宅建筑不应大于 5 层，相应建筑构件的耐火极限与燃烧性能应全部符合《新建规》的规定；当按照国家标准《住宅建筑规范》GB 50368—2005 设计住宅建筑时，四级耐火等级的住宅建筑不应大于 3 层，三级耐火等级的住宅建筑不应大于 9 层，相应建筑构件的耐火极限与燃烧性能应全部符合《住宅建筑规范》的规定。不能在建筑层数方面执行《住宅建筑规范》GB 50368—2005 的规定，而构件的耐火极限却执行《新建规》的规定。表 F5.1 引用了《住宅建筑规范》GB 50368—2005 第 9.2.1 条表 9.2.1 的规定，供参考。

表 F5.1　住宅建筑构件的燃烧性能和耐火极限（h）

项 目 名 称		耐 火 等 级			
		一级	二级	三级	四级
墙	防火墙	不燃性 3.00	不燃性 3.00	不燃性 3.00	不燃性 3.00
	非承重外墙、疏散走道两侧的隔墙	不燃性 1.00	不燃性 1.00	不燃性 0.75	难燃性 0.75
	楼梯间的墙、电梯井的墙、住宅建筑单元之间的墙、住宅建筑分户墙、承重墙	不燃性 2.00	不燃性 2.00	不燃性 1.50	难燃性 1.50
	房间隔墙	不燃性 0.75	不燃性 0.50	难燃性 0.50	难燃性 0.25
柱		不燃性 3.00	不燃性 2.50	不燃性 2.00	难燃性 1.00
梁		不燃性 2.00	不燃性 1.50	不燃性 1.00	难燃性 1.00
楼板		不燃性 1.50	不燃性 1.00	不燃性 0.75	难燃性 0.50
屋顶承重构件		不燃性 1.50	不燃性 1.00	难燃性 0.50	难燃性 0.25
疏散楼梯		不燃性 1.50	不燃性 1.00	不燃性 0.75	难燃性 0.25

4. 木结构建筑有关构件的耐火极限和燃烧性能要求应符合《新建规》第11.0.1条和第11.0.2条的规定。汽车库、修车库建筑构件的耐火极限和燃烧性能要求尚应符合国家标准《汽车库、修车库、停车场设计防火规范》GB 50067—2014 第3.0.2条的规定。其他建筑的建筑构件，当其他国家现行标准有较《新建规》要求高的要求时，尚应符合相应标准的规定。

【释疑】

疑点 5.1.2-1：疏散走道两侧的隔墙能否设普通玻璃窗？

释义：疏散走道是建筑内连接房间疏散门与楼层安全出口的交通联系通道，在火灾时用于人员疏散，要求具有一定的防火防烟性能。因此，在疏散走道两侧要求设置防烟隔墙。为了保证疏散走道内不受火灾和烟气的影响，疏散走道两侧的隔墙上除必须布置用于交通联系的门外，不应开设其他窗洞口；当必须开设时，应具有相应的防烟性能，门上的亮窗面积较小，可不考虑其对烟气蔓延的作用。

疑点 5.1.2-2：屋面板是否为屋顶承重构件？

释义：民用建筑的屋面板是否为屋顶承重构件，应根据建筑的屋面构造形式和受力情况来确定。当屋面板下部有屋面梁等受力构件，屋面板仅起围护作用时，该屋面板不是屋顶承重构件，例如由网架结构和屋面板构成的屋顶的屋面板；当屋面板既要具备将屋面荷载传递至其下部的梁或墙柱，又要具有围护的功能时，该屋面板应视为屋顶承重构件，例如壳体结构、穹顶结构的屋顶、部分多层建筑的预应力预制屋面板，参见本《指南》疑点

3.2.11 的释义。

疑点 5.1.2-3：裙房与高层建筑主体的耐火等级是否要一致？

释义：裙房的耐火等级应与高层建筑主体的耐火等级一致或高于高层建筑主体的耐火等级，且不应低于二级。

5.1.3　民用建筑的耐火等级应根据其建筑高度、使用功能、重要性和火灾扑救难度等确定，并应符合下列规定：

　　1　地下或半地下建筑（室）和一类高层建筑的耐火等级不应低于一级；

　　2　单、多层重要公共建筑和二类高层建筑的耐火等级不应低于二级。

5.1.3A　除木结构建筑外，老年人照料设施的耐火等级不应低于三级。

5.1.4　建筑高度大于 100m 的民用建筑，其楼板的耐火极限不应低于 2.00h。

　　一、二级耐火等级建筑的上人平屋顶，其屋面板的耐火极限分别不应低于 1.50h 和 1.00h。

【条文要点】

1. 按照建筑的扑救难易程度和重要性，明确了部分建筑的最低耐火等级，并根据我国当前的灭火救援能力，提高了建筑高度大于 100m 的民用建筑楼板的耐火极限。

2. 为保证上人屋面在火灾时可用作临时避难和灭火救援场地，规定了一、二级耐火等级建筑的上人平屋顶上屋面板的耐火极限不应低于相应屋顶承重构件的耐火极限，即分别不应低于 1.50h 和 1.00h；不上人的屋面板的耐火极限不做要求，但起屋顶承重构件的非上人屋面板，其耐火极限仍分别不应低于 1.50h 和 1.00h。

【相关标准】

《锅炉房设计规范》GB 50041—2008；

《20kV 及以下变电所设计规范》GB 50053—2013；

《汽车库、修车库、停车场设计防火规范》GB 50067—2014；

《泵站设计规范》GB 50265—2010；

《住宅建筑规范》GB 50368—2005；

《压型金属板工程应用技术规范》GB 50896—2013；

《体育建筑设计规范》JGJ 31—2003；

《图书馆建筑设计规范》JGJ 38—2015；

《博物馆建筑设计规范》JGJ 66—2015；

《组合结构设计规范》JGJ 138—2016；

《老年人照料设施建筑设计标准》JGJ 450—2018；

《广播电影电视建筑设计防火标准》GY 5067—2017。

【设计要点】

民用建筑种类繁多，用途各异。有地上、地下建筑，有建筑高度大于 100m 的超高层建筑和建筑高度达 40m 的单层建筑，也有大量多层建筑；建筑的规模及层数、高度差别大，由此带来的火灾危险性与救援难度也有差异，有的差异还很大。因此，差异化地确定建筑在耐火等级及其构件耐火性能方面的设防水平，能较好地反映消防安全与建设投资、建筑火灾危险性的关系。

根据国家现行标准《汽车库、修车库、停车场设计防火规范》GB 50067—2014 第 3.0.3 条、《体育建筑设计规范》JGJ 31—2003 第 1.0.8 条、《图书馆建筑设计规范》JGJ 38—2015 第 6.1.2 条和第 6.1.3 条、《博物馆建筑设计规范》JGJ 66—2015 第 7.1.2 条、《广播电影电视建筑设计防火标准》GY 5067—2017 第 3.0.3 条以及《新建规》第 5.1.3 条和第 5.3.1 条等的规定，表 F5.2 汇总了不同类别民用建筑及其附属建筑（如锅炉房、变配电站、泵房、汽车库等）所应具备的最低耐火等级，供参考。

建筑高度大于 100m 的公共建筑和住宅建筑，其全部构件均应为不燃性，楼板的耐火极限不应低于 2.00h，其余构件的耐火极限不应低于规范中表 5.1.2 内的规定值。

一、二级耐火等级建筑的上人平屋面，其屋面板除耐火极限不应低于相应屋顶承重构件的耐火极限要求外，屋面板的燃烧性能均应为不燃性，见《新建规》第 5.1.5 条。

表 F5.2　民用建筑及其辅助建筑的最低耐火等级要求

耐火等级	民用建筑类型
一级	1. 地下建筑（室）、半地下建筑（室）； 2. 高层汽车库、Ⅰ类汽车库、Ⅰ类修车库、甲、乙类物品运输车汽车库； 3. 特级体育建筑； 4. A 类广播电影电视建筑； 5. 高层重要公共建筑，总建筑面积大于 10000m² 的单、多层博物馆建筑； 6. 藏书量大于 100 万册的高层图书馆及其书库、特藏书库； 7. 其他一类高层民用建筑
二级	1. Ⅱ、Ⅲ类汽车库，Ⅱ、Ⅲ类修车库； 2. 甲、乙、丙级体育建筑，博物馆建筑； 3. B 类广播电影电视建筑； 4. 藏书量不大于 100 万册的多层图书馆及其书库； 5. 其他二类高层民用建筑； 6. 单、多层重要公共建筑； 7. 6 层及以上的其他多层民用建筑； 8. 3 层及以上的老年人照料设施
三级	1. 2 层及以下的老年人照料设施； 2. 3 层~5 层的其他民用建筑； 3. 其他汽车库、修车库
四级	2 层及以下的其他民用建筑

【释疑】

疑点 5.1.3-1：单、多层民用建筑的耐火等级如何确定？

释义：根据《新建规》第 5.1.3 条的规定，单、多层重要公共建筑的耐火等级不应低于二级；根据《新建规》第 5.1.3A 条的规定，单、多层老年人照料设施的耐火等级不应低于三级；在规范中未明确的其他单、多层民用建筑，其耐火等级应综合建筑的用途、建筑面积及内部的疏散设施设置、防火分区大小等设计要求确定。

疑点 5.1.3-2：民用建筑内的配套设备用房，如水泵房、锅炉房、变配电站、汽车库、修车库等的最低耐火等级是否有限定？

释义：民用建筑内的配套设备用房，如水泵房、锅炉房、变配电站、汽车库、修车库等，只是建筑内的部分房间，不是独立的建筑，无须单独确定其耐火等级。这些用房所在建筑的耐火等级就是这些用房的耐火等级，但部分构件，如分隔墙体、门等可能需要按照规范要求提高。当其他专项标准有专门要求时，这些房间应设置在专项标准所要求的耐火等级的建筑内；当设置在耐火等级较低的建筑内时，应采用与专项标准所要求的相应建筑耐火等级要求相同的墙体等构件与所在建筑的其他区域进行防火分隔。

《新建规》及其他相应的建筑设计标准对某些火灾危险性大或性质重要的设备房等与其他部位之间的分隔，较规范规定的房间隔墙的耐火性能有所提高，一般要求采用耐火极限不低于 2.00h 的防火隔墙和耐火极限不低于 1.00h 的楼板。

5.1.5 一、二级耐火等级建筑的屋面板应采用不燃材料。

屋面防水层宜采用不燃、难燃材料，当采用可燃防水材料且铺设在可燃、难燃保温材料上时，防水材料或可燃、难燃保温材料应采用不燃材料作防护层。

【条文要点】

一、二级耐火等级民用建筑的屋面板的燃烧性能应为不燃性。但无论哪一耐火等级的民用建筑，其屋面防水层都要尽量避免采用可燃（即 B_2 级）防水材料，不能采用易燃（即 B_3 级）防水材料。直接在不燃性屋面板上采用可燃材料做屋面防水层时，防水层上可以不再做防火保护层；但在可燃、难燃保温材料上采用可燃材料做屋面防水层时，任何屋面板的屋面可燃防水层上均需要采用不燃材料做防火保护层。

【相关标准】

《屋面工程技术规范》GB 50345—2012；

《坡屋面工程技术规范》GB 50693—2011；

《倒置式屋面工程技术规程》JGJ 230—2010；

《单层防水卷材屋面工程技术规程》JGJ/T 316—2013。

【设计要点】

防水材料如选用可燃材料且直接铺在可燃或难燃保温材料上（正置式屋面）时，防水层上应采用不燃材料做防火保护层；如为倒置式屋面，即可燃或难燃保温材料覆盖在防水层上时，外保温层上应采用不燃材料做防火保护层。

5.1.6 二级耐火等级建筑内采用难燃性墙体的房间隔墙，其耐火极限不应低于 0.75h；当房间的建筑面积不大于 $100m^2$ 时，房间隔墙可采用耐火极限不低于 0.50h 的难燃性墙体或耐火极限不低于 0.30h 的不燃性墙体。

二级耐火等级多层住宅建筑内采用预应力钢筋混凝土的楼板，其耐火极限不应低于 0.75h。

5.1.7 建筑中的非承重外墙、房间隔墙和屋面板，当确需采用金属夹芯板时，其芯材应为不燃材料，且耐火极限应符合本规范有关规定。

5.1.8 二级耐火等级建筑内采用不燃材料的吊顶，其耐火极限不限。

三级耐火等级的医疗建筑、中小学校的教学建筑、老年人照料设施及托儿所、幼儿园的儿童用房和儿童游乐厅等儿童活动场所的吊顶，应采用不燃材料；当采用难燃材料时，其耐火极限不应低于 0.25h。

二、三级耐火等级建筑内门厅、走道的吊顶应采用不燃材料。

【条文要点】

1. 建筑内的房间隔墙不是重要的建筑构件或防火分隔墙，当提高其耐火极限时，可以适当降低其燃烧性能；当为难燃性时，应相应地提高其耐火极限 0.25h。

2. 根据多层住宅建筑的跨度等因素，将二级耐火等级多层住宅建筑预应力楼板应具备的最低耐火极限降低了 0.25h。

3. 无论哪一耐火等级的民用建筑，均不允许使用难燃、可燃或易燃材料作芯材的金属夹芯板材用于非承重外墙、房间隔墙和屋面板。

4. 为避免吊顶燃烧和塌落，影响人员疏散与救援，规范鼓励采用不燃性吊顶。

根据规范对特定建筑的房间隔墙、非承重外墙、预应力楼板、屋面板材料的燃烧性能和耐火极限的调整规定，汇总于表 F5.3，供参考。

表 F5.3 二、三级耐火等级民用建筑部分建筑构件的允许燃烧性能和耐火极限

构件名称		构件的燃烧性能和耐火极限（h）		适用条件
		二级耐火等级	三级耐火等级	
预应力楼板		不燃性 0.75	不燃性 0.50	多层住宅建筑
房间隔墙		不燃性 0.50 或难燃性 0.75	难燃性 0.50	房间面积不限，不应采用难燃性金属夹芯板
		难燃性 0.50		房间面积 ≤ 100m²，不应采用难燃性金属夹芯板
		不燃性 0.30		
屋面板		不燃性 —	不燃性 —	不上人的屋面
非承重外墙		不燃性 1.00	不燃性 0.50	采用金属夹芯板的墙体
房间隔墙		不燃性 0.50	不燃性 0.50	
吊顶	门厅、走道	不燃性 —	不燃性 —	
	其他部位	难燃性 0.25	难燃性 0.25	医疗建筑、中小学校教学建筑、老年人照料设施、托儿所和幼儿园的儿童用房、儿童游乐厅等儿童活动场所
			难燃性 0.15	其他建筑
		不燃性 —	不燃性 —	所有建筑

注：1. 除第 5.1.6 条、第 5.1.7 条和第 5.1.8 条内容汇于本表外，其他内容摘自《新建规》第 5.1.2 条中的表 5.1.2。

2. 表中"—"表示耐火极限不限。

【相关标准】

《建筑材料及制品燃烧性能分级》GB 8624—2012；

《复合夹芯板建筑体燃烧性能试验　第 1 部分：小室法》GB/T 25206.1—2014。

5.1.9　建筑内预制钢筋混凝土构件的节点外露部位，应采取防火保护措施，且节点的耐火极限不应低于相应构件的耐火极限。

【条文要点】

预制钢筋混凝土构件的节点，应进行防火保护，且防火保护后的耐火极限应等于或高于相连接的构件中耐火要求较高者。例如，梁柱的连接节点防火保护后，其耐火极限应与柱的耐火极限相同。对于其他类型的装配式建筑构件，如木结构、金属结构、组合结构等的连接节点，也应按与此条相同的要求进行处理。

5.2　总平面布局

民用建筑总平面布置的目标：选址位置合理，远离高危险性生产和危险物质存储场所，所处方位的风向比较有利于防火安全与灭火救援；建筑物间具有不小于标准要求的防火间距；建筑周围具有开阔的消防救援场地与空间以及快捷的消防车通行、展开与周转条件；尽可能远离高压输配电线路。

5.2.1　在总平面布局中，应合理确定建筑的位置、防火间距、消防车道和消防水源等，不宜将民用建筑布置在甲、乙类厂（库）房，甲、乙、丙类液体储罐，可燃气体储罐和可燃材料堆场的附近。

【条文要点】

民用建筑的总平面布局要综合当地地理与环境条件，确定建筑的方位、建筑间的防火间距、灭火救援时的消防水源保障方式，规划消防车道、灭火救援场地和绿化等，并尽量远离甲、乙类厂房或仓库，甲、乙、丙类物质储罐和可燃材料堆场。

【相关标准】

《城市停车规划规范》GB/T 51149—2016；

《城市居住区规划设计标准》GB 50180—2018；

《城市消防规划规范》GB 51080—2015

《城市消防站设计规范》GB 51054—2014；

《城镇燃气设计规范》GB 50028—2006；

《汽车库、修车库、停车场设计防火规范》GB 50067—2014；

《汽车加油加气站设计与施工规范》GB 50156—2012（2014 年版）。

【设计要点】

1. 各类建筑物、构筑物（含储罐、堆场）之间的水平距离不应小于《新建规》及其他相关标准规定的防火间距。

2. 建筑周围的消防车道和消防救援场地应符合规范要求。

3. 建筑所处位置能尽量避开对建筑防火和灭火救援最不利的风向。

5.2.2 民用建筑之间的防火间距不应小于表 5.2.2 的规定，与其他建筑的防火间距，除应符合本节规定外，尚应符合本规范其他章的有关规定。

表 5.2.2　民用建筑之间的防火间距（m）

建　筑　类　别		高层民用建筑	裙房和其他民用建筑		
		一、二级	一、二级	三级	四级
高层民用建筑	一、二级	13	9	11	14
裙房和其他民用建筑	一、二级	9	6	7	9
	三级	11	7	8	10
	四级	14	9	10	12

注：1　相邻两座单、多层建筑，当相邻外墙为不燃性墙体且无外露的可燃性屋檐，每面外墙上无防火保护的门、窗、洞口不正对开设且该门、窗、洞口的面积之和不大于外墙面积的 5% 时，其防火间距可按本表的规定减少 25%。

　　2　两座建筑相邻较高一面外墙为防火墙，或高出相邻较低一座一、二级耐火等级建筑的屋面 15m 及以下范围内的外墙为防火墙时，其防火间距不限。

　　3　相邻两座高度相同的一、二级耐火等级建筑中相邻任一侧外墙为防火墙，屋顶的耐火极限不低于 1.00h 时，其防火间距不限。

　　4　相邻两座建筑中较低一座建筑的耐火等级不低于二级，相邻较低一面外墙为防火墙且屋顶无天窗，屋顶的耐火极限不低于 1.00h 时，其防火间距不应小于 3.5m；对于高层建筑，不应小于 4m。

　　5　相邻两座建筑中较低一座建筑的耐火等级不低于二级且屋顶无天窗，相邻较高一面外墙高出较低一座建筑的屋面 15m 及以下范围内的开口部位设置甲级防火门、窗，或设置符合现行国家标准《自动喷水灭火系统设计规范》GB 50084 规定的防火分隔水幕或本规范第 6.5.3 条规定的防火卷帘时，其防火间距不应小于 3.5m；对于高层建筑，不应小于 4m。

　　6　相邻建筑通过连廊、天桥或底部的建筑物等连接时，其间距不应小于本表的规定。

　　7　耐火等级低于四级的既有建筑，其耐火等级可按四级确定。

【条文要点】

1. 规定了不同耐火等级高层和单、多层民用建筑之间的防火间距。

2. 明确了民用建筑之间防火间距可以减小的条件。

3. 明确了通过连廊、天桥等方式连接的民用建筑之间的防火间距。

【相关标准】

《民用建筑设计统一标准》GB 50352—2019；

《汽车库、修车库、停车场设计防火规范》GB 50067—2014；

《住宅建筑规范》GB 50368—2005。

【设计要点】

1. 关于防火间距的计算：

民用建筑之间或民用建筑与工业建筑之间的防火间距，应按照《新建规》附录 B 规定的方法计算，并注意以下情形的防火间距确定：

（1）相邻外立面上设置出挑阳台或外窗的建筑，考虑到我国人民的生活习性和当前的实际情况，无论该阳台是否影响消防车的救援和通行，也无论是否封闭或用作其他用途，相邻两座建筑的防火间距均应按相对阳台或外窗的最近水平距离计算。

（2）采用可燃材料做屋盖的建筑，无论该屋盖的下部屋顶空间是否具有实际的使用用途，相邻两座建筑的防火间距均应按相邻可燃屋檐檐口之间的最近水平距离计算。

（3）相邻外立面上设置了少量凸出外墙的传统可燃装饰的建筑，如一些仿古建筑或少数民族的传统建筑，当建筑的外墙为不燃性墙体时，相邻两座建筑的防火间距可不考虑这些装饰物的影响，仍可按相邻外墙之间的最近水平距离计算；但当建筑的外墙为可燃或难燃材料时，则应按凸出外墙的装饰物之间的最近水平距离计算。

（4）对于凸出建筑外墙的不燃性梁、柱构件，一般应视为外墙的一部分。当相邻建筑凸出外墙的梁、柱之间的最近距离不影响消防车通行和灭火救援作业要求时，可以忽略其对防火间距的影响，即可以按照相邻外墙面的最近水平距离确定防火间距，而不计算梁、柱凸出墙面的深度。否则，应以最小水平净距计算。

（5）对于耐火等级达不到四级的既有民用建筑，可以按照四级耐火等级来确定其与相邻建筑的防火间距。

2. 关于表 5.2.2 注 1 减小防火间距的措施：

相邻两座单、多层民用建筑，当相邻外墙为不燃性墙体且无外露的可燃性屋檐，相对每面外墙上无防火保护的门、窗、洞口不正对开设且这些开口的面积之和不大于所在外墙面积的 5% 时，其防火间距不应小于《新建规》表 5.2.2 中规定值的 75%，参见图 5.1。

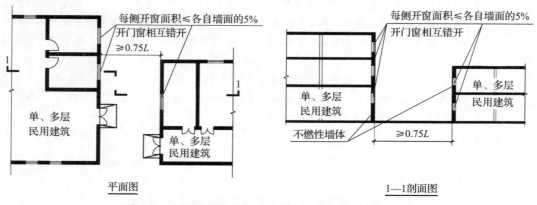

图 5.1　相邻建筑允许防火间距减小示意图（一）

注：L 应符合《新建规》中表 5.2.2 的规定。

这一要求的前提是两相邻外墙均不燃性墙体。例如，当四级耐火等级建筑的非承重外墙为可燃性墙体时，如要按上述要求减小防火间距，则应将相邻侧的可燃性墙体改为不燃性墙体。

3. 关于表5.2.2注2减小防火间距的措施：

（1）相邻两座民用建筑中相邻较高一面外墙为防火墙，较低一面外墙为符合相应耐火等级建筑要求的外墙时，其防火间距不限，参见图5.2（a）。此时，较高一侧的建筑外墙高出较低一侧建筑屋顶或外墙一般不大于15m。

（2）相邻两座民用建筑中较高建筑高出相邻较低一座一、二级耐火等级建筑的屋面15m及以下范围内的外墙为防火墙时，其防火间距不限，参见图5.2（b）。此时，较高一侧的建筑外墙高出较低一侧建筑屋顶或外墙通常大于15m。此条件要求相邻较低一侧建筑的耐火等级不应低于二级，以提高较低一侧建筑屋顶的耐火性能，降低因屋顶着火增加热辐射源而致火势向相邻较高一侧建筑蔓延，或较高一侧建筑在高出其15m以上部分的外墙耐火性能较低而致较高一侧建筑的上部火灾引燃相邻较低一侧建筑屋顶。

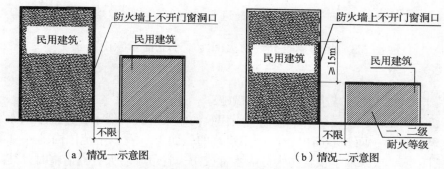

图5.2　相邻建筑允许防火间距减小立面示意图（二）

注：建筑高度较低一侧建筑的屋面板的耐火极限不低于1.00h。

4. 关于表5.2.2注3、注4减小防火间距的措施：

（1）两座建筑高度相同的一、二级耐火等级建筑，其相邻外墙中有一面外墙为防火墙，且该侧建筑屋面板的耐火极限不低于1.00h时，其防火间距不限，参见图5.3（a）。

（2）相邻两座单、多层建筑中较低一座一、二级耐火等级建筑外墙为防火墙，屋顶无天窗且屋面板的耐火极限不低于1.00h时，其防火间距不应小于3.5m，参见图5.3（b）。

（3）相邻两座高层建筑（建筑高度小于或等于100m）中相邻较低一座建筑外墙为防火墙，屋顶无天窗且屋面板的耐火极限不低于1.00h时，其防火间距不应小于4.0m，参见图5.3（c）；当较低一座建筑为单、多层建筑并符合上述条件时，与相邻高层建筑（建筑高度小于或等于100m）的防火间距仍不应小于4.0m，且单、多层建筑的耐火等级不应低于二级，参见图5.3（d）。

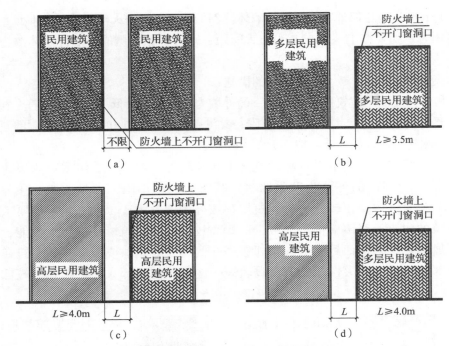

图 5.3 相邻建筑允许防火间距减小立面示意图（三）

注：耐火等级不低于二级。

5. 关于表 5.2.2 注 5 减小防火间距的措施：

（1）相邻两座单、多层建筑中较低一座建筑的耐火等级不低于二级且屋顶无天窗，较高一座建筑的相邻一面外墙高出较低一座建筑的屋面 15m 及以下范围内的开口部位设置甲级防火门、窗，或采取了设置防火分隔水幕或防火卷帘等防火分隔措施时，其防火间距不应小于 3.5m，参见图 5.4（a）。

（2）相邻两座高层建筑（建筑高度小于或等于 100m）中较低一座建筑的屋顶无天窗，较高一座建筑的相邻一面外墙高出较低一座建筑的屋面 15m 及以下范围内的开口部位设置甲级防火门、窗，或采取了设置防火分隔水幕或防火卷帘等防火分隔措施时，其防火间距不应小于 4.0m，参见图 5.4（b）。当相邻较低一座建筑为单、多层建筑并符合上述条件时，与相邻高层建筑（建筑高度小于或等于 100m）的防火间距仍不应小于 4.0m，且单、多层建筑的耐火等级不应低于二级，参见图 5.4（c）。

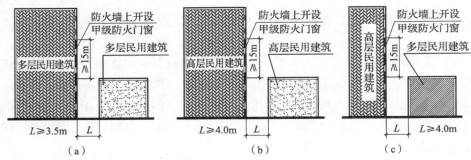

图 5.4 相邻建筑允许防火间距减小立面示意图（四）

在上述两种情况下，防火分隔水幕应符合现行国家标准《自动喷水灭火系统设计规范》GB 50084 的规定，防火卷帘应符合《新建规》第 6.5.3 条的规定。此外，尽管这两种情况没有再对相邻较低一座建筑的屋顶耐火极限有所要求，但实际上已经要求建筑的耐火等级不应低于二级，因此这些建筑的屋顶已经具有符合要求的耐火性能。

6. 建筑之间连廊、天桥等与防火间距：

相邻建筑通过连廊、天桥或底部的建筑物等连接时，参见图 5.5，火灾在建筑间通过外墙进行蔓延的途径和方式与两座独立建筑基本相同，相邻建筑体的防火间距仍可以按照两座独立的建筑来确定，可不考虑连廊等的影响。有关天桥、连廊的防火要求应符合《新建规》第 6 章的要求。

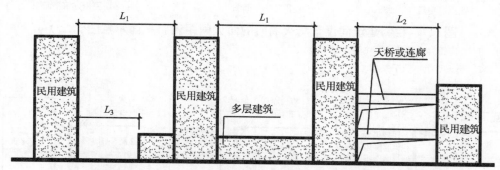

图 5.5 建筑通过连廊、天桥等连接时的防火间距要求立面示意图

注：建筑耐火等级不低于二级，L_1、L_2、L_3 应符合《新建规》中表 5.2.2 的规定。

7. 需注意的是：两座民用建筑按照相关要求可以贴邻或减少防火间距时，其相邻外墙外保温和屋面保温系统均应采用不燃性保温材料。此外，即使相邻两座建筑的防火间距可以不限，但仍应综合考虑建筑周围消防车道与灭火救援场地的设置要求。

【释疑】

疑点 5.2.2-1：相邻两座呈"丁"字形布置的民用建筑，当符合《新建规》第 5.2.2 条表 5.2.2 注 2 的条件并需减小防火间距时，规定条件中的防火墙应如何设置？

释义：当相邻两座呈"丁"字形布置民用建筑需按照《新建规》第 5.2.2 条表 5.2.2 注 2 的条件减小防火间距时（参见图 5.2 所示两种情况），为了防止火灾从侧边向相邻建筑蔓延，相邻一侧采用防火墙的外墙应按照《新建规》第 6.1 节的有关要求延伸，使其与相邻建筑外墙间的距离不小于 4.0m，参见图 5.6。

图 5.6 相邻建筑间设置防火墙时的防火间距调整平面示意图（一）

注：当 $L_x=0$ 时，$L \geq 4m$；当 $L_x>0$ 时；L 应符合《新建规》中表 5.2.2 的规定。

因此，对于《新建规》第 5.2.2 条表 5.2.2 注 3、注 4 和注 5 的情形（如图 5.3 所示四种情况和图 5.8 所示三种情况），也应按照此原则进行处理，参见图 5.7 和图 5.8。

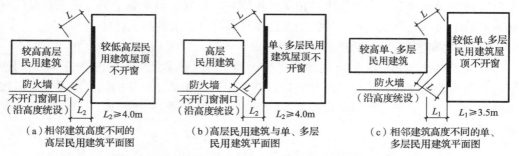

（a）相邻建筑高度不同的　　（b）高层民用建筑与单、多层　　（c）相邻建筑高度不同的单、
高层民用建筑平面图　　　　　民用建筑平面图　　　　　　　　多层民用建筑平面图

图 5.7　相邻建筑间设置防火墙时的防火间距调整平面示意图（二）

注：1. L 应符合《新建规》中表 5.2.2 的规定。

2. 耐火等级不低于二级。

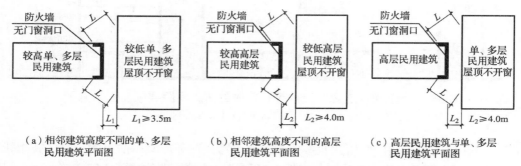

（a）相邻建筑高度不同的单、多层　　（b）相邻建筑高度不同的高层　　（c）高层民用建筑与单、多层
民用建筑平面图　　　　　　　　　　民用建筑平面图　　　　　　　　　民用建筑平面图

图 5.8　相邻建筑间设置防火墙时的防火间距调整平面示意图（三）

注：1. 建筑高度较低一侧建筑的屋面板的耐火极限不低于 1.00h。

2. 相邻较高一侧建筑的防火墙应高出较低一侧建筑的屋面不小于 15m。

3. L 应符合《新建规》中表 5.2.2 的规定。

4. 建筑耐火等级不低于二级。

疑点 5.2.2-2：多幢位于同一多层裙楼（包括裙房）之上的民用建筑，其防火间距如何确定？

释义：对于多幢位于同一多层裙楼之上的民用建筑，尽管所有建筑属于同一座建筑物，但无论下部裙楼是单层、多层还是高层，也无论上部建筑是单层、多层还是高层（包括上部建筑间有连廊或天桥连接的情形），裙楼上部不同幢建筑之间的防火间距，仍需要将这些建筑视为相互独立的建筑，根据其耐火等级和建筑高度按照《新建规》第 5.2.2 条的规定来确定，参见图 5.9。

疑点 5.2.2-3：对于平面布置中存在凹口的同一座民用建筑，该凹口宽度是否要符合相邻建筑间的防火间距要求？

释义：具有"山"字形或"U"字形等凹口平面形状的同一民用建筑，其两翼中任一侧发生的火灾，均可能通过凹口蔓延到另一侧。因此，要重视这种平面布置形式建筑的凹口处的防火措施。凹口相邻两翼的间距要视凹口的深度与建筑高度的关系以及相邻两翼是否处于同一防火分区来确定。

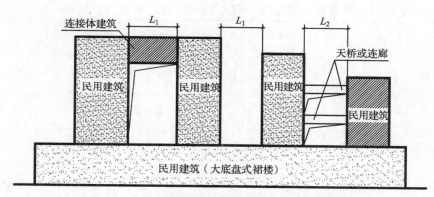

图 5.9 位于大底盘上各建筑防火间距示意图

注：建筑耐火等级不低于二级，L_1、L_2 不应小于《新建规》中表 5.2.2 和第 5.2.6 条的规定值。

（1）当凹口相邻两翼处于同一个防火分区时，参见图 5.10（a），一般可以不考虑凹口相邻两翼的间距，但考虑到凹口处可能产生的特殊火效应，相邻两翼的间距一般应按不小于 6m 控制；当间距小于 6m 时，也可以采取不设开口的外墙或在相对开口之间设置防火隔板等防火措施，参见图 5.10（c）。

（2）当凹口相邻两翼分别处于不同防火分区时，参见图 5.10（b），如 $b<c$，则凹口较浅，可以认为火灾蔓延的危险性小；如 $b>c$，则凹口较深，有较大的火灾蔓延危险性，应按两相邻建筑的防火间距来控制凹口的宽度。

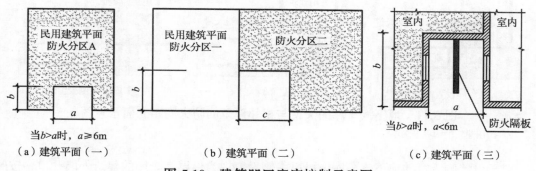

图 5.10 建筑凹口宽度控制示意图

注：当 $b>c$ 时，c 宜不小于《新建规》中表 5.2.2 的规定值。

疑点 5.2.2-4：民用建筑与汽车库的防火间距如何确定？

释义：民用建筑与汽车库、修车库的防火间距应按照现行国家标准《汽车库、修车库、停车场设计防火规范》GB 50067—2014 第 4.2.1 条和第 4.2.5 条的规定确定。为便于使用，现将这两条规定简化汇总于表 F5.4。当建筑之间的防火间距不满足表 F5.4 中的要求时，应按照《汽车库、修车库、停车场设计防火规范》GB 50067—2014 第 4.2.2 条和第 4.2.3 条的规定采取防火措施。

疑点 5.2.2-5：民用建筑与地下汽车库的天窗或侧天窗的防火间距如何确定？

释义：对于设置屋顶天窗的地下汽车库，可以按照《新建规》第 6.3.7 条的规定采取防火措施，或使屋顶天窗边沿与民用建筑的最小水平距离不小于 6m，参见图 5.11（a）。

表 F5.4　汽车库、修车库、停车场与民用建筑的防火间距（m）

名　　　称	耐火等级	民　用　建　筑				
		高层	单、多层			重要公共建筑
		一、二级	一、二级	三级	四级	一、二级
高层汽车库	一级	13	13	15	17	按相应单、多层或高层民用建筑的要求确定
汽车库、修车库	一、二级	13	10	12	14	
	三级	15	12	14	16	
停车场	—	9	6	8	10	
甲、乙类物品运输车的汽车库、修车库、停车场		25				50

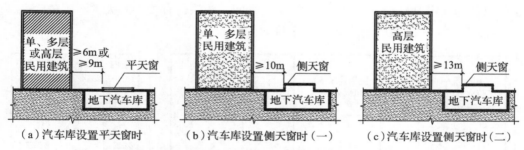

（a）汽车库设置平天窗时　　（b）汽车库设置侧天窗时（一）　　（c）汽车库设置侧天窗时（二）

图 5.11　地下汽车库的天窗与相邻建筑的防火间距立面示意图

注：民用建筑的耐火等级不低于二级。

对于设置侧天窗的地下汽车库，可以将侧天窗视为单层汽车库的建筑外墙开口，按照《汽车库、修车库、停车场设计防火规范》GB 50067—2014 第 4.2.1 条表 4.2.1 的规定确定该侧天窗边沿与民用建筑的最小水平距离，参见图 5.11（b）和图 5.11（c）。当不满足相应防火间距要求时，应按照《汽车库、修车库、停车场设计防火规范》GB 50067—2014 第 4.2.2 条和第 4.2.3 条的规定采取防火措施。

疑点 5.2.2-6：民用建筑与地下汽车库出地面疏散楼梯的防火间距如何确定？

释义：地下汽车库的疏散楼梯一般为封闭楼梯间或防烟楼梯间，疏散楼梯间与汽车库之间按《汽车库、修车库、停车场设计防火规范》GB 50067—2014 中第 5.1.6 条规定采用了耐火极限不低于 3.00h 的防火隔墙进行分隔，墙上的门为甲级防火门。因此，疏散楼梯间的火灾危险性较汽车库的危险性小得多，可以按民用建筑之间的防火间距确定；否则，应符合现行国家标准《汽车库、修车库、停车场设计防火规范》GB 50067—2014 第 4.2.1 条的规定，参见图 5.12。

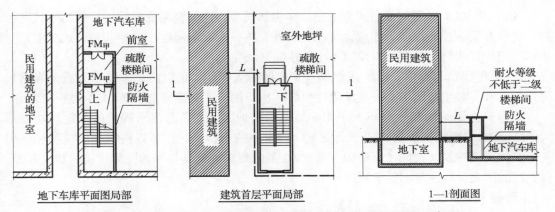

图 5.12　地下车库出地面楼梯与民用建筑的防火间距示意图

注:L 应符合《新建规》中表 5.2.2 的规定。

5.2.3　民用建筑与单独建造的变电站的防火间距应符合本规范第 3.4.1 条有关室外变、配电站的规定,但与单独建造的终端变电站的防火间距,可根据变电站的耐火等级按本规范第 5.2.2 条有关民用建筑的规定确定。

民用建筑与 10kV 及以下的预装式变电站的防火间距不应小于 3m。

民用建筑与燃油、燃气或燃煤锅炉房的防火间距应符合本规范第 3.4.1 条有关丁类厂房的规定,但与单台蒸汽锅炉的蒸发量不大于 4t/h 或单台热水锅炉的额定热功率不大于 2.8MW 的燃煤锅炉房的防火间距,可根据锅炉房的耐火等级按本规范第 5.2.2 条有关民用建筑的规定确定。

【条文要点】

1. 规定了民用建筑与单独建造的室外变、配电站、预装式变电站的防火间距。

2. 规定了民用建筑与单独建造的锅炉房的防火间距。

【相关标准】

《火力发电厂与变电站设计防火标准》GB 50229—2019;

《20kV 及以下变电所设计规范》GB 50053—2013;

《高压 / 低压预装式变电站》GB 17467—2010;

《锅炉安全技术监察规程》TSG G0001—2012;

《锅炉房设计规范》GB 50041—2008。

【设计要点】

1. 绝大多数室外变、配电站的规模较大,单台可燃油油浸变压器的含油量大,具有较高的火灾危险性。民用建筑与单独建造的室外变、配电站的防火间距,一般可以将变、配电站比照丙类生产建筑的火灾危险性,按照《新建规》第 3.4.1 条的规定来确定。

单独建造的终端变电站位于用户前端直接向用户供电,电压等级低、规模较小,相应的火灾危险性也较小,一般可以将终端变电站视为相应耐火等级的民用建筑,按照《新建规》第 5.2.2 条的规定确定其与民用建筑的防火间距。终端变电站的耐火等级一般不低于二级。

　　10kV 及 10kV 以下的预装式变电站，多为居民小区内的终端变电站，一般为干式变压器、电气开关和控制设备等集成设置在金属外壳内，火灾危险性小。这些预装式变电站与相邻民用建筑的防火间距可以按照不小于 3.0m 确定。

　　2. 民用建筑与燃油、燃气或燃煤锅炉房的防火间距，可以将燃油、燃气或燃煤锅炉房比照具有高温生产的丁类火灾危险性生产厂房，按照《新建规》第 3.4.1 条的规定确定。

　　单台蒸汽锅炉的蒸发量不大于 4t/h 的燃煤锅炉房，或单台热水锅炉的额定热功率不大于 2.8MW 的燃煤锅炉房，属于火灾危险性更小的小型锅炉，可以将锅炉房视为相应耐火等级的民用建筑，按照《新建规》第 5.2.2 条的规定确定其与相邻民用建筑的防火间距。锅炉房的耐火等级一般不低于二级。

【释疑】

疑点 5.2.3-1：室外变、配电站是无封闭围护结构的全露天变、配电站吗？

释义：室外变压器是在室外露天布置的构筑物，由变压器、开关等配电设备组成，通常在其周围设置安全围栏。室外变、配电站是指电力系统电压为 35kV ～ 500kV 且每台变压器容量不小于 10MV·A 的变、配电站和工业企业的变压器总油量大于 5t 的降压变电站（见《新建规》第 4.2.1 条表 4.2.1 注 7）。

疑点 5.2.3-2：室外变、配电站变压器的总油量，是否与防火间距有关？

释义：室外变压器多采用可燃油油浸变压器，含有大量高燃点变压器油。在变压器发生故障产生电弧时，会使变压器内的绝缘油发生热解，析出可燃气体而使其内部压力骤增，造成外壳爆裂，变压器油外溢，有的甚至会在电弧或火花的作用下引起燃烧爆炸。室外变、配电站具有较高的火灾危险性，处置不当易形成大面积流淌火。

　　因此，室外变、配电站变压器的总油量与防火间距有密切关系，总油量越大，与相邻建筑间的防火间距也要求越大，其防火间距见本《指南》第 3.4.1 条。有关变压器的含油量等情况，参见本《指南》第 3.4.11 条之［设计要点］。

疑点 5.2.3-3：室外变、配电站的火灾危险性如何确定？

释义：室外油浸变压器内所含变压器油的闪点不低于 120℃，根据《新建规》第 3.1.1 条的规定，其火灾危险性为丙类。因此，室外变、配电站的火灾危险性应比照丙类厂房来确定。

疑点 5.2.3-4：确定室外变、配电站与民用建筑的防火间距要考虑哪些因素？

释义：室外变、配电站与民用建筑的防火间距，要考虑变压器的总油量和民用建筑的耐火等级与类别。根据《新建规》第 3.4.1 条的规定，将室外变、配电站与民用建筑的防火间距要求列于表 F5.5，供参考。

表 F5.5　室外变、配电站与民用建筑的防火间距要求（m）

名　　称	变压器总油量 Q（t）	裙房	单、多层民用建筑			高层民用建筑
		一、二级	一、二级	三级	四级	一、二级
室外变、配电站	$5 \leq Q \leq 10$	15	15	20	25	20
	$10 < Q \leq 50$	20	20	25	30	25
	$Q > 50$	25	25	30	35	30

疑点 5.2.3-5：什么是终端变电站？其火灾危险性如何确定？

释义：电压为 10kV 及以下的变、配电站叫终端变电站，一般设在单独的建筑物内。终端变电站的变压器类型有油浸式变压器和干式变压器两种。对于油浸变压器终端变电站，单台容量不应大于 630kV·A，总容量不应大于 1260kV·A，其火灾危险性可比照丙类生产危险性确定。对于干式变压器终端变电站，一种是站内无充油电气设备或单台设备充油量小于 60kg，其火灾危险性可比照丁类生产危险性确定；另一种是站内有充油的电气设备且单台充油量大于 60kg，其火灾危险性可比照丙类生产危险性确定。

疑点 5.2.3-6：终端变电站可以附建在民用建筑内部吗？

释义：根据《新建规》第 5.4.12 条的规定，总容量不大于 1260kV·A、单台容量不大于 630kV·A 的终端变电站可以附设在民用建筑内，但应与其他部位进行防火分隔。

疑点 5.2.3-7：什么是预装式变电站？预装式变电站有火灾危险吗？

释义：预装式变电站一般由高压开关柜、低压配电屏、配电变压器、外壳四部分集成在一个或数个箱体内，分干式、油浸式两种，电压等级为高压 6kV ~ 35kV，低压 220/380V，额定容量一般为 30kV·A ~ 1600kV·A，其火灾危险性可比照丁类生产危险性确定。表 F5.6 汇总了终端变电站和预装式变电站与民用建筑的防火间距要求。

表 F5.6　终端、预装变电站与民用建筑的防火间距要求（m）

名　　称	耐火等级	裙房	单、多层民用建筑			高层民用建筑
		一、二级	一、二级	三级	四级	一、二级
终端变电站	一、二级	6	6	7	9	9
	三级	7	7	8	10	11
10kV 及以下的预装式变电站	可视为二级	3	3	—	—	3

疑点 5.2.3-8：热水锅炉与蒸汽锅炉有什么区别？

释义：根据现行国家标准《锅炉房设计规范》GB 50041—2008 第 1.0.2 条的规定，蒸汽锅炉是以水为介质、额定出口蒸汽压力为 0.10MPa ~ 3.82MPa（表压）、额定出口蒸汽温度不大于 450℃的锅炉；热水锅炉是额定出口水压为 0.10MPa ~ 2.50MPa（表压）、额定出口水温不大于 180℃的锅炉。两者的主要区别在于出口水（蒸汽）温度的差别较大，在防火上，主要考虑其所用燃料的特性和锅炉的容量。

疑点 5.2.3-9：高压锅炉与常压锅炉如何区分？

释义：根据《锅炉安全技术监察规程》TSG G0001—2012 第 1.4 节，高压锅炉又称承压锅炉（P=0.10MPa ~ 3.82MPa，表压），既可供蒸汽，又可供热水。常压锅炉是用自来水加压的热水锅炉，可提供水温不大于 95℃的热水。前者具有物理爆炸危险，后者无物理爆炸危险。在防火上，主要考虑其所用燃料的特性和锅炉的容量。

疑点 5.2.3-10： 高压锅炉房的爆炸属于哪种爆炸？

释义： 高压锅炉房爆炸是锅炉房中的可燃气体或蒸气引起的爆炸，属于化学爆炸；而锅炉本身的爆炸主要为物理爆炸。

疑点 5.2.3-11： 锅炉房的火灾危险性如何确定？

释义： 锅炉房的火灾危险性可以比照丁类生产厂房来确定，但其中的燃气调压间、燃气计量间应按照甲类火灾危险，可燃油储油间、油泵间和油加热器间应按照丙类火灾危险性来确定。

疑点 5.2.3-12： 锅炉房与民用建筑的防火间距如何确定？

释义： 锅炉房与民用建筑的防火间距，对于单台蒸汽锅炉的蒸发量不大于 4t/h 或单台热水锅炉的额定热功率不大于 2.8MW 的燃煤锅炉，可以将此类锅炉房视为相应耐火等级的民用建筑，按照《新建规》第 5.2.2 条的规定确定；对于其他规模的燃油、燃气或燃煤锅炉房，应按照《新建规》第 3.4.1 的规定确定其与相邻民用建筑的防火间距。表 F5.7 汇总了部分类型锅炉房与民用建筑的防火间距要求。

表 F5.7　锅炉房与民用建筑的防火间距要求（m）

锅炉的蒸发量（Q）和额定热功率（N）	耐火等级	裙房	单、多层民用建筑			高层民用建筑	
		一、二级	一、二级	三级	四级	一类	二类
						一、二级	
Q=4t/h ～ 75t/h N=2.8MW ～ 70MW	一、二级	10	10	12	14	15	13
	三级	12	12	14	16	18	15
单台 $Q \leqslant$ 4t/h 单台 $N \leqslant$ 2.8MW	一、二级	6	6	7	9	9	
	三级	7	7	8	10	11	

5.2.4　除高层民用建筑外，数座一、二级耐火等级的住宅建筑或办公建筑，当建筑物的占地面积总和不大于 2500m² 时，可成组布置，但组内建筑物之间的间距不宜小于 4m。组与组或组与相邻建筑物的防火间距不应小于本规范第 5.2.2 条的规定。

【条文要点】

本条规定了一、二级耐火等级的小型住宅建筑、办公建筑，可成组布置以及成组布置时组与组或组与其他相邻建筑的防火间距和每组建筑的总占地面积要求。

【相关标准】

《住宅建筑规范》GB 50368—2005；

《住宅设计规范》GB 50096—2011；

《城市居住区规划设计标准》GB 50180—2018；

《办公建筑设计规范》JGJ 67—2006。

【设计要点】

1. 除住宅建筑、办公建筑外，高层民用建筑、民用木结构建筑、三级或四级耐火等级的其他民用建筑、不应成组布置。

2. 组内住宅建筑的间距，除应符合本条有关间距的规定外，还应符合国家标准《城市居住区规划设计标准》GB 50180—2018 的规定。

3. 组内建筑的防火间距应为建筑相对外墙之间的最小水平净距，当外墙上有外挑建筑构件时，这些构件不能影响消防车的正常通行和灭火救援作业。

4. 成组布置的民用建筑要求，参见图 5.13。

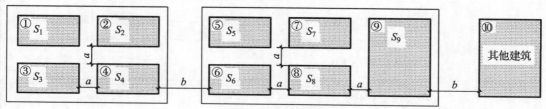

组内民用建筑的耐火等级不应低于二级

图 5.13 民用建筑成组布置示意图

注：1. $a \geqslant 4\mathrm{m}$，b 应符合《新建规》中表 5.2.2 的规定。

2. $S_1+S_2+S_3+S_4 \leqslant 2500\mathrm{m}^2$；$S_5+S_6+S_7+S_8+S_9 \leqslant 2500\mathrm{m}^2$。

5. 在成组布置时，应注意其适用条件，即本条规定允许成组布置并减小防火间距的必要条件是：

（1）住宅建筑或办公建筑应为单一功能建筑，不应为多种功能的建筑；

（2）成组布置时，每组的总占地面积不应大于一个防火分区的最大允许建筑面积，如果住宅建筑或办公建筑坐落在较大的地下或半地下室上且地下或半地下室的占地面积不符合《新建规》第 5.2.4 条规定时，则不能减小防火间距。

5.2.5 民用建筑与燃气调压站、液化石油气气化站或混气站、城市液化石油气供应站瓶库等的防火间距，应符合现行国家标准《城镇燃气设计规范》GB 50028 的规定。

【条文要点】

本条明确了民用建筑与燃气调压站、液化石油气气化站或混气站、城市液化石油气供应站瓶库等的防火间距的确定依据。

【相关标准】

《人工制气厂站设计规范》GB 51208—2016；

《液化石油气供应工程设计规范》GB 51142—2015；

《城镇燃气设计规范》GB 50028—2006。

【设计要点】

1. 燃气的相对密度与调压站的布置。根据《新建规》第 3.3.4 条、第 5.4.12 条和现行国家标准《城镇燃气技术规范》GB 50494—2009 第 6.3.2 条的规定，燃气相对密度大于 0.75 的调压装置，不得位于地下、半地下。

2. 调压站与民用建筑的防火间距。根据现行国家标准《城镇燃气设计规范》GB 50028—2006 第 6.6.3 条的规定，将燃气调压站等与民用建筑的防火间距要求汇总于表 F5.8，供参考。

表 F5.8　调压站（含调压柜）与民用建筑的水平净距要求（m）

设置形式	调压装置入口燃气压力级制	建筑物外墙面	重要公共建筑、一类高层民用建筑
地上单独建筑	高压（A）	18	30
	高压（B）	13	25
	次高压（A）	9	18
	次高压（B）	6	12
	中压（A）、中压（B）		
调压柜	次高压（A）	7	14
	次高压（B）	4	8
	中压（A）、中压（B）		
地下单独建筑、地下调压箱	中压（A）、中压（B）	3	6

注：1. 当调压装置露天设置时，指距离装置的边缘。

2. 当建筑物（含重要公共建筑物）的某外墙为无门、窗、洞口的实体墙，且建筑物的耐火等级不低于二级时，燃气进口压力级制为中压（A）或中压（B）的调压柜一侧或两侧（非平行）可贴靠上述外墙设置。

3. 当达不到表中净距要求时，采取有效措施后可适当缩小净距。

3. 液化石油气气化站或混气站与民用建筑的防火间距。根据住建部 2015 年第 992 号公告，自 2016 年 8 月 1 日起，由国家标准《液化石油气供应工程设计规范》GB 51142—

2015 替代《城镇燃气设计规范》GB 50028—2006 第 8 章的内容。将国家标准《液化石油气供应工程设计规范》GB 51142—2015 第 6.1.3 条有关民用建筑与液化石油气气化站、混气站的防火间距要求列于表 F5.9，供参考。

表 F5.9　液化石油气气化站和混气站与站外民用建筑的防火间距要求（m）

建　筑　物	储罐总容积 V（m³）、单罐容积 V'（m³）		
	$V \leqslant 10$	$10 < V \leqslant 30$	$30 < V \leqslant 50$
	—	—	$V' \leqslant 20$
居住区、学校、影剧院、体育馆等重要公共建筑、一类高层民用建筑（最外侧建筑外墙）	30	35	45
其他民用建筑	27	32	40

注：防火间距应按表内相应储罐总容积或单罐容积的防火间距较大者确定，防火间距的计算应自储罐外壁算起。

4. 城市液化石油气供应站瓶库等与民用建筑的防火间距。见现行国家标准《液化石油气供应工程设计规范》GB 51142—2015 第 5.1 节和第 5.2 节的规定。

目前，国家标准《城镇燃气设计规范》GB 50028—2006 正逐步转化为多项专门的燃气工程标准，有的已经发布实施，有的正在编制过程中。在执行本条时要注意查找相应的最新标准，以便更准确地确定相应的防火间距。

5.2.6　建筑高度大于 100m 的民用建筑与相邻建筑的防火间距，当符合本规范第 3.4.5 条、第 3.5.3 条、第 4.2.1 条和第 5.2.2 条允许减小的条件时，仍不应减小。

【条文要点】
本条规定了建筑高度大于 100m 的民用建筑与相邻建筑的防火间距。
【设计要点】
建筑高度大于 100m 建筑的火灾扑救难度大，救援时到场车辆多，所需救援场地大，大部分救援车辆作业所需空间大；火灾时高层坠落物和飞火对邻近建筑和救援人员的危害大。设计应在此类高层建筑周围设置足够宽度的空间。

建筑高度大于 100m 的建筑一般能设置在远离工业建筑和可燃液体、可燃气体储罐或可燃材料堆场的位置。极少数建筑，如企业自身的办公与指挥调度楼，存在与相邻工业建筑及储罐或堆场的间距设置问题。因此，建筑高度大于 100m 的建筑与相邻建筑的防火间距，主要是与其他民用建筑、汽车库、修车库、燃气调压站、液化石油气气化站或混气站、城市液化石油气供应站瓶库等的防火间距，这些间距应按照相应标准的要求确定，且当允许小于 13m 时，仍应保持不小于 13m 的间距。

本条尽管规定了建筑高度大于 100m 的民用建筑与其他建筑的防火间距，但此原则也适用于建筑高度大于 100m 的工业建筑。

5.3 防火分区和层数

在民用建筑内划分防火分区是控制火灾蔓延、减少火灾危害的有效措施之一。在设计时，防火分区的划分与大小，与下列因素关系密切：

（1）建筑物的层数和高度。建筑层数越多，建筑高度越高，其防火分区面积应越小。

（2）建筑的火灾危险性。火灾危险性越大或可燃物越集中，防火分区面积应越小。

（3）建筑自身的耐火性能。建筑的耐火等级越高，防火分区面积可以适当扩大。

（4）防火分区所处位置。地上建筑的防火分区面积可以比地下或半地下建筑大。

（5）防火分区内的自救能力。设置自动灭火系统的防火分区可比未设置自动灭火设施的防火分区面积大，具有良好自然通风排烟条件的防火分区可比相对封闭的防火分区大。

此外，防火分区还与建筑的实际用途有一定关系。

5.3.1 除本规范另有规定外，不同耐火等级建筑的允许建筑高度或层数、防火分区最大允许建筑面积应符合表 5.3.1 的规定。

表 5.3.1 不同耐火等级建筑的允许建筑高度或层数、防火分区最大允许建筑面积

名称	耐火等级	允许建筑高度或层数	防火分区的最大允许建筑面积（m²）	备注
高层民用建筑	一、二级	按本规范第 5.1.1 条确定	1500	对于体育馆、剧场的观众厅，防火分区的最大允许建筑面积可适当增加
单、多层民用建筑	一、二级	按本规范第 5.1.1 条确定	2500	对于体育馆、剧场的观众厅，防火分区的最大允许建筑面积可适当增加
	三级	5 层	1200	—
	四级	2 层	600	
地下或半地下建筑（室）	一级	—	500	设备用房的防火分区最大允许建筑面积不应大于 1000m²

注：1 表中规定的防火分区最大允许建筑面积，当建筑内设置自动灭火系统时，可按本表的规定增加 1.0 倍；局部设置时，防火分区的增加面积可按该局部面积的 1.0 倍计算。

2 裙房与高层建筑主体之间设置防火墙时，裙房的防火分区可按单、多层建筑的要求确定。

5.3.1A 独立建造的一、二级耐火等级老年人照料设施的建筑高度不宜大于32m，不应大于54m；独立建造的三级耐火等级老年人照料设施，不应超过2层。

【条文要点】

1. 规定了不同耐火等级各类民用建筑及其地下、半地下室或地下、半地下民用建筑的防火分区最大允许建筑面积和最多允许层数。

2. 规定了各类耐火等级老年人照料设施的最大允许建筑高度或最多允许层数。

【相关标准】

《汽车库、修车库、停车场设计防火规范》GB 50067—2014；

《人民防空工程设计防火规范》GB 50098—2009；

《中小学校设计规范》GB 50099—2011；

《民用建筑设计统一标准》GB 50352—2019；

《住宅建筑规范》GB 50368—2005；

《综合医院建筑设计规范》GB 51039—2014；

《邮电建筑防火设计标准》YD 5002—1994；

《档案馆建筑设计规范》JGJ 25—2010；

《体育建筑设计规范》JGJ 31—2003；

《宿舍建筑设计规范》JGJ 36—2016；

《图书馆建筑设计规范》JGJ 38—2015；

《托儿所、幼儿园建筑设计规范》JGJ 39—2016（2019年版）；

《文化馆建筑设计规范》JGJ/T 41—2014；

《商店建筑设计规范》JGJ 48—2014；

《剧场建筑设计规范》JGJ 57—2016；

《电影院建筑设计规范》JGJ 58—2008；

《旅馆建筑设计规范》JGJ 62—2014；

《饮食建筑设计标准》JGJ 64—2017；

《办公建筑设计规范》JGJ 67—2006；

《博物馆建筑设计规范》JGJ 66—2015；

《展览建筑设计规范》JGJ 218—2010；

《老年人照料设施建筑设计标准》JGJ 450—2018。

【设计要点】

1. 高层民用建筑中一个防火分区的最大允许建筑面积不得大于1500m²。一、二级耐火等级单、多层民用建筑中一个防火分区的最大允许建筑面积不得大于2500m²；三级耐火等级单、多层民用建筑层数不得超过5层，一个防火分区的最大允许建筑面积不得大于1200m²；四级耐火等级单、多层民用建筑层数不得超过2层，一个防火分区的最大允许建筑面积不得大于600m²。

地下或半地下民用建筑或民用建筑的地下、半地下室，一个防火分区的最大允许建筑面积不得大于500m²；位于地下或半地下的设备用房，其防火分区的最大允许建筑面积不得大于1000m²。

上述建筑或场所中设置自动灭火系统的防火分区，其最大允许建筑面积可增加1.0倍。例如，设置自动灭火系统地下设备用房，其一个防火分区的最大允许建筑面积不得大于2000m²。当防火分区内局部设置自动灭火系统时，该局部防火分区的建筑面积可折半计入防火分区的总建筑面积，参见本条疑点5.3.1-4的释义。对于建筑内未设置自动灭火系统的防火分区或防火分区内未设置自动灭火系统的区域，其建筑面积不允许增加。

2. 对于体育馆、剧场内的观众厅，为满足功能需要致其防火分区的建筑面积大于本条相应耐火等级和建筑高度建筑中一个防火分区的最大允许建筑面积时，相应的防火分区建筑面积在控制区域内相应高火灾危险部位的火灾蔓延和确保人员疏散安全等的情况下，可以根据实际需要适当增加。

3. 裙房与高层民用建筑主体之间采用防火墙和甲级防火门分隔后，裙房可按单、多层民用建筑进行防火设计；否则，裙房的防火设计要求应与高层主体的要求一致。这主要表现在防火分区划分、安全疏散设施的设置、建筑的耐火等级与结构的耐火要求、建筑内部的装修与外保温系统、消防设施设置等方面。

在高层主体与裙房之间必须连通的开口应设置甲级防火门或防火隔间等可靠的防火分隔与连通措施，不应采用防火卷帘等其他方式替代。

4. 老年人照料设施的设计要充分考虑我国各地的救援能力和所需照料的老年人的特点，以及我国当前和未来一定时期内老年人照料的服务水平和社会管理状况，使供老年人生活的场所所处位置距地面的高度、内部消防设施与疏散避难设施、辅助自救与防护器材、外部救援条件能够在火灾时最大限度地保障老年人的安全。对于独立建造的老年人照料设施，当建筑的耐火等级为三级时，不得超过2层；当建筑的耐火等级不低于二级时，建筑高度不应大于54m。老年人照料设施属于公共建筑，不同于一般的老年人活动场所和老年人住宅建筑。对于与其他功能组合建造的老年人照料设施，其设置楼层位置也应符合此要求，相关要求还可见《新建规》第5.4.4A条的规定。

【释疑】

疑点5.3.1-1：住宅建筑要划分防火分区吗？

释义：单元式住宅建筑可不划分防火分区，其他类型的住宅建筑应按本条规定划分防火分区。住宅建筑与公共建筑的防火分区的作用有所不同。公共建筑的防火分区是控制火灾向相邻防火分区蔓延，而单元式住宅建筑（包括塔式住宅）是由多个每层建筑面积较小的独立单元组合而成的，每个住宅单元的空间相对独立、相互之间已经完全分隔，尽管住宅单元之间分隔墙体的耐火极限和构造不如防火墙，但实际上仍起到了防火分区的作用。因此，规范没有再明确在单元式住宅建筑中划分防火分区的要求，而是从强化住宅单元之间以及套与套之间的防火分隔措施来实现其防火安全的目标。

但是，其他类型的住宅建筑，如通廊式住宅建筑，是通过走廊将多个套房联系在一起，不仅楼层的建筑面积大，而且其中一户发生火灾后的危及面大，因此，这些类型的住宅建筑仍然需要按要求划分防火分区。

不论是单元式还是通廊式住宅建筑，都要重视其中套与套或户与户之间的防火分隔，以控制住宅户内火灾向相邻住户蔓延。

疑点 5.3.1-2：建筑高度大于 250m 的民用建筑中一个防火分区的最大允许建筑面积是多少？

释义：建筑高度大于 250m 的民用建筑中一个防火分区的最大允许建筑面积，与其他高层民用建筑的要求一样，地上楼层均为不应大于 $1500m^2$，地下设备区不应大于 $1000m^2$；地下和地上汽车库的防火分区最大允许建筑面积应符合现行国家标准《汽车库、修车库、停车场设计防火规范》GB 50067—2014 的规定，其他地下区域不应大于 $500m^2$。由于此类建筑要求全楼设置自动喷水灭火系统和其他灭火系统，因此，实际上建筑内一个防火分区的最大允许建筑面积均可以按上述数值增加一倍。

疑点 5.3.1-3：汽车库内的设备用房是否需要独立划分防火分区？

释义：汽车库内的设备用房主要有两类，一类为直接为汽车库服务的设备用房，这类设备用房可与车库划分在同一防火分区内，但要按规范规定进行防火分隔；另一类为设置在其他建筑内的汽车库，并在汽车库内设置了为整座建筑服务或除汽车库外的其他区域服务的设备用房，这类设备用房应按现行国家标准《汽车库、修车库、停车场设计防火规范》GB 50067—2014 第 5.1.6 条的规定独立划分防火分区。

疑点 5.3.1-4：防火分区内局部设置自动灭火系统时，如何确定该防火分区的建筑面积？

释义：当一个防火分区全部设置自动灭火系统时，该防火分区的建筑面积可以按相应规定增加 1.0 倍；当一个防火分区中的局部区域设置自动灭火系统时，该局部区域的建筑面积可以按其一半计入该防火分区的总建筑面积。例如，一个建筑面积为 $3000m^2$ 的防火分区，其中有 $1000m^2$ 设置了自动灭火系统，则该防火分区的计算建筑面积为 $2000+1000/2=2500$（m^2）。因此，在建筑确定该防火分区的建筑面积是否符合规范要求时，可以按照 $2500m^2$ 计算。

当然，该局部区域一般应采取防火分隔措施与其他区域进行分隔。因为该局部区域的火灾危险性高或部位重要才需要设置自动灭火系统，而不是为增加面积而只在该局部区域设置自动灭火系统，参见图 5.14。

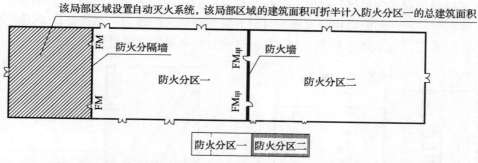

图 5.14　局部区域设置自动灭火系统时的防火分区建筑面积计算示意图

疑点 5.3.1-5：体育馆、剧场的观众厅中一个防火分区的最大允许建筑面积可适当增加，具体可以增加多少？是否仍有最大允许建筑面积限制？

释义：体育馆、剧场的观众厅的防火分区，正常情况下应按照《新建规》第 5.3.1 条表 5.3.1 及其注的规定来确定。对于少数为满足比赛和特殊演出功能需要设置更大面积的观众厅，要在可以分隔的不同功能部位和高火灾危险性部位采用防火隔墙或防火墙分隔以后，来确定该观众厅必须划分为同一个防火分区的建筑面积。观众厅内一个防火分区的建筑面积控制，以实际功能需要为基础确定，但超过规范规定值时，应对其中人员疏散的安全性、灭火和火灾自动报警系统的有效性与针对性、特殊结构的防火保护措施及其能达到的耐火性能、火灾烟气控制方法与设施的有效性和相应设计的合理性、电气线路选型与敷设、建筑内装修材料的燃烧性能等预防和控制火灾方面设计的针对性措施等进行充分论证。

对于布置在单、多层建筑内的体育馆、剧场的观众厅，一个防火分区的最大允许建筑面积没有最大值限制，但通常可以比照《新建规》第 5.3.4 条第二款的规定，按照不大于 10000m² 考虑；对于布置在高层建筑内的剧场观众厅，一个防火分区的最大允许建筑面积，可比照《新建规》第 5.3.4 条第一款的规定，按照不大于 4000m² 考虑，大型体育比赛的观众厅通常不应布置在高层建筑内。

疑点 5.3.1-6： 规范对地下、半地下设备用房中一个防火分区的最大允许建筑面积为 1000m² 的规定，是否有对设备用房的火灾危险性要求？

释义： 设置在地下、半地下的设备用房，其一个防火分区的最大允许建筑面积不应大于 1000m²，当防火分区内全部设置自动灭火系统时，可为 2000m²。此规定是针对火灾危险性为与丁、戊类生产场所相当的设备用房，对于与丙类生产火灾危险性相当的场所，其一个防火分区的最大允许建筑面积仍应按不大于 500m² 控制。这也能与《新建规》第 3.3.1 条的规定保持一致。甲、乙类火灾危险性的场所不应设置在地下和半地下。

疑点 5.3.1-7： 高层建筑的高层主体与裙房采用防火墙分隔后，如何确定裙房的防火设计要求？

释义： 当高层建筑的高层主体采用防火墙与裙房进行分隔后，裙房的防火分区最大允许建筑面积、疏散距离、疏散楼梯形式、百人疏散宽度指标、消防设施的设置，均可按相应单、多层民用建筑的要求确定，但疏散系统和消防设施应与高层主体各自独立，火灾报警与联动控制仍应集中管理。此时，裙房与在高层侧边附建的辅楼相当，参见图 5.15。在高层主体与裙房之间的分隔用防火墙上可以开设甲级防火门或窗，允许局部采用防火玻璃墙、防火隔间等，但不允许采用防火卷帘、防火分隔水幕等分隔措施。

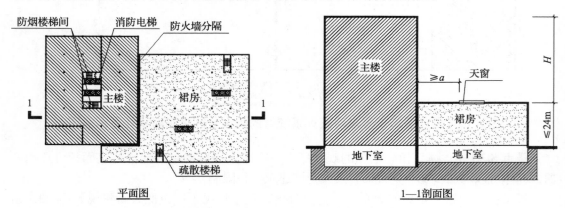

图 5.15 高层与裙房分隔示意图

注：当 $H \leqslant 24m$ 时，$a=6m$；当 $H>24m$ 时，$a=9m$。

疑点 5.3.1-8: 坡地建筑的坡顶层与坡底层之间的楼层中一个防火分区的最大允许建筑面积如何确定?

释义: 对于坡地建筑,坡顶层与坡底层之间的楼层中同时符合下列条件的防火分区,可以按规范有关地上建筑的要求确定其最大允许建筑面积。否则,应按规范有关地下、半地下室的要求确定其防火分区的最大允许建筑面积,参见图 5.16。

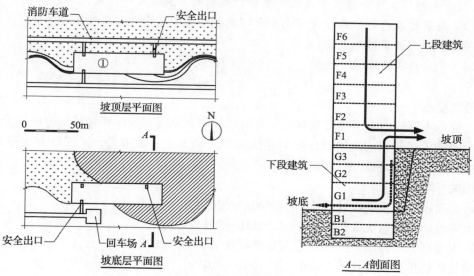

图 5.16 坡地建筑示意图

(1)防火分区有不少于 1/3 周长或一个长边的外墙可布置外窗。

(2)防火分区的建筑面积大于 1000m² 时,至少有 2 个安全出口或疏散楼梯;防火分区的建筑面积不大于 1000m² 时,至少有 1 个安全出口或疏散楼梯;这些安全出口或疏散楼梯能从上向下经坡底层疏散到室外设计地坪。

(3)坡底层的室外设计地坪能布置消防救援场地或与消防车道、基地内的机动车道贯通。

疑点 5.3.1-9: 规范对独立建造的老年人照料设施中地下室的功能是否有所限制?

释义: 对于独立建造的老年人照料设施中地下室的功能,规范没有专门的限制性要求,与其他民用建筑地下或半地下室的要求一致。例如,可以布置汽车库,但应符合国家标准《汽车库、修车库、停车场设计防火规范》GB 50067—2014 第 4.1.4 条的规定;老年人生活用房的正下方不应布置锅炉房、柴油发电机房和油浸变、配电站等功能用房。

5.3.2 建筑内设置自动扶梯、敞开楼梯等上、下层相连通的开口时,其防火分区的建筑面积应按上、下层相连通的建筑面积叠加计算;当叠加计算后的建筑面积大于本规范第 5.3.1 条的规定时,应划分防火分区。

建筑内设置中庭时,其防火分区的建筑面积应按上、下层相连通的建筑面积叠加计算;当叠加计算后的建筑面积大于本规范第 5.3.1 条的规定时,应符合下列规定:

　　1 与周围连通空间应进行防火分隔：采用防火隔墙时，其耐火极限不应低于 1.00h；采用防火玻璃墙时，其耐火隔热性和耐火完整性不应低于 1.00h，采用耐火完整性不低于 1.00h 的非隔热性防火玻璃墙时，应设置自动喷水灭火系统进行保护；采用防火卷帘时，其耐火极限不应低于 3.00h，并应符合本规范第 6.5.3 条的规定；与中庭相连通的门、窗，应采用火灾时能自行关闭的甲级防火门、窗；

　　2 高层建筑内的中庭回廊应设置自动喷水灭火系统和火灾自动报警系统；

　　3 中庭应设置排烟设施；

　　4 中庭内不应布置可燃物。

【条文要点】

　　1. 规定了建筑内上下楼层具有连通开口时的防火分区建筑面积计算与分区划分要求。

　　2. 明确了建筑内中庭连通区域的建筑面积之和大于一个防火分区的最大允许建筑面积时的防火分隔要求和常见措施。

【相关标准】

　　《自动喷水灭火系统设计规范》GB 50084—2017；

　　《火灾自动报警系统设计规范》GB 50116—2013；

　　《防火卷帘、防火门、防火窗施工及验收规范》GB 50877—2014；

　　《建筑防烟排烟系统技术标准》GB 51251—2017；

　　《防火门》GB 12955—2008；

　　《防火卷帘》GB 14102—2005；

　　《防火窗》GB 16809—2008；

　　《防火玻璃非承重隔墙通用技术条件》GA 97—1995。

【设计要点】

　　1. 建筑内设置的自动扶梯、敞开楼梯等，必然会在上、下楼层间形成相互贯通的开口，并会在火灾时成为火势和烟气蔓延的通道，从而破坏了建筑竖向利用楼板所划分的防火分区的完整性。因此，这些通过上、下层开口所连通的区域的建筑面积应计入同一个防火分区，并应符合相应耐火等级和建筑高度（如单层、多层或高层）民用建筑中一个防火分区的最大允许建筑面积要求。当连通区域的总建筑面积大于一个防火分区的最大允许建筑面积时，应在适当位置采用防火墙等划分为多个建筑面积符合规定要求的防火分区。例如，在自动扶梯的楼层开口周围采用防火墙和防火卷帘进行分隔等。

　　2. 对于规范允许采用敞开疏散楼梯间的建筑，此敞开楼梯间可以不按上、下楼层的连通开口考虑；其他情形，应视为上、下楼层的连通开口。

　　3. 建筑内设置中庭时，中庭应按连通上、下楼层的开口考虑。

　　中庭是在建筑内部贯穿多个楼层的室内空间。建筑内院与中庭不同，它属于室外空间，不属于上、下楼层的连通开口。中庭形式多样，有的与各楼层直接相通，有的与所贯通楼层在界面处不直接相通，有的中庭周围均有楼层，有的只有部分空间与楼层相连。中庭按其平面布置大约有 6 种形式，参见图 5.17。无论哪种形式的中庭，均会导致火势在其所连通的楼层蔓延。

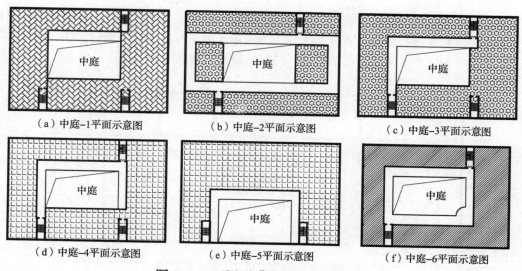

（a）中庭-1平面示意图   （b）中庭-2平面示意图   （c）中庭-3平面示意图

（d）中庭-4平面示意图   （e）中庭-5平面示意图   （f）中庭-6平面示意图

图 5.17　不同形式中庭平面示意图

鉴于中庭与其他形式的上、下楼层连通口在空间尺度和周围边界等方面存在一定差别，当建筑内上、下楼层中通过中庭连通区域的建筑面积之和大于一个防火分区的最大允许建筑面积时，其分隔方式也有所不同。为此，《新建规》第 5.3.2 条明确了中庭应与周围连通空间进行防火分隔，并规定了部分常用分隔方式的技术要求。在设计中，无论采用什么防火分隔方式，均要能发挥防止火势和烟气通过中庭蔓延至其他楼层的作用。在确定有关分隔措施时，要注意以下事项：

（1）当中庭的地面面积与该层所连通的周围区域的面积之和小于一个防火分区的最大允许建筑面积时，可以从该层的上一层起将中庭与以上楼层的连通区域进行防火分隔，见图 5.18。

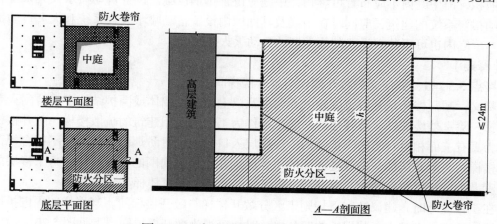

图 5.18　中庭防火分隔示意图（一）

（2）当建筑中与中庭连通的部位为房间时（如办公建筑的办公室、旅馆建筑的客房等），可以直接采用连通边界处耐火极限不低于 1.00h 的防火隔墙和甲级防火门、窗进行分隔。这相当于将这些房间与中庭连通的墙体相对中庭视为建筑的外墙，通过回廊与中庭连通的形式，仍应尽量在中庭与回廊的边界处进行分隔。

（3）当采用耐火完整性不低于 1.00h 的防火玻璃墙进行分隔时，防火玻璃墙应位于中庭与其他区域的连通边界处，参见图 5.19；当采用非隔热性防火玻璃墙时，该分隔墙体还应设置自动喷水灭火系统进行保护。防火门、窗应为甲级防火门、窗。

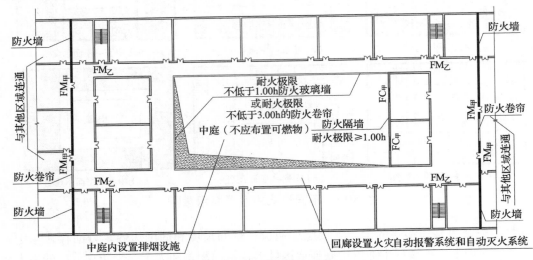

图 5.19　中庭防火分隔示意图（二）

（4）当采用防火卷帘进行分隔时，防火卷帘的长度不受《新建规》第 6.5.3 条规定的限制，但防火卷帘应设置在中庭的边界处，其他要求仍应符合《新建规》第 6.5.3 条的规定。

（5）当采用防火分隔措施将中庭与其他区域进行分隔后，中庭的建筑面积（包括中庭的楼地面面积和在各楼层可能的部分回廊的建筑面积）允许大于一个防火分区的最大允许建筑面积，但中庭内不应布置可燃物，中庭应设置排烟设施。设置自动喷水灭火系统和火灾自动报警系统的建筑，应同时在中庭及其回廊内设置自动喷水灭火系统和火灾自动报警系统。中庭内也可以独立设置其他类型的自动灭火系统。

【释疑】

疑点 5.3.2-1：如何区分敞开楼梯与敞开楼梯间？

释义：敞开楼梯是开口宽度较大或两面及以上无分隔墙体或围护结构不符合耐火要求的楼梯。除室外楼梯外，敞开楼梯一般不能作为工业与民用建筑的疏散楼梯。敞开楼梯间一般为具有三面相对封闭的围护结构，在楼层入口处未设置防烟门或防烟门不符合规范要求的楼梯间。敞开楼梯与敞开楼梯间的主要区别在于楼梯周围的分隔墙体在每个楼层的开口宽度大小，开口宽度越小，越有利于阻滞火势和烟气通过楼梯蔓延。

在工程设计时，建议按如下规则来区分敞开楼梯与敞开楼梯间。当楼梯四周围护墙在每个楼层的开口宽度小于其周长的四分之一时，可视为敞开楼梯间，参见图 5.20（a）；否则，应为敞开楼梯，参见图 5.20（b）~（d）。

疑点 5.3.2-2：建筑内上、下楼层设置敞开楼梯间等开口时，其防火分区的建筑面积是否需要叠加？

释义：一般，贯通建筑内上、下楼层的开口在穿越楼层位置处未进行防火分隔或防火分隔不符合规范要求时，此开口相连通区域的建筑面积应叠加计入同一防火分区。在综

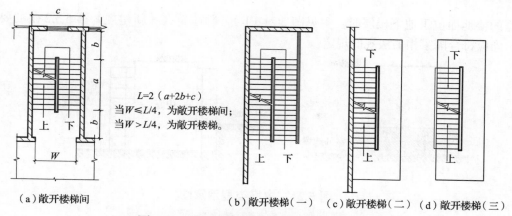

$$L=2\,(a+2b+c)$$
当 $W \leqslant L/4$，为敞开楼梯间；
当 $W > L/4$，为敞开楼梯。

（a）敞开楼梯间　　　　　　　（b）敞开楼梯（一）　（c）敞开楼梯（二）　（d）敞开楼梯（三）

图 5.20　敞开楼梯与敞开楼梯间示意图

合考虑消防安全与实际建筑的火灾危险性等因素后，对于《新建规》允许采用敞开楼梯间的建筑，其中的敞开楼梯间可以不作为建筑内上、下楼层上的连通开口，即此种情况下建筑内通过敞开楼梯间连通的楼层的建筑面积在划分防火分区时可以不叠加计算，但各楼层仍应根据各楼层的建筑面积按要求划分防火分区。这些建筑包括建筑层数为 5 层及 5 层以下的教学楼、办公建筑以及《新建规》第 5.5.12 条、第 5.5.13 条规定以外的其他民用建筑。

例如：一座二级耐火等级、建筑高度为 20m 的 5 层普通办公楼，每层建筑面积为 3000m²，各层均未设置自动灭火系统，所有疏散楼梯均为敞开楼梯间。根据《新建规》第 5.3.1 条、第 5.3.2 条和第 5.5.13 条的规定，该办公楼每层应分别划分为 2 个防火分区，每个防火分区的建筑面积不应大于 2500m²，采用敞开楼梯间连通的上下楼层的面积可以不叠加计算。

疑点 5.3.2-3： 与中庭连通的房间疏散门至安全出口或疏散楼梯的最大距离如何控制？

释义： 设置中庭的民用建筑，与中庭连通的房间疏散门至最近安全出口或疏散楼梯的最大疏散距离，应按《新建规》第 5.5.17 条的规定进行控制。

疑点 5.3.2-4： 中庭内是否需要设置排烟设施？

释义： 中庭内应设置排烟设施，至于是采用自然排烟方式还是机械排烟方式以及排烟口或排烟量等的设计，应符合现行国家标准《建筑防烟排烟系统技术标准》GB 51251—2017 第 4.1.3 条和第 4.6.5 条等的规定。当符合自然排烟条件时，要优先采用自然排烟方式。

疑点 5.3.2-5： 中庭内是否要设置自动灭火系统和火灾自动报警系统？

释义： 当建筑设置自动灭火系统和火灾自动报警系统时，中庭及其回廊应设置自动灭火系统和火灾自动报警系统；高层民用建筑不管是否设置自动灭火系统和火灾自动报警系统，中庭回廊均要设置自动灭火系统和火灾自动报警系统。

疑点 5.3.2-6： 中庭的楼地面不在建筑首层时，如何进行防火设计？

释义： 无论中庭的楼地面是否位于建筑的首层，参见图 5.21（a），中庭仍应按《新建规》第 5.3.2 条的要求划分防火分区和进行防火分隔，并应采取相关防火措施。但是，当中庭的楼地面位于地下楼层时，参见图 5.21（b），除应符合《新建规》第 5.3.2 条的要求外，尚应符合国家相关法规的规定。

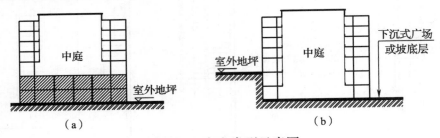

图 5.21 中庭类型示意图

5.3.3 防火分区之间应采用防火墙分隔，确有困难时，可采用防火卷帘等防火分隔设施分隔。采用防火卷帘分隔时，应符合本规范第 6.5.3 条的规定。

【条文要点】

本条明确了民用建筑中防火分区间的防火分隔应主要采用防火墙进行。

【相关标准】

《自动喷水灭火系统设计规范》GB 50084—2017；

《防火卷帘、防火门、防火窗施工及验收规范》GB 50877—2014；

《消防给水及消火栓系统技术规范》GB 50974—2014；

《防火卷帘》GB 14102—2005；

《剧场建筑设计规范》JGJ 57—2016；

《自动喷水灭火系统 第 13 部分：水幕喷头》GB 5135.13—2006。

【设计要点】

划分防火分区是建筑被动防火的一个重要手段。规范的规定基于防火墙的可靠性，强调了采用防火墙对防火分区进行分隔的重要性，除特殊情况外，防火分区应首先采用防火墙进行分隔，但规范并没有限制在防火墙上开设洞口。当防火分区之间需要满足和方便人员通行等功能要求时，可以在防火墙上开设门、窗、洞口等开口，但这些开口应采用甲级防火门、窗或防火卷帘等来保证防火分区的有效性，防止火势和烟气蔓延至相邻防火分区。

当防火墙上的开口采用防火卷帘进行分隔时，应根据《新建规》第 6.5.3 条的规定采用火灾时能依靠自重自动关闭的防火卷帘，其他类型的防火卷帘不得用于防火分隔。鉴于防火卷帘目前在我国使用中可靠性低的问题，建筑内的防火分区要尽可能少用防火卷帘，以确保防火分区有效发挥控制火灾、减少火灾危害的作用。

【释疑】

疑点 5.3.3-1：防火墙能否采用防火玻璃墙替代？

释义：防火墙可以局部采用防火玻璃墙替代。当采用防火玻璃墙分隔时，防火玻璃及其固定框架等整体要满足相应部位防火墙的设计耐火时间，能达到与防火墙相当的防火构造要求。

疑点 5.3.3-2：防火墙上的开口能否采用防火分隔水幕分隔？

释义：防火墙上的开口可以采用防火分隔水幕进行分隔，但这种分隔方式用水量较大，不推荐使用，通常用于大型剧场中舞台与观众厅之间、生产厂房中需连续并跨越防火分区且无法中断的生产线所处区域的防火分隔。

疑点 5.3.3-3：防火分隔水幕的宽度是否有限定？

释义：防火墙上的开口采用防火水幕分隔时，《新建规》对防火分隔水幕的宽度没有明确限制。但是，根据国家标准《自动喷水灭火系统设计规范》GB 50084—2017 第 5.0.14 条的规定，防火分隔水幕的喷水强度为 2.0L/（s·m）；第 4.3.3 条规定，防火分隔水幕不宜用于尺寸超过 15m（宽）×8m（高）的开口（舞台口除外）；第 7.1.16 条规定，防火分隔水幕的喷头布置应保证水幕的宽度不小于 6m。采用水幕喷头时，喷头不应少于 3 排；采用开式喷头时，喷头不应少于 2 排。因此，防火分隔水幕的宽度不应小于 6m。显然，按防火墙不低于 3.00h 的耐火极限对防火分隔水幕持续供水，将需要储备大量水，这不符合要尽量发挥水资源灭火作用的原则。

疑点 5.3.3-4：规范对防火墙上的开口是否有面积或宽度的限定？

释义：除采用防火卷帘分隔的开口外，规范对防火墙上其他开口的面积或宽度并无明确限制。但是，其他开口基本都是比较小的开口，如门、窗，较大的开口只能采用防火卷帘或防火分隔水幕等进行分隔，而防火分隔水幕只能用于防火分隔高度高且难以采用其他方式进行封闭的开口。因此，实际上，规范对防火墙上的开口是有限制的。

5.3.4　一、二级耐火等级建筑内的商店营业厅、展览厅，当设置自动灭火系统和火灾自动报警系统并采用不燃或难燃装修材料时，其每个防火分区的最大允许建筑面积应符合下列规定：

1　设置在高层建筑内时，不应大于 4000m²；

2　设置在单层建筑或仅设置在多层建筑的首层内时，不应大于 10000m²；

3　设置在地下或半地下时，不应大于 2000m²。

【条文要点】

本条针对商店营业厅、展览厅对防火分区建筑面积的使用要求，规定了可以扩大的条件。

【相关标准】

《自动喷水灭火系统设计规范》GB 50084—2017；

《火灾自动报警系统设计规范》GB 50116—2013；

《建筑内部装修设计防火规范》GB 50222—2017；

《建筑防烟排烟系统技术标准》GB 51251—2017。

【设计要点】

1. 本条对商店营业厅和展览厅的防火分区最大允许建筑面积的调整要求，不适合其他使用功能的场所。当商店营业厅、展览厅设置自动灭火系统和火灾自动报警系统、采用不燃或难燃装修材料时，营业厅、展览厅中一个防火分区的最大允许建筑面积可以按照下列数值确定：

（1）位于高层建筑内的营业厅、展览厅，无论其位于高层建筑的地上那个楼层，一个防火分区的最大允许建筑面积均不应大于 4000m²。

（2）位于地下、半地下的营业厅、展览厅，无论是独立的地下、半地下建筑还是建筑的下部地下、半地下室，一个防火分区的最大允许建筑面积均不应大于 2000m²。

（3）单层商店建筑的营业厅或单层展览建筑的展览厅，一个防火分区的最大允许建筑面积也可以按照不大于 10000m² 划分。

位于多层建筑内的营业厅、展览厅，只在建筑的首层设置了营业厅或展览厅，而在其他楼层没有设置营业厅或展览厅时，一个防火分区的最大允许建筑面积也可以按照不大于 10000m² 划分；如果其他楼层也设置了营业厅或展览厅，则其首层营业厅或展览厅中一个防火分区的建筑面积仍不应大于 5000m²。

但是，不能反过来说，当不符合上述条件时，营业厅和展览厅中一个防火分区的最大允许建筑面积可以按照上述（1）～（3）的数值折半确定。

（4）在多层建筑内，营业厅、展览厅设置在多个楼层，或设置在二层及以上楼层时，一个防火分区的最大允许建筑面积不应大于 5000m²。

例如，一座 3 层的多层民用建筑，首层为超市，二、三层为办公场所，超市内设置自动灭火系统和火灾自动报警系统，内部装修均为 A 级装修材料。此时，该超市每个防火分区的最大允许建筑面积可为 10000m²。但是，假如该超市内设置火灾自动报警系统，内部装修仍均为 A 级装修材料，但未设置自动喷水灭火系统，则该超市每个防火分区的最大允许建筑面积不应大于 2500m²，而不能是 5000m²。

又例，如果该超市内设置自动灭火系统和火灾自动报警系统，内部装修均为 A 级装修材料，但超市位于建筑的二层，则其每个防火分区的最大允许建筑面积不应大于 5000m²；或者在同样条件下，该建筑的首层和二层均设置了超市，则其一、二层中每个防火分区的最大允许建筑面积也均不应大于 5000m²，而不能是首层每个防火分区的最大允许建筑面积为不大于 10000m²，二层每个防火分区的最大允许建筑面积不大于 5000m²。

2. 对于建筑中没有设置自动灭火系统的防火分区（包括商店营业厅和展览建筑的展览厅），其最大允许建筑面积仍应符合《新建规》第 5.3.1 条的规定。此外，营业厅和展览厅在扩大防火分区建筑面积时的室内装修应采用 A 级或 B₁ 级材料，是一个原则条件，具体各部位装修材料的燃烧性能还应符合国家标准《建筑内部装修设计防火规范》GB 50222—2017 的相关规定。当国家标准《建筑内部装修设计防火规范》GB 50222—2017 对营业厅和展览厅中某些部位装修材料的燃烧性能要求低于 B₁ 级，或者允许降低燃烧性能时，仍应采用 A 级或 B₁ 级装修材料，不应采用 B₂ 或 B₃ 级材料，而该规范对有的部位要求采用 A 级装修材料的部位，应采用 A 级材料。

虽然营业厅和展览厅中每个防火分区的建筑面积在符合条件时允许扩大，但这些场所的疏散距离和疏散宽度仍应符合《新建规》第 5.5.17 条和第 5.5.21 条等的规定。

5.3.5 总建筑面积大于 20000m² 的地下或半地下商店，应采用无门、窗、洞口的防火墙、耐火极限不低于 2.00h 的楼板分隔为多个建筑面积不大于 20000m² 的区域。相邻区域确需局部连通时，应采用下沉式广场等室外开敞空间、防火隔间、避难走道、防烟楼梯间等方式进行连通，并应符合下列规定：

　　1　下沉式广场等室外开敞空间应能防止相邻区域的火灾蔓延和便于安全疏散，并应符合本规范第 6.4.12 条的规定；

　　2　防火隔间的墙应为耐火极限不低于 3.00h 的防火隔墙，并应符合本规范第 6.4.13 条的规定；

　　3　避难走道应符合本规范第 6.4.14 条的规定；

　　4　防烟楼梯间的门应采用甲级防火门。

【条文要点】

　　本条规定了总建筑面积大于 20000m^2 的地下、半地下商店，应分隔为多个总建筑面积分别不大于 20000m^2 的区域以及这些区域必须连通时的连通方式。

【相关标准】

　　《人民防空工程设计防火规范》GB 50098—2009；

　　《民用建筑设计统一标准》GB 50352—2019；

　　《建筑防烟排烟系统技术标准》GB 51251—2017；

　　《地铁设计防火标准》GB 51298—2018；

　　《商店建筑设计规范》JGJ 48—2014。

【设计要点】

　　商店内的火灾荷载集中，地下、半地下大型商店的火灾扑救难度和火灾热烟排除十分困难，加之我国所处社会经济发展时期人们的消费方式和商店建筑中防火分区之间的分隔方式等因素，导致地下、半地下商店内人员十分密集，火灾风险极高，工程设计和开发应严格控制这些区域连片贯通。通常，应采用不开门窗、洞口的防火墙和耐火极限不低于 2.00h 的楼板在水平方向或（和）竖向将大型地下、半地下商店分隔成多个较小的区域，每个独立区域的总建筑面积不应大于 20000m^2。在每个分隔后的独立区域内，仍应按照规范关于地下、半地下商店的防火分区最大允许建筑面积的要求再划分防火分区。

　　对于其他功能区域需要与地下、半地下总建筑面积不大于 20000m^2 的商店区域连通，或者地下、半地下商店建筑中总建筑面积不大于 20000m^2 的不同商店区域之间必须贯通时，应采取能防止火势和烟气相互蔓延的可靠的防火分隔措施进行连通。通常，可以采用下沉式广场、防火隔间、避难走道、防烟楼梯间等中的一种或几种方式来进行分隔和联系，但不限于这些方式。下沉式广场、防火隔间、避难走道、防烟楼梯间的防火要求，应符合《新建规》第 6.4.3 条、第 6.4.12 条～第 6.4.14 条的规定，防烟楼梯间及其连通方式主要针对地下多层商店，其开口处的门应为甲级防火门。

【释疑】

　　疑点 5.3.5-1：总建筑面积大于 20000m^2 的单层地下商店如何划分防火分隔区？

　　释义：总建筑面积大于 20000m^2 的大型单层地下商店，应采用不开任何门、窗、洞口的防火墙将其分隔成每个总建筑面积不大于 20000m^2 的独立区域。对于图 5.22 中的

A 和 B 两个区域需要连通时，可以采用下沉式广场、防火隔间和避难走道方式联系。当地下商店上部有其他建筑时，首层楼板的耐火极限不应低于 2.00h，且不应开设任何洞口。

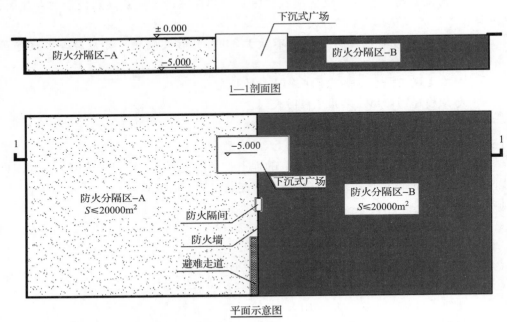

图 5.22　地下商店防火分隔区及其连通示意图（一）

疑点 5.3.5-2：总建筑面积大于 20000m² 的 2 层地下商店如何划分防火分隔区？

释义：根据《新建规》第 5.4.3 条的规定，地下商店的营业厅不应设置在地下三层及以下楼层，因此，地下商店营业厅只能位于地下一、二层。当地下一、二层商店的总建筑面积大于 20000m² 时，可以采用下述方式将其分隔成每个总建筑面积不大于 20000m² 的独立区域：

（1）当地下一、二层商店的每层建筑面积不大于 20000m² 时，可利用耐火极限不低于 2.00h 且无开口的楼板和防烟楼梯间进行分隔，参见图 5.23。与地下商店上部建筑之间也应采用耐火极限不低于 2.00h 且无开口的楼板进行分隔。

（2）当地下一、二层商店的每层建筑面积大于 20000m² 时，应在每层分别采用无开口的防火墙、下沉广场、防火隔间等将商店分隔成每个总建筑面积不大于 20000m² 的独立区域。此时，如果地下一层与地下二层中竖向对应的每个独立区域的建筑面积之和小于 20000m² 时，地下一、二层之间的疏散楼梯可以按照其埋深来确定其是否应为防烟楼梯间还是封闭楼梯间，地下一、二层间分隔楼板的耐火极限仍可按不低于 1.50h 确定；如果地下一层与地下二层中竖向对应的每个独立区域的建筑面积之和大于 20000m² 时，则地下一、二层之间需要采用防烟楼梯间（或下沉式广场）和耐火极限不低于 2.00h 的楼板进一步进行分隔。如图 5.24 所示，A 与 B、C 之间的分隔和连通可通过防火墙、下沉式广场、防火隔间和避难走道等联系，B、C 区之间可通过下沉式广场、防烟楼梯间等联系。

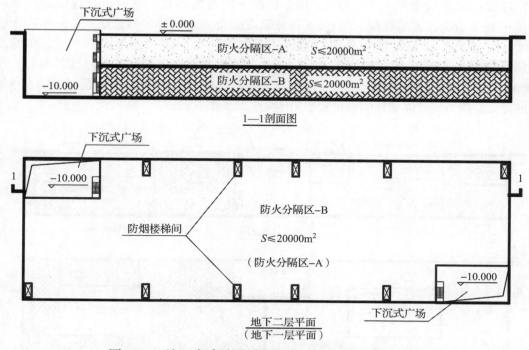

图 5.23 地下商店防火分隔区及其连通示意图（二）

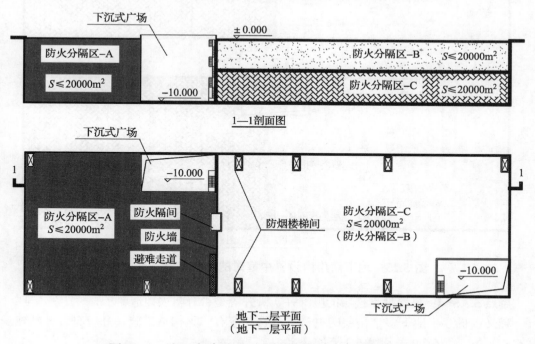

图 5.24 地下商店防火分隔区及其连通示意图（三）

疑点 5.3.5-3：总建筑面积大于 20000m² 的 2 层地下商店内设置中庭时如何划分防火分隔区？

释义：总建筑面积大于 20000m² 的 2 层地下商店内设置中庭时，通过中庭贯通的楼层中处于不符合《新建规》第 5.3.5 条分隔方式及要求的区域的总建筑面积不应大于 20000m²。此时，中庭的防火分隔应符合《新建规》第 5.3.2 条的规定。当通过中庭贯通的楼层中处于不符合《新建规》第 5.3.5 条分隔方式及要求的区域的总建筑面积大于 20000m² 时，不应设置中庭；否则，应在地下一、二层每层采用《新建规》第 5.3.5 条规定的防火分隔方式分隔成建筑面积较小的区域，参见图 5.25。

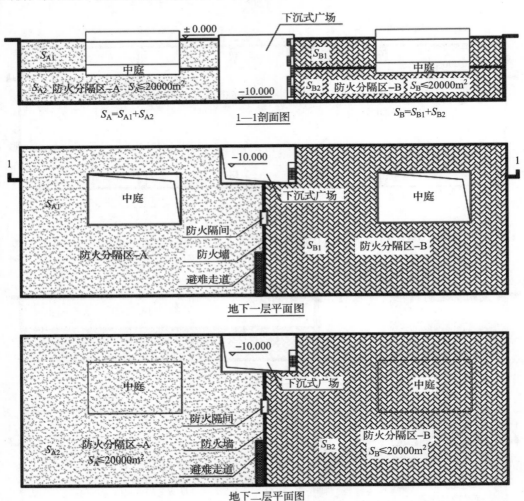

图 5.25　地下商店内设置中庭时的分隔与连通示意图

疑点 5.3.5-4：贯穿地下楼层的电梯井、管井等是否有防火构造要求？

释义：贯穿于地下多个楼层的电梯井、管井应有防火构造措施，并应符合《新建规》第 5.5.14 条、第 6.2.9 条和第 6.3 节的规定。

疑点 5.3.5-5：下沉式广场与室外设计地坪的自动扶梯能否作为辅助疏散设施？

释义：下沉广场主要用于大型地下商店分隔后需要相互联系的一种防火分隔方式，一般不用于人员疏散。当下沉广场周围有部分防火分区的安全出口通向下沉广场，并利用下沉广场向地面疏散时，应符合《新建规》第 6.4.12 条的规定。

下沉广场内通向地上的上行自动扶梯可以用于辅助疏散设施，在计算疏散宽度时，可以按照自动扶梯净宽度的 0.9 倍计入疏散总宽度内。

5.3.6 餐饮、商店等商业设施通过有顶棚的步行街连接，且步行街两侧的建筑需利用步行街进行安全疏散时，应符合下列规定：

1 步行街两侧建筑的耐火等级不应低于二级。

2 步行街两侧建筑相对面的最近距离均不应小于本规范对相应高度建筑的防火间距要求且不应小于 9m。步行街的端部在各层均不宜封闭，确需封闭时，应在外墙上设置可开启的门窗，且可开启门窗的面积不应小于该部位外墙面积的一半。步行街的长度不宜大于 300m。

3 步行街两侧建筑的商铺之间应设置耐火极限不低于 2.00h 的防火隔墙，每间商铺的建筑面积不宜大于 300m²。

4 步行街两侧建筑的商铺，其面向步行街一侧的围护构件的耐火极限不应低于 1.00h，并宜采用实体墙，其门、窗应采用乙级防火门、窗；当采用防火玻璃墙（包括门、窗）时，其耐火隔热性和耐火完整性不应低于 1.00h；当采用耐火完整性不低于 1.00h 的非隔热性防火玻璃墙（包括门、窗）时，应设置闭式自动喷水灭火系统进行保护。相邻商铺之间面向步行街一侧应设置宽度不小于 1.0m、耐火极限不低于 1.00h 的实体墙。

当步行街两侧的建筑为多个楼层时，每层面向步行街一侧的商铺均应设置防止火灾竖向蔓延的措施，并应符合本规范第 6.2.5 条的规定；设置回廊或挑檐时，其出挑宽度不应小于 1.2m；步行街两侧的商铺在上部各层需设置回廊和连接天桥时，应保证步行街上部各层楼板的开口面积不应小于步行街地面面积的 37%，且开口宜均匀布置。

5 步行街两侧建筑内的疏散楼梯应靠外墙设置并宜直通室外，确有困难时，可在首层直接通至步行街；首层商铺的疏散门可直接通至步行街，步行街内任一点到达最近室外安全地点的步行距离不应大于 60m。步行街两侧建筑二层及以上各层商铺的疏散门至该层最近疏散楼梯口或其他安全出口的直线距离不应大于 37.5m。

6 步行街的顶棚材料应采用不燃或难燃材料，其承重结构的耐火极限不应低于 1.00h。步行街内不应布置可燃物。

7 步行街的顶棚下檐距地面的高度不应小于 6.0m，顶棚应设置自然排烟设施并宜采用常开式的排烟口，且自然排烟口的有效面积不应小于步行街地面面积的 25%。常闭式自然排烟设施应能在火灾时手动和自动开启。

8 步行街两侧建筑的商铺外应每隔 30m 设置 DN65 的消火栓，并应配备消防软管卷盘或消防水龙，商铺内应设置自动喷水灭火系统和火灾自动报警系统；每层回廊均应设置自动喷水灭火系统。步行街内宜设置自动跟踪定位射流灭火系统。

9 步行街两侧建筑的商铺内外均应设置疏散照明、灯光疏散指示标志和消防应急广播系统。

【条文要点】

本条规定了有顶棚的步行商业街两侧的建筑需要利用步行街进行疏散时，步行街本身及其两侧建筑需满足的基本防火条件，主要为两侧建筑物的耐火等级、间距、步行街两侧商业经营场所的大小及分隔、灭火、报警和排烟设施设置要求等以及有顶棚的步行街本身应满足的条件，如长度、宽度、排烟条件、顶棚结构耐火、相应的灭火措施及疏散标志与照明等。

【相关标准】

《汽车库、修车库、停车场设计防火规范》GB 50067—2014；

《自动喷水灭火系统设计规范》GB 50084—2017；

《火灾自动报警系统设计规范》GB 50116—2013；

《建筑内部装修设计防火规范》GB 50222—2017；

《建筑防烟排烟系统技术标准》GB 51251—2017；

《商店建筑设计规范》JGJ 48—2014；

《饮食建筑设计标准》JGJ 64—2017。

【设计要点】

根据国家行业标准《商店建筑设计规范》JGJ 48—2014，步行商业街是供人们购物、饮食、娱乐、休闲等活动而设置的步行街道，分无顶棚的步行商业街和有顶棚的步行商业街两类。因此，有顶棚的步行商业街本身是街道，不应在街道上有销售摊点等经营性设施，该街道仅供人员步行通过。

对于步行商业街，当不存在顶棚时，步行街两侧的建筑则各自为独立的建筑，这些建筑的防火设计与相邻布置的建筑的要求相同。一旦在步行街上部设置顶棚，将会影响步行街两侧建筑发生火灾时的排烟、排热，对防止火灾向对面建筑的蔓延产生不利作用，不利于灭火救援及保障救援人员安全。此外，有顶棚的步行商业街的防火要求区别于中庭，火灾时步行街两侧的商业经营场所内的人员需要利用步行街进行疏散，不能像中庭一样进行分隔。因此，不仅有顶棚的步行商业街两侧的建筑应满足相邻两座建筑的基本防火要求，而且应使这些商业经营场所及步行街本身具备较高的消防安全性能。在设计中要注意把握以下几方面的防火要求：

1. 确保步行街两侧的建筑具有较高的耐火性能，发生火灾时能较好地控制火灾和防止火灾蔓延，商铺应具有符合要求的疏散出口，并应符合如下规定：

（1）两侧建筑物的耐火等级不应低于二级。

（2）两侧建筑最近墙面之间的距离不应小于9.0m；当两侧均为高层建筑时，其净距不应小于13m。

（3）商铺面向步行街一侧的围护墙体和门窗的耐火极限均不应低于1.00h（即二级耐火等级建筑外墙的最低耐火极限要求）；如采用非隔热性防火玻璃墙替代时，应设置闭式自动喷水灭火系统等防护冷却水系统进行保护。

（4）面向步行街一侧的商铺上部无符合要求的防火挑檐或未设置回廊时，商铺的门洞上部应采取防止火灾沿竖向蔓延的措施，如上下楼层开口之间的墙体高度不应小于1.2m。

（5）直接面向步行街的商铺应每间商铺作为一个防火单元，且建筑面积不宜大于300m²；每间商铺之间应设置耐火极限不低于2.00h的防火隔墙，商铺间应具有防止火灾蔓延的措施；在相邻商铺面向步行街一侧的开口之间应具有宽度不小于1.0m且耐火极限不低于1.00h的墙体。

（6）商铺内应设置火灾自动报警系统、自动喷水灭火系统、机械（或自然）排烟系统和灭火器，回廊上应设置自动喷水灭火系统。室内消火栓系统（增设消防软管卷盘）可以设置在商铺外的回廊和步行街两侧的墙壁上。在步行街上空开口周围（即每层回廊的周围）应设置挡烟垂壁。

（7）步行街两侧建筑二层及以上商铺的疏散门（即通向疏散走道或回廊的商铺门）至该层最近疏散楼梯口或其他安全出口（如直接通向上人屋面或天台、可直接下至地面的外廊）的直线距离不应大于37.5m。商铺内任一点至其疏散门的距离不应大于22m。

（8）每层建筑面积大于120m²的商铺每层应至少设置2个疏散门，并应分散布置。

2. 应确保步行街本身具有较高的安全性，能满足人员安全疏散的要求，能较好地防止顶棚及其内部烟气危及消防救援人员安全，至少应符合如下要求：

（1）步行街具有足够的高度并能防止烟气在其中积聚，具有能防止烟气下降到将危及人身安全的高度的自然排烟条件口。一般，步行街的最小净空高度不应小于6.0m，顶棚可开启的自然排烟口的有效面积不应小于步行街地面面积的25%；在步行街应设置可手动开启自然排烟设施的装置（一般设置在距地面不大于1.5m处），在消防控制中心应设置可和火灾自动报警系统联动或远程控制自动开启自然排烟设施的装置。自然排烟口一般采用屋顶排烟窗、滑动式顶棚、高侧窗或开敞的百叶、高出屋面的侧面敞口等。

（2）步行商业街的上部一般会设置回廊和天桥，以方便使用。这些回廊和挑檐有利于防止火势在楼层间蔓延，但不利于烟气向上升腾并尽快通过屋顶排出。因此，步行街上部具有回廊或挑檐、连接两边回廊的天桥时，要确保步行街上空每层的开口面积不小于步行街地面面积的37%。由于火灾的发生位置是随机的，因此这些开口要尽量均匀分布。

（3）步行街的端部外墙在各层均应具有不小于每层外墙端部面积一半的开口或可开启的门窗，以方便救援、排烟和自然补风。因此，步行街两端外墙不应设置玻璃幕墙等可能影响救援、排烟的幕墙、广告牌等装饰。

（4）步行街顶棚承重结构的耐火极限不应低于1.00h，顶棚应为A级或B₁级材料，避免顶棚结构受火或烟气作用短时间内发生破坏和坍塌、掉落，以确保疏散人员和救援人员的安全。

（5）步行街长度不宜大于300m，且步行街内任一点（即首层商铺开向步行街内任一疏散门）距离最近直通室外的安全出口（即直通室外的门）的步行距离不应大于60m。应注意的是，在步行街上的疏散距离为步行疏散距离，而不是直线疏散距离，而在二层及以上各层商铺内和回廊上的疏散距离为（可通行的）直线疏散距离。

3. 步行街及其两侧建筑内应设置灯光疏散指示标志、疏散照明和应急广播。

4. 步行街内不应设置与地下相通的开口。确有困难时，地下若有通向步行街的自动扶梯时，应在地下楼层的自动扶梯周围采取设置防火隔墙、防火卷帘等防火分隔措施。

5. 步行街两侧建筑面积较大的主力店等不应通过步行街进行疏散，连通的口部应采取防止火灾蔓延的措施，一般应采用防火隔间形式连通。

【释疑】

疑点 5.3.6-1：有顶棚的步行商业街的最大净高度是否有限制？

释义：《新建规》对有顶棚的步行商业街两侧的建筑利用该街道进行疏散时，针对步行商业街设置顶棚后带来的火灾危害性作用，规定了相应的防止火灾蔓延和保障人身安全的措施。这些措施均基于有顶棚的步行商业街具有良好的自然排烟条件，具有能近似于室外空间的防止烟气积聚的条件。

自然排烟是一种利用火灾热烟气的浮力和外部风压作用，将建筑内的烟气和热量直接排至室外的方式。显然，要使步行商业街内的烟气能较好地排至室外，不会在顶棚下积聚，其室内高度应有所限制，但这与诸多因素有关。一般，可以根据步行商业街两侧商铺的火灾荷载及可燃物类型等情况和相关专业技术文献经计算后确定，请参照《建筑防烟排烟系统技术标准》GB 51251—2017 中第4.6节中有关规定。

《新建规》规定了步行街的顶棚下檐距地面的最小高度不应小于6.0m；对其最大高度未予明确，因此步行街的最大净高度可以按照上述方法确定。

疑点 5.3.6-2：当有顶棚的步行商业街内的地面高差较大，需设置台阶连通不同高度的街道而导致消防车道无法贯通时，如何处理？

释义：位于坡地的有顶棚步行商业街，当内部高差导致无法通过消防车时，步行商业街的长度要尽量控制在120m以内，且两端应能停靠消防车，参见图5.26。

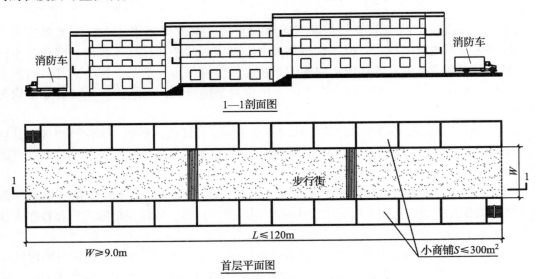

图 5.26　坡地步行街示意图

疑点 5.3.6-3：规范要求有顶棚的步行商业街两侧的商铺建筑面积不宜大于 $300m^2$，是否允许商铺跨楼层设置？

释义：一般有顶棚的步行商业街两侧的商铺只有一层，个别情形可以跨楼层布置，但每间商铺在各层的建筑面积之和仍要控制在 $300m^2$ 以内。

疑点 5.3.6-4：有顶棚的步行商业街两侧建筑外墙外保温材料的燃烧性能是否有要求？

释义：有要求。有顶棚的步行商业街两侧的建筑属于人员密集场所，其外墙（包括面向步行街一侧的外墙）外保温系统应采用 A 级保温材料。

疑点 5.3.6-5：有顶棚的步行商业街两侧建筑上、下层竖向防火构造如何确定？

释义：有顶棚的步行商业街上部各楼层要尽量设置回廊或挑廊，使其出挑宽度不小于1.0m；当不符合此要求时，上、下层外墙的开口之间应按《新建规》第 6.2.5 条的要求设置高度不小于 1.2m 的实体墙。

疑点 5.3.6-6：设置在有顶棚的步行商业街内的疏散楼梯，是否允许与地下或半地下室的疏散楼梯共用？

释义：有顶棚的步行商业街两侧建筑上部区域通至步行街的疏散楼梯，不应与其地下或半地下疏散楼梯共用。地下或半地下空间必须通至步行商业街的疏散楼梯，应尽量靠近外墙布置或通过扩大前室直通室外地面，其防火分隔应符合《新建规》第 6.4.4 条的规定。

疑点 5.3.6-7：有顶棚的步行商业街本身的疏散如何确定？是否要划分防火分区？

释义：有顶棚的步行商业街本身的疏散人数应根据其地面面积、相应的商店建筑人员密度和百人疏散指标经计算后确定，并与其他区域的疏散宽度合计作为确定步行商业街直通室外地面安全出口宽度的基础。

有顶棚的步行商业街本身及其两侧采用防火隔墙分隔后的商铺，包括各层回廊不需要划分防火分区。

疑点 5.3.6-8：有顶棚的步行商业街两侧商铺内的疏散距离如何确定？

释义：有顶棚的步行商业街两侧商铺的疏散门应按照《新建规》第 5.5.15 条的规定设置，商铺内任一点至最近疏散门的距离应符合《新建规》第 5.5.17 条第 3 款的规定。

疑点 5.3.6-9：多层有顶棚的步行商业街内公共疏散楼梯的形式如何确定？

释义：多层有顶棚的步行商业街内公共疏散楼梯的形式，应符合《新建规》第 5.5.12条和第 5.5.13 条的规定。疏散楼梯在首层应直通室外或步行街。

疑点 5.3.6-10：有顶棚的步行商业街首层端部和中部外门的总宽度如何确定？

释义：有顶棚的步行商业街首层端部和中部外门的总宽度，应能满足人数最多的楼层所需疏散宽度。有关人员密度和百人疏散宽度应符合《新建规》第 5.5.21 条的规定。

5.4　平　面　布　置

民用建筑要根据建筑中不同用房的用途、火灾危险性大小、建筑高度及其疏散要求，合理进行平面布置，以控制火灾蔓延、确保安全疏散、减少火灾的损失。

5.4.1　民用建筑的平面布置应结合建筑的耐火等级、火灾危险性、使用功能和安全疏散等因素合理布置。

【条文要点】

本条规定了民用建筑平面布置设计的基本原则，以通过建筑内部的合理平面布置来控制火灾与烟气蔓延。建筑的平面布置应综合考虑建筑不同区域的用途与火灾危险性、建筑整体的耐火性能和内部使用人员的密度、构成、分布等及其他可能影响疏散安全的因素。

【设计要点】

1. 民用建筑的类别和内部空间的实际用途千差万别，实际火灾危险性也有所不同，有的差别还很大。例如，办公室与旅馆客房、普通教室与实验室、门诊部与住院部、水泵房与燃油发电机房、厨房与用餐区等。

2. 不同耐火等级和不同空间形态的建筑，其火灾的蔓延情形和火灾时可供人员逃生的时间也有较大差异。例如，三、四级耐火等级的建筑，较容易发生全面燃烧；室内净高较高且面积大的开敞空间，烟气和火势蔓延较同样面积但室内净高度较低的空间对人员疏散的影响要小些，或者发生在大面积空间内的火灾过火面积会比较小房间的火蔓延要大。

3. 不同场所使用人员的数量、疏散行为能力、对环境的熟悉程度和辅助疏散能力等也有较大差别。例如，商店营业厅与儿童活动场所，旅馆与老年人照料设施、幼儿园与中学等。

4. 不同建筑高度的建筑，人员通过楼梯间的出入口门及在楼梯间内的疏散时间与不同楼层进入楼梯间的人员数量和疏散能力、疏散楼梯梯段和休息平台的宽度以及楼梯间的形式等关系密切。

上述这些情况都会影响到火灾时人员的疏散安全、火灾控制与扑救的难度和火灾的危害性大小。因此，建筑的平面布置，要先根据确定的建筑耐火等级、主要功能和建筑高度、建筑规模以及其中的主要空间构成来确定不同区域的分布；再在每一个区域确定其中不同用途房间、疏散走道、疏散出口或疏散楼梯间等的布置以及相应的分隔措施，特别是其中火灾危险性大的场所与疏散和避难设施的布置。

5. 合理的平面布置，一般应符合下列基本要求：

（1）尽量使火灾危险性较大的场所布置在建筑的上部，或集中布置在火灾时对建筑结构、人员疏散影响较小及不容易蔓延扩大、容易扑救与控制的部位。

（2）疏散行为能力较弱者以及人员聚集的场所应布置在建筑的下部。例如，托儿所和幼儿园的儿童活动场所、其他儿童活动场所和老年人照料设施等人员疏散能力弱的场所，除需进行防火分隔外，还要尽量将其布置在建筑下部，并具有独立的疏散出口；建筑面积较大的会议室、多功能厅、展厅等人员聚集的场所和歌舞厅、游艺厅、夜总会、卡拉OK厅等火灾危险性高的场所，要尽量位于建筑的下部。

（3）不同火灾危险性的房间或区域之间应进行防火分隔。例如，火灾危险性大的变配电站、锅炉房和柴油发电机房等用房，与其他部位之间应进行防火分隔。

（4）疏散出口和疏散楼梯的布置应便于人员疏散，如便于人员出入和火灾时寻找的位置出口。靠建筑的外墙布置，疏散人员可以直接到达室外安全地点。

5.4.2 除为满足民用建筑使用功能所设置的附属库房外，民用建筑内不应设置生产车间和其他库房。

经营、存放和使用甲、乙类火灾危险性物品的商店、作坊和储藏间，严禁附设在民用建筑内。

【条文要点】

本条规定不允许工业建筑与民用建筑合建，严禁将具有爆炸危险性的生产、经营和储存场所布置在民用建筑内。

【设计要点】

1. 民用建筑不允许与各类火灾危险性的生产场所和仓库上、下或水平组合建造。对于直接为生产服务的办公、实验室等，应符合《新建规》第3章的规定，但为全厂服务的办公建筑等仍应独立建造。

2. 民用建筑内不允许布置经营甲、乙类火灾危险性物品的商店，如销售油漆、稀料、燃气等物质的商店；不允许在民用建筑内设置存放汽油、煤油等甲、乙类火灾危险性物品的房间；不允许在民用建筑内布置加工生产油漆家具、使用燃气进行食品（餐饮业除外）加工生产等类似作业的作坊。对于为满足燃油锅炉或燃油发电机组连续运行的燃油，应按《新建规》第5.4.14条的规定控制燃油的储量，且不应使用闪点低于60℃的轻柴油。

3. 民用建筑内允许布置为满足所在建筑使用功能和方便使用的常用物品储藏室。例如，办公建筑内的档案室、图书室或资料室、小型图书馆，旅馆建筑内的餐具、客房用品等的储存间，商店建筑内的商品暂存库等。这些库房布置在相应的民用建筑内时，由于其火灾荷载大，需要根据房间的建筑面积大小，采取相应的防火分隔措施、设置灭火设施，并合理确定其在建筑内的位置，使之发生火灾后对其他区域产生的危害小，对建筑结构的整体安全影响小，并便于灭火控制。这些库房内外的疏散距离仍应按照规范对其所在民用建筑相应功能的相关要求确定。

5.4.3 商店建筑、展览建筑采用三级耐火等级建筑时，不应超过2层；采用四级耐火等级建筑时，应为单层。营业厅、展览厅设置在三级耐火等级的建筑内时，应布置在首层或二层；设置在四级耐火等级的建筑内时，应布置在首层。

营业厅、展览厅不应设置在地下三层及以下楼层。地下或半地下营业厅、展览厅不应经营、储存和展示甲、乙类火灾危险性物品。

5.4.4 托儿所、幼儿园的儿童用房和儿童游乐厅等儿童活动场所宜设置在独立的建筑内，且不应设置在地下或半地下；当采用一、二级耐火等级的建筑时，不应超过 3 层；采用三级耐火等级的建筑时，不应超过 2 层；采用四级耐火等级的建筑时，应为单层；确需设置在其他民用建筑内时，应符合下列规定：

    1 设置在一、二级耐火等级的建筑内时，应布置在首层、二层或三层；

    2 设置在三级耐火等级的建筑内时，应布置在首层或二层；

    3 设置在四级耐火等级的建筑内时，应布置在首层；

    4 设置在高层建筑内时，应设置独立的安全出口和疏散楼梯；

    5 设置在单、多层建筑内时，宜设置独立的安全出口和疏散楼梯。

5.4.4A 老年人照料设施宜独立设置。当老年人照料设施与其他建筑上、下组合时，老年人照料设施宜设置在建筑的下部，并应符合下列规定：

    1 老年人照料设施部分的建筑层数、建筑高度或所在楼层位置的高度应符合本规范第 5.3.1A 条的规定；

    2 老年人照料设施部分应与其他场所进行防火分隔，防火分隔应符合本规范第 6.2.2 条的规定。

5.4.4B 当老年人照料设施中的老年人公共活动用房、康复与医疗用房设置在地下、半地下时，应设置在地下一层，每间用房的建筑面积不应大于 200m² 且使用人数不应大于 30 人。

    老年人照料设施中的老年人公共活动用房、康复与医疗用房设置在地上四层及以上时，每间用房的建筑面积不应大于 200m² 且使用人数不应大于 30 人。

5.4.5 医院和疗养院的住院部分不应设置在地下或半地下。

    医院和疗养院的住院部分采用三级耐火等级建筑时，不应超过 2 层；采用四级耐火等级建筑时，应为单层；设置在三级耐火等级的建筑内时，应布置在首层或二层；设置在四级耐火等级的建筑内时，应布置在首层。

    医院和疗养院的病房楼内相邻护理单元之间应采用耐火极限不低于 2.00h 的防火隔墙分隔，隔墙上的门应采用乙级防火门，设置在走道上的防火门应采用常开防火门。

5.4.6 教学建筑、食堂、菜市场采用三级耐火等级建筑时，不应超过 2 层；采用四级耐火等级建筑时，应为单层；设置在三级耐火等级的建筑内时，应布置在首层或二层；设置在四级耐火等级的建筑内时，应布置在首层。

【条文要点】

    1. 规定了不同耐火等级的商店建筑、展览建筑、儿童活动场所、医疗建筑、教学建筑、食堂等的允许建筑层数。

    2. 规定了设置在其他民用建筑内的营业厅、展览厅、儿童活动场所、教学场所、医疗建筑中的住院部、老年人照料设施中的老年人公共活动用房等允许的楼层位置及设置条件。

【相关标准】

《人民防空工程设计防火规范》GB 50098—2009；

《民用建筑设计统一标准》GB 50352—2019；

《综合医院建筑设计规范》GB 51039—2014；

《托儿所、幼儿园建筑设计规范》JGJ 39—2016；

《商店建筑设计规范》JGJ 48—2014；

《展览建筑设计规范》JGJ 218—2010；

《老年人照料设施建筑设计标准》JGJ 450—2018。

【设计要点】

这些条文根据平面布置的一般原则，明确了针对人员较密集或者人员疏散能力较弱的场所的平面布置要求。部分独立建造的民用功能场所的允许建筑层数，参见表 F5.10；部分民用功能场所位于其他建筑内时的允许楼层位置，参见表 F5.11。

表 F5.10　部分独立建造的民用功能场所的允许建筑层数

名　称	耐火等级	建筑层数（层）		备　注
		地上	地下	
托儿所、幼儿园的儿童用房，其他儿童活动场所，老年人照料设施的老年人用房	一、二级	3	不允许	老年人照料设施的建筑高度不应大于 54m
医院和疗养院的住院部分		不限	不允许	地下设备用房不限层数
商店建筑，展览建筑		不限	2	地下设备用房不限层数，商店包括菜市场
学校的教学用房		不限	不允许	—
食堂		不限	见备注	布置在地下时，不宜超过地下 2 层
托儿所、幼儿园的儿童用房，其他儿童活动场所，老年人照料设施的老年人用房	三级	2	—	—
医院和疗养院的住院部分		2	—	—
商店建筑，展览建筑，学校的教学用房，食堂		2	—	商店包括菜市场
托儿所、幼儿园的儿童用房，其他儿童活动场所	四级	1	—	—
医院和疗养院的住院部分		1	—	—
商店建筑，展览建筑，学校的教学用房，食堂		1	—	商店包括菜市场

表 F5.11　部分民用功能场所位于其他建筑内时的允许楼层位置

名　称	耐火等级	楼层位置（层）		备　注
		地上	地下	
托儿所、幼儿园的儿童用房，其他儿童活动场所	一、二级	1～3	不允许	应设置独立的疏散通道和安全出口；老年人照料设施所在楼层位置的高度不应大于 54m
老年人照料设施中除老年人生活用房外的其他用房（房间面积≤200m²，人数≤30人）		≥4	1	
医院和疗养院的住院部分		不限	不允许	—
商店营业厅、展览厅		不限	1～2	不应经营、储存甲、乙类物品
学校的教学用房		不限	不允许	—
食堂		不限	—	布置在地下时不宜超过地下2层
托儿所、幼儿园的儿童用房，其他儿童活动场所，老年人照料设施的老年人用房	三级	1～2	—	部分场所要求设置独立的安全出口
医院和疗养院的住院部分		1～2	—	—
商店营业厅、展览厅		1～2	—	商店包括菜市场
学校的教学用房，食堂		1～2	—	
托儿所、幼儿园的儿童用房，其他儿童活动场所	四级	1	—	部分场所要求设置独立的安全出口
医院和疗养院的住院部分		1	—	
商店营业厅、展览厅		1	—	商店包括菜市场
学校的教学用房，食堂		1	—	

注："—"表示不存在。

医院和疗养院的病房楼内相邻护理单元之间应采用耐火极限不低于 2.00h 的防火隔墙分隔，隔墙上的门应为甲级或乙级防火门，设置在走道上的防火门应采用火灾时能自行关闭的常开防火门或平常处于关闭状态的防火门，不应设置防火卷帘。

【释疑】

疑点 5.4.3–1：规范对一、二级耐火等级的商店建筑、展览建筑、儿童活动场所、医疗建筑、教学建筑、食堂和菜市场的建筑层数有何规定？

释义：一、二级耐火等级的建筑具有较高的耐火性能，规范不限制其建造层数或与其他一、二级耐火等级的建筑合建时的设置楼层位置。但儿童活动场所，由于使用人员的年龄较低，认知能力、消防安全意识和疏散能力等均较成年人弱，需要控制其建筑层数或在其他建筑内的楼层位置。对于中小学校教学建筑中教学用房的建筑层数，还应符合现行国家标准《中小学校建筑设计规范》GB 50099—2011 的规定；对于菜市场，由于其用途决定了该场所的建造层数一般不会大于 3 层；对于食堂，主要为机关、企事业单位和社会机构对内部员工服务的就餐场所，对其楼层位置没有严格限制，一般要按照人员聚集的场所来控制。

疑点 5.4.3–2： 规范对非独立建造的老年人照料设施的耐火等级、安全出口等有何规定？

释义： 老年人照料设施不应采用四级耐火等级的建筑。非独立建造的老年人照料设施，即与其他用途的场所合建在同一座建筑内的老年人照料设施，其耐火等级和安全出口的设置应根据该建筑的主要功能、建筑高度或层数和总建筑面积来确定。其中，老年人照料设施的疏散楼梯间设置还应符合《新建规》第 5.5.13A 条的规定。有关设置老年人照料设施的建筑的耐火等级，应符合《新建规》第 5.3.1A 条的规定。

非独立建造的老年人照料设施的安全出口设置，对于水平组合的情形，由于相互间要求采用防火隔墙分隔，其安全出口可以独立设置，并应独立设置；对于上、下组合的情形，要尽量将老年人照料设施部分的疏散设施部分或全部独立设置。非独立建造的老年人照料设施的其他防火要求，除应符合所在建筑的整体要求外，老年人照料设施部分还应设置相应的自动灭火、火灾自动报警、避难间、消防电梯等设施，并提高相应建筑外保温系统中保温材料的燃烧性能等。

5.4.7 剧场、电影院、礼堂宜设置在独立的建筑内；采用三级耐火等级建筑时，不应超过 2 层；确需设置在其他民用建筑内时，至少应设置 1 个独立的安全出口和疏散楼梯，并应符合下列规定：

　　1 应采用耐火极限不低于 2.00h 的防火隔墙和甲级防火门与其他区域分隔。

　　2 设置在一、二级耐火等级的建筑内时，观众厅宜布置在首层、二层或三层；确需布置在四层及以上楼层时，一个厅、室的疏散门不应少于 2 个，且每个观众厅的建筑面积不宜大于 400m²。

　　3 设置在三级耐火等级的建筑内时，不应布置在三层及以上楼层。

　　4 设置在地下或半地下时，宜设置在地下一层，不应设置在地下三层及以下楼层。

　　5 设置在高层建筑内时，应设置火灾自动报警系统及自动喷水灭火系统等自动灭火系统。

5.4.8 建筑内的会议厅、多功能厅等人员密集的场所，宜布置在首层、二层或三层。设置在三级耐火等级的建筑内时，不应布置在三层及以上楼层。确需布置在一、二级耐火等级建筑的其他楼层时，应符合下列规定：

　　1 一个厅、室的疏散门不应少于 2 个，且建筑面积不宜大于 400m²；

　　2 设置在地下或半地下时，宜设置在地下一层，不应设置在地下三层及以下楼层；

　　3 设置在高层建筑内时，应设置火灾自动报警系统和自动喷水灭火系统等自动灭火系统。

【条文要点】

这两条规定了剧场、电影院、礼堂等人员聚集度高的场所的平面布置要求及相应的设置条件。

【相关标准】

《自动喷水灭火系统设计规范》GB 50084—2017；

《人民防空工程设计防火规范》GB 50098—2009；

《火灾自动报警系统设计规范》GB 50116—2013；

《民用建筑设计统一标准》GB 50352—2019；

《剧场建筑设计规范》JGJ 57—2016；

《电影院建筑设计规范》JGJ 58—2008；

《旅馆建筑设计规范》JGJ 62—2014；

《办公建筑设计规范》JGJ 67—2006。

【相关名词】

1. **电影院**——放映 35mm 的变形宽银幕、遮幅宽银幕及普通银幕三种画幅制式电影和数字影片的场所。过去，多为独立建造。近 20 多年来，电影院设置在商业综合体内的情况越来越多。位于其他使用功能建筑内的电影院，应具有至少 1 个独立的安全出口或 1 部独立的疏散楼梯，电影院区应独立划分防火分区。

2. **礼堂**——供人们举行典礼或集会的厅堂。近几十年来，礼堂的功能逐步被多功能厅替代。《新建规》第 5.4.7 条规定剧场、电影院、礼堂要尽量独立建造。

3. **观众厅**——观众厅是容纳观众观看各类演出或影音节目的室内空间，如电影院、剧场等都具有观众厅。观众厅多设置固定座位。

4. **人员密集场所**——《中华人民共和国消防法》第七十三条所规定的场所，即宾馆、饭店、商场、集贸市场、客运车站候车室、客运码头候船厅、民用机场航站楼、体育场馆、会堂以及公共娱乐场所等，医院的门诊楼、病房楼，学校的教学楼、图书馆、食堂和集体宿舍，养老院，福利院，托儿所，幼儿园，公共图书馆的阅览室，公共展览馆、博物馆的展示厅，劳动密集型企业的生产加工车间和员工集体宿舍，旅游、宗教活动场所等。

该类场所区别于"人员密集的场所"。"人员密集的场所"是同一时间使用人数多的场所，不一定是《中华人民共和国消防法》第七十三条规定的人员密集场所，主要为设置在建筑内的观众厅、会议室、报告厅、多功能厅、营业厅、餐厅或宴会厅、阅览室等同一时间可能具有较多人员使用的某一特定房间。人员密集的场所可能是人员密集场所，也可能不是人员密集场所。

5. **多功能厅**——具有多种功能的用房，集报告、学术讨论、培训、视频会议、宴会、娱乐等多种功能于一体的室内活动空间。现在，许多旅馆、会议展览中心及大剧院、图书馆、博览中心等都会设置多功能厅。

【设计要点】

剧场、电影院、礼堂的观众厅和会议厅、多功能厅等人员密集的场所，要尽量布置在建筑下部的一至三层内，使其中的人员能快速疏散出去，并且不致影响上部楼层人员的疏散。如需要设置在其他楼层，则要控制其建筑面积，实际上是要控制同一时间在这些场所聚集的人数。这些场所的允许建造层数或在建筑内的允许楼层位置，见表 F5.12。

表 F5.12 剧场、电影院、礼堂的观众厅和会议厅、
多功能厅等的允许层数或楼层位置

名　　称	耐火等级	楼层位置（层）		备　　注
		地上	地下	
剧场、电影院、礼堂的观众厅以及会议厅、多功能厅等人员密集的场所	一、二级	1～3	1～2	适用于单一功能
剧场、电影院、礼堂的观众厅以及会议厅、多功能厅等人员密集的场所		1～3	1～2	布置在其他建筑内时，应至少设1个独立的安全出口，与其他部位应采用耐火极限不低于 2.00h 防火隔墙和甲级防火门分隔
剧场、电影院、礼堂内建筑面积不大于 400m² 的观众厅		≥4	1～2	
剧场、电影院、礼堂	三级	1～2	—	适用于单一功能
剧场、电影院、礼堂的观众厅以及会议厅、多功能厅等人员密集的场所		1～2	—	布置在其他建筑内时，应至少设1个独立的安全出口，与其他部位应采用耐火极限不低于 2.00h 防火隔墙和甲级防火门分隔

注："—"表示不存在。

剧场、电影院、礼堂的观众厅和会议厅、多功能厅等人员密集的场所，设置在高层建筑内时，应设置火灾自动报警系统、自动喷水灭火系统等自动灭火系统。

【释疑】

疑点 5.4.7： 规范对一、二级耐火等级的剧场、电影院、礼堂以及设置在一、二级耐火等级建筑内的会议厅、多功能厅等人员密集的场所的建筑层数是否有规定？

释义： 没有明确限制。剧场、电影院、礼堂内的人员聚集度高、使用人数多，需要较大的集散场地，这些建筑要尽量采用独立建造的单层建筑。近些年来，礼堂的功能逐步多样化，剧场和电影院也因技术进步和人们生活方式的改变而有了较大变化，现在多设置在其他使用功能的民用建筑内，但规范对于设置剧场或电影院的观众厅及会议厅、多功能厅等其他人员密集的场所的建筑本身的层数没有限制，但有一个厅室的建筑面积限制。

5.4.9 歌舞厅、录像厅、夜总会、卡拉 OK 厅（含具有卡拉 OK 功能的餐厅）、游艺厅（含电子游艺厅）、桑拿浴室（不包括洗浴部分）、网吧等歌舞娱乐放映游艺场所（不含剧场、电影院）的布置应符合下列规定：

　1 不应布置在地下二层及以下楼层；

　2 宜布置在一、二级耐火等级建筑内的首层、二层或三层的靠外墙部位；

　3 不宜布置在袋形走道的两侧或尽端；

4　确需布置在地下一层时，地下一层的地面与室外出入口地坪的高差不应大于10m；

5　确需布置在地下或四层及以上楼层时，一个厅、室的建筑面积不应大于200m^2；

6　厅、室之间及与建筑的其他部位之间，应采用耐火极限不低于2.00h的防火隔墙和1.00h的不燃性楼板分隔，设置在厅、室墙上的门和该场所与建筑内其他部位相通的门均应采用乙级防火门。

【条文要点】

本条规定了歌舞娱乐放映游艺场所的设置楼层要求及相关设置条件。

【相关标准】

《自动喷水灭火系统设计规范》GB 50084—2017；

《人民防空工程设计防火规范》GB 50098—2009；

《火灾自动报警系统设计规范》GB 50116—2013；

《民用建筑设计统一标准》GB 50352—2019；

《剧场建筑设计规范》JGJ 57—2016；

《电影院建筑设计规范》JGJ 58—2008。

【设计要点】

1.　歌舞娱乐放映游艺场所主要包括歌舞厅、录像厅、夜总会、卡拉OK厅（含具有卡拉OK功能的餐厅）、游艺厅（含电子游艺厅）、桑拿浴室（不包括洗浴部分）、网吧等场所，不包括剧场和电影院的观众厅及其他公共娱乐场所。在实际工作中，歌舞娱乐放映游艺场所的范围不应受上述场所称呼的限制，而应根据具体场所的实际用途是否与规范规定的用途一致来确定其防火设计要求。

因功能要求，这些场所通常室内封闭且具有较多可燃或阻燃材料，在火灾时会分解大量有毒气体，正常营业时人员多对火灾信息或火警不敏感，具有较高的火灾危险性。因此，要严格按照规范要求确定娱乐场所的设置楼层位置和相应的防火措施，使这些场所内的使用人员具有较好的疏散条件，并能够及时、有效地将火灾控制在着火房间内。

2.　除剧场和电影院的观众厅外，歌舞娱乐放映游艺场所无论是独立建造还是设置在其他建筑内，其楼层位置、防火分隔等均应按本条的要求确定，并尽量避免在袋形走道端部或两侧布置房间，确保这些场所内的人员在火灾时至少具有两个不同的疏散方向。

歌舞娱乐放映游艺场所要尽量设置在一、二级耐火等级等具有较高耐火性能的建筑内；设置在耐火等级较低的建筑内时，要严格控制其建筑层数或所处楼层的位置高度。严格地说，歌舞娱乐放映游艺场所不应设置在四级耐火等级的建筑内；当需要设置在三级耐火等级或木结构建筑内时，应位于建筑的首层或二层。

3.　在进行防火分隔时，不允许将多个建筑面积较小的房间合为一个总建筑面积不大于200m^{2}的厅、室，而应按实际需要设置的每个房间或厅、室进行分隔。歌舞娱乐放映游艺场所的布置参见图5.27。

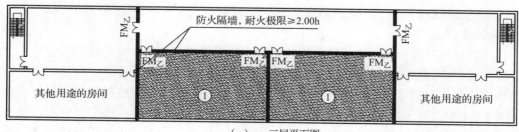

（a）一~三层平面图

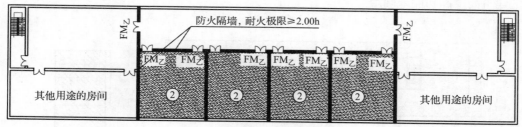

（b）地下一层平面图
（或四层及以上楼层平面图）

图 5.27 歌舞娱乐放映游艺场平面布置示意图

注：1. 歌舞娱乐放映游艺场所（不含剧场、电影院）。

2. 房间建筑面积不大于 200m² 的歌舞娱乐放映游艺场所（不含剧场、电影院）。

5.4.10 除商业服务网点外，住宅建筑与其他使用功能的建筑合建时，应符合下列规定：

1 住宅部分与非住宅部分之间，应采用耐火极限不低于 2.00h 且无门、窗、洞口的防火隔墙和 1.50h 的不燃性楼板完全分隔；当为高层建筑时，应采用无门、窗、洞口的防火墙和耐火极限不低于 2.00h 的不燃性楼板完全分隔。建筑外墙上、下层开口之间的防火措施应符合本规范第 6.2.5 条的规定。

2 住宅部分与非住宅部分的安全出口和疏散楼梯应分别独立设置；为住宅部分服务的地上车库应设置独立的疏散楼梯或安全出口，地下车库的疏散楼梯应按本规范第 6.4.4 条的规定进行分隔。

3 住宅部分和非住宅部分的安全疏散、防火分区和室内消防设施配置，可根据各自的建筑高度分别按照本规范有关住宅建筑和公共建筑的规定执行；该建筑的其他防火设计应根据建筑的总高度和建筑规模按本规范有关公共建筑的规定执行。

【条文要点】

本条规定了住宅与非住宅功能组合建造时的基本防火要求及其不同功能部分的设防原则。

【相关标准】

《汽车库、修车库、停车场设计防火规范》GB 50067—2014；

《住宅设计规范》GB 50096—2011；

《民用建筑设计统一标准》GB 50352—2019；

《住宅建筑规范》GB 50368—2005。

【设计要点】

1.《新建规》没有商住楼或综合楼的称谓。对于住宅与其他非住宅功能组合建造的建筑，其形式主要为在多层或高层住宅建筑的下部布置商店、办公等非住宅用途的多层公共活动场所。非住宅部分的建筑高度大多不大于 24m，参见图 5.28。这类建筑应根据《新建规》第 1.0.4 条、第 5.4.10 条第 1 款和第 6.2.5 条的要求，将住宅与非住宅部分进行防火分隔，疏散系统各自独立设置。在此基础上，住宅和非住宅部分的防火要求可以分别按照各自的建筑高度和功能来确定。

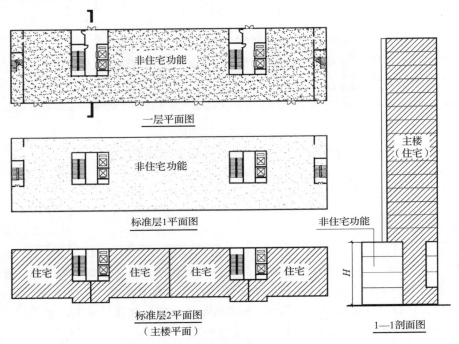

图 5.28　住宅与其他非住宅功能合建建筑示意图

2. 对于水平组合的情形，可以直接将住宅与非住宅部分视为两座不同建筑贴邻建造来考虑其各自的防火要求，但建筑的室外消防给水和室外消火栓的设置、消防车道、消防车登高操作场地以及防火间距等，仍需将住宅和非住宅部分整体按照一座建筑并根据其总体量和建筑类别及公共建筑的相应要求来确定。

对于上、下组合的情形，其分隔要求需根据该建筑整体的总建筑高度，按照其高度是否大于 24m 从而判定是否为高层建筑来确定；住宅和非住宅部分的疏散设施和消防设施的设置，可以分别按照各自的建筑高度和建筑类别确定；有关建筑的室外消防给水和室外消火栓的设置、消防车道以及防火间距等的确定，与水平组合建造时的确定原则一致。对于消防车登高操作场地的设置，则要视非住宅部分的屋面是否满足灭火救援和消防车通行、停靠和展开作业的要求确定，这也与住宅与非住宅部分的建筑高度确定直接相关。

3. 具体要求：

（1）消防车道和消防登高场地应根据建筑的规模和建筑总高度，按照《新建规》第

7.1 节和第 7.2 节的规定设置。

（2）当建筑总高度不大于 24m 时，住宅与非住宅部分沿水平方向应采用耐火极限不低于 2.00h 且无任何开口的防火隔墙完全分隔，沿其高度方向应采用耐火极限不低于 1.50h 的不燃性楼板完全分隔。

（3）当建筑总高度大于 24m 时，住宅与非住宅部分沿水平方向应采用耐火极限不低于 3.00h 且无任何开口的防火墙完全分隔，沿其高度方向应采用耐火极限不低于 2.00h 的不燃性楼板完全分隔。

（4）住宅与非住宅部分的建筑外墙上下层开口之间的窗间墙应为不燃性实体墙；当图 5.29 中非住宅部分的室内未设置自动喷水灭火系统时，实体墙的高度不应小于 1.2m，耐火极限不应低于 1.00h，或者设置挑出宽度不小于 1.0m、耐火极限不低于 1.00h 的防火挑檐，参见图 5.29。当设置自动喷水灭火系统时，上、下层开口之间的实体墙高度可为 0.8m。

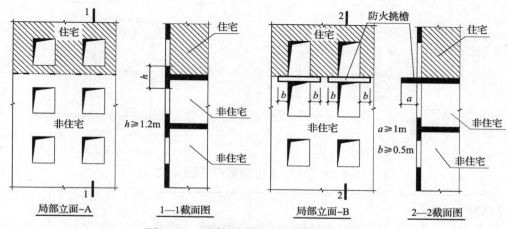

图 5.29　建筑外墙开口及构造示意图

（5）住宅与非住宅部分的室内消防给水系统和防排烟系统、火灾自动报警系统应各自独立成系统。

（6）住宅与非住宅部分的安全出口、疏散楼梯应各自完全独立。

（7）非住宅部分的疏散距离应根据其使用功能和平面布置，按《新建规》第 5.5.17 条的要求确定。

（8）为住宅服务的地上车库疏散楼梯或安全出口应独立设置。为住宅服务的地下车库的疏散楼梯在首层应与住宅的疏散楼梯分隔，尽量各自独立直通室外，即地下、地上疏散楼梯在首层不共用，参见图 5.30；当地下、地上疏散楼梯在首层共用时，为了确保车库内火灾不直接影响共用疏散楼梯的安全使用，应在疏散楼梯间的地下部分与车库之间增加前室，参见图 5.31。设置在建筑下部的非住宅功能部分，其防火分区、疏散楼梯、疏散距离等，应根据其自身建筑高度和规模，按公共建筑的要求确定；当非住宅功能部分设置在住宅建筑的上部时（罕见这样布置），应按该建筑的总建筑高度（消防车登高操作场地设置在 ±0.000m 设计地面）确定上述设置要求。

（9）消防电梯的设置可以根据住宅与非住宅部分的各自建筑高度确定，住宅部分的消防电梯可以不在非住宅部分层层停靠。

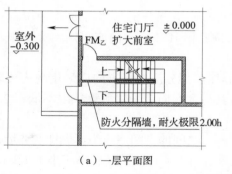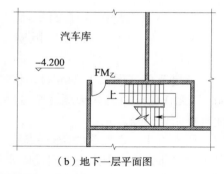

（a）一层平面图　　　　　　　　（b）地下一层平面图

图 5.30　地下车库疏散示意图（一）

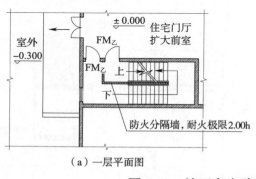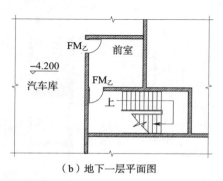

（a）一层平面图　　　　　　　　（b）地下一层平面图

图 5.31　地下车库疏散示意图（二）

【释疑】

疑点 5.4.10–1：住宅与非住宅功能上下组合的建筑，当非住宅功能部分不需要设置消防电梯时，设置在住宅部分的消防电梯是否需要在非住宅部分层层停靠？

释义：1. 住宅部分位于建筑上部的情形。当该建筑的消防车登高操作场地位于标高为 ±0.000m 的设计地面，住宅与非住宅功能组合后的建筑总高度大于 33m 时，分两种情况：一是非住宅部分建筑高度小于或等于 32m，该建筑的住宅部分应设置消防电梯，消防电梯在非住宅部分的楼层可以不停靠，但应能在地下室停靠；二是非住宅部分建筑高度大于 32m，该建筑的住宅和非住宅部分应各自设置消防电梯，住宅部分的消防电梯可以与非住宅部分的消防电梯共用，也可以分别设置，分别设置时，住宅部分的消防电梯在非住宅部分的楼层可以不停靠。

2. 非住宅部分位于建筑上部的情形。当该建筑的消防车登高操作场地位于标高为 ±0.000m 的设计地面，住宅与非住宅功能组合后的建筑总高度小于或等于 32m 时，可以不设置消防电梯；当住宅与非住宅功能组合后的建筑总高度大于 32m 时，该建筑应设置消防电梯，并应能在住宅和非住宅部分层层停靠。

3. 当该建筑的 ±0.000m 设计地面和裙楼部分的屋面均可作为消防车登高操作场地时，住宅和非住宅部分可以根据这两部分的各自高度来确定是否需要设置消防电梯。此时，建筑裙楼上部设置的消防电梯在裙楼部分的楼层可以不停靠，但应能在地下室停靠。

疑点 5.4.10–2：如果非住宅部分为多层建筑，按建筑总高度需要设置消防电梯时，非住宅部分是否要设置消防电梯?

释义:非住宅部分为多层建筑时是否需要设置消防电梯,要视该部分是位于住宅的上部还是下部,以及建筑的消防车登高操作场地所处平面位置来确定,详见"疑点5.4.10-1"的释义。

5.4.11 设置商业服务网点的住宅建筑,其居住部分与商业服务网点之间应采用耐火极限不低于 **2.00h** 且无门、窗、洞口的防火隔墙和 **1.50h** 的不燃性楼板完全分隔,住宅部分和商业服务网点部分的安全出口和疏散楼梯应分别独立设置。

商业服务网点中每个分隔单元之间应采用耐火极限不低于 **2.00h** 且无门、窗、洞口的防火隔墙相互分隔,当每个分隔单元任一层建筑面积大于 **200m²** 时,该层应设置 **2** 个安全出口或疏散门。每个分隔单元内的任一点至最近直通室外的出口的直线距离不应大于本规范表 **5.5.17** 中有关多层其他建筑位于袋形走道两侧或尽端的疏散门至最近安全出口的最大直线距离。

注:室内楼梯的距离可按其水平投影长度的 **1.50** 倍计算。

【条文要点】

本条规定了住宅建筑设置商业服务网点时的建筑定性及相应的防火要求。

【相关标准】

《住宅设计规范》GB 50096—2011;

《民用建筑设计统一标准》GB 50352—2019;

《住宅建筑规范》GB 50368—2005;

《建筑防烟排烟系统设计标准》GB 51251—2017;

《商店建筑设计规范》JGJ 48—2014。

【设计要点】

1. 商业服务网点必须是设置在住宅建筑的地上首层或首层与二层内,商业服务网点每个分隔单元之间应采用耐火极限不低于 2.00h 防火隔墙分隔,每个单元的建筑面积(当为 2 层时,该面积为一、二层的面积之和)不应大于 300m²。

2. 住宅建筑设置商业服务网点后,其建筑性质不变,仍为住宅建筑,建筑的整体设防仍可以按照住宅建筑确定。因此,在建筑下部设置商业服务网点的住宅建筑,是一种特殊形式的住宅建筑。此类建筑在确定其室内外消防给水与消火栓系统、建筑分类、防火间距、消防车道与消防车登高操作场地等要求时,是根据建筑的总高度按照住宅建筑的要求确定。其中,商业服务网点可以不按照商店的要求设防,而按照本条规定的相应要求确定即可。有关消防设施的设置要求见《新建规》第 8 章第 8.2.4 条等的规定。

3. 商业服务网点的用途多样,火灾危险性也有较大差异,但总体上较上部住宅的火灾危险性要高,发生火灾后对建筑上部的影响也大。为控制火灾规模和防止商业服务网点的火灾经竖向蔓延至住宅部分,要严格限制商业服务网点每个分隔单元的建筑面积,并做好商业服务网点之间及其与住宅部分之间的防火分隔,使住宅与商业服务网点的安全出口和疏散楼梯应各自独立。

(1)住宅与商业服务网点之间,沿水平方向应采用耐火极限不低于 2.00h 的防火隔墙分隔；沿其高度方向，应采用耐火极限不低于 1.50h 的楼板完全分隔，外墙上下层窗洞口之间的窗间墙应为不燃性实体墙，当未设置自动喷水灭火系统时，实体墙的高度不应小于 1.2m，或者设置挑出宽度不小于 1.0m 的防火挑檐，参见图 5.30。住宅与商业服务网点平面布置参见图 5.32。

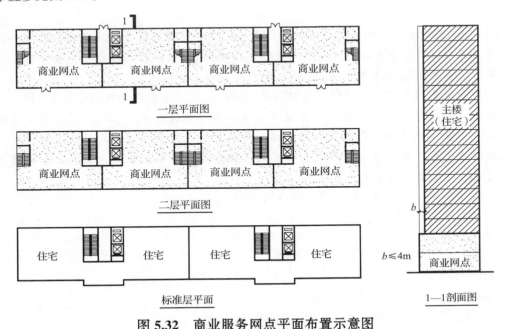

图 5.32　商业服务网点平面布置示意图

（2）为满足高层建筑的消防救援需要，根据《新建规》第 7.2.1 条的规定，对于高层建筑，商业服务网点的外墙突出住宅建筑外墙的距离不应大于 4.0m。

（3）商业服务网点单元内的安全出口或疏散门，当商业服务网点每个分隔单元中一层的建筑面积大于 200m² 时，该层应设置 2 个疏散出口，这与《新建规》第 5.5.15 条的要求略有差别。商业服务网点每个分隔单元内任意一点至其最近安全出口的最大直线距离不应大于《新建规》第 5.5.17 条第 3 款的规定值，即表 5.5.17 中有关多层"其他建筑"位于袋形走道两侧或尽端的疏散门至安全出口的最大直线距离。其中，室内楼梯的疏散距离应按其水平投影长度的 1.50 倍计入总疏散距离，参见图 5.33。

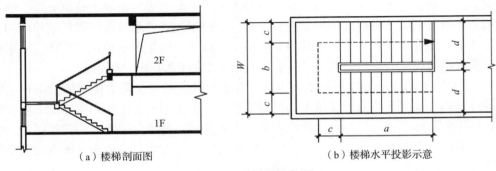

图 5.33　楼梯示意图

注：楼梯行走水平投影长度 $L_h=2（a+c）+b$；$c=0.5d$，$b=W-2c$。

【释疑】

疑点 5.4.11-1：住宅建筑下部设置商业服务网点后，该建筑是否仍可按住宅建筑进行防火设计？

释义：可以。在建筑下部设置商业服务网点的住宅建筑，不改变建筑的性质和功能类别，该建筑仍属于住宅建筑，其防火设计要求仍可以按照规范有关住宅建筑的要求确定。

疑点 5.4.11-2：商业服务网点的外墙面是否能突出住宅建筑的外墙？

释义：商业服务网点是直接为住宅居民提供便利服务的小型商业设施，如小超市、杂货店、副食店、邮政所、储蓄所、理发店等小型营业性用房。因此，一般不应超过住宅建筑的上部投影，但有时住宅部分的上部面积较小，呈多座塔楼分布在商业服务网店上，此时少数几间商业服务网点超过其上部住宅的建筑外墙投影是允许的，但不应影响对住宅火灾的灭火救援。

疑点 5.4.11-3：商业服务网点每个分隔单元内的疏散楼梯为封闭楼梯间时，其疏散距离如何确定？

释义：商业服务网点每个分隔单元内的任一点至最近直通室外的出口的直线距离，不应大于《新建规》第 5.5.17 条表 5.5.17 中有关多层"其他建筑"位于袋形走道两侧或尽端的疏散门至安全出口的最大直线距离。一般，2 层的商业服务网点设置的疏散楼梯应在首层直接通向室外。无论该疏散楼梯是否采用封闭楼梯间，商业服务网点的疏散距离均应按上述要求确定。由于商业服务网点每个分隔单元的建筑面积较小，只要满足上述疏散距离，其疏散楼梯不需要采用封闭楼梯间。

疑点 5.4.11-4：高层、多层住宅建筑中商业服务网点内的疏散距离是按高层建筑还是按多层建筑？

释义：商业服务网点本身就是 1 层或 2 层的公共活动场所，其疏散设施与住宅部分完全分隔，各自独立使用。因此，无论商业服务网点是设置在高层住宅建筑还是设置在多层住宅建筑中，其疏散距离均可以按照不大于《新建规》第 5.5.17 条表 5.5.17 中有关多层"其他建筑"位于袋形走道两侧或尽端的疏散门至安全出口的最大直线距离来确定。

5.4.12 燃油或燃气锅炉、油浸变压器、充有可燃油的高压电容器和多油开关等，宜设置在建筑外的专用房间内；确需贴邻民用建筑布置时，应采用防火墙与所贴邻的建筑分隔，且不应贴邻人员密集场所，该专用房间的耐火等级不应低于二级；确需布置在民用建筑内时，不应布置在人员密集场所的上一层、下一层或贴邻，并应符合下列规定：

1 燃油或燃气锅炉房、变压器室应设置在首层或地下一层的靠外墙部位，但常（负）压燃油或燃气锅炉可设置在地下二层或屋顶上。设置在屋顶上的常（负）压燃气锅炉，距离通向屋面的安全出口不应小于 6m。

采用相对密度（与空气密度的比值）不小于 0.75 的可燃气体为燃料的锅炉，不得设置在地下或半地下。

2 锅炉房、变压器室的疏散门均应直通室外或安全出口。

3 锅炉房、变压器室等与其他部位之间应采用耐火极限不低于 2.00h 的防火隔墙和 1.50h 的不燃性楼板分隔。在隔墙和楼板上不应开设洞口，确需在隔墙上设置门、窗时，应采用甲级防火门、窗。

4　锅炉房内设置储油间时，其总储存量不应大于 1m³，且储油间应采用耐火极限不低于 3.00h 的防火隔墙与锅炉间分隔；确需在防火隔墙上设置门时，应采用甲级防火门。

5　变压器室之间、变压器室与配电室之间，应设置耐火极限不低于 2.00h 的防火隔墙。

6　油浸变压器、多油开关室、高压电容器室，应设置防止油品流散的设施。油浸变压器下面应设置能储存变压器全部油量的事故储油设施。

7　应设置火灾报警装置。

8　应设置与锅炉、变压器、电容器和多油开关等的容量及建筑规模相适应的灭火设施，当建筑内其他部位设置自动喷水灭火系统时，应设置自动喷水灭火系统。

9　锅炉的容量应符合现行国家标准《锅炉房设计规范》GB 50041 的规定。油浸变压器的总容量不应大于 1260kV·A，单台容量不应大于 630kV·A。

10　燃气锅炉房应设置爆炸泄压设施。燃油或燃气锅炉房应设置独立的通风系统，并应符合本规范第 9 章的规定。

【条文要点】

本条规定了具有较高火灾危险性的燃油或燃气锅炉房、油浸变压器室、充有可燃油的高压电容器室和多油开关室的布置要求，特别是位于民用建筑内时的防火要求。

【相关标准】

《城镇燃气设计规范》GB 50028—2006；

《锅炉房设计规范》GB 50041—2008；

《20kV 及以下变电所设计规范》GB 50053—2013；

《通用用电设备配电设计规范》GB 50055—2011；

《火力发电厂与变电站设计防火标准》GB 50229—2019；

《城镇燃气分类和基本特征》GB/T 13611—2006。

【设计要点】

燃油或燃气锅炉、油浸变压器、充有可燃油的高压电容器和多油开关等，有较高的爆炸和燃烧的危险，一般应单独建造；确需贴邻民用建筑建造或设置在民用建筑内时，应采取可靠的防火措施，确保消防安全。

1. 锅炉房的防火设计要求：

独立的锅炉房一般由锅炉间、辅助间（包括储油间、燃气调压计量间、水处理间、仪表控制间等）、生活间（包括值班、更衣淋浴和厕所等）组成。设置在其他建筑内的锅炉房主要由锅炉间、储油间和仪表控制室组成。

锅炉房的主要危险因素，一是锅炉本身的爆炸危险性，根据《锅炉安全技术监察规程》TSG G0001—2012 第 1.3 条的规定，除容积小于 30L 的蒸汽锅炉和出水压力小于 0.1MPa 或额定热功率小于 0.1MW 的热水锅炉外，其他锅炉［不含常（负）锅炉］均存在物理爆炸危险性；二是为锅炉提供热源的燃气、燃油的火灾爆炸危险性。因此，设置在民用建筑内的燃油或燃气锅炉房，应采取一定的防火、防爆措施：

（1）贴邻民用建筑建造的锅炉房，其耐火等级不应低于二级。

（2）位于民用建筑内时，锅炉房应设置在首层或地下一层的靠外墙部位，不应位于人员聚集的场所的上一层的正下方或下一层的正上方（当有隔层时，可不视为上一层或下一层），或者直接贴邻。常压和负压燃油或燃气锅炉可以设置在地下二层或屋顶上，参见图5.34和图5.35。

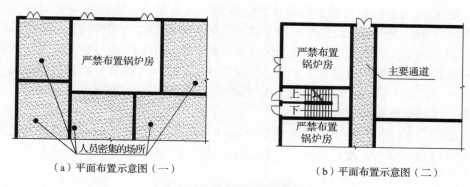

（a）平面布置示意图（一）　　（b）平面布置示意图（二）

图 5.34　锅炉房布置示意图（一）

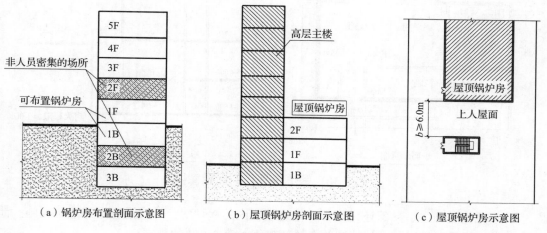

（a）锅炉房布置剖面示意图　　（b）屋顶锅炉房剖面示意图　　（c）屋顶锅炉房示意图

图 5.35　锅炉房布置示意图（二）

（3）锅炉房与建筑内的其他部位之间应采用耐火极限不低于2.00h的防火隔墙和1.50h的不燃性楼板进行分隔，与其他部位连通的门、窗应为甲级防火门、窗。

（4）位于民用建筑内的燃油锅炉储油间，其室内每间储油间的总储油量不应大于1.0m³；储油间与其他部位之间应采用耐火极限不低于3.00h的防火隔墙与其他部位分隔，确需连通的门应为甲级防火门；储油间门口处应有防止油品流散的措施。当建筑内的锅炉所需燃油量较大时，应将燃油储存在建筑物相对安全的位置，并应符合《新建规》第5.4.14条的规定。

（5）锅炉房内应设置火灾报警装置和可燃气体探测报警系统。火灾报警装置的类型要与建筑物内其他区域火灾报警设施的设置情况统一考虑。当其他区域设置了火灾自动报警系统时，锅炉房内也应设置火灾探测与报警系统；当建筑内其他区域未设置火灾自动报警系统时，锅炉房内的火灾报警装置可以采用独立式火灾探测报警装置。

（6）锅炉房应具有良好的自然通风条件；当不具备此条件时，应设置独立的机械通风设施，通风量应符合《新建规》第 9.3.16 条的规定。所谓良好的自然通风条件，是房间的自然通风能使锅炉在其整个使用过程中，锅炉间内局部积聚的可燃气体或蒸汽浓度始终低于其爆炸下限的 25%。

（7）锅炉房内应设置与锅炉房规模相适应的灭火设施。灭火设施的类型视锅炉房所在建筑其他区域的灭火设施设置情况以及锅炉房的重要性等综合考虑确定。当建筑其他区域设置了自动喷水灭火系统或其他自动灭火系统时，该锅炉房也应设置相应类别的灭火系统；当建筑内其他区域未设置自动灭火系统时，该锅炉房可考虑独立设置与锅炉房规模和燃料类型相适应的自动灭火设施。对于燃气锅炉，可以采用细水雾灭火系统等；对于燃油锅炉，可以采用水喷雾灭火系统等。

（8）锅炉房的疏散门应直通室外或安全出口（参见图 5.36），即不需要再经过其他功能区域就可以到达室外，或只需经过一条疏散走道即可以进入安全出口。

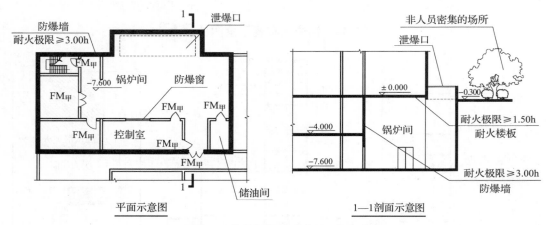

图 5.36　锅炉房平、剖面示意图

（9）无论是独立、贴邻还是位于其他建筑物内的锅炉房，均应设置爆炸泄压设施。泄压设施的选择及泄压面积的计算应符合《新建规》第 3.6 节的规定。

（10）位于民用建筑内地下或半地下室的燃气锅炉，所用燃气的相对密度不应大于0.75；位于民用建筑内其他楼层的燃气锅炉，当所用燃气的相对密度大于 0.75 时，室内地坪应采用不发火地面，如大理石、白云石或其他材料加工而成的地面面层，防止可燃气体积聚难以排除或在地面局部积聚而引发爆炸。

（11）为防止锅炉物理爆炸对建筑产生较严重的破坏，设置在民用建筑的半地下室或首层内的锅炉，每台蒸汽锅炉的额定蒸发量不应大于 10t/h，额定蒸汽压力不应大于1.6MPa。根据《锅炉房设计规范》GB 50041—2008 第 3.0.12 条的规定，非独立式锅炉房内锅炉总台数不应超过 4 台。

（12）锅炉房的其他防火要求应符合国家标准《锅炉房设计规范》GB 50041—2008 的规定。

2. 变配电站的防火设计要求：

变配电站主要有室外变配电站、预装式变配电站和终端变电站。

室外变配电站的总容量较大，其电压一般大于10kV、总容量大于1260kV·A，多采用油浸变压器。预装式变配电站按其中的变压器分为干式、油浸两种，电压等级为高压6kV ~ 35kV，低压220/380V，三相交流，50Hz，额定容量一般为30kV·A ~ 1600kV·A，主要由高压开关柜、低压配电屏、配电变压器、外壳四部分构成，并组合在一个或数个箱体内，广泛应用于住宅小区、工矿企业、宾馆、医院、商场、机场、公园、高铁等户外场所。终端变电站是电压为10kV及以下的变配电站，其变压器类型有油浸变压器和干式变压器，一般设置在建筑内。位于民用建筑内并采用油浸变压器的终端变电站，其单台容量不应大于630kV·A，总容量不应大于1260kV·A，使用油浸变压器、充有可燃油的高压电容器和多油开关等的终端变配电站具有较高的火灾危险性，应对其设置场所采取必要的防火技术措施：

（1）贴邻民用建筑单独建造的终端变配电站，其耐火等级不应低于二级。

（2）不应位于人员聚集的场所的下一层的正上方或上一层的正下方，也不应与人员聚集的场所贴邻。根据国家标准《20kV及以下变电所设计规范》GB 50053—2013第2.0.3条的规定，采用油浸变压器的变电所不应设置在高层主体建筑内或人员密集场所疏散出口的两旁，不宜设置在多层和高层建筑的裙房内；位于多层和高层建筑内的油浸变压器的变电所，应布置在建筑首层的靠外墙部位。

（3）非充油的变配电站要尽量避免设置在半地下室或地下室的最低楼层，否则，应采取防止被水淹的措施。位于民用建筑内的终端变、配电站的布置参见图5.37。

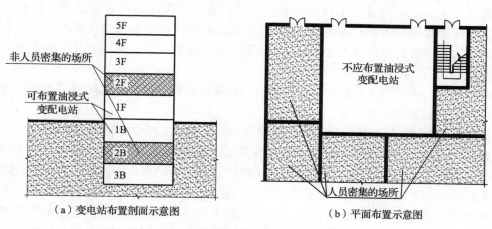

图 5.37 终端变、配电站布置示意图

（4）油浸变压器室等充油变、配电设备与建筑内的其他部位之间应采用耐火极限不低于2.00h的防火隔墙和1.50h的不燃性楼板分隔。在楼板上不应开设洞口，设置在隔墙上的门、窗应为甲级防火门、窗。油浸变压器室之间、油浸变压器室与配电室之间应采用耐火极限不低于2.00h的防火隔墙进行分隔。

（5）位于民用建筑内且单台变配电设备含可燃油油量大于60kg的终端变、配电站，其疏散门应直通室外或安全出口，平面布置参见图5.38。

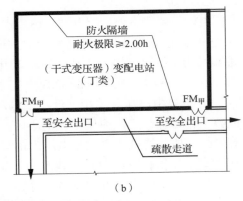

图 5.38　终端变、配电站疏散门布置示意图

（6）油浸变压器、多油开关室、高压电容器室，应在设备下部设置事故油池或挡油围堰等防止油品流散的设施。

（7）位于民用建筑内的终端变、配电站应配置与其规模相适应的灭火设施和火灾探测与报警设施。有关释义参见本条"锅炉房的防火设计要求"。

（8）终端变、配电站的其他防火设计要求应符合国家标准《20kV 及以下变电所设计规范》GB 50053—2013 的规定。

【释疑】

疑点 5.4.12–1：变、配电站的火灾危险性如何确定？变、配电站应配置何种灭火设施？

释义：变、配电站是一类特殊的场所，当设置在民用建筑内并为该建筑服务时，可以视为该民用建筑的辅助设备用房。根据变、配电站内是否有油浸变压器和充油设备等设备，以及这些设备是否含油或含油量多少，其火灾危险性可以比照丙类或丁类生产的火灾危险性确定。

变、配电站内的灭火设施配置应根据站内设备的规模、位置等具体情况和所在建筑本身的灭火设施配置情况来确定。

疑点 5.4.12–2：位于民用建筑内的锅炉房与其他部位之间要设置防爆墙吗？

释义：按锅炉使用燃料不同可分为燃煤锅炉、燃气锅炉、燃油锅炉和电加热锅炉等；按其压力可分为有压（高压、中压、低压）锅炉、常压锅炉和负压锅炉。对于建筑防火而言，主要考虑锅炉的燃料类型可能带来的火灾危险，并考虑锅炉运行时内部压力产生的物理爆炸作用。因此，具有火灾爆炸危险性的锅炉为燃油和燃气锅炉。设置这两类锅炉的锅炉房应考虑防爆与泄压。但是，锅炉房与建筑内其他部位之间是否需设置防爆墙，则要视泄压面积的设置等具体情况而定。

防爆墙是用来抵抗来自建筑物外部或内部爆炸冲击波的分隔构件。当燃油或燃气锅炉房设置了爆炸泄压面积，且泄压面积能在爆炸作用达到建筑主要承重结构最大耐受压强前及时泄压时，可不对锅炉房主要承重结构（如梁、柱、剪力墙等）采取加强性的抗爆措施；否则，应对锅炉房内的主要承重结构采取加强性防爆防护措施。

不论锅炉房的泄压面积是否符合规定，布置在民用建筑内的锅炉房与其他部位之间的分隔墙均应采用防爆墙。

疑点 5.4.12-3：为什么位于地下或半地下的燃气锅炉房不能使用相对密度大于 0.75 的燃气？

释义：与空气的密度比值大于 0.75 的燃气，一旦在地下、半地下空间内散发，难以被排除而容易积聚不散，从而可能在局部形成爆炸性气氛，并由此引发爆炸和火灾。因此，在建筑的地下和半地下使用燃气设备时，不能采用相对密度大于 0.75 的可燃气体。

疑点 5.4.12-4：对民用建筑内的储油间所储油品种类有何规定？

释义：锅炉房的储油间是为保证锅炉正常运行、存放燃油的中间油罐间，所储油品的种类由锅炉类型决定，一般采用重油，也有使用柴油的。当使用柴油且锅炉房不是独立建造，或即使独立建造但位于地下、半地下时，均不应使用火灾危险性为乙类的轻柴油，即闪点低于 60℃ 的轻柴油。

> **5.4.13** 布置在民用建筑内的柴油发电机房应符合下列规定：
> **1** 宜布置在首层或地下一、二层。
> **2** 不应布置在人员密集场所的上一层、下一层或贴邻。
> **3** 应采用耐火极限不低于 2.00h 的防火隔墙和 1.50h 的不燃性楼板与其他部位分隔，门应采用甲级防火门。
> **4** 机房内设置储油间时，其总储存量不应大于 1m³，储油间应采用耐火极限不低于 3.00h 的防火隔墙与发电机间分隔；确需在防火隔墙上开门时，应设置甲级防火门。
> **5** 应设置火灾报警装置。
> **6** 应设置与柴油发电机容量和建筑规模相适应的灭火设施，当建筑内其他部位设置自动喷水灭火系统时，机房内应设置自动喷水灭火系统。

【条文要点】

本条规定了位于民用建筑内的柴油发电机房的相应防火要求。

【相关标准】

《自动喷水灭火系统设计规范》GB 50084—2017；

《火灾自动报警系统设计规范》GB 50116—2013；

《民用建筑电气设计规范》JGJ 16—2008。

【设计要点】

柴油发电机房是安装柴油发电机及相关设施的用房，其火灾危险性主要来自柴油发电机组和油箱间的燃油及相应的配电电线电缆。当柴油发电机房不能独立建造，而必须设置在民用建筑内时，应针对其火灾危险性采取相应的防火技术措施：

（1）柴油发电机所用柴油的闪点不应低于 60℃，所用柴油闪点低于 60℃ 的发电机房应在地上独立建造。

（2）不应位于人员密集的场所的上一层正下方或下一层的正上方，或直接贴邻布置，参见图 5.39。

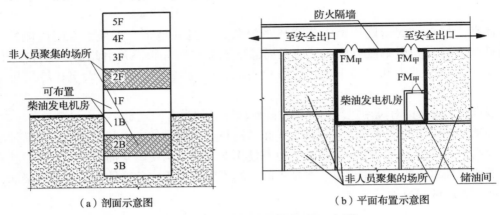

（a）剖面示意图　　　　　　　　（b）平面布置示意图

图 5.39　柴油发电机房布置示意图

（3）柴油发电机房与建筑内的其他部位之间应采用耐火极限不低于 2.00h 的防火隔墙和 1.50h 的不燃性楼板进行分隔，相连通的门、窗应为甲级防火门、窗。

（4）建筑内储油间的火灾危险性主要由每间储油间的储油量决定。每间储油间要严格限制其总储油量不大于 1.0m³。对于通信数据机房等某些建筑需要较多发电机组保障时，建筑内所有储油间的总储量不应大于 5.0m³；当大于此规模时，应按照《新建规》第 5.4.14 条的要求设置。储油间应采用耐火极限不低于 3.00h 的防火隔墙和 1.50h 的不燃性楼板与其他部位进行分隔，相连通的门、窗应为甲级防火门、窗。

（5）柴油发电机房应设置火灾自动报警装置和相应的灭火设施。相关释义参见本《指南》第 5.4.12 条"锅炉房的防火设计要求"。对于规模较小的发电机组，也可配置如干粉自动灭火装置或灭火器等灭火设施或器材。

【释疑】

疑点 5.4.13-1：位于民用建筑内的柴油发电机房，当所需柴油量大于 1.0m³ 时怎么办？

释义：位于民用建筑内的柴油发电机组，当所需用油量大于 1.0m³ 时，储油间可以分间设置，但应保证每间储油间的总储油量不大于 1.0m³，建筑内所有储油间的储油量之和不应大于 5.0m³。当大于该储油量时，应将储油装置移出到该建筑物外进行设置，通过管道向发电机组供应燃油。

疑点 5.4.13-2：规范对位于民用建筑内的柴油发电机房的耐火等级有何规定？

释义：耐火等级是针对一座建筑整体的耐火性能而言。位于其他建筑内的柴油发电机房无所谓耐火等级，但该柴油发电机房的分隔墙体、楼板和梁、柱等承重结构的耐火极限与燃烧性能应符合所在建筑耐火等级对相应构件的耐火性能要求、规范规定的专门加强性措施及相关标准的规定。例如，根据国家行业标准《民用建筑电气设计规范》JGJ 16—2008 第 6.1.13 条的规定，民用建筑内柴油发电机房内各工作间的耐火等级应符合表 F5.13（引自《民用建筑电气设计规范》JGJ 16—2008 第 6.1.13 条的规定）的规定。实际上，表 F5.13 中的所谓耐火等级，是要求这些房间的相应构件的耐火性能要符合一级或二级耐火等级建筑对这些构件的耐火性能要求。

表 F5.13 柴油发电机房内各工作间的
火灾危险性及其耐火性能要求

名　　称	火灾危险性类别	耐火等级
发电机间	丙类	一级
控制与配电室	戊类	二级
储油间	丙类	一级

疑点 5.4.13–3： 地上、地下或半地下柴油发电机房内的疏散距离如何确定？

释义： 柴油发电机房内的疏散距离可以根据其所在建筑的耐火等级，按设备房的有关要求确定，即应符合《新建规》第 5.5.17 条第 3 款的规定。

5.4.14 供建筑内使用的丙类液体燃料，其储罐应布置在建筑外，并应符合下列规定：

1 当总容量不大于 $15m^3$，且直埋于建筑附近、面向油罐一面 4.0m 范围内的建筑外墙为防火墙时，储罐与建筑的防火间距不限；

2 当总容量大于 $15m^3$ 时，储罐的布置应符合本规范第 4.2 节的规定；

3 当设置中间罐时，中间罐的容量不应大于 $1m^3$，并应设置在一、二级耐火等级的单独房间内，房间门应采用甲级防火门。

【条文要点】

本条规定了民用建筑中燃油锅炉、烹饪灶具等燃油设施所用丙类可燃液体燃料储罐的设置要求。

【设计要点】

建筑内使用可燃液体作燃料的设备所需可燃液体数量较大时，应将可燃液体储罐移至建筑物外设置。当可燃液体的总储量不大于 $1.0m^3$ 时，可以按照规范规定设置在建筑内单独的可燃液体储存间内；当总储量大于 $1.0m^3$ 并在建筑附近设置时，储罐与民用建筑的防火间距应符合《新建规》第 4.2.1 条表 4.2.1 的规定。但是，当为总储量不大于 $15m^3$ 的丙类液体储罐，且储罐与建筑的防火间距不符合规范要求时，应将储罐直埋地下，并将储罐周围 4.0m 范围内的建筑外墙改造成防火墙，参见图 5.41。直埋储罐的罐顶覆土厚度不应小于 0.50m，埋地罐的其他要求示意见《小型立、卧式油罐图集》02R111。

单个容量不大于 $1.0m^3$ 的丙类液体储罐，可以设置在建筑内围护结构满足一级或二级耐火等级建筑相应要求的单独房间内，该房间应采用耐火极限不低于 3.00h 的防火隔墙和耐火极限不低于 1.50h 的楼板与其他部位分隔，与其他部位连通的门应为甲级防火门，并应设置事故油池等防止可燃液体向外流淌的措施。

【释疑】

疑点 5.4.14–1： 单个容量不大于 $15m^3$ 的丙类液体储罐，与民用建筑的防火间距是多少？

释义： 单个容量不大于 $15m^3$ 的丙类液体储罐，设置在地上或直埋地下时，与民用建筑的防火间距不应小于《新建规》第 4.2.1 条表 4.2.1（含表注）的规定值；直埋在地下且建筑面向储罐一面 4.0m 范围内（参见图 5.40）的建筑外墙为防火墙时，储罐与建筑的防火间距不限。

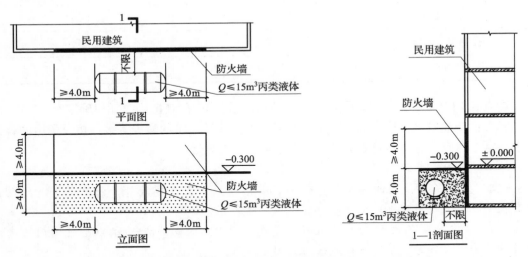

图 5.40 埋地储罐与相邻民用建筑的防火间距示意图

疑点 5.4.14–2：容量不大于 15m³ 的丙类液体储罐直埋在民用建筑附近的地下时，需要埋多深？

释义：直埋地下的丙类液体储罐，无论其容量多大，均有一定的覆土厚度要求，具体埋深取决于储罐的形状和直径以及在不同地区时的覆土要求。一般，储罐的顶部覆土厚度不应小于 0.5m，周围的覆土厚度不应小于 0.3m。

疑点 5.4.14–3：多个容量不大于 15m³ 的丙类液体储罐直埋地下时，其防火间距是否可不限？

释义：多个容量不大于 15m³ 的丙类液体储罐直埋地下时，这些储罐与相邻建筑物的防火间距应根据其总容量和《新建规》第 4.2.1 条表 4.2.1 注 6 的规定值确定。

5.4.15 设置在建筑内的锅炉、柴油发电机，其燃料供给管道应符合下列规定：

1 在进入建筑物前和设备间内的管道上均应设置自动和手动切断阀；

2 储油间的油箱应密闭且应设置通向室外的通气管，通气管应设置带阻火器的呼吸阀，油箱的下部应设置防止油品流散的设施；

3 燃气供给管道的敷设应符合现行国家标准《城镇燃气设计规范》GB 50028 的规定。

【条文要点】

本条规定了可燃液体和可燃气体供给管道在进入建筑物前及在建筑物内敷设的防火要求。

【相关标准】

《城镇燃气设计规范》GB 50028—2006；

《锅炉房设计规范》GB 50041—2008；

《人工制气厂站设计规范》GB 51208—2016。

【设计要点】

1. 设置在建筑内的燃油或燃气锅炉、柴油发电机，大多需要在建筑物外设置可燃液体储罐或燃气调压站，通过管道从室外引入可燃液体或可燃气体。这样，能在建筑物内外发生火灾时，通过管道系统上设置的切断阀等装置有效阻断这些可能增大火势或引发爆炸的危险源持续进入建筑。

通常，除需在可燃液体储罐或燃气调压站处设置关断阀外，还应在这些管道进入建筑物前和在设备间内的管道上分别设置自动和手动切断阀，使之既能就地手动紧急关断，又能通过火灾自动报警系统或控制中心等方式联动自动关断。

2. 建筑内的储油箱是为保证锅炉点火或柴油机启动及在应急期间持续运行所设，每间储油间的总储量不大于 $1.0m^3$。尽管储油量不大，且为丙类可燃液体，但在长时间存放时，仍存在挥发的可燃蒸气。为防止油气在储罐内积聚或逸散后在室内积聚，避免被意外火源引燃及在事故时因流淌至储油间外而致火灾蔓延扩大，设计应使储油及储罐具备以下性能或防火措施：

（1）储油罐或油箱本身要具有可靠的密闭性能；

（2）在储罐或油箱上应设置通气管，并将通气管引致室外较高位置或高出地面一般不小于 2.2m；

（3）通气管应设置带阻火器的呼吸阀；

（4）油箱的下部应设置集油坑、导油池等防止油品流散的设施。

3. 燃气管道的敷设应避免因敷设位置不当引起管道泄漏导致燃气在室内积聚而产生危险。燃气管道不得敷设在卧室、客房、卫生间、疏散走道和公共活动场所、电梯间及其前室、避难场所、易燃或易爆品的仓库、变配电室、通风机房等以及除住宅建筑外的其他民用建筑的疏散楼梯间，燃气管道不应穿过电缆沟、暖气沟、烟道、进风道和垃圾道等地方。其他敷设要求应符合国家标准《城镇燃气设计规范》GB 50028—2006 第 10.2.14 条～第 10.2.42 条的规定。

5.4.16 高层民用建筑内使用可燃气体燃料时，应采用管道供气。使用可燃气体的房间或部位宜靠外墙设置，并应符合现行国家标准《城镇燃气设计规范》GB 50028 的规定。

【条文要点】

本条规定了各类民用建筑内燃气用气部位的布置要求和高层民用建筑使用燃气时的供气方式。

【相关标准】

《城镇燃气设计规范》GB 50028—2006；

《人工制气厂站设计规范》GB 51208—2016。

【设计要点】

1. 尽管燃气安全管理、公众的安全用气意识与知识均在不断提高，但燃气火灾爆炸事故仍时有发生。提高燃气用户相关燃气设施、供气方式和燃气设施设置场所的本质安全性能，是一条有效的保证安全的途径。

通常，燃气用气部位要具有较好的自然通风和泄压条件，建筑内的用气要尽量通过调压后采用集中供气的方式分配至各分散的用户。因此，无论是单层、多层还是高层建筑，其用气部位或房间均要尽量靠建筑外墙布置，使之能设置外窗直接通风和一旦发生爆炸时通过外窗直接向外泄压；当不能靠外墙布置时，要采取相应的通风措施和保证能及时有效泄压的必要措施。对于高层民用建筑，应采用管道集中供气的方式，不能使用瓶、罐供气方式，以减少因设备或人为因素在送气、换气过程中和使用场所的燃气泄漏以及用气场所其他火灾引发的火灾爆炸事故。

2. 对于燃气用气部位设置的其他要求，还应符合国家标准《城镇燃气设计规范》GB 50028—2006第10.4节和第10.5节有关居民生活用气和商业用气的规定。

5.4.17 建筑采用瓶装液化石油气瓶组供气时，应符合下列规定：

1 应设置独立的瓶组间；

2 瓶组间不应与住宅建筑、重要公共建筑和其他高层公共建筑贴邻，液化石油气气瓶的总容积不大于$1m^3$的瓶组间与所服务的其他建筑贴邻时，应采用自然气化方式供气；

3 液化石油气气瓶的总容积大于$1m^3$、不大于$4m^3$的独立瓶组间，与所服务建筑的防火间距应符合本规范表5.4.17的规定；

表 5.4.17　液化石油气气瓶的独立瓶组间与
所服务建筑的防火间距（m）

名　　称	液化石油气气瓶的独立瓶组间的总容积 V（m^3）	
	$V \leqslant 2$	$2 < V \leqslant 4$
明火或散发火花地点	25	30
重要公共建筑、一类高层民用建筑	15	20
裙房和其他民用建筑	8	10
道路（路边）　主要	10	
道路（路边）　次要	5	

注：气瓶总容积应按配置气瓶个数与单瓶几何容积的乘积计算。

4 在瓶组间的总出气管道上应设置紧急事故自动切断阀；

5 瓶组间应设置可燃气体浓度报警装置；

6 其他防火要求应符合现行国家标准《城镇燃气设计规范》GB 50028的规定。

【条文要点】

本条规定了民用建筑采用瓶装液化石油气瓶组供气瓶组间的防火要求。

【相关标准】

《城镇燃气设计规范》GB 50028—2006；

《液化石油气供应工程设计规范》GB 51142—2015；

《液化石油气》GB 11174—2011；

《液化石油气安全规程》SY/T 5985—2014。

【设计要点】

液化石油气是炼油厂在进行原油催化裂解与热裂解时所得到的副产品，主要成分为丙烷、丙烯、丁烷以及其他烷系或烯类等碳氢化合物，气态时的相对密度约为 1.5 ～ 2.0。液化石油气的爆炸范围较大（1.5% ～ 9.5%）、爆炸下限低，点火能低（最低点火能约4mJ），其气化体积大（从液体到气态，体积膨胀 250 倍 ～ 300 倍），易在低处积聚，具有很高的火灾爆炸危险性，发生事故后的危害大。在建筑内使用液化石油气时，要高度重视其安全预防措施的针对性、可靠性和有效性。对于采用瓶装液化石油气瓶组供气的建筑，要在气源布置、用气部位布置、管道选型和敷设、供气设施、室内环境和安全装置等方面采取相应的预防性措施。这些措施及相应的要求，国家标准《城镇燃气设计规范》GB 50028—2006、《液化石油气供应工程设计规范》GB 51142—2015 等标准有详细规定，设计者应仔细查阅相关标准。对于瓶装液化石油气瓶组供气的瓶组间，应采取下列建筑防火措施：

1. 瓶组间应在用气建筑外独立建造，耐火等级不应低于二级。

2. 当瓶组的总容积大于 1.0m³、不大于 4.0m³ 时，瓶组间与用气建筑的防火间距应符合《新建规》第 5.4.17 条表 5.4.17 的规定；当瓶组的总容积小于 1.0m³ 时，可以与所服务的建筑贴邻，但不应与住宅建筑、重要公共建筑和其他高层公共建筑贴邻（即使这些建筑是该瓶组间的用气建筑，也不允许贴邻），并应符合国家标准《液化石油气供应工程设计规范》GB 51142—2015 的规定；当大于 4m³ 时，不应采用瓶组气化的方式供气。

3. 瓶组间内应设置可燃气体浓度报警装置，并应能在瓶组等泄漏的液化石油气在达到其爆炸下限的 20% 时发出警报信号和联动启动事故通风装置，防止瓶组间内液化石油气达到爆炸浓度。

4. 应在瓶组间的总出气管道上设置能与燃气检测报警系统联动的紧急事故自动切断阀。

5. 瓶组间应比照甲类厂房的要求确定其疏散出口、设置位置、通风等要求，例如，瓶组间不得设置在地下或半地下、瓶组间应有良好的通风条件或具有强制通风设施等。其他防火要求，应符合国家标准《液化石油气供应工程设计规范》GB 51142—2015 第 6 章至第 8 章的规定。

5.5 安全疏散和避难

安全疏散是建筑物内的人员在建筑发生火灾时，能够在火灾及其烟气达到可能危及人身安全状态之前，全部自主或依靠他人帮助安全疏散到安全地点的活动过程。安全疏散与避难设施是建筑物在火灾时确保人员生命安全的基本设施，其设计是建筑防火设计的一项重要内容。

安全疏散与避难设计必须保证建筑内的疏散出口数量与有效疏散宽度足够，避难区域安全可用且面积足够，疏散出口及其宽度分布合理；疏散走道或通道能在建筑的整个使用过程中始终保持通畅，不会因装修而改变位置或减小宽度、影响视线，不会被烟气或火势侵袭、阻挡而不能发挥作用，设施（如坡道）的坡度、楼梯的踏步高度与宽度适应使用人员的特性等；疏散路线简捷且曲折少，通常能保证一个空间具有多个疏散方向，标示清晰且简单明了，使人一目了然，便于人员发现和快速确认疏散出口；疏散距离与空间内的大小、空间高度和火灾特性等相适应（室内高度低的，疏散距离应较短；室内高度高的，疏散距离可以较大）；人员在疏散过程中经历的各个阶段所处空间不一样，所设计的疏散设施能使人在整个疏散过程中始终处于越来越安全的状态，按照从不安全区域到次安全区再到安全区的顺序进行疏散；建筑内的人员在到达安全地点前所需经过的疏散空间具有足够的疏散照明和清楚的疏散指示，不仅能保证设计的人员疏散时间，而且能进一步提高人群的疏散速度，缩短人员疏散所需时间。

因此，在建筑设计时，要合理确定疏散出口和疏散楼梯的数量、布置位置和宽度，疏散走道的宽度，疏散楼梯间的形式和宽度，避难层或避难间的位置、避难面积及避难走道的设置，疏散与避难设施或场所的防火保护措施，疏散指示标志和疏散照明的设置位置及其照度等。

Ⅰ 一 般 要 求

5.5.1 民用建筑应根据其建筑高度、规模、使用功能和耐火等级等因素合理设置安全疏散和避难设施。安全出口和疏散门的位置、数量、宽度及疏散楼梯间的形式，应满足人员安全疏散的要求。

【条文要点】
本条规定了民用建筑安全疏散设计应考虑的主要因素及应满足的基本性能要求。
【设计要点】
1. 建筑的安全疏散设施包括房间的疏散门、疏散走道、楼层或防火分区的安全出口门、建筑竖向的疏散楼梯（间）或坡道、滑道、疏散电梯、疏散照明和疏散指示标志等。避难设施包括避难层、避难间、避难走道等，上人屋面、下沉式广场、敞开式或具有良好通风与排烟条件的外走廊等可作为避难场所。
2. 建筑的安全疏散设施和避难设施应根据建筑的高度、规模、使用功能、耐火等级及使用人员的行为能力与数量、不同场所或部位的火灾危险性等来确定，使建筑内的人员在发生火灾时能够安全疏散和安全避难，不会受到火灾及其烟雾等的伤害，能避免发生拥堵或引发挤踏事故。

3. 建筑内的疏散走道应连续畅通、简捷并易于识别，避免出现瓶颈现象。除疏散楼梯外，疏散通道或疏散走道上要避免有高差，不同高差间宜以坡道过渡，不宜设置台阶。在通道上或出入口处必须设置台阶时，不应少于3阶，并宜有醒目的提示标志。

> **5.5.2** 建筑内的安全出口和疏散门应分散布置，且建筑内每个防火分区或一个防火分区的每个楼层、每个住宅单元每层相邻两个安全出口以及每个房间相邻两个疏散门最近边缘之间的水平距离不应小于5m。

【条文要点】

本条规定了建筑安全出口和疏散门布置的基本性能要求，以确保建筑内的人员在火灾时具有多个疏散方向。

【设计要点】

1. 安全出口是针对建筑内的防火分区或者只有一个防火分区的房间或楼层而言，疏散门是针对一个防火分区内的不同房间或场所而言。例如，规范对于营业厅、观众厅或开敞式办公场所，在确定其疏散距离时，是针对这些场所的安全出口而言，而不是疏散门，参见《新建规》第5.5.17条第4款。安全出口和疏散门均属于疏散出口，当一个房间的疏散门直接通向室外或疏散楼梯（间）时，该疏散门可称为安全出口。例如，商店营业厅直接通向疏散楼梯间的门，或建筑首层直接开向室外的房间门。

2. 安全出口和疏散门是火灾时保证人员能否安全疏散的基本设施，其布置应考虑在火灾时其中至少有一个不能使用时，还有其他出口可供人员疏散。在英国，还要求其中一个主要出口不能使用时，其他出口的宽度仍应不小于该场所所需全部疏散宽度。因此，安全出口、疏散门不仅要分散布置，而且要通过合理的布置以实现人员具有多个不同疏散方向的目的，避免只有一个疏散方向的情形，防止人员在出口处发生聚集的瓶颈现象。

3. 对于要求设置不少于2个安全出口或2个疏散门的场所，要求建筑内每个防火分区或一个防火分区的每个楼层的相邻两个安全出口、房间中相邻两个疏散门的最近边缘之间的水平距离不小于5m，并不是这一要求的目的。这一要求的目标是要保证安全出口和疏散门在火灾时的可用性，使这些出口不致被火势或烟气阻挡而都不能有效发挥作用。

一般，房间最远点至最近两个疏散门的连线之间的夹角大于45°，或者同侧两个疏散出口最远边缘之间的直线距离不小于所在房间最长对角线的一半时，可以认为这两个疏散门是处于两个不同疏散方向上，即符合双向疏散的要求，参见图5.41。在设计时，不能硬套两个出口之间的最小距离不小于5m这个规定去设置疏散门，而要从避免所设置的出口在实际使用时只起一个出口的作用来考虑。

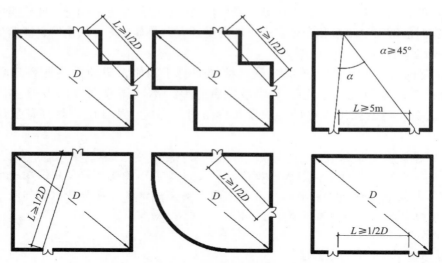

图 5.41　房间疏散门分散布置示意图

注：D 为房间内最长的对角线。

5.5.3　建筑的楼梯间宜通至屋面，通向屋面的门或窗应向外开启。

【条文要点】

本条规定了民用建筑的疏散楼梯原则上要通至屋面，使每座疏散楼梯在竖向均有两个逃生方向。

【设计要点】

1. 建筑一旦发生火灾，对人身安全威胁最大的是高温和有毒的烟气。建筑屋面可能受到火灾及其烟气的影响较小，通常可作为建筑内人员应急避难场所。将建筑内的疏散楼梯通至屋顶，可使人员多一条逃生的路径，有利于人员临时避难和利用其他楼梯逃生。

2. 民用建筑包括公共建筑和居住建筑，无论建筑的耐火等级高低，其疏散楼梯均要尽量通至建筑的可上人屋面。一般 2 层～3 层的建筑，由于竖向疏散距离短，其疏散楼梯间可以不通至屋面。对于层数大于 3 层的坡屋顶建筑，要视建筑的使用人数和人员的行为能力等特点，尽可能考虑将疏散楼梯通至屋面。当一座建筑只有 1 座疏散楼梯时，要设法使其通至建筑屋面。将疏散楼梯通至建筑的屋面不是目的，而是为人员安全远离着火楼层、着火区域或着火建筑提供一条途径。因此，如果设计要求将疏散楼梯通至屋面，则还应在屋顶设置必要面积的人员避难停留场地与逃往其他相邻建筑或地面的设施。例如，设置使人员能到达其他建筑屋面的天桥或通至地面的室外楼梯，或通过屋面可以到达公共建筑中其他防火分区的疏散楼梯间或居住建筑中其他单元的疏散楼梯间等的设施。

疏散楼梯间通向屋面的门应向屋顶一侧开启。为方便逃生者识别和选择，在每层疏散楼梯入口处应设置标明该楼梯是否可通达屋面的明显标识。

【释疑】

疑点 5.5.3-1： 建筑通至屋面的疏散楼梯是否有数量规定？

释义： 建筑通向屋面的疏散楼梯间没有数量限制，但有条件时要尽可能将所有疏散楼梯均通至屋面，以形成每座楼梯竖向均具备双向疏散条件，为人们在紧急情况下多提供一条逃生出路。

疑点 5.5.3-2： 建筑只有 1 部疏散楼梯时，该疏散楼梯是否也要通至屋面？

释义： 建筑只有 1 部疏散楼梯时，该疏散楼梯更需要尽量通至屋面，但规范并未强制。

疑点 5.5.3-3： 当建筑有疏散楼梯通至平屋面时，对屋面上可供人员停留的面积是否有规定？

释义： 建筑的疏散楼梯间通至屋面后，规范没有统一要求此屋面上的避难面积。屋面上可供人员临时安全停留的面积，取决于建筑通至屋面的疏散楼梯的数量和可能经过这些楼梯到达屋面进行避难的人数，一般可以按进入一部楼梯中疏散总人数的 1/4 来确定屋面上的避难面积，每人的避难面积可以按 $0.2m^2$ 计算。通常，平屋面为较大开敞面积的场所，并且还具有其他设施以保证人员尽快离开着火建筑，因而，不需要对此进行硬性约束，而要视具体情况而定。此外，对于具有多个防火分区的公共建筑或具有多个住宅单元的住宅建筑，通至屋面的楼梯可以通过屋面连通至该建筑中其他更安全的疏散楼梯间，使人员能够通过这些楼梯间安全到达地面。

5.5.4 自动扶梯和电梯不应计作安全疏散设施。

【条文要点】

本条规定了自动扶梯和电梯不应计作安全疏散设施，包括客用电梯、货运电梯和消防电梯。

【设计要点】

1. 建筑内的自动扶梯口大多作为建筑内竖向连通楼层的开口考虑，火灾时需要将其与周围空间进行分隔。此外，自动扶梯的运行方向多与疏散人员的疏散方向相反，容易引发事故。客用电梯、货运电梯等普通电梯，其电梯井往往会在火灾中成为烟气的通道，电梯的运行电源在火灾时也难以保障。因此，无论自动扶梯和电梯在火灾初期是否具有一定的疏散能力，均不能将它们作为疏散设施计入安全出口或疏散楼梯的数量。在确定安全出口的宽度时，也不考虑这些设施的疏散能力。

但是，对于设置在露天下沉式广场内、直接从下沉式广场通至室外地面的自动扶梯，可以考虑其部分疏散能力，并将其计入疏散设施，但在下沉式广场内还必须要有室外疏散楼梯。这是因为下沉式广场可作为避难场所，人员的疏散方向单一且自动扶梯的运行方向与人员逃生方向一致。

2. 消防电梯是建筑火灾时供消防人员进入建筑内较高楼层进行灭火救援的专用设施，由专业救援人员控制和救助难以依靠楼梯自主疏散的人员，不能计入疏散设施。此外，进入建筑内的消防专用通道或消防专用楼梯间，也不应用作和计作疏散设施。

5.5.5 除人员密集场所外，建筑面积不大于 $500m^2$、使用人数不超过 30 人且埋深不大于 $10m$ 的地下或半地下建筑（室），当需要设置 2 个安全出口时，其中一个安全出口可利用直通室外的金属竖向梯。

除歌舞娱乐放映游艺场所外，防火分区建筑面积不大于 $200m^2$ 的地下或半地下设备间、防火分区建筑面积不大于 $50m^2$ 且经常停留人数不超过 15 人的其他地下或半地下建筑（室），可设置 1 个安全出口或 1 部疏散楼梯。

除本规范另有规定外，建筑面积不大于 $200m^2$ 的地下或半地下设备间、建筑面积不大于 $50m^2$ 且经常停留人数不超过 15 人的其他地下或半地下房间，可设置 1 个疏散门。

【条文要点】

本条规定了各类地下、半地下民用建筑和民用建筑的地下、半地下室，可以设置 1 个安全出口、疏散楼梯或疏散门的条件。

【相关标准】

《汽车库、修车库、停车场设计防火规范》GB 50067—2014；

《人民防空工程设计防火规范》GB 50098—2009。

【设计要点】

1. 独立建造的地下、半地下民用建筑和民用建筑的地下或半地下室中每个防火分区的安全出口数量或疏散楼梯数量不应小于 2 个；但除歌舞娱乐放映游艺场所外，符合下列条件之一的每个地下、半地下防火分区，均可以设置 1 个安全出口或 1 部疏散楼梯：

（1）建筑面积不大于 $200m^2$ 的地下或半地下设备间。

（2）建筑面积不大于 $50m^2$ 且经常停留人数小于或等于 15 人的其他地下或半地下建筑（室）。

2. 除人员密集场所和上述可以设置 1 个安全出口或 1 部疏散楼梯的防火分区外，建筑面积不大于 $500m^2$、经常停留人数不超过 30 人且埋深不大于 10m 的地下或半地下建筑（室），当需要设置 2 个安全出口时，其中 1 个安全出口可利用直通室外的金属竖向梯。因此，下列地下或半地下场所的每个防火分区均应具有至少 2 个安全出口或 2 部疏散楼梯：

（1）不能同时符合上述 3 个条件的防火分区；

（2）人员密集场所（包括歌舞娱乐放映游艺场所），无论其防火分区的建筑面积大小或使用人数多少；

（3）埋深不大于 10m，但防火分区建筑面积大于 $500m^2$ 或经常停留人数大于 30 人的其他场所；

（4）埋深大于 10m 的其他场所。

3. 对于一个防火分区内的地下或半地下设备间或其他用途的房间，当符合下列条件之一时，可以设置 1 个疏散门：

（1）建筑面积不大于 $200m^2$ 的设备间；

（2）房间建筑面积不大于 $50m^2$，且经常停留人数小于或等于 15 人的其他房间。

因此，建筑面积大于 $200m^2$ 的地下或半地下设备间、建筑面积大于 $50m^2$ 或经常停留人数超过 15 人的其他地下或半地下房间，均应至少具有 2 个疏散门。

5.5.6 直通建筑内附设汽车库的电梯，应在汽车库部分设置电梯候梯厅，并应采用耐火极限不低于 2.00h 的防火隔墙和乙级防火门与汽车库分隔。

【条文要点】

本条规定了建筑的附建汽车库与连通汽车库的电梯之间的防火分隔要求，防止车库发生火灾后通过电梯竖井蔓延至建筑的其他楼层。

【相关标准】

《汽车库、修车库、停车场设计防火规范》GB 50067—2014；

《人民防空工程设计防火规范》GB 50098—2009。

【设计要点】

汽车库火灾的特点是火灾规模通常不大，但烟气生成量大，毒性高。为方便汽车库的使用，在建筑内常设置可以直通附建汽车库的电梯。由于这些电梯是普通电梯，过去一般不设置前室或门厅，导致电梯竖井直接处于汽车库内，从而在火灾时成为烟气竖向蔓延的通道。为弥补这种缺陷，应在电梯与汽车库之间设置电梯厅，并按照疏散楼梯间的防火保护要求进行分隔。电梯厅的布置，参见图 5.42。

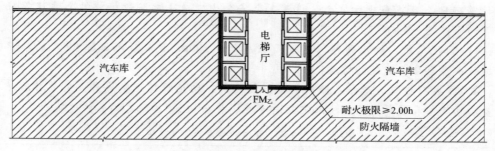

图 5.42 汽车库内的电梯厅布置示意图

此外，根据国家标准《汽车库、修车库、停车场设计防火规范》GB 50067—2014 第5.1.6 条的规定，当汽车库的上一层为其他使用功能的场所时，汽车库与上一层之间分隔楼板的耐火极限应提高 0.50h，即楼板的耐火极限不应低于 2.00h。

【释疑】

疑点 5.5.6：国家标准《汽车库、修车库、停车场设计防火规范》GB 50067—2014 第5.1.6 条规定："设在建筑内的汽车库与其他部位之间，应采用防火墙和耐火极限不低于2.00h 的楼板进行分隔"。这条要求与《新建规》第 5.5.6 条的规定有差异，该如何执行？

释义：国家标准《汽车库、修车库、停车场设计防火规范》GB 50067—2014 第 5.1.6条的规定，与《新建规》第 5.5.6 条的规定本质上不存在差异。后者所规定的电梯是为方便使用在汽车库内设置的电梯，只是因它与其他楼层通过竖井连通而需要进行防火分隔。这和汽车库与其他部位之间的防火分隔不是一回事。《汽车库、修车库、停车场设计防火规范》GB 50067—2014 第 5.1.6 条所规定的"其他部位"，是指汽车库以外的其他使用功能或用途的场所。因此，汽车库与通向其他楼层的电梯之间的防火分隔要求，执行《新建规》第 5.5.6 条规定的防火分隔要求，可以满足该部位的防火安全要求。

5.5.7 高层建筑直通室外的安全出口上方，应设置挑出宽度不小于 1.0m 的防护挑檐。

【条文要点】

本条规定了高层建筑的出入口应设置防护挑檐，以保护人员在安全出口处的疏散安全。

【设计要点】

高层建筑出入口上方设置的防护挑檐，是防止火灾时建筑上部的坠落物伤害人员所设置的防护结构，不是防止建筑火灾通过洞口蔓延的防火要求。因此，设计不需要考虑防护挑檐的耐火极限要求，但应采用不燃性材料，向外挑出宽度不应小于 1.0m。

对于其他多层建筑，特别是外墙采用玻璃幕墙、金属幕墙的建筑，其建筑的出入口上方也要视情况尽量设置相应的防护挑檐。

Ⅱ 公 共 建 筑

5.5.8 公共建筑内每个防火分区或一个防火分区的每个楼层，其安全出口的数量应经计算确定，且不应少于 2 个。设置 1 个安全出口或 1 部疏散楼梯的公共建筑应符合下列条件之一：

1 除托儿所、幼儿园外，建筑面积不大于 200m² 且人数不超过 50 人的单层公共建筑或多层公共建筑的首层；

2 除医疗建筑，老年人照料设施，托儿所、幼儿园的儿童用房，儿童游乐厅等儿童活动场所和歌舞娱乐放映游艺场所等外，符合表 5.5.8 规定的公共建筑。

表 5.5.8 设置 1 部疏散楼梯的公共建筑

耐火等级	最多层数	每层最大建筑面积（m²）	人 数
一、二级	3 层	200	第二、三层的人数之和不超过 50 人
三级	3 层	200	第二、三层的人数之和不超过 25 人
四级	2 层	200	第二层人数不超过 15 人

【条文要点】

本条规定了公共建筑中安全出口或疏散楼梯数量的基本设置要求、地上公共建筑每个防火分区可以设置 1 个安全出口或 1 部疏散楼梯的条件。

【相关标准】

《民用建筑设计统一标准》GB 50352—2019；

《托儿所、幼儿园建筑设计规范》JGJ 39—2016；

《老年人照料设施建筑设计标准》JGJ 450—2018。

【设计要点】

1. 医疗建筑是为医院、卫生院、疗养院、独立门诊部、诊所、卫生所（室）等从事疾病诊断、治疗活动的机构服务的建筑，不包括无治疗功能的休养性质的疗养院。

老年人照料设施是为老年人提供集中照料服务的设施，是老年人全日照料设施和老年人日间照料设施的通称。

儿童活动场所主要为供 12 周岁及以下年龄少儿或幼儿集中进行教育、游戏、娱乐、培训等活动的场所。

2. 除符合规范规定条件的场所外，公共建筑中任一防火分区均应具有至少 2 个安全出口，只需划分 1 个防火分区的楼层，应具有至少 2 部疏散楼梯。这是一项原则性的基本要求，任何公共建筑均应如此考虑安全出口和疏散楼梯的设置数量。

3. 对于建筑规模较小、使用人数不多的小型公共建筑，除疏散行为能力弱的婴幼儿、少儿、老年人和病患或残障人员使用的场所及歌舞娱乐放映游艺场所外，对于单层公共建筑或多层公共建筑的首层，只有当首层部分的建筑面积不大于 $200m^2$ 且使用人数小于或等于 50 人时，才允许设置 1 个安全出口；对于 2 层 ~ 3 层的建筑，只有当建筑的耐火等级和每层的建筑面积与使用人数符合《新建规》第 5.5.8 条表 5.5.8 的规定时，才允许每层设置 1 部疏散楼梯。

4. 对于医疗建筑，老年人照料设施，托儿所、幼儿园的儿童用房，儿童游乐厅等儿童活动场所和歌舞娱乐放映游艺场所，不允许按表 5.5.8 规定的条件设置 1 个安全出口或 1 部疏散楼梯，这些场所每个防火分区的安全出口不应少于 2 个，疏散楼梯的数量不应少于 2 部。

5. 对于设置在其他功能建筑内的小型公共设施，当与其他功能部分完全分隔、安全出口或疏散楼梯均分别完全独立设置时，也可以按照上述条件确定该小型公共设施的安全出口或疏散楼梯的设置数量。

【释疑】

疑点 5.5.8：符合设置 1 部疏散楼梯条件的地上公共建筑，是否应为独立的建筑？

释义：符合设置 1 部疏散楼梯条件的地上公共建筑，通常应为独立的建筑，个别情况，参见上述【设计要点】第 5 款。

5.5.9 一、二级耐火等级公共建筑内的安全出口全部直通室外确有困难的防火分区，可利用通向相邻防火分区的甲级防火门作为安全出口，但应符合下列要求：

1 利用通向相邻防火分区的甲级防火门作为安全出口时，应采用防火墙与相邻防火分区进行分隔；

2 建筑面积大于 $1000m^2$ 的防火分区，直通室外的安全出口不应少于 2 个；建筑面积不大于 $1000m^2$ 的防火分区，直通室外的安全出口不应少于 1 个；

3 该防火分区通向相邻防火分区的疏散净宽度不应大于其按本规范第 5.5.21 条规定计算所需疏散总净宽度的 30%，建筑各层直通室外的安全出口总净宽度不应小于按照本规范第 5.5.21 条规定计算所需疏散总净宽度。

【条文要点】

本条规定了公共建筑中可以借用相邻防火分区进行疏散的条件，这些条件适用于地上建筑和地下、半地下建筑（室）。

【相关标准】

《人民防空工程设计防火规范》GB 50098—2009；

《民用建筑设计统一标准》GB 50352—2019。

【设计要点】

1. 建筑中的防火分区在水平方向应采用防火墙进行分隔，采用防火墙分隔后的防火分区具有很高的防止火灾和烟气蔓延出防火分区的性能。因此，在建筑的水平方向，相邻防火分区应该可以在较长时间内防止着火分区的火势和烟气作用，具有较高的防火性能。对于平面巨大的场所或地下场所，在将每个防火分区的安全出口全部直接通向室外地面或疏散楼梯十分困难的情况下，可以利用并通过相邻防火分区进行疏散，也可以利用避难走道等进行疏散。

2. 利用相邻防火分区进行疏散，与向相邻防火分区借用疏散宽度或借用疏散距离，本质上都是借用安全出口。在执行本条时，往往有人强调通向相邻防火分区的安全出口是借用疏散距离，并没有借用疏散宽度，意即其他安全出口的宽度之和已经能够满足该防火分区所需疏散宽度，只是局部区域的疏散距离超过规定；或者只借用安全出口的宽度，疏散距离能够全部符合要求等，意即这不是借用安全出口，从而规避全部执行本条的要求。这些都是不正确的认识。

实际上，《新建规》第 5.5.9 条是针对在一个楼层上某个或几个防火分区受平面布置限制，无法使每个防火分区的安全出口全部独立设置并直通室外的情形而规定的。只要一个防火分区利用了通向相邻防火分区的疏散门作为安全出口，则该门的疏散宽度及该门覆盖范围内的疏散距离均自然要计入这一防火分区的全部安全出口数量、总疏散宽度和相应的疏散距离。因此，对于公共建筑，无论其地上部分的防火分区或地下、半地下部分的防火分区，当其中一个防火分区需要利用并通过相邻防火分区进行疏散时，无论是借用疏散宽度还是借用疏散距离，或者仅仅为满足安全出口的数量，均必须同时符合下列全部条件：

（1）公共建筑的耐火等级应为一、二级。三、四级耐火等级建筑规模小、耐火等级低，一个防火分区的最大允许建筑面积也小，不需要也不应该再利用相邻防火分区进行疏散。

（2）相邻防火分区之间设置借用安全出口门所在的分隔部位，应全部采用防火墙和甲级防火门进行分隔，不允许采用防火卷帘、防火分隔水幕等方式进行分隔；采用防火玻璃墙时，防火玻璃墙的耐火性能及其构造应与防火墙等效。在实际工作中，不能只片面强调防火玻璃的耐火性能，而忽视防火玻璃及其固定机构与缝隙封堵的整体作为防火玻璃墙体的耐火性能。

（3）需要借用安全出口的防火分区，当其建筑面积大于 $1000m^2$ 时，应具备至少 2 个直通室外的安全出口；当其建筑面积不大于 $1000m^2$ 时，应具备至少 1 个直通室外的安全出口。对于相邻被借用安全出口的防火分区，则应具备至少 2 个直通室外的安全出口，不允许连环借用，即从 A 区借用到 B 区，再从 B 区借用到 C 区。

（4）需要借用安全出口的防火分区通向相邻防火分区的疏散净宽度，不应大于该防火分区自身计算所需疏散总净宽度的30%，即该防火分区全部借用出口的总宽度不应大于其自身计算所需疏散总净宽度的30%。例如，A防火分区需借用B防火分区进行疏散，其中如A区所需疏散总净宽度不应小于12m，则其通向B区的安全出口的总疏散净宽度不应大于4m。

（5）需要借用安全出口的防火分区所在楼层直通室外或疏散楼梯间、避难走道的全部安全出口的总净宽度，不应小于按照该层总疏散人数计算所需疏散总净宽度，即楼层中借用部分的疏散宽度不应计入该楼层的疏散总净宽度。例如，一个划分A、B、C三个防火分区的楼层，每个防火分区如所需疏散净宽度均为9m，其中A区借用了B区3m，B、C区均不需借用，但该楼层的总疏散净宽度仍应不小于27m，而不是24m。

【释疑】

疑点5.5.9-1：相邻防火分区之间的疏散楼梯是否可以共用？

释义：所谓共用疏散楼梯间，是同一楼层上多个防火分区的部分安全出口均通至位于这些防火分区结合部的同一座疏散楼梯间，或利用疏散走道连通至同一座疏散楼梯间，并利用该疏散楼梯进行疏散的情形。在建筑内共用疏散楼梯间的情况多样，《新建规》没有明确建筑是否可以共用疏散楼梯间，实际工程设计要根据具体情况慎重处理。

在实际工程中，存在少数建筑在相邻防火分区间相互共用疏散楼梯间的现象，即相邻不同防火分区的门开向同一座疏散楼梯间。由于这种情况会削弱防火分区防火分隔的有效性和可靠性，特别是会降低疏散楼梯间的安全性能，并容易在疏散时出现人员过于集中和拥堵等情况，不利于保障人员的疏散安全，因此相邻防火分区是否共用疏散楼梯间，应综合建筑的不同使用功能和使用人员的特性等情况后确定，原则上不应共用同一座疏散楼梯间。共用疏散楼梯间的建筑，按照使用人数大体可以分为两大类：一类是汽车库、设备间等使用人数少的场所，另一类是商店等人员密度大的场所。

疑点5.5.9-2：共用疏散楼梯间的建筑的耐火等级有何要求？

释义：三、四级耐火等级的建筑，建筑规模小，火灾蔓延快，不应共用疏散楼梯间。因此，需要共用疏散楼梯间的建筑，其耐火等级不应低于二级。

疑点5.5.9-3：建筑平面上共用疏散楼梯间的防火分区数量是否有限制？

释义：为保证防火分区间的分隔有效和疏散楼梯的使用安全，共用疏散楼梯间一般要采用防烟楼梯间，利用相互独立的前室连通疏散楼梯间与不同的防火分区的安全出口，前室的门应采用甲级防火门。因此，共用疏散楼梯间的防火分区数量一般不应大于2个。

疑点5.5.9-4：人员密集场所中的共用疏散楼梯间有何防火要求？

释义：人员密集场所如果不同防火分区需要共用同一座疏散楼梯间进行疏散，至少应满足下列要求：

（1）共用疏散楼梯间的防火分区数量不应超过2个。当1个防火分区的建筑面积大于1000m^{2}时，每个防火分区内至少应具有1部独立的疏散楼梯。

（2）每个防火分区通向共用疏散楼梯间的前室应各自独立，开向每个前室的门不应大于2个，参见图5.43。

（3）共用疏散楼梯的梯段净宽度不应小于通向该楼梯间的门的净宽度之和。楼梯间首层出口门的宽度不应小于梯段的宽度。

（4）每个防火分区借用相邻防火分区的安全出口净宽度与进入共用疏散楼梯间的出口净宽度之和，不应大于该防火分区计算所需总净宽度的30%。

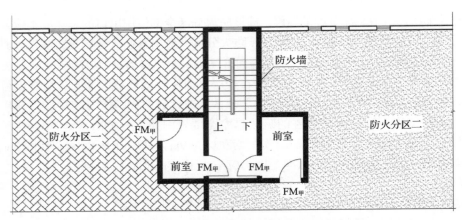

图 5.43　不同防火分区共用疏散楼梯间平面示意图

（5）建筑各层直通室外、避难走道和疏散楼梯间的安全出口总宽度不应小于按照本规范第 5.5.20 条、第 5.5.21 条规定计算所需总净宽度。

（6）共用楼梯间前室的使用面积应根据场所内的疏散人数加大。

5.5.10　高层公共建筑的疏散楼梯，当分散设置确有困难且从任一疏散门至最近疏散楼梯间入口的距离不大于 10m 时，可采用剪刀楼梯间，但应符合下列规定：

　　1　楼梯间应为防烟楼梯间；

　　2　梯段之间应设置耐火极限不低于 1.00h 的防火隔墙；

　　3　楼梯间的前室应分别设置。

【条文要点】

本条规定了高层公共建筑采用剪刀楼梯间的入口作为楼层上 2 个不同安全出口的条件及剪刀楼梯间的防火要求。

【相关标准】

《汽车库、修车库、停车场设计防火规范》GB 50067—2014；

《建筑防烟排烟系统技术标准》GB 51251—2017。

【设计要点】

1. 剪刀楼梯间也称叠合楼梯、交叉楼梯或套梯，是在同一楼梯间内设置一对相互重叠，又互不相通的 2 部楼梯，在其楼梯间的梯段一般为单跑式直梯段。剪刀楼梯间的特征是在同一楼梯间里设置了 2 部楼梯，当 2 部楼梯之间有防火分隔时，等同于 2 个疏散楼梯间，参见图 5.44（a）；当 2 部楼梯之间无防火分隔时，相当于在一个楼梯间里布置了 2 部楼梯，使其梯段宽度增加了一倍，参见图 5.44（b）。

2. 对于楼层建筑面积较小的建筑，要使楼层的安全出口及竖向的疏散楼梯间分散设置，往往有较大困难，且对建筑面积的利用率影响较大。对此，允许楼层上任一疏散门至最近疏散楼梯间（或防烟楼梯间的前室）入口的直线距离小于 10m 的高层公共建筑，采用剪刀楼梯间以满足楼层上需要设置不少于 2 个安全出口、竖向具有 2 座疏散楼梯间的要求，但应采取保证疏散楼梯间在火灾和疏散时安全使用的措施：

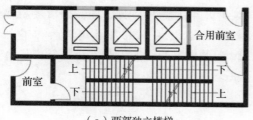

（a）两部独立楼梯　　　　　　　　　　　　（b）一部楼梯

图 5.44　剪刀楼梯间平面示意图

（1）剪刀楼梯间中梯段之间应采用耐火极限不低于 1.00h 的防火隔墙进行分隔。

（2）疏散楼梯间的入口应为防烟楼梯间的前室或合用前室的门口，也是楼层上的安全出口，见《新建规》第 2.1.14 条有关安全出口的说明。建筑内竖向疏散通道应各自独立到首层直通室外。除消防电梯前室或合用前室外，疏散楼梯在首层可共用前室直通室外。否则，其前室在首层应各自独立直通室外，不应共用。

（3）剪刀楼梯间在首层采用扩大的前室时，楼梯间出口至最近建筑外门的疏散距离不应大于 30m。当该距离大于 30m 时，应调整平面布置或在首层设置专用疏散走道直通室外。

【释疑】

疑点 5.5.10–1：规范规定公共建筑楼层上任一疏散门至最近疏散楼梯间入口的距离不应大于 10m。如果该建筑全部设置自动灭火系统，该距离是否可增加 25%，即调整至 12.5m？

释义：《新建规》第 5.5.10 条规定的楼层上任一疏散门至最近疏散楼梯间入口的距离，不是此类建筑的允许最大疏散距离，而是一座建筑可以采用剪刀楼梯间作为 2 个独立的安全出口的条件。因此，此距离要求与建筑是否设置自动灭火系统无关，即当建筑内全部设置自动灭火系统时，如需采用剪刀楼梯间作为 2 个独立的安全出口，此距离仍不应大于 10m。

疑点 5.5.10–2：公共建筑标准层平面上无房间分隔，为开敞大空间布置时，如需采用剪刀楼梯间，则其平面上任一点至最近安全出口的距离应为多少？

释义：楼层上采用开敞大空间布置的建筑，开敞大空间的疏散门通常就是安全出口，因此要保证该大空间自身具有多个疏散方向，原则上不应采用剪刀楼梯间，其疏散楼梯间应分散布置。平面上任一点至最近安全出口的距离应符合《新建规》中第 5.5.17 条第 4 款规定。

疑点 5.5.10–3：公共建筑中用于 2 个独立安全出口的剪刀楼梯间，在首层能否共用同一个扩大前室？

释义：首层的扩大前室本身具有相当的安全性和很大的面积，而且可以直通室外，也不存在人员误入其他楼梯间的情况。因此，除消防电梯前室或合用前室外，公共建筑中用于 2 个独立安全出口的剪刀楼梯间，尽管不允许在楼层上共用前室，但在首层可以共用同一个扩大前室。

5.5.11 设置不少于 2 部疏散楼梯的一、二级耐火等级多层公共建筑，如顶层局部升高，当高出部分的层数不超过 2 层、人数之和不超过 50 人且每层建筑面积不大于 200m² 时，高出部分可设置 1 部疏散楼梯，但至少应另外设置 1 个直通建筑主体上人平屋面的安全出口，且上人屋面应符合人员安全疏散的要求。

【条文要点】

本条规定了多层、高层公共建筑上部局部升高的楼层的安全出口和疏散楼梯的设置要求。此规定是《新建规》第 5.5.8 条规定情形的一个特例，与该条的相关要求一致。

【设计要点】

1. 公共建筑中局部高出屋面的楼层，往往受平面布置和建筑外形需要限制，难以使建筑中的全部疏散楼梯直接通至局部高出屋面的楼层，但可以利用不高出部分的屋面作为疏散场地，因而具有较好的避难和通过屋面进行二次疏散的条件。此类建筑屋顶上局部高出屋面的楼层设置 1 部疏散楼梯的条件与《新建规》第 5.5.8 条的规定一致（参见图 5.45）。

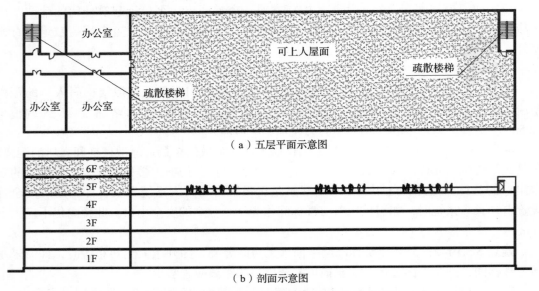

（a）五层平面示意图

（b）剖面示意图

图 5.45 局部凸出屋面的楼层疏散示意图

2. 符合下述条件的局部高出屋面的楼层可以设置 1 部疏散楼梯，但该疏散楼梯应直通建筑首层，高出部分在屋面层仍应具备 2 个方向的疏散出口，即除该疏散楼梯外，尚需在高出楼层部分的第一层设置直通屋面的出口。该疏散楼梯的形式应与建筑下部疏散楼梯间的形式一致。

建筑局部高出屋面部分设置 1 部疏散楼梯直通建筑的首层时，应同时符合下列条件：

（1）建筑的耐火等级不低于二级；

（2）局部高出屋面的层数不多于 2 层，每层的建筑面积不大于 200m²；

（3）局部高出屋面的楼层内的总疏散人数不大于 50 人；

（4）建筑屋面为上人平屋面，屋面的耐火极限不低于 1.00h，供人员停留的面积能满足上部全部人员避难停留要求；

（5）疏散至屋面上的人员可经过其他疏散楼梯通向建筑的首层或室外地面。

【释疑】

疑点 5.5.11−1： 建筑屋面上局部升高的部分开向屋面的疏散出口 1.40m 范围内是否允许布置台阶？

释义： 在疏散出口的 1.4m 范围内均不允许布置台阶，是《新建规》主要针对人员密集的场所的要求，以防止人员拥挤意外摔倒导致踩踏等事故，影响人员安全疏散。但是，此类要求，在设计其他非人员密集的场所的疏散出口时也应加以考虑。

疑点 5.5.11−2： 利用平屋面或露台疏散时，人员在平屋面或露台上的行走距离是否有要求？

释义： 平屋面或露台属于室外空间，规范并没有具体规定或限制人员利用这些区域进行疏散时的行走距离，但火灾时的火势发展情况、烟气蔓延和外部环境等情况比较复杂，仍需尽量减小人员在这些区域的停留时间。

疑点 5.5.11−3： 规范对建筑屋面上局部升高部分的疏散距离是否有要求？

释义： 规范对建筑屋面上局部升高部分的疏散距离与该建筑其他区域的要求相同，应根据其具体用途按照《新建规》第 5.5.17 条的规定确定。

疑点 5.5.11−4： 在公共建筑的地上或地下楼层间存在局部夹层时，该夹层是否可以参照《新建规》第 5.5.11 条的规定设计夹层的疏散楼梯？

释义： 建筑中局部夹层的情形比较复杂，也基本没有利用屋面等室外安全空间作为避难和疏散的条件，因而不允许夹层参照《新建规》第 5.5.11 条的规定设置疏散楼梯。除独立划分防火分区和设置疏散楼梯间的夹层外，夹层的疏散距离应符合《新建规》第 5.5.17 条第 3 款的规定。

5.5.12 一类高层公共建筑和建筑高度大于 **32m** 的二类高层公共建筑，其疏散楼梯应采用防烟楼梯间。

裙房和建筑高度不大于 **32m** 的二类高层公共建筑，其疏散楼梯应采用封闭楼梯间。

注：当裙房与高层建筑主体之间设置防火墙时，裙房的疏散楼梯可按本规范有关单、多层建筑的要求确定。

5.5.13 下列多层公共建筑的疏散楼梯，除与敞开式外廊直接相连的楼梯间外，均应采用封闭楼梯间：

1 医疗建筑、旅馆及类似使用功能的建筑；

2 设置歌舞娱乐放映游艺场所的建筑；

3 商店、图书馆、展览建筑、会议中心及类似使用功能的建筑；

4 6 层及以上的其他建筑。

【条文要点】

这两条规定了多层、高层公共建筑的室内疏散楼梯应设置楼梯间以及疏散楼梯的基本设置形式。

【相关标准】

《民用建筑设计统一标准》GB 50352—2019；

《民用建筑设计术语标准》GB/T 50504—2009。

【设计要点】

1. 疏散楼梯间的形式有敞开楼梯间、封闭楼梯间、防烟楼梯间，各类疏散楼梯间的防火构造应符合《新建规》第6.4节的规定。公共建筑疏散楼梯间的形式取决于建筑的使用功能、高度或层数、疏散人数等因素。通常，层数较多或建筑高度较高、火灾危险性大、人员密集度高、人员对疏散环境生疏或人员疏散能力较低、疏散路线较长或较复杂的建筑，要优先选择防烟性能较高的疏散楼梯间。公共建筑疏散楼梯间或疏散楼梯设置形式的基本要求，见表F5.14。

表 F5.14　公共建筑疏散楼梯间或疏散楼梯设置形式的基本要求

建　筑　类　型	高度 H、埋深 h 和层数 N	楼梯间形式
地下或半地下建筑（室）	$h \leqslant 10m$、$N<3$ 层	封闭楼梯间
	$h>10m$ 或 $N \geqslant 3$ 层	防烟楼梯间
一类高层公共建筑	$H>24m$	防烟楼梯间
二类高层公共建筑	$24m<H \leqslant 32m$	封闭楼梯间
二类高层公共建筑	$H>32m$	防烟楼梯间
与高层建筑的主体未进行分隔的裙房	$H \leqslant 24m$	封闭楼梯间
设置歌舞娱乐放映游艺场所的建筑	$H \leqslant 24m$	封闭楼梯间
医疗建筑、旅馆、商店、图书馆、展览建筑、会议中心建筑及类似使用功能的建筑	$H \leqslant 24m$	封闭楼梯间
独立建造的中小学教学楼	$H \leqslant 24m$、$N \leqslant 5$ 层	敞开楼梯间
独立建造的托儿所、幼儿园建筑	$N \leqslant 3$ 层	敞开楼梯间
上述功能以外的其他公共建筑	$H \leqslant 24m$、$N \geqslant 6$ 层	封闭楼梯间
上述功能以外的其他公共建筑	$H \leqslant 24m$、$N \leqslant 5$ 层	敞开楼梯间

注：1. 当封闭楼梯间不能满足自然排烟条件时，应设置机械防烟设施或采用防烟楼梯间。

　　2. 多层公共建筑中与敞开式外廊直接连通的疏散楼梯间，可采用敞开楼梯间。

　　3. 室外疏散楼梯可以视为封闭楼梯间或防烟楼梯间。

2. 规范规定的"类似使用功能的建筑"，是名称可能与条文中前述名称不同，但实际用途、使用人员的密度与特性、建筑的火灾危险性等基本相同。例如，酒店、酒店式公寓、招待所与旅馆就属于类似使用功能的建筑，具体可以参见《民用建筑设计术语标准》GB/T 50504—2009第3章。

3. 公共建筑中疏散楼梯间的形式与建筑的耐火等级高低无直接关系，与建筑楼层的建筑面积大小无关，与该建筑的数个楼层是否可以划分为同一个防火分区也无关，只与其实际用途或火灾危险性、层数、人员密度和建筑高度等有关。

例如，一座三级耐火等级的 2 层商店建筑，每层建筑面积为 500m²。尽管该建筑的建筑面积之和为 1000m²，可以按 1 个防火分区考虑，即如果采用敞开疏散楼梯间并将该楼梯间视为上下楼层的连通开口时，其建筑面积也符合规范要求。但是，该建筑为商店建筑，其疏散楼梯应采用封闭楼梯间。这种要求目的在于保证疏散人员的安全，而不是为防止火势的蔓延或减小火灾的作用面积。因此，不能说此商店建筑的面积较小、可以一座建筑按 1 个防火分区考虑而采用敞开楼梯间，除非该建筑在二层有直接对外的安全出口或有敞开式外廊且其中的疏散楼梯与该外廊直接连通。再如，一座二级耐火等级的 3 层旅馆，每层设置了封闭式外廊，每层的建筑面积为 800m²。同样，尽管该建筑的总建筑面积小于 1 个防火分区的最大允许建筑面积（2500m²），但其疏散楼梯仍应采用封闭楼梯间，而不能采用敞开楼梯间，这是由建筑的功能和用途决定的。

4. 裙房的疏散楼梯间形式取决于该裙房是否采用防火墙与高层主体进行了严格分隔。当高层主体与裙房之间采用防火墙和甲级防火门分隔时，裙房与高层主体可以按照两座相互贴邻的建筑分别考虑各自的疏散楼梯间形式，裙房部分可以根据其实际用途和层数按《新建规》第 5.5.13 条的要求确定；当裙房采用其他方式与高层主体进行分隔时，裙房的疏散楼梯应采用封闭楼梯间。此外，当高层建筑中部分区域设置专门为该区域服务的疏散楼梯时，这些疏散楼梯间的形式可以根据其实际服务的层数或建筑高度、使用功能或用途确定。

5. 无论是高层建筑还是单、多层建筑，其地下、半地下室的疏散楼梯均应符合《新建规》第 6.4.4 条的规定。

6. 《新建规》第 5.5.13 条和第 5.5.13A 条未明确的其他使用功能的多层公共建筑，如其他建筑设计标准无明确要求时，其疏散楼梯形式可以按第 5.5.13 条第 4 款有关"其他建筑"的要求确定。

【释疑】

疑点 5.5.12-1：建筑层数不大于 5 层的中、小校教学楼、幼儿园是否一定要采用封闭楼梯间？

释义：建筑层数不大于 5 层的中、小校教学楼、幼儿园的疏散楼梯间形式可以根据建筑层数、疏散楼梯间的位置等来确定，规范未要求必须采用封闭楼梯间，参见表 F5.14。

疑点 5.5.12-2：地下或半地下建筑的疏散楼梯应采用何种形式？

释义：地下或半地下建筑的疏散楼梯形式，详见《新建规》第 6.4.4 条的规定，也可以采用布置在下沉广场、天井内符合《新建规》第 6.4.5 条规定的室外疏散楼梯。

疑点 5.5.12-3：建筑高度大于 32m 的高层公共建筑主体投影范围内，仅用于一至四层（24m 以下）的疏散楼梯是否仍需要采用防烟楼梯间？

释义：在高层建筑中，上部高楼层区域所用疏散楼梯间与下部低楼层区域所用疏散楼梯间全部完全独立设置、互不连通时，该建筑下部低楼层区域的疏散楼梯可以按照其实际服务的楼层数和高度及其功能用途来确定，上部高楼层区域所用疏散楼梯仍需要按其所服务的总建筑高度来确定。例如，一座一级耐火等级的 26 层公共建筑，一至三层（楼层标高小于 24m）为商店，四至二十六层为办公，商店部分的疏散楼梯和安全出口与办公部分的疏散楼梯和安全出口各自完全独立设置。因此，三层商店的疏散楼梯可为封闭楼梯间，四层及以上各层办公部分应采用防烟楼梯间。

5.5.13A 老年人照料设施的疏散楼梯或疏散楼梯间宜与敞开式外廊直接连通，不能与敞开式外廊直接连通的室内疏散楼梯应采用封闭楼梯间。建筑高度大于 24m 的老年人照料设施，其室内疏散楼梯应采用防烟楼梯间。

建筑高度大于 32m 的老年人照料设施，宜在 32m 以上部分增设能连通老年人居室和公共活动场所的连廊，各层连廊应直接与疏散楼梯、安全出口或室外避难场地连通。

【条文要点】

本条根据老年人照料设施中使用人员的行为能力，规定了老年人照料设施中室内疏散楼梯的基本设置形式以及为提高高楼层区域老年人疏散安全的要求。

【设计要点】

1. 在老年人照料设施中供老年人使用的场所内，使用人员大多为行动不便、自我疏散能力弱的老年人，疏散行动时间较其他场所要长，此类建筑的设计应保障供老年人使用的疏散楼梯具有良好的防烟性能，并应适当扩大楼梯休息平台或前室的面积，以便从着火楼层上疏散出来的人员能尽快进入楼梯间。其中，封闭楼梯间、防烟楼梯间、与敞开式外廊直接连通的疏散楼梯或疏散楼梯间，在火灾时具有较好的防止烟气进入的条件，可提供较安全的疏散环境和更长的时间来保障老年人的疏散安全，有利于老年人的安全疏散。

因此，老年人照料设施要尽量设置敞开式的室外连续走廊，并将疏散楼梯与该走廊直接连通。对于需要封闭的外走廊，要尽量具备在火灾时能与火灾自动报警系统或其他方式联动自动开启着火层外窗的功能。否则，建筑高度不大于 24m 的老年人照料设施，不论其层数是多少，其疏散楼梯均应采用封闭楼梯间。

2. 建筑高度大于 24m 的老年人照料设施，其疏散楼梯应采用防烟楼梯间。

3. 建筑高度大于 32m 的老年人照料设施，其中楼地面距室外设计地面高度大于 32m 及以上的楼层，要考虑增设与老年人居室以及就餐区、阳光室、休闲娱乐室等公共活动区连通的外廊，且该外廊能直接与疏散楼梯、安全出口或室外避难场地连通，为老年人在火灾时提供多一条逃生途径或避难空间。该外廊在火灾时应具有能防止烟气积聚的性能，如采用敞开式外廊、在封闭式外廊的外窗上增加火灾时能与火灾报警系统联动自动和手动开启的功能。

4. 老年人照料设施中地下、半地下室的疏散楼梯形式，应符合《新建规》第 6.4.4 条的规定。老年人照料设施中专供工作人员使用的建筑，如宿舍、办公楼、汽车库等，其疏散楼梯的形式应符合《新建规》第 5.5.12 条、第 5.5.13 条以及国家标准《汽车库、修车库、停车场设计防火规范》GB 50067—2014 的规定。

5.5.14 公共建筑内的客、货电梯宜设置电梯候梯厅，不宜直接设置在营业厅、展览厅、多功能厅等场所内。老年人照料设施内的非消防电梯应采取防烟措施，当火灾情况下需用于辅助人员疏散时，该电梯及其设置应符合本规范有关消防电梯及其设置要求。

【条文要点】

本条规定了公共建筑中防止电梯井成为火势和烟气蔓延通道的基本防火要求，加强了老年人照料设施中相应部位的防火要求。

【相关标准】

《汽车库、修车库、停车场设计防火规范》GB 50067—2014；

《老年人照料设施建筑设计标准》JGJ 450—2018。

【设计要点】

1. 公共建筑内的电梯（客用电梯、无障碍电梯、货运电梯等），特别是直接开向商店营业厅、展览厅内的电梯，因不要求设置防烟前室，仅电梯层门有耐火要求，难以有效阻止烟气和火势自电梯竖井蔓延。因此，设计要考虑尽量在每个楼层设置电梯厅，并在电梯厅的入口处设置防火隔墙和甲级或乙级防火门，如不设置门，则应设置挡烟垂壁。

2. 对于老年人照料设施中供老年人使用的建筑，其电梯（包括设置老年人照料设施的建筑中与其他场所共用的电梯），要考虑到老年人不仅平时而且火灾时要使用电梯的特点，提高电梯竖井的防烟要求。可采取的防烟措施主要有：在电梯前设置电梯厅，并采用耐火极限不低于 2.00h 的防火隔墙和甲级或乙级防火门与其他部位分隔，门可以采用火灾时能与火警等信号联动自动关闭的常开防火门；在电梯厅入口处设置挡烟风幕；设置防烟前室等。此外，在电梯厅内不应开设其他管道或电气竖井的检查门。

3. 客梯、货梯等非消防电梯应尽量不与消防电梯共用前室。当需与消防电梯共用前室时，应适当增大前室的使用面积，并在每层消防电梯和非消防电梯处分别设置明显的标识，方便火灾时应急救援人员使用和控制。

4. 老年人照料设施中用于火灾时辅助疏散的电梯，不仅要满足其防烟要求，而且要能保障其在火灾时能正常使用。因此，该电梯的前室、电梯井等的设置以及电梯自身的尺寸、电源和供电线路等，均要符合消防电梯的相关性能要求和消防电梯的建筑设置要求。

5.5.15 公共建筑内房间的疏散门数量应经计算确定且不应少于 2 个。除托儿所、幼儿园、老年人照料设施、医疗建筑、教学建筑内位于走道尽端的房间外，符合下列条件之一的房间可设置 1 个疏散门：

1 位于两个安全出口之间或袋形走道两侧的房间，对于托儿所、幼儿园、老年人照料设施，建筑面积不大于 50m²；对于医疗建筑、教学建筑，建筑面积不大于 75m²；对于其他建筑或场所，建筑面积不大于 120m²。

2 位于走道尽端的房间，建筑面积小于 50m² 且疏散门的净宽度不小于 0.90m，或由房间内任一点至疏散门的直线距离不大于 15m、建筑面积不大于 200m² 且疏散门的净宽度不小于 1.40m。

3 歌舞娱乐放映游艺场所内建筑面积不大于 50m² 且经常停留人数不超过 15 人的厅、室。

【条文要点】

本条规定了公共建筑内房间疏散门设置的基本要求和房间可以设置 1 个疏散门的条件。

【设计要点】

1. 公共建筑内房间的疏散门布置应满足双向疏散的原则，即房间的疏散门数量要根据其中的疏散人数，按照百人疏散指标和每个门的最小净宽度要求经计算确定，且不应少于 2 个。房间设置多个疏散门时，疏散门应分散布置。相关情况参见本《指南》第 5.5.2条的释义。建筑中套房的疏散门应为房间直接连通疏散走道的门，不直接通向疏散走道的套房内的门不是疏散门。

2. 公共建筑内位于两个安全出口或疏散楼梯间之间的房间、位于袋形走道两侧的房间，设置 1 个疏散门时，应符合下列条件：

（1）对于托儿所、幼儿园中的儿童用房、老年人照料设施中的老年人用房，房间的建筑面积不大于 $50m^2$；

（2）对于医疗建筑中的医技室、病房等、教学建筑中的教学用房，房间的建筑面积不大于 $75m^2$；

（3）对于歌舞娱乐放映游艺场所，房间的建筑面积不大于 $50m^2$ 且使用人数小于或等于 15 人；

（4）对于其他建筑，房间的建筑面积不大于 $120m^2$。

3. 根据《新建规》第 5.4.9 条的规定，歌舞娱乐放映游艺场所内的房间要避免布置在袋形走道的尽端或两侧。其他场所也应如此，避免这些场所内的人员在火灾时无谓折返，以赢得宝贵的逃生时间。

公共建筑内必须布置在袋形走道尽端并只设置 1 个疏散门的房间应符合下列条件，但要尽量在房间的另一侧增设直接通向室外的疏散门（例如，在首层的房间设置直接开向室外的门，在其他楼层的房间外墙上设置室外疏散楼梯等）：

（1）房间的建筑面积不大于 $50m^2$；

（2）房间内任一点至疏散门的直线距离不大于 15m、房间的建筑面积不大于 $200m^2$、房间疏散门的净宽度不小于 1.40m；

（3）对于歌舞娱乐放映游艺场所，房间的建筑面积不大于 $50m^2$ 且经常停留人数不超过 15 人。

【释疑】

疑点 5.5.15-1：不具备双向疏散条件的房间，其室内的最大疏散距离是否有要求？

释义：在我国，房间内的最大允许疏散距离未与一个房间是否具有多个疏散方向建立直接的联系，但实际上是要有所考虑的。从人员疏散过程中的安全性考虑，人员在有 1 个疏散方向和有多个疏散方向的房间内进行疏散可能受到的危害或面临的危险还是有所差异的。因此，尽管只有 1 个疏散门或 1 个疏散方向的房间与具有多个疏散方向的房间，其室内最远一点至最近疏散门的直线距离要求是一样的，均应符合《新建规》第 5.5.15 条和第 5.5.17 条第 3 款的规定，但在允许一个房间设置 1 个疏散门时，已限制了房间的面积和（或）距离，因此间接地限制了此类房间的最大疏散距离。同样，通过限制房间内的疏散距离，也可以间接控制房间的面积大小、调整疏散门的数量和分布位置。

在英国等国的标准中，要求只有 1 个疏散门或只有 1 个疏散方向的房间，其疏散距离应按有 2 个疏散方向疏散门的房间的疏散距离减半。此做法可供参考。

疑点 5.5.15-2：只有 1 个疏散门的房间，其疏散门是否一定要向外开启？

释义：民用建筑中房间疏散门的开启方向，与该疏散门可能担负的疏散人数有关，而与房间疏散门的数量无直接关系。一般应向疏散方向开启。根据《新建规》第 6.4.11 条的规定，设置 1 个疏散门的房间，当疏散人数不超过 30 人时，该房间疏散门的开启方向不限；当房间的疏散人数大于 30 人时，应向疏散方向开启，即向房间外开启。

疑点 5.5.15–3：《新建规》第 5.5.15 条第 2 款规定中，位于疏散走道尽端、只有 1 个疏散门且疏散距离不大于 15m 的房间，当建筑内全部设置自动灭火系统时，其设置条件中"房间内任一点至疏散门的直线距离"是否可以增加 25%，即可为 18.75m？

释义：规范规定的所有涉及设置条件的数值，如无明确规定，均不能根据规范有关调整要求进行改变。因此，一座全部设置自动灭火系统的建筑中位于疏散走道尽端、只设置 1 个疏散门的房间，其房间内任一点至疏散门的直线距离仍不应大于 15m，且建筑面积不应大于 200m²，疏散门的净宽度不应小于 1.40m。

5.5.16 剧场、电影院、礼堂和体育馆的观众厅或多功能厅，其疏散门的数量应经计算确定且不应少于 2 个，并应符合下列规定：

1 对于剧场、电影院、礼堂的观众厅或多功能厅，每个疏散门的平均疏散人数不应超过 250 人；当容纳人数超过 2000 人时，其超过 2000 人的部分，每个疏散门的平均疏散人数不应超过 400 人。

2 对于体育馆的观众厅，每个疏散门的平均疏散人数不宜超过 400 人～700 人。

5.5.20 剧场、电影院、礼堂、体育馆等场所的疏散走道、疏散楼梯、疏散门、安全出口的各自总净宽度，应符合下列规定：

1 观众厅内疏散走道的净宽度应按每 100 人不小于 0.60m 计算，且不应小于 1.00m；边走道的净宽度不宜小于 0.80m。

布置疏散走道时，横走道之间的座位排数不宜超过 20 排；纵走道之间的座位数：剧场、电影院、礼堂等，每排不宜超过 22 个；体育馆，每排不宜超过 26 个；前后排座椅的排距不小于 0.90m 时，可增加 1.0 倍，但不得超过 50 个；仅一侧有纵走道时，座位数应减少一半。

2 剧场、电影院、礼堂等场所供观众疏散的所有内门、外门、楼梯和走道的各自总净宽度，应根据疏散人数按每 100 人的最小疏散净宽度不小于表 5.5.20–1 的规定计算确定。

表 5.5.20–1　剧场、电影院、礼堂等场所每 100 人

所需最小疏散净宽度（m/ 百人）

观众厅座位数（座）			≤ 2500	≤ 1200
耐火等级			一、二级	三级
疏散部位	门和走道	平坡地面 阶梯地面	0.65 0.75	0.85 1.00
	楼梯		0.75	1.00

3 体育馆供观众疏散的所有内门、外门、楼梯和走道的各自总净宽度，应根据疏散人数按每 100 人的最小疏散净宽度不小于表 5.5.20-2 的规定计算确定。

表 5.5.20-2 体育馆每 100 人所需最小疏散净宽度（m/ 百人）

观众厅座位数范围（座）			3000 ~ 5000	5001 ~ 10000	10001 ~ 20000
疏散部位	门和走道	平坡地面	0.43	0.37	0.32
		阶梯地面	0.50	0.43	0.37
	楼梯		0.50	0.43	0.37

注：本表中对应较大座位数范围按规定计算的疏散总净宽度，不应小于对应相邻较小座位数范围按其最多座位数计算的疏散总净宽度。对于观众厅座位数少于 3000 个的体育馆，计算供观众疏散的所有内门、外门、楼梯和走道的各自总净宽度时，每 100 人的最小疏散净宽度不应小于表 5.5.20-1 的规定。

4 有等场需要的入场门不应作为观众厅的疏散门。

【条文要点】

1. 规定了剧场、电影院、礼堂和体育馆等场所的安全出口设置要求，避免人员在疏散时发生拥堵。

2. 规定了剧场、电影院、礼堂、体育馆等场所的疏散走道、疏散楼梯、疏散门、安全出口和观众厅内疏散通道的最小净宽度、该场所所需疏散总净宽度和观众席的固定座位布置要求，以确保人员能在较短的时间内安全疏散完毕。

【相关标准】

《民用建筑设计统一标准》GB 50352—2019；

《体育建筑设计规范》JGJ 31—2003；

《文化馆建筑设计规范》JGJ/T 41—2014；

《剧场建筑设计规范》JGJ 57—2016；

《电影院建筑设计规范》JGJ 58—2008。

【设计要点】

1. 剧场、电影院、礼堂和体育馆的观众厅或多功能厅，是可能在短时间内同时聚集大量人员的场所，对人员集散有较高要求，需要设置多个疏散门或安全出口（有时观众厅的疏散门就是直通室外的安全出口），以有效保证人员有多个疏散方向和路径。但是，在布置疏散门或安全出口时，除要分散布置外，还要尽量使每个出口的宽度分布比较均匀，以避免人员在疏散过程中过于集中于某几个出口，而其他出口的宽度又不能得到有效利用。

2. 疏散出口的人数分布要基于观众厅可以供人员安全疏散的时间和一个疏散出口单位宽度在单位时间内通过的人数来确定。上述场所的疏散门、疏散走道、疏散楼梯和安全出口的各自总净宽度，应根据《新建规》第 5.5.20 条表 5.5.20-1 和表 5.5.20-2 规定的百人疏散指标和观众厅内的疏散人数经计算后确定。通常，还要根据每个疏散出口和疏散楼梯人数分配、通过的人流股数以及观众厅内的允许疏散时间来调整，以尽量使设计的疏散宽度发挥最大效用。剧场、电影院、会堂、体育馆观众厅内的最大允许疏散时间可参考表F5.15中的数值确定。

表 F5.15　剧场、电影院、会堂、体育馆观众厅内的最大允许疏散时间参考值（min）

项　目	剧场、电影院、礼堂及多功能厅	体　育　馆		
观众厅座位数（座）	≤ 2500	3000 ~ 5000	5001 ~ 10000	10001 ~ 20000
耐火等级 一、二级	2.0	3.0	3.5	4.0
三级	1.5	—	—	—

注：1. 表中"—"表示不允许。
　　2. 体育馆的参数引自《新建规》第5.5.20条和《体育建筑设计规范》JGJ 31—2003第4.3.8条及其条文说明。
　　3. 每股人流疏散速度：平坡地面43人/min，阶梯地面37人/min。

3. 设置固定座位的人员聚集场所，要尽量避免布置只有单边疏散通道的座位区，前后排座椅的排距应根据座椅的高度调整，以提高人员在应急情况下通行的便捷性和疏散速度。中间疏散通道至少要满足两股人流的通行需要。这里要注意的是，观众厅内的疏散通道与观众厅外的疏散走道不是一回事。疏散走道是具有防火防烟性能，并连接房间疏散门与楼层安全出口的走道。疏散通道无防火防烟分隔保护，一般是在房间内规划出的一条相对固定的路径，以供人员通往房间疏散门或直接通至安全出口。

4. 剧场、电影院、礼堂和体育馆的观众厅和多功能厅疏散门的数量，应根据其中的疏散人数、平坡地或台阶上的人员行走速度、每股人流的宽度、每百人所需最小疏散净宽度计算出总疏散宽度，再按每樘疏散门的净宽度分配和人流股数核算后确定。

5. 设计需要注意的情形：
（1）当观众厅的池座有平坡地面和台阶式座位区时，应分区计算疏散时间。先确定不同区域的疏散门设计总净宽度，再分别计算每个分区的疏散时间。
（2）当观众厅内有多个区域时，应分别计算每个区域的疏散时间，再取其中的最大值作为该观众厅的总疏散时间。
（3）当观众厅内的疏散时间符合要求时，还应对所有内门、外门、楼梯和走道的各自总净宽度，按《新建规》表5.5.20-1和表5.5.20-2校核其是否不小于表中的规定值。
（4）当体育馆观众厅内的总座位数不大于3000座时，每100人的最小疏散净宽度指标不应小于规范表5.5.20-1的规定值。
（5）在设计门的宽度时，应根据每个疏散门的平均宽度和一股人流的宽度进行校核。

【释疑】

疑点 5.5.16–1：规范对剧场、电影院、礼堂、体育馆等场所的耐火等级是否有要求？

释义：剧场、电影院、礼堂、体育馆等场所的耐火等级与建筑的规模或所组合建造的建筑有关，相应的专项标准有明确规定，一般不应低于二级。对于独立建造的小型剧场和礼堂，也可以为三级耐火等级的建筑或木结构建筑，通常不应采用四级耐火等级的建筑。

疑点 5.5.16–2：在建筑内布置剧场、电影院、礼堂等场所时，其楼层位置是否有规定？

释义：布置在其他公共建筑内的剧场、电影院、礼堂、多功能厅，其设置的楼层位置应符合《新建规》第 5.4.7 条、第 5.4.8 条的规定。

疑点 5.5.16–3：规范对剧场、电影院、礼堂、体育馆等场所的疏散时间是否有规定？

释义：国家行业标准《体育建筑设计规范》JGJ 31—2003 对体育馆的疏散时间有明确规定，有关剧场、电影院、礼堂等场所的疏散时间，目前尚无明确要求。这与规范本身的现行规定方式等有关，也与建筑的耐火等级及空间的面积和净高有关，防火设计可参考表 F5.15 中的疏散时间。

疑点 5.5.16–4：规范对剧场、电影院、礼堂、体育馆等场所的最大疏散距离是否有要求？

释义：《新建规》第 5.5.17 条规定了剧场、电影院、礼堂、体育馆等场所的最大疏散距离，即其室内任一点至最近安全出口的直线距离通常不应大于 30m。当需通过疏散门和疏散走道再到安全出口时，应符合第 5.5.17 条第 3 款的规定，除非疏散走道的长度小于 10m。建筑内设置自动灭火系统时，该疏散距离可以增加 25%。

【应用举例】

例 5.5.16：一座二级耐火等级的体育馆，其观众厅内设置 5100 个座位。试按规范要求确定观众厅疏散门的数量和总疏散净宽度，并估算人员从观众厅内疏散完毕所需疏散时间。

解：（1）计算观众厅疏散门的数量。体育馆内观众厅每个疏散门的平均疏散人数取 450 人，根据规范对固定座位场所的疏散人数计算要求确定观众厅内的计算疏散总人数为 5100 人。因此，观众厅所需疏散门的最少数量应为 $5100 \div 450 \approx 12$（个）。

（2）计算观众厅疏散门所需总净宽度。依据计算疏散人数 5100 人，查规范表 5.5.20–2 得阶梯地面的百人疏散指标为 0.43（m/ 百人）。因此，观众厅疏散门所需最小总疏散净宽度应为 $5100 \div 100 \times 0.43 \approx 22$（m）。

假设平均分配疏散宽度，计算每个疏散门所需最小净宽度，即 $22 \div 12 \approx 1.83$（m）。每股人流宽度取 0.55m，每个疏散门所需最小净宽度根据通过人流股数圆整为 2.2m。

因此，疏散门的设计总净宽度为 $2.2 \times 12 = 26.4$（m）。

（3）计算所需疏散时间。根据疏散门的设计总净宽度计算观众厅内人员疏散所需时间。人员在阶梯地面的疏散速度取 37 人 /min，则观众厅内人员疏散所需时间应为：$（5100 \div 12）\div（4 \times 37）\approx 2.87$（min）。

答：该体育馆观众厅共需 12 个疏散门，疏散门的设计总净宽为 26.4m，总疏散时间约 2.87min。

5.5.17 公共建筑的安全疏散距离应符合下列规定：

1 直通疏散走道的房间疏散门至最近安全出口的直线距离不应大于表5.5.17的规定。

表5.5.17 直通疏散走道的房间疏散门至最近安全出口的直线距离（m）

名　　称			位于两个安全出口之间的疏散门			位于袋形走道两侧或尽端的疏散门		
			一、二级	三级	四级	一、二级	三级	四级
托儿所、幼儿园老年人照料设施			25	20	15	20	15	10
歌舞娱乐放映游艺场所			25	20	15	9	—	—
医疗建筑	单、多层		35	30	25	20	15	10
	高层	病房部分	24	—	—	12	—	—
		其他部分	30	—	—	15	—	—
教学建筑	单、多层		35	30	25	22	20	10
	高层		30	—	—	15	—	—
高层旅馆、展览建筑			30	—	—	15	—	—
其他建筑	单、多层		40	35	25	22	20	15
	高层		40	—	—	20	—	—

注：1 建筑内开向敞开式外廊的房间疏散门至最近安全出口的直线距离可按本表的规定增加5m。

2 直通疏散走道的房间疏散门至最近敞开楼梯间的直线距离，当房间位于两个楼梯间之间时，应按本表的规定减少5m；当房间位于袋形走道两侧或尽端时，应按本表的规定减少2m。

3 建筑物内全部设置自动喷水灭火系统时，其安全疏散距离可按本表的规定增加25%。

2 楼梯间应在首层直通室外，确有困难时，可在首层采用扩大的封闭楼梯间或防烟楼梯间前室。当层数不超过4层且未采用扩大的封闭楼梯间或防烟楼梯间前室时，可将直通室外的门设置在离楼梯间不大于15m处。

3 房间内任一点至房间直通疏散走道的疏散门的直线距离，不应大于表5.5.17规定的袋形走道两侧或尽端的疏散门至最近安全出口的直线距离。

4 一、二级耐火等级建筑内疏散门或安全出口不少于2个的观众厅、展览厅、多功能厅、餐厅、营业厅等，其室内任一点至最近疏散门或安全出口的直线距离不应大于30m；当疏散门不能直通室外地面或疏散楼梯间时，应采用长度不大于10m的疏散走道通至最近的安全出口。当该场所设置自动喷水灭火系统时，室内任一点至最近安全出口的安全疏散距离可分别增加25%。

【条文要点】

本条规定了各类公共建筑［包括地上建筑、地下或半地下建筑（室）］的最大允许安全疏散距离。

【相关标准】

《人民防空工程设计防火规范》GB 50098—2009；

《中小学校设计规范》GB 50099—2011；

《医院洁净手术部建筑技术规范》GB 50333—2013；

《民用建筑设计统一标准》GB 50352—2019；

《传染病医院建筑设计规范》GB 50849—2014；

《综合医院建筑设计规范》GB 51039—2014；

《广播电影电视建筑设计防火标准》GY 5067—2017；

《体育建筑设计规范》JGJ 31—2003；

《宿舍建筑设计规范》JGJ 36—2016；

《图书馆建筑设计规范》JGJ 38—2015；

《托儿所、幼儿园建筑设计规范》JGJ 39—2016；

《文化馆建筑设计规范》JGJ/T 41—2014；

《商店建筑设计规范》JGJ 48—2014；

《剧场建筑设计规范》JGJ 57—2016；

《电影院建筑设计规范》JGJ 58—2008；

《旅馆建筑设计规范》JGJ 62—2014；

《饮食建筑设计标准》JGJ 64—2017；

《博物馆建筑设计规范》JGJ 66—2015；

《办公建筑设计规范》JGJ 67—2006；

《特殊教育学校建筑设计规范》JGJ 76—2003；

《展览馆设计规范》JGJ 218—2010；

《老年人照料设施建筑设计标准》JGJ 450—2018。

【设计要点】

1. 安全疏散距离是安全疏散设计的基本参数。通过限制一个区域内的最大允许疏散距离，可以使该区域的疏散门或安全出口及疏散楼梯间的布置更加合理，但这不是唯一的参数。疏散距离有设计安全疏散距离和实际步行疏散距离两个距离。为便于设计，规范规定的安全疏散距离是一个房间内任意一点直接通至房间疏散门的直线距离，或者一个楼层或一个防火分区中任意一个房间疏散门直接通向安全出口的直线距离，即设计安全疏散距离。在设计或实际测量时，可以不考虑场所内可能布置的低矮售货柜台、座椅等不影响视线的障碍物，可以按点到点的直线计算安全疏散距离；但超市中的高货架、区域内的房间或走道隔墙等应作为实体障碍物，需要按绕行折线计算安全疏散距离。

对于区域内分隔有多个房间的防火分区或楼层，其安全疏散距离应为每个房间疏散门至距离该疏散门最近的安全出口的水平直线距离。不同场所的疏散距离应符合《新建规》第 5.5.17 条表 5.5.17 的规定值。

2. 对于开敞大空间场所，往往其疏散门就是安全出口。此时，该场所内的安全疏散距离应为室内任一点至安全出口的直线距离，并应符合《新建规》第 5.5.17 条第 4 款的规定；当场所中部分区域直通安全出口的疏散距离大于规定值时，可以利用长度不大于 10m 的疏散走道将该空间的疏散门与安全出口连接。当该防火分区设置自动灭火系统时，所增加的距离应分别分配至该开敞空间和连接疏散走道内，不应累加至其中的某一个部分，即应保证开敞大空间内的疏散距离不应大于 37.5m，连接疏散走道的疏散距离不应大于 12.5m，而不能前者为 40m，后者仍为 10m。

应注意的是，观众厅、营业厅、开敞办公室等开敞大空间的疏散距离按照 30m 确定时，必须是直通安全出口或经过长度不大于 10m 的疏散走道直通安全出口的距离；当不符合此要求时，应按照《新建规》第 5.5.17 条第 3 款的规定确定其房间内的疏散距离。

3. 对于地下、半地下建筑或者建筑的地下或半地下室，其每层直通疏散走道的房间疏散门至最近安全出口的疏散距离：当埋深大于 10m 或者地下部分的层数为 3 层或多于 3 层时，应比照《新建规》表 5.5.17 中相应使用功能高层建筑的规定值确定；当埋深不大于 10m 或者地下部分的层数只有 1 层或 2 层且埋深不大于 10m 时，可以按照《新建规》表 5.5.17 中相应使用功能单、多层建筑的规定值确定；当为商店营业厅及其他开敞大空间场所时，其疏散距离应符合《新建规》第 5.5.17 条第 4 款的规定。

4. 对于房间内任一点至该房间直通疏散走道的疏散门的直线距离，无论该房间设置几个疏散门，均应符合《新建规》第 5.5.17 条第 3 款的规定，即不应大于表 5.5.17 规定的袋形走道两侧或尽端的疏散门至最近安全出口的直线距离。在设计时，要注意区分高层建筑和单、多层建筑。同时，有关疏散距离还应符合《新建规》第 5.5.15 条的规定。当房间内设置自动灭火系统时，房间内的疏散距离可以增加 25%。

5. 建筑内全部设置自动灭火系统时，对于规范表 5.5.17 注 1 和注 2 的情况，疏散距离应分别按表中的规定值增加 25% 后，再分别按注 1 或注 2 的要求增减。详见例 5.5.17–1。

【释疑】

疑点 5.5.17–1：《新建规》第 5.5.17 条表 5.5.17 规定的 "房间疏散门至最近安全出口的直线距离" 中的 "安全出口" 包括哪些？是否包括设置在防火墙上通向相邻防火分区的门？

释义：该规定中的 "安全出口"，包括疏散楼梯（间）的楼层入口、防火分区内直通室外的出口、设置在防火墙上通向相邻防火分区（符合安全出口规定）的门、通向避难走道前室的门或下沉广场的出口、直接通向开敞的上人屋面的出口等。安全出口详见本《指南》"术语"第 2.1.14 条的释义。

疑点 5.5.17–2：除《新建规》第 5.5.17 条表 5.5.17 规定情况外，其他情况（如遇敞开外廊、敞开楼梯间等）时的安全疏散距离如何确定？

释义：《新建规》第 5.5.17 条表 5.5.17 中的数值是建筑按正常要求设置安全出口、封闭楼梯间或防烟楼梯间、疏散门，且未考虑自动灭火系统作用时的安全疏散距离。对于其他情况，可以分别按照表 5.5.17 注规定的条件和要求进行调整。

疑点 5.5.17–3：建筑内存在 "T" 字形疏散走道，且 "T" 字的端部无安全出口时，其疏散距离如何计算？

释义：建筑内 "T" 字形疏散走道两侧的房间疏散门至最近安全出口的疏散距离，应考虑人员在疏散过程中可能在 "T" 字形走道内往返的距离，即应将其中 "T" 字形中袋形走道部分的距离加倍计入这些房间的总安全疏散距离。详见例 5.5.17–3。

疑点 5.5.17–4：《新建规》第 5.5.17 条第 2 款规定，"当层数不超过 4 层且未采用扩大的封闭楼梯间或防烟楼梯间前室时，可将直通室外的门设置在离楼梯间不大于 15m 处"，这一规定是否有其他限制条件？当建筑内全部设置自动灭火系统时，楼梯间至直通室外的门的距离可否增加 25%，即可否增加至 18.75m？

释义：疏散楼梯在建筑的首层应直通室外。《新建规》第 5.5.17 条第 2 款规定，允许建筑在首层难以直通室外的疏散楼梯采用扩大的封闭楼梯间或扩大的前室直通室外。此时，防烟楼梯间的门经扩大前室至建筑外门的直线距离不应大于 30m，扩大的封闭楼梯间或扩大的前室应按照《新建规》第 6.4.2 条和 6.4.3 条的规定进行分隔。当建筑的层数不超过 4 层时，可将疏散楼梯设置在距离直通室外的门不大于 15m 处，但应采取将相应的走道和房间门与门厅进行分隔等措施来保证疏散楼梯所处空间的防火安全（参见图 5.46），此门厅不应兼有其他功能，门厅的墙面和地面室内装修材料以及吊顶材料均应为 A 级材料。

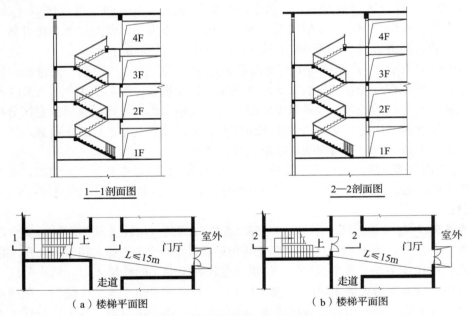

图 5.46 疏散楼梯首层门厅示意图

当建筑内全部设置自动灭火系统时，楼梯间在首层直通建筑外门的上述疏散距离不应再增加 25%，即仍应按不大于 30m 或 15m 确定。无论建筑的耐火等级高低，也无论是地上部分的疏散楼梯间还是地下部分的疏散楼梯间，在首层的疏散距离均应符合此要求。

疑点 5.5.17–5：《新建规》第 5.5.17 条第 3 款所规定的"房间内任一点至房间直通疏散走道的疏散门的直线距离"，是否要求房间的疏散门设置应符合双向疏散的要求？

释义：《新建规》第 5.5.17 条第 3 款所规定的"房间内任一点至房间直通疏散走道的疏散门的直线距离"，不要求每个房间均应至少设置 2 个疏散门并满足双向疏散的要求；但房间只设置 1 个疏散门时，该房间的面积和使用人数应符合《新建规》第 5.5.15 条规定。

疑点 5.5.17-6：规范对公共建筑中管线夹层、避难层（间）内的安全疏散距离是否有要求？

释义：规范对建筑中管线夹层内的安全疏散距离有要求，请见本《指南》第3章第3.7.4条的【释疑】。由于避难层（间）中的避难区本身具有较高的防火安全性能，应将这些区域视为在火灾时是相对安全的区域。火灾时，尽管聚集的人数可能较多，但并不需要限制避难区的疏散距离。对于避难层中可能用于设备间的区域，其疏散距离仍应符合相应的要求。

【应用举例】

例 5.5.17-1：一座二级耐火等级的5层办公楼，建筑高度18.8m，采用内走道连接两部疏散楼梯间，建筑内全部设置自动喷水灭火系统，各层的平面布置如图5.47所示。图中 $a=83m$，$b=25m$。试验算其疏散距离是否符合规定。

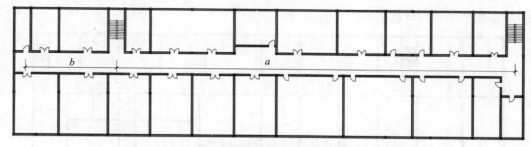

图 5.47　疏散楼梯布置平面示意图（一）

解：查规范表5.5.17得，位于两个安全出口之间的房间疏散门，其疏散距离不应大于40m；位于袋形走道两侧或尽端的房间疏散门，其疏散距离不应大于22m。由于该办公楼全部设置自动喷水灭火系统且采用敞开楼梯间，根据规范表5.5.17注2、注3的规定调整后，上述疏散距离分别调整为：$L_1=40 \times 1.25-5=45$（m），$L_2=22 \times 1.25-2=25.5$（m）。

校核楼层中各房间疏散门至最近安全出口的实际最大疏散距离：

（1）位于两个安全出口之间的房间：$a/2=83 \div 2=41.5$（m）$<L_1$；

（2）位于袋形走道两侧或尽端的房间：$b=25m<L_2$。

答：该办公楼中各房间疏散门至最近安全出口的疏散距离符合规范要求。

例 5.5.17-2：一座二级耐火等级的5层办公楼，建筑高度18.8m，全部设置自动喷水灭火系统，有部分内走道，部分敞开式外廊，各层平面布置如图5.48所示。图中 $a=95m$，$b=25m$。试验算其疏散距离是否符合规定。

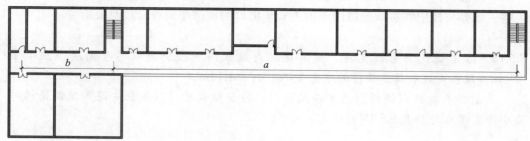

图 5.48　疏散楼梯布置平面示意图（二）

解：查规范表 5.5.17 得，位于两个安全出口之间房间疏散门，其疏散距离不应大于 40m；位于袋形走道两侧或尽端的房间疏散门，其疏散距离不应大于 22m。由于该办公楼全部设置自动喷水灭火系统且采用敞开楼梯间，部分走廊为敞开式外廊，根据规范表 5.5.17 注 1～注 3 的规定调整后，上述疏散距离分别为：$L_1=40\times1.25-5+5=50$（m），$L_2=22\times1.25-2=25.5$（m）。

校验楼层中各房间疏散门至最近安全出口的实际最大疏散距离：

（1）位于两个安全出口之间的房间：$a/2=95\div2=47.5$（m）$<L_1$；

（2）位于袋形走道两侧或尽端的房间：$b=25m<L_2$。

答：该办公楼中各房间疏散门至最近安全出口的疏散距离符合规范要求。

例 5.5.17–3：一座二级耐火等级的 6 层办公楼，建筑高度 23.1m，全部设置自动喷水灭火系统，各层的平面布置如图 5.49 所示。图中 $a=15m$，$b=20m$，$c=50m$，$d=25m$。试验算其疏散距离是否符合规定。

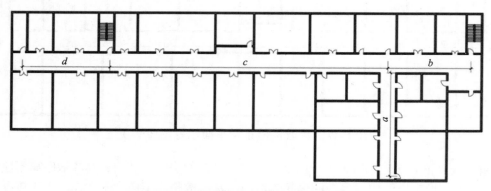

图 5.49　疏散楼梯布置平面示意图（三）

解：查规范表 5.5.17 得，位于两个安全出口之间房间疏散门，其疏散距离不应大于 40m；位于袋形走道两侧或尽端的房间疏散门，其疏散距离不应大于 22m。由于该办公楼全部设置自动喷水灭火系统且采用封闭楼梯间，根据规范表 5.5.17 注 3 的规定调整后，上述疏散距离分别为：$L_1=40\times1.25=50$（m），$L_2=22\times1.25=27.5$（m）。

校验楼层中各房间疏散门至最近安全出口的实际最大疏散距离：

（1）位于两个安全出口之间的房间疏散门：$b+c=20+50=70$（m）$<2L_1$；

（2）位于 T 字形走道两侧或尽端的房间疏散门：$2a+b=2\times15+20=50$（m）$=L_1$；

（3）疏散门位于袋形走道两侧或尽端：$d=25m<L_2$。

答：该办公楼中各房间疏散门至最近安全出口的疏散距离符合规范要求。

5.5.18 除本规范另有规定外，公共建筑内疏散门和安全出口的净宽度不应小于 0.90m，疏散走道和疏散楼梯的净宽度不应小于 1.10m。

高层公共建筑内楼梯间的首层疏散门、首层疏散外门、疏散走道和疏散楼梯的最小净宽度应符合表 5.5.18 的规定。

表 5.5.18 高层公共建筑内楼梯间的首层疏散门、首层疏散外门、疏散走道和疏散楼梯的最小净宽度（m）

建筑类别	楼梯间的首层疏散门、首层疏散外门	走　道		疏散楼梯
		单面布房	双面布房	
高层医疗建筑	1.30	1.40	1.50	1.30
其他高层公共建筑	1.20	1.30	1.40	1.20

【条文要点】

本条规定了公共建筑中安全出口、房间疏散门、首层疏散外门、疏散走道和疏散楼梯的最小净宽度。这些宽度均是不同建筑中不同部位为满足安全疏散要求的基本尺寸和最小宽度要求。

【相关标准】

《人民防空工程设计防火规范》GB 50098—2009；

《民用建筑设计统一标准》GB 50352—2019；

《建筑门窗洞口尺寸系列》GB/T 5824—2008；

《防火门》GB 12955—2008；

《建筑门窗洞口尺寸协调要求》GB/T 30591—2014。

【设计要点】

1. 疏散出口门的净宽度应按下述方法确定：

（1）单扇门的净宽度应为门扇呈 90°角打开时，从门侧柱或门框边缘到门表面之间的宽度。

（2）双扇门的净宽度应为两扇门分别呈 90°角打开时，相对两扇门表面之间的宽度。

2. 疏散楼梯的净宽度应按下述方法确定：

（1）两侧只有围墙而无扶手栏杆的楼梯，应为两侧完成墙面之间的宽度。

（2）只有一侧为墙体、另一侧有扶手栏杆的楼梯，应为完成墙面到栏杆或扶手内侧的宽度。

（3）两侧均有扶手栏杆的楼梯，应为两侧栏杆或扶手相对内表面之间宽度中的较小者。

3. 疏散走道的净宽度应为走道两侧完成墙面之间的水平净距。当局部突出墙面部分不影响疏散时，可以不考虑该突出部分的影响；当走道狭窄部分较长并会影响人员疏散时，疏散走道的净宽度应按走道中水平净距最小者确定。

【释疑】

疑点 5.5.18-1：根据国家标准《建筑门窗洞口尺寸系列》GB/T 5824—2008 和《建筑门窗洞口尺寸协调要求》GB/T 30591—2014 的规定，门的洞口宽度尺寸以 1.00m 为标准系列。防火门如按上述两项标准规定的宽度设置，门的净宽度达不到 0.90m 时，如何协调？

释义：疏散门的洞口尺寸应以疏散门的净宽度要求为基础确定，确保门在完全开启后的净宽度不小于规范规定和设计要求。

疑点5.5.18-2：疏散走道、疏散门的最小净宽度不同时，应以哪个为准计算疏散宽度？

释义：疏散宽度计算与疏散走道和疏散门的最小净宽度要求是两件不同的事情。疏散门是房间通向疏散走道的房间门，疏散走道是连接多个房间疏散门，并通向安全出口、具有一定防火防烟性能的通道。因此，疏散走道的宽度应大于疏散门的宽度。

疏散门的最小净宽度要求是以一股人流快速通过所需宽度为基础确定的，疏散走道的最小净宽度要求是以两股人流快速通过所需宽度为基础确定的。疏散宽度的计算根据设计对象不同而不同，门与走道所需宽度是各自分开计算，不是一回事，但疏散走道的宽度一般应大于疏散门所需宽度，不考虑建筑首层外门这种特殊情况。

5.5.19 人员密集的公共场所、观众厅的疏散门不应设置门槛，其净宽度不应小于1.40m，且紧靠门口内外各1.40m范围内不应设置踏步。

人员密集的公共场所的室外疏散通道的净宽度不应小于3.00m，并应直接通向宽敞地带。

【条文要点】

本条规定了人员密集的场所疏散门和室外疏散通道的最小净宽以及防止引发踩踏事故的要求。

【设计要点】

1. 人员密集的公共场所要区别于人员密集场所。人员密集的公共场所主要为礼堂、体育馆、商店营业厅、展览厅、图书馆的阅览室、医院门诊大厅、学校教学楼以及影剧院的观众厅等，不包括面积在300m² 左右的小型商店或商业服务网点。在设计这些场所疏散门时，不应在疏散门的门口内外各1.40m范围内设置台阶和门槛，以防止人群疏散过程发生意外、踏空或摔倒，导致发生踩踏、拥挤等影响疏散安全的情形。

2. 人员密集的公共场所（包括观众厅）疏散门的净宽度应经计算确定。当计算所需门的净宽度小于1.40m时，这些场所疏散门的净宽度仍应按不小于1.40m设计。这里要注意本条规定与《新建规》第5.5.18条表5.5.18中有关数值的关系。对于人员密集的场所，第5.5.18条表5.5.18规定的是一座建筑"楼梯间的首层疏散门、首层疏散外门"的最小净宽度要求，而第5.5.19条规定的是建筑中某一人员密集的场所的疏散门的最小净宽度。这两者既有联系，又有区别。

3. 人员密集的公共场所的室外通道，主要为这些场所或建筑与其他建筑之间的小巷，或者这些场所的疏散门与集散广场等场地联系的一段道路。这些小巷和道路往往联系多个疏散门，因而需要较大的宽度来容纳和快速疏散人员，避免人员拥堵其中，导致在建筑内的人员难以疏散出来。当此室外通道仅与人员密集的公共场所的一个疏散门连通时，只要不小于该疏散门的宽度即可。这种情形多见于旧城区改造。

【释疑】

疑点5.5.19-1：建筑物首层与疏散楼梯连通的疏散外门，在1.40m范围内是否允许设台阶？

释义：公共建筑的首层疏散外门，包括大部分住宅建筑的首层疏散外门，在建筑发生火灾并进行人员疏散时，都可能会在该疏散门内外发生人员聚集的现象。因此，尽管《新建规》第5.5.19条是针对人员密集的公共建筑或场所，但其他建筑物首层与疏散楼梯连通的疏散外门的门口内外1.40m范围内，均要尽量避免设置台阶。

疑点5.5.19-2：开向建筑内院、上人（屋面）大平台、下沉式庭院的门，是否能作为安全出口？

释义：除开向封闭的建筑内（庭）院的门外，开向建筑中开敞内院、上人屋面或露天平台、下沉式庭院的门，只要人员能从这些区域安全通至建筑室外地面，均可以作安全出口。

疑点5.5.19-3：开向灰空间的门能否作为建筑外门而用于安全出口？

释义：开向灰空间的门能否作为建筑外门而用于安全出口，要视具体情况而定。这与灰空间的进深、面宽和层高等有关，不能一概而论。如果灰空间具有良好的自然排烟条件、可视为室外空间时，开向灰空间的门可以作为安全出口。

5.5.21 除剧场、电影院、礼堂、体育馆外的其他公共建筑，其房间疏散门、安全出口、疏散走道和疏散楼梯的各自总净宽度，应符合下列规定：

1 每层的房间疏散门、安全出口、疏散走道和疏散楼梯的各自总净宽度，应根据疏散人数按每100人的最小疏散净宽度不小于表5.5.21-1的规定计算确定。当每层疏散人数不等时，疏散楼梯的总净宽度可分层计算，地上建筑内下层楼梯的总净宽度应按该层及以上疏散人数最多一层的人数计算；地下建筑内上层楼梯的总净宽度应按该层及以下疏散人数最多一层的人数计算。

表5.5.21-1 每层的房间疏散门、安全出口、疏散走道和疏散
楼梯的每100人最小疏散净宽度（m/百人）

建 筑 层 数		建筑的耐火等级		
		一、二级	三级	四级
地上楼层	1层~2层	0.65	0.75	1.00
	3层	0.75	1.00	—
	≥4层	1.00	1.25	—
地下楼层	与地面出入口地面的高差 $\Delta H \leq 10m$	0.75	—	—
	与地面出入口地面的高差 $\Delta H > 10m$	1.00	—	—

2 地下或半地下人员密集的厅、室和歌舞娱乐放映游艺场所，其房间疏散门、安全出口、疏散走道和疏散楼梯的各自总净宽度，应根据疏散人数按每100人不小于1.00m计算确定。

3 首层外门的总净宽度应按该建筑疏散人数最多一层的人数计算确定，不供其他楼层人员疏散的外门，可按本层的疏散人数计算确定。

　　4　歌舞娱乐放映游艺场所中录像厅的疏散人数，应根据厅、室的建筑面积按不小于 1.0 人 $/m^2$ 计算；其他歌舞娱乐放映游艺场所的疏散人数，应根据厅、室的建筑面积按不小于 0.5 人 $/m^2$ 计算。

　　5　有固定座位的场所，其疏散人数可按实际座位数的 1.1 倍计算。

　　6　展览厅的疏散人数应根据展览厅的建筑面积和人员密度计算，展览厅内的人员密度不宜小于 0.75 人 $/m^2$。

　　7　商店的疏散人数应按每层营业厅的建筑面积乘以表 5.5.21-2 规定的人员密度计算。对于建材商店、家具和灯饰展示建筑，其人员密度可按表 5.5.21-2 规定值的 30% 确定。

表 5.5.21-2　商店营业厅内的人员密度（人 $/m^2$）

楼层位置	地下第二层	地下第一层	地上第一、二层	地上第三层	地上第四层及以上各层
人员密度	0.56	0.60	0.43 ~ 0.60	0.39 ~ 0.54	0.30 ~ 0.42

【条文要点】

　　本条规定了除剧场、电影院、礼堂、体育馆外的其他公共建筑中疏散门、安全出口、疏散走道和疏散楼梯，在计算所需疏散宽度时的百人疏散宽度指标和疏散人数的确定方法。

【相关标准】

　　《中小学校设计规范》GB 50099—2011；

　　《综合医院建筑设计规范》GB 51039—2014；

　　《宿舍建筑设计规范》JGJ 36—2016；

　　《图书馆建筑设计规范》JGJ 38—2015；

　　《托儿所幼儿园建筑设计规范》JGJ 39—2016；

　　《文化馆建筑设计规范》JGJ/T 41—2014；

　　《商店建筑设计规范》JGJ 48—2014；

　　《旅馆建筑设计规范》JGJ 62—2014；

　　《饮食建筑设计标准》JGJ 64—2017；

　　《博物馆建筑设计规范》JGJ 66—2015；

　　《办公建筑设计规范》JGJ 67—2006；

　　《特殊教育学校建筑设计规范》JGJ 76—2003；

　　《展览馆设计规范》JGJ 218—2010。

【设计要点】

　　1. 在《新建规》的条文及其条文说明中，凡是采用阿拉伯数字表述的楼层，均为建筑的楼层数量，即建筑的总层数，如 "2 层" 代表 2 层的建筑或该建筑有 2 层；凡是采用中文大写数字表述的楼层，均为建筑中的楼层位置，如 "二层" 代表建筑中的第二层，依此类推。因此，《新建规》第 5.5.21 条表 5.5.21–1 中"建筑层数"一栏规定的是，不同总层数的建筑的百人疏散宽度指标值，即 100 人疏散所需的最小净宽度。

例如：一座二级耐火等级的 4 层公共建筑，根据表 5.5.21–1 的规定，该建筑各个楼层中疏散门、疏散走道、安全出口和疏散楼梯的百人最小疏散净宽度均应按不小于 1.00m 确定。

但当一座建筑的下部有几个楼层的全部疏散楼梯完全独立设置和使用时，则建筑中这些楼层的疏散宽度可以按照其实际服务的建筑层数来确定，而上部其他部分的疏散楼梯则要按该建筑的总层数来确定。例如，一座二级耐火等级的 6 层公共建筑，建筑高度为 22.8m，一至三层为商店，四至六层为办公，商店部分的疏散楼梯和安全出口与办公部分的疏散楼梯和安全出口各自完全独立设置。则一至三层商店的百人最小疏散净宽度可按不小于 0.75m 确定，四层及以上各层办公部分的百人最小疏散净宽度仍应按不小于 1.00m 确定。

2. 位于地下或半地下的人员密集的场所（如多功能厅、观众厅、商店营业厅、餐饮就餐区等）和歌舞娱乐放映游艺场所，无论其位于地下第几层或者所在地下楼层的埋深是多少，其百人最小疏散净宽度均不应 1.00m。

位于地下或半地下的其他场所，在计算其疏散门、安全出口、疏散走道和疏散楼梯疏散宽度时，百人最小疏散宽度值应根据这些场所所处楼层的埋深来确定：当所处楼层室内地面平均高度与建筑入口处室外地坪的高差小于或等于 10m 时，不应小于 0.75m；当大于 10m 时，不应小于 1.00m。

3. 建筑的地上部分与地下或半地下部分的疏散楼梯在首层不应共用。因此，设置地下或半地下室的建筑，可以分别确定其地上和地下部分疏散门、安全出口、疏散走道和疏散楼梯的疏散宽度。

在确定建筑地上部分的疏散楼梯的疏散净宽度时，下一楼层疏散楼梯的宽度和总疏散宽度应按其上部各楼层中所需疏散宽度最大者确定，即下部楼层的疏散楼梯宽度不应小于上部疏散楼梯的宽度。同理，在确定建筑地下或半地下部分（包括独立的地下或半地下建筑）疏散楼梯的总疏散净宽度时，上一楼层疏散楼梯宽度和总疏散宽度应按其下部各楼层中所需疏散宽度最大者确定，即上部楼层的疏散楼梯宽度不应小于下部疏散楼梯的宽度。

4. 建筑首层直通室外的疏散门的总净宽度，不应小于地下、半地下楼层和地上楼层中疏散总净宽度的最大者。当地下或半地下部分与地上部分在建筑的首层不共用疏散外门时，其首层出口的宽度可以分别按各自所需疏散宽度确定；当首层疏散与其他楼层不共用外门时，首层的疏散门宽度可按首层疏散所需宽度确定，其他楼层通往地面的疏散门总净宽度应按这些楼层中所需疏散总净宽度最大者确定。

例如，一座二级耐火等级的 5 层商店建筑，地下 2 层。其中，地上 5 层均为营业厅，地下二层为超市，地下一层为餐饮，建筑的地下部分与地上部分在首层的出入口共用。各层所需疏散总净宽度分别为：地下二层，9.4m；地下一层 6.8m；首层，8.0m；二至四层，8.6m；五层，6.0m。则该建筑地下部分的疏散楼梯总净宽度各层均不应小于 9.4m；地上五层的疏散楼梯总净宽度不应小于 6.0m，一至四层的疏散楼梯总净宽度不应小于 8.6m；首层疏散门的总净宽度不应小于 9.4m。

5. 商店营业厅的人员密度按《新建规》第 5.5.21 条表 5.5.21-2 取值。参考国家行业标准《商店建筑设计规范》JGJ 48—2014 第 1.0.4 条的规定，当营业厅的建筑面积不大于 5000m² 时，取上限（即较大值）；当营业厅的建筑面积大于 20000m² 时，取下限（即较小值）；当营业厅的建筑面积介于二者之间时，可用插入法取值。

6. 饮食建筑的人员密度值，可参考表 F5.16 取值。表 F5.16 为美国《生命安全规范》NFPA 101—2018 和《饮食建筑设计标准》JGJ 64—2017 第 4.1.2 条的有关规定值。

表 F5.16 饮食建筑的人员密度参考值

场所名称	场所类型	人均面积	备　　注
餐厅	餐馆	1.3（m²/座）	国家行业标准《饮食建筑设计标准》JGJ 64—2017，按使用面积计算
	快餐店	1.0（m²/座）	
	饮食店	1.5（m²/座）	
	食堂	1.0（m²/座）	
厨房面积		9.3（m²/人）	美国《生命安全规范》NFPA 101—2018，按建筑面积计算

注：厨房人员密度与就餐人数、就餐次数、饭菜品种数等有关，变化幅度约 30%。

7. 图书馆的人员密度参见国家行业标准《图书馆建筑设计规范》JGJ 38—2015 附录 B 第 B.0.1 条的规定，博物馆的人员密度参见国家行业标准《博物馆建筑设计规范》JGJ 66—2015 第 4.2.5 条的规定，旅馆的人员密度参见国家行业标准《旅馆建筑设计规范》JGJ 62—2014 第 4.3.1 条 ~ 第 4.3.3 条的规定，文化馆的人员密度参见国家行业标准《文化馆建筑设计规范》JGJ/T 41—2014 第 4.2.4 条 ~ 第 4.2.6 条的规定，办公建筑的人员密度参见国家行业标准《办公建筑设计规范》JGJ 67—2006 第 4.2.3 条、第 4.2.4 条和第 4.3.2 条的规定。

但上述标准（包括饮食建筑）所规定的人数指标或人均使用面积指标，仅供参考和比对，并非实际的使用人数或疏散人数。疏散人数应为建筑使用期间任何时间内的可能最大人数。在确定相应建筑的疏散人数时，还应根据当地相同建筑中类似用途场所的实际使用情况经调查确定，不能简单地按照这些标准规定的指标来计算。

8. 其他建筑内的人员密度参见表 F5.17，《新建规》第 5.5.21 条无规定者，为美国《生命安全规范》NFPA 101—2018 规定值。

表 F5.17 其他建筑的人员密度指标参考值

建筑类别	场所名称	人均面积（m²/人）	备　　注
文化娱乐	歌舞娱乐游艺场所中的录像厅（建筑面积）	1.0	《新建规》第 5.5.21 条
	其他歌舞娱乐放映游艺场所（建筑面积）	2.0	

续表 F5.17

建筑类别	场所名称	人均面积（m²/人）	备注
教学建筑	教室（使用面积）	1.9	
公共用途	游泳池（水面面积）	4.6	美国《生命安全规范》NFPA 101—2018
	游泳池边岸（建筑面积）	2.8	
	配有设备的练功房（建筑面积）	4.6	
	未配有设备的练功房（建筑面积）	1.4	
	舞台（净面积）（建筑面积）	1.4	
机场候机大楼	乘机手续办理大厅（建筑面积）	9.3	
	候机室（建筑面积）	1.4	
	行李提取厅（建筑面积）	1.9	

【释疑】

疑点 5.5.21–1：规范无人员密度规定值的场所，如何计算其疏散人数？

释义：规范未明确规定设计人员密度值的场所，其疏散人数可以根据相应专项建筑设计标准规定的人员密度或疏散人数进行取值。当有的专项建筑设计标准未规定相应的人员密度或疏散人数计算方法时，应根据建筑所处位置和地区采用调查和统计方法进行确定。根据相应建筑标准规定的最小人均设计所需面积推算的人数，不是实际疏散人数，只能作为参考。

疑点 5.5.21–2：除剧场、电影院、礼堂、体育馆外，其他场所是否要计算疏散时间？

释义：建筑中的人员疏散所需时间和可用疏散时间是建筑疏散设计的基础和基本判定指标。但是，这种计算比较复杂，不适合在现行规定方式的规范中进行规定。现行规范规定的疏散距离和疏散宽度已隐含此指标，直接计算并确定相应参数即可。

疑点 5.5.21–3：礼堂能否等同于多功能厅？公共建筑内多功能厅的人员密度是多少，是否要计算疏散时间？

释义：礼堂与多功能厅不能等同。多功能厅的人员密度可以参照歌舞娱乐放映游艺场所中卡拉OK厅的人员密度确定；礼堂一般可按有固定座位场所确定疏散人数，当无固定座位时，宜根据其建筑面积按0.5人/m²确定。当多功能厅内的疏散人数较多时，尽可能再按《本指南》表F5.15给出的疏散时间参考值验算疏散时间。

5.5.22 人员密集的公共建筑不宜在窗口、阳台等部位设置封闭的金属栅栏，确需设置时，应能从内部易于开启；窗口、阳台等部位宜根据其高度设置适用的辅助疏散逃生设施。

【条文要点】

本条规定了建筑应为人员提供除疏散设施以外的逃生设施和外部施救条件。

【设计要点】

1. 建筑中的阳台等部位，在火灾时可供无法通过疏散门和疏散楼梯疏散的人员提供紧急避难，以待救援；建筑外窗也是人员逃生和外部应急救援的重要路径。因此，无论什么样的建筑，均要为人员逃生和外部救援留出最后的路径。尽管《新建规》第 5.5.22 条的规定是针对大部分建筑的使用提出的要求，但在建筑设计时要避免设置类似可能影响人员应急逃生和外部救援的设施，即除应设置正常的疏散与避难设施外，还应根据建筑的使用功能和特点设置必要的紧急避难与逃生空间或出口。例如，在医院的住院部病房或老年人照料设施中专供老年人活动的建筑外设置阳台或外廊；采用可以方便开启的建筑外窗，且窗台高度适中；在建筑外窗附近的墙体上预埋可以方便固定绳索等逃生器材的金属挂钩等。

2. 在多层、高层建筑的部分外窗、阳台部位，设置逃生袋、救生绳、缓降绳、折叠式人孔梯、专用滑梯等应急的辅助逃生设施，方便人员就近经较安全的下一楼层进行逃生。

3. 辅助逃生设施可以集中设置，也可以分散设置，视建筑的具体用途和使用人员特点而定。例如，日本大部分公寓均在阳台设置向下一楼层疏散的折叠逃生梯，在各类建筑的三层及以上各层设置逃生与救援窗口等。

5.5.23 建筑高度大于 100m 的公共建筑，应设置避难层（间）。避难层（间）应符合下列规定：

1 第一个避难层（间）的楼地面至灭火救援场地地面的高度不应大于 50m，两个避难层（间）之间的高度不宜大于 50m。

2 通向避难层（间）的疏散楼梯应在避难层分隔、同层错位或上下层断开。

3 避难层（间）的净面积应能满足设计避难人数避难的要求，并宜按 5.0 人 /m² 计算。

4 避难层可兼作设备层。设备管道宜集中布置，其中的易燃、可燃液体或气体管道应集中布置，设备管道区应采用耐火极限不低于 3.00h 的防火隔墙与避难区分隔。管道井和设备间应采用耐火极限不低于 2.00h 的防火隔墙与避难区分隔，管道井和设备间的门不应直接开向避难区；确需直接开向避难区时，与避难层区出入口的距离不应小于 5m，且应采用甲级防火门。

避难间内不应设置易燃、可燃液体或气体管道，不应开设除外窗、疏散门之外的其他开口。

5 避难层应设置消防电梯出口。

6 应设置消火栓和消防软管卷盘。

7 应设置消防专线电话和应急广播。

8 在避难层（间）进入楼梯间的入口处和疏散楼梯通向避难层（间）的出口处，应设置明显的指示标志。

9 应设置直接对外的可开启窗口或独立的机械防烟设施，外窗应采用乙级防火窗。

5.5.31 建筑高度大于 100m 的住宅建筑应设置避难层，避难层的设置应符合本规范第 5.5.23 条有关避难层的要求。

【条文要点】

这两条规定了建筑高度大于100m的公共建筑和住宅建筑应设置避难层及避难层（间）的具体要求。

【设计要点】

1. 避难层（间）的竖向间隔：

建筑高度大于100m的公共建筑和住宅建筑，应设置避难层或避难间。避难区域的位置要与消防救援场地相对应，使之能与外部救援相结合。当前，我国各地消防车的有效施救高度绝大部分在52m左右。因此，建筑下部设置的避难层（间），特别是第一个避难层的设置高度应与此施救高度相适应，不应大于50m。避难层之间的间隔高度，要根据人员上下楼层的体力消耗和能力以及避难人数尽量分散的要求来确定。一般，避难层（间）的楼地面沿建筑高度方向的间距不宜大于50m，即约10层～13层。

除医院病房楼、老年人照料设施和高层住宅建筑外，规范没有明确规定其他建筑是否要求设置避难间。一般，当建筑中的使用人数较多或者存在疏散行为能力弱或需要他人帮助进行疏散的人群时，应考虑在邻近楼层中疏散楼梯间的附近设置避难间；当避难层的间隔较大时，也应考虑在两个避难层之间的楼层增设避难间。对于建筑高度大于50m、小于100m的公共建筑，当不设置避难层时，也应适当考虑设置避难间。避难间可以结合建筑中的空中花园、防烟前室等进行设置。

建筑顶层的平屋顶、裙房平屋顶符合上人屋面、消防救援等要求时，可以作为避难区域。

2. 避难区的使用面积：

避难层或避难间要根据所需避难的人数确定其中避难所需净面积，再按建筑平面确定相应的尺寸。因此，前室、避难区均需要采用其使用面积来判定是否符合要求，而不是建筑面积。避难区所需使用面积应根据设计避难人数按每人 $0.2m^2$ ～ $0.25m^2$ 确定，避难人数可以按照所在避难层与上一避难层之间或避难层与下一避难层之间楼层上的全部疏散人数的较大者计算确定。避难区连接疏散楼梯或电梯的走道的面积不应计入避难区的可用使用面积。

当住宅建筑的避难层所需避难区使用面积较小，不需要整个楼层作为避难区时，可采用其中的局部区域作为避难区，但避难区与其他区域之间应采用耐火极限不低于2.00h且无任何开口的防火隔墙分隔，避难区至少应有两个面靠外墙，并至少有一面位于与该建筑消防车道或救援场地对应的一条长边上。住宅建筑中避难层的其他要求应符合《新建规》第5.5.23条有关避难层的规定。

3. 避难层布置：

避难层、疏散楼梯、消防电梯等在避难层的相互关系，参见图5.50。

避难层的防火构造要点：

（1）避难区与易燃、可燃液体或气体管道区、设备用房之间，应采用耐火极限不低于3.00h的防火隔墙进行分隔。

（2）避难区除通向疏散楼梯间、疏散走道和消防电梯的门、建筑外窗外，不应有其他任何开口，参见图5.51（a）。

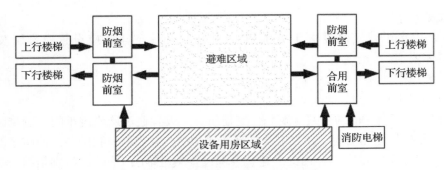

图 5.50　避难层系统布置示意图

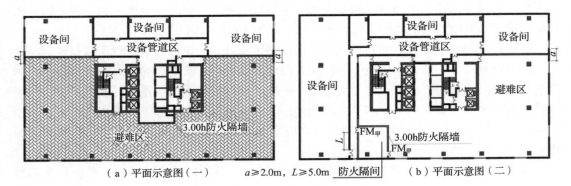

（a）平面示意图（一）　　　　　　　　　　　　　（b）平面示意图（二）
$a \geq 2.0m, L \geq 5.0m$　防火隔间

图 5.51　避难层平面布置示意图

（3）管道井和设备间的门不应直接开向避难区，确需直接开向避难区时，与避难区出入口的距离不应小于 5m，且应采用甲级防火门，参见图 5.51（b）。

（4）管井和设备间的门应为甲级防火门。设备间与避难区之间应采用防火隔间连通。

（5）避难层上下开口之间窗槛墙的高度不应小于 0.8m（建筑高度大于 250m 时，窗槛墙高不应小于 1.5m），水平方向与其他房间外墙上开口之间窗间墙的宽度不应小于 2.0m。

4. 避难间布置：

避难间、疏散楼梯、消防电梯等的平面布置示意，参见图 5.52（a）和图 5.52（b）所示。避难间的布置及构造要点：

（1）避难间与其他部位之间应采用耐火极限不低于 2.00h 的防火隔墙进行分隔；

（2）避难间除通向疏散梯间、消防电梯前室的门、房间门和建筑外窗外，不应有其他任何开口。

5. 避难层（间）的外窗：

封闭避难层（间）的外窗应为甲级或乙级防火窗，兼作救援窗口的外窗应能满足消防救援快速破拆或开启和进出的要求，并应处于消防车的安全作业范围内。

6. 避难层（间）的防烟及其他：

（1）避难层（间）应具有良好的自然通风条件；封闭避难层（间）或不能满足自然通风要求时，应设置独立的机械防烟设施。自然通风设施和机械防烟设施均应符合国家标准《建筑防烟排烟系统技术标准》GB 51251—2017 的规定。

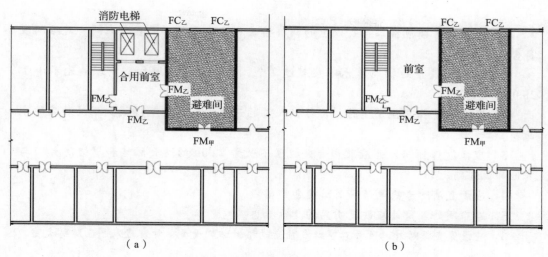

图 5.52　避难间平面布置示意图

（2）避难层（间）应配置灭火器和消防软管卷盘等器材，设置消防电话、消防通信、应急广播和指示标志、应急照明等设施。

【释疑】

疑点 5.5.23-1：避难层的避难人数如何计算？建筑（包括裙房）的平屋面能否用作避难区域？

释义：避难层的避难人数应按照所在避难层与上一避难层或下一避难层之间楼层上的全部疏散人数的较大者计算。建筑（包括裙房）上符合规范有关上人屋面要求的平屋面，可以作为避难区域。

疑点 5.5.23-2：避难层的避难区域内是否允许开设管道井和设备间的门？

释义：避难层的避难区域内不允许开设管道井和设备间的门。

疑点 5.5.23-3：除设备间和避难间外，避难间所在的楼层是否允许布置其他功能用房？

释义：避难间与避难层不同。避难间是在建筑的任何一个楼层上邻近安全出口设置的、可用于火灾时人员临时避难的房间，楼层上其他用途的房间仍可按相应功能要求设置，且避难间可利用其他火灾危险性低的房间。

疑点 5.5.23-4：避难层（间）所在楼层是否允许普通电梯停靠？

释义：避难层所在楼层不允许普通电梯停靠，避难间所在楼层允许普通电梯停靠。

疑点 5.5.23-5：避难层（间）需要设置消防救援窗吗？

释义：避难层（间）均需要设置消防救援窗，消防救援窗的设置要求应符合《新建规》第 7.2.3 条的规定。

疑点 5.5.23-6：避难区域是否一定要与消防救援场地对应？

释义：避难区域应与消防救援场地对应，便于外部施救。

疑点 5.5.23-7：避难区域与上下层的楼板耐火极限是否有特别规定？

释义：避难区域与上下层楼板的耐火极限没有特别规定，符合建筑高度大于 100m 的建筑对楼板的耐火极限要求即可，但对于建筑高度大于 250m 的建筑，避难层上下层楼板的耐火极限不应低于 2.50h。

5.5.24 高层病房楼应在二层及以上的病房楼层和洁净手术部设置避难间。避难间应符合下列规定：

1 避难间服务的护理单元不应超过 2 个，其净面积应按每个护理单元不小于 25.0m² 确定。

2 避难间兼作其他用途时，应保证人员的避难安全，且不得减少可供避难的净面积。

3 应靠近楼梯间，并应采用耐火极限不低于 2.00h 的防火隔墙和甲级防火门与其他部位分隔。

4 应设置消防专线电话和消防应急广播。

5 避难间的入口处应设置明显的指示标志。

6 应设置直接对外的可开启窗口或独立的机械防烟设施，外窗应采用乙级防火窗。

【条文要点】

本条规定了高层病房楼中的病房楼层和洁净手术部的避难间设置要求，以保障其中不能及时疏散的人员安全。

【相关标准】

《综合医院建筑设计规范》GB 51039—2014；

《医院洁净手术部建筑技术规范》GB 50333—2013；

《传染病医院建筑设计规范》GB 50849—2014。

【设计要点】

1. 高层病房楼应在二层及以上的病房楼层和洁净手术部设置避难间。当其中某些楼层未设置病房或洁净手术部时，该楼层可以不设置避难间。

病房避难间一般按护理单元设置，尽量一个护理单元设置一间，也可以在两个护理单元的中间部位靠近疏散楼梯或消防电梯处设置避难间，使这两个护理单元共用一间避难间，但一个楼层的一间避难间所服务的护理单元不应超过 2 个。洁净手术部的避难间一般应单独设置，不应与病房区护理单元中的避难间共用。考虑病人避难的特殊需要，避难间不能利用电梯厅、防烟楼梯间的前室或消防电梯的前室或合用前室。病房避难间与其他用途房间的流线关系示意，参见图 5.53。

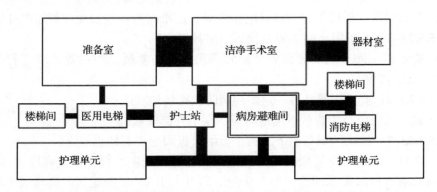

图 5.53　病房避难间与其他用途房间的流线关系示意图

2. 病房区或手术部的避难间与其他公共建筑的避难间的主要区别在于避难区的使用面积要求不同。医疗建筑中的避难间主要供危重病人或因手术要求不能及时疏散的病人和相关人员应急避难用，其避难区的使用面积仅需要满足少数人的使用要求，但所占面积还需考虑轮床所占面积。手术部避难间的布置示意参见图 5.54。参照美国相关标准要求，其他公共建筑中楼层上的避难间的避难面积一般可以按照该层疏散人数的 25% 确定。

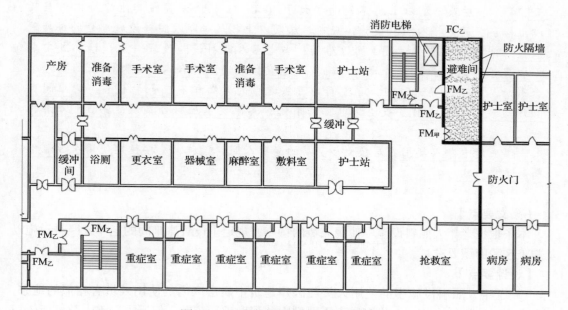

图 5.54　手术部避难间布置示意图

3. 避难间可以与其他火灾危险性较低的房间共用，如护士站、药品备品库房、医护人员休息室等。疏散楼梯在本层不要求同层错位或上下层断开，但避难间需要靠近疏散楼梯间或可用于辅助疏散的电梯或消防电梯。

4. 避难间的分隔与建筑内其他高火灾危险区域与相邻部位的分隔要求一致，即要用耐火极限不低于 2.00h 的防火隔墙和甲级防火门与其他部位进行分隔。避难间的其他要求应符合规范有关公共建筑避难间设置的一般要求，即《新建规》第 5.5.23 条的规定。

【释疑】

疑点 5.5.24–1： 医院病房区的避难间与公共建筑中的一般避难间有何区别？

释义： 医院病房区的避难间与公共建筑中的一般避难间的主要区别在于，避难区的面积要求不一样，其他要求基本一致。

疑点 5.5.24–2： 普通电梯的电梯厅是否可用作病房楼层的避难间？

释义： 普通电梯的电梯厅没有防火分隔，不具备良好的防烟性能，难以保证避难人员的安全，不能用于病房楼层的避难间。

疑点 5.5.24–3： 消防电梯的合用前室是否可用作病房区的避难间？

释义： 消防电梯的合用前室是人员的疏散通道和消防救援人员的集结地，不能用于病房楼层的避难间。

疑点 5.5.24-4：疏散楼梯在设置避难间的楼层或者避难间处，是否需要同层错位或上下层断开？

释义：疏散楼梯在设置避难间的楼层不需要同层错位或上下层断开，但在避难层应同层错位或上下层断开。

5.5.24A 3 层及 3 层以上总建筑面积大于 3000m^2（包括设置在其他建筑内三层及以上楼层）的老年人照料设施，应在二层及以上各层老年人照料设施部分的每座疏散楼梯间的相邻部位设置 1 间避难间；当老年人照料设施设置与疏散楼梯或安全出口直接连通的开敞式外廊、与疏散走道直接连通且符合人员避难要求的室外平台等时，可不设置避难间。避难间内可供避难的净面积不应小于 12m^2，避难间可利用疏散楼梯间的前室或消防电梯的前室，其他要求应符合本规范第 5.5.24 条的规定。

供失能老年人使用且层数大于 2 层的老年人照料设施，应按核定使用人数配备简易防毒面具。

【条文要点】

本条根据老年人照料设施中使用人员的特点，规定了设置避难间的老年人照料设施以及避难区的面积要求。

【设计要点】

1. 老年人照料设施中的使用人员与医疗建筑中病房区内的使用人员有相似的地方，均为火灾时疏散能力较弱，大多数人需要别人的帮助进行疏散，但所需避难人数可能较病房楼要多。对于供老年人居住或进行娱乐、康复、就餐等公共活动的设施，当建筑面积较大时，均需要自建筑的第三层起每层在靠近疏散楼梯间处设置 1 间避难间。

与其他建筑合建的老年人照料设施，只要老年人照料设施部分的总建筑面积大于 3000m^2，有供老年人使用的房间位于三层及以上楼层时，就应在照料设施部分自第三层起设置避难间。其他不供老年人使用的楼层，可以不设置避难间。

2. 老年人照料设施可以利用与供老年人居住或进行娱乐、康复、就餐等公共活动的房间连通的开敞式外廊、与疏散走道或疏散楼梯间出口直接连通且符合人员避难要求的室外平台、屋面、下沉广场、内院等区域作为老年人的临时避难场所。当老年人照料设施具有这些设施时，建筑内可以不设置避难间。需用作避难场所的封闭外廊，在火灾时应能联动自动开启或手动开启外窗，使该外廊具有良好的自然排烟条件，能防止火灾烟气在其中积聚。

3. 老年人照料设施中的避难间内可供避难人员使用的净面积不应小于 12m^2。符合此要求的疏散楼梯间的前室、消防电梯的前室或合用前室，也可以用作避难间，而不需要再单独设置避难间。这与医院病房楼和手术部中的避难间不同。避难间布置参见图 5.55。

4. 避难间的其他要求应符合《新建规》第 5.5.24 条的规定。

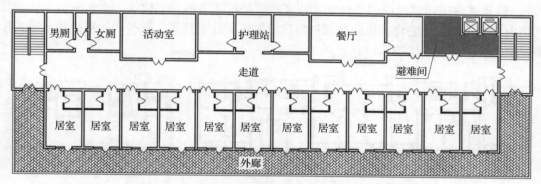

图 5.55　老年人照料设施避难间布置示意图

Ⅲ　住宅建筑

5.5.25　住宅建筑安全出口的设置应符合下列规定：

1　建筑高度不大于 27m 的建筑，当每个单元任一层的建筑面积大于 650m²，或任一户门至最近安全出口的距离大于 15m 时，每个单元每层的安全出口不应少于 2 个；

2　建筑高度大于 27m、不大于 54m 的建筑，当每个单元任一层的建筑面积大于 650m²，或任一户门至最近安全出口的距离大于 10m 时，每个单元每层的安全出口不应少于 2 个；

3　建筑高度大于 54m 的建筑，每个单元每层的安全出口不应少于 2 个。

5.5.26　建筑高度大于 27m，但不大于 54m 的住宅建筑，每个单元设置一座疏散楼梯时，疏散楼梯应通至屋面，且单元之间的疏散楼梯应能通过屋面连通，户门应采用乙级防火门。当不能通至屋面或不能通过屋面连通时，应设置 2 个安全出口。

【条文要点】

这两条规定了住宅建筑安全出口设置的基本要求和可以设置 1 部疏散楼梯的条件。

【相关标准】

《住宅设计规范》GB 50096—2011；

《民用建筑设计统一标准》GB 50352—2019；

《住宅建筑规范》GB 50368—2005。

【设计要点】

1.　住宅建筑按照其平面构成可以分为单元式、通廊式、独立式、联排式和双拼式住宅建筑。单元式住宅建筑是每层以楼（电）梯为中心布置套房构成一个单元，并以此单元为主体独立建造或多个单元相互拼接建造的住宅建筑。塔式住宅建筑是只有一个单元的单元式住宅建筑。通廊式住宅建筑是沿通长的内廊或外廊布置套房或居室，每户需经廊道通向公共竖向交通设施，并可经通廊直达其中任一处疏散楼梯。独立式住宅建筑是供 1 户或 2 户家庭居住使用的低层住宅建筑。单元式、通廊式、独立式住宅建筑的平面示意参见图

5.56。联排式住宅建筑是由多个独立式住宅建筑拼接建造的住宅建筑。水平双拼式住宅建筑是由 2 个独立式住宅建筑横向贴邻拼接建造的低层住宅建筑。联排式、双拼式、塔式住宅建筑的平面示意参见图 5.57。

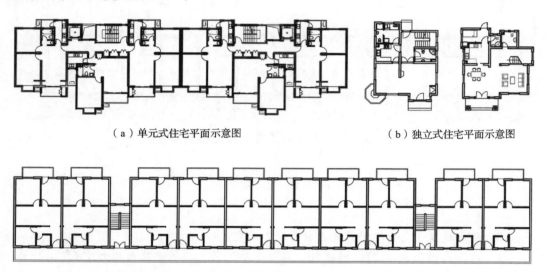

（a）单元式住宅平面示意图　　　　　（b）独立式住宅平面示意图

（c）通廊式住宅平面示意图

图 5.56　单元式、通廊式、独立式住宅建筑的平面示意图

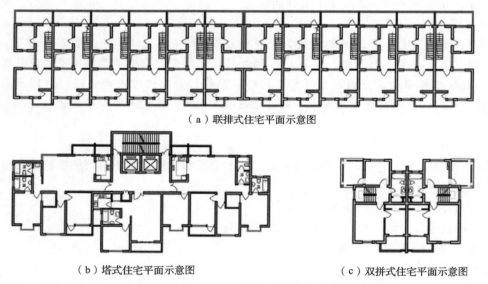

（a）联排式住宅平面示意图

（b）塔式住宅平面示意图　　　　　（c）双拼式住宅平面示意图

图 5.57　联排式、双拼式、塔式住宅建筑的平面示意图

2. 单元式住宅建筑没有明确的防火分区要求，但实际上是存在的，只是由于单元式住宅建筑每个单元每层的建筑面积均不大会超过一个防火分区的最大允许建筑面积，而单元之间的防火分隔要求较高、每个单元内套房与套房之间也有严格的防火分隔要求，火灾通常可控制在一户内，因而未被强调。但在竖向仍是采用楼板按自然楼层进行分区的。因此，单元式住宅建筑的安全出口是每层直通疏散楼梯间或其前室的入口。

3. 单元式住宅建筑中每个单元每层的疏散人数较少，水平疏散距离较短，但往往竖向疏散距离较长，因而其安全出口要根据单元标准层的建筑面积、建筑的高度和单元内每层上任一户门至安全出口的疏散距离来确定。每层安全出口的设置与住宅建筑的耐火等级没有直接关系，但耐火等级低的住宅建筑，其层数、面积和疏散距离均受限制。例如，一类高层住宅建筑的耐火等级不应低于一级，二类高层住宅建筑的耐火等级不应低于二级，四级耐火等级的住宅建筑不应超过2层。在确定住宅建筑的建筑高度时，应注意区别设置商业服务网点的住宅建筑和与其他使用功能建筑合建的住宅建筑的建筑高度计算方法，参见《新建规》第5.4.10条释义。

4. 对于建筑高度不大于27m的多层单元式住宅建筑，任一层的建筑面积大于650m^{2}的单元或者任一户门至最近安全出口的距离大于15m的单元，每层至少应设置2个安全出口，竖向应设置2部疏散楼梯。因此，如果多层住宅建筑中的一个单元只设置1部疏散楼梯，则该单元每层的建筑面积均应小于或等于650m^2，且每层上任一户门至最近安全出口的距离均应小于或等于15m，疏散楼梯要尽量通至平屋面。

5. 对于建筑高度大于27m、不大于54m的二类高层单元式住宅建筑，任一层的建筑面积大于650m^{2}的单元或者任一户门至最近安全出口的距离大于10m的单元，每层至少应设置2个安全出口。

因此，如果二类高层住宅建筑中的一个单元只设置1部疏散楼梯，则该单元应同时符合下列要求：

（1）该单元每层的建筑面积均应小于或等于650m^2，每层上任一户门至最近安全出口的距离应小于或等于10m；

（2）疏散楼梯应通至平屋面。对于多单元组成的平屋面住宅建筑，该疏散楼梯应能通过屋面连通；对于多单元组成的坡屋面住宅建筑，应采取措施使相邻单元的疏散楼梯能通过屋面连通；对于塔式住宅建筑，疏散楼梯应通至屋面，且屋顶应能满足人员避难需要。参见图5.58。

（3）不论住宅的户门是否开向前室或合用前室，每层的每个户门均应为甲级或乙级防火门。

6. 对于建筑高度大于54m的一类高层单元式住宅建筑，无论一个单元每层的建筑面积大小是多少，也无论每户户门至最近安全出口的疏散距离为多少，建筑中任一个单元每层的安全出口数量均不应少于2个，竖向应至少具有2部疏散楼梯。

7. 塔式住宅建筑的安全出口设置等，应符合规范有关只有一个单元的单元式住宅建筑的相应要求。通廊式住宅建筑的安全出口数量、疏散宽度、防火分区划分等，应按照规范对旅馆建筑的相应防火设计要求确定，但疏散楼梯的设置形式、疏散距离可以按照《新建规》第5.5.27条~第5.5.29条的规定确定。

8. 地下室设置汽车库的住宅建筑，汽车库的疏散楼梯宜直通室外，其他仅供住宅配套的设备房或储藏间的疏散梯在首层不宜与住宅疏散梯共用。根据国家标准《汽车库、修车库、停车场设计防火规范》GB 50067—2014第6.0.7条的规定，与住宅建筑地下室相连通的地下、半地下汽车库，其人员疏散可借用住宅部分的疏散楼梯。

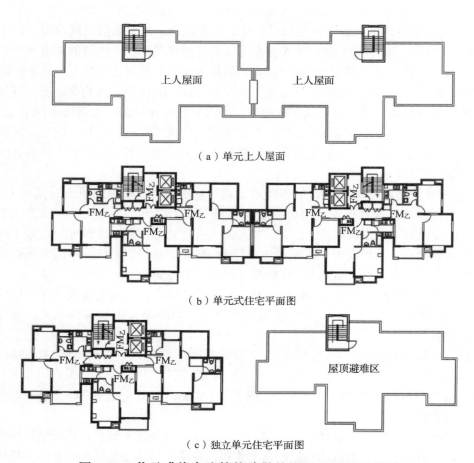

（a）单元上人屋面

（b）单元式住宅平面图

（c）独立单元住宅平面图

图 5.58　单元式住宅建筑的疏散楼梯间出屋面示意图

注：建筑高度 ≤ 54m；住宅户门均为乙级防火门。

【释疑】

疑点 5.5.25–1：三、四级耐火等级的多层单元式住宅建筑设置 1 个安全出口的条件是否另有规定？

释义：三、四级耐火等级的多层单元式住宅建筑，当一个单元的每个楼层只设置 1 个安全出口时，应符合《新建规》第 5.5.25 条第一款的规定。但四级耐火等级建筑的防火分区较小，当楼层的建筑面积大于其一个防火分区的最大允许建筑面积时，应在楼层上划分防火分区。

疑点 5.5.25–2：每层允许设置 1 个安全出口的多层独立单元式（或塔式）住宅建筑，是否要将疏散楼梯通至上人平屋面？

释义：每层允许设置 1 个安全出口的多层独立单元式（或塔式）住宅建筑，当建筑高度不大于 27m 时，其疏散楼梯间应尽量通至上人平屋面；当建筑高度大于 27m 时，其疏散楼梯间应通至上人平屋面，且每个户门均应为甲级或乙级防火门。

5.5.27 住宅建筑的疏散楼梯设置应符合下列规定：

1 建筑高度不大于21m的住宅建筑可采用敞开楼梯间；与电梯井相邻布置的疏散楼梯应采用封闭楼梯间，当户门采用乙级防火门时，仍可采用敞开楼梯间。

2 建筑高度大于21m、不大于33m的住宅建筑应采用封闭楼梯间；当户门采用乙级防火门时，可采用敞开楼梯间。

3 建筑高度大于33m的住宅建筑应采用防烟楼梯间。户门不宜直接开向前室，确有困难时，每层开向同一前室的户门不应大于3樘且应采用乙级防火门。

【条文要点】

本条规定了住宅建筑的疏散楼梯间基本设置形式及其适用条件。

【相关标准】

《住宅设计规范》GB 50096—2011；

《民用建筑设计统一标准》GB 50352—2019；

《住宅建筑规范》GB 50368—2005。

【设计要点】

1. 住宅建筑的室内疏散楼梯应设置楼梯间。疏散楼梯间的形式与住宅建筑的形式、建筑高度、户门的防火性能、疏散楼梯的位置等因素有关。第 5.5.27 条有关楼梯间形式的设置要求，适用于疏散楼梯为每层各户共用的单元式、通廊式住宅建筑及其他类型的住宅建筑，不适用于疏散楼梯仅供一户独立使用的住宅建筑。

2. 疏散楼梯是建筑内重要的竖向疏散通道和安全区。因此，疏散楼梯间要具有良好的防止烟气进入并积聚不散的条件，通常要采用封闭楼梯间。对于防烟楼梯间和封闭楼梯间，户门不允许直接开向疏散楼梯间或其前室，以避免户内发生的火灾直接蔓延入疏散楼梯间。参见图 5.59。

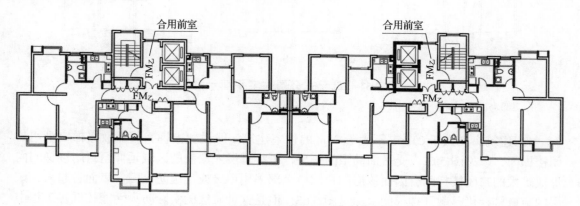

图 5.59 单元式高层住宅平面示意图（一）

注：33m< 建筑高度 ≤ 54m。

如受平面布置局限，必须开向防烟楼梯间前室（包括与消防电梯合用的前室）的户门，每层不应大于3樘，且应为甲级或乙级防火门，参见图5.60。

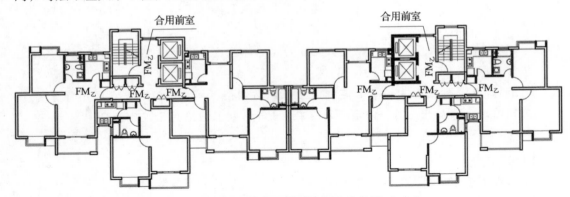

图 5.60　单元式高层住宅平面示意图（二）

注：33m< 建筑高度 ≤ 54m。

3. 建筑高度不大于21m的住宅建筑，允许采用敞开楼梯间，参见图5.61。但与电梯竖井相邻布置的楼梯间，因电梯竖井本身的防烟性能不如楼梯间，而可能导致烟气直接蔓延至疏散楼梯间的各层，因而要采取相应的防烟措施，确保疏散安全及烟气不进入户内。此时，要尽量将疏散楼梯间改为封闭楼梯间；或将户门改为甲级或乙级防火门，参见图5.61。

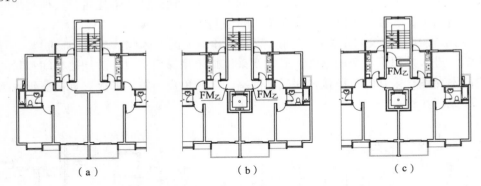

图 5.61　单元式多层住宅平面示意图

注：建筑高度 ≤ 21m。

4. 建筑高度大于21m、不大于33m的住宅建筑一般设置电梯，其疏散楼梯应采用封闭楼梯间，参见图5.62。受平面局限的楼层，可将每层入户前的区域延伸至封闭楼梯间内形成扩大的封闭楼梯间，因而该层的户门应全部采用甲级或乙级防火门。表面看起来，该层的疏散楼梯仍是敞开楼梯间，参见图5.63，但是这种做法的实际防火性能较低，工程中要尽量避免。

5. 建筑高度大于33m的单元式住宅建筑，其疏散楼梯应采用防烟楼梯间。受平面局限的楼层，可将每层入户门开向前室，凡开向前室的户门应采用甲级或乙级防火门，直接开向前室的户门每层每单元内不应大于3樘。

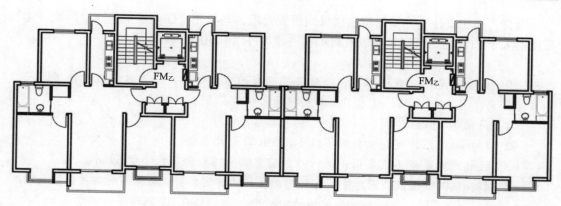

图 5.62 单元式住宅平面示意图（一）

注：21m< 建筑高度 ≤ 33m。

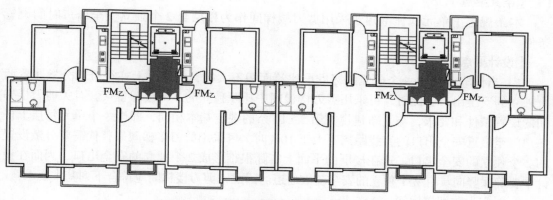

图 5.63 单元式住宅平面示意图（二）

注：21m< 建筑高度 ≤ 33m。

【释疑】

疑点 5.5.27–1：住宅建筑的疏散楼梯形式与建筑耐火等级是否有关？

释义：住宅建筑的疏散楼梯形式与建筑的耐火等级无直接关系，但住宅建筑的允许建筑高度与建筑的耐火等级有较大关系，因而住宅建筑的疏散楼梯形式与建筑的耐火等级还是间接相关的。

疑点 5.5.27–2：建筑高度不大于 21m 的三级耐火等级单元式住宅建筑是否可采用敞开楼梯间？

释义：正常情况下，建筑高度不大于 21m 的三级耐火等级单元式住宅建筑可以采用敞开楼梯间。但是，住宅建筑按照《新建规》的要求建造，三级耐火等级住宅建筑的建筑高度一般在 15m 左右，通常不需要设置电梯，因而大多数情况下可以采用敞开楼梯间；如按照国家标准《住宅建筑规范》GB 50368 的要求建造，则三级耐火等级住宅建筑的建筑高度可以达到 21m，因而建筑可能需要设置电梯。此时，与电梯井相邻的疏散楼梯间应为封闭楼梯，当采用敞开楼梯间时，需要将户门改为甲级或乙级防火门。

疑点 5.5.27–3：建筑高度不大于 21m 的三级耐火等级通廊式住宅建筑是否可采用敞开楼梯间？

释义：通廊式住宅建筑的疏散楼梯间设置要求，与单元式住宅建筑相同。因此，建筑高度不大于 21m 的三级耐火等级通廊式住宅建筑可以采用敞开楼梯间。

> **5.5.28** 住宅单元的疏散楼梯，当分散设置确有困难且任一户门至最近疏散楼梯间入口的距离不大于 10m 时，可采用剪刀楼梯间，但应符合下列规定：
>   **1** 应采用防烟楼梯间。
>   **2** 梯段之间应设置耐火极限不低于 1.00h 的防火隔墙。
>   **3** 楼梯间的前室不宜共用；共用时，前室的使用面积不应小于 6.0m²。
>   **4** 楼梯间的前室或共用前室不宜与消防电梯的前室合用；楼梯间的共用前室与消防电梯的前室合用时，合用前室的使用面积不应小于 12.0m²，且短边不应小于 2.4m。

【条文要点】

本条规定了单元式住宅建筑采用剪刀楼梯间作为楼层上 2 个独立安全出口时的设置条件。

【设计要点】

1. 当住宅建筑中一个单元的标准层建筑面积不大时，在楼层上往往难以分散布置两个独立的安全出口。此时，可采用剪刀楼梯间中相互独立的 2 部楼梯替代。有关剪刀楼梯间的设置条件和要求，与《新建规》第 5.5.10 条的规定基本相同，即当一个单元每层上任一户门至最近安全出口的直线距离不大于 10m 时，可采用剪刀楼梯间来替代需要分散设置的 2 个独立的安全出口。这在楼层的平面上实际很难形成 2 个独立的安全出口，因而在设计中要确保竖向具有 2 个独立的安全疏散通道。因此，剪刀楼梯间应符合下列基本要求：

（1）应为防烟楼梯间；

（2）梯段之间应用耐火极限不低于 1.00h 的防火隔墙将梯井内的两部疏散楼梯分隔成各自独立的楼梯；

（3）尽量不共用楼梯间的前室，必须共用的前室的使用面积不应小于 6.0m²；

（4）楼梯间的前室或共用前室尽量与消防电梯的前室分开设置，不合用；楼梯间的共用前室与消防电梯的前室合用时，合用前室的使用面积不应小于 12.0m²，且短边不应小于 2.4m。

后两条要求是与公共建筑中相同条件下设置的剪刀楼梯间的主要区别。在公共建筑中，两部楼梯的前室应分别独立设置，不应共用。

2. 建筑的平面布置应使进入剪刀楼梯间的人员能在每层的公共区进行转换，而不需要经过其他套内空间进行转换，参见图 5.64（a），即不应进入其他住宅后再从该户的户门出来进行转换。剪刀楼梯间的前室尽量不要与消防电梯的前室合用，以减小救援人员与疏散人员相互间的干扰，进一步提高消防电梯的安全性。三合一前室的布置，参见图 5.64（b）。

3. 剪刀楼梯间在首层应能各自直通室外；当确有困难且将首层大厅扩大进楼梯间的前室时，各楼梯对外出口可以共用，但首层的户门不应直接开向扩大的前室。

4. 住宅建筑各单元的剪刀楼梯间应能通至屋面；对于多单元式住宅建筑，不同单元的剪刀楼梯间应能通过屋面连通。

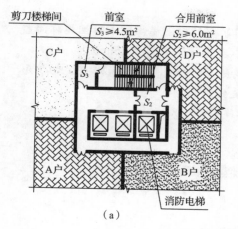 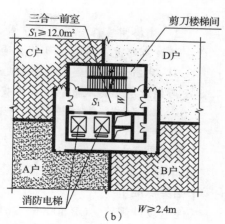

（a）　　　　　　　　　　　　　　　　（b）

图 5.64　住宅建筑剪刀楼梯布置示意图

【释疑】

疑点 5.5.28-1： 建筑高度不大于 33m 的单元式住宅建筑能否采用剪刀楼梯间？

释义： 对于一个单元每个楼层需要设置 2 个独立安全出口的住宅建筑，无论其建筑高度多高，只要每层上任一户门至最近安全出口的距离小于或等于 10m，均可以采用剪刀楼梯间。尽管第 5.5.27 条的规定与住宅建筑的建筑高度无关，但主要是为满足建筑高度大于 54m 的住宅建筑每层每单元设置 2 个安全出口的要求。

疑点 5.5.28-2： 住宅建筑的户门可以开向合用前室或三合一前室吗？

释义： 住宅建筑的户门可以开向合用前室或三合一前室，但不应超过 3 樘；当单元平面超过 3 户时，进入三合一前室的入口应该位于不同方位，参见图 5.64（b）。

5.5.29　住宅建筑的安全疏散距离应符合下列规定：

1　直通疏散走道的户门至最近安全出口的直线距离不应大于表 5.5.29 的规定。

表 5.5.29　住宅建筑直通疏散走道的户门至最近安全出口的直线距离（m）

住宅建筑类别	位于两个安全出口之间的户门			位于袋形走道两侧或尽端的户门		
	一、二级	三级	四级	一、二级	三级	四级
单、多层	40	35	25	22	20	15
高层	40	—	—	20	—	—

注：1　开向敞开式外廊的户门至最近安全出口的最大直线距离可按本表的规定增加 5m。

2　直通疏散走道的户门至最近敞开楼梯间的直线距离，当户门位于两个楼梯间之间时，应按本表的规定减少 5m；当户门位于袋形走道两侧或尽端时，应按本表的规定减少 2m。

3　住宅建筑内全部设置自动喷水灭火系统时，其安全疏散距离可按本表的规定增加 25%。

4　跃廊式住宅的户门至最近安全出口的距离，应从户门算起，小楼梯的一段距离可按其水平投影长度的 1.50 倍计算。

2 楼梯间应在首层直通室外，或在首层采用扩大的封闭楼梯间或防烟楼梯间前室。层数不超过 4 层时，可将直通室外的门设置在离楼梯间不大于 15m 处。

3 户内任一点至直通疏散走道的户门的直线距离不应大于表 5.5.29 规定的袋形走道两侧或尽端的疏散门至最近安全出口的最大直线距离。

注：跃层式住宅，户内楼梯的距离可按其梯段水平投影长度的 1.50 倍计算。

【条文要点】

本条规定了不同耐火等级住宅建筑的最大允许疏散距离。

【相关标准】

《住宅设计规范》GB 50096—2011；

《民用建筑设计统一标准》GB 50352—2019；

《住宅建筑规范》GB 50368—2005。

【设计要点】

1. 住宅建筑户内的疏散距离，应为户内任一点至最近户门或安全出口（楼层室外楼梯入口或住宅直通室外地面的外门）的直线距离（可通达的距离，不能穿墙），户内楼梯的疏散距离按该楼梯水平投影的 1.5 倍计算。

2. 楼层上户门至最近安全出口的疏散距离，应为户门至最近敞开楼梯间的梯段起步处、封闭楼梯间的楼层入口门或防烟楼梯间前室（包括合用前室和共用前室）的楼层入口门的直线距离；对于首层或可直通室外地面的楼层，应为户门至直通室外地面的建筑外门的直线距离。

3. 本条表 5.5.29 规定的疏散距离，适用于单元式和通廊式住宅建筑，也适用于独立式、联排式和水平双拼式住宅建筑等。

4. 对于通廊式住宅建筑，当采用敞开式外廊和敞开楼梯间时，户门至楼梯间的最大允许疏散距离应按表 5.5.29 的注 1 和注 2 进行增减。例如，一座二级耐火等级的多层通廊式住宅建筑，采用敞开式外廊和敞开楼梯间，当该住宅建筑未设置自动喷水灭火系统时，其位于两个安全出口之间的户门至最近安全出口的直线距离不应大于 $L_1=40+5-5=40$（m），位于袋形走道两侧或尽端的户门至最近安全出口的直线距离不应大于 $L_2=22+5-2=25$（m）。

5. 层数不大于 4 层的住宅建筑，除与电梯井相邻的疏散楼梯外，可以采用敞开楼梯间。但不论此建筑的疏散楼梯是敞开楼梯间还是封闭楼梯间，在住宅建筑的首层均应直通室外；当不能直通室外时，应将此疏散楼梯设置在距离住宅建筑首层外门不大于 15m 处。当地下室的疏散楼梯与地上楼梯共用外门时，此楼梯间在首层的位置也可以按上述要求确定。地下室的疏散楼梯应符合《新建规》第 6.4.4 条的规定。

6. 本条表 5.5.29 之注有关疏散距离的调整方法，详见本《指南》第 5.5.17 条的释义。

7. 独立式、联排式、双拼式低层（1 层~3 层）住宅建筑安全出口的设置及其疏散距离，应符合《新建规》第 5.5.29 条第 3 款的规定。

【释疑】

疑点 5.5.29-1：规范第 5.5.29 条表 5.5.29 规定的疏散距离，是否为户门至封闭楼梯间门或防烟楼梯间前室的门的直线距离？

释义： 规范第 5.5.29 条表 5.5.29 规定的疏散距离，是户门至封闭楼梯间或防烟楼梯间前室的楼层入口门的直线距离。当采用敞开楼梯间时，应按该表 5.5.29 之注 2 做相应调整。

疑点 5.5.29–2： 将直通室外的门设置在离楼梯间不大于 15m 处，是否包括封闭楼梯间？

释义： 层数不大于 4 层的住宅建筑的疏散楼梯一般不采用封闭楼梯间。对于设置封闭楼梯间的此类建筑，该距离应为封闭楼梯间的首层出口门至建筑外门的距离。

疑点 5.5.29–3： 将疏散楼梯间设置在距离直通室外的门不大于 15m 处时，是否允许地下室的楼梯间在首层共用此门？

释义： 地下室的疏散楼梯在首层应直通室外，不应与住宅建筑上部的疏散楼梯共用。因此，住宅建筑地下室的疏散楼梯在首层应直通室外。当住宅建筑的地上层数不大于 4 层且地上部分的疏散楼梯间设置在距首层直通室外的门不大于 15m 处时，该住宅建筑地下室的楼梯间可在首层共用此同一直通室外的门，但距离此门不应大于 15m。

疑点 5.5.29–4： 住宅建筑户内任一点至户门的直线距离，当住宅全楼或本套设置自动灭火系统时，是否可增加 25%？

释义： 全楼设置自动灭火系统的住宅建筑，其疏散距离可以按规范要求增加 25%。当仅某一套内设置自动灭火系统时，该套内的疏散距离可以增加 25%。对于独立式单户住宅建筑，户内设置自动灭火系统时，其户内疏散距离也可按规范要求增加 25%。

疑点 5.5.29–5： 低层独立式、双拼式、联排式住宅建筑，当户内设置与地下室连通的楼梯时能否与户内共用外门？

释义： 低层独立式、双拼式、联排式住宅建筑的地下室的户内自用楼梯，一般可以与地上部分的自用楼梯共用外门。

5.5.30 住宅建筑的户门、安全出口、疏散走道和疏散楼梯的各自总净宽度应经计算确定，且户门和安全出口的净宽度不应小于 0.90m，疏散走道、疏散楼梯和首层疏散外门的净宽度不应小于 1.10m。建筑高度不大于 18m 的住宅中一边设置栏杆的疏散楼梯，其净宽度不应小于 1.0m。

【条文要点】

本条规定了住宅建筑各疏散部位的最小疏散净宽度和疏散宽度的确定方法。

【相关标准】

《建筑门窗洞口尺寸系列》GB/T 5824—2008；

《防火门》GB 12955—2008；

《建筑门窗洞口尺寸协调要求》GB/T 30591—2014。

【设计要点】

1. 住宅建筑楼层上的疏散人数通常要较公共建筑少，住宅的户门即为各户的疏散门，每层进入疏散楼梯间或前室的门或口部即为楼层上的安全出口。因此，除通廊式住宅建筑外，大部分住宅建筑的安全出口、疏散门、疏散走道和疏散楼梯按照规范规定的最小疏散净宽度设置，均能满足人员安全疏散的要求，而不需要经过专门的计算或验算。只有通廊式住宅建筑和其他住宅建筑，其部分疏散走道和疏散楼梯的宽度需要根据疏散人数和百人疏散指标进行核算后确定。

2. 疏散走道应畅通、连续，地面上要尽量采用坡道来连接不同高差的楼地面。为提高人员的通行速度，疏散走道和疏散楼梯、建筑首层直通室外地坪的门，最小净宽均不应小于 1.10m，使之可以至少满足 2 股人流疏散的要求。由于疏散走道和疏散楼梯的宽度均应大于疏散门和安全出口的宽度，因此，各层的疏散总净宽度应根据安全出口处的宽度来确定。

3. 对于住宅建筑中的跃层户型或者独立式建筑（如别墅），其户内楼梯和外门的宽度不受此限。因此，规范规定的疏散走道、疏散楼梯，均为住宅建筑中公共区域的疏散设施。

5.5.32 建筑高度大于 54m 的住宅建筑，每户应有一间房间符合下列规定：

1 应靠外墙设置，并应设置可开启外窗；

2 内、外墙体的耐火极限不应低于 1.00h，该房间的门宜采用乙级防火门，外窗的耐火完整性不宜低于 1.00h。

【条文要点】

本条规定了高层住宅建筑的避难房间设置要求，以满足应急避难要求。

【设计要点】

1. 住宅建筑套内可用于火灾时临时避难的房间不同于建筑中的公共避难间。住宅建筑套内可兼作应急避难的房间，平时可以用于正常的居住或其他家居用途，火灾时只用于户内人员自身的避难，房间的面积肯定满足使用要求，规范不需明确或规定；该房间与其他房间之间的分隔要求只需满足基本的耐火要求，与二级耐火等级建筑对室内房间分隔的耐火性能要求一致即可，即可采用耐火极限不低于 1.00h 的不燃性墙体。

2. 建筑高度大于 54m 的住宅建筑，无论其是否设置避难层，每户均应设置一间可用于火灾时临时避难的房间。该房间应靠外墙，并尽量位于消防车登高操作场地一侧。由于首层具有较好的疏散条件，人员可以不经过楼梯间而直接到室外，因而住宅建筑的首层可以不设置需符合此要求的房间。

3. 户内兼做避难的房间门，要尽量采用甲级或乙级防火门或至少具有 1.00h 的耐火完整性。兼作避难的房间应具有可开启的外窗，该外窗可以不采用防火窗，但应具有一定的耐火完整性，且耐火时间不宜低于 1.00h。有关外窗耐火完整性的要求应符合现行国家标准《镶玻璃构件耐火试验方法》GB/T 12513 的规定。由于该外窗不是防火窗，因而不需要具备火灾时能自动关闭的功能，但在避难时应可以手动开关。其他防火要求应与相同建筑高度的住宅建筑一致。

【释疑】

疑点 5.5.32-1：建筑高度大于 54m 的住宅建筑中处于楼层位置低于 24m 的住户是否仍需要设置火灾时可用于避难的房间？

释义：规范有关住宅建筑需要设置火灾时可兼作避难用途的房间的要求，是对建筑高度大于 54m 的住宅建筑中每户的要求。除建筑首层的住宅可以不设置外，其他楼层的所有住宅均需要具有一间符合避难要求的房间。

疑点 5.5.32-2： 建筑高度大于 100m 的住宅建筑，每户是否要设置火灾时可用于避难的房间？

释义： 建筑高度大于 100m 的住宅建筑，尽管设置了避难层，但避难层之间仍有多层没有避难场所。因此，只要住宅建筑的建筑高度大于 54m，无论是否设置避难层，每户均应具有一间符合防火避难要求的房间。

6 建 筑 构 造

6.1 防 火 墙

防火墙是建筑内、外用于在较长时间内防止火势蔓延的墙体，是分隔建筑内水平防火分区或阻止火灾在建筑之间蔓延的主要分隔墙体。防火墙的主要作用为：①阻止火势和烟气在建筑物内部不同防火分区之间蔓延；②阻止火势在建构筑物之间蔓延，如在相邻建构筑之间设置防火墙可减小其防火间距。防火墙应为耐火极限不低于 3.00h（或 4.00h）的不燃性实体墙。当防火墙位于建筑内不同火灾荷载场所之间或不同火灾危险性的建构筑物之间时，其耐火极限高低会有所不同，相关要求应符合相应工程建设标准的规定。某些爆炸防护墙可兼做防火墙，如火工品厂房或库房外设置的钢筋混凝土或厚实的土质抗爆防护墙。

防火墙与防火隔墙的作用有相似处，但两者的设置部位及其构造要求有很大不同，应注意区别。

6.1.1 防火墙应直接设置在建筑的基础或框架、梁等承重结构上，框架、梁等承重结构的耐火极限不应低于防火墙的耐火极限。

防火墙应从楼地面基层隔断至梁、楼板或屋面板的底面基层。当高层厂房（仓库）屋顶承重结构和屋面板的耐火极限低于 1.00h，其他建筑屋顶承重结构和屋面板的耐火极限低于 0.50h 时，防火墙应高出屋面 0.5m 以上。

【条文要点】

1. 规定了要确保防火墙能可靠发挥作用，不致因其支承结构发生破坏或者因防火墙的设置高度不足而失效的基本构造要求。

2. 规定了防火墙支承结构的最低耐火性能。

【设计要点】

1. 防火墙的种类：

防火墙按承重方式分为自承重式、承重式和非承重式三种；防火墙按构筑方式分为现浇钢筋混凝土墙、预制钢筋混凝土墙、砌体墙和夯土墙四种。

2. 防火墙的构成：

防火墙一般由不燃性材料现浇或砌筑方式构成，常见的有钢筋混凝土墙、砖墙、混凝土砌体墙、轻质砌体墙等。承重式和自承重式防火墙除由钢筋混凝土现浇墙体、砌体墙外，一般由砌体与钢筋混凝土构造梁柱组合而成；非承重式防火墙一般由轻质砌体与建筑的框架梁柱等组合而成。

过去，在一些高度较高的空间内有采用轻质防火板材并填充不燃材料与钢筋混凝土构造梁柱或经防火处理的钢梁钢柱等组合而成的墙体等用作所谓轻质防火墙的做法。这种防火墙无论其整体耐火极限是否符合标准的规定，但如果不能满足《新建规》第 6.1.7 条的要求，均不能用作防火墙。实际上，这种墙体在火灾和射流水枪的作用下，或者在受损结构或相邻垮塌物体的侧向作用下，很快就会失去其完整性，不能很好地发挥阻止火势蔓延的作用。因此，在实际工程中不应采用此种构造的防火墙。

3. 防火墙的耐火极限：

在甲、乙类厂房和甲、乙、丙仓库内，防火墙的耐火极限不应低于 4.00h。

对于其他建筑，除另有专门要求外，防火墙的耐火极限均不应低于 3.00h。

4. 防火墙的布置和构造：

（1）防火墙一般应直接支承在建筑基础上，并且在建筑内自下而上尽量保持其位置不变；对于多、高层建筑，防火墙应直接设置在各层的主要承重梁柱结构上，并自下而上尽量保持其位置不变。

（2）不论建筑物的耐火等级高低，支承防火墙的结构或梁柱的耐火极限均不应低于所在部位防火墙的耐火极限要求。

（3）当单层或多层厂房、单层或多层仓库、民用建筑中屋顶承重结构或者屋面板的耐火极限低于 0.50h，或者屋顶承重结构和屋面板的耐火极限均低于 0.50h 时，在此类建筑内、外设置的防火墙均应高出建筑屋面不小于 0.5m，参见图 6.1（a）。

（4）当高层厂房或高层仓库中屋顶承重结构或者屋面板的耐火极限低于 1.00h，或者屋顶承重结构和屋面板的耐火极限均低于 1.00h 时，在此类厂房或仓库内、外设置的防火墙均应高出建筑屋面不小于 0.5m，参见图 6.1（b）。

（5）耐火等级不低于二级且屋面板耐火极限不低于 1.00h 的建筑，不论其防火墙是否上下对齐，防火墙均可以不高出建筑的屋面，参见图 6.1（c）、（d）。

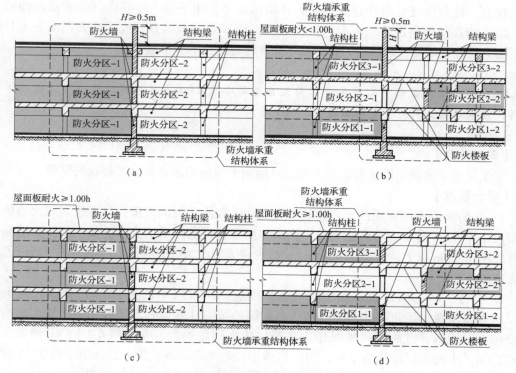

图 6.1 防火墙竖向布置示意图

注：图（a）建筑耐火等级为三级；图（b）～图（d）建筑耐火等级为二级。

（6）对于不需要高出建筑屋面的防火墙，应确保其在屋面下能将相邻空间完全隔开，相应部位的缝隙、孔洞均应采取防火封堵措施。

【释疑】

疑点 6.1.1–1： 建筑内上下楼层的防火墙是否需要对齐？

释义： 建筑内上下楼层上的防火墙应尽量对齐。

（1）对于耐火等级较低的建筑，如三、四级耐火等级建筑和部分木结构建筑，由于楼板的耐火极限较低，上下楼层通常属于同一个防火分区，因而建筑中设置的防火墙应保持上下对齐布置，不应错位，确保火势不会通过楼板或外立面蔓延至相邻防火分区，参见图 6.1（a）。

（2）对于一、二级耐火等级建筑，由于在建筑内竖向基本是按照自然楼层来划分防火分区，因而防火墙应尽量上下对齐布置。当上下必须错位布置时，错位处楼板的耐火极限应适当提高，参照美国、英国等国家的标准，防火墙错位处楼板的耐火极限不宜低于 2.00h，不应低于 1.50h，参见图 6.1（b）、（d）。当一、二级耐火等级建筑中属于同一个防火分区的上下楼层，其防火墙应上下保持位置不变。

由此可见，对于采用自然楼层划分防火分区的建筑，其外立面防止火势在上下层之间蔓延的措施是多么重要。这也是防火规范强调建筑外立面层间防火要求的主要原因，特别是超高层建筑由于外部灭火救援多数情况下难以充分发挥作用，更需要提高这部分的防火性能。

疑点 6.1.1–2： 建筑内的防火墙能否跨越建筑的变形缝？

释义： 建筑物变形缝在建筑沉降、环境温度等作用下会产生竖向沉降或横向伸缩变形。防火墙在任何情况下均不能因变形缝变形而导致防火墙开裂或受到破坏而失去其耐火、防火性能。因此，建筑内的防火墙不允许跨越建筑的变形缝。

6.1.2 防火墙横截面中心线水平距离天窗端面小于 4.0m，且天窗端面为可燃性墙体时，应采取防止火势蔓延的措施。

【条文要点】

本条规定了建筑屋面应有防止火势通过屋顶天窗向相邻防火分区蔓延的措施。

【设计要点】

1. 在防火墙两侧存在凸出屋面的可燃性墙体和不防火的天窗，且天窗与防火墙的水平距离小于 4.0m 时，应有防止火势经天窗和屋顶蔓延的技术措施。例如，将防火墙高出最高处屋面 0.5m 以上，参见图 6.2（a）；或者将天窗改为火灾时能自行关闭的甲级或乙级防火窗。

2. 对于一、二级耐火等级建筑或者屋面板耐火极限不低于 1.00h 的建筑，防火墙可以不高出屋面，但防火墙两侧存在凸出屋面的可燃性墙体和天窗时，应控制天窗与防火墙的水平距离，此距离可参照相应建筑的防火间距确定，参见图 6.2（b）。例如，当图 6.2（b）中的相邻建筑为甲、乙类厂房或甲、乙类库房时，图 6.2（b）中的 2L 不应小于 12m。同此，如建筑中的防火墙不高出屋面，参见图 6.2（b），则相邻防火分区中高出屋面的天窗开口之间的相对最小水平距离应满足相应建筑的防火间距要求。

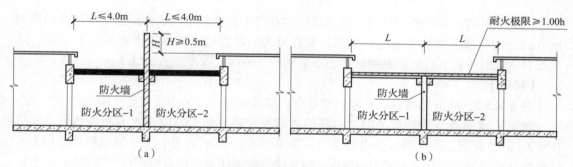

图 6.2 突出屋面的天窗防火示意图

注：图（a）建筑耐火等级为三、四级；图（b）建筑耐火等级为一、二级。

6.1.3 建筑外墙为难燃性或可燃性墙体时，防火墙应凸出墙的外表面0.4m以上，且防火墙两侧的外墙均应为宽度均不小于2.0m的不燃性墙体，其耐火极限不应低于外墙的耐火极限。

建筑外墙为不燃性墙体时，防火墙可不凸出墙的外表面，紧靠防火墙两侧的门、窗、洞口之间最近边缘的水平距离不应小于2.0m；采取设置乙级防火窗等防止火灾水平蔓延的措施时，该距离不限。

【条文要点】

本条规定了防止火势经建筑外墙越过防火墙进行蔓延的基本要求。

【设计要点】

难燃或可燃性建筑墙体多样，且对火灾发展的贡献各有差异，但大部分在火势发展到猛烈阶段时的表现差别不大。因此，防火墙应在相邻防火分区处将难燃或可燃性外墙截断，并参照屋顶的类似防火要求，突出外墙一定距离。其最低要求是，在防火墙与外墙相交处的两侧各设置宽度不小于2.0m的不燃性墙体，且防火墙凸出外墙面不小于0.4m，参见图6.3（a）。当然，也可以采用更宽的不燃性墙体替代防火墙凸出外墙，或者防火墙凸出外墙更多距离，以减小防火墙两侧不燃性墙体的宽度。无论采用什么燃烧性能的外墙，外墙的耐火极限均不应降低。

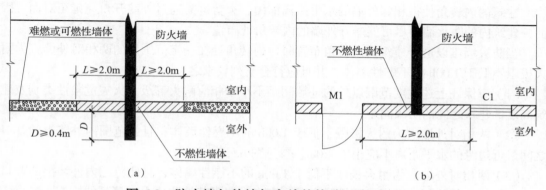

图 6.3 防火墙与外墙相交处的构造示意图（一）

注：当 M1 和 C1 为乙级防火门窗时，L 不限。

当建筑外墙为不燃性墙体时，防火墙可以在防火分区处不凸出外墙面，但防火墙两侧的开口之间仍应采取防火措施。例如，使开口之间最近边缘的水平距离不小于 2.0m；或者设置火灾时可以自行关闭的甲级或乙级防火门、窗等，参见图 6.3（b）。

【释疑】

疑点 6.1.3：防火墙与建筑外墙相交处为玻璃幕墙时，是否应采取防火措施？

释义：建筑外墙为玻璃幕墙时，在防火墙与外幕墙相交处应设置不燃性墙体，参见图 6.4（a）。否则，防火墙应凸出外墙面，参见图 6.4（b）。此外，防火墙处的外墙应为不燃性实体墙，耐火极限不应低于 1.00h，构成建筑幕墙体系的所有构配件（如纵横向龙骨、面板等）均应为不燃性材料。

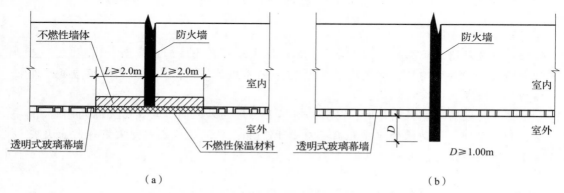

图 6.4　防火墙与外墙相交处的构造示意图（二）

6.1.4　建筑内的防火墙不宜设置在转角处，确需设置时，内转角两侧墙上的门、窗、洞口之间最近边缘的水平距离不应小于 4.0m；采取设置乙级防火窗等防止火灾水平蔓延的措施时，该距离不限。

【条文要点】

本条规定了防止火势通过建筑内转角处的开口蔓延至其他防火分区的要求。

【设计要点】

建筑的内转角使得相邻外墙的水平距离缩短，火势容易通过外墙开口蔓延至对面。因而，建筑内的防火墙要尽可能避开外墙的内转角处布置。

当防火墙难以避开建筑的内转角布置时，内转角处在一定范围内的两相对外墙应为耐火极限不低于 1.00h 的不燃性墙体，并且应符合下列要求之一：

（1）应保证上述宽度范围以外的外墙间距不小于相应耐火等级、火灾危险性类别及建筑高度的建筑之间的防火间距；

（2）两相对外墙应为耐火极限不低于 1.00h 的不燃性墙体，且此范围内外墙上的开口之间最近边缘的水平距离不应小于 4.0m，参见图 6.5（a）；

（3）两相对外墙应为耐火极限不低于 1.00h 的不燃性墙体，且此范围内外墙上的开口为火灾时能自行关闭的甲级或乙级防火门、窗或采取了其他防止火灾蔓延的措施，参见图 6.5（b）。

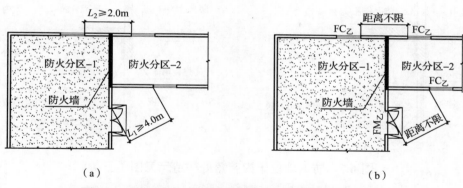

图 6.5 防火墙位于外墙内转角处构造示意图（一）

【释疑】

疑点 6.1.4-1： 当外墙为难燃或可燃性墙体时，防火墙能否布置在外墙的内转角处？

释义： 《新建规》第 3.2.1 条和第 5.1.2 条规定，三级耐火等级工业建筑和木结构建筑的非承重外墙的燃烧性能可为难燃性，四级耐火等级工业与民用建筑的非承重外墙的燃烧性能可为可燃性。为了控制火势通过建筑内转角处的外墙向相邻防火分区蔓延，凡是外墙为难燃或可燃性墙体的建筑，其防火墙均不应布置在建筑的内转角处。

疑点 6.1.4-2： 当在不燃性外墙采用难燃或可燃性外保温材料，且防火墙布置在建筑的内转角处时，如图 6.5 所示，防火墙两侧门、窗、洞口之间的外墙面是否要采取防火措施？

释义： 对于上述情况，应采取防火措施，即将防火墙两侧处于水平距离小于相邻建筑防火分区 4m 范围内的外墙外保温材料均改为不燃性材料，参见图 6.6（a）；当内转角两相邻洞口最近边缘的水平距离小于 4.0m 时，开口应设置火灾时能自行关闭的防火门、防火窗或设置防火卷帘等，参见图 6.6（b）。

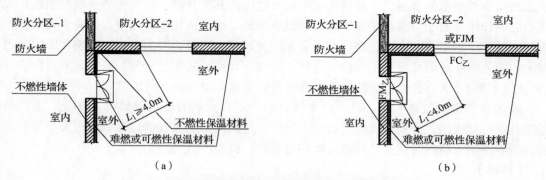

图 6.6 防火墙位于外墙内转角处构造示意图（二）

疑点 6.1.4-3： 当建筑外墙面为透明玻璃幕墙时，位于建筑内转角处防火墙两侧的外墙是否要采取防火措施？

释义： 当建筑外墙面为透明玻璃幕墙时，位于建筑内转角处防火墙两侧的外墙应采取防火措施。相关防火措施与疑点 6.1.4-2 释义中的措施相同，其构造参见图 6.7。

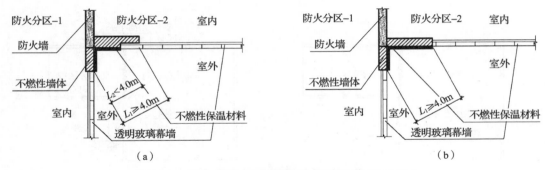

图 6.7 防火墙位于内转角处构造示意图（三）

6.1.5 防火墙上不应开设门、窗、洞口，确需开设时，应设置不可开启或火灾时能自动关闭的甲级防火门、窗。

可燃气体和甲、乙、丙类液体的管道严禁穿过防火墙。防火墙内不应设置排气道。

【条文要点】

本条规定了防火墙自身的防火构造要求以及内部管线穿越防火墙时的防火要求。

【相关标准】

《城镇燃气设计规范》GB 50028—2006；

《自动喷水灭火系统设计规范》GB 50084—2017；

《防火封堵材料》GB 23864—2009。

【设计要点】

防火墙是分隔水平防火分区或防止建筑间火灾蔓延的重要分隔构件或结构，防火墙上设置防火性能低的普通门、窗或未采取防火措施的其他开口，将会使防火墙失去阻止火灾蔓延的作用。对于为满足功能要求必须设置的开口应严格控制其大小，并应采用能在火灾时自动关闭的甲级防火门、窗；对于必须设置的较大洞口，应采取火灾时能在所需耐火时间内有效阻止火势蔓延至相邻防火分区的措施，如设置防火卷帘等。有关要求尚应符合《新建规》第 6.5.3 条和《自动喷水灭火系统设计规范》GB 50084—2017 等标准的规定。

输送各类可燃气体和甲、乙、丙类液体的管道在火灾时极易导致火灾蔓延，要严格控制其穿过防火墙，即使设置钢套管也不允许。建筑内各类排气道也易成为火灾蔓延的途径，设置在防火墙内时还会降低防火墙的可靠性，也要严格禁止。

【释疑】

疑点 6.1.5-1： 在何种情况下，防火墙上不允许设置防火门、窗？

释义： 正常情况下，防火墙上均不应开设门、窗、洞口，为满足功能需要必须设置的门、窗应为甲级防火门、窗。对于防火墙上不应开设任何开口（包括防火门、窗）的情形，在《新建规》及其他工程建设标准中均有明确规定；对于规范的规定中未予明确防火墙不应开设任何开口的情形，要尽量避免在防火墙上开口。不允许在防火墙上开设任何开口的防火墙主要有：①地下分隔总建筑面积大于 20000m^2 商业设施所设置的防火墙；②建筑防火间距不足时设置的防火墙；③在可燃液体或可燃气体储罐与建筑间设置的防火墙；④甲、乙类库房内防火分区之间的防火墙等。

疑点 6.1.5-2：防火墙上设置防火卷帘时，其开口面积是否有要求？

释义：规范对在防火墙设置的防火卷帘大小和面积无明确规定，但对所设置防火卷帘的宽度有如下要求：①当防火墙分隔部位宽度不大于 30m 时，防火卷帘的总宽度不应大于 10m；②当防火墙分隔部位宽度大于 30m 时，防火卷帘的总宽度不应大于该部位宽度的 1/3 且不应大于 20m。对于单樘防火卷帘的宽度和高度，应以合格的试验结果来确定，不应随意扩大。

6.1.6 除本规范第 6.1.5 条规定外的其他管道不宜穿过防火墙，确需穿过时，应采用防火封堵材料将墙与管道之间的空隙紧密填实，穿过防火墙处的管道保温材料，应采用不燃材料；当管道为难燃及可燃材料时，应在防火墙两侧的管道上采取防火措施。

【条文要点】

本条规定了防火墙上开口与缝隙的阻火隔烟要求。

【相关标准】

《防火封堵材料》GB 23864—2009；

《建筑防火封堵应用技术标准》GB/T 51410—2020；

《防火封堵材料的性能要求和试验方法》GA 161—1997；

《化工用电气防火封堵材料》HG/T 4368—2012。

【设计要点】

1. 任何管道均要避免穿越防火墙或敷设在防火墙内，确保防火墙的可靠性。除输送各类可燃气体和甲、乙、丙类液体管道外的其他管道确需穿过防火墙时，管道本身及其两侧以及穿越处的缝隙和孔洞均应采取可靠的防火封堵或阻火措施。有关防火封堵的要求，应符合《建筑防火封堵应用技术标准》GB/T 51410—2020 的要求。

2. 穿过防火墙的管道一般应采用不燃性材料，当采用 PVC 等难燃性或可燃性管道时，应采取在防火墙两侧的管道上分别设置阻火圈、紧急切断阀等，并对其穿过墙体的缝隙进行防火封堵。对于开口较大的风管等管道，应在防火墙两侧分别设置防火阀等，并应符合《新建规》其他条款及其他工程建设标准的相应要求。

3. 位于防火墙内的管道保温材料应为不燃性材料。

6.1.7 防火墙的构造应能在防火墙任意一侧的屋架、梁、楼板等受到火灾的影响而破坏时，不会导致防火墙倒塌。

【条文要点】

本条规定了防火墙的基本构造性能要求，即自身的稳定性、抗侧压或侧拉性能。

【设计要点】

防火墙的耐火性能要求是其重要性能要求，但不是关键的性能要求。因为防火隔墙的耐火极限也可能需要达到 3.00h 或 4.00h。防火墙的稳定性构造要求则是其关键的性能要求。无论是承重式、自承重式还是非承重式防火墙，墙体自身的厚度与高度间应具有合理的比例，或者承重结构与填充墙体间应有必要的联系与约束，使其具备足够的稳定性。同时，还需验算墙体任意一侧的建筑结构或高大物体（例如仓库内的货架及其货物倾塌）受到破坏或者发生垮塌时对防火墙所产生的侧压或侧拉作用，不致使防火墙倒塌或被破坏。

6.2　建筑构件和管道井

6.2.1　剧场等建筑的舞台与观众厅之间的隔墙应采用耐火极限不低于 3.00h 的防火隔墙。

　　舞台上部与观众厅闷顶之间的隔墙可采用耐火极限不低于 1.50h 的防火隔墙，隔墙上的门应采用乙级防火门。

　　舞台下部的灯光操作室和可燃物储藏室应采用耐火极限不低于 2.00h 的防火隔墙与其他部位分隔。

　　电影放映室、卷片室应采用耐火极限不低于 1.50h 的防火隔墙与其他部位分隔，观察孔和放映孔应采取防火分隔措施。

【条文要点】

　　本条规定了影剧院内火灾危险性高的部位的防火分隔要求，如剧场等观演类建筑的舞台与观众厅之间、舞台与其上下部空间之间，电影放映室、卷片室与其他部位之间等。

【相关标准】

《剧场建筑设计规范》JGJ 57—2016；

《电影院建筑设计规范》JGJ 58—2008。

【设计要点】

　　剧场的舞台区域一般有四种规模：①只有主舞台；②主舞台和 1 个侧舞台；③主舞台和 2 个侧舞台；④主舞台和 2 个侧舞台和 1 个后台。第四种形式的剧场舞台（主舞台、侧台、台仓、台塔）、观众厅及后台等的布置，参见图 6.8。需要注意的是，当剧院设置后舞台和后台时，后舞台是舞台的一部分空间，但后台是舞台的辅助用房，不属于舞台空间，火灾危险性也低于舞台。

　　剧场建筑内主舞台空间高，道具与布景及帷幕多，大功率照明灯等电气设备及电线电缆多，具有很高的火灾危险性，且发生火灾后蔓延迅速，是剧场内的主要火灾危险部位。因此，如果能将舞台区（含主舞台、侧舞台、台塔等）与其他部位分隔开来，并将其他易发生火灾或易增大火势的区域分隔好，就能很好地控制此类建筑的火灾危险。常见的部位有舞台周围的观众厅、舞台上部的闷顶和舞台下部的储物间、台仓、设备间等。建筑中同一防火分区内的不同部位之间的防火分隔应采用防火隔墙，不同部位对防火隔墙的耐火性能要求可以不同，这要依据空间大小、火灾荷载高低、分隔区域的重要性等来综合确定，一般不应低于 1.50h。主要分隔要求为：

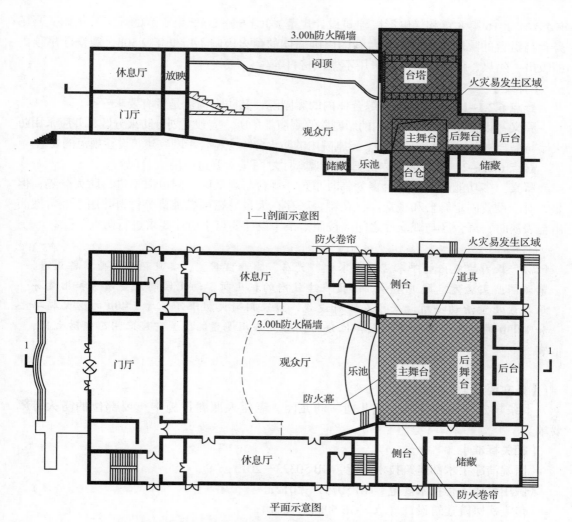

图 6.8　剧场建筑平面布置与竖向空间分布示意图

　　舞台与观众厅之间防火隔墙的耐火极限不应低于 3.00h，防火隔墙上通向观众厅等空间的门应采用甲级防火门。无隔墙的台口与观众厅之间应设置耐火极限不低于 3.00h 的防火幕，并采用水幕系统保护。

　　舞台区域上部的闷顶与观众厅之间应采用耐火极限不低于 3.00h 的防火隔墙进行分隔，舞台区域下部的设备房、储物间等与观众厅等其他部位之间应采用耐火极限不低于 2.00h 的防火隔墙进行分隔。防火隔墙上的门、窗均应为甲级或乙级防火门、窗，防火隔墙上需通向侧舞台（包括后舞台）的运道具洞口无法设置防火门时，应采用防火卷帘进行分隔。

　　电影院建筑内的放映室、卷片室，主要为针对传统的胶片电影放映与卷片，这类电影胶片容易自燃且难以扑灭，需将放映室与卷片室与观众厅进行防火分隔。对于现代的数字电影放映室，可以不与观众厅进行防火分隔。

　　影剧院及类似观演类建筑的其他防火分隔要求，应符合《剧场建筑设计规范》

JGJ 57—2016 第 8 章和《电影院建筑设计规范》JGJ 58—2008 第 6 章的规定。例如，剧场舞台与后台的隔墙及舞台下部台仓的周围墙体的耐火极限不应低于 2.50h，观众厅吊顶内的吸声、隔热、保温材料均应采用不燃性材料等。

【释疑】

疑点 6.2.1–1： 设置在大型综合体内的影剧院，其防火构造是否有要求？

释义： 设置在大型综合体内的影剧院等观演类场所，应独立划分防火分区，并应采用防火墙与综合体内的其他区域分隔。影剧院内的防火分隔应符合影剧院建筑设计规范的要求。

疑点 6.2.1–2： 多功能厅内的舞台与观众厅之间是否要进行防火分隔？

释义： 多功能厅内的舞台多为临时布置，舞台与观众区之间可以不进行防火分隔，但是，对于设置固定舞台和观众厅，在舞台区存在大量易燃可燃帷幕等材料并用于经常性演出与表演时，舞台区与观众厅之间应按照本条【设计要点】所述要求进行防火分隔。

6.2.2 医疗建筑内的手术室或手术部、产房、重症监护室、贵重精密医疗装备用房、储藏间、实验室、胶片室等，附设在建筑内的托儿所、幼儿园的儿童用房和儿童游乐厅等儿童活动场所、老年人照料设施，应采用耐火极限不低于 2.00h 的防火隔墙和 1.00h 的楼板与其他场所或部位分隔，墙上必须设置的门、窗应采用乙级防火门、窗。

【条文要点】

本条规定了医疗建筑、托儿所、幼儿园、老年人照料设施中重要部位的防火分隔要求。

【相关标准】

《医院洁净手术部建筑技术规范》GB 50333—2013；

《医用气体工程技术规范》GB 50751—2012；

《传染病医院建筑设计规范》GB 50849—2014；

《综合医院建筑设计规范》GB 51039—2014；

《托儿所、幼儿园建筑设计规范》JGJ 39—2016；

《老年人照料设施建筑设计标准》JGJ 450—2018。

【设计要点】

1. 医疗建筑内在火灾时难以自行逃生的部位（如手术室、产房、重症监护室等），应采用防火隔墙与其他部位进行防火分隔。相关分隔要求见《医院洁净手术部建筑技术规范》GB 50333—2013 第 12.0.1 条～第 12.0.5 条的规定。

2. 医疗建筑内的贵重精密医疗装备用房、储藏间、实验室、胶片室等，对保障医疗服务十分重要，也应采用防火隔墙与其他部位进行防火分隔。平面防火分隔参见图 6.9。

附设在其他建筑内的托儿所、幼儿园的儿童用房和儿童游乐厅等儿童活动场所以及老年人照料设施，均属于火灾时疏散困难的场所，应采用防火隔墙与其他不是用于儿童活动的场所或不是供老年人使用的场所进行防火分隔。即使在独立的托儿所、幼儿园和老年人照料设施中，儿童用房、儿童活动场所和老年人活动场所也应采用防火隔墙与其他部位进行防火分隔，参见图 6.10。

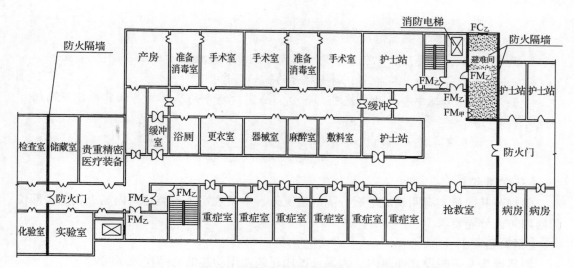

图 6.9 手术室、重症监护室等防火分隔示意图

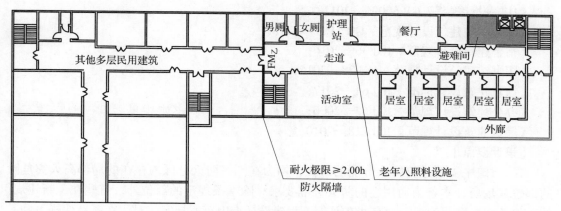

图 6.10 老年人照料场所防火分隔示意图

上述分隔部位防火隔墙的耐火极限不应低于 2.00h，与其他部位相通的门、窗应为甲级或乙级防火门、窗。但应注意的是，规范中没有明确在防火隔墙上的开口设置防火门、窗确有困难时是否可以采用防火卷帘等替代的要求。由于这条是强制性条文，因此实际上是要求在防火隔墙上尽量不要开口，如确需开口，仅允许设置甲级或乙级防火门、窗，而不允许开设其他较大的开口，也不允许采用防火卷帘或防火分隔水幕等方式进行分隔。

除上述措施外的其他防火分隔要求，尚应符合相应工程建设标准的规定。

6.2.3 建筑内的下列部位应采用耐火极限不低于 2.00h 的防火隔墙与其他部位分隔，墙上的门、窗应采用乙级防火门、窗，确有困难时，可采用防火卷帘，但应符合本规范第 6.5.3 条的规定：

　　1 甲、乙类生产部位和建筑内使用丙类液体的部位；

> **2** 厂房内有明火和高温的部位；
>
> **3** 甲、乙、丙类厂房（仓库）内布置有不同火灾危险性类别的房间；
>
> **4** 民用建筑内的附属库房，剧场后台的辅助用房；
>
> **5** 除居住建筑中套内的厨房外，宿舍、公寓建筑中的公共厨房和其他建筑内的厨房；
>
> **6** 附设在住宅建筑内的机动车库。

【条文要点】

除规范其他条文有明确规定需分隔的情况外，本条规定了各类建筑内高火灾危险部位的通用防火分隔要求。

【相关名词】

附属库房——附设在建筑内，为保证民用建筑使用功能的物品存放房间。

【相关标准】

《住宅设计规范》GB 50096—2011；

《综合医院建筑设计规范》GB 51039—2014；

《宿舍建筑设计规范》JGJ 36—2016；

《图书馆建筑设计规范》JGJ 38—2015；

《饮食建筑设计标准》JGJ 64—2017；

《办公建筑设计规范》JGJ 67—2006；

《展览建筑设计规范》JGJ 218—2010。

【设计要点】

1. 建筑中需要进行防火分隔的部位，均为在同一防火分区内存在的局部高火灾危险的部位或场所，本条为通用性的防火分隔要求。除本条规定的部位外，有些在《新建规》的其他条文中有明确规定，有些在其他工程建设标准中有所规定。对于在《新建规》和其他工程建设标准中均未明确的场所或房间，如其火灾危险性或重要性明显高于所在防火分区内的其他部位时，应比照本条的要求进行防火分隔；对于《新建规》第 3.2.1 条和第 5.1.2 条规定的一般房间隔墙，其耐火极限和燃烧性能应符合相应的要求即可，而不需按本条的要求确定。

2. 本条规定需与其他场所或部位进行防火分隔的部位，无论该建筑其他部位结构的耐火极限要求如何，其防火隔墙的耐火极限均不应低于 2.00h。例如，一座自用木结构住宅建筑中附设的汽车库或燃气锅炉房，尽管规范对木结构的耐火性能要求不高，但附属的汽车库或燃气锅炉房仍需要采用耐火极限不低于 2.00h 的防火隔墙与居住部分分隔，楼板的耐火极限不应低于 1.00h，参见图 6.11；而国家标准《汽车库、修车库、停车场设计防火规范》GB 50067—2014 第 5.1.6 条规定的与其他建筑合建的汽车库，主要为公用汽车库，其防火分隔应采用防火墙和耐火极限不低于 2.00h 的楼板进行。因此，当其他标准对相同防火分隔部位有不同的要求时，应按照其中要求最严格者确定其防火分隔措施。

3. 住宅建筑或其他居住建筑中的自用厨房可以不与起居室进行分隔，但应与卧室分隔；各类建筑中的公共厨房应与建筑内的其他部位（包括用餐部位）分隔。根据国家行业

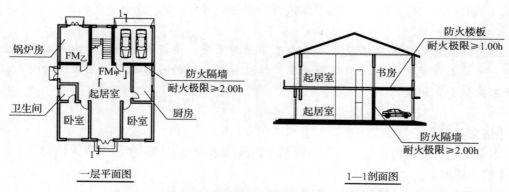

图 6.11　木结构住宅建筑内布置汽车库等示意图

标准《饮食建筑设计标准》JGJ 64—2017 第 4.3.11 条的规定，当厨房正上方有其他房间时，应在厨房外墙开口处（即门、窗、洞口）设置宽度不小于 1.0m 的防火挑檐（或高度不小于 1.2m 的实体窗槛墙），防火挑檐在长度方向不应小于开口的宽度。对于设置在综合性商业建筑、候机楼、候船（车）室等场所内使用电气加工食品的快餐、咖啡等小型餐饮设施的烹饪或热加工部位，可以不视为厨房，即可以不与相邻其他部位进行防火分隔。

　　4. 民用建筑内附属库房的防火分隔，除本条要求外的其他要求，见本《指南》第 5.3.1 条的释义。生产厂房内中间仓库的防火分隔，应符合《新建规》第 3.3 节的要求。

【释疑】

疑点 6.2.3-1：民用建筑内附属库房储存物品的火灾危险性是否有限定？

释义：附属库房储存物品的火灾危险性要求，请见《新建规》第 5.4.2 条的要求和释义。

疑点 6.2.3-2：民用建筑内的附属库房与《新建规》第 3 章规定的生产厂房内的中间仓库有何区别？

释义：附属库房与中间仓库的主要区别在于：

（1）中间仓库是满足连续生产需要并储存生产需要的原材料、中间成品和最终成品的库房，物品的火灾危险性不限；附属库房内只允许存放可燃固体和难燃、不燃物品及少量食用油等火灾危险性低的小包装液体。

（2）附属库房的面积一般较小，只占单体建筑中的很小部分，并且分散布置在建筑内，防火分隔要求较低；中间仓库的面积有时较大，有时需要与生产区采用防火墙或防爆墙进行分隔。

疑点 6.2.3-3：民用建筑内每间附属库房的面积大小是否有限定？

释义：民用建筑内每间附属库房主要为保证建筑功能和方便使用设置的，多为单位自存的文件资料、图书、档案和座椅等日常用品，房间的面积一般不大，规范没有必要再予明确。在民用建筑内不允许设置面积较大的库房，如该建筑所需库房建筑面积大，则应将库房布置在民用建筑外或独立建造，但图书馆、博物馆和档案馆的库房除外。图书馆、博物馆和档案馆中的书库、档案库、文物资料库等库房不属于民用建筑内的附属库房，而是建筑的主要功能用房，需要独立划分防火分区，按照相应的建筑设计标准进行布置。例如：在一座民用建筑的地下室内设置了建筑面积为 1000m² 的书库，则应按照《图书馆建筑设计规范》JGJ 38—2015 第 6.2 节的要求进行分隔和单独划分防火分区。

6.2.4 建筑内的防火隔墙应从楼地面基层隔断至梁、楼板或屋面板的底面基层。住宅分户墙和单元之间的墙应隔断至梁、楼板或屋面板的底面基层，屋面板的耐火极限不应低于 0.50h。

【条文要点】

本条规定了建筑内各类防火隔墙的基本防火构造和相应位置屋面的耐火性能。

【相关标准】

《住宅建筑规范》GB 50368—2005；

《建筑用金属面绝热夹芯板》GB/T 23932—2009。

【设计要点】

建筑内设置的所有防火隔墙，无论规范对其耐火时间要求高低，均应从建筑的楼、地面基层隔至建筑的结构楼板或屋面板的底面基层，以形成对分隔房间的完全隔断，有效阻止火势和烟气的蔓延或侵入，便于控制火灾，为人员疏散创造更好的条件、争取更长的时间。防火隔墙分隔构造，参见图 6.12。

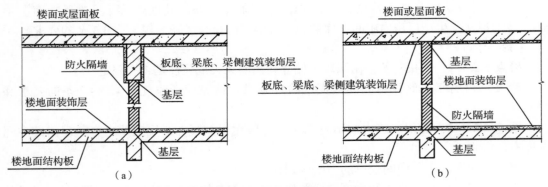

图 6.12 建筑内防火分隔构造示意图（一）

住宅建筑的分户墙和相邻单元之间的隔墙属于防火隔墙，有的甚至要发挥防火墙的作用，因而这些隔墙均应从住宅建筑的地面或楼地面隔至建筑的结构梁或上一层楼板的底面。

【释疑】

疑点 6.2.4-1：建筑内采用不燃性硬质吊顶时，防火隔墙是否要穿过吊顶？

释义：除有特殊要求的建筑外，建筑内不管采用何种形式的吊顶，也不管吊顶的耐火极限是多少，防火隔墙均应隔断吊顶至建筑的结构梁或楼板底面，参见图 6.13（a）。

疑点 6.2.4-2：建筑内有架空不燃性地板时，防火隔墙能否自架空地板面隔至楼板底面基层？

释义：防火隔墙应自建筑的结构楼板地面隔断至上一层结构梁或楼板的底面，不能直接设置在架空地板面上，参见图 6.13（b）。

疑点 6.2.4-3：四级耐火等级建筑采用可燃性楼板时，防火隔墙是否要隔至楼板底面？

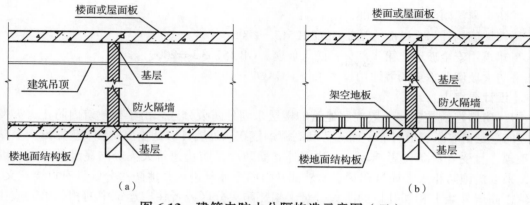

图 6.13　建筑内防火分隔构造示意图（二）

释义： 四级耐火等级的建筑可以采用可燃性楼板，且规范对其耐火极限没有要求。四级耐火等级建筑最多允许 2 层，最大允许建筑面积为 600m² 或 1200m²，因此，在采用可燃性楼板的四级耐火等级建筑中，防火墙之间的 2 个楼层是属于同一个防火分区。这时，如在其中还需对部分部位进行防火分隔，则该部位的楼板必须采用不燃性耐火楼板，且楼板的耐火极限不应低于 1.00h。因此，四级耐火等级建筑中需进行防火分隔的部位，其楼板不应为可燃性楼板；即使是可燃性楼板，防火隔墙仍应自地面分隔至上一层楼板的底面，或从楼板地面分隔至屋面板底面。

疑点 6.2.4–4： 屋面板的耐火极限低于 0.50h 且为难燃或可燃性时，防火隔墙是否要凸出屋面？

释义： 建筑内防火隔墙不同于防火墙，防火隔墙主要用于控制房间内初期火灾的蔓延，因而防火隔墙可以不凸出难燃性或可燃性屋面。

6.2.5　除本规范另有规定外，建筑外墙上、下层开口之间应设置高度不小于 1.2m 的实体墙或挑出宽度不小于 1.0m、长度不小于开口宽度的防火挑檐；当室内设置自动喷水灭火系统时，上、下层开口之间的实体墙高度不应小于 0.8m。当上、下层开口之间设置实体墙确有困难时，可设置防火玻璃墙，但高层建筑的防火玻璃墙的耐火完整性不应低于 1.00h，多层建筑的防火玻璃墙的耐火完整性不应低于 0.50h。外窗的耐火完整性不应低于防火玻璃墙的耐火完整性要求。

　　住宅建筑外墙上相邻户开口之间的墙体宽度不应小于 1.0m；小于 1.0m 时，应在开口之间设置突出外墙不小于 0.6m 的隔板。

　　实体墙、防火挑檐和隔板的耐火极限和燃烧性能，均不应低于相应耐火等级建筑外墙的要求。

【条文要点】

　　本条规定了建筑立面防火构造的基本要求和部分防火措施，以防止火灾从建筑外墙上的开口蔓延。

【相关标准】

　　《防火卷帘、防火门、防火窗施工及验收规范》GB 50877—2014；

《防火窗》GB 16809—2008；

《镶玻璃构件耐火试验方法》GB/T 12513—2006；

《建筑用安全玻璃 第1部分：防火玻璃》GB 15763.1—2009；

《防火玻璃非承重隔墙通用技术条件》GA 97—1995。

【设计要点】

1. 房屋建筑在竖向一般按照建筑的楼层来划分防火分区。由于在建筑内防止火灾发生竖向蔓延更容易、更可靠，而火势和高温烟气在从外墙开口处喷出后会发生贴壁向上蔓延现象，且受外界条件影响较大，建筑外立面防火是防止建筑火灾竖向蔓延的重点。因此，采取措施防止火灾通过建筑立面外部开口向上蔓延进入其他防火分区具有重要意义。当然，同层外墙上相邻开口的防火，对于相邻防火分区或者住宅建筑中的相邻单元或住户，也同样重要。

2. 防止火灾在层间蔓延的关键在于做好外墙上的开口，主要是外窗的防火。常用的方法有：设置防火挑檐、增加窗槛墙的高度或窗间墙的宽度、设置竖向隔板等延长火势和高温烟气蔓延路径的方法和采用防火窗等防火隔断的方法。根据相关研究，挑出0.6m的防火挑檐，其防火效果相当于设置1.2m高的窗槛墙；设置突出外墙面0.6m的耐火隔板相当于设置1.0m宽的窗间墙。因此，防火挑檐和耐火隔板的防火效果较其他方法更有效，在设计中建议尽量采用这种防火方法。

窗槛墙为建筑上、下楼层外墙上两个外窗口之间的墙体，其高度为相邻两个外窗洞口之间外墙的竖向高度。窗间墙主要指建筑外墙上同层相邻两个窗口之间的墙体，其宽度为相邻两个外窗洞口之间外墙的横向宽度，参见图6.14。

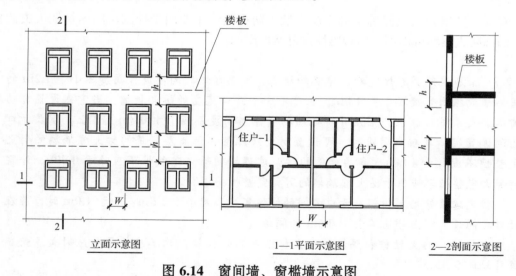

立面示意图   1—1平面示意图   2—2剖面示意图

图6.14 窗间墙、窗槛墙示意图

注：W—窗间墙宽度；h—窗槛墙高度。

3. 建筑外墙上、下开口之间的窗槛墙应尽量设置在楼板以上，在楼板下沿以下设置的防火效果较差。从上层楼板边沿向下延伸的梁体高度和具有一定耐火隔热性并沿楼板外沿设置的防火玻璃墙可以计入窗槛墙的总高度，参见图6.15、图6.16。根据法国有关规范的规定，当建筑既设置防火挑檐又设置窗槛墙时，挑出宽度大于0.2m的防火挑檐的宽度可计入窗槛墙的总高度内。防火挑檐的两端应延伸至外墙开口的洞口边沿以外，一般每端伸出不应小于 0.5m。法国的做法可供设计参考。

4. 当建筑外墙上、下外窗为落地窗时，在窗槛墙范围内的外窗应为防火固定窗，其耐火完整性不应低于所在建筑外墙的耐火极限要求，参见图 6.16（a）。当建筑外墙上、下外窗之间设置窗槛墙确有困难时，可采用防火玻璃墙。高层建筑外墙上用于替代窗槛墙的防火玻璃墙，其耐火完整性不应低于 1.00h；用于多层建筑外墙上用于替代窗槛墙的防火玻璃墙，其耐火完整性不应低于 0.50h。防火玻璃墙的防火构造，参见图 6.16（b）。

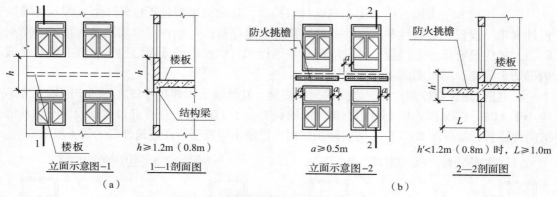

图 6.15 建筑窗槛墙构造示意图（一）

注：1. 各图中（ ）内数值仅用于建筑内全部设置自动灭火系统的情形。
　　2. 窗槛墙、防火挑檐的燃烧性能、耐火极限均不应低于相应耐火等级建筑外墙的要求。
　　3. 当外窗上檐为上一层的结构梁底时，该梁高度可计入窗槛墙高度。

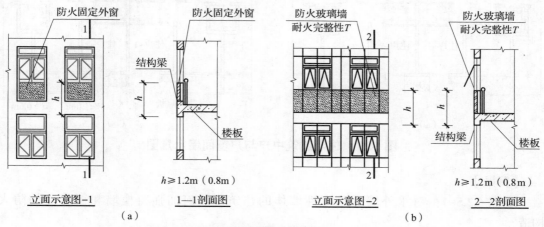

图 6.16 建筑窗槛墙构造示意图（二）

注：1. 各图中（ ）内数值仅用于建筑内全部设置自动灭火系统的情形。
　　2. 防火玻璃墙的耐火完整性 T。高层建筑时，T ≥ 1.00h；多层建筑时，T ≥ 0.50h。
　　3. 当外窗上檐为上一层的结构梁底时，该梁高度可计入窗槛墙高度。

5. 防火玻璃墙是由防火玻璃、镶嵌框架和防火密封材料组成，并满足一定耐火性能要求的非承重墙体。受防火玻璃墙的构造限制，防火玻璃墙一般不能用作防火墙，主要用于防火玻璃隔墙。采用防火玻璃构成的玻璃幕墙不能等同于防火玻璃墙，防火玻璃墙应符合《防火玻璃非承重隔墙通用技术条件》GA 97—1995 及相关标准的规定。根据《防火玻璃非承重隔墙通用技术条件》GA 97—1995 第 5.4 条的规定，防火玻璃隔墙的耐火性能分为 4 个等级，详见表 F6.1。

表 F6.1　防火玻璃隔墙的耐火性能等级分级

耐火等级	Ⅰ级	Ⅱ级	Ⅲ级	Ⅳ级
耐火极限（h）	1.00	0.75	0.50	0.25

防火挑檐和防火隔板应采用不燃性材料构造，其耐火极限均不应低于所在建筑外墙的设计要求。设置在难燃性和可燃性外墙或需隔断难燃性、可燃性保温层的防火挑檐和防火隔板，还应具有低导热性能，并且应隔断难燃性和可燃性外墙或保温层至楼板、结构梁或内部防火隔墙、防火墙或不燃性基层墙体。

6. 住宅建筑应控制户与户之间的火灾蔓延，其外墙上相邻户开口之间的窗间墙宽度不应小于 1.0m，参见图 6.17（a）；当窗间墙的宽度小于 1.0m 时，应在开口之间设置突出外墙的防火隔板，参见图 6.17（b）。防火隔板的耐火极限不应低于所在建筑外墙的耐火极限要求。

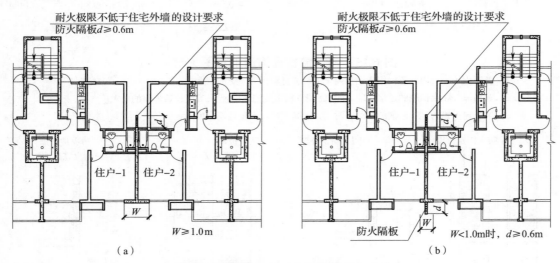

图 6.17　住宅建筑中户与户窗间墙示意图

【释疑】

疑点 6.2.5-1：对于外墙为难燃性墙体的建筑，如何加强窗槛墙和窗间墙的防火构造？

释义：根据《新建规》第 3.2.1 条、第 5.1.2 条和第 11.0.1 条和国家标准《住宅建筑规范》GB 50368—2005 第 9.2.1 条的规定，只有木结构建筑和四级耐火等级建筑的承重外墙和非承重外墙、三级耐火等级工业建筑的非承重外墙可采用难燃性墙体。这些建筑的最多允许层数为 3 层。因此，加强窗槛墙和窗间墙的防火构造与否，对火灾从建筑外墙开口处沿立面蔓延的作用不大。如果确实需要，可以在窗槛墙上设置防火挑檐，参见图 6.18（a），或者在窗间墙中间设置防火隔板，参见图 6.18（b），防火隔板、防火挑檐均应为不燃性，其耐火极限不应低于 1.00h。

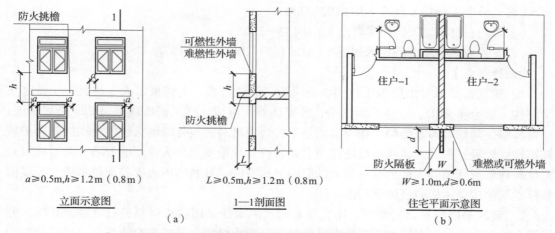

a≥0.5m,h≥1.2m（0.8m）　　　L≥0.5m,h≥1.2m（0.8m）　　　W≥1.0m,d≥0.6m

立面示意图　　　　　　　1—1剖面图　　　　　　住宅平面示意图

（a）　　　　　　　　　　　　　　　　　　　（b）

图 6.18　建筑窗槛墙、窗间墙防火构造示意图

注：各图中（　）内数值仅用于建筑内全部设置自动灭火系统的情形。

疑点 6.2.5-2：当建筑外墙外保温采用难燃或可燃性保温材料时，如何提高窗槛墙和窗间墙的防火性能？

释义：对于外墙外保温采用难燃或可燃性保温材料的建筑，在层间均要求设置高度不小于 300mm 的不燃性防火隔离带，该防火隔离带具有较好的防止外保温材料火灾蔓延的作用。因此，此时是否需要提高窗槛墙和窗间墙的防火性能，实际上与外保温材料的燃烧性能无关，而要视提高窗槛墙和窗间墙防火性能的目的和目标来确定具体的加强措施。例如，增加窗槛墙的高度或在层间增设防火挑檐、增加窗间墙的宽度或在相邻外墙开口之间增设防火隔板、提高外窗的耐火性能等。

疑点 6.2.5-3：当建筑设置玻璃幕墙时，如何提高窗槛墙的防火性能？

释义：设置玻璃外幕墙的建筑，其窗槛墙多由防火板、岩棉和支承结构构成，这种构造在高温和火焰直接作用下容易发生变形、脱落，从而降低或失去其防止火势向上蔓延的作用。对此，可采用预制钢筋混凝土板或与楼板共同现浇的窗槛墙，或者在楼板上设置高度不小于 1.2m 或 0.8m（建筑内全部设置自动灭火系统时）的实体墙来提高此窗槛墙的防火性能。

6.2.6　建筑幕墙应在每层楼板外沿处采取符合本规范第 6.2.5 条规定的防火措施，幕墙与每层楼板、隔墙处的缝隙应采用防火封堵材料封堵。

【条文要点】

本条规定了建筑幕墙应采取防火构造措施的原则要求，以阻止火灾通过幕墙空腔在建筑上下层间蔓延。

【相关标准】

《建筑幕墙》GB/T 21086—2007；

《防火封堵材料》GB 23864—2009；

《建筑防火封堵应用技术标准》GB/T 51410—2020；

《玻璃幕墙工程技术规范》JGJ 102—2003；

《金属与石材幕墙工程技术规范》JGJ 133—2001；

《点支式玻璃幕墙工程技术规程》CECS 127：2001。

【设计要点】

1. 建筑幕墙通常由面板（玻璃、金属板、天然石板、陶瓷板、人工板材等）及其支承结构（铝合金横梁、立柱、钢结构、玻璃肋等）组成，常见的有玻璃幕墙、金属幕墙、石材幕墙、陶板幕墙等类型。建筑幕墙是不符合规范对建筑外墙耐火性能要求的外围护装饰结构。设置外幕墙的建筑不仅往往没有设置符合规范要求耐火性能的外墙，而且建筑外幕墙与外墙或外窗间大部分存在较大的竖向贯通空腔，导致室内火灾易通过幕墙空腔竖向蔓延至其他楼层，横向蔓延至其他房间。

2. 建筑幕墙应在每层楼板、防火墙和防火隔墙处采用防火材料进行分隔，且防火分隔组合体的耐火极限不应低于其所在外墙的设计耐火极限，并应具有能抵抗幕墙长期振动而不发生脱落，能抵抗外部气候条件长期作用而不降低其耐火性能等性能，详见图 6.19。一般应采用不燃性材料辅以防火封堵材料构成，详见《建筑防火封堵应用技术标准》GB/T 51410—2020 的要求。

此外，建筑幕墙周边与楼板、建筑外墙、门窗洞口之间的缝隙等也应注意进行封堵。这些部位的防火封堵材料要采用具有一定弹性和防火性能的不燃材料或难燃材料。采用难燃材料时，应保证其在火焰或高温作用下能发生膨胀变形，并具有一定的耐火性能。

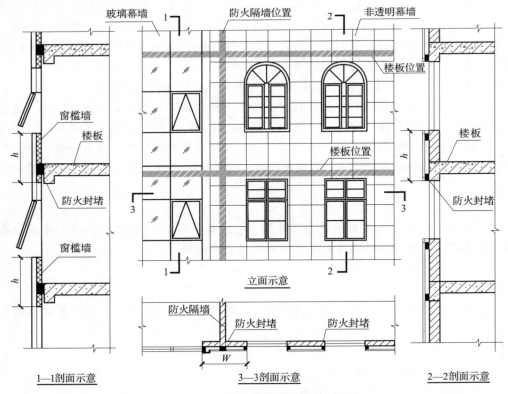

图 6.19　建筑幕墙封堵示意图

6.2.7　附设在建筑内的消防控制室、灭火设备室、消防水泵房和通风空气调节机房、变配电室等，应采用耐火极限不低于 2.00h 的防火隔墙和 1.50h 的楼板与其他部位分隔。

　　设置在丁、戊类厂房内的通风机房，应采用耐火极限不低于 1.00h 的防火隔墙和 0.50h 的楼板与其他部位分隔。

　　通风、空气调节机房和变配电室开向建筑内的门应采用甲级防火门，消防控制室和其他设备房开向建筑内的门应采用乙级防火门。

【条文要点】

本条规定了建筑内重要的控制室和消防设备房的防火分隔要求，以保证其在火灾时仍能正常发挥作用；对通风机房等的防火分隔，主要为减小这些设备房的火灾对周围场所的危害作用。

【相关标准】

《20kV 及以下变电所设计规范》GB 50053—2013；

《民用建筑电气设计规范》JGJ 16—2008。

【设计要点】

规范规定的上述部位除应采用防火隔墙和楼板与相邻的其他房间或上一层、下一层的房间分隔外，尚应对穿越防火隔墙和楼板的孔洞、空隙进行防火封堵，风管等管道应按要求设置防火阀或应急切断阀。设置在其他建筑内的各类设备用房的防火分隔见表 F6.2。

表 F6.2　附设在建筑内的各类设备用房的防火分隔要求

建 筑 类 型	设备用房	防火隔墙	楼板	防火门
民用建筑	10kV 及以下的变配电室	2.00h	1.50h	甲级
丙、丁、戊类厂房		2.00h	1.50h	甲级
仓库，甲、乙、丙类厂房	通风机房	2.00h	1.50h	甲级
丁、戊类厂房	通风机房	1.00h	0.50h	甲级
工业与民用建筑	空调机房	2.00h	1.50h	甲级
工业与民用建筑	消防控制室	2.00h	1.50h	乙级
工业与民用建筑	灭火设备室	2.00h	1.50h	乙级
工业与民用建筑	消防水泵房	2.00h	1.50h	乙级

【释疑】

疑点 6.2.7-1：消防水泵房能否与生活、生产水泵房布置在同一房间内？

释义：消防水泵房可以与生活、生产水泵房布置在同一房间内，但该房间应符合消防水泵房的设置要求，在火灾情况下能确保消防泵正常运行和相关人员安全出入。

疑点 6.2.7-2：消防控制室能否与安全技术防范系统监控中心布置在同一房间内？

释义：消防控制室可以与安全技术防范系统监控中心布置在同一房间内，但应符合消防控制室的设置要求，相关控制与操作系统应分开布置，使两者的功能和性能各自独立。

疑点 6.2.7–3：附设在地上建筑内的变配电站和消防控制室的外墙开口与相邻其他房间的外墙开口之间的窗间墙宽度是否有要求？

释义：规范对此没有明确规定，但比照防火墙的设置要求，变配电站和消防控制室的外墙开口与建筑内其他房间的外墙开口之间的水平距离，即窗间墙的宽度不应小于 2.0m。

疑点 6.2.7–4：附设在地上建筑内的变配电站、消防控制室的窗槛墙高度是否有要求？

释义：附设在地上建筑内变配电站、消防控制室的窗槛墙高度应符合《新建规》第 6.2.5 条的要求，但变配电站的外窗处应尽量设置防火挑檐。根据国家标准《20kV 及以下变电所设计规范》GB 50053—2013 第 6.1.9 条的规定，布置油浸变压器油的变电站，无论变电站内是否设置自动灭火设施，其外墙开口部位上方设置的窗槛墙的高度均不应小于 1.2m。

6.2.8 冷库、低温环境生产场所采用泡沫塑料等可燃材料作墙体内的绝热层时，宜采用不燃绝热材料在每层楼板处做水平防火分隔。防火分隔部位的耐火极限不应低于楼板的耐火极限。冷库阁楼层和墙体的可燃绝热层宜采用不燃性墙体分隔。

冷库、低温环境生产场所采用泡沫塑料作内绝热层时，绝热层的燃烧性能不应低于 B_1 级，且绝热层的表面应采用不燃材料做防护层。

冷库的库房与加工车间贴邻建造时，应采用防火墙分隔，当确需开设相互连通的开口时，应采取防火隔间等措施进行分隔，隔间两侧的门应为甲级防火门。当冷库的氨压缩机房与加工车间贴邻时，应采用不开门窗洞口的防火墙分隔。

【条文要点】

本条规定了冷库、低温环境生产场所内绝热保温层的防火构造要求和冷库建筑内的防火分隔要求。

【相关标准】

《食品冷库 HACCP 应用规范》GB/T 24400—2009；

《冷库设计规范》GB 50072—2010。

【设计要点】

1. 冷库是采用人工制冷降温方式对物质进行保冷储存的建筑，一般由制冷机房、变配电室、冷却间、冻结间、冷藏间和冰库等用房构成，但只有冻结间、冷藏间和冰库等部位需要对其围护结构进行绝热保温处理。冷库和低温环境生产场所火灾大多因空调制冷设备、货物传输设备、照明设备等的电气或管线故障、机械设备故障所致，火灾因绝热材料使用不当易导致其迅速蔓延和严重的后果。

2. 低温环境生产场所和冷库中绝热层的保温材料应采用导热系数小、热分解毒性小、燃烧性能等级高的材料，尽量采用不燃性材料，禁止使用可燃、易燃材料。低温环境生产场所和冷库中不同部位的保冷温度不一样，其中绝热层对绝热材料的性能和厚度也不同，但所有绝热材料的燃烧性能均不应低于 B₁ 级。当这些场所的围护结构需采用金属面绝热夹芯板等轻质复合夹芯板做保温隔热时，夹芯板芯材的燃烧性能不应低于 B₁ 级；采用 B₁ 级材料时，芯材应采用热固性材料。

墙体内采用 B₁ 级材料的绝热层，应在每层楼板处采用 A 级材料进行水平防火分隔，相当于将楼板延伸至墙体内，将绝热层完全隔断，因此此处隔断的耐火极限不应低于相应位置楼板的设计耐火极限。对于冷库阁楼层和墙体的绝热层，则可以直接采用耐火极限不低于 2.00h 的防火隔墙进行分隔，将墙体内表面的绝热层完全隔断。

3. 冷库的库房与加工车间贴邻时，应采用防火墙分隔，因此连通处应采用防火性能更高防火隔间进行分隔。防火隔间应符合《新建规》第 6.4.13 条的规定。

鉴于氨压缩机房的火灾与爆炸危险性，冷库的库房、低温环境生产作业场所应尽量与氨压缩机房分开设置；否则，应采用无任何开口的防火墙或抗爆墙进行分隔，不能只采用耐火极限不低于 3.00h 的防火隔墙。

4. 有关冷桥、防潮等的处理，不应影响上述防火分隔的完整性和耐火性能。

6.2.9 建筑内的电梯井等竖井应符合下列规定：

1 电梯井应独立设置，井内严禁敷设可燃气体和甲、乙、丙类液体管道，不应敷设与电梯无关的电缆、电线等。电梯井的井壁除设置电梯门、安全逃生门和通气孔洞外，不应设置其他开口。

2 电缆井、管道井、排烟道、排气道、垃圾道等竖向井道，应分别独立设置。井壁的耐火极限不应低于 1.00h，井壁上的检查门应采用丙级防火门。

3 建筑内的电缆井、管道井应在每层楼板处采用不低于楼板耐火极限的不燃材料或防火封堵材料封堵。

建筑内的电缆井、管道井与房间、走道等相连通的孔隙应采用防火封堵材料封堵。

4 建筑内的垃圾道宜靠外墙设置，垃圾道的排气口应直接开向室外，垃圾斗应采用不燃材料制作，并应能自行关闭。

5 电梯层门的耐火极限不应低于 1.00h，并应符合现行国家标准《电梯层门耐火试验 完整性、隔热性和热通量测定法》GB/T 27903 规定的完整性和隔热性要求。

【条文要点】

本条规定了建筑中电梯井、电缆井、管道井、排烟道、排气道、垃圾道等竖向井道的基本防火要求。

【相关标准】

《低压配电设计规范》GB 50054—2011；

《住宅建筑规范》GB 50368—2005；

《民用建筑电气设计规范》JGJ 16—2008；

《电梯层门耐火试验 完整性、隔热性和热通量测定法》GB/T 27903—2011；

《火灾情况下的电梯特性》GB/T 24479—2009；

《住宅厨房、卫生间排气道》JG/T 194—2006；

《消防电梯制造与安装安全规范》GB 26465—2011；

《建筑防火封堵应用技术标准》GB/T 51410—2020。

【设计要点】

多层、高层建筑根据其高度和用途，大多需要设置不同的竖井，包括消防电梯、客梯、货梯等各类电梯的竖井，设置可燃气体、可燃液体、上下水、热水等管道的竖井，敷设各种线缆的电气竖井，通风与排烟竖井，排气道、污衣井、垃圾道等各类竖向井道，参见图6.20。这些竖井不仅破坏了建筑中竖向防火分区的完整性，而且会加快火灾和烟气的蔓延速度，有的本身还具有引发和加剧火灾的危险性。因此，应重视竖井的防火。竖井的防火设计原则为：

1. 尽量将竖井在每层楼板位置处进行防火分隔和封堵，如电缆井、管道井等，每层均应采用与楼板耐火极限相同的不燃性组件进行分隔，相应的缝隙应进行防火封堵。有关分隔和封堵方法及要求，请见《建筑防火封堵应用技术标准》GB/T 51410—2020的相关要求。

2. 对于不能分隔的竖井，应采取在每层开口处设置前室、防火隔间或阻火门等。如电梯井、垃圾道、污衣井、通风井和排烟井等，应根据竖井的用途采用不同方法进行防火分隔。电梯井要尽量设置前室或电梯厅，层门应具有一定的耐火性能；电梯井内严禁敷设可燃气体和甲、乙、丙类液体管道，不应敷设与电梯无关的电缆、电线等。垃圾道和污衣井应在每层投物入口处设置阻火闸门，并在顶部等位置设置必要的火灾探测、自动灭火和排烟设施。通风机和排烟井则应根据建筑的高度，采取在楼层上的开口处设置相应耐火等级的防火门。例如：国家标准《建筑防烟排烟系统技术标准》GB 51251—2017第4.4.11条规定，设置排烟管道的竖井的检修门应采用甲级或乙级防火门。

3. 对于输送甲、乙、丙类气体和液体的管道，应在其进入竖井前设置应急截断装置，并采取能防止可燃气体或可燃液体在竖井内积聚或流散的措施。例如：可燃气体管道应采取通风措施和设置可燃气体浓度报警装置等。不同管道的敷设与防火设计，还应符合国家标准《城镇燃气设计规范》GB 50028—2006、《石油化工企业设计防火标准》GB 50160—2008（2018年版）、《洁净厂房设计规范》GB 50073—2013和《医院洁净手术部建筑技术规范》GB 50333—2013等标准的规定。

4. 建筑内各类竖井应各自独立设置，不同火灾危险性的管线不应敷设在同一竖井内。

5. 竖井井壁的耐火极限不应低于1.00h，并应符合《新建规》第3.2.1条、第5.1.2条和11.0.1条的规定及相关专业标准中更严格的要求，井壁在楼层上的检修洞口应设置防火门。防火门的耐火等级根据检修口的设置位置、井道的火灾危险性和建筑高度确定。

6. 厨房食品提升机竖井的防火是一个容易被忽视的部位。此竖井同样应采用耐火极限不低于1.00h的井壁。此外，当提升机的提升楼层超过3层时，一般应在楼层的开口部位设置防火隔间（即小电梯厅），隔墙上的门应为甲级或乙级防火门，参见图6.20（d）。

7. 住宅建筑中的竖向排气道井壁应为不燃性结构，其耐火极限不应低于1.00h，并应符合国家行业标准《住宅厨房、卫生间排气道》JG/T 194—2006的规定。

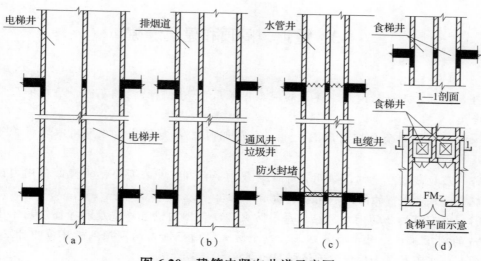

图 6.20　建筑内竖向井道示意图

【释疑】

疑点 6.2.9：电梯层门应为不燃性材料且耐火极限不应低于 1.00h 的要求，是否适用所有电梯？

释义：规范对电梯层门的防火与耐火性能要求适用所有在建筑内设置的电梯。

6.2.10 户外电致发光广告牌不应直接设置在有可燃、难燃材料的墙体上。

户外广告牌的设置不应遮挡建筑的外窗，不应影响外部灭火救援行动。

【条文要点】

本条规定了在建筑上设置户外广告牌的防火要求。

【相关标准】

《发光二极管（LED）显示屏通用规范》SJ/T 11141—2017。

【设计要点】

在建筑外墙或屋顶上设置的广告牌有木质广告牌、化学纤维材料或复合材料广告牌、金属材料广告牌、LED 显示屏和霓虹灯广告牌等。这些广告牌对建筑消防安全的影响主要为遮挡排烟口、灭火救援口和人员逃生口，建筑内部或外保温层火灾通过广告牌蔓延至其他楼层，广告牌自身引发火灾。因此，建筑上的户外广告牌设置要采取以下防火措施：

1. 广告牌的设置位置应尽量避开排烟口或外窗；不可避免处的广告牌应采用不燃性材料制作并距离外墙不小于 500mm。

2. 广告牌不应遮挡灭火救援口和人员逃生口。

3. 广告牌尽量使用不燃性材料制作。

4. 广告牌的设置不应破坏使用 B_1 级或 B_2 级保温材料的外保温系统防护层的完整性。

5. 电致发光广告牌等自身具有引发火灾危险的广告牌，不应直接设置在外墙的 B_1 级或 B_2 材料的墙体上，而应保持一定间距。该间距视广告牌的大小和发热特性等而定。

6.3　屋顶、闷顶和建筑缝隙

6.3.1　在三、四级耐火等级建筑的闷顶内采用可燃材料作绝热层时，屋顶不应采用冷摊瓦。

　　闷顶内的非金属烟囱周围 0.5m、金属烟囱 0.7m 范围内，应采用不燃材料作绝热层。

6.3.2　层数超过 2 层的三级耐火等级建筑内的闷顶，应在每个防火隔断范围内设置老虎窗，且老虎窗的间距不宜大于 50m。

6.3.3　内有可燃物的闷顶，应在每个防火隔断范围内设置净宽度和净高度均不小于 0.7m 的闷顶入口；对于公共建筑，每个防火隔断范围内的闷顶入口不宜少于 2 个。闷顶入口宜布置在走廊中靠近楼梯间的部位。

【条文要点】

这三条规定了建筑闷顶的防火要求以及为便于扑救闷顶内的火灾应设置闷顶入口的要求。

【相关标准】

《屋面工程技术规范》GB 50345—2012；

《坡屋面工程技术规范》GB 50693—2011。

【相关名词】

1. 闷顶——又称闷顶层，是建筑物的屋顶与吊顶之间的封闭空间，常见于坡屋顶建筑，一般起隔热作用。闷顶层的净高较低，平时无人员在其中活动。

2. 冷摊瓦——坡屋面上直接铺在挂瓦条上的块瓦（烧结瓦、小青瓦或混凝土瓦），瓦块之间有缝隙，通风透气性较好，飞火可能会从缝隙进入闷顶。

3. 老虎窗——主要为位于坡屋顶上、起通气和装饰作用的天窗，一般仅用于建筑闷顶内的通风和透气。

【设计要点】

1. 规范规定三级、四级耐火等级建筑的闷顶采用可燃材料作绝热层时，屋面不应采用冷摊瓦，以防止外部飞火等火源通过屋面覆盖层的缝隙进入具有可燃物的闷顶、阁楼等空间而引发火灾。

2. 烟囱的温度较高，首先应保证其设置位置合理，尽量不要穿过具有可燃物的闷顶、阁楼以及采用可燃材料构造的闷顶、屋顶或阁楼等空间。当需要穿过这些空间时，要采用导热性能低的不燃性材料进行隔热处理。

3. 面积较大的闷顶应采用防火隔板将其隔成多个防火分隔区，以控制火灾范围和方便外部灭火。防火隔板应尽量与建筑物纵向垂直设置，并沿建筑的纵向外墙或屋面设置闷顶入口或老虎窗，使外部灭火力量更容易全部覆盖闷顶内的着火防火分隔区。由于三、四级耐火等级建筑中每个防火分区的建筑面积均较小，因而每个闷顶防火分隔区的大小应以闷顶下部的建筑分隔情况、方便灭火救援和控制火灾为基础确定，规范没有进一步明确，但不应跨越建筑顶层的防火分区。

4. 闷顶的入口或老虎窗应结合《新建规》第 6.4.9 条规定的室外消防梯进行设置，一般应保证在两个不同方向至少有 1 个入口。闷顶入口或老虎窗的大小要考虑消防员方便、安全操作的需要，尽管规范规定该开口的净高度和净宽度均不应小于 0.7m，但有条件者应比照《新建规》第 7.2.5 条对消防救援窗的要求确定。

【释疑】

疑点 6.3.1-1：闷顶与建筑内的夹层有什么区别？

释义：闷顶一般是位于坡屋顶与水平吊顶之间的空间，该空间无任何功能用途，也无人员活动。建筑内的夹层是建筑内整个楼层或部分（含局部）楼层的层高低于标准层的层高，在夹层内附有一些使用功能（如设备间、管道、管线布置等），当其层高大于 1.2m 且不大于 2.2m 时，计一半建筑面积；当其层高大于 2.2m 时，按其水平投影计全部建筑面积。夹层应按不同使用功能和火灾危险性划分防火分区，而闷顶一般需考虑在一个防火分区内再划分防火分隔区。

疑点 6.3.1-2：闷顶内的防火分隔区与防火分区有什么区别？

释义：闷顶内用防火隔断划分的防火分隔区是在一个防火分区内再划分的更小的防火区域。划分防火分隔区的防火隔断，其耐火极限不应低于屋顶的设计耐火极限，燃烧性能可以为不燃性或难燃性，视建筑的耐火等级而定；而划分防火分区的防火墙，其耐火极限不应低于 3.00h，燃烧性能必须为不燃性。

6.3.4 变形缝内的填充材料和变形缝的构造基层应采用不燃材料。

电线、电缆、可燃气体和甲、乙、丙类液体的管道不宜穿过建筑内的变形缝，确需穿过时，应在穿过处加设不燃材料制作的套管或采取其他防变形措施，并应采用防火封堵材料封堵。

【条文要点】

本条规定了建筑变形缝的防火要求。

【相关名词】

1. **变形缝**——也称建筑变形缝，是为防止外界因素导致建筑结构发生破坏而设置的构造缝隙，可分为伸缩缝、抗震缝和沉降缝。根据变形缝位于建筑的部位，分别有屋顶、楼面、墙体变形缝，参见图 6.21。

2. **伸缩缝**——在建筑物的适当部位自建筑的首层至屋顶设置的垂直缝隙，用于防止建筑结构因环境温度和湿度等的变化所产生的胀缩变形而发生破坏。通常，建筑变形缝会将建筑基础以上的墙体、楼板层、屋顶等构件断开分离成几个独立的部分。

3. **抗震缝**——为防止因地震引起的建筑不协调震动或摆动所产生的破坏而设置的构造缝隙。

4. **沉降缝**——为避免不均匀沉降使建筑墙体或其他结构部位开裂而设置的建筑构造缝隙。沉降缝把建筑物从基础、墙体、楼板到屋顶均以垂直缝隙断开成几段互不联系的独立部分。

【设计要点】

1. 建筑变形缝不仅其构造基层和填充材料均应为不燃性材料，而且应将围绕与室内

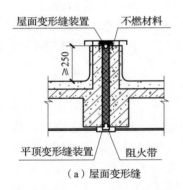

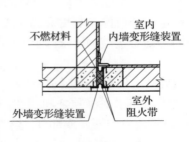

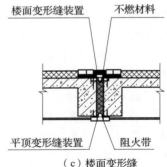

（a）屋面变形缝　　　　　　（b）外墙变形缝　　　　　　（c）楼面变形缝

图 6.21　建筑变形缝示意图

空间相通的所有缝隙完全封堵。封堵中的基板和盖板应能确保其固定牢固、填充密实，能避免因变形导致脱落或封堵不完整。

2. 输送可燃气体和甲、乙、丙液体的管道要尽量避免穿过变形缝；必须穿过变形缝的管道，应采取能避免建筑变形导致管道破裂的措施。例如，在管道外设置不燃性套管，采用满足建筑变形的弹性或柔性构造设计等。套管与管道、套管与变形缝之间的缝隙也应采用防火封堵材料密实封堵。

3. 禁止在变形缝内布置或敷设可输送可燃气体和甲、乙、丙液体的管道及电气线路。

【释疑】

疑点 6.3.4-1：建筑在变形缝处是否要设置双墙？

释义：建筑在变形缝处是否设置双墙，依据建筑各层在变形缝两侧的实际用途和功能以及采取何种变形缝的防火措施而定，防火规范并无明确要求。

疑点 6.3.4-2：防火分区能否跨越变形缝？

释义：防火分区应尽量避免跨越变形缝；否则，应对变形缝采取可靠和与相应楼板耐火性能相当的防火封堵与构造措施。

6.3.5 防烟、排烟、供暖、通风和空气调节系统中的管道及建筑内的其他管道，在穿越防火隔墙、楼板和防火墙处的孔隙应采用防火封堵材料封堵。

　　风管穿过防火隔墙、楼板和防火墙时，穿越处风管上的防火阀、排烟防火阀两侧各 2.0m 范围内的风管应采用耐火风管或风管外壁应采取防火保护措施，且耐火极限不应低于该防火分隔体的耐火极限。

【条文要点】

本条规定了各类通风管道、排烟管道在穿越防火分隔处的防火措施。

【相关标准】

《建筑防烟排烟系统技术标准》GB 51251—2017；

《建筑通风和排烟系统用防火阀门》GB 15930—2007；

《建筑防火封堵应用技术标准》GB/T 51410—2020；

《防火封堵材料》GB 23864—2009。

【相关名词】

1. **防火阀**——一般由阀体、叶片、执行机构和温感器等部件组成，安装在通风、空气调节系统的送风、回风管道及机械补风系统的送风管道上的控制阀，平时呈开启状态，当管道内的烟气温度达到 70℃时能自动关闭，并具有一定防烟和耐火性能，起隔烟阻火作用的阀门。

2. **排烟防火阀**——一般由阀体、叶片、执行机构和温感器等部件组成，安装在机械排烟系统的排烟管道上的控制阀，平时呈开启状态，当排烟管道内的烟气温度达到 280℃时能自动关闭，并具有一定防烟和耐火性能，起隔烟阻火作用的阀门。

【设计要点】

1. 建筑内供暖、通风和空气调节、防烟、排烟系统中的各类管道，在穿越防火墙、楼板和防火隔墙处的缝隙应采用防火封堵材料封堵，防火封堵材料应符合国家标准《防火封堵材料》GB 23864—2009 的规定，防火封堵方法及其技术要求应符合国家标准《建筑防火封堵应用技术标准》GB/T 51410—2020 的要求。

2. 建筑内供暖、通风和空气调节的风管、机械送风系统的风管应在下列位置设置防火阀：

（1）穿越防火分区的防火墙处；

（2）穿越通风、空气调节机房的房间隔墙和楼板处；

（3）穿越重要的房间或火灾危险性大的房间隔墙和楼板处；

（4）穿越建筑变形缝处的两侧墙体，参见图 6.22（a）；

（5）穿越其他防火墙或防火隔墙处、建筑防火分隔楼板处。

3. 建筑内的排烟风管应在下列位置设置排烟防火阀：

（1）穿越防火分区的防火墙处，参见图 6.22（c）；

（2）未布置在风井内的风管在穿越防火分隔楼板处，参见图 6.22（b）；

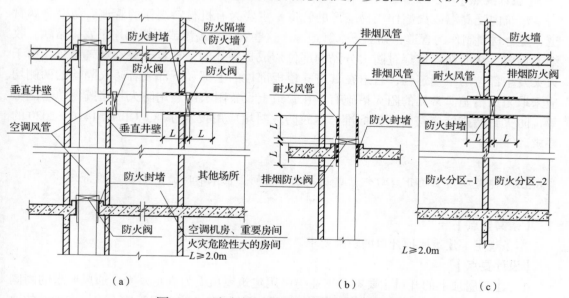

图6.22　防火阀、排烟防火阀布置示意图

（3）排烟管道穿越其他防火墙或防火隔墙处、建筑防火分隔楼板处。

4. 除位于风井内的竖向风管外，风管上的防火阀、排烟防火阀两侧各 2.0m 范围内的风管应采用耐火风管或在风管外壁采取防火保护措施，参见图 6.22。耐火风管或在风管外壁采取防火保护措施后的风管，其耐火极限不应低于该防火分隔体的耐火极限。

5. 防火阀的设置位置和要求，还应符合《新建规》第 9.3.11 条 ~ 第 9.3.13 条和国家标准《建筑防烟排烟系统技术标准》GB 51251—2017 第 4.4.10 条的规定。

【释疑】

疑点 6.3.5：防火阀与排烟防火阀的区别是什么？

释义：防火阀与排烟防火阀的主要区别在于其动作温度不同。防火阀的动作温度一般为 70℃，主要设置在通风、空气调节系统的送、回风系统和机械补风系统的风管上。排烟防火阀的动作温度为 280℃，设置在机械排烟系统的风管上。

6.3.6 建筑内受高温或火焰作用易变形的管道，在贯穿楼板部位和穿越防火隔墙的两侧宜采取阻火措施。

【条文要点】

本条规定了管道在贯穿防火分隔部位的阻火要求，防止管道变形而导致贯穿孔口成为火灾和烟气蔓延的通道。

【相关标准】

《防火膨胀密封件》GB 16807—2009；

《防火封堵材料》GB 23864—2009；

《建筑防火封堵应用技术标准》GB/T 51410—2020。

【设计要点】

建筑内受高温或火焰作用易变形的管道，主要为有机材料制作的管道、薄壁金属管道、复合材料制作的管道，如上下水管道等。这些管道在高温或火焰作用下发生熔融、收缩或塌落，从而在管道穿过防火分隔的部位形成贯穿孔洞，导致火势和烟气蔓延。由于火灾发生部位的不确定性，管道在其贯穿楼板部位的上部和下部或者防火隔墙的两侧均应采取阻火措施。常见的阻火措施有：在管道上设置阻火圈、用防火封堵胶泥填塞缝隙等，防火封堵措施应符合国家标准《建筑防火封堵应用技术标准》GB/T 51410—2020 的要求。

6.3.7 建筑屋顶上的开口与邻近建筑或设施之间，应采取防止火灾蔓延的措施。

【条文要点】

本条规定了建筑屋顶开口的防火要求。

【设计要点】

1. 建筑屋顶上的开口主要有：工业与民用建筑屋顶上为满足采光或通风要求的高侧窗、天窗或老虎窗，中庭的玻璃顶。其他开口还有地铁和人防工程等地下建筑在地面的通风口、排烟口等开口。当这些开口面向或邻近存在其他建筑、设施时，应采取防止火灾蔓延的措施。例如，屋顶开口附近的屋顶设置了电梯机房、冷却塔、风机或风机房、制氧机房、锅炉房，或者邻近有较屋面高的建筑等。显然，本规定中的屋顶应为不燃性屋顶或屋面板。

2. 当一、二级耐火等级建筑屋面有较大的高差，且在较低建筑的屋面上有采光顶或其他开口时，应采取能防止火灾从屋面开口向较高建筑蔓延的措施。基本措施之一就是保持足够的间距，如图6.23所示在开口与较高建筑外墙之间设置水平距离不小于6m（或9m）的空间间隔；也可以将屋顶开口改为防火玻璃顶等。

3. 对于地铁、人防工程等地下建筑的地面开口的防火设计，还应符合相应国家标准《地铁设计防火标准》GB 51298—2018等的规定。

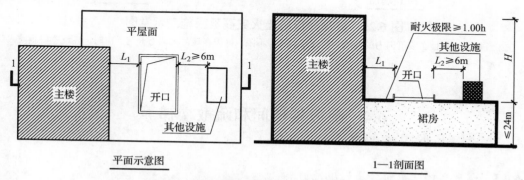

图 6.23　屋顶开口防止火灾蔓延示意图

注：当 $H \leqslant 24m$，$L_1 \geqslant 6.0m$；当 $H \geqslant 24m$，$L_1 \geqslant 9.0m$。

【释疑】

疑点 6.3.7： 当较低屋面开口的边缘水平距离较高建筑的外墙小于6m时，应如何处理？

释义： 当较低屋面开口的边缘水平距离较高建筑的外墙小于6m时，可以采用防火玻璃将开口封闭，防火玻璃应具备不小于1.00h的耐火完整性，详见图6.24；或者将面向开口且高出开口15m范围内的建筑外墙改为防火墙，面向屋顶开口的门、窗改用甲级防火门、窗，参见图6.25。

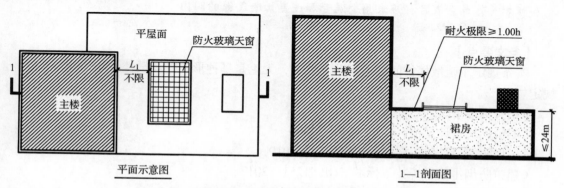

图 6.24　屋顶开口防止火灾蔓延措施一示意图

注：防火玻璃耐火完整性不应低于1.00h。

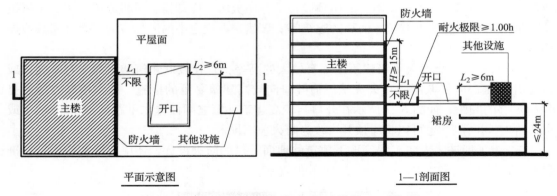

图 6.25　屋顶开口防止火灾蔓延措施二示意图

注：当 $H \geqslant 15m$ 且在该范围内的外墙为防火墙时，L_1 不限，确需在该防火墙上开门、窗时，应设置甲级防火门、窗。

6.4　疏散楼梯间和疏散楼梯等

6.4.1　疏散楼梯间应符合下列规定：

　　1　楼梯间应能天然采光和自然通风，并宜靠外墙设置。靠外墙设置时，楼梯间、前室及合用前室外墙上的窗口与两侧门、窗、洞口最近边缘的水平距离不应小于 1.0m。

　　2　楼梯间内不应设置烧水间、可燃材料储藏室、垃圾道。

　　3　楼梯间内不应有影响疏散的凸出物或其他障碍物。

　　4　封闭楼梯间、防烟楼梯间及其前室，不应设置卷帘。

　　5　楼梯间内不应设置甲、乙、丙类液体管道。

　　6　封闭楼梯间、防烟楼梯间及其前室内禁止穿过或设置可燃气体管道。敞开楼梯间内不应设置可燃气体管道，当住宅建筑的敞开楼梯间内确需设置可燃气体管道和可燃气体计量表时，应采用金属管和设置切断气源的阀门。

【条文要点】

　　本条规定了疏散楼梯间的通用防火要求，无论是哪种形式的疏散楼梯间均应符合这些规定。

【相关标准】

　　《城镇燃气设计规范》GB 50028—2006；

　　《民用建筑设计统一标准》GB 50352—2019；

　　《建筑防烟排烟系统技术标准》GB 51251—2017。

【设计要点】

　　疏散楼梯间根据其封闭情况与防烟性能可分为敞开楼梯间、封闭楼梯间和防烟楼梯间。疏散楼梯间是建筑在火灾时的重要竖向疏散通道，其重要性与避难间、避难走道相同，因为楼层上的人员进入疏散楼梯间后就视为通过了安全出口，进入了安全区。因此，疏散楼梯间应具有较高防火、防烟性能，不应存在引发火灾危险或被火灾或烟气侵入入的危险，或者即使有烟气侵入后仍应能保证进入楼梯间的人员安全疏散。设计时，要根据建筑的高度和具体用途来确定相应疏散楼梯间的形式及其防火性能，相关要求见《新建规》第3.7节、第5.5节、第6.4.4条等的规定。疏散楼梯间应满足以下基本防火性能要求：

1. 应具备天然采光和自然通风条件，特别是自然通风条件。因此，楼梯间要尽量靠外墙布置，参见图6.26。敞开楼梯间应靠建筑外墙布置，首层出口应直通室外。建筑层数不大于4层的多层建筑中的疏散楼梯间在首层难以直通室外的出口，可以布置在距离建筑外门直线距离不大于15m处，建筑内设置自动灭火系统时，也不应大于此距离。

2. 不具备自然通风条件或自然通风条件不能满足要求的疏散楼梯间，应采取防烟措施，如设置防烟前室、机械加压送风设施等。根据国家标准《建筑防烟排烟系统技术标准》GB 51251—2017第3.2.1条的规定，靠外墙布置的敞开楼梯间的外墙上每5层内的可开启外窗或开口的总面积不应小于$2.0m^2$，且布置间隔不应大于3层，参见图6.26。

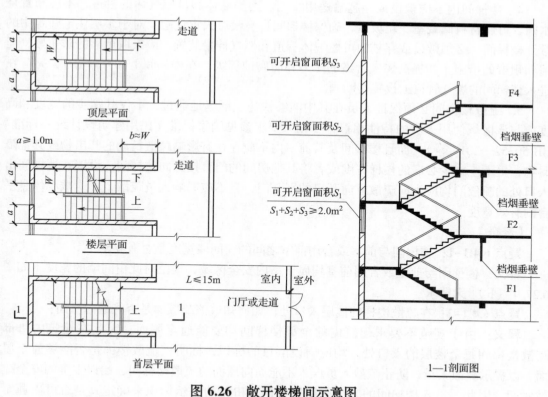

图 6.26 敞开楼梯间示意图

注：每5层之内的可开启外窗面积 $S_1 + S_2 + S_3 \geq 2.0m^2$。

3. 疏散楼梯间（包括楼梯间的前室、合用前室、共用前室）应采用防火隔墙、防火门、防火窗与周围空间进行分隔，防火隔墙的耐火极限和燃烧性能应根据建筑的耐火等级和建筑类型确定，不应采用防火卷帘等替代防火隔墙，尽量避免采用防火玻璃墙替代。楼梯间及其前室或合用前室的外窗与相邻区域外墙上开口最近边缘的水平距离不应小于1.0m，参见图 6.27。

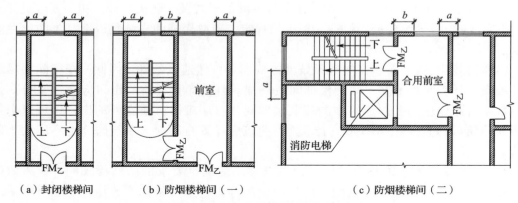

图 6.27　封闭、防烟楼梯间平面示意图

（a）封闭楼梯间　　　（b）防烟楼梯间（一）　　　（c）防烟楼梯间（二）

注：$a \geq 1.0m$，b 不限。

4. 楼梯间内不应敷设或穿越输送甲、乙、丙类液体和可燃气体的管道，不应布置烧水间、可燃材料储藏室、垃圾道，确保楼梯间自身没有火灾危险。对于多层住宅建筑中的敞开楼梯间，必须敷设或穿越的可燃气体管道和燃气计量装置，应采取可靠的防止燃气泄漏和积聚的措施（如提高燃气管道的压力和防腐蚀等级、在楼梯间上部开口等），并应在进入楼梯间的燃气管道上设置切断阀。

5. 疏散楼梯间必须保证人员在其中能够快速、顺畅地通过，不仅其踏步的宽度和高度应与该区域使用人员的特性相符合（相关要求参见国家标准《民用建筑设计统一标准》GB 50352—2019 等），而且楼梯间及其前室内不应存在有影响疏散行动的凸出物或其他障碍物，更不应减少必需的楼梯宽度或者将其他房间的门直接开向楼梯间。设置在楼梯间出入口处的疏散门均应为向疏散方向开启的平开门，且不应影响人员疏散，不应减小休息平台的有效宽度。

【释疑】

疑点 6.4.1–1：楼梯间与前室或合用前室之间的窗间墙宽度是否有要求？

释义：楼梯间与前室或合用前室均属于室内安全区域，规范对此窗间墙的宽度［如图6.27 中（b）］无要求。

疑点 6.4.1–2：在疏散楼梯的楼层入口处，如何知道该疏散梯是否能通向屋面？

释义：由于规范不要求建筑内的全部楼梯间均要能通至屋面，因此在建筑内每部疏散楼梯间每个楼层的入口处，均应增设醒目的标识，标明该疏散楼梯是否能够通至屋面，以提示疏散人员，防止疏散人员误入不能通向屋面的疏散楼梯间，贻误宝贵的安全疏散时间。因此，进入楼梯间的人员应根据楼梯入口处的提示标识来确定其是否可以通至屋面。

6.4.2 封闭楼梯间除应符合本规范第 **6.4.1** 条的规定外，尚应符合下列规定：

1 不能自然通风或自然通风不能满足要求时，应设置机械加压送风系统或采用防烟楼梯间。

2 除楼梯间的出入口和外窗外，楼梯间的墙上不应开设其他门、窗、洞口。

3 高层建筑、人员密集的公共建筑、人员密集的多层丙类厂房、甲、乙类厂房，其封闭楼梯间的门应采用乙级防火门，并应向疏散方向开启；其他建筑，可采用双向弹簧门。

4 楼梯间的首层可将走道和门厅等包括在楼梯间内形成扩大的封闭楼梯间，但应采用乙级防火门等与其他走道和房间分隔。

【条文要点】

本条规定了除疏散楼梯间的通用防火要求外，封闭楼梯间应满足的其他防火要求。

【相关标准】

《汽车库、修车库、停车场设计防火规范》GB 50067—2014；

《民用建筑设计统一标准》GB 50352—2019；

《建筑防烟排烟系统技术标准》GB 51251—2017。

【设计要点】

1. 封闭楼梯间是具有防烟性能的楼梯间，在封闭楼梯间的楼层入口处应设置防烟门。该防烟门可以为防火门，也可以为双向弹簧门；但对于高层建筑（包括工业建筑和民用建筑）、人员密集的公共建筑和人员密集的丙类厂房及甲、乙类厂房，应为甲级或乙级防火门。尽管部分建筑的封闭楼梯间门可以不采用防火门，但为满足楼梯间的楼层入口门在火灾时能自行关闭的要求，此门要尽量全部采用防火门。对于人员经常出入处的楼梯间门，可采用平时保持常开状态的防火门。其中，人员密集的公共建筑包括宾馆、饭店、商场、集贸市场、客运车站候车室、客运码头候船厅、民用机场航站楼、体育场馆、会堂以及公共娱乐场所等，医院的门诊楼、病房楼，学校的教学楼、图书馆、食堂和集体宿舍，养老院，福利院，托儿所，幼儿园，公共图书馆的阅览室，公共展览馆、博物馆的展示厅等。

2. 封闭楼梯间的防烟主要依靠其楼层入口处设置的门和楼梯间外墙上的窗口，难以避免人员疏散过程中的部分烟气窜入楼梯间，因此封闭楼梯间应尽量靠建筑外墙布置，使之能够具有良好的自然排烟条件，以防止烟气在楼梯间内积聚不散。当不具备自然排烟条件或自然排烟条件不能满足相关标准要求时，在封闭楼梯间内应设置机械加压送风设施，或者将其改为防烟楼梯间。

此外，根据国家标准《建筑防烟排烟系统技术标准》GB 51251—2017 第 3.3.11 条的规定，设置机械加压送风系统的封闭楼梯间，还应在其顶部设置开口面积不小于 $1.0m^2$ 的固定外窗以作应急排烟，确保救援人员安全。

3. 封闭楼梯间在建筑的首层应直通室外。当部分楼梯间不能直通室外又难以调整时，应将人员进入首层疏散所需经过的区域扩大到封闭楼梯间内，但应注意将相邻区域的走道、房间与扩大的封闭楼梯间分隔，即应采用与楼梯间隔墙耐火性能相同的防火隔墙及甲级或乙级防火门、窗进行分隔，参见图 6.28。其他要求详见《新建规》第 5.5.17 条。

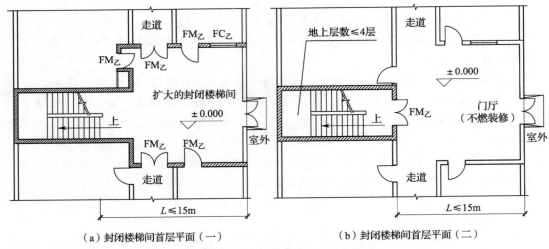

（a）封闭楼梯间首层平面（一）　　　　　（b）封闭楼梯间首层平面（二）

图 6.28　扩大封闭楼梯间示意图

4.　为提高和保障封闭楼梯间的防火性能，除楼梯间的疏散门、外窗和首层扩大的封闭楼梯间内分隔其他部位的防火门、窗外，不应在封闭楼梯间的分隔墙上开设除加压送风口外的其他任何开口，如管道井的检查门、其他房间的门或窗。由于设置封闭楼梯间的建筑楼层数较少，因此其机械防烟可采用直灌式机械加压送风来实现，在楼梯间内基本不需要再开设送风口。

【释疑】

疑点 6.4.2-1：当建筑在首层采用扩大的封闭楼梯间时，楼梯间在首层的楼梯起步至外门的距离是否有要求？

释义：建筑首层的扩大封闭楼梯间自楼梯首层起步至建筑外门的距离不应大于 15m，当建筑内全部设置自动灭火系统时，该距离也不应增加，参见图 6.28（a）。

疑点 6.4.2-2：对于层数大于 4 层的建筑中不能直通室外的封闭楼梯间以及层数不大于 4 层的建筑中距离建筑外门大于 15m 的封闭楼梯间，如何处理才能满足防火安全的要求？

释义：对于层数大于 4 层的建筑中不能直通室外的封闭楼梯间以及层数不大于 4 层的建筑中距离建筑外门大于 15m 的封闭楼梯间，均可在首层采用扩大的封闭楼梯间或专用疏散走道通至室外，扩大的封闭楼梯间内的最大疏散距离不应大于 30m。专用疏散走道是直接与楼梯和对外出口的连接走道，不能与其他房间共用。

疑点 6.4.2-3：扩大的封闭楼梯间能否用于建筑内其他楼层？

释义：扩大的封闭楼梯间一般设置在能直通室外地面的建筑首层（或坡顶层、坡底层），对于其他楼层一般不允许应用扩大的封闭楼梯间，但可加大封闭楼梯间的转换平台面积。

疑点 6.4.2-4：封闭楼梯间的外门（首层外门、出屋面外门），是否要求采用防火门？

释义：封闭楼梯间的外门（首层外门、出屋面外门）可采用普通门或防火门，但不管那种门，均应能确保火灾时楼梯间内可能需要维持的正压值。因此，采用自然通风方式防烟的封闭楼梯间，其外门可以采用普通门；采用机械加压送风方式进行防烟的封闭楼梯间，其外门应采用能自行关闭的防火门或能自行关闭后具有良好密闭性能的普通门，防火门的耐火等级可以不作要求。

疑点 6.4.2-5： 封闭楼梯间内的梯段是否可以采用剪刀式楼梯？

释义： 封闭楼梯间内的梯段可以采用剪刀式楼梯，但应注意封闭楼梯间内剪刀式楼梯与用作楼层上 2 个安全出口的剪刀楼梯间的区别。对于前者，楼层不同入口的 2 个楼梯段位于同一个空间，参见图 6.29（a）；对于后者，楼层不同入口的 2 个楼梯段位于 2 个相互独立的空间且楼梯间应为防烟楼梯间，参见图 6.29（b）。设计不应将封闭楼梯间内的剪刀式楼梯在同一楼层的 2 个入口作为 2 个安全出口（或疏散出口）。

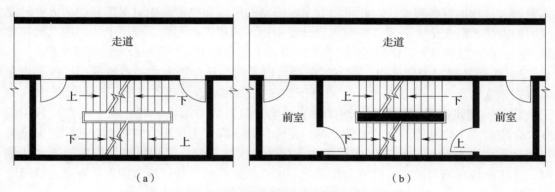

图 6.29 剪刀式楼梯与剪刀楼梯间平面示意图

6.4.3 防烟楼梯间除应符合本规范第 6.4.1 条的规定外，尚应符合下列规定：

1 应设置防烟设施。

2 前室可与消防电梯间前室合用。

3 前室的使用面积：公共建筑、高层厂房（仓库），不应小于 $6.0m^2$；住宅建筑，不应小于 $4.5m^2$。

与消防电梯间前室合用时，合用前室的使用面积：公共建筑、高层厂房（仓库），不应小于 $10.0m^2$；住宅建筑，不应小于 $6.0m^2$。

4 疏散走道通向前室以及前室通向楼梯间的门应采用乙级防火门。

5 除住宅建筑的楼梯间前室外，防烟楼梯间和前室内的墙上不应开设除疏散门和送风口外的其他门、窗、洞口。

6 楼梯间的首层可将走道和门厅等包括在楼梯间前室内形成扩大的前室，但应采用乙级防火门等与其他走道和房间分隔。

【条文要点】

本条规定了除疏散楼梯间的通用防火要求外，防烟楼梯间应满足的其他防火要求，主要为提高防烟性能的要求。

【相关标准】

《民用建筑设计统一标准》GB 50352—2019；

《建筑防烟排烟系统技术标准》GB 51251—2017。

【设计要点】

1. 防烟楼梯间由楼梯间和防烟前室组成，主要用于建筑高度高或埋深大的建筑，以减小因疏散时间长可能导致火灾及其烟气给人员疏散安全带来的危害性作用，或用于提高难以靠建筑外墙布置或自然排烟条件不满足要求的楼梯间的防烟性能。

2. 防烟楼梯间通过在进入楼梯间前设置防烟前室来提高楼梯间的防烟性能，并缓冲因多个楼层上的人员进入楼梯间后导致人员拥挤，或避免人员在楼层上处于火灾和烟气的危险环境内。前室可利用建筑中敞开的凹廊或阳台。因此，前室既需具有防烟的性能，还要兼具避难的功能。当然，对于与消防电梯前室合用的前室，还需要考虑救援人员灭火准备、休整和人员救助等的需要。由此可以看出，前室的防烟和使用面积对保障和提高火灾时建筑内的人员疏散安全十分重要。前室设计要根据不同建筑的用途、楼层上的使用人数和建筑高度，在规范规定的可供使用的净面积的基础上综合确定一个更加合理的前室面积。

3. 防烟楼梯间中楼梯间、前室的防烟可以采用自然排烟方式，也可采用机械加压送风方式来实现。对于建筑高度小于或等于 50m 的公共建筑、建筑高度小于或等于 50m 的工业建筑、建筑高度小于或等于 100m 的住宅建筑，其防烟楼梯间、独立前室、共用前室、合用前室（除共用前室与消防电梯前室合用外）应优先采用自然排烟方式。但无论采用何种方式进行防烟，均需要能有效防止烟气进入楼梯间。采用机械加压送风方式防烟时，要注意楼梯间与前室、前室与楼层之间的合理正压值，并校核方便人员开启疏散门所需开启力。

此外，根据《建筑防烟排烟系统技术标准》GB 51251—2017 第 3.3.11 条的规定，设置机械加压送风的防烟楼梯间应在其顶部开设开口面积不小于 $1.0m^2$ 的固定外窗。

4. 除住宅建筑的楼梯间前室外，防烟楼梯间和前室的内墙上不应开设除疏散门和送风口外的其他开口。进入防烟楼梯间的门均应为甲级或乙级防火门，参见图 6.30；对于建筑高度大于 250m 的建筑，进入防烟楼梯间的门均应为甲级防火门。

5. 防烟楼梯间在首层不能直通室外时，可采用扩大的前室，参见图 6.30（b）。扩大至前室的区域应为火灾危险性很低的空间，扩大的前室应与其他空间或部位进行严格的防火分隔，且楼梯间至建筑外门的距离不应大于 30m，即使扩大的前室内或建筑内全部设置了自动灭火系统，该距离也不应增加。

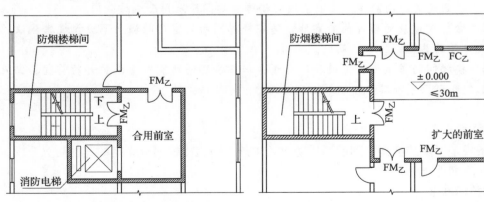

（a）防烟楼梯间楼层平面示意图　　　　　（b）首层扩大前室平面示意图

图 6.30　防烟楼梯间平面示意图

【释疑】

疑点 6.4.3–1：住宅建筑中防烟楼梯间的前室、合用前室内能否开设水、电等管井的检修门？

释义：住宅建筑中防烟楼梯间的前室、合用前室内允许开设水、电等管井的检修门，但应采用甲级或乙级防火门。

疑点 6.4.3–2：《新建规》第 5.5.27 条规定，住宅建筑在确有困难时允许每层开向同一前室的户门不应大于 3 樘。对于单元式住宅建筑，是否指每个单元每层允许开向同一前室的户门不应大于 3 樘？

释义：单元式住宅建筑中每个单元每层开向同一前室的户门不应大于 3 樘，并应采用甲级或乙级防火门。

疑点 6.4.3–3：规范要求普通电梯层门的耐火极限不应低于 1.00h。这可否理解为普通电梯层门可以开向防烟楼梯间的前室？

释义：尽管规范要求普通电梯层门应具有不低于 1.00h 的耐火极限，但这与消防电梯设置防烟前室还是不同，符合要求的电梯层门具有一定的防烟作用，但防烟效果在竖井的烟囱效应作用下仍不理想，且普通电梯本身具有一定的火灾危险性。因此，根据《新建规》第 6.4.3 条第 5 款的规定，在防烟楼梯间的前室内不应设置普通电梯，以确保楼梯间的安全。

疑点 6.4.3–4：防烟楼梯间在首层和通向屋面处能否不设置前室，使得楼梯间的门能直接对外？

释义：防烟楼梯间的前室是为提高楼梯间的防烟性能而设置的。如果在建筑首层或屋顶可以直通室外的楼梯间不设置前室仍能保持楼梯间内的正压，或者不降低楼梯间的防烟性能，允许不设置前室。因此，当楼梯间采用自然通风方式进行防烟或者仅楼梯间进行机械加压送风防烟时，防烟楼梯间可以在建筑的首层或屋顶直通室外处不设置前室。

疑点 6.4.3–5：防烟楼梯间的前室有几种？

释义：防烟楼梯间的前室除在建筑首层（或坡顶层和坡底层）采用扩大的前室或扩大的合用前室外，在楼层的前室有独立前室、合用前室、共用前室和三合一前室共 4 种，参见图 6.31。

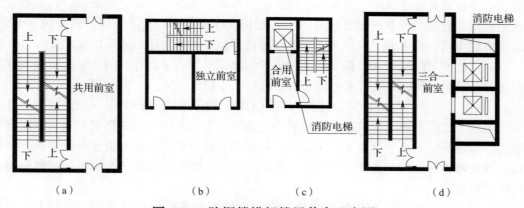

图 6.31　防烟楼梯间楼层前室示意图

6.4.4 除通向避难层错位的疏散楼梯外，建筑内的疏散楼梯间在各层的平面位置不应改变。

除住宅建筑套内的自用楼梯外，地下或半地下建筑（室）的疏散楼梯间，应符合下列规定：

1 室内地面与室外出入口地坪高差大于 10m 或 3 层及以上的地下、半地下建筑（室），其疏散楼梯应采用防烟楼梯间；其他地下或半地下建筑（室），其疏散楼梯应采用封闭楼梯间。

2 应在首层采用耐火极限不低于 2.00h 的防火隔墙与其他部位分隔并应直通室外，确需在隔墙上开门时，应采用乙级防火门。

3 建筑的地下或半地下部分与地上部分不应共用楼梯间，确需共用楼梯间时，应在首层采用耐火极限不低于 2.00h 的防火隔墙和乙级防火门将地下或半地下部分与地上部分的连通部位完全分隔，并应设置明显的标志。

【条文要点】

本条规定了疏散楼梯间在建筑中各楼层的平面位置要求以及地下、半地下建筑（室）内疏散楼梯的设置要求，适用于各类建筑中疏散楼梯的设置。

【相关标准】

《地铁设计规范》GB 50157—2013；

《民用建筑设计统一标准》GB 50352—2019。

【设计要点】

1. 疏散楼梯（间）是在火灾时供建筑内人员紧急避火和逃生的重要竖向通道，除应具有较高的防火性能外，还应确保进入其中的人员能够连续、通畅、安全地直接到达室外地面或其他安全区，不能在从上一楼层下到下一楼层后还需寻找楼梯。因此，疏散楼梯的布置需要保证同一座楼梯在建筑各层是处于同一位置。当建筑上下错位或楼层面积不一样等原因导致楼梯在上下层不得不错位时，应采用连续的通道连通，且通道上不应开设其他门洞，以实现疏散过程的连续性。

但是，对于设置避难层的建筑，规范要求疏散楼梯在进出避难层处必须错位或断开，以强制引导疏散人员必须经过避难层，确保需要避难的人员不会错过避难层。在避难层之间或避难层与首层之间的疏散楼梯在其中各层仍应保持其平面位置不变。对于设置地下、半地下室的建筑，要求地下、半地下室的疏散楼梯间在首层与建筑上部的疏散楼梯进行分隔，以防止地下室的疏散人员误入地上的楼梯间继续上行或上部建筑的疏散人员误入地下室。这种分隔可以使楼梯在首层错位布置，也可以不错位布置。

2. 除住宅建筑户内楼梯外，隧道、人防工程、地下轨道交通工程、城市管廊、各类地下、半地下工业与民用建筑和各类建筑中的地下、半地下室，其疏散楼梯均应采用封闭楼梯间；当地下、半地下建筑（室）中供人员使用和停留的室内地面低于疏散楼梯室外出入口处的地坪 10m（即埋深大于 10m），或者建筑的层数大于或等于 3 层时，疏散楼梯应采用防烟楼梯间。

地下、半地下室的疏散楼梯在建筑首层与建筑上部疏散楼梯的分隔，除扩大的前室外，应保证地下室的楼梯间出口不会与地上部分的楼梯间出口在首层共用或共用同一个前室。因此，当疏散楼梯间在首层均采用扩大的前室时，扩大的前室可以共用，但进出地下室的楼梯间门不应与进出地上部分的疏散楼梯间门位于同一方位。

一般，地下部分的楼梯间出口在首层应直通室外，或者与地上部分的楼梯间出口位于不同方位。因此，地下室的疏散楼梯间应避免与地上部分的疏散楼梯间共用同一个楼梯间；必须共用时，地下部分的楼梯间与地上部分的楼梯间应在首层采用耐火极限不低于 2.00h 的防火隔墙分隔。这种分隔不应简单地在从首层进入地下的楼梯间入口处增设一道甲级或乙级防火门，而应将上下部分的楼梯间入口设置在不同位置，参见图 6.32。

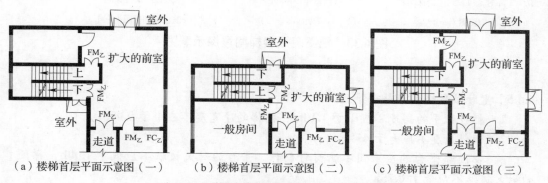

图 6.32　首层疏散楼梯防火分隔示意图

（a）楼梯首层平面示意图（一）　　（b）楼梯首层平面示意图（二）　　（c）楼梯首层平面示意图（三）

3. 地下室的疏散楼梯间在首层与其他部分的分隔，与地上部分的疏散楼梯间在首层与其他部分的分隔要求相同，即均需要采用耐火极限不低于 2.00h 的防火隔墙和甲级或乙级防火门与首层的其他空间或部位进行分隔。对于建筑高度大于 250m 的建筑，楼梯间的分隔墙如为核心筒的外侧墙体，其耐火极限应为 3.00h，门应为甲级防火门。

【释疑】

疑点 6.4.4–1：地下或半地下建筑（室）的疏散楼梯间入口处室内、外地坪有高差时，建筑埋深如何计算？

释义：当地下或半地下建筑（室）疏散楼梯间入口处室内、外地坪有高差时，地下或半地下建筑（室）的埋深应按该楼梯的室外入口处地面与地下最低一层的室内地面平均高度的高差计算，参见图 6.33（a）。

疑点 6.4.4–2：3 层及以上的地下或半地下建筑（室）的疏散楼梯间应为防烟楼梯间。此处的层数是指疏散楼梯间的层数还是指地下或半地下建筑（室）的自然楼层数？

释义：地下建筑的疏散楼梯间需采用防烟楼梯间的设置条件中的层数，应为地下建筑的自然楼层数。当地下建筑的自然层数与楼梯间的层数不一致时，应按地下建筑的自然楼层数确定，并核算其埋深。当疏散楼梯间室外出入口处的地坪与最低楼层的室内地面（即埋深）高差小于或等于 10m，且地下或半地下建筑（室）的自然楼层数小于 3 层时，疏散楼梯间可为封闭楼梯间，参见图 6.33（b）；当地下或半地下建筑（室）的自然楼层数大于或等于 3 层（无论埋深是否大于 10m），或者埋深大于 10m 时，疏散楼梯间应为防烟楼梯间，参见图 6.33（c）。

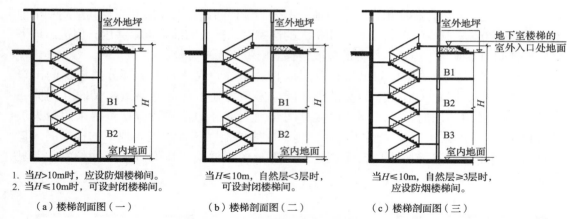

1. 当 H>10m 时，应设防烟楼梯间。
2. 当 H≤10m 时，可设封闭楼梯间。

（a）楼梯剖面图（一）

当 H≤10m，自然层<3层时，
可设封闭楼梯间。

（b）楼梯剖面图（二）

当 H≤10m，自然层≥3层时，
应设防烟楼梯间。

（c）楼梯剖面图（三）

图 6.33　地下疏散楼梯间埋深示意图

6.4.5 室外疏散楼梯应符合下列规定：

1 栏杆扶手的高度不应小于 1.10m，楼梯的净宽度不应小于 0.90m。

2 倾斜角度不应大于 45°。

3 梯段和平台均应采用不燃材料制作。平台的耐火极限不应低于 1.00h，梯段的耐火极限不应低于 0.25h。

4 通向室外楼梯的门应采用乙级防火门，并应向外开启。

5 除疏散门外，楼梯周围 2m 内的墙面上不应设置门、窗、洞口。疏散门不应正对梯段。

【条文要点】

本条规定了建筑室外疏散楼梯的基本性能要求。

【设计要点】

1. 室外疏散楼梯是楼梯一边或两边靠建筑外墙布置，各楼梯段、楼梯休息平台均位于室外，临空部位均设置防护设施、用于人员疏散的楼梯。室外疏散楼梯在火灾中应具有良好的防止烟气积聚的性能，其结构应具有一定的耐火性能，能满足人员疏散过程中安全行走的要求。符合要求的室外疏散楼梯可以视作防烟楼梯间或封闭楼梯间。

2. 室外疏散楼梯位于建筑的外墙外，可能受火或高温作用的部位为楼层通向楼梯的疏散门和楼梯下部或邻近外墙上的开口，参见图 6.34。因此，室外疏散楼梯设计要符合下列要求：

（1）非开敞的室外疏散楼梯应能使烟气自然排出，具有能防止烟气在其中积聚的性能。

（2）楼梯应采用不燃性材料制作，与楼层疏散门相通的平台应具有与建筑楼板相同的耐火性能。

（3）楼层疏散门应为甲级或乙级防火门，这需要根据楼梯设置部位建筑内的火灾危险性来确定。门应向外开启，但开启后不应减小楼梯平台的宽度，不应直接开设在耐火性能较低的楼梯梯段上，以防阻挡或影响人员疏散。

（4）避免在楼梯平台和梯段的正下方及周围 2m 范围内开设任何洞口，必须开设的洞口应设置窗扇不可开启的防火玻璃窗，其耐火极限不应低于所在外墙的耐火极限。

（5）室外疏散楼梯的临空处应设置净高不小于 1.10m 的防护栏杆或栏板。

（6）楼梯的倾斜角度要根据疏散楼梯所服务场所内的疏散人数和疏散人员的特性来确定。例如，对于人员聚集的场所或者儿童、老年人使用场所，其倾斜角度就应小些；对于钢铁厂房，其倾斜角度则可大些。

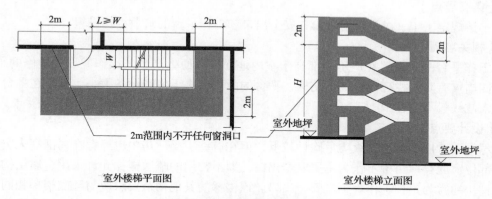

图 6.34　室外疏散楼梯示意图

注：W 为楼梯段净宽度，H= 层高 × 楼层数。

【释疑】

疑点 6.4.5-1： 室外疏散楼梯各层结构梁、柱的耐火极限如何确定？

释义： 室外疏散楼梯各层结构梁、柱的燃烧性能和耐火极限，不应低于楼梯平台的燃烧性能和耐火极限，即建筑楼板的设计耐火极限。

疑点 6.4.5-2： 室外疏散楼梯防护栏杆（栏板）的燃烧性能是否有要求？

释义： 室外疏散楼梯防护栏杆（栏板）的燃烧性能应与梯段制作材料的燃烧性能相同。

疑点 6.4.5-3： 室外疏散楼梯能否用于人员密集场所？

释义： 室外疏散楼梯一般用于工业建筑或疏散人数较少的场所（如设备平台、设备用房等），也可以用于人员密集场所的人员疏散。用于人员密集场所时，疏散楼梯的净宽度、踏步的高宽比、栏杆扶手或栏板的高度等均应符合国家标准《民用建筑设计统一标准》GB 50352—2019 等标准的规定。

疑点 6.4.5-4： 设置室外疏散楼梯的建筑外墙，其耐火极限是否有要求？

释义： 设置室外疏散楼梯的建筑外墙，其耐火极限不应低于该建筑相应耐火等级对外墙的耐火极限要求。

疑点 6.4.5-5： 室外疏散楼梯 2m 范围内的外墙上能否设置防火窗？

释义： 室外疏散楼梯 2m 范围内的外墙上除疏散门外，不应有其他洞口，必须开设的洞口应设置窗扇不可开启的防火窗。防火窗的耐火性能不应低于所在外墙的耐火极限。

6.4.6　用作丁、戊类厂房内第二安全出口的楼梯可采用金属梯，但其净宽度不应小于 0.90m，倾斜角度不应大于 45°。

丁、戊类高层厂房，当每层工作平台上的人数不超过 2 人且各层工作平台上同时工作的人数总和不超过 10 人时，其疏散楼梯可采用敞开楼梯或利用净宽度不小于 0.90m、倾斜角度不大于 60° 的金属梯。

【条文要点】

本条规定了丁、戊类厂房内第二安全出口和工作平台的疏散楼梯设置要求。

【相关名词】

工作平台——设置在厂房内部高于室内地面，方便生产工艺操作或设备检修的平台。平台四周仅有防护栏杆，无围护结构，平台的面积取决于生产设备大小，同时在平台上工作的人数一般不超过 10 人。

【设计要点】

尽管丁、戊类厂房的火灾危险性较低，但在有些丁类厂房中也还存在局部高火灾危险性的部位。此类厂房中不作为主要安全出口，即不常用的疏散楼梯允许采用金属结构制作的楼梯（通常为钢梯）作为第二安全出口。该楼梯的其他构造要求应与疏散楼梯相同，只是在场地受限时可以采用较大倾斜角度的楼梯，但倾斜角度不应大于 45°。楼梯的位置应避开可能受到高温作用或高火灾危险性的部位。

丁、戊类高层厂房内的工作平台，其设置条件主要控制每层平台上同时工作的人数不应超过 2 人，在所有平台上同时工作的总人数不应超过 10 人。

6.4.7 疏散用楼梯和疏散通道上的阶梯不宜采用螺旋楼梯和扇形踏步；确需采用时，踏步上、下两级所形成的平面角度不应大于 10°，且每级离扶手 250mm 处的踏步深度不应小于 220mm。

6.4.8 建筑内的公共疏散楼梯，其两梯段及扶手间的水平净距不宜小于 150mm。

【条文要点】

这两条规定了各类建筑内公共疏散楼梯的细部尺寸构造，以保证人员安全疏散和方便灭火救援。

【设计要点】

1. 各类建筑（包括工业与民用建筑、人防工程、轨道交通工程、隧道工程、城市综合管廊工程等）内的公共疏散楼梯，其踏步宽度和高度均应根据使用人员的构成和特性确定，符合相应的人体工程学尺寸，方便使用，避免人员在应急疏散时发生摔跤、踩踏等事故。

2. 疏散楼梯（包括公共疏散楼梯和建筑内供特定人员自用的疏散楼梯，如住宅建筑中的自用楼梯和建筑中的复式房间内设置的楼梯）不宜采用螺旋楼梯和扇形踏步；确需采用时，应符合规范规定的踏步构造与尺寸。

3. 建筑内公共疏散楼梯的两梯段及扶手间的水平净距要求主要针对多层建筑，便于消防救援人员在灭火时快速吊挂水带，从外部供水。但是，在实际灭火行动中，无论多层建筑还是高层建筑，大多需要利用楼梯间来敷设水带向火场供水。因此，各类建筑中的公共疏散楼梯的设置均应符合此要求。

6.4.9 高度大于 10m 的三级耐火等级建筑应设置通至屋顶的室外消防梯。室外消防梯不应面对老虎窗，宽度不应小于 0.6m，且宜从离地面 3.0m 高处设置。

【条文要点】
本条规定了部分三级耐火等级建筑室外消防梯的设置要求。

【设计要点】

1. 室外消防梯是设置在建筑外墙上，用于消防救援人员从室外地坪上至屋顶的垂直梯，多为钢质爬梯，主要针对耐火等级低且具有闷顶的建筑。近年来，这种建筑在我国越来越少见，但在一些木结构建筑和乡镇农村的一些建筑中还可见这种情况。四级耐火等级的建筑由于最多只允许建造 2 层，层数不高；木结构建筑目前也最多只允许建造 3 层，更高的木结构建筑则需要设置更加完善的消防设施。因此，这些建筑以及高度较低的三级耐火等级建筑，可以不考虑设置室外消防梯。

2. 设置在建筑外墙上的消防梯有利于人员从建筑外部或顶部实施灭火救援。室外消防梯可结合建筑的室外逃生梯设置，其位置既要防止从外墙上的窗口和屋顶老虎窗喷出的火灾及其烟气影响消防救援人员人身安全和灭火救援行动，也要便于消防救援人员利用这些开口展开灭火救援行动。此外，还要注意室外消防梯的设置起始高度，使之不被人随意利用，防止少儿攀爬。

3. 老虎窗见本《指南》第 6.3.1 条的相关释义。

6.4.10 疏散走道在防火分区处应设置常开甲级防火门。

【条文要点】
本条规定了位于疏散走道上的防火门的设置要求。

【设计要点】

1. 疏散走道为建筑内具有一定防火防烟性能的走道，疏散走道上通常不应进行任何分隔，不应有任何影响人员疏散的障碍物，应能确保人员在火灾时疏散畅通、不受阻碍。

2. 对于跨越防火分区的疏散走道，需要在防火分区的分隔处设置甲级防火门，且不应采用防火卷帘替代；当疏散走道较宽时，应采用门中门的方式，即大门中套着小门，当大门关闭后，人员仍可经过小门进行疏散或逃生，仍不应采用防火卷帘。对于极少数商业设施中兼作疏散走道的大型通道，确需在防火分隔处设置防火卷帘时，应在卷帘旁设置防火隔间和逃生用甲级防火门。

3. 对于长度超过允许疏散距离的疏散走道，需要在适当位置设置防火门，将其分隔成若干长度符合疏散距离要求的独立分段。

4. 位于疏散走道上的分隔用防火门，一般应保持常闭状态。因此，本条强制的是应设置甲级防火门，而平时是否需要保持常开状态，不是强制的内容。不过，考虑我国当前防火门的使用与管理现状，在疏散走道上采用常开式防火门，更有利于保证防火门在火灾时能正常关闭。

6.4.11 建筑内的疏散门应符合下列规定：

1 民用建筑和厂房的疏散门，应采用向疏散方向开启的平开门，不应采用推拉门、卷帘门、吊门、转门和折叠门。除甲、乙类生产车间外，人数不超过 60 人且每樘门的平均疏散人数不超过 30 人的房间，其疏散门的开启方向不限。

2 仓库的疏散门应采用向疏散方向开启的平开门，但丙、丁、戊类仓库首层靠墙的外侧可采用推拉门或卷帘门。

3 开向疏散楼梯或疏散楼梯间的门，当其完全开启时，不应减少楼梯平台的有效宽度。

4 人员密集场所内平时需要控制人员随意出入的疏散门和设置门禁系统的住宅、宿舍、公寓建筑的外门，应保证火灾时不需使用钥匙等任何工具即能从内部易于打开，并应在显著位置设置具有使用提示的标识。

【条文要点】

本条规定了各类建筑中疏散门的形式、开启要求和基本性能。

【相关标准】

《锅炉房设计规范》GB 50041—2008；

《20kV 及以下变电所设计规范》GB 50053—2013；

《中小学校设计规范》GB 50099—2011；

《民用建筑设计统一标准》GB 50352—2019；

《托儿所、幼儿园建筑设计规范》JGJ 39—2016。

【设计要点】

1. 建筑内的疏散门包括位于区域或房间安全出口上的门和房间疏散出口上的门。无论是工业与民用建筑，还是其他建筑工程或设施中的疏散门，其设置均应符合本条的要求。对于疏散门的开启方向，当其他工程建设标准有专门规定且与《新建规》不矛盾时，应按照相应的规定确定；否则，均应符合本条的要求。

2. 除丙、丁、戊类仓库首层靠墙外侧的疏散门可以采用推拉门、卷帘门外，疏散门均不应采用推拉门、卷帘门、吊门、转门和折叠门等其他形式的门，无论是普通门还是防火门均应为平开门。

3. 建筑内的疏散门应向疏散方向开启，其中疏散人数不超过 60 人且每樘门的平均疏散人数不超过 30 人的房间，其疏散门的开启方向不限。但是，甲、乙类生产车间，甲、乙类仓库和部分火灾危险性大的设备用房（如锅炉房、变配电室），不论疏散人数多少，其疏散门仍均应向疏散方向开启。

4. 开向疏散楼梯间和疏散走道的门，当其完全开启时，不应减少楼梯平台或疏散走道的有效宽度，并要避免楼梯间内疏散人员与开向楼梯间或疏散走道内的门的影响。

5. 对于建筑中设置门禁系统的疏散门，应具备与火灾自动报警系统、安防系统或其他应急控制系统联动控制解禁的功能，确保在火灾时能自动解禁，不需要使用钥匙等其他任何工具即能容易从内部打开。设置门禁系统的疏散门和人员聚集场所的疏散门、安全出口的疏散门，均应在显著位置设置提示开启门的方法和明显的门禁系统标识。

【释疑】

疑点 6.4.11-1：建筑内开向疏散走道的疏散门是否要考虑门开启后不能影响走道的有效宽度？

释义：根据国家标准《民用建筑设计统一标准》GB 50352—2019 的规定，建筑内开向疏散走道的疏散门（检修门除外）在开启后不能影响走道的有效宽度。

疑点 6.4.11-2：设备用房或民用建筑中房间内的疏散人数较少时，其疏散门的开启方向是否不限？

释义：设备用房和民用建筑内房间的用途多样，使用人数也不尽相同，当房间内的疏散人数较少时，其疏散门的开启方向一般可以不限。但当其他专项工程建设标准对房间疏散门的开启方向有明确规定疏散门时，应执行相应标准的要求。例如，国家标准《锅炉房设计规范》GB 50041—2008 第 4.3.8 条规定"锅炉间的疏散门应向外开启"、《20kV 及以下变电所设计规范》GB 50053—2013 第 6.2.2 条规定"变压器室、配电室和电容器室的疏散门应向外开启"、《中小学校设计规范》GB 50099—2011 和行业标准《托儿所、幼儿园建筑设计规范》JGJ 39—2016 规定"教室、儿童的活动室等疏散门应向外开启"等，其他房间疏散门的开启方向应符合《新建规》第 6.4.11 条等条文的规定。

6.4.12 用于防火分隔的下沉式广场等室外开敞空间，应符合下列规定：

1 分隔后的不同区域通向下沉式广场等室外开敞空间的开口最近边缘之间的水平距离不应小于 13m。室外开敞空间除用于人员疏散外不得用于其他商业或可能导致火灾蔓延的用途，其中用于疏散的净面积不应小于 169m²。

2 下沉式广场等室外开敞空间内应设置不少于 1 部直通地面的疏散楼梯。当连接下沉广场的防火分区需利用下沉广场进行疏散时，疏散楼梯的总净宽度不应小于任一防火分区通向室外开敞空间的设计疏散总净宽度。

3 确需设置防风雨篷时，防风雨篷不应完全封闭，四周开口部位应均匀布置，开口的面积不应小于该空间地面面积的 25%，开口高度不应小于 1.0m；开口设置百叶时，百叶的有效排烟面积可按百叶通风口面积的 60% 计算。

【条文要点】

本条规定了下沉式广场等室外开敞空间用于防火分隔并兼具疏散功能时应具备的基本防火性能要求。

【相关标准】

《民用建筑设计统一标准》GB 50352—2019；

《建筑防烟排烟系统技术标准》GB 51251—2017。

【设计要点】

1. 下沉式广场类似于下沉式庭院，其地面低于室外地坪且周边有建筑围合，通常上部无顶盖。用于对不同区域进行防火分隔的下沉式广场等室外开敞空间，考虑其低于地坪时的相对封闭性，规范比照高层民用建筑间的防火间距要求，规定下沉式广场等室外开敞空间相对外墙的最小水平净距不应小于 13m，总建筑面积小于 20000m² 的不同防火分隔区域外墙上的开口之间的最小水平净距也不应小于 13m。显然，要满足此间距要求的室外开敞空间的地面面积不应小于 $169m^2$，参见图 6.35。在同一防火分隔区域内，不同防火分区的外墙及外墙上的开口可按照《新建规》第 6.1 节的有关要求处理。

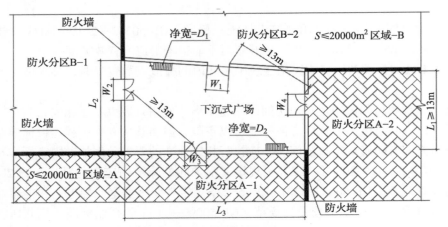

图 6.35　下沉式广场平面示意图

注：$\min(L_1, L_2, L_3) \geqslant 13m$，楼梯疏散宽度（$D_1+D_2$）$\geqslant \max(W_1, W_2, W_3, W_4)$。

2. 考虑到各地工程实际情况，大型下沉式广场往往存在被用于多种用途的情形，不仅兼作不同区域在火灾时的人员疏散用，而且设置部分景观、休息茶座等。为此，要确保用于疏散的净面积不小于 $169m^2$，以留出一定的防火空间间隔。

3. 实际上，下沉式广场等室外开敞空间不可避免地会被用作相邻区域的疏散。因此，尽管规范要求其中应设置不少于 1 部直通室外地面的疏散楼梯，但实际疏散楼梯的数量要视该室外空间的大小以及需利用此空间进行疏散的人数多少来确定，尽量均匀布置疏散楼梯，缩短人员疏散时所经距离，并能使从安全出口至疏散楼梯的路径通畅、简捷。自下沉式广场等室外开敞空间到达室外地坪的疏散楼梯的总净宽度，应按照不小于所有需通向该下沉广场等区域的防火分区中所需总设计疏散宽度的最大值来确定，参见图 6.35。

尽管要求下沉式广场等室外开敞空间应具有不小于 $169m^2$ 的空地，但当有多个防火分隔区或多个防火分区通向此室外开敞空间时，由于人的习性和本能所使，实际进入的人员肯定不是这样分布。因此，实际设计还需认真研究并确定能使人员更加安全疏散至室外地坪的楼梯宽度与所需空地面积。

4. 用于防火分隔的下沉式广场等空间应为室外开敞空间。因此，当下沉式广场等需要设置防风雨篷时，必须具有与室外开敞空间等效的防火与防烟性能，其主要特征就是烟气不会在其中聚集不散，具有良好的自然通风条件，宽度不小于防火间距的要求。因此，需要封闭的下沉式广场等类似空间，必须在其上部开设足够且分布均匀的排烟口与通风口，以满足自然通风排烟的要求。

一般在顶棚上设置的开口应均匀分布，当其总有效开口面积不小于下沉式广场等类似空间地面面积 25% 时，可以视此空间为室外空间，但要保证这些开口能始终处于完全开启状态或在火灾时能联动全部同时开启，开口间的相对位置应能有效防止发生烟气短路现象。

如封闭的下沉式广场采用在顶棚四周开口进行自然排烟时，其开口高出屋面不应小于1.0m。这是规范的最低要求，不是唯一的做法。在实际中，只要能实现顶棚上部有效自然通风排烟，不会导致烟气在顶棚下部聚集的目的即可。自然排烟是较可靠的排烟方式，不能通过设置机械排烟系统来替代自然排烟口，以保证排烟的可靠性。这与中庭的排烟有所区别，参见图6.36。在开口处设置百叶时，应注意普通百叶和防雨百叶对其有效开口净面积的影响。

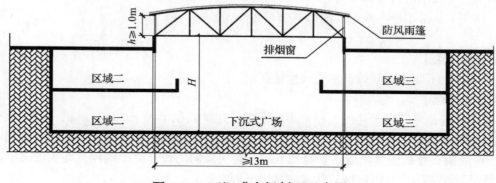

图6.36 下沉式广场剖面示意图

【释疑】

疑点6.4.12−1：下沉式广场设置了防风雨篷后，是否还能按室外空间考虑？

释义：根据规范的规定，当下沉式广场设置防风雨篷后，不能按室外空间考虑。但当雨篷上部均匀设置了可以有效防止烟气积聚的开口，且这些排烟口的总有效开口面积不小于下沉式广场地面面积的25%时，该下沉式广场可以按照室外空间考虑。

疑点6.4.12−2：如图6.36所示，下沉式广场（上部开口可以防止烟气积聚）地面位于地下二层，地下一层为敞开挑廊，则区域二和区域三中开向这些挑廊的疏散门是否可作为安全出口？

释义：此处的挑廊等同于建筑外廊，区域二和区域三中开向这些挑廊的疏散门还需要通过疏散楼梯到达室外地坪，因此不能作为安全出口。任一开向挑廊的疏散门至最近疏散楼梯的距离，均应符合《新建规》第5.5.17条表5.5.17有关外廊的疏散距离要求。

疑点6.4.12−3：下沉式广场内设置的自动扶梯能否计入疏散宽度？

释义：下沉式广场内直达室外地坪的上行自动扶梯可以按自动扶梯实际净宽度的0.9倍计入疏散宽度。

疑点6.4.12−4：下沉式广场设置多部自动扶梯后，能否不设室外疏散楼梯？

释义：不可以。具有自动扶梯的下沉式广场仍应设置至少1部直达室外地坪的步行疏散楼梯。

疑点6.4.12−5：面向下沉式广场的外墙能否为玻璃幕墙？

释义：面向下沉式广场的外墙可以采用玻璃幕墙，但在不同分隔区域的开口应相距不小于13m，在不同防火分区之间开口的窗间墙宽度等应符合《新建规》第6.1.3条和第6.1.4条的规定。

6.4.13 防火隔间的设置应符合下列规定：

    1 防火隔间的建筑面积不应小于 6.0m²；

    2 防火隔间的门应采用甲级防火门；

    3 不同防火分区通向防火隔间的门不应计入安全出口，门的最小间距不应小于 4m；

    4 防火隔间内部装修材料的燃烧性能应为 A 级；

    5 不应用于除人员通行外的其他用途。

【条文要点】

本条规定了防火隔间的基本防火性能要求。

【设计要点】

防火隔间是专门用于连通大型地下商店中总建筑面积不大于 20000m² 的不同防火分隔区域的防火分隔设施，由耐火极限不低于 3.00h 的防火隔墙、甲级防火门和耐火极限不低于 1.50h 的耐火楼板围合而成，参见图 6.37。防火隔间的设计必须确保其在火灾时能防止火势蔓延至相邻防火分隔区域，并应满足以下要求：

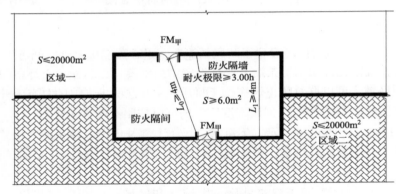

图 6.37 防火隔间平面示意图

注：$L_0 \geqslant L_1 \geqslant 4\text{m}$。

    1. 通向防火隔间的门不应计作安全出口。

    2. 防火隔间不应用于人员交通外的其他用途，不应有任何可燃物，内部装修装饰应采用 A 级装修材料，防止增加新的火灾危险。

    3. 防火隔间的最小建筑面积可以按照其相对墙面的净距不小于 4m，每侧设置一樘双扇防火门所需宽度（约 1.5m）以及便于人员通行的需要来确定，规范要求其面积不应小于 6.0m²。但是，防火隔间再大也不允许开设更多的门洞。

    4. 防火隔间为人员经常通行的地方，隔间墙上的门应尽量采用常开式防火门，并错开、不正对设置。

【释疑】

疑点 6.4.13–1： 开向防火隔间上的防火门，其开启方向是否有要求？

释义： 防火隔间是用于分隔两个不同防火区域的联系与过渡空间，平时用于人员通行，火灾时关闭且不用于人员疏散。因此，防火隔间的门的开启方向没有要求。

疑点 6.4.13-2：防火隔间要靠近安全出口或疏散楼梯布置吗？

释义：防火隔间平时用于人员通行，火灾时有些人会因平时行走习惯，误认为防火隔间可以疏散逃生。因此，在防火隔间每侧入口附近要尽量布置安全出口或疏散楼梯，并设置醒目的指示标志，有利于火灾时的人员疏散。

疑点 6.4.13-3：防火隔间上的门的净宽度是否有规定？

释义：通向防火隔间的门不是安全出口，这些门的净宽度只需满足方便所在场所人员的正常使用要求即可，但要考虑防火门的宽度能有利于安装、人员通行和火灾时能及时关闭。

疑点 6.4.13-4：防火隔间的门能否采用防火卷帘？

释义：防火隔间是替代分隔巨大平面的防火墙的措施之一，应具备很高的防火性能。由于防火卷帘的可靠性较平开防火门低得多，因此防火隔间的门应采用平开的甲级防火门，不允许采用防火卷帘替代。

疑点 6.4.13-5：防火隔间每侧墙上的开门数量是否有要求？

释义：规范对防火隔间每侧防火墙上的开门数量没有明确要求，但考虑到防火隔间防火的重要性和实体防火隔墙较甲级防火门更可靠，防火隔间每侧墙上的开门数量不宜多于 1 樘。

疑点 6.4.13-6：大型地下商店需要分隔成每个总建筑面积不大于 $20000m^2$ 的多个防火分隔区域。当这些防火分隔区域之间的防火墙较长时，在分隔部位布置的防火隔间是否有数量限制？

释义：尽管规范允许采用防火隔间替代部分不允许设置任何开口的防火墙，以满足商业连续和不同区域之间的联系需要，但为了确保不同分隔区域之间防火分隔的安全可靠，一个防火分区尽量只设置 1 个防火隔间来连通另一个防火分隔区。

疑点 6.4.13-7：防火隔间的墙上能否开设洞口？

释义：防火隔间的墙上除设置防火门外，不应开设其他任何洞口。

6.4.14　避难走道的设置应符合下列规定：

1　避难走道防火隔墙的耐火极限不应低于 3.00h，楼板的耐火极限不应低于 1.50h。

2　避难走道直通地面的出口不应少于 2 个，并应设置在不同方向；当避难走道仅与一个防火分区相通且该防火分区至少有 1 个直通室外的安全出口时，可设置 1 个直通地面的出口。任一防火分区通向避难走道的门至该避难走道最近直通地面的出口的距离不应大于 60m。

3　避难走道的净宽度不应小于任一防火分区通向该避难走道的设计疏散总净宽度。

4　避难走道内部装修材料的燃烧性能应为 A 级。

5　防火分区至避难走道入口处应设置防烟前室，前室的使用面积不应小于 $6.0m^2$，开向前室的门应采用甲级防火门，前室开向避难走道的门应采用乙级防火门。

6　避难走道内应设置消火栓、消防应急照明、应急广播和消防专线电话。

【条文要点】

本条规定了避难走道防火、防烟与满足安全疏散与避难的基本性能要求。

【相关标准】

《建筑内部装修设计防火规范》GB 50222—2017；

《民用建筑设计统一标准》GB 50352—2019；

《建筑防烟排烟系统技术标准》GB 51251—2017。

【设计要点】

1. 避难走道是 20 世纪 90 年代为解决人防工程中难以设置足够直接出地面的安全出口而提出的，后来逐步应用到大型工业与民用建筑和地铁、隧道等其他地下工程中，其防火要求不断得到完善。

避难走道的功能类似于高层建筑中的防烟楼梯间，属于建筑内的安全区，但避难走道所分隔的区域基本上都属于不同的防火分区，甚至是要求完全分隔的超大建筑面积的区域，因此规范对避难走道的防火分隔要求及避难走道自身的防火性能均有较高的要求：避难走道的地面、墙面和顶棚构造及内部装修材料均不应具有引发、传播火灾或增大火势的性能，要求全部采用 A 级材料，走道两侧防火隔墙的耐火极限不应低于 3.00h，上、下楼板的耐火极限不应低于 1.50h。

2. 避难走道应比照防烟楼梯间设置相应的防烟前室和防烟设施，且直接面向着火区的前室门应为甲级防火门，前室至避难走道的门可采用乙级防火门；前室的使用面积按照规范对相应公共建筑防烟楼梯间前室的要求，不应小于 6.0m²。

3. 避难走道的出口和宽度应考虑通至其中的前室门的数量和两侧区域内可能进入其中的疏散人数。规范根据同一时间只有一个防火分区发生火灾确定了避难走道的净宽度，即不应小于所有连通避难走道的防火分区中通向避难走道的设计疏散总净宽度最大者。但实际上，当有多个防火分区且每个防火分区均有多个出口通过避难走道通至室外地面时，考虑到疏散的同时性，避难走道的宽度还应增加，一般可按避难走道任一侧所有防火分区通向避难走道的总设计疏散宽度的 0.7 倍确定，取避难走道两侧所需疏散宽度中的较大值。

4. 避难走道直通地面的出口比照安全出口的设置原则，不应少于 2 个并应位于不同方向，参见图 6.38。

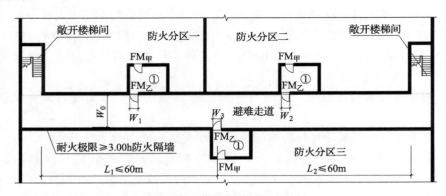

图 6.38 避难走道平面示意图（一）

注：$W_0 \geqslant W_3 > W_2 > W_1$，$W_0$ 为敞开楼梯间的梯段净宽度。"①" 为前室 $S \geqslant 6.0m^2$。

当允许设置 1 个出口时，自前室通向避难走道的门口至直通地面的开口处的距离不应大于 60m，参见图 6.39。

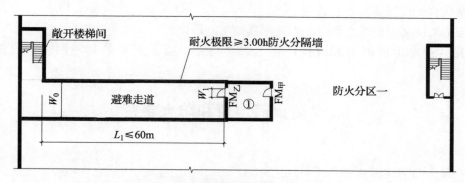

图 6.39　避难走道平面示意图（二）

注：$W_0 \geqslant W_1$，W_0 为敞开楼梯间的梯段净宽度。"①" 为前室 $S \geqslant 6.0\text{m}^2$。

5. 建筑中避难走道常用于直通室外地面的首层（或坡顶层和坡底层）以及地下或半地下建筑（室），一般不适用于建筑中其他楼层的疏散。用于将总建筑面积大于 20000m² 的地下商店分隔成较小区域的避难走道，可以兼作疏散通道。

【释疑】

疑点 6.4.14–1： 避难走道内是否要求设置防烟设施？

释义： 避难走道与各防火分区之间的连通口需要设置防烟前室，火灾时烟气一般难以进入避难走道内。因此，当避难走道一端设置安全出口，且避难走道总长度小于 30m 或当避难走道两端设置安全出口，且避难走道总长度小于 60m 时，避难走道可不设置防烟系统。否则，避难走道应设置机械加压送风系统，参见《建筑防烟排烟系统技术标准》GB 51251—2017 第 3.1.9 条的规定。

疑点 6.4.14–2： 地上建筑首层（或坡顶层、坡底层）能否采用避难走道？

释义： 大型建筑疏散楼梯多，疏散距离长，很难全部靠外墙设置或直接通向室外。对于在首层（或坡顶层、坡底层）不能直通室外的疏散楼梯，可通过避难走道将其引至室外地面。

疑点 6.4.14–3： 地下建筑中设置的避难走道，其通向地面的楼梯的防烟是否有要求？

释义： 地下建筑中避难走道通向室外地面的疏散楼梯，一般可以直接露天，无须采用其他防烟措施。对于疏散人数多的地下公共建筑，一般还需将出口处扩大并露天敞开，以有利于人员疏散。

疑点 6.4.14–4： 在避难走道两侧的防火隔墙上能否设置固定窗扇的防火窗？

释义： 在避难走道两侧的防火隔墙上，要尽量避免设置防火窗，确需设置的窗口，应采用固定窗扇的甲级防火窗，窗与墙的面积比宜控制在 5% 以内。

疑点 6.4.14–5： 避难走道两侧的防火隔墙能否采用防火玻璃墙？

释义： 防火玻璃墙与固定窗扇的防火窗几乎相似，只是高度和宽度有所差异。防火玻璃墙的耐火可靠性不仅与防火玻璃有关，还与其固定框架与支承体系密切相关，与砌体或钢筋混凝土实体墙的可靠性还有差距。因此，避难走道两侧的防火隔墙不宜采用防火玻璃墙，确需采用防火玻璃墙时，要尽可能提高其耐火可靠性，并控制其使用面积。有关面积可比照防火窗的设置要求进行控制。

疑点 6.4.14-6：避难走道内能否设置其他功能用途?

释义：避难走道内不能设置任何与人员行走、疏散无关的其他用途或设施和管线。

6.5　防火门、窗和防火卷帘

6.5.1 防火门的设置应符合下列规定：

1 设置在建筑内经常有人通行处的防火门宜采用常开防火门。常开防火门应能在火灾时自行关闭，并应具有信号反馈的功能。

2 除允许设置常开防火门的位置外，其他位置的防火门均应采用常闭防火门。常闭防火门应在其明显位置设置"保持防火门关闭"等提示标识。

3 除管井检修门和住宅的户门外，防火门应具有自行关闭功能。双扇防火门应具有按顺序自行关闭的功能。

4 除本规范第 6.4.11 条第 4 款的规定外，防火门应能在其内外两侧手动开启。

5 设置在建筑变形缝附近时，防火门应设置在楼层较多的一侧，并应保证防火门开启时门扇不跨越变形缝。

6 防火门关闭后应具有防烟性能。

7 甲、乙、丙级防火门应符合现行国家标准《防火门》GB 12955 的规定。

6.5.2 设置在防火墙、防火隔墙上的防火窗，应采用不可开启的窗扇或具有火灾时能自行关闭的功能。

防火窗应符合现行国家标准《防火窗》GB 16809 的有关规定。

【条文要点】

这两条规定了建筑内防火门、窗设置的基本功能、性能要求，使其能在火灾时发挥防止火势和烟气蔓延的作用。

【相关标准】

《建筑门窗洞口尺寸系列》GB/T 5824—2008；

《防火门》GB 12955—2008；

《防火窗》GB 16809—2008；

《建筑门窗洞口尺寸协调要求》GB/T 30591—2014。

【设计要点】

1. 防火门和防火窗分甲、乙、丙级三级，根据其隔热性能可分为隔热、部分隔热和非隔热防火门和隔热、非隔热防火窗。防火门、防火窗的性能分类见表 F6.3。

表 F6.3 防火门、窗耐火的性能分类

耐火性能分类	耐火等级代号	耐 火 性 能	
隔热防火门、窗 （A类）	A0.50（丙级）	耐火隔热性≥0.50h，且耐火完整性≥0.50h	
	A1.00（乙级）	耐火隔热性≥1.00h，且耐火完整性≥1.00h	
	A1.50（甲级）	耐火隔热性≥1.50h，且耐火完整性≥1.50h	
	A2.00	耐火隔热性≥2.00h，且耐火完整性≥2.00h	
	A3.00	耐火隔热性≥3.00h，且耐火完整性≥3.00h	
部分隔热防火门 （B类）	B1.00	耐火隔热性≥0.50h	耐火完整性≥1.00h
	B1.50		耐火完整性≥1.50h
	B2.00		耐火完整性≥2.00h
	B3.00		耐火完整性≥3.00h
非隔热防火门 （C类）	C1.00	耐火完整性≥1.00h	
	C1.50	耐火完整性≥1.50h	
	C2.00	耐火完整性≥2.00h	
	C3.00	耐火完整性≥3.00h	
非隔热防火窗 （C类）	C0.50	耐火完整性≥0.50h	
	C1.00	耐火完整性≥1.00h	
	C1.50	耐火完整性≥1.50h	
	C2.00	耐火完整性≥2.00h	
	C3.00	耐火完整性≥3.00h	

注：1. 防火门分类引自《防火门》GB 12955—2008 第4.4条表1。
　　2. 防火窗引自《防火窗》GB 16809—2008 第4.2.2条表3。

2. 设置在防火墙、防火隔墙上的门、窗均应为防火门、窗。设置在防火墙上的门、窗，应为甲级防火门、窗；设置在防火隔墙上的门、窗，除有特别要求外，均应为耐火性能不低于乙级的防火门、窗，但建筑竖井上的检查门可采用丙级防火门。至于是采用隔热性、部分隔热性还是非隔热性防火门、窗，则要视防火门、窗所在部位两侧的可燃物分布情况，依据是否会因其隔热性不足引燃背火面的可燃物而致火势蔓延来确定。

3. 防火门、窗的设置是为了防止火灾和烟气蔓延，平时一般应处于关闭状态，并应具有火灾时能自行关闭的功能，特别是在火灾时能通过与火灾温度或烟气耦合自行关闭；在关闭后应具有一定的防烟密闭性能。对于多扇门，应设置顺序关闭器，防止关闭不严。

4. 设置防火门的部位，需要考虑人员正常通行和火灾时应急疏散的需要。在建筑内经常有人通行处的防火门可以采用常开式防火门，但常开式防火门应具有在自行关闭后的信号反馈功能；门的开启力应合适，并能方便人员在门的两侧手动开启；设置在具有防烟要求部位（如前室或避难走道、避难间等）的防火门，应根据其内部的增压情况校核防火门的开启力度，确定合理的防烟正压值。对于常开式防火门，当建筑内设置火灾自动报警系统时，其相关反馈信号应能在火灾报警控制装置上显示；当建筑内未设置火灾自动报警系统时，可不反馈其关闭信号。

5. 对于需要设置门禁系统的防火门，当需用于人员疏散时，应具有在火灾时或失电等其他紧急情况下能自动解禁的功能。

6. 在建筑内存在高差的部位或建筑变形缝附近设置的防火门，应注意将防火门设置在楼层数较多的一侧，并应保证防火门开启时门扇不跨越变形缝，或者门扇开启不被阻挡。

【释疑】

疑点 6.5.1–1：防火门（疏散门）的净宽度如何确定？

释义：单扇防火门、疏散门的净宽度应为门扇呈 90° 角打开时，从门侧柱或门框边缘到门表面之间的最小水平净距；双扇防火门、疏散门的净宽度应为两扇门分别呈 90° 角打开时，相对两扇门表面之间的最小水平净距，参见图 6.40。

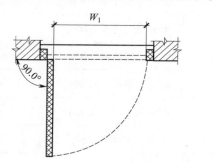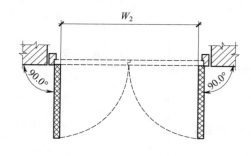

图 6.40　防火门净宽示意图

注：W_1、W_2 为防火门的净宽。

疑点 6.5.1–2：防火门和防火窗能否拼成门连窗形式？

释义：防火门、防火窗均应具有防烟性能和耐火性能，并应符合国家标准《防火门》GB 12955—2008 或《防火窗》GB 16809—2008 的规定，不可能像铝合金或轻钢门、窗那样组成门连窗。

疑点 6.5.1–3：住宅户门开向前室时，是否要自行关闭？

释义：开向前室或合用前室的住宅户门均要求采用防火门，防火门就应具有在火灾时能自行关闭的功能。

疑点 6.5.1–4：耐火完整性与耐火隔热性有什么区别？

释义：耐火完整性是建筑构配件在受火作用后能够持续保持其阻火隔烟作用的性能，即在规定的耐火时间内能够保持其形状完整，能阻止火焰和热气穿透或在背火面出现火焰的能力，不会产生不符合要求的裂缝或孔洞，不会发生其他完整性破坏并引燃背火面的可燃物，但构配件背火面的温度可能会升高到人体无法接触或者引燃背火面可燃物的程度。

耐火隔热性是建筑构配件在受火后能够持续保持其隔火隔热作用的性能，即在规定的耐火时间内能够保持其形状完整，且背火面的平均温升或任一点的温升不超过规定的温度。

耐火完整性与耐火隔热性均针对一面受火的建筑构配件，如门、窗、墙体、楼板等，用于表征建筑防火分隔构件的耐火性能，通常用时间小时（h）表示。

6.5.3 防火分隔部位设置防火卷帘时，应符合下列规定：

1 除中庭外，当防火分隔部位的宽度不大于 30m 时，防火卷帘的宽度不应大于 10m；当防火分隔部位的宽度大于 30m 时，防火卷帘的宽度不应大于该部位宽度的 1/3，且不应大于 20m。

2 防火卷帘应具有火灾时靠自重自动关闭功能。

3 除本规范另有规定外，防火卷帘的耐火极限不应低于本规范对所设置部位墙体的耐火极限要求。

当防火卷帘的耐火极限符合现行国家标准《门和卷帘的耐火试验方法》GB/T 7633 有关耐火完整性和耐火隔热性的判定条件时，可不设置自动喷水灭火系统保护。

当防火卷帘的耐火极限仅符合现行国家标准《门和卷帘的耐火试验方法》GB/T 7633 有关耐火完整性的判定条件时，应设置自动喷水灭火系统保护。自动喷水灭火系统的设计应符合现行国家标准《自动喷水灭火系统设计规范》GB 50084 的规定，但火灾延续时间不应小于该防火卷帘的耐火极限。

4 防火卷帘应具有防烟性能，与楼板、梁、墙、柱之间的空隙应采用防火封堵材料封堵。

5 需在火灾时自动降落的防火卷帘，应具有信号反馈的功能。

6 其他要求，应符合现行国家标准《防火卷帘》GB 14102 的规定。

【条文要点】

本条规定了在建筑内防火卷帘的基本功能、性能和设置要求。

【相关标准】

《自动喷水灭火系统设计规范》GB 50084—2017；

《门和卷帘的耐火试验方法》GB/T 7633—2008；

《防火卷帘》GB 14102—2005。

【设计要点】

1. 防火卷帘可以用于对建筑内的空间进行防火分隔，按照其启、闭方式有侧向卷、水平卷和垂直卷防火卷帘，按照其耐火性能有隔热性和非隔热性防火卷帘，按照其制作材料有钢质和复合防火卷帘。但长期以来，防火卷帘在我国使用中的可靠性一直受到社会的关注，多数情况下难以发挥隔火、阻烟的作用，因此，目前在建筑中应慎重使用。

2. 设置防火卷帘的部位大多难以采用防火门替代，且平时需要贯通。因此，防火卷帘应具有类似于常开防火门的功能与性能，即具有火灾时能自动关闭和相应的信号反馈的功能，关闭后应具有防烟的性能。但防火卷帘设置部位的开口较大，因此其耐火性能不应低于所设置部位防火墙或防火隔墙的耐火性能。

3. 为尽可能提高防火卷帘的防火可靠性，除中庭部位外，应限制防火卷帘的设置宽度，并应采用在火灾或失电时能依靠自重或其他机构垂直降落关闭的防火卷帘，不允许采用侧向卷、水平卷等方式的防火卷帘。

对于防火卷帘的设置宽度，规范要求：当防火分隔部位的宽度不大于30m时，防火卷帘的宽度不应大于10m；当防火分隔部位的宽度大于30m时，防火卷帘的宽度不应大于该部位宽度的1/3，且不应大于20m，参见图6.41。但应注意，这些宽度限制是针对两相邻防火分隔区（或防火单元）而言的。因此，该限制应为相邻两防火分隔区分隔处所有防火卷帘的总宽度。当一个防火分隔区与多个防火分隔区相邻时，两两防火分隔区间的防火卷帘总宽度可以按照各自分隔部位的宽度分别计算。这一计算方法的基础是，假设所在建筑在同一时间只发生一处火灾，即只有一个防火分隔区发生火灾。

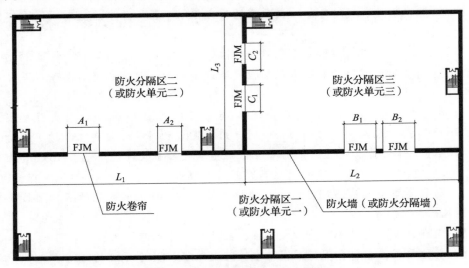

图6.41 防火卷帘布置示意图

注：1. $A=A_1+A_2$，当$L_1 \leqslant 30$m时，$A \leqslant 10$m；当$L_1>30$m时，$A<L_1/3$且$A \leqslant 20$m；

2. $B=B_1+B_2$，当$L_2 \leqslant 30$m时，$B \leqslant 10$m；当$L_2>30$m时，$B<L_2/3$且$B \leqslant 20$m；

3. $C=C_1+C_2$，当$L_3 \leqslant 30$m时，$C \leqslant 10$m；当$L_3>30$m时，$C<L_3/3$且$C \leqslant 20$m。

【释疑】

疑点6.5.3-1：防火卷帘的耐火完整性与耐火隔热性有什么区别？

释义：1. 防火卷帘的耐火完整性是指防火卷帘在规定的耐火时间内，按照国家标准《门和卷帘耐火试验方法》GB/T 7633—2008规定的试验条件和方法进行试验，并符合国家标准《建筑构件耐火试验方法 第1部分：通用要求》GB/T 9978.1—2008有关耐火完整性的判定要求。仅具备耐火完整性能的防火卷帘一般为单帘面卷帘，其构造形式参见图6.42，在用于防火分隔时，一般需要在防火卷帘的两侧设置自动喷水灭火系统或防护冷却水幕进行保护。

2. 防火卷帘的耐火隔热性是指防火卷帘在规定的耐火时间内，按照国家标准《门和卷帘耐火试验方法》GB/T 7633—2008 规定的试验条件和方法进行试验，并符合该标准有关防火卷帘耐火隔热性的判定要求。符合耐火隔热性要求的防火卷帘，应能满足相应的耐火完整性要求，一般称为特级防火卷帘，大多为多层的复合卷帘，其构造形式参见图 6.43。在用于防火分隔时，一般不需要设置防护冷却水系统进行保护。

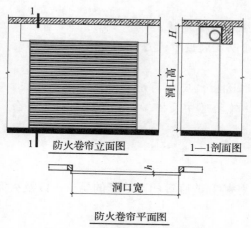

图 6.42　单帘面防火卷帘示意图

注：H—500mm~800mm；h—20mm~30mm。

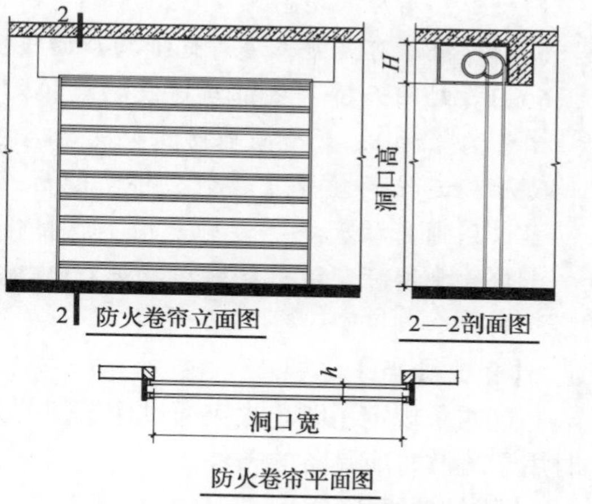

图 6.43　双帘面防火卷帘示意图

注：H—500mm~800mm；h—200mm~500mm。

疑点 6.5.3-2：防火卷帘与防火分隔水幕有什么区别？

释义：防火分隔水幕是具有一定厚度和喷水强度、起阻火隔烟作用的水幕，由开式洒水喷头、雨淋报警阀组、供水管网与水源、电源等组成。防火卷帘是由不燃性帘片（板）、导轨、电机等执行机构构成，可以循环启闭或折叠并起阻火隔烟作用的帘式装置。前者依靠一定厚度的水幕进行阻隔，但人员可以穿行；后者是固定的帘板物理阻隔，人员不能穿行。

疑点 6.5.3-3：用于中庭部位的防火卷帘如何控制其宽度或长度？

释义：在中庭的开口部位设置防火卷帘，主要用于分隔不同楼层上的防火分区，使之不通过中庭连通。设置在中庭开口部位的防火卷帘，其长度或宽度可不受本条规定的限制，参见图 6.44。

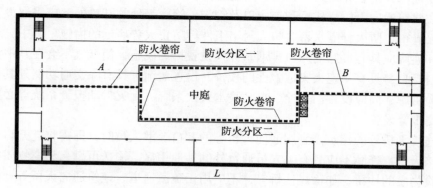

图 6.44　中庭周围的防火卷帘分隔示意图

注：$D=A+B$，当 $L \leqslant 30m$ 时，$D \leqslant 10m$；当 $L>30m$ 时，应 $D<L/3$，且 $D \leqslant 20m$。

6.6 天桥、栈桥和管沟

6.6.1 天桥、跨越房屋的栈桥以及供输送可燃材料、可燃气体和甲、乙、丙类液体的栈桥，均应采用不燃材料。

6.6.2 输送有火灾、爆炸危险物质的栈桥不应兼作疏散通道。

6.6.3 封闭天桥、栈桥与建筑物连接处的门洞以及敷设甲、乙、丙类液体管道的封闭管沟（廊），均宜采取防止火灾蔓延的措施。

6.6.4 连接两座建筑物的天桥、连廊，应采取防止火灾在两座建筑间蔓延的措施。当仅供通行的天桥、连廊采用不燃材料，且建筑物通向天桥、连廊的出口符合安全出口的要求时，该出口可作为安全出口。

【条文要点】

这四条规定了防止火灾通过建筑间的天桥、栈桥和连廊等相互蔓延的要求，以及火灾时用于疏散时应具备的条件。

【设计要点】

1. 规范中规定的天桥、栈桥和连廊，均为位于建筑间、直接连接相邻建筑的构筑物，主要起方便建筑间的交通联系和物料运送等作用。这些天桥、栈桥一般可视为独立的构筑物，不属于其中任何一座建筑，但与这些建筑有开口连通，且天桥等的支承结构及围护结构与相邻建筑也有一定联系，其中连廊的情况较复杂些。大部分连廊可以视为独立的构筑物，也有少数连廊是建筑内部空间的一部分。

2. 当通过天桥等连接的建筑中有一建筑发生火灾时，天桥、栈桥和连廊等就可能成为火灾在建筑间蔓延的通道，但同时也可用于人员的疏散。因此，天桥、栈桥和连廊等建筑间相互连接的类似构筑物应具有一定的防火性能，在相连通的开口处应采取必要的防火分隔措施。当需用作人员疏散时，尚应具备一定的条件：

（1）建筑间的天桥、栈桥和连廊应采用不燃材料建造。当必须采用难燃或可燃材料建造时，应能确保其不会导致火灾在建筑间蔓延。

（2）在建筑通向天桥、栈桥和连廊以及管沟、管廊等处的开口处，应采取设置甲级防火门、防火卷帘、防火分隔水幕、防火封堵组件等防止火势蔓延的措施。其中，封闭的天桥、栈桥和连廊应具有良好的通风排烟条件或设置排烟设施，使烟气不会在其中积聚。输送可燃材料等自身具有一定火灾危险性的栈桥、设置商铺等具有除交通功能外其他用途的连廊、电缆管廊，尚应设置消火栓、自动喷水灭火系统、火灾自动报警系统等必要的灭火与火灾探测报警设施。

（3）连接天桥等的建筑需利用通向天桥等的开口疏散人员时，即需将此开口作为安全出口时，该天桥、连廊不应具有除人员通行外的其他用途。输送可燃、易燃物质等有火灾或爆炸危险物质的栈桥，如输煤栈桥等，不应用于疏散通道；建筑通向天桥等处的开口最小净宽度及门的开启方向应符合安全出口的要求，并设置相应的疏散指示标志和疏散照明装置。特别是用于双向疏散的开口，还应注意门的开启方向和相应的构造与标识，一般可以采用单向开启的推闩式门。

【释疑】

疑点 6.6.1-1：天桥与连廊有何区别？

释义：建筑间的天桥是供人们通行的架空桥，是建筑外的相对独立的构筑物，通常仅有安全防护栏杆、围挡等设施，无顶盖、无封闭等围护设施，少数天桥设置雨篷，具有良好的通风与自然排烟条件。建筑间的连廊主要供人员交通用，少数也会布置摊位或作其他用途等，通常为封闭或半封闭空间，自然排烟条件较天桥差。有时，连廊还是建筑内部空间的一部分。

疑点 6.6.1-2：天桥、栈桥的承重构件需要考虑耐火极限吗？

释义：天桥的承重构件一般没有耐火极限要求，但根据其构造与建造材料不同，本身仍具有一定的耐火极限。栈桥通常用于运送物料，多见于工业建筑中，其承重构件要求应具有与其火灾危险性相适应的耐火极限，相关要求可参见国家标准《火力发电厂与变电站设计防火标准》GB 50229—2019 等标准的规定。

疑点 6.6.1-3：连廊是否要考虑划分防火分区？

释义：大部分连廊可以视为独立的建筑，对无围护结构、自然通风条件好的连廊，可不划分防火分区，但与建筑内部空间紧密联系的有围护结构的连廊，属于建筑内的一部分，应与相邻区域共同划分防火分区或独立划分防火分区。

6.7　建筑保温和外墙装饰

6.7.1　建筑的内、外保温系统，宜采用燃烧性能为 A 级的保温材料，不宜采用 B_2 级保温材料，严禁采用 B_3 级保温材料；设置保温系统的基层墙体或屋面板的耐火极限应符合本规范的有关规定。

【条文要点】

本条规定了各类房屋建筑外墙、屋面的内、外保温材料的基本燃烧性能和建筑外墙墙体、屋面的耐火性能要求。

【相关标准】

《建筑材料及制品燃烧性能分级》GB 8624—2012；

《建筑材料不燃性试验方法》GB/T 5464—2010；

《建筑材料难燃性试验方法》GB/T 8625—2005；

《建筑材料可燃性试验方法》GB/T 8626—2007；

《建筑内部装修设计防火规范》GB 50222—2017；

《墙体材料应用统一技术规范》GB 50574—2010。

【设计要点】

1. 本节所规定的建筑包括各类厂房、仓库、住宅建筑、公共建筑及其他各类工业与民用建筑。建筑外墙和屋面的内、外保温系统要尽量采用燃烧性能为 A 级的保温材料；采用 B_1 级或 B_2 级保温材料时，要采取相应的防火构造措施，且建筑的高度、功能和外墙或屋面结构体本身还应符合相应的要求。任何建筑的外墙和屋面的内、外保温系统均禁止使用燃烧性能低于 B_2 级的保温材料。保温材料的燃烧性能分级应符合国家标准《建筑材料及制品燃烧性能分级》GB 8624—2012 的规定。

2. 建筑内、外保温系统应设置在符合国家标准规定耐火性能要求的墙体和屋面表面，或设置在建筑构件内部与墙体或屋面板作为一个结构整体。当在墙体和屋面板表面设置时，未设置保温系统的墙体和屋面板本身的耐火性能和构造，均应符合相应耐火等级建筑对外墙和屋面板的耐火要求；当设置在墙体和屋面板中间时，包含保温材料的墙体和屋面板的整体耐火性能和构造应符合上述要求。

3. 对于屋顶，保温系统一般设置在屋面板上面，此时应注意在构造上与防水层的关系和相互间的防火隔离。无论保温系统是设置在屋面板的上面还是下面，屋面板的耐火性能均应符合相应耐火等级建筑对屋面板的耐火要求。

4. 有关建筑外墙和屋面板的耐火性能要求，请见《新建规》第 3 章和第 5 章及其他工程建设标准的相关规定。

6.7.2 建筑外墙采用内保温系统时，保温系统应符合下列规定：

1 对于人员密集场所，用火、燃油、燃气等具有火灾危险性的场所以及各类建筑内的疏散楼梯间、避难走道、避难间、避难层等场所或部位，应采用燃烧性能为 A 级的保温材料。

2 对于其他场所，应采用低烟、低毒且燃烧性能不低于 B_1 级的保温材料。

3 保温系统应采用不燃材料做防护层。采用燃烧性能为 B_1 级的保温材料时，防护层的厚度不应小于 10mm。

【条文要点】

本条规定了建筑内不同场所或部位外墙内保温系统（即在建筑外墙的内表面上设置的保温系统）中保温材料的最低燃烧性能及其防火保护要求。

【设计要点】

1. 各类建筑内的疏散楼梯间（包括前室）、避难间、避难走道等疏散与避难部位，避难层的避难区所对应的外墙以及消防电梯间及其前室，其外墙内保温系统均应采用 A 级保温材料，不允许采用 B_1 级或 B_2 级保温材料。

2. 各类人员密集场所（可能是一座建筑整体，也可能是建筑内的部分场所），如学校教学楼、医院门诊和住院楼、旅馆建筑、商店建筑、影剧院、劳动密集型的生产厂房等，或者一座建筑内的多功能厅、观众厅、会议室、餐厅等以及一座多功能组合建筑中的商店营业厅部分等，其外墙内保温系统均应采用 A 级保温材料，不允许采用 B_1 级或 B_2 级保温材料。

3. 各类建筑内的厨房、柴油发电机房、燃油、燃气或燃煤锅炉房、变配电室以及使用有机溶剂、易挥发性物质或易燃易爆物品数量较大的实验室等具有较高火灾危险性的场所或部位，其建筑外墙内保温系统均应采用 A 级保温材料，不允许采用 B_1 级或 B_2 级保温材料。

4. 本条规定中强调的是部位，而不是整座建筑，即如果一座建筑只有部分区域属于上述场所或部位，则只需该场所或部位的外墙内保温材料应按上述要求选用。因此，建筑中除上述场所或部位外的其他建筑以及建筑内的其他场所或部位，其外墙内保温系统，除A级保温材料外，还可以采用 B_1 级保温材料，但这些 B_1 级保温材料应具有低烟、低毒的性能，不能采用燃烧性能低于 B_1 级的保温材料。

5. 无论建筑外墙的内保温系统采用何种燃烧性能的保温材料，其外表面均应采用不燃材料做防护层，且 B_1 级保温材料表面防护层的厚度不应小于 10mm。

6.7.3 建筑外墙采用保温材料与两侧墙体构成无空腔复合保温结构体时，该结构体的耐火极限应符合本规范的有关规定；当保温材料的燃烧性能为 B_1、B_2 级时，保温材料两侧的墙体应采用不燃材料且厚度均不应小于 50mm。

【条文要点】

本条规定了结构 – 保温一体化外墙中保温材料的燃烧性能和该复合墙体的整体耐火性能与基本构造要求。

【相关标准】

《建筑材料及制品燃烧性能分级》GB 8624—2012；

《复合保温砖和复合保温砌块》GB/T 29060—2012；

《墙体材料应用统一技术规范》GB 50574—2010。

【设计要点】

1. 无空腔复合保温结构体是在不燃性墙体中间密实填充保温材料构成的结构体，保温材料与不燃性结构之间没有空隙或孔洞（俗称夹心墙）。这种结构体可以在现场浇筑，也可以在工厂预制，但无论哪种方式制作的结构体，其保温材料与保温材料两侧不燃性结构共同构成的结构体应是一个整体作为建筑构件共同发挥外墙的作用，并兼具保温的功能。

因此，此类结构体用于外墙时，其中的保温层既不是外墙内保温系统，也不是外墙外保温系统，结构体整体的耐火性能应符合规范对相应耐火等级建筑外墙的耐火性能要求，即其耐火时间和燃烧性能均应符合规范的要求。例如，上述复合结构体用于一座二级耐火等级公共建筑的外墙，则该结构体的耐火时间不应低于 1.00h，燃烧性能应为 A 级。这是对建筑外墙的基本耐火性能要求。

2. 为了确保墙体内部保温材料不会因受热发生体积变形或热分解形成空腔而危及墙体的安全，当夹芯复合结构体内采用 B_1 级或 B_2 级保温材料填充时，其两侧不燃性防护结构层的厚度分别不应小于 50mm，不燃性防护结构与保温材料间应采取可靠的连接措施。

6.7.4 设置人员密集场所的建筑，其外墙外保温材料的燃烧性能应为 A 级。

6.7.4A 除本规范第 6.7.3 条规定的情况外，下列老年人照料设施的内、外墙体和屋面保温材料应采用燃烧性能为 A 级的保温材料：

1 独立建造的老年人照料设施；

2 与其他建筑组合建造且老年人照料设施部分的总建筑面积大于 500m^2 的老年人照料设施。

【条文要点】

本条规定了设置人员密集场所的建筑外墙、老年人照料设施的建筑墙体与屋面保温材料的燃烧性能。

【设计要点】

1. 本条设置人员密集场所的建筑，包括一座建筑本身就是人员密集场所和建筑内部分区域用作人员密集场所的建筑。对于一座建筑内少量仅用作配套的内部会议室或仅供内部使用的多功能厅等场所，可以不视为人员密集场所。例如，一座只在其中设置了一些内部会议室或多功能厅的办公建筑，可以不视为设置人员密集场所的建筑；但一座在下部设置了商店的办公建筑，则应将其按照设置人员密集场所的建筑考虑。

2. 老年人照料设施以及设置老年人照料设施的建筑，其墙体保温和屋面保温系统均应采用 A 级保温材料，不能采用燃烧性能低于 A 级的保温材料，更不能采用 B_2 或 B_3 级保温材料，但下述情况除外：

（1）墙体为符合《新建规》第 6.7.3 条规定的复合保温结构体。

（2）老年人照料设施位于其他建筑内，且用作老年人照料设施的总建筑面积小于或等于 $500m^2$。例如，一座 3 个单元的居民住宅楼，其中 1 个单元的首层有 2 个套房用作老年人日间照料设施且这两个套房的总建筑面积为 $240m^2$，则该建筑的墙体保温材料的燃烧性能仍可以根据该住宅建筑的建筑高度确定。

【释疑】

疑点 6.7.4：人员密集场所或老年人照料设施的建筑外墙，能否采用结构－保温一体化外墙保温系统？

释义：可以。实际上无论哪类建筑，当其墙体采用符合《新建规》第 6.7.3 条规定的无空腔复合保温结构体时，保温材料的燃烧性能均不受本节其他规定的限制，即人员密集场所或老年人照料设施的建筑外墙均可以采用结构－保温一体化外墙保温系统。

6.7.5　与基层墙体、装饰层之间无空腔的建筑外墙外保温系统，其保温材料应符合下列规定：

　　1　住宅建筑：

　　1）建筑高度大于 100m 时，保温材料的燃烧性能应为 A 级；

　　2）建筑高度大于 27m，但不大于 100m 时，保温材料的燃烧性能不应低于 B_1 级；

　　3）建筑高度不大于 27m 时，保温材料的燃烧性能不应低于 B_2 级。

　　2　除住宅建筑和设置人员密集场所的建筑外，其他建筑：

　　1）建筑高度大于 50m 时，保温材料的燃烧性能应为 A 级；

　　2）建筑高度大于 24m，但不大于 50m 时，保温材料的燃烧性能不应低于 B_1 级；

　　3）建筑高度不大于 24m 时，保温材料的燃烧性能不应低于 B_2 级。

6.7.7　除本规范第 6.7.3 条规定的情况外，当建筑的外墙外保温系统按本节规定采用燃烧性能为 B_1、B_2 级的保温材料时，应符合下列规定：

1 除采用 B_1 级保温材料且建筑高度不大于24m的公共建筑或采用 B_1 级保温材料且建筑高度不大于27m的住宅建筑外，建筑外墙上门、窗的耐火完整性不应低于0.50h。

2 应在保温系统中每层设置水平防火隔离带。防火隔离带应采用燃烧性能为A级的材料，防火隔离带的高度不应小于300mm。

【条文要点】

这两条规定了各类建筑无空腔外墙外保温系统中保温材料的燃烧性能要求以及采用可燃或难燃性保温材料时的防火措施。

【设计要点】

1. 不同高度的建筑，火势沿外立面蔓延的速度和作用范围有所差异，其防火要求可以区别对待。不同构造的保温系统对火势蔓延的影响差异很大，有空腔结构的保温系统具有较高的火灾危险性，火势在此种构造的保温系统内部蔓延不仅具有强烈的烟囱效应，而且隐蔽、不易扑救，容易导致外保温系统大面积脱落，危及灭火救援行动的安全。建筑外墙的外保温系统应尽量避免采用具有空腔的构造。

2. 外墙保温系统中因固定、粘贴保温材料而在墙体与保温材料之间形成的空隙，可以不视为保温系统内的空腔。有空腔的保温系统，一般指保温材料与外防护层等之间具有上下贯通（包括仅在本层贯通）的较大空隙（一般大于5mm）的保温系统。例如，建筑金属外幕墙或建筑玻璃外幕墙中保温材料与幕墙等装饰层之间存在空腔的外保温系统。

3. 住宅建筑外墙外保温系统中保温材料的燃烧性能要求，根据其建筑高度是否大于27m、100m而有所区别；对于设置商业服务网点的住宅建筑，仍可以根据建筑的高度按照住宅建筑的相关要求确定其外保温系统中保温材料的燃烧性能和其他防火措施；与其他功能组合建造的住宅建筑，住宅和其他功能部分的外保温系统的防火要求，可以根据《新建规》第5.4.10条规定的原则确定。

除设置人员密集场所的建筑和部分设置老年人照料设置的建筑外，其他工业与民用建筑外墙外保温系统中保温材料的燃烧性能要求，根据其建筑高度是否大于24m、50m而有所区别。

不同建筑高度各类工业与民用建筑外窗的耐火性能与保温材料的燃烧性能的关系参见图6.45，不同建筑高度住宅建筑中外窗的耐火性能与保温材料的燃烧性能的关系参见图6.46。

4. 除保温–结构一体化的保温系统外，无论其他何种构造的外墙外保温系统，只要采用燃烧性能低于A级的保温材料，均需要在每层的相接处采用A级材料设置水平防火隔离带，隔离带的高度不应小于300mm。为有效防止外墙外保温系统的火灾蔓延，在建筑外墙上不同防火分区的相交处也应尽量沿竖向设置防火隔离带。防火隔离带的构造应符合相关标准的规定。

【释疑】

疑点6.7.5： 当外墙外保温系统采用 B_1、B_2 级保温材料时，如何处理疏散楼梯间及其前室外窗洞口窗间墙的防火构造？

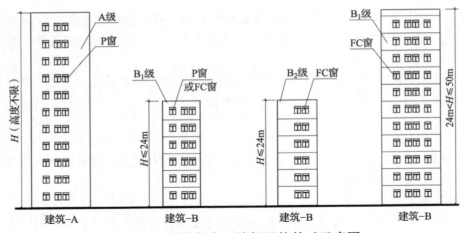

图 6.45　建筑高度与外保温的关系示意图

注：1. 图中外窗标有"FC 窗"，表示建筑外门、窗的耐火完整性不应低于 0.50h，"P 窗"为普通窗。

　　2. 外墙为无空腔外保温系统，当采用 B₁、B₂ 级材料时，应每层设置防火隔离带。

　　3. "建筑 –A"为各类公共建筑，"建筑 –B"为除老年人照料设施和人员密集场所外的其他公共建筑。

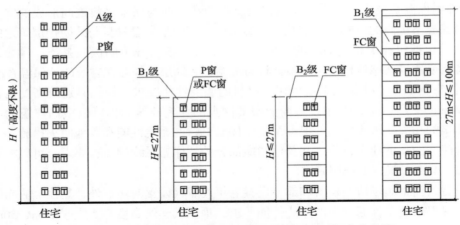

图 6.46　住宅建筑的建筑高度与外保温的关系示意图

注：1. 图中外窗标有"FC 窗"，表示建筑外门、窗的耐火完整性不应低于 0.50h，"P 窗"为普通窗。

　　2. 外墙为无空腔外保温系统，当采用 B₁、B₂ 级材料时，应每层设置防火隔离带。

　　释义：任何外墙外保温系统允许采用 B₁ 或 B₂ 级保温材料的建筑，其疏散楼梯间及其前室的外墙外保温系统均可以采用相应燃烧性能的保温材料。根据《新建规》第 6.4.1 条的规定，疏散楼梯间及其前室的外窗洞口与相邻房间外窗洞口之间的窗间墙宽度不应小于 1.0m，并按规定在每层设置防火隔离带。

　　6.7.6　除设置人员密集场所的建筑外，与基层墙体、装饰层之间有空腔的建筑外墙外保温系统，其保温材料应符合下列规定：

　　1　建筑高度大于 24m 时，保温材料的燃烧性能应为 A 级；

2 建筑高度不大于 24m 时，保温材料的燃烧性能不应低于 B₁ 级。

6.7.9 建筑外墙外保温系统与基层墙体、装饰层之间的空腔，应在每层楼板处采用防火封堵材料封堵。

【条文要点】

这两条规定了具有空腔的建筑外墙外保温系统中保温材料的燃烧性能及其层间防火措施。

【相关标准】

《玻璃幕墙工程技术规范》JGJ 102—2003；

《建筑幕墙》GB/T 21086—2007；

《金属与石材幕墙工程技术规范》JGJ 133—2001；

《建筑防火封堵应用技术标准》GB/T 51410—2020。

【设计要点】

根据国家标准《建筑幕墙》GB/T 21086—2007 的定义，建筑幕墙是由面板与支承结构体系（支承装置与支承结构）组成、可相对主体结构有一定位移能力或自身有一定变形能力、不承担主体结构所受作用的建筑外围护墙，按其饰面材料分玻璃幕墙、石材幕墙、金属板幕墙、人造板材幕墙等。大部分幕墙在幕墙与建筑外墙之间具有较大空腔，外保温材料往往填充其间。这种空腔往往会在火灾时加剧火势的蔓延，并因幕墙的庇护而致外部灭火效果受到极大影响，因此要切实防止因保温材料使用及其防火封堵等防火构造不当引发更严重的火灾。

对于存在空腔的外保温系统，应尽量采用 A 级保温材料，禁止采用燃烧性能低于 B₁ 级的保温材料；当采用 B₁ 级保温材料时，无论是工业建筑还是民用建筑，无论是公共建筑还是住宅建筑，建筑高度均不应大于 24m。建筑幕墙应根据《新建规》第 6.2.6 条的规定进行严格的层间防火分隔与封堵，包括外保温系统。有关防火封堵的方法和技术要求，应符合《建筑防火封堵应用技术规程》CECS 154—2003 的要求。

6.7.8 建筑的外墙外保温系统应采用不燃材料在其表面设置防护层，防护层应将保温材料完全包覆。除本规范第 6.7.3 条规定的情况外，当按本节规定采用 B₁、B₂ 级保温材料时，防护层厚度首层不应小于 15mm，其他层不应小于 5mm。

6.7.12 建筑外墙的装饰层应采用燃烧性能为 A 级的材料，但建筑高度不大于 50m 时，可采用 B₁ 级材料。

【条文要点】

这两条规定了外墙外保温系统的防火保护层构造及建筑外墙饰面层的燃烧性能要求。

【相关标准】

《建筑幕墙》GB/T 21086—2007；

《建筑材料及制品燃烧性能分级》GB 8624—2012；

《墙体材料应用统一技术规范》GB 50574—2010；

《建筑内部装修设计防火规范》GB 50222—2017；

《金属与石材幕墙工程技术规范》JGJ 133—2001。

【设计要点】

1. 建筑外墙外保温系统中的保温材料绝大部分为有机、无机或两者混合的材料，直接暴露在外，不仅不利于保温系统发挥作用，而且容易被引燃或脱落形成空腔形成猛烈的竖向火灾，设计必须考虑采用 A 级材料将这些保温材料完全覆盖进行防护。特别是，要对燃烧性能低于 A 级的保温材料进行防护，以保证保温材料表面的防护层在使用过程中不会因风雨、温度等外部环境条件作用而脱落或受损，避免保温材料直接暴露于火焰和高温烟气中。

此外，防护层应具备足够的厚度，以防止外部火势或高温作用使其内部温度升高过快、过高而致内部的保温材料发生较大体积变形，甚至燃烧而扩大火势。首层外保温系统的防护层还需要有所加强，以防止建筑上部燃烧坠落物在墙根积聚燃烧或墙根的意外野火作用而引发外保温系统火灾或加大火势。因此，防护层的厚度除规范规定的 5mm 或 15mm 外，还应根据不同保温系统的构造及其保温层的厚度以及保温材料的物理化学性质，通过试验确定确保防火安全的更加可靠的厚度。

2. 建筑外墙的装饰层是建筑外墙最外一层（建筑完成面）用于装饰建筑外立面的面层，建筑外墙常见构造参见图 6.47，一般有油漆、面砖、涂料、复合板材、金属板等。外墙装饰层应在保温材料防护层外设置，当饰面层较薄时，饰面层对火灾的贡献一般很小，对火势蔓延的影响不大，但采用板材等做饰面时，情况则较复杂，要严格控制。

对于建筑高度大于 50m 的工业与民用建筑，从建筑整体防火要求考虑，建筑外墙的装饰层要求从严控制，只允许采用 A 级饰面材料；对于建筑高度不大于 50m 的建筑，建筑外墙的装饰层可以采用 B_1 材料。对于一些建筑规模小的独立建筑，如独立的小型住宅建筑或小型木结构建筑，其建筑外饰面可以采用可燃材料，但不得采用易燃材料。

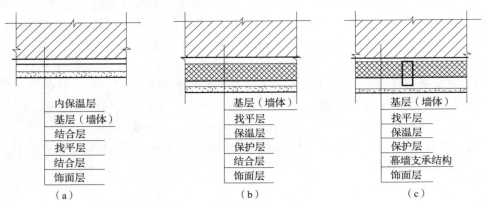

图 6.47　不同建筑外墙构造饰面层布置示意图

注：图中未表现外墙面及保温层的防水层。

【释疑】

疑点 6.7.8：建筑外墙上无空腔外保温层外的保护层是否能替代饰面层？

释义：建筑外墙上的饰面层是为满足建筑外立面的美观要求和体现建筑风格的装

饰层，有刷外墙涂料、贴面砖、水刷石、干粘石、干挂石板、剁假石、金属板材料、复合板材、陶板、木板等。外保温系统中的保护层与饰面层的作用不同，前者为防火，后者为外观。因此，保温系统的外防火保护层通常可以替代饰面层，但饰面层不能替代防护层。

6.7.10 建筑的屋面外保温系统，当屋面板的耐火极限不低于 1.00h 时，保温材料的燃烧性能不应低于 B_2 级；当屋面板的耐火极限低于 1.00h 时，不应低于 B_1 级。采用 B_1、B_2 级保温材料的外保温系统应采用不燃材料作防护层，防护层的厚度不应小于 10mm。

当建筑的屋面和外墙外保温系统均采用 B_1、B_2 级保温材料时，屋面与外墙之间应采用宽度不小于 500mm 的不燃材料设置防火隔离带进行分隔。

【条文要点】

本条规定了建筑屋面外保温材料的燃烧性能及其防火构造，以防止火灾通过屋面蔓延或在屋面与建筑外立面间相互蔓延。

【设计要点】

1. 建筑屋面防火容易被忽视，我国在这方面的研究也不多，但屋面如果处理不好，不仅会增大建筑本身的火灾，而且会成为蔓延至相邻建筑的途径。具有一定耐火性能的屋面板能较好地防止建筑内部的火势发展至屋面，但屋面板的温度在受火作用下会逐步升高，这对屋面板上的保温层而言是一个挑战和潜在的危险。此外，外部火源对处于屋面板上面的保温层也是一个考验。因此，有必要根据屋面板的耐火性能确定不同燃烧性能的保温材料，并采用 A 级材料对燃烧性能低于 A 级的保温材料进行防火保护，以使屋面的整体防火性能达到一个相对合理的水平。鉴于可燃性保温材料的对火反应性能，屋面外保温层应尽量采用 A 级或 B_1 级保温材料，即使允许采用可燃材料构筑屋顶的建筑，其屋面保温也不应使用燃烧性能低于 B_1 级的保温材料。

2. 当屋面和外墙均采用燃烧性能低于 A 级的保温材料时，要采取一定的构造措施，使之能有效防止建筑外立面蔓延的火势不会直接引燃屋面，或者屋面的外保温层火灾不会通过外墙的保温系统蔓延。

在屋面与外墙之间采用不燃性材料设置宽度不小于 500mm 的防火隔离带只是基于此目标的防火分隔措施之一。当建筑外墙外保温系统采用 A 级保温材料时，或者当屋面外保温系统采用 A 级保温材料时，无论屋面外保温还是外墙外保温采用何种燃烧性能的材料，在屋面与外墙之间均可以不进行防火分隔。

6.7.11 电气线路不应穿越或敷设在燃烧性能为 B_1 或 B_2 级的保温材料中；确需穿越或敷设时，应采取穿金属管并在金属管周围采用不燃隔热材料进行防火隔离等防火保护措施。设置开关、插座等电器配件的部位周围应采取不燃隔热材料进行防火隔离等防火保护措施。

【条文要点】

本条规定了电气线路穿越保温层或在保温层内敷设、在具有保温层的结构上安装电器装置时的防火要求，以防止电气线路高温或电器接触不良等引发的火灾。

【设计要点】

建筑内的强电供配电线路不应直接敷设在结构体内，更不应直接敷设在难燃性或可燃性保温材料上或保温层内，也不应直接穿越设置难燃性或可燃性保温层的墙体或屋面。对于不能避免而必须穿越难燃性或可燃性保温层的墙体或屋面或在保温结构内敷设的供配电线路，应根据保温材料的热特性和电气线路的电压等级或输送电流等采取相应的防火措施，一般应按要求采取穿足够大内径的金属管，并在金属管周围采用不燃隔热材料进行防火隔离。

电气开关、插座等电器配件不应直接安装在具有难燃性或可燃性材料保温层的结构上；当不能避免时，应采取在电器配件周围采用不燃隔热材料进行防火隔离等防火保护措施。

上述情形在冷库等场所和木结构建筑中较常见，应予重视。

7 灭火救援设施

7.1 消 防 车 道

7.1.1 街区内的道路应考虑消防车的通行，道路中心线间的距离不宜大于160m。

当建筑物沿街道部分的长度大于150m或总长度大于220m时，应设置穿过建筑物的消防车道。确有困难时，应设置环形消防车道。

【条文要点】

本条规定了城镇街区及其道路布置与规划设计应考虑消防车通行与方便灭火救援的要求；规定了临街的大体量建筑物的消防车道设置要求，以方便灭火救援中快速实施救援场地转换。

【相关标准】

《城市居住区规划设计标准》GB 50180—2018；

《消防给水及消火栓系统技术规范》GB 50974—2014；

《城市道路工程设计规范》CJJ 37—2012。

【设计要点】

1. 城市和镇的街区道路规划应考虑街区内建筑的功能与用途、体量、密度、市政供水管网和灭火救援要求等因素，使街区内的主要道路能够满足消防车通行与转弯的要求，街区的长度能够与市政消火栓的设置和消防车现场快速供水协调。一般，一个市政（室外）消火栓的保护半径为150m，市政消火栓的设置间距为120m。

2. 对于临街的大体量建筑物，应该设置环形消防车道，或者至少具备沿其两条长边设置的消防车道。当沿街的单体建筑物长度大于150m或总长度大于220m，且难以设置环形消防车道时，应在建筑物沿长度方向的中间适当位置设置穿过建筑物的消防车道，以便沟通不同方向的消防车道，更好地满足消防车在火场因风向变化等原因需要快速转换灭火阵地的需要，参见图7.1。

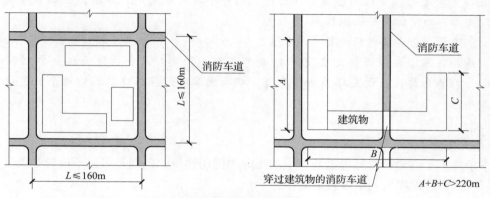

图7.1 消防车道布置示意图（一）

【释疑】

疑点 7.1.1：对于沿街长度大于 150m 或总长度大于 220m 的建筑，要求设置穿过建筑物的消防车道。确有困难时，允许设置环形消防车道。此处确有困难是指哪些困难？

释义：对于超长建筑物，设置穿过建筑物的消防车道确有困难主要有以下几种情况：一是生产厂房内连续工艺流程很长（有的长达数百米），设置穿过生产车间的消防车道将不能满足连续生产的需要，参见图 7.2（a）；二是坡地建筑没有条件设置穿过建筑物的消防车道，参见图 7.2（b）；三是有特殊功能要求的大型建筑，如体育场馆、实验建筑（如同步辐射实验室）等，不允许消防车道穿过建筑。

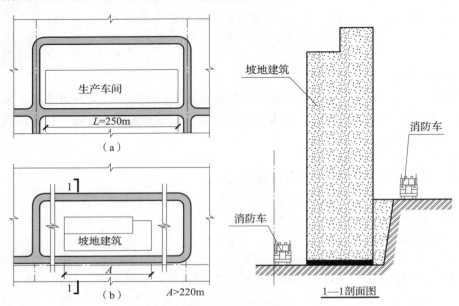

图 7.2　消防车道布置示意图（二）

7.1.2　高层民用建筑，超过 3000 个座位的体育馆，超过 2000 个座位的会堂，占地面积大于 3000m² 的商店建筑、展览建筑等单、多层公共建筑应设置环形消防车道，确有困难时，可沿建筑的两个长边设置消防车道；对于高层住宅建筑和山坡地或河道边临空建造的高层民用建筑，可沿建筑的一个长边设置消防车道，但该长边所在建筑立面应为消防车登高操作面。

7.1.3　工厂、仓库区内应设置消防车道。

　　高层厂房，占地面积大于 3000m² 的甲、乙、丙类厂房和占地面积大于 1500m² 的乙、丙类仓库，应设置环形消防车道，确有困难时，应沿建筑物的两个长边设置消防车道。

【条文要点】

本条规定了需要设置环形消防车道的工业与民用建筑的范围及可以不设置的条件，要求工厂厂区和仓库库区内应设置消防车道。

【设计要点】

1. 高层民用建筑、高层厂房应设置环形消防车道，其布置参见图7.3（a）、（b）。其中，高层住宅建筑可以沿建筑的一个长边设置消防车道，参见图7.3（e）；沿山坡地或河道临空建造的其他高层民用建筑，可以沿建筑的一个长边设置消防车道，参见图7.3（c）、（d）。

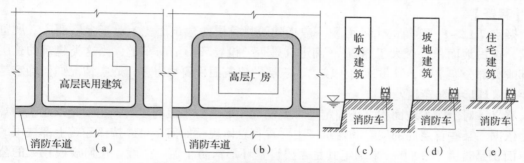

图7.3 高层建筑消防车道布置示意图

2. 对于单层或多层公共建筑中座位数大于3000的体育馆建筑、座位数大于2000的会堂、占地面积大于3000m²的商店建筑、占地面积大于3000m²的展览建筑，正常情况下应设置环形消防车道，其布置参见图7.4。

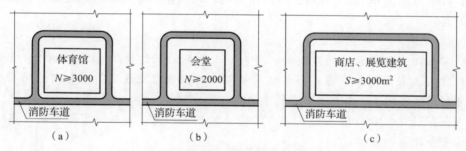

图7.4 公共建筑消防车道布置示意图

注：N为座位数，S为占地面积。

3. 对于单层或多层厂房中占地面积大于3000m²的甲、乙、丙类厂房，正常情况下应设置环形消防车道，参见图7.5（a）。占地面积大于1500m²的乙类或丙类仓库，无论是单层、多层还是高层仓库，正常情况下均应设置环形消防车道，其布置参见图7.5（b）。

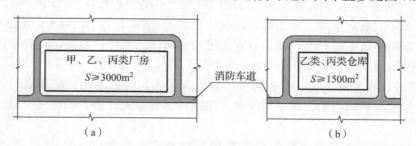

图7.5 厂房仓库建筑消防车道布置示意图

注：S为占地面积。

4. 除规范有明确规定可只沿建筑的一个长边设置消防车道的建筑外，规定要求设置环形消防车道的建筑，因地形受限无法设置环形消防车道时，应至少沿建筑物的两个长边设置消防车道。沿建筑的一个或两个长边设置的消防车道，均应沿建筑的长边布置消防救援场地，将该长边对应的建筑立面作为消防车登高操作面。

【释疑】

疑点 7.1.2-1：建筑的占地面积一般指建筑物首层的建筑面积。对于多层商店、展览建筑，按占地面积是否大于 3000m² 确定其是否要设置环形消防车道，当这类建筑的首层局部或大部分架空时，其占地面积较二、三层的建筑面积要小得多，此类情况如何确定是否要设置环形消防车道？

释义：对于按占地面积大小确定是否要设置环形消防车道的建筑，主要是以建筑的规模为依据。某些首层局部架空的建筑，主要看其总体规模如何，可以按该建筑上部楼层的投影面积是否大于 3000m² 来确定其是否要设置环形消防车道。一般，任何规模较大的公共建筑均要考虑设置环形消防车道。

疑点 7.1.2-2：除商店建筑和展览建筑外，占地面积大于 3000m² 的其他公共建筑（如影视建筑、观演建筑）是否要设置环形消防车道？

释义：设置环形消防车道主要是便于对建筑规模较大、火灾危险性较大的建筑实施灭火救援。对于占地面积大于 3000m² 的影视建筑、观演建筑等类似公共建筑，也应设置环形消防车道。

7.1.4 有封闭内院或天井的建筑物，当内院或天井的短边长度大于 24m 时，宜设置进入内院或天井的消防车道；当该建筑物沿街时，应设置连通街道和内院的人行通道（可利用楼梯间），其间距不宜大于 80m。

7.1.5 在穿过建筑物或进入建筑物内院的消防车道两侧，不应设置影响消防车通行或人员安全疏散的设施。

【条文要点】

这两条规定了需设置进入建筑内院或天井的条件和保障人员安全、快速疏散的措施以及穿过建筑物的消防车道的要求，以保障消防车通行和确保人员安全。

【设计要点】

1. 有封闭内院或天井的建筑，其封闭内院或天井的短边长度大于 24m 时，需要设置进入内院或天井的消防车道，为消防救援提供更多的扑救面。设置消防车道进入内院或天井后应能够方便消防车展开作业和具有方便进出或回转的条件。否则，设置这样的消防车道则不能发挥作用。

2. 对于沿街布置的建筑，要在适当位置设置供人员疏散的出口或通道，使人员能够在火灾时直接疏散到街道上，而不会聚集在建筑的内院或天井中，影响灭火救援行动和人员安全。

3. 穿过建筑物或进入内院的消防车道，当有人员疏散的出入口通向消防车道或与消防车道并行时，应采取设置隔离栏杆等保障消防车快速通行和人员安全疏散的措施。

【释疑】

疑点 7.1.4-1：含内院或天井的多层建筑设置了环形消防车道，内院或天井短边长度大于 24m 时，消防车道是否要进入内院？

释义：如图 7.6（a）所示，虽然多层建筑设置了环形消防车道，只要建筑内院的短边长度大于 24m，就要考虑设置进出此内院的消防车道，以便消防员能在建筑物不同方位进行灭火救援，避免逆风迎火对灭火救援的影响。

疑点 7.1.4-2：穿过建筑物或进入建筑内院的消防车道入口处，如何保障消防车通行和人员安全疏散？

释义：穿过建筑物或进入建筑内院或天井的消防车道入口，如图 7.6（b）所示，可以在该入口处消防车道两侧或一侧设置人行通道，并保证消防车道的净宽度和净高度均不小于 4m，不种植乔木、不设置凸起的广告牌、不设置直接开向消防车道或人员疏散走道的门等可能减小消防车道的净宽度或影响消防车展开作业的设施或障碍物；确保消防车通行与疏散人流应各行其道，相互之间无影响。穿过建筑物进入内院或天井入口的人行道侧面，在距地面 2m 高度范围内不设置向外平开的门、窗，避免影响人员疏散或通行。人行道净宽不宜小于 1.5m。

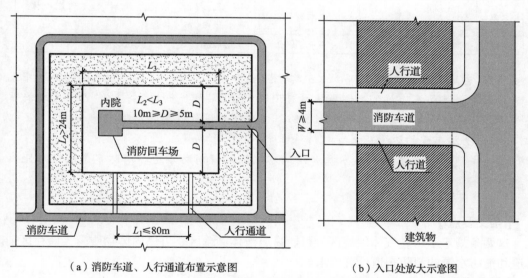

（a）消防车道、人行通道布置示意图　　　（b）入口处放大示意图

图 7.6　消防车道、人行通道布置示意图

疑点 7.1.4-3：进入内院或天井的消防车道是否要布置消防车登高操作场地？

释义：进入建筑内院或天井的消防车道，应根据建筑的高度设置相应的消防车登高操作场地和车辆回转进出的场地。对于单、多层建筑，可以直接利用消防车道进行施救，但消防车道与建筑外墙的距离应符合安全和方便作业的要求，一般不小于 5m。

疑点 7.1.4-4：当建筑内院或天井的平面形状为异形时，其短边如何判定？

释义：当建筑内院或天井的平面形状为异形时，其短边应按内院或天井短向的外轮廓线之间的距离确定，参见图 7.7 中的 D。

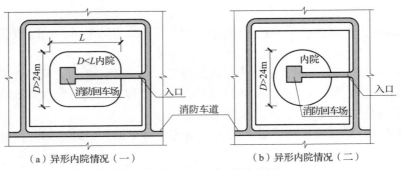

（a）异形内院情况（一）　　　（b）异形内院情况（二）

图 7.7　消防车道布置示意图

7.1.6　可燃材料露天堆场区，液化石油气储罐区，甲、乙、丙类液体储罐区和可燃气体储罐区，应设置消防车道。消防车道的设置应符合下列规定：

　　1　储量大于表 7.1.6 规定的堆场、储罐区，宜设置环形消防车道。

表 7.1.6　堆场或储罐区的储量

名称	棉、麻、毛、化纤（t）	秸秆、芦苇（t）	木材（m³）	甲、乙、丙类液体储罐（m³）	液化石油气储罐（m³）	可燃气体储罐（m³）
储量	1000	5000	5000	1500	500	30000

　　2　占地面积大于 30000m² 的可燃材料堆场，应设置与环形消防车道相通的中间消防车道，消防车道的间距不宜大于 150m。液化石油气储罐区，甲、乙、丙类液体储罐区和可燃气体储罐区内的环形消防车道之间宜设置连通的消防车道。

　　3　消防车道的边缘距离可燃材料堆垛不应小于 5m。

7.1.7　供消防车取水的天然水源和消防水池应设置消防车道。消防车道的边缘距离取水点不宜大于 2m。

【条文要点】

　　这两条规定了可燃气体储罐区、可燃易燃液体储罐区、可燃固体物质露天储存区消防车道和消防水源的消防车道设置要求。

【相关标准】

《城镇燃气设计规范》GB 50028—2006；

《石油化工企业设计防火标准》GB 50160—2008（2018 年版）；

《石油天然气工程设计防火规范》GB 50183—2015。

【设计要点】

　　1. 任何可燃气体或易燃、可燃液体储罐区、集中的可燃材料露天堆场，均应设置与城市道路直接贯通的消防车道。一般，进出储罐区或露天堆场与城市道路贯通的消防车道出入口不应少于 2 个，受条件限制只能设置一个出入口时，应考虑设置环形消防车道。

　　2. 由于大型可燃气体或可燃液体储罐、可燃材料堆场在火灾时具有很强的热辐射作用，当储罐区内有多个储罐，且罐容较大时，应利用内部道路兼作消防车道并与罐区周围的环形消防车道相连通，使每个大型储罐均具有环形的消防车道；较小的储罐可以按组设置环形消防车道。当可燃材料堆场分设多组堆垛时，应利用堆垛周围的内部道路兼作消防车道，使每个较大的堆垛均具有环形的消防车道。这样，可以在灭火时，便于就近供水施救、形成隔离带，并及时调整进攻与组织撤离。

3. 罐区或堆场内中间消防车道的间距，应视库区的实际情况和内部道路来确定，尽量按小于150m来控制，便于组织有效的接力供水，消防车道与可燃材料堆垛、储罐的距离，要根据可燃材料的类型和堆垛高度、储罐的高度和储量等，从保障灭火救援安全来确定，且不应小于5m。

4. 用作消防水源的江河湖泊等天然水源和供消防车直接取水的消防水池，均应设置便于消防车接近水体或水池的道路，并设置便于消防车车载泵直接吸水的取水点。消防车道距离取水点不宜大于2m，车载泵的最大吸水高度不应大于6m。取水点附近应视车道的具体情况考虑必要的出口或回转场地。

7.1.8 消防车道应符合下列要求：

1 车道的净宽度和净空高度均不应小于4.0m；

2 转弯半径应满足消防车转弯的要求；

3 消防车道与建筑之间不应设置妨碍消防车操作的树木、架空管线等障碍物；

4 消防车道靠建筑外墙一侧的边缘距离建筑外墙不宜小于5m；

5 消防车道的坡度不宜大于8%。

7.1.9 环形消防车道至少应有两处与其他车道连通。尽头式消防车道应设置回车道或回车场，回车场的面积不应小于12m×12m；对于高层建筑，不宜小于15m×15m；供重型消防车使用时，不宜小于18m×18m。

消防车道的路面、救援操作场地、消防车道和救援操作场地下面的管道和暗沟等，应能承受重型消防车的压力。

消防车道可利用城乡、厂区道路等，但该道路应满足消防车通行、转弯和停靠的要求。

7.1.10 消防车道不宜与铁路正线平交，确需平交时，应设置备用车道，且两车道的间距不应小于一列火车的长度。

【条文要点】

这三条规定了消防车道（包括救援操作场地）为满足消防车安全快速通行、安全停靠与展开救援行动的基本性能要求。

【相关标准】

《城市轨道交通技术规范》GB 50490—2009；

《城市道路工程设计规范》CJJ 37—2012；

《城镇道路路面设计规范》CJJ 169—2012；

《铁路工程设计防火规范》TB 10063—2016。

【设计要点】

1. 消防车道是在火灾时仅供消防救援车辆通行或停靠的机动车道路。因此，消防车道必须满足消防车在火灾时的快速、安全通行与停靠的需要，道路的净宽度、净空高度、坡度、转弯半径、路面或道路下方结构等的承载力等均应符合相应救援车辆的行驶要求。对于需利用消防车道停靠并展开进行救援的道路，还需注意道路的坡度，并在道路与建筑物之间不应有影响救援作业的障碍物。消防车道可以利用城镇和乡村机动车道，兼作消防车通行的道路应符合消防车道的要求。消防车道局部平面、剖面，参见图 7.8。

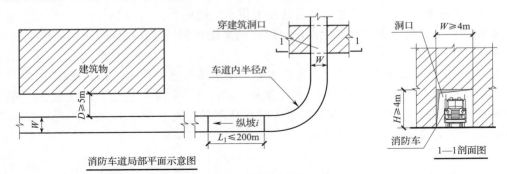

消防车道局部平面示意图

图 7.8　消防车道局部示意图

2. 消防车道的净宽度、净空高度、转弯半径、最大允许纵坡和回车场的几何参数，见表 F7.1。消防车道的路面、救援操作场地，应能承受重型消防车的压力。常见消防车的满载重量见表 F7.2。

表 F7.1　常见消防车及消防车道参数

消防车类型	转弯半径（m）	回车场（长 × 宽）（m）	消防车道的最大允许纵坡
普通消防车	$R \geqslant 9$	12×12	
消防登高车	$R \geqslant 12$	15×15	$i \leqslant 8\%$
重型消防车	$R \geqslant 16$	18×18	
消防车道的净宽度	$W \geqslant 4$	消防车道的净空高度	$H \geqslant 4m$

注：表中 R、W、H、i，见图 7.8。

表 F7.2　常见消防车的满载总重量（kg）

名称	型号	满载重量	名称	型号	满载重量
水罐车	SG65、SG65A	17286	水罐车	SG85	18525
	SHX5350、GXFSG160	35300		SG70	13260
	CG60	17000		SP30	9210
	SG120	26000		EQ144	5000
	SG40	13320		SG36	9700
	SG55	14500		EQ153A–F	5500
	SG60	14100		SG110	26450
	SG170	31200		SG35GD	11000
	SG35ZP	9365		SH5140GXFSG55GD	4000
	SG80	19000			

续表 F7.2

名称	型号	满载重量	名称	型号	满载重量
泡沫车	PM40ZP	11500	干粉－泡沫联用消防车	PF45	17286
	PM55	14100		PF110	2600
	PM60ZP	1900	登高平台车举高喷射消防车抢险救援车	CDZ53	33000
	PM80、PM85	18525		CDZ40	2630
	PM120	26000		CDZ32	2700
	PM35ZP	9210		CDZ20	9600
	PM55GD	14500		CJQ25	11095
	PP30	9410		SHX5110 TTXFQJ73	14500
	EQ140	3000			
	CPP181	2900	消防通信指挥车	CX10	3230
	PM35GD	11000		FXZ25	2160
	PM50ZD	12500		FXZ25A	2470
供水车	GS140ZP	26325		FXZ10	2200
	GS150ZP	31500	火场供给消防车	XXFZM10	3864
	GS150P	14100		XXFZM12	5300
	东风 144	5500		TQXZ20	5020
	GS70	13315		QXZ16	4095
干粉车	GF30	1800	供水车	GS1802P	31500
	GF60	2600			

3. 环形消防车道至少应有 2 处与城镇或工厂其他供机动车通行的道路连通，参见图 7.9（a）。消防车道可利用城乡、厂区道路形成环通；当与铁路正线平交时，应设置备用消防车道，避免列车停驶在铁路上时阻挡消防车通过铁路线。备用消防车道参见图 7.9（b）。

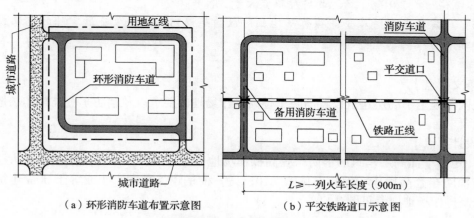

（a）环形消防车道布置示意图　　（b）平交铁路道口示意图

图 7.9　消防车道及与铁路线平交示意图

【释疑】

疑点 7.1.9-1： 基地内能够采用隐形消防车道吗？

释义： 近年来，在少数地方为了地面绿化采用了隐形消防车道。所谓隐形消防车道，是按照规范要求设置，并位于绿化草坪或较浅的景观水面下的消防车道。隐形消防车道尽管有利于基地内的景观设计，但不利于日常管理和消防救援使用，有的还可能存在一定的安全隐患，要尽量避免在建设基地内采用隐形消防车道。否则，应设置醒目的标志和采取保证消防车安全使用与快速通行的措施。

疑点 7.1.9-2： 如何根据消防车总重设计消防车道的承载？

释义： 根据消防车满载时的重量，按照国家行业标准《城市道路工程设计规范》CJJ 37—2012 第 3.6.1 条规定计算标准轴压后，再根据国家行业标准《城镇道路路面设计规范》CJJ 169—2012 的规定设计消防车道的路面承载。

7.2 救援场地和入口

7.2.1 高层建筑应至少沿一个长边或周边长度的 1/4 且不小于一个长边长度的底边连续布置消防车登高操作场地，该范围内的裙房进深不应大于 4m。

建筑高度不大于 50m 的建筑，连续布置消防车登高操作场地确有困难时，可间隔布置，但间隔距离不宜大于 30m，且消防车登高操作场地的总长度仍应符合上述规定。

7.2.2 消防车登高操作场地应符合下列规定：

1 场地与厂房、仓库、民用建筑之间不应设置妨碍消防车操作的树木、架空管线等障碍物和车库出入口。

2 场地的长度和宽度分别不应小于 15m 和 10m。对于建筑高度大于 50m 的建筑，场地的长度和宽度分别不应小于 20m 和 10m。

3 场地及其下面的建筑结构、管道和暗沟等，应能承受重型消防车的压力。

4 场地应与消防车道连通，场地靠建筑外墙一侧的边缘距离建筑外墙不宜小于 5m，且不应大于 10m，场地的坡度不宜大于 3%。

7.2.3 建筑物与消防车登高操作场地相对应的范围内，应设置直通室外的楼梯或直通楼梯间的入口。

【条文要点】

这两条规定了高层建筑设置消防车登高操作场地的要求以及消防车登高操作场地的基本性能要求。

【设计要点】

1. 矩形平面高层建筑的消防车登高操作场地布置分两种，一种是建筑高度大于 50m 建筑的消防车登高操作场地，参见图 7.10；另一种是建筑高度小于或等于 50m 建筑的消防车登高操作场地，参见图 7.11。

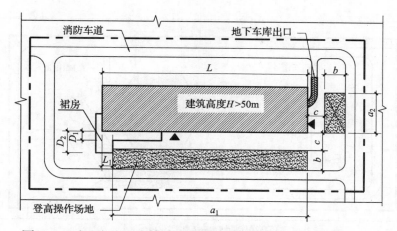

图 7.10 矩形平面建筑消防登高操作场地布置示意图（一）

注：1. 登高操作场地长度 $a_1 + a_2 \geqslant L$，$D_1 \leqslant 4\text{m}$，$D_2 > 4\text{m}$；地下车库出口坡道上方不应设雨篷。

2. 登高操作场地宽 $b \geqslant 10\text{m}$，$10\text{m} \geqslant c \geqslant 5\text{m}$，$a_2 \geqslant 20\text{m}$；▲为首层出入口。

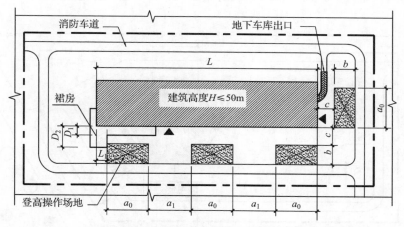

图 7.11 矩形平面建筑消防登高操作场地布置示意图（二）

注：1. 登高操作场地长度 $4a_0 \geqslant L$，$a_1 \leqslant 30\text{m}$，$D_1 \leqslant 4\text{m}$，$D_2 > 4\text{m}$；地下车库出口坡道上方不应设雨篷。

2. 登高操作场地宽 $b \geqslant 8\text{m}$，$10\text{m} \geqslant c \geqslant 5\text{m}$，$a_0 \geqslant 15\text{m}$；▲为首层出入口。

2. 异形平面高层建筑的消防车登高操作场地布置分两种，一种是建筑高度大于 50m 建筑的消防车登高操作场地，参见图 7.12；另一种是建筑高度小于或等于 50m 建筑的消防车登高操作场地，参见图 7.13。

3. 消防车登高操作场地是为满足消防车到达火场后，供消防车停靠、展开和从建筑外部实施灭火与救援行动的场所，主要供扑救高层建筑火灾和人员救助的登高消防车使用。因此，救援场地与建筑之间不应有任何可能影响上述操作和行动的障碍物。例如：高大的乔木、高压电线、架空管线、突出建筑外墙较大的裙楼或裙房、较大坡度或位于救援场地内的地下车库出入口等。对于建筑面积较小的单、多层建筑，在建筑附近设置的消防车道通常可以满足常规的消防救援需要；对于建筑面积大的大型公共建筑，灭火时到场救援车辆多，需要考虑设置足够的消防车操作场地。

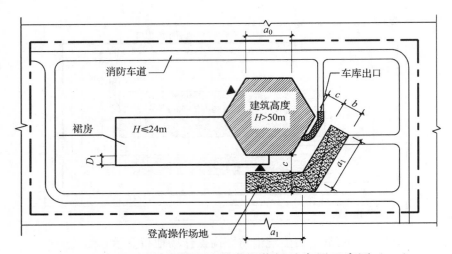

图 7.12　异形平面建筑消防登高操作场地布置示意图（一）

注：1. 登高操作场地长度 a_1+a_2 或 $2a_1 \geq L/4$，$L=6a_0$（周长）；地下车库出口坡道上方不应设雨篷。

　　2. 登高操作场地宽 $b \geq 10$m，10m $\geq c \geq 5$m，$a_1 \geq 20$m，$D_1 \leq 4$m；▲为首层出入口。

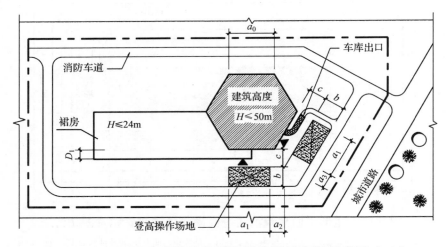

图 7.13　异形平面建筑消防登高操作场地布置示意图（二）

注：1. 登高操作场地长度 $a_1+a_1 \geq L/4$，$L=6a_0$（周长），$a_2+a_3 \leq 30$m；地下车库出口坡道上方不应设雨篷。

　　2. 登高操作场地宽 $b \geq 8$m，10m $\geq c \geq 5$m，$a_1 \geq 15$m，$D_1 \leq 4$m；▲为首层出入口。

4. 消防车登高操作场地或其他消防车操作场地以及场地下面的建筑结构、管道和暗沟等的承载力，应根据建筑的高度和规模以及当地现役或未来可能配备的消防车的型号和满载总重量进行核算。场地的承载力核算应根据消防车的类型，按照其轮压或支腿的作用压强进行。场地要尽量平整，其坡度不能影响消防车展开后的稳定和安全作业。

5. 消防车登高操作场地的大小与建筑高度有关，即与可能到场的消防车类型有关。尽管规范规定建筑高度小于 50m 的建筑，其消防车登高操作场地的大小与建筑高度大于 50m 的建筑的长度有所区别，但实际上建筑高度大于 32m 的建筑，灭火救援时到场的消防车类型基本一样，仅少数城市会有一定差别。因此，建筑高度大于 32m 的高层建筑的救援场地要在规范规定的基础上尽可能加大。

6. 对于建筑高度小于50m的高层建筑，尽管规范允许设置不连续的救援场地，但相邻两块场地之间的距离应能确保救援场地间隔区域对应的建筑外立面仍处于消防车的安全作业覆盖范围内。救援场地与建筑外墙的距离应能满足消防员可以通过登高消防车方便、安全地进入建筑物，一般不应小于5m，不应大于10m，参见图7.11和图7.13。

7. 建筑与消防车登高操作场地或其他救援场地相对应的范围内，应具有能让消防员快速进入建筑的入口，特别是消防电梯的通道入口、楼梯间入口或专用消防通道入口，参见图7.10和图7.12。

【释疑】

疑点7.2.1-1： 对于建筑高度大于50m的矩形平面高层建筑，是否允许其消防车登高操作场地的长度小于建筑的一个长边的长度，但不小于1/4周长（参见图7.14）？

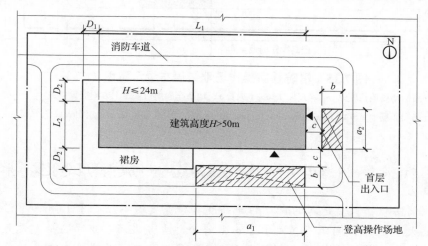

图7.14 消防登高操作场地错误布置示意图（一）

注：1. 高层建筑周长 $L=2(L_1+L_2)$，登高操作场地长度 $a_1+a_2 \geq L/4$，$D_1>4m$，$D_2>4m$。

2. 登高操作场地宽 $b \geq 10m$，$10m \geq c \geq 5m$，$a_2 \geq 20m$。登高操作场地长度 $a_1+a_2>L_1$（长边）。

释义： 建筑高度大于50m的高层建筑，其消防车登高操作场地应连续布置，长度不应小于建筑周长的1/4且不应小于一个长边的长度，不允许该长度不小于建筑周长的1/4，但却小于建筑一个长边的长度。此外，图7.14所示的消防车登高操作场地（$a_1+a_2+a_3>L_1$，$a_1+a_2+a_3>L/4$）虽然符合大于一个长边和1/4周长的规定，但存在两个问题：一是消防车登高操作场地不连续，不利于不同位置发生火灾后的实际灭火救援；二是如果火灾发生在图7.14所示的高层建筑西侧的楼层，则无法实施外部灭火救援。

疑点7.2.1-2： 消防车登高操作场地与高层建筑之间是否允许设置汽车库出入口？

释义： 正常情况下，在消防车登高操作场地与高层建筑之间不应设置汽车库的出入口。但图7.10~图7.13所示地下汽车库的出入口虽然位于高层建筑外墙与消防车登高操作场地之间，但车库内汽车的进出对消防车登高操作场地的使用影响不大，消防车可以正常、安全地实施救援行动。因此，汽车库出入口的具体设置，要视建筑整体消防救援场地、消防车道设置与扑救面确定等而定。值得注意的是，虽然汽车车库的出入口与消防登高操作场地不正对，但当进出汽车车库的机动车道与消防登高操作场地交叉，相互之间仍有影响时，是不允许设置汽车库出入口的，如图 7.15 所示的情况。

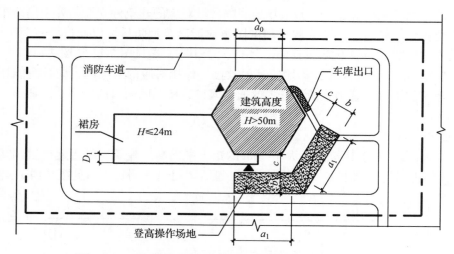

图 7.15　消防登高操作场地错误布置示意图（二）

注：1. 登高操作场地长度 $a_1+a_1 \geqslant L/4$，$L=6a_0$（周长）；地下车库出口坡道上方不应设雨篷。

　　2. 登高操作场地宽 $b \geqslant 10m$，$10m \geqslant c \geqslant 5m$，$a_1 \geqslant 20m$，$D \leqslant 4m$；▲为首层出入口。

7.2.4　厂房、仓库、公共建筑的外墙应在每层的适当位置设置可供消防救援人员进入的窗口。

7.2.5　供消防救援人员进入的窗口的净高度和净宽度均不应小于 1.0m，下沿距室内地面不宜大于 1.2m，间距不宜大于 20m 且每个防火分区不应少于 2 个，设置位置应与消防车登高操作场地相对应。窗口的玻璃应易于破碎，并应设置可在室外易于识别的明显标志。

【条文要点】

　这两条规定了建筑消防救援窗的设置及其性能要求。

【相关标准】

《民用建筑设计统一标准》GB 50352—2019；

《建筑门窗洞口尺寸系列》GB/T 5824—2008；

《建筑外门窗气密、水密、抗风压性能分级及检测方法》GB/T 7106—2008；

《建筑用安全玻璃　第 4 部分：均质钢化玻璃》GB 15763.4—2009；

《建筑幕墙》GB/T 21086—2007；

《建筑门窗洞口尺寸协调要求》GB/T 30591—2014；

《玻璃幕墙工程技术规范》JGJ 102—2003；

《建筑玻璃应用技术规程》JGJ 113—2015。

【设计要点】

1. 消防救援窗是为满足消防救援人员进入建筑实施救援的外窗或开口。消防救援窗应设置在建筑的每层外墙上，可以利用建筑的外窗，也可以利用外墙上的门等开口。消防救援窗、兼作消防救援窗的建筑外窗或其他开口，均应在外部设置可在室外易于识别的明显标志。

2. 厂房、仓库和民用建筑，无论是单层、多层还是高层，均应在建筑外墙上设置消防救援窗。建筑内的避难层和避难间也应按规定设置消防救援窗。

3. 消防救援窗应能满足消防救援人员在携带装备的情况下方便、安全进入建筑室内的要求，可开启的开口的净高度和净宽度均不应小于 1.0m，开口的下沿距离室内楼地面不宜大于 1.2m，每个防火分区不应少于 2 个，设置位置应与消防车登高操作场地相对应。当建筑内的防火分区位于建筑中间而无面向消防车登高操作场地的外墙时，该防火分区可以不设置消防救援窗。

4. 消防救援窗的玻璃应易于破碎，不得选用夹层或夹胶玻璃以及超厚的钢化玻璃，宜选用半钢化玻璃或普通安全玻璃。因为玻璃是否易于击碎与玻璃的表面应力和厚度有关，表面应力越大、厚度越厚的玻璃越不易击碎，钢化玻璃的表面应力约是普通玻璃的 4 ~ 5 倍。采用其他方式的外窗、门或开口，均应能在外部易于开启。对于冷库等特殊建筑，其救援窗的设置除应有明显的标志外，还应便于快速打开进入建筑。

【释疑】

疑点 7.2.4-1：单、多层公共建筑是否要求设置消防救援窗？

释义：单、多层公共建筑也需要设置消防救援窗，特别是无外窗的大型公共建筑，更需要在外墙上设置消防救援窗。

疑点 7.2.4-2：建筑的结构转换层、管线夹层、技术夹层是否要求设置消防救援窗？

释义：建筑设置消防救援窗在于方便火灾时消防员安全快速地进入建筑实施灭火和救助人员。对于无人员活动、无火灾危险性的结构转换层、技术夹层可不设置消防救援窗；但对其他管线夹层和有火灾危险性的技术夹层，仍应按规定设置消防救援窗。

疑点 7.2.4-3：对于丁、戊类火灾危险性的生产车间或仓库是否要求设置消防救援窗？

释义：丁、戊类火灾危险性的生产车间或仓库应按规定设置消防救援窗。

疑点 7.2.4-4：消防救援窗的玻璃能否采用中空玻璃或钢化玻璃？

释义：消防救援窗的玻璃应采用易于消防员击碎的安全玻璃，如普通安全玻璃和半钢化玻璃。采用中空玻璃应视内、外片玻璃的种类而定，用于消防救援窗的中空玻璃内、外片不得使用夹层或夹胶玻璃，宜选用普通安全玻璃；当选用钢化或半钢化玻璃时，因为矩形块玻璃边角部位表面应力集中易于击碎，应在矩形救援窗玻璃四角标志捶击位置，尽量不采用其他形状的救援窗。

7.3 消防电梯

7.3.1 下列建筑应设置消防电梯：

1 建筑高度大于 33m 的住宅建筑；

2 一类高层公共建筑和建筑高度大于 32m 的二类高层公共建筑、5 层及以上且总建筑面积大于 3000m² （包括设置在其他建筑内五层及以上楼层）的老年人照料设施；

3 设置消防电梯的建筑的地下或半地下室，埋深大于 10m 且总建筑面积大于 3000m² 的其他地下或半地下建筑（室）。

7.3.2 消防电梯应分别设置在不同防火分区内，且每个防火分区不应少于 1 台。

7.3.3 建筑高度大于 32m 且设置电梯的高层厂房（仓库），每个防火分区内宜设置 1 台消防电梯，但符合下列条件的建筑可不设置消防电梯：

1 建筑高度大于 32m 且设置电梯，任一层工作平台上的人数不超过 2 人的高层塔架；

2 局部建筑高度大于 32m，且局部高出部分的每层建筑面积不大于 50m² 的丁、戊类厂房。

7.3.4 符合消防电梯要求的客梯或货梯可兼作消防电梯。

【条文要点】

这四条规定了应设置消防电梯的建筑及消防电梯的基本设置要求。

【相关标准】

《电梯制造与安装安全规范》GB 7588—2003；

《电梯技术条件》GB/T 10058—2009；

《适用于残障人员的电梯附加要求》GB/T 24477—2009；

《火灾情况下的电梯特性》GB/T 24479—2009；

《消防电梯制造与安装安全规范》GB 26465—2011；

《电梯层门耐火试验　完整性、隔热性和热通量测定法》GB/T 27903—2011；

《安装于现有建筑物中的新电梯制造与安装安全规范》GB 28621—2012。

【设计要点】

1. 第 7.3.1 条规定了建筑应设置消防电梯的条件，即该条规定的住宅建筑、公共建筑和厂房、仓库等建筑应设置消防电梯。其中，要求设置消防电梯的地下、半地下室或独立的地下、半地下建筑，规范规定的"总建筑面积"应为地下各层建筑面积之和。

2. 消防电梯可以利用普通客梯或货梯，兼作消防电梯的客梯或货梯应符合消防电梯的要求，其建筑防火构造也应符合消防电梯的设置要求。

3. 规范不要求设置消防电梯的其他建筑或场所，当建筑设置了电梯时，应尽量利用既有电梯兼作消防电梯，或将服务于其他场所的消防电梯延伸至不要求设置消防电梯的场所。

4. 对于不要求设置消防电梯的建筑地下室，即总建筑面积和埋深均小于规范规定的地下室，当其上部建筑设置了消防电梯时，这些消防电梯应直接延伸至地下的相应部位，其他部位可以不设置消防电梯。

对于埋深较大的地下室或地下建筑，尽管其上部建筑未设置消防电梯或者地下部分的总建筑面积小于要求设置消防电梯的规定值（即 3000m²），仍要根据地下的实际用途和火灾危险性，考虑设置必要的消防电梯。

5. 对于设置高速消防电梯的超高层建筑，消防电梯井所需基坑较深，但由于施工难度及结构整体安全等原因导致基坑难以下挖，无法保证同一部消防电梯在地下室各层停靠时，其延伸至地下室部分的消防电梯，可以在首层进行转换，即针对地下部分单独设置通至地下各层的消防电梯。用于地下和地上的消防电梯应在首层消防电梯入口处设置区分明显和易于识别的标志。

6. 对于老年人照料设施，其设置消防电梯的条件是：① 5 层及以上且总建筑面积大于 $3000m^2$ 的独立建筑；②设置在其他建筑内，老年人照料设施位于该建筑的 5 层及以上且老年人照料设施部分的总建筑面积大于 $3000m^2$。与老年人照料设施合建的建筑，可设置仅服务于老年人照料设施的消防电梯。

7. 存在多个防火分区的建筑，消防电梯应分别位于不同防火分区内，并保证每个防火分区至少有 1 台消防电梯可供使用。一般，消防电梯应按照防火分区分别独立设置，但对于绝大部分地下空间，由于每个防火分区的最大允许建筑面积较小，如果每个防火分区均分别设置消防电梯，有时难以设置电梯机房和电梯的出入口。此时，可以相邻两个防火分区共用一台消防电梯，但该消防电梯应分别设置前室和进入不同防火分区的出入口。两个防火分区共用同一台消防电梯的情形，对于各类地上建筑中难以独立设置消防电梯的防火分区，同样适用。

【释疑】

疑点 7.3.1-1： 高层建筑的裙房是否需要设置消防电梯？

释义：高层建筑的裙房不需要设置消防电梯，但如其上部设置了消防电梯，则这些消防电梯应能在裙房内的相应防火分区内层层停靠；当裙房用作或部分用于老年人照料设施，且符合规范要求设置消防电梯的条件时，裙房的相应部位应设置消防电梯，参见图 7.16。对于裙房上部为住宅楼的组合建筑，其消防电梯的设置参见本《指南》第 5.4.10条的【设计要点】和【释疑】。

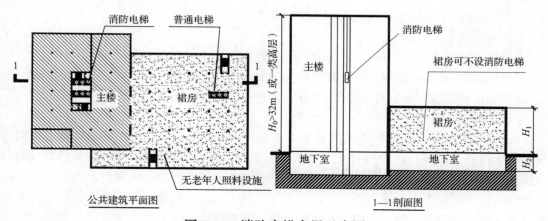

图 7.16 消防电梯布置示意图

注：$H_1 \leqslant 24m$，$H_2 \leqslant 10m$。

疑点 7.3.1-2： 单、多层建筑的地下室是否要求设置消防电梯？

释义：单、多层建筑的地下室，当地下室最低一层室内地面与该地下室的室外出入口处地坪的高差大于 10m，且地下室的总建筑面积大于 $3000m^2$ 时，应按规定设置消防电梯。否则，可以不设置消防电梯。对于独立的地下建筑，当其埋深大于 10m 且总建筑面积大于 $3000m^2$ 时，也应按规定设置消防电梯。

疑点 7.3.1-3： 需要设置消防电梯的地下汽车库，能否两个防火分区共用 1 台消防电梯？

释义：地下汽车库每个防火分区（设置自动灭火系统时）的最大允许建筑面积为 4000m²，车库内人员密度较低，可以 2 个防火分区共用 1 台消防电梯。

疑点 7.3.1–4：消防电梯能否兼作无障碍电梯？

释义：符合无障碍电梯要求的消防电梯，可兼作无障碍电梯，但根据国家标准《消防电梯制造与安装安全规范》GB 26465—2011 第 5.7.9 条的规定，在建筑首层或楼层电梯开门改变方位的消防电梯不允许兼作无障碍电梯。

7.3.5 除设置在仓库连廊、冷库穿堂或谷物筒仓工作塔内的消防电梯外，消防电梯应设置前室，并应符合下列规定：

　　1 前室宜靠外墙设置，并应在首层直通室外或经过长度不大于 30m 的通道通向室外；

　　2 前室的使用面积不应小于 6.0m²，前室的短边不应小于 2.4m；与防烟楼梯间合用的前室，其使用面积尚应符合本规范第 5.5.28 条和第 6.4.3 条的规定；

　　3 除前室的出入口、前室内设置的正压送风口和本规范第 5.5.27 条规定的户门外，前室内不应开设其他门、窗、洞口；

　　4 前室或合用前室的门应采用乙级防火门，不应设置卷帘。

7.3.6 消防电梯井、机房与相邻电梯井、机房之间应设置耐火极限不低于 2.00h 的防火隔墙，隔墙上的门应采用甲级防火门。

【条文要点】

这两条规定了消防电梯的建筑防火构造要求。

【相关标准】

《民用建筑设计统一标准》GB 50352—2019；

《电梯制造与安装安全规范》GB 7588—2003；

《消防电梯制造与安装安全规范》GB 26465—2011。

【设计要点】

1. 消防电梯是在火灾时供消防救援人员使用的专用电梯，必须在建筑构造上采取可靠的防火措施，以保证消防电梯在火灾情况下仍可以正常安全使用。因此，消防电梯井、机房及其前室与其他部位之间，应设置耐火极限不低于 2.00h 的防火隔墙，通向前室的门应为甲级或乙级防火门，通向机房的门应为甲级防火门，不应采用防火卷帘、防火分隔水幕、防火玻璃墙等其他防火分隔方式进行分隔。在前室内不应开设在火灾时可能增加前室火灾危险的其他开口，并应符合《新建规》第 6.4.3 条的规定。

2. 消防电梯前室要尽可能靠建筑外墙布置，并宜面向消防车救援操作场地一侧，以便能够在首层不经过走道直通室外。当消防电梯前室无法靠外墙设置时，在首层应采用长度不大于 30m 的专用通道直接连接至室外。

3. 消防电梯前室的使用面积和尺寸既要考虑消防员整顿装备和临时休整的需要，还要考虑救助被困人员并通行担架的要求，在条件许可时，要根据规范的规定数值尽可能加大。一般，一个战斗班 5 人另加指挥员 1 人，每人约需 1.0m² 的使用面积。因此，消防电梯前室的短边不应小于 2.4m，使用面积不应小于 6.0m²。公共建筑、高层厂房或高层仓库内与防烟楼梯间合用的消防电梯前室，使用面积不应小于10.0m²；住宅建筑内与防烟楼梯间合用的消防电梯前室，使用面积不应小于6.0m²；住宅建筑内两座防烟楼梯间的共用前室与消防电梯合用的前室（即三合一前室），使用面积不应小于12.0m²。

【释疑】

疑点7.3.5-1： 消防电梯前室内能否布置客用电梯、货运电梯等普通电梯？

释义： 火灾时，除消防电梯外，其他电梯均应降到首层停止运行，人员疏散不应使用普通电梯。住宅建筑、公共建筑、厂房和仓库中的消防电梯前室内可以设置普通电梯，但应在每层的电梯上采用醒目标志注明消防电梯和非消防电梯，消防电梯与普通电梯的井道之间应采用耐火极限不低于2.00h的防火隔墙进行分隔，同一前室内的消防电梯、普通电梯的轿厢均应采用A级装修材料，非消防电梯的防火性能应符合规范有关消防电梯的要求。消防电梯、普通电梯及机房等布置，参见图7.17。

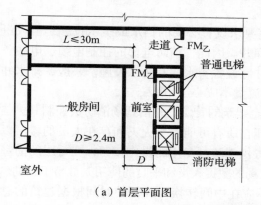 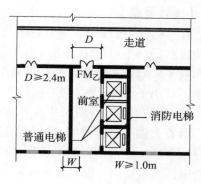

（a）首层平面图 （b）标准层平面图

图7.17 消防电梯平面布置示意图

疑点7.3.5-2： 消防电梯前室的防火门是否应向外开启？

释义： 消防电梯独立前室的防火门不是疏散门，应向外开启，不应向独立前室内开启。

7.3.7 消防电梯的井底应设置排水设施，排水井的容量不应小于2m³，排水泵的排水量不应小于10L/s。消防电梯间前室的门口宜设置挡水设施。

7.3.8 消防电梯应符合下列规定：

1 应能每层停靠；

2 电梯的载重量不应小于800kg；

3 电梯从首层至顶层的运行时间不宜大于60s；

4 电梯的动力与控制电缆、电线、控制面板应采取防水措施；

5 在首层的消防电梯入口处应设置供消防队员专用的操作按钮；

6 电梯轿厢的内部装修应采用不燃材料；

7 电梯轿厢内部应设置专用消防对讲电话。

【条文要点】

这两条规定了消防电梯的基本性能要求。

【相关标准】

《电梯制造与安装安全规范》GB 7588—2003；

《电梯技术条件》GB/T 10058—2009；

《适用于残障人员的电梯附加要求》GB/T 24477—2009；

《仅载货电梯制造与安装安全规范》GB 25856—2010；

《消防电梯制造与安装安全规范》GB 26465—2011；

《电梯层门耐火试验　完整性、隔热性和热通量测定法》GB/T 27903—2011；

《电梯主参数及轿厢、井道、机房的型式与尺寸　第 2 部分：IV 类电梯》GB/T 7025.2—2008；

《电梯主参数及轿厢、井道、机房型式与尺寸　第 1 部分：I 、II 、III 、VI 类电梯》GB/T 7025.1—2008。

【设计要点】

1. 在灭火过程中，尽管在消防电梯前室要求设置必要的挡水或疏水设施，但大量的消防废水仍会不可避免地进入电梯前室和电梯井。因此，消防电梯的控制电缆、电线、控制面板要采取防水措施，并在消防电梯井的井底设置蓄水井和排水设施。一般，排水井的容量不应小于 $2.0m^3$，井底专用排水泵的排水流量不应小于 10L/s。

2. 消防电梯在建筑发生火灾后应首先降至建筑的首层，并由到场消防员控制其去往楼层，但着火楼层是随机的，因此消防电梯应能在所有可能发生火灾和存在人员的楼层以及避难层停靠。在消防电梯的首层入口处应设置供消防员专用的操作按钮，在每层的前室内消防电梯入口处应设置明显的标志，以便在火场的救援人员和平时的使用人员易于识别。

3. 消防电梯从建筑的首层至最上一层不应在中间转换，其行驶时间根据建筑的总高度和电梯的类型及人体对高速电梯的正常耐受能力，以尽快将救援人员送至灭火阵地为原则确定，一般不大于 60s。

【释疑】

疑点 7.3.7：消防电梯在建筑的结构转换层、电缆管线夹层、技术夹层等是否也要停靠？

释义：火灾时，消防电梯主要用于帮助消防队员尽快到达着火楼层进行灭火和营救被困人员。对于建筑的结构转换层、电缆管线夹层、技术夹层等各种夹层，除夹层内平时有人员活动或夹层内存火灾危险性物质外，消防电梯在这些夹层内无须停靠。

7.4　直升机停机坪

7.4.1　建筑高度大于 100m 且标准层建筑面积大于 $2000m^2$ 的公共建筑，宜在屋顶设置直升机停机坪或供直升机救助的设施。

7.4.2　直升机停机坪应符合下列规定：

　　1　设置在屋顶平台上时，距离设备机房、电梯机房、水箱间、共用天线等突出物不应小于 5m；

2 建筑通向停机坪的出口不应少于2个，每个出口的宽度不宜小于0.90m；

3 四周应设置航空障碍灯，并应设置应急照明；

4 在停机坪的适当位置应设置消火栓；

5 其他要求应符合国家现行航空管理有关标准的规定。

【条文要点】

这两条规定了应设置直升机停机坪或直升机救助设施的建筑及其为满足消防救援的基本要求。

【设计要点】

1. 在建筑的屋顶设置直升机停机坪或救助设施，主要用于向着火建筑快速投送救援人员和救助无法通过疏散楼梯或消防电梯向下疏散的受困人员离开着火建筑。直升机停机坪可以直接设置在建筑的屋面上，也可以在屋面上架空设置，场地的面积、结构的承载力与抗风等结构稳固性应符合直升机停机坪的设置要求，周围的设备房、天线等突出屋面的物体不应影响直升机安全起降。

2. 直升机救助设施主要供人员停留和直升机悬停救助使用，其周围应设置一定高度和强度的安全防护栏杆等设施，面积应符合相应的救助要求。直升机救助设施一般由专业企业成套制作和安装。

3. 自建筑下部通向屋顶直升机停机坪的出口不应少于2个，即至少应有2部疏散楼梯通至屋面，但从建筑的屋面至高架的停机坪或救助平台，可以根据实际情况设置1部或2部楼梯。

4. 直升飞机停机坪或救助设施四周应设置保障安全通航的航空障碍灯、方便救助的应急照明、适当的防护器材，如带雾化水枪的消火栓、灭火器等。应急照明的地面水平照度应按场地正常照明的照度值确定。

5. 直升飞机停机坪的其他要求应符合国家现行航空管理有关标准的规定。

8 消防设施的设置

8.1 一 般 规 定

8.1.1 消防给水和消防设施的设置应根据建筑的用途及其重要性、火灾危险性、火灾特性和环境条件等因素综合确定。

【条文要点】

本条规定了消防给水设计和建筑消防设施配置设计的基本原则。

【设计要点】

1. 建筑消防设施包括火灾自动报警系统、自动灭火系统、消火栓系统、防烟排烟系统以及应急广播和应急照明、安全疏散设施等，《新建规》第 8 章规定的消防设施主要为消防给水系统、灭火系统或装置、火灾自动报警系统或装置、防烟与排烟系统或设施和灭火器等建筑主动防火系统中的相关系统、装置和器材。

2. 我国幅员辽阔、各地经济发展水平差异较大，气候、地理、人文等自然环境和文化背景各异、建筑的用途与生产工艺也千差万别，规范难以涵盖全部需要设置相应消防设施的建筑、场所或部位，但根据建筑的用途及其重要性、火灾危险性、火灾特性和环境条件等因素综合考虑确定了消防设施配置的最低要求。因此，除《新建规》规定需要设置相应消防设施的范围外，设计还应从保障建筑及其使用人员的安全、有效控制和扑灭火灾，减小火灾损失出发，根据有关专项建筑设计标准或专项防火标准的规定和建筑的实际火灾危险性，综合设施维护的方便性、设施的有效性和针对性、主动防火与被动防火的相互作用和统一性与协调性、建筑的重要性与建设投资效益等确定配置适用的灭火、火灾报警和防烟与排烟设施等消防设施及灭火器材。同一建筑不宜采用过多类型的灭火系统或设施。

3. 对于一些新技术、新型的消防设施应用，应根据国家有关规定在使用前提出相应的使用和设计方案与报告，并进行必要的论证或试验，确保其实际应用的可行性、有效性和可靠性。

8.1.2 城镇（包括居住区、商业区、开发区、工业区等）应沿可通行消防车的街道设置市政消火栓系统。

民用建筑、厂房、仓库、储罐（区）和堆场周围应设置室外消火栓系统。

用于消防救援和消防车停靠的屋面上，应设置室外消火栓系统。

注：耐火等级不低于二级且建筑体积不大于 3000m³ 的戊类厂房，居住区人数不超过 500 人且建筑层数不超过两层的居住区，可不设置室外消火栓系统。

【条文要点】

本条规定了城镇市政消火栓系统和建筑室外消火栓系统的设置范围。

【相关标准】

《市政消防给水设施维护管理》GB/T 36122—2018；

《消防给水及消火栓系统技术规范》GB 50974—2014。

【设计要点】

1. 市政消火栓系统是依靠市政供水管网、沿城镇道路设置的室外消火栓系统，其水源由市政供水系统保证。市政消火栓主要有地下室外消火栓、地上室外消火栓，局部寒冷地区还包括连接市政供水管网的水鹤。市政消火栓系统是城镇单、多层建筑火灾扑救的主要消防供水系统，通过消防车加压后向火场供水。城镇范围内所有可供消防车通行的道路沿线均应设置市政消火栓系统；具有市政供水管网系统的农村居民聚集居住区内可供消防车通行的道路沿线也要尽量设置市政消火栓系统，特别是缺乏天然水源的区域。高架桥、城市快速路等可以不设置市政消火栓。

2. 室外消火栓系统是在建筑周围沿消防车道设置的地上或地下室外消火栓系统，其水源主要由市政供水管网，部分由消防水池等保证。室外消火栓系统用于保障向到场消防车持续供水，应为湿式系统。除体量较小的建筑外，各类工业与民用建筑、隧道工程、轨道交通工程（高架轨道区除外）、各类储罐或储罐区、可燃材料堆场周围均应设置室外消火栓系统。距离建筑小于 40m 的市政消火栓可以计入该建筑的室外消火栓数量。在市政消火栓保护半径 150m 以内且室外消防用水量小于或等于 15L/s 的建筑，也可以不设置室外消火栓。

对于需用作消防救援场地的屋面、高架桥等场所，应设置室外消火栓系统。

3. 市政消火栓和室外消火栓的设置位置应有明显的识别标志，在消火栓沿道路两侧各 3m 范围内不允许停放机动车辆的标志。规范要求设置市政消火栓或室外消火栓的范围，见表 F8.1。其他规范有明确要求，而本规范未明确的建筑或场所，其室外消火栓系统的设置还应符合相应标准的规定。

表 F8.1　规范要求设置市政或室外消火栓系统的范围

设 置 对 象	消火栓类型	设置部位
城镇（居住区、商业区、开发区、工业区等）	市政消火栓	通行消防车的街道
民用建筑（含可停靠消防车的平台）、厂房、仓库	室外消火栓	沿建筑周围
储罐、储罐区和堆场	室外消火栓	储罐或堆场周围道路沿线
一、二、三类城市机动车交通隧道	室外消火栓	隧道内外
耐火等级不低于二级且建筑体积 ≤ 3000m³ 的戊类厂房	室外消火栓	可不设置
居住人数 ≤ 500 人且建筑层数 ≤ 2 层的居住区	室外消火栓	可不设置

8.1.3 自动喷水灭火系统、水喷雾灭火系统、泡沫灭火系统和固定消防炮灭火系统等系统以及下列建筑的室内消火栓给水系统应设置消防水泵接合器：

1 超过 5 层的公共建筑；

2 超过 4 层的厂房或仓库；

3 其他高层建筑；

4 超过 2 层或建筑面积大于 10000m² 的地下建筑（室）。

【条文要点】

本条规定了应设置消防水泵接合器的建筑。

【相关标准】

《消防水泵接合器》GB 3446—2018；

《消防给水及消火栓系统技术规范》GB 50974—2014。

【设计要点】

消防水泵接合器是在火灾时通过消防车加压后向建筑室内供水管网直接供水的连接装置，一般设置在便于消防车安全操作的建筑外墙上。

设置消防水泵接合器能够通过消防车保证室内灭火系统在消防水池水量或水压不足时还可继续发挥作用。因此，凡是室内设置了室内消火栓系统、自动喷水灭火系统、水喷雾灭火系统、防火分隔水幕或冷却水幕系统、泡沫灭火系统和固定消防水炮或泡沫炮灭火系统等水消防系统的场所和建筑均应设置消防水泵接合器。仅设置细水雾灭火系统、轻便消防水龙装置、水基厨房灭火装置或系统的场所或建筑，可以不设置消防水泵接合器。

规范规定应设置消防水泵合器的范围，见表 F8.2。

表 F8.2　规范要求应设置消防水泵接合器的建筑和场所

建筑设置的水消防设施	应设置消防水泵接合器的场所或建筑
设置了自动喷水、水喷雾、泡沫、固定消防水炮或泡沫炮灭火系统，水冷却或分隔系统	所有建（构）筑物、储罐
设置了室内消火栓给水系统	1. 6 层及 6 层以上的公共建筑； 2. 5 层及 5 层以上的厂房或仓库； 3. 其他高层建筑； 4. 3 层及 3 层以上的地下建筑（室）； 5. 总建筑面积大于 10000m² 的地下建筑（室）

8.1.4　甲、乙、丙类液体储罐（区）内的储罐应设置移动水枪或固定水冷却设施。高度大于 15m 或单罐容积大于 2000m³ 的甲、乙、丙类液体地上储罐，宜采用固定水冷却设施。

8.1.5　总容积大于 50m³ 或单罐容积大于 20m³ 的液化石油气储罐（区）应设置固定水冷却设施，埋地的液化石油气储罐可不设置固定喷水冷却装置。总容积不大于 50m³ 或单罐容积不大于 20m³ 的液化石油气储罐（区），应设置移动式水枪。

【条文要点】

这两条规定了应设置水冷却设施的储罐或储罐区。

【相关标准】

《自动喷水灭火系统规范》GB 50084—2017；

《消防给水及消火栓系统技术规范》GB 50974—2014。

【设计要点】

甲、乙、丙类液体储罐和可燃气体储罐火灾的辐射热巨大，有的还会发生突沸现象，一旦储罐自身设置的灭火系统不能有效扑灭或控制火势，火灾将对罐区内其他储罐的安全和消防救援人员靠近作业带来很大威胁，通常需要通过在储罐上设置固定的水冷却系统来进行防护。

对于埋地储罐或覆土罐以及罐容积较小的储罐，可以不设置固定的水冷却设施。规范要求应设置水冷却设施的储罐（区），见表F8.3。除本规范的规定外，其他标准有明确规定的，应按照相应标准的要求在储罐或罐区上设置水冷却设施，如国家标准《城镇燃气设计规范》GB 50028—2006、《汽车加油加气站设计与施工规范》GB 50156—2012 和《石油化工企业设计防火标准》GB 50160—2008（2018 年版）等。

表 F8.3　规范要求应设置水冷却设施的储罐（区）

水冷却设施的类型	储 罐 类 型		设置要求
移动水枪或固定水冷却设施	甲、乙、丙类液体地上或地下储罐（区），液化石油气的地上或地下储罐（区）		应设置
水冷却系统	甲、乙、丙类液体地上储罐	罐体高度大于15m的储罐，或者单罐罐容大于2000m³的储罐	应设置，并宜采用固定系统
固定水冷却系统	地上液化石油气储罐（区）	总罐容大于50m³的储罐，或者单罐罐容大于20m³的储罐	应设置

8.1.6　消防水泵房的设置应符合下列规定：

1　单独建造的消防水泵房，其耐火等级不应低于二级；

2　附设在建筑内的消防水泵房，不应设置在地下三层及以下或室内地面与室外出入口地坪高差大于10m的地下楼层；

3　疏散门应直通室外或安全出口。

8.1.7　设置火灾自动报警系统和需要联动控制的消防设备的建筑（群）应设置消防控制室。消防控制室的设置应符合下列规定：

1　单独建造的消防控制室，其耐火等级不应低于二级；

2　附设在建筑内的消防控制室，宜设置在建筑内首层或地下一层，并宜布置在靠外墙部位；

3　不应设置在电磁场干扰较强及其他可能影响消防控制设备正常工作的房间附近；

4　疏散门应直通室外或安全出口；

5　消防控制室内的设备构成及其对建筑消防设施的控制与显示功能以及向远程监控系统传输相关信息的功能，应符合现行国家标准《火灾自动报警系统设计规范》GB 50116 和《消防控制室通用技术要求》GB 25506 的规定。

8.1.8　消防水泵房和消防控制室应采取防水淹的技术措施。

【条文要点】

这三条规定了消防水泵房和消防控制室的设置要求和基本防火性能。

【相关标准】

《电磁环境控制限值》GB 8702—2014；

《地下工程防水技术规范》GB 50108—2008；

《火灾自动报警系统设计规范》GB 50116—2013；

《消防给水及消火栓系统技术规范》GB 50974—2014；

《消防控制室通用技术要求》GB 25506—2010；

《民用建筑电气设计规范》JGJ 16—2008。

【设计要点】

1. 消防水泵房和消防控制室不仅是火灾时需要人员坚持工作并保障其中设备正常运行的场所，而且房间的位置要便于相关管理与操作人员、消防救援人员安全进入，应该具有较高的防火性能。因此，消防水泵房和消防控制室要尽量独立设置；无论是独立建造还是设置在其他建筑内，建筑的耐火等级均不应低于二级。

2. 设置在工业与民用建筑内时，消防水泵房和消防控制室要尽量设置在首层或者地下一层，不应设置在地下三层及以下，也不应设置在室内地面与室外出入口地坪高差大于10m 的地下楼层；当建筑地下只有一层时，要尽量在地上设置。设置在其他建筑内时，要尽量布置在建筑内的靠外墙部位，以便应急人员能够直接从室外进入。对于一些埋深较大且设备房位于地下的特殊工程，如部分地铁工程，消防水泵房的设置位置不受本条的埋深限制，但应符合其他要求。

3. 独立建造或附设在建筑内的消防水泵房、消防控制室，均应具有防止消防废水和意外的大流量水进入建筑而致其中设备被水淹的技术措施。例如，在进出水泵房或控制室处设置挡水和疏水设施等。

4. 消防水泵房和消防控制室的其他要求，还应符合国家标准《消防给水及消火栓系统技术规范》GB 50974—2014 和《火灾自动报警系统设计规范》GB 50116—2013 等标准的规定，相关布置参见图 8.1 和图 8.2。

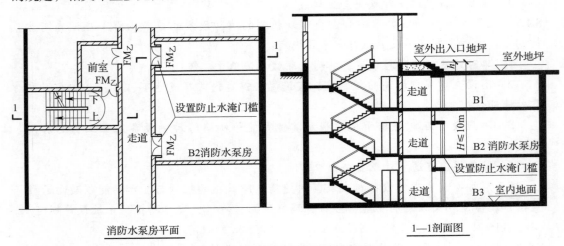

图 8.1　消防水泵房布置示意图

注：h—室内外高差。

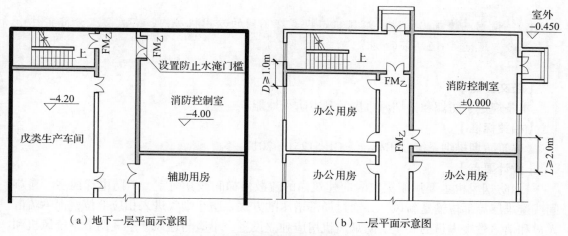

（a）地下一层平面示意图　　　　　　　　（b）一层平面示意图

图 8.2　消防控制室平面布置示意图

【释疑】

疑点 8.1.7–1： 独立建造的消防水泵房、消防控制室，与其服务建筑的防火间距如何考虑？

释义： 独立建造的消防水泵房、消防控制室，应按规范的规定确定其与邻近建筑的防火间距，包括与其服务的建筑。当所服务建筑为工业建筑时，可分别按戊类和丙类工业建筑考虑；当所服务建筑为民用建筑时，可分别按民用建筑考虑。

疑点 8.1.7–2： 消防水泵房、消防控制室的疏散门均要求直通室外或安全出口，疏散门均直通室外与直通安全出口是否有区别？

释义： 规范要求消防水泵房和消防控制室的疏散门均应直接通向室外或安全出口，是分别针对位于不同楼层位置时的要求。当消防水泵房和消防控制室位于建筑的首层或为单层建筑时，其疏散门就是安全出口，应直通室外地面；当消防水泵房和消防控制室位于建筑的其他楼层时，一般位于地下一层，其疏散门有的可以直接通至下沉广场等室外场地，但大部分需经过疏散楼梯通至室外地面，此时的疏散门往往要经过一段走道通向疏散楼梯的入口，该入口就是安全出口。因此，这二者间没有本质的区别，都是要求救援人员和相关应急人员在火灾时能够安全、便捷地进出消防水泵或消防控制室，参见图 8.2。消防控制室布置在地下一层时参见图 8.2（a），消防控制室布置在一层时参见图 8.2（b）。

疑点 8.1.7–3： 消防控制室的外门、窗与相邻房间外窗的窗间墙宽度是否有要求？

释义： 为了确保消防控制室不受相邻房间火灾的影响，参照防火墙两侧开口之间的窗间墙宽度要求，消防控制室的外窗等外墙上的开口与相邻房间外窗、门的窗间墙宽度不应小于 2.0m。否则，应将相邻房间一侧或消防控制室一侧的外墙开口改成甲级防火门、窗。

疑点 8.1.7–4： 消防控制室布置在首层时也要防止水淹吗？

释义： 当建筑首层室内外地面高差较小时，布置在首层的消防控制室也要采取防止被水淹的措施。一般，设计应将消防控制室的室内地面较室外地面适当抬高，其高差不应小于 300mm。

8.1.9 设置在建筑内的防排烟风机应设置在不同的专用机房内，有关防火分隔措施应符合本规范第 6.2.7 条的规定。

【条文要点】

本条规定了防烟和排烟风机房的基本防火性能。

【相关标准】

《建筑防烟排烟系统技术标准》GB 51251—2017。

【设计要点】

1. 防烟风机主要用于火灾时向建筑内的疏散楼梯间或其前室、消防电梯前室、避难间或避难层等部位输送新风，并通过局部增压的方式来防止烟气进入相应部位，保障疏散人员和消防救援人员的安全。防烟风机房应独立设置，不应与通风、空气调节系统风机和排烟风机等其他风机房设置在同一机房内，避免火灾和高温烟气通过其他系统的管道进入送风系统。

2. 排烟风机主要用于火灾时排除建筑内着火区的烟和热，防止室内温度过高，延缓轰燃发生时间，为灭火救援、人员疏散创造安全条件，并减小火灾对建筑结构的损害。排烟风机房应独立设置，不应与其他风机合用机房。

3. 防烟风机房和排烟风机房是在火灾时需要继续工作的场所，均应能防止相邻部位火灾的作用，与相邻场所应进行分隔，且防火分隔墙体和楼板等应具备较高的耐火性能。根据《新建规》第 6.2.7 条的规定，防火隔墙的耐火极限不应小于 2.00h，楼板的耐火极限不应小于 1.50h，隔墙上的门、窗应为甲级防火门、窗。

8.1.10 高层住宅建筑的公共部位和公共建筑内应设置灭火器，其他住宅建筑的公共部位宜设置灭火器。

厂房、仓库、储罐（区）和堆场，应设置灭火器。

【条文要点】

本条规定了应配置建筑灭火器的建筑场所和部位。

【相关标准】

《建筑灭火器配置设计规范》GB 50140—2005。

【设计要点】

1. 灭火器是扑救各类建筑和场所初起火的基本灭火器材，使用方便，主要有手提式和推车式灭火器两种。根据灭火器中充装的灭火剂，灭火器可分为水基、干粉、气体等多种类型。

2. 原则上，各类工业与民用建筑、人防工程、隧道工程、地铁中的设备区和公共区、城市综合管廊及其他地下设施、可燃液体与可燃气体储罐（区）、可燃材料堆场等建筑和场所，均应配置灭火器。住宅建筑的公共区应配置灭火器，住宅户内也要尽量配置，但目前对住宅户内不做强制要求。

3. 灭火器的具体布置和配置数量、级别等要求，应符合国家标准《建筑灭火器配置设计规范》GB 50140—2005 的规定。

> **8.1.11** 建筑外墙设置有玻璃幕墙或采用火灾时可能脱落的墙体装饰材料或构造时，供灭火救援用的水泵接合器、室外消火栓等室外消防设施，应设置在距离建筑外墙相对安全的位置或采取安全防护措施。
>
> **8.1.12** 设置在建筑室内外供人员操作或使用的消防设施，均应设置区别于环境的明显标志。
>
> **8.1.13** 有关消防系统及设施的设计，应符合现行国家标准《消防给水及消火栓系统技术规范》GB 50974、《自动喷水灭火系统设计规范》GB 50084、《火灾自动报警系统设计规范》GB 50116 等标准的规定。

【条文要点】

这三条规定了保障消防水泵接合器、室外消火栓等室外消防设施在火灾时可安全使用的防护要求，以及方便人员操作和使用、保障人员安全疏散的建筑室内外消防设施的标志设置要求。

【设计要点】

1. 消防水泵接合器主要设置在建筑外墙上；室外消火栓设置在建筑周围，并主要沿消防车道设置；灭火救援车辆灭火时大部分需直接向建筑内敷设水带或通过消防水泵接合器供水。因此，在确定这些消防设施的设置位置和救援场地、消防扑救面等时，要充分结合建筑外形、幕墙设置情况、外墙的外装饰和广告牌等的设计统筹考虑，避免火灾时因建筑外装修等脱落而影响灭火救援，特别是救援人员的人身安全。当不可避免时，应调整建筑外部装饰与广告牌等的设计或设置防护棚等防护措施。

2. 尽管规范规定室外消防设施的布置要距离建筑外墙不宜小于 5m，但该距离还要根据建筑的外形、高度，外装饰的实际情况，以不会危及救援行动安全为原则来确定。

3. 建筑内外需要在火灾时供人员操作和使用的消防设施，主要包括室外消火栓，消防管网上的阀门、消防水泵接合器等室外消防设施以及消防车道，室内消火栓、消防设施中的操作与控制阀门、灭火器、手动启动或操作按钮、手动报警按钮、消防电话等室内消防设施、防火门的操作与疏散方向、消防设备室、消防控制室，以及火灾时需要应急切断可燃液体和可燃气体输送的管道阀门等。这些设施的标志应与室内装修的表面颜色有明显的区别。

4. 《新建规》只规定了建筑主动防火系统中相关系统、装置和器材的基本配置要求，即消防给水系统、灭火系统或装置、火灾自动报警系统或装置、防烟与排烟系统或设施和灭火器等的基本设置范围，但这些系统、装置或器材的性能还应符合国家相应标准的规定或者按照这些标准进行设计、安装、验收与维护等，如国家标准《消防给水及消火栓系统技术规范》GB 50974—2014、《自动喷水灭火系统设计规范》GB 50084—2017、《火灾自动报警系统设计规范》GB 50116—2013、《建筑防烟排烟系统技术规范》GB 51251—2017 和《建筑灭火器配置设计规范》GB 50140—2005 等。

8.2 室内消火栓系统

8.2.1 下列建筑或场所应设置室内消火栓系统：

1 建筑占地面积大于 $300m^2$ 的厂房和仓库；

2 高层公共建筑和建筑高度大于21m的住宅建筑；

注：建筑高度不大于27m的住宅建筑，设置室内消火栓系统确有困难时，可只设置干式消防竖管和不带消火栓箱的DN65的室内消火栓。

3 体积大于 $5000m^3$ 的车站、码头、机场的候车（船、机）建筑、展览建筑、商店建筑、旅馆建筑、医疗建筑、老年人照料设施和图书馆建筑等单、多层建筑；

4 特等、甲等剧场，超过800个座位的其他等级的剧场和电影院等以及超过1200个座位的礼堂、体育馆等单、多层建筑；

5 建筑高度大于15m或体积大于 $10000m^3$ 的办公建筑、教学建筑和其他单、多层民用建筑。

8.2.2 本规范第8.2.1条未规定的建筑或场所和符合本规范第8.2.1条规定的下列建筑或场所，可不设置室内消火栓系统，但宜设置消防软管卷盘或轻便消防水龙：

1 耐火等级为一、二级且可燃物较少的单、多层丁、戊类厂房（仓库）。

2 耐火等级为三、四级且建筑体积不大于 $3000m^3$ 的丁类厂房；耐火等级为三、四级且建筑体积不大于 $5000m^3$ 的戊类厂房（仓库）。

3 粮食仓库、金库、远离城镇且无人值班的独立建筑。

4 存有与水接触能引起燃烧爆炸的物品的建筑。

5 室内无生产、生活给水管道，室外消防用水取自储水池且建筑体积不大于 $5000m^3$ 的其他建筑。

8.2.3 国家级文物保护单位的重点砖木或木结构的古建筑，宜设置室内消火栓系统。

8.2.4 人员密集的公共建筑、建筑高度大于100m的建筑和建筑面积大于 $200m^2$ 的商业服务网点内应设置消防软管卷盘或轻便消防水龙。高层住宅建筑的户内宜配置轻便消防水龙。

老年人照料设施内应设置与室内供水系统直接连接的消防软管卷盘，消防软管卷盘的设置间距不应大于30.0m。

【条文要点】

这几条规定了应设置室内消火栓和消防软管卷盘等轻便水消防设施的工业与民用建筑。

【相关标准】

《消防给水及消火栓系统技术规范》GB 50974—2014；

《室内消火栓》GB 3445—2005；

《消火栓箱》GB 14561—2003；

《消防软管盘卷》GB 15090—2005；

《轻便消防水龙》GA 180—2016。

【相关名词】

1. **干式消防竖管**。消防竖管内平时不充水，着火后由消防车通过设置在首层外墙上的接口向消防竖管供水，消防员自带水龙带与室内消防给水竖管的消火栓口连接进行取水灭火的消防供水竖管，竖管的管径一般不小于 $DN80$，消火栓口径应采用 65mm，适用于冬季管道易被冻结的场所和火灾危险性较小的建筑。它与湿式室内消火栓系统的主要区别是：干式消防竖管平时管道内无水，湿式室内消火栓系统平时竖管内有水；前者灭火时需利用消防车加压供水，后者灭火时主要利用系统中的消防水泵加压供水。

2. **消防软管卷盘**。由阀门、输水管路、轮辐、支承架、摇臂、软管及喷枪等部件组成，能在快速展开软管的过程中喷水灭火的器材。该器材使用方便，适用于非专业人员扑救初起火，一般安装在室内消火栓箱内，也可单独安装。对于未设置室内消火栓的场所、火灾发展迅速的场所、使用人员较多的场所和其他需要加强初起火控制与扑救的场所，应设置消防软管卷盘。

3. **轻便消防水龙**。由专用接口、水带及喷枪组成，直接与自来水或消防供水管道连接，或火灾时可快速连接到自来水或消防供水管道上充水并进行灭火的轻便灭火器材，多用于住宅建筑的户内。在建筑面积小于 200m² 并具有市政自来水管道接口的场所，可替代消防软管卷盘。

【设计要点】

规范要求设置室内消火栓的公共建筑和住宅建筑或场所，见表 F8.4；规范要求设置室内消火栓的工业生产和仓储场所或场所，见表 F8.5；其他建筑或场所的室内消火栓设置，应符合国家相应标准的规定。对于地下建筑，生产厂房和仓库应按其单层建筑面积计算，其他民用功能的场所应按其体积或座位数等确定；设置地下室的建筑，当其地上部分设置了室内消火栓时，其地下室也应同步设置室内消火栓系统。

表 F8.4　规范要求设置室内消火栓的民用建筑或场所

应设置的建筑或场所		设置要求	备　注
住宅建筑	建筑高度 ≤ 21m（注 1）	可不设	
	建筑高度 >21m 且 ≤ 27m	应设置	—
	建筑高度 >27m	应设置	宜增设轻便消防水龙
高层公共建筑	建筑高度 ≤ 100m	应设置	
	建筑高度 > 100m		应增设消防软管卷盘或轻便消防水龙
车站、码头、机场的候车（船、机）建筑	建筑体积 >5000m³ 的单、多层建筑	应设置	应设置消防软管卷盘或轻便消防水龙
展览建筑、商店建筑、旅馆建筑、医疗建筑、图书馆			
床位总数 ≥ 20 床或可容纳老年人总数 ≥ 20 人的老年人照料设施（注2）			

续表 F8.4

应设置的建筑或场所		设置要求	备　注
单、多层特等、甲等剧场		应设置	应设置消防软管卷盘或轻便消防水龙
座位数 >800 座的其他等级的单、多层剧场和电影院等			
座位数 >1200 座的单、多层礼堂、体育馆			
学校教学建筑、食堂、集体宿舍	建筑高度 >15m，或建筑体积 > 10000m³	应设置	—
办公建筑及其他单、多层民用建筑			
国家级文物保护单位重点砖木或木结构的古建筑		宜设置	宜设置消防软管卷盘或轻便消防水龙
远离城镇且无人值班的独立民用建筑		可不设	宜设置消防软管卷盘或轻便消防水龙
无室内外给水管网，仅储水池供水且建筑体积 ≤ 5000m³ 的其他民用建筑		可不设	
商业服务网点	建筑面积 ≤ 200m³	可不设	应设置消防软管卷盘或轻便消防水龙
	建筑面积 > 200m³		

注：1. 设置室内消火栓系统确有困难时，可设置干式消防竖管和不带消火栓箱的 DN65 的室内消火栓。
　　2. 能与室内供水系统直接连接的消防软管卷盘，消防软管卷盘的设置间距不应大于 30.0m。

表 F8.5　规范要求设置室内消火栓的工业生产和仓储场所或场所

应设置的建筑或场所		设置要求	备注
厂房和仓库	占地面积 >300m²	应设置	—
一、二级耐火等级的单层、多层丁、戊类厂房或仓库	可燃物较少	可不设	宜设置消防软管卷盘或轻便消防水龙
三、四级耐火等级	丁类厂房　建筑体积 ≤ 3000m³	可不设	
	戊类厂房或仓库　建筑体积 ≤ 5000m³		
粮食仓库、金库		可不设	
远离城镇且无人值班的独立工业建筑		可不设	
与水接触能引起燃烧爆炸的物品仓库		可不设	
无室内外给水管网，仅储水池供水且建筑体积 ≤ 5000m³ 的其他工业建筑		可不设	

8.3 自动灭火系统

8.3.1 除本规范另有规定和不宜用水保护或灭火的场所外，下列厂房或生产部位应设置自动灭火系统，并宜采用自动喷水灭火系统：

1 不小于50000纱锭的棉纺厂的开包、清花车间，不小于5000锭的麻纺厂的分级、梳麻车间，火柴厂的烤梗、筛选部位；

2 占地面积大于1500m²或总建筑面积大于3000m²的单、多层制鞋、制衣、玩具及电子等类似生产的厂房；

3 占地面积大于1500m²的木器厂房；

4 泡沫塑料厂的预发、成型、切片、压花部位；

5 高层乙、丙类厂房；

6 建筑面积大于500m²的地下或半地下丙类厂房。

8.3.2 除本规范另有规定和不宜用水保护或灭火的仓库外，下列仓库应设置自动灭火系统，并宜采用自动喷水灭火系统：

1 每座占地面积大于1000m²的棉、毛、丝、麻、化纤、毛皮及其制品的仓库；

注：单层占地面积不大于2000m²的棉花库房，可不设置自动喷水灭火系统。

2 每座占地面积大于600m²的火柴仓库；

3 邮政建筑内建筑面积大于500m²的空邮袋库；

4 可燃、难燃物品的高架仓库和高层仓库；

5 设计温度高于0℃的高架冷库，设计温度高于0℃且每个防火分区建筑面积大于1500m²的非高架冷库；

6 总建筑面积大于500m²的可燃物品地下仓库；

7 每座占地面积大于1500m²或总建筑面积大于3000m²的其他单层或多层丙类物品仓库。

8.3.3 除本规范另有规定和不宜用水保护或灭火的场所外，下列高层民用建筑或场所应设置自动灭火系统，并宜采用自动喷水灭火系统：

1 一类高层公共建筑（除游泳池、溜冰场外）及其地下、半地下室；

2 二类高层公共建筑及其地下、半地下室的公共活动用房、走道、办公室和旅馆的客房、可燃物品库房、自动扶梯底部；

3 高层民用建筑内的歌舞娱乐放映游艺场所；

4 建筑高度大于100m的住宅建筑。

8.3.4 除本规范另有规定和不适用水保护或灭火的场所外，下列单、多层民用建筑或场所应设置自动灭火系统，并宜采用自动喷水灭火系统：

1 特等、甲等剧场，超过1500个座位的其他等级的剧场，超过2000个座位的会堂或礼堂，超过3000个座位的体育馆，超过5000人的体育场的室内人员休息室与器材间等；

2 任一层建筑面积大于 1500m² 或总建筑面积大于 3000m² 的展览、商店、餐饮和旅馆建筑以及医院中同样建筑规模的病房楼、门诊楼和手术部；

3 设置送回风道（管）的集中空气调节系统且总建筑面积大于 3000m² 的办公建筑等；

4 藏书量超过 50 万册的图书馆；

5 大、中型幼儿园，老年人照料设施；

6 总建筑面积大于 500m² 的地下或半地下商店；

7 设置在地下或半地下或地上四层及以上楼层的歌舞娱乐放映游艺场所（除游泳场所外），设置在首层、二层和三层且任一层建筑面积大于 300m² 的地上歌舞娱乐放映游艺场所（除游泳场所外）。

【条文要点】

这几条按照厂房、仓库、高层民用建筑和单层、多层民用建筑，分类规定了工业与民用建筑中应设置自动喷水灭火系统的建筑、场所或部位。

【设计要点】

1. 自动喷水灭火系统由洒水喷头、报警阀组、水流报警装置（水流指示器或压力开关）等组件以及管道、供水设施组成，分闭式、雨淋、水幕自动喷水灭火系统和自动喷水 – 泡沫联用灭火系统。

2. 规范规定的这些工业与民用建筑、场所或部位，均是应设置自动灭火系统的场所，而且均适合采用自动喷水灭火系统进行保护，主要为湿式自动喷水喷水灭火系统。但是，当建筑内还设置有其他自动灭火系统或者防护对象有特殊要求时，也可以采用其他自动灭火系统。例如，高级酒店的客房，在欧美国家有采用细水雾灭火系统替代自动喷水灭火系统进行控火和灭火的情形；图书馆的书库有采用细水雾灭火系统进行保护的情形；某些高架库内的自动灭火系统也可以采用高倍数泡沫灭火系统。

3. 规范在此所规定的这些建筑或场所，不是需要设置自动灭火系统的建筑或场所的全部。对于规范未明确规定者，可以比照规范有关设置场所或建筑的用途、实际火灾危险性、规模和使用人员情况来确定设置相应的自动灭火系统。对于地铁工程、隧道工程等以及其他标准有明确规定要求设置自动灭火系统的建筑或场所，应根据《新建规》第 12.3 节及国家其他相关标准的规定设置相应的自动灭火系统。

4. 规范要求应设置自动喷水灭火系统的工业与民用建筑或建筑中的某场所或部位，分别见表 F8.6 ～ 表 F8.8。

表 F8.6 规范要求应设置自动喷水灭火系统的民用建筑或场所

建筑类别	应设置自动喷水灭火系统的建筑类型或场所
高层民用建筑	一类高层公共建筑及其地下、半地下室
	二类高层公共建筑及其地下、半地下室的公共活动用房、走道、办公室和旅馆的客房、可燃物品库房、自动扶梯底部
	设置在高层建筑内的歌舞娱乐放映游艺场所
	建筑高度大于 100m 的住宅建筑

续表 F8.6

建筑类别	应设置自动喷水灭火系统的建筑类型或场所
单、多层民用建筑	特等、甲等剧场、座位数 >1500 座的乙等剧场
	座位数 >2000 座的会堂或礼堂
	座位数 >3000 座的体育馆
	座位数 >5000 座的体育场内的人员休息室与器材间等
	任一层建筑面积 >1500m² 的展览建筑、商店、餐饮建筑、旅馆建筑、病房楼、门诊楼、手术部
	总建筑面积 >3000m² 的展览建筑、商店、餐饮建筑、旅馆建筑、病房楼、门诊楼、手术部
	总建筑面积 >3000m² 并设置送回风道（管）的集中空气调节系统的办公建筑等
	藏书量 >50 万册的图书馆
	大、中型幼儿园，床位总数 >20 床或可容纳老年人总数 >20 人的老年人照料设施
	总建筑面积 >500m² 的地下或半地下商店
	位于地下或半地下的歌舞娱乐放映游艺场所
	位于四层及以上楼层的设置歌舞娱乐放映游艺场所
	任一层建筑面积 >300m²，并位于一层~三层的歌舞娱乐放映游艺场所

表 F8.7 规范要求设置自动喷水灭火系统的生产厂房或场所

应设置自动喷水灭火系统的建筑类型或场所	设 置 条 件
棉纺厂的开包、清花车间	纱锭数 ≥ 50000 枚
麻纺厂的分级、梳麻车间	锭子数 ≥ 5000 枚
单（多）层制鞋、制衣、玩具及电子等类似生产的厂房；木器厂房	厂房的占地面积 >1500m²
单（多）层制鞋、制衣、玩具及电子等类似生产的厂房	厂房的总建筑面积 >3000m²
高层乙、丙类厂房	建筑面积不限
地下、半地下丙类厂房	厂房的建筑面积 >500m²
火柴厂的烤梗、筛选部位	建筑面积不限
泡沫塑料厂的预发、成型、切片、压花部位	建筑面积不限

表 F8.8 规范要求设置自动喷水灭火系统的仓库

应设置自动喷水灭火系统的建筑类型或场所	设 置 条 件
棉、毛、丝、麻、化纤、毛皮及其制品的仓库（单层占地面积 ≤ 2000m² 的棉花库除外）	一座仓库的占地面积 >1000m²
火柴仓库	一座仓库的占地面积 >600m²
空邮袋库	建筑面积 >500m²
可燃、难燃物品的高架仓库	无设置条件
可燃、难燃物品的高层仓库	无设置条件
高架冷库	库内设计温度 >0℃
非高架冷库中建筑面积 >1500m² 的防火分区	库内设计温度 >0℃
可燃物品地下仓库	地下库房的总建筑面积 >500m²
其他单、多层丙类物品仓库	一座仓库的占地面积 >1500m²
其他单、多层丙类物品仓库	一座仓库的总建筑面积 >3000m²

8.3.5 根据本规范要求难以设置自动喷水灭火系统的展览厅、观众厅等人员密集的场所和丙类生产车间、库房等高大空间场所，应设置其他自动灭火系统，并宜采用固定消防炮等灭火系统。

【条文要点】

本条规定了不符合自动喷水灭火系统设置条件，但应设置自动灭火系统的场所。

【相关标准】

《自动喷水灭火系统设计规范》GB 50084—2017；

《细水雾灭火系统技术规范》GB 50898—2013；

《固定消防炮灭火系统设计规范》GB 50338—2016。

【设计要点】

对于民用建筑中的展览厅、观众厅等高大空间，自动喷水灭火系统的最大应用室内净高为 18m；对于高大的车间或厂房（如飞机总装车间等），自动喷水灭火系统的最大应用室内净高为 12m；对于仓库（如飞机库等），自动喷水灭火系统的最大应用室内净高为 9m。

因此，对于应设置自动喷水灭火系统的场所，当其室内净高大于上述数值时，将不能有效发挥作用，而固定消防炮灭火系统、自动跟踪定位射流灭火系统等则正好适用于扑救这样的空间场所的火灾。另外，对于一些空间高度高，但体积较小的场所，也可以设置细水雾灭火系统、气体灭火系统等灭火系统，采用局部保护的方式进行防护。

8.3.6 下列部位宜设置水幕系统：

1 特等、甲等剧场、超过 1500 个座位的其他等级的剧场、超过 2000 个座位的会堂或礼堂和高层民用建筑内超过 800 个座位的剧场或礼堂的舞台口及上述场所内与舞台相连的侧台、后台的洞口；

2 应设置防火墙等防火分隔物而无法设置的局部开口部位；

3 需要防护冷却的防火卷帘或防火幕的上部。

注：舞台口也可采用防火幕进行分隔，侧台、后台的较小洞口宜设置乙级防火门、窗。

【条文要点】

本条规定了建筑中需设置水幕分隔或冷却系统的部位。

【相关标准】

《自动喷水灭火系统设计规范》GB 50084—2017。

【设计要点】

1. 建筑中需要进行防火分隔的部位一般应采用防火墙或防火隔墙进行分隔。规范规定宜设置水幕的部位均为建筑内不能采用完全防火墙或防火隔墙进行分隔的开口，包括剧场、礼堂中舞台与观众厅、侧台、后台之间的开口，厂房内连续生产工艺线上的防火分隔处、输煤廊道等；还有些部位可以在火灾时封闭，但平时不能封闭的开口，如开口较小的舞台口可以设置防火幕、商店中防火分区间通道上的开口、烟草厂房中生产车间与中间库之间的成品入库口可以设置防火卷帘等。非隔热性防火卷帘、非隔热性防火玻璃墙、防火幕等均应采用防护冷却水幕系统或闭式防护冷却自动喷水灭火系统；对其他难以采用实体墙或防火卷帘等分隔的开口处，也可以设置防火分隔水幕系统。这些部位也可以采用其他适用的防火分隔系统或方式。

2. 水幕系统也是自动喷水灭火系统的一种类型，分防火分隔水幕和防护冷却水幕两种，其设计应符合国家标准《自动喷水灭火系统设计规范》GB 50084—2017 的规定。根据该规范第 4.3.3 条等的规定，设置防火分隔水幕的洞口尺寸不宜大于 15m（宽度）×8m（高度），防火分隔水幕的宽度不应小于 6m。

3. 民用建筑中的应设置水幕系统的部位，见表 F8.9。舞台与观众厅、侧台、后台等之间开口的防火分隔，参见图 8.3。

表 F8.9　民用建筑内应设置水幕分隔系统的部位

建筑类型		应设置水幕分隔系统的部位
特等、甲等剧场		舞台口及上述场所内与舞台相连的侧台、后台的洞口
其他等级剧场	座位数 >1500	
单、多层会堂或礼堂	座位数 >2000	
位于高层民用建筑内的剧场或礼堂	座位数 >800	
公共建筑		非隔热性防火卷帘或防火幕的上部
		不能采用防火墙、防火隔墙进行分隔的开口

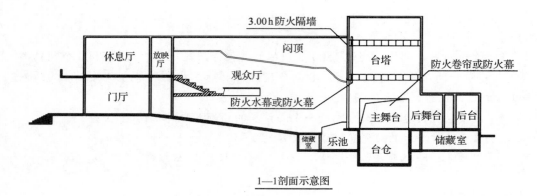

1—1剖面示意图

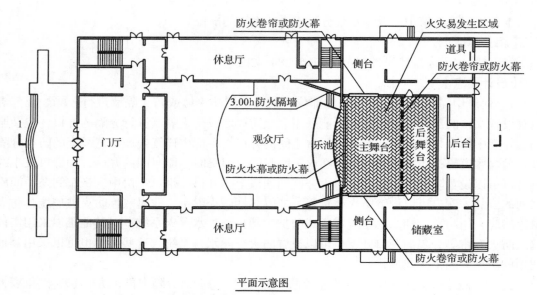

平面示意图

图 8.3　舞台与观众厅、侧台、后台防火分隔示意图

【释疑】

疑点 8.3.6-1： 本条规定与《剧场建筑设计规范》JGJ 57—2016 第 8.1.4 条规定要求采用甲级防火门是否矛盾？建筑设计时，应采用什么防火门？

释义：《新建规》规定在舞台与侧台、后台之间的开口设置门时，应采用耐火性能不低于乙级的防火门、窗，此规定与《剧场建筑设计规范》JGJ 57—2016 第 8.1.4 条的规定不矛盾。建筑设计时，除应符合《新建规》的规定外，当其他专项标准有更严格的要求时，尚应符合相应专项标准的规定。因此，舞台与侧台、后台之间的开口处的门、窗应为甲级防火门、窗。

疑点 8.3.6-2： 防火分隔水幕系统的持续供水时间应为多少？

释义： 防火分隔水幕主要用于建筑中难以采用实体墙等进行完全物理分隔的开口部位的防火分隔，如剧场的舞台与观众厅之间的防火分隔。防火分隔水幕的持续供水时间不应小于其设置部位所需设计耐火时间。例如：设置在不同防火分区之间的防火分隔水幕，其持续供水时间一般不应小于 3.00h。

由于防火分隔水幕的设计流量不应小于 2.0L/(s·m)，水幕宽度不应小于 6m。因此，当防火分隔宽度较大时，系统的设计用水量将很大，在实际工程中要尽量避免采用防火分隔水幕对较大开口进行分隔。防火冷却水幕系统的设计流量为不低于 0.5L/(s·m)，如改用防火卷帘或防火玻璃墙和防火冷却水幕系统联合进行分隔，则设计用水量将大大减小。

8.3.7 下列建筑或部位应设置雨淋自动喷水灭火系统：

1 火柴厂的氯酸钾压碾厂房，建筑面积大于 100m² 且生产或使用硝化棉、喷漆棉、火胶棉、赛璐珞胶片、硝化纤维的厂房；

2 乒乓球厂的轧坯、切片、磨球、分球检验部位；

3 建筑面积大于 60m² 或储存量大于 2t 的硝化棉、喷漆棉、火胶棉、赛璐珞胶片、硝化纤维的仓库；

4 日装瓶数量大于 3000 瓶的液化石油气储配站的灌瓶间、实瓶库；

5 特等、甲等剧场、超过 1500 个座位的其他等级剧场和超过 2000 个座位的会堂或礼堂的舞台葡萄架下部；

6 建筑面积不小于 400m² 的演播室，建筑面积不小于 500m² 的电影摄影棚。

【条文要点】

本条规定了工业与民用建筑中应设置雨淋自动喷水灭火系统的基本场所。

【相关标准】

《城镇燃气设计规范》GB 50028—2006；

《自动喷水灭火系统设计规范》GB 50084—2017。

【设计要点】

1. 雨淋自动喷水灭火系统是自动喷水灭火系统的一种类型，由洒水喷头、报警阀组、水流报警装置（水流指示器或压力开关）等组件以及管道、供水设施等组成。雨淋阀后的管道内平时不充水，火灾时通过火灾自动报警系统或传动管控制自动开启雨淋报警阀、启动消防水泵后向开式洒水喷头供水。雨淋系统由于同时作用面积大、用水量大，适用于控制火灾发展迅速的场所，如泡沫塑料火、舞台的幕布火、电影摄影棚内的道具和布景火，硝酸纤维等材料的火灾。

2. 规范规定了工业与民用建筑内火灾发展迅速的场所应设置雨淋自动喷水灭火系统，以防止初期火失控而致更大的火灾；规定了液化石油储瓶间应设置雨淋自动喷水灭火系统进行控火与冷却，以防止强辐射热引发液化石油气气瓶爆炸。规范未规定的其他存在类似特性火灾或危险的场所，也需考虑设置雨淋自动喷水灭火系统。

3. 雨淋自动喷水灭火系统一般按建筑内需要防护的一个部位、房间或车间来设置。规范规定需要设置雨淋系统的厂房，是针对厂房内生产使用的材料或者中间产品、成品具有易燃特性的车间而言，厂房内火灾发展较缓慢的其他区域可以采用其他相适应的灭火设施或系统。

4. 工业与民用建筑内应设置雨淋自动喷水灭火系统的场所，见表 F8.10。

表 F8.10　规范要求工业与民用建筑内应设置雨淋自动喷水灭火系统的场所

建筑类别	建筑类型或场所	设置条件
民用建筑	演播室	建筑面积≥400m²
	电影摄影棚	建筑面积≥500m²
生产厂房	火柴厂的氯酸钾压碾厂房	—
	乒乓球厂的轧坯、切片、磨球、分球检验部位	—
	生产或使用硝化棉、喷漆棉、火胶棉、赛璐珞胶片、硝化纤维的厂房	建筑面积>100m²
仓库	硝化棉、喷漆棉、火胶棉、赛璐珞胶片、硝化纤维的仓库	建筑面积>60m²
		储存量>2t
	液化石油气储配站的灌瓶间、实瓶库	日装瓶数量>3000 瓶

8.3.8　下列场所应设置自动灭火系统，并宜采用水喷雾灭火系统：

1　单台容量在 40MV·A 及以上的厂矿企业油浸变压器，单台容量在 90MV·A 及以上的电厂油浸变压器，单台容量在 125MV·A 及以上的独立变电站油浸变压器；

2　飞机发动机试验台的试车部位；

3　充可燃油并设置在高层民用建筑内的高压电容器和多油开关室。

注：设置在室内的油浸变压器、充可燃油的高压电容器和多油开关室，可采用细水雾灭火系统。

【条文要点】

本条规定了应设置水喷雾灭火系统的基本场所。

【相关标准】

《自动喷水灭火系统设计规范》GB 50084—2017；

《二氧化碳灭火系统设计规范》GB 50193—93（2010 年版）；

《水喷雾灭火系统设计规范》GB 50219—2014；

《气体灭火系统设计规范》GB 50370—2005；

《细水雾灭火系统技术规范》GB 50898—2013。

【设计要点】

1. 水喷雾灭火系统由水源、供水设备、管道、雨淋报警阀（或电动控制阀、气动控制阀）、过滤器和水雾喷头等组成，平时雨淋阀后的管道内不充水，能在火灾时通过火灾自动报警系统联动消防水泵加压充水，并向保护对象喷射水雾进行灭火或防护冷却。

水喷雾灭火系统可用于扑救固体物质火灾、闪点大于 60℃的可燃液体火灾、饮料酒火灾和电气火灾，可燃气体和甲、乙、丙类液体的生产、储存装置或装卸设施的防护冷却，特别适用于保护具有可燃液体火灾特征的特定机械设备，类似于气体灭火系统中的局部应用系统。

2. 规范规定了建筑内和建筑外具有较大火灾危险性且以可燃液体火灾为主的油浸变

压器、高压电容器和多油开关室、飞机发动机试验台的试车部位等，应设置自动灭火系统进行保护，并首选水喷雾灭火系统，也可以采用细水雾灭火系统、二氧化碳等气体灭火系统保护，视实际工程需要和条件而定。

3. 规范要求建筑内应设置自动灭火系统，并尽量选用水喷雾灭火系统的部位，见表 F8.11。

表 F8.11 规范要求建筑内应设置水喷雾灭火系统的部位

设 置 部 位		自动灭火系统类型	备注
厂矿企业油浸变压器	单台容量≥ 40MV·A		
电厂油浸变压器	单台容量≥ 90MV·A	各类适用的自动灭火系统	宜采用水喷雾灭火系统
独立变电站油浸变压器	单台容量≥ 125MV·A		
飞机发动机试验台的试车部位			
高层民用建筑内具有可燃液体火灾危险的高压电容器和多油开关室			

8.3.9 下列场所应设置自动灭火系统，并宜采用气体灭火系统：

1 国家、省级或人口超过 100 万的城市广播电视发射塔内的微波机房、分米波机房、米波机房、变配电室和不间断电源（UPS）室；

2 国际电信局、大区中心、省中心和一万路以上的地区中心内的长途程控交换机房、控制室和信令转接点室；

3 两万线以上的市话汇接局和六万门以上的市话端局内的程控交换机房、控制室和信令转接点室；

4 中央及省级公安、防灾和网局级及以上的电力等调度指挥中心内的通信机房和控制室；

5 A、B级电子信息系统机房内的主机房和基本工作间的已记录磁（纸）介质库；

6 中央和省级广播电视中心内建筑面积不小于 120m^2 的音像制品库房；

7 国家、省级或藏书量超过 100 万册的图书馆内的特藏库；中央和省级档案馆内的珍藏库和非纸质档案库；大、中型博物馆内的珍品库房；一级纸绢质文物的陈列室；

8 其他特殊重要设备室。

注：1 本条第1、4、5、8款规定的部位，可采用细水雾灭火系统。
　　2 当有备用主机和备用已记录磁（纸）介质，且设置在不同建筑或同一建筑内的不同防火分区内时，本条第5款规定的部位可采用预作用自动喷水灭火系统。

【条文要点】
本条规定了建筑内应设置气体灭火系统的场所和部位。
【相关标准】
《自动喷水灭火系统设计规范》GB 50084—2017；

《二氧化碳灭火系统设计规范》GB 50193—93（2010年版）；

《气体灭火系统设计规范》GB 50370—2005；

《细水雾灭火系统技术规范》GB 50898—2013。

【设计要点】

1. 气体灭火系统由气体灭火剂储存装置及气体灭火剂、控制阀、启动装置、管网和喷嘴等组成，需利用火灾自动报警系统联动启动。系统按其灭火介质可分为二氧化碳、七氟丙烷、氮气、惰性混合气体等气体灭火系统；按其灭火作用方式可分为全淹没灭火系统和局部应用灭火系统。

2. 规范规定了应设置自动灭火系统并主要应采用气体灭火系统的场所和部位。这些场所和部位也可以根据建筑内其他场所或部位设置的自动灭火系统的情况，采用其他自动灭火系统，不局限于气体灭火系统，如细水雾灭火系统、预作用自动喷水灭火系统等。《新建规》未规定的其他场所，应根据国家其他标准的规定设置气体灭火系统等具有相应灭火作用与保护效果的自动灭火系统。规范要求建筑中应设置气体灭火系统的场所和部位，见表F8.11。

3. 气体灭火系统对防护区围护结构的耐压强度、防护区围护结构上的通风开口和空间容积有一定要求。当空间的容积较大时，采用气体灭火系统往往不经济，此时可考虑采用其他适用的灭火系统，如细水雾灭火系统。

【释疑】

疑点8.3.9： 表F8.12中应设置气体灭火系统的场所是否可以采用细水雾灭火系统？

释义： 表F8.12中应设置气体灭火系统的场所是否可以采用细水雾灭火系统，主要根据保护对象对水的敏感性和保护对象的重要性，以及防护空间的条件等综合考虑确定。一般，采用气体灭火系统防护的场所，均可以采用高压细水雾灭火系统防护。

表F8.12　建筑中需设置气体灭火系统的场所和部位一览表

设　置　场　所	设　置　条　件	备注
微波机房、分米波机房、米波机房、变配电室、不间断电源室	国家级、省级城市广播电视建筑，人口＞100万人的城市广播电视建筑	应设置自动灭火系统，并宜采用气体灭火系统，也可以采用细水雾等灭火系统
通信机房和控制室	中央级和省级公安、防灾调度指挥中心，网局级及以上的电力等调度指挥中心	
主机房，基本工作间的已记录磁（纸）介质库（注）	A、B级电子信息系统机房	
特殊重要设备室	各类建筑	
建筑面积大于或等于120m²的音像制品库房	中央和省级广播电视中心	
长途程控交换机房、控制室、信令转接点室	国际电信局、大区中心、省中心、1万路以上地区中心的电信建筑	

续表 F8.12

设　置　场　所	设　置　条　件	备注
程控交换机房、控制室、信令转接点室	2 万线以上的市话汇接局、6 万门以上的市话端局	应设置自动灭火系统，并宜采用气体灭火系统，也可以采用细水雾等灭火系统
特藏库	国家级图书馆，省级图书馆，藏书量 >100 万册的图书馆	
珍藏库、非纸质档案库	中央级档案馆、省级档案馆	
珍品库房	大、中型博物馆	
一级纸绢质文物的陈列室	各类图书馆、档案馆、博物馆	

　　注：当有备用主机和备用已记录磁（纸）介质，且设置在不同建筑内或同一建筑内的不同防火分区内时，可采用预作用自动喷水灭火系统。

8.3.10 甲、乙、丙类液体储罐的灭火系统设置应符合下列规定：

　　1 单罐容量大于 1000m³ 的固定顶罐应设置固定式泡沫灭火系统；

　　2 罐壁高度小于 7m 或容量不大于 200m³ 的储罐可采用移动式泡沫灭火系统；

　　3 其他储罐宜采用半固定式泡沫灭火系统；

　　4 石油库、石油化工、石油天然气工程中甲、乙、丙类液体储罐的灭火系统设置，应符合现行国家标准《石油库设计规范》GB 50074 等标准的规定。

【条文要点】

　　本条规定了应设置泡沫灭火系统的可燃液体储罐。

【相关标准】

《泡沫灭火系统设计规范》GB 50151—2010；

《石油化工企业设计防火标准》GB 50160—2008（2018 年版）；

《石油库设计规范》GB 50074—2014。

【设计要点】

　　1. 泡沫灭火系统由泡沫液、泡沫消防水泵、泡沫混合液泵、泡沫液泵、泡沫比例混合器（装置）、压力容器、泡沫产生装置、火灾探测与启动控制装置、控制阀门、管道等组成，能在火灾时按预定时间与供给强度向防护对象喷洒泡沫实施灭火。泡沫灭火系统适用于扑救可燃液体和部分可燃气体火灾，如液化天然气火灾，系统按泡沫的发泡倍数分低倍数、中倍数和高倍数泡沫灭火系统；按泡沫的供给方式和系统组成，分固定、半固定和移动式泡沫灭火系统。固定式泡沫灭火系统由固定的泡沫消防水泵或泡沫混合液泵、泡沫比例混合器（装置）、泡沫产生器（或喷头）和管道等组成；半固定式系统由固定的泡沫产生器与部分连接管道，泡沫消防车或机动消防泵，用水带连接组成；移动式系统由消防车、机动消防泵或有压水源，泡沫比例混合器，泡沫枪、泡沫炮或移动式泡沫产生器，用水带等连接组成。

　　2. 可燃液体储罐火灾主要在储罐内的可燃液体发生燃烧，辐射热大，一旦初期火不能得到有效控制，特别是发生突沸、塌罐等现象时，会导致更大范围的火灾，难以控制和扑灭。因此，一定规模和高度的可燃液体储罐应设置固定灭火系统进行防护，可采用干粉灭火系统和低倍数泡沫灭火系统等，但泡沫灭火系统更适用。可燃液体储罐火灾主要采用低倍数泡沫灭火系统进行灭火。在确定储罐采用泡沫灭火系统保护后，系统设计还应考虑储存液体的特性、储罐的类型等，根据国家标准《泡沫灭火系统设计规范》GB 50151—2010 等标准选择有效的泡沫灭火剂类型、发泡倍数、泡沫灭火系统的类型、泡沫供给强度、泡沫释放延续时间等。

3. 规范要求应设置泡沫灭火系统的储罐，见表 F8.13。有关石油库、石油化工、石油天然气工程中甲、乙、丙类液体储罐的灭火系统设置，应符合现行国家标准《石油库设计规范》GB 50074 等标准的规定。

表 F8.13　规范要求应设置泡沫灭火系统的储罐

设　置　范　围	系　统　类　型
单罐容量 >1000m³ 的甲、乙、丙类液体固定顶罐	固定式泡沫灭火系统
储罐罐壁高度 <7m 的甲、乙、丙类液体储罐	移动式泡沫灭火系统
容量 ≤ 200m³ 的甲、乙、丙类液体储罐	
上述范围以外的其他甲、乙、丙类液体储罐	半固定式泡沫灭火系统

8.3.11　餐厅建筑面积大于 1000m² 的餐馆或食堂，其烹饪操作间的排油烟罩及烹饪部位应设置自动灭火装置，并应在燃气或燃油管道上设置与自动灭火装置联动的自动切断装置。

食品工业加工场所内有明火作业或高温食用油的食品加工部位宜设置自动灭火装置。

【条文要点】
本条规定了工业与民用建筑中应设置厨房自动灭火装置的部位。
【相关标准】
《厨房设备灭火装置技术规程》CECS 233—2007。
【设计要点】
1. 在食品加工车间和建筑的厨房中，由高温油锅及排烟罩、排烟管道内沉积油垢所引发的厨房火灾数量不少，但往往易被人忽视。厨房火灾主要因食用油在锅内持续加热致使其达到自燃点后燃烧、厨房灶台的燃料泄漏和排烟罩或排烟管道内沉积的油烟污垢遇明火等所致。

2. 厨房设备灭火装置由灭火剂储存容器组件、驱动气体储存容器组件、管路、喷嘴、阀门及其驱动装置、感温器、控制装置及燃料阀等组成，在发生火灾时能够自动探测火灾并实施灭火的成套装置。主要用于扑救烹饪部位的炉灶及其上部排油烟罩与附近排油烟管道火灾，也可以用于扑救采用食用油进行食品加工的部位的火灾。

对于一定规模的厨房和食品加工部位，应设置厨房自动灭火装置。厨房内其他部位仍应按标准要求配置其他类型的自动灭火设施和灭火器材以及火灾自动报警系统或可燃气体探测报警装置。

3. 厨房灭火装置应具有在火灾时能自动和手动启动灭火装置、自动联动切断燃料源、切断风机或通风、排油烟设备的电源，对于食品生产车间，还应能紧急制动相应的工艺设备。厨房灭火装置或其灭火剂在灭火后应具有防止燃油复燃的功能，多采用持续喷放水雾进行冷却防止复燃。

8.4 火灾自动报警系统

8.4.1 下列建筑或场所应设置火灾自动报警系统：

1 任一层建筑面积大于 $1500m^2$ 或总建筑面积大于 $3000m^2$ 的制鞋、制衣、玩具、电子等类似用途的厂房；

2 每座占地面积大于 $1000m^2$ 的棉、毛、丝、麻、化纤及其制品的仓库，占地面积大于 $500m^2$ 或总建筑面积大于 $1000m^2$ 的卷烟仓库；

3 任一层建筑面积大于 $1500m^2$ 或总建筑面积大于 $3000m^2$ 的商店、展览、财贸金融、客运和货运等类似用途的建筑，总建筑面积大于 $500m^2$ 的地下或半地下商店；

4 图书或文物的珍藏库，每座藏书超过 50 万册的图书馆，重要的档案馆；

5 地市级及以上广播电视建筑、邮政建筑、电信建筑，城市或区域性电力、交通和防灾等指挥调度建筑；

6 特等、甲等剧场，座位数超过 1500 个的其他等级的剧场或电影院，座位数超过 2000 个的会堂或礼堂，座位数超过 3000 个的体育馆；

7 大、中型幼儿园的儿童用房等场所，老年人照料设施，任一层建筑面积大于 $1500m^2$ 或总建筑面积大于 $3000m^2$ 的疗养院的病房楼、旅馆建筑和其他儿童活动场所，不少于 200 床位的医院门诊楼、病房楼和手术部等；

8 歌舞娱乐放映游艺场所；

9 净高大于 2.6m 且可燃物较多的技术夹层，净高大于 0.8m 且有可燃物的闷顶或吊顶内；

10 电子信息系统的主机房及其控制室、记录介质库，特殊贵重或火灾危险性大的机器、仪表、仪器设备室、贵重物品库房；

11 二类高层公共建筑内建筑面积大于 $50m^2$ 的可燃物品库房和建筑面积大于 $500m^2$ 的营业厅；

12 其他一类高层公共建筑；

13 设置机械排烟、防烟系统，雨淋或预作用自动喷水灭火系统，固定消防水炮灭火系统、气体灭火系统等需与火灾自动报警系统联锁动作的场所或部位。

注：老年人照料设施中的老年人用房及其公共走道，均应设置火灾探测器和声警报装置或消防广播。

8.4.2 建筑高度大于 100m 的住宅建筑，应设置火灾自动报警系统。

> 建筑高度大于 54m 但不大于 100m 的住宅建筑，其公共部位应设置火灾自动报警系统，套内宜设置火灾探测器。
>
> 建筑高度不大于 54m 的高层住宅建筑，其公共部位宜设置火灾自动报警系统。当设置需联动控制的消防设施时，公共部位应设置火灾自动报警系统。
>
> 高层住宅建筑的公共部位应设置具有语音功能的火灾声警报装置或应急广播。

【条文要点】

这两条规定了应设置火灾自动报警系统的工业与民用建筑或场所。

【相关标准】

《火灾自动报警系统设计规范》GB 50116—2013。

《火灾自动报警系统组件兼容性要求》GB 22134—2008。

【设计要点】

1. 火灾自动报警系统由火灾探测装置、火灾报警与警报装置和火灾报警控制器与联动控制设备及相应的信号传输线路、电源等构成，具有火灾探测报警、消防联动控制、对相关消防设备实现状态监测、管理和控制等功能。火灾自动报警系统分区域火灾自动报警系统、集中火灾自动报警系统和控制中心火灾自动报警系统 3 种形式。火灾自动报警系统对于早期探测火灾和发出火灾警报，尽早采取灭火、控制火灾蔓延和快速疏散等具有重要的作用。

2. 《新建规》规定了应设置火灾自动报警系统的工业建筑和民用建筑或其中的部分场所。这些要求是必须设置火灾自动报警系统的基本设置范围，但不是全部。规范规定以外的建筑或场所仍需根据其实际火灾危险性、建筑的重要性和使用人员情况等因素，以及国家其他相关标准的要求来确定是否应设置火灾自动报警系统。对于城市交通隧道的火灾自动报警系统设置，见《新建规》第 12.4 节。

3. 规范要求火灾危险性较大并具有一定规模的丙类生产厂房和仓库整座建筑全部设置火灾自动报警系统，但对于甲、乙类生产厂房和仓库，主要应从工艺防火防爆、加强通风、防潮等本质安全方面来控制和预防发生火灾与爆炸，局部部位应根据相应标准和工艺要求设置相应的可燃气体或蒸气、可燃粉尘浓度监测报警装置。

对于其他丙类生产厂房和仓库及丁、戊类生产厂房中的局部高火灾危险性区域，应根据相应标准的规定设置火灾自动报警系统。例如，汽车生产厂房中的喷漆工段、冰箱生产厂房中的包装与可燃气体热加工工段、厂房内电线电缆布置集中的廊道、可燃包装较多的丁类高架仓库等。

对于规范中规定的类似用途的厂房，要从厂房内的生产过程中所用原材料、中间产品、成品及其中生产人数等情况比照规范规定的建筑规模来确定。

规范要求应设置火灾自动报警系统的工业建筑或场所，见表 F8.14。

4. 规范要求所有一类高层公共建筑，一定规模的人员聚集的建筑或场所、火灾时人员疏散困难的场所及其他二类高层公共建筑中火灾危险性大的部位或场所应设置火灾自动报警系统。

对于住宅建筑，按照其建筑高度做了区别，但鉴于住宅火灾数量较大，死亡人总数占比较高，建议规范未规定需要设置火灾自动报警系统的住宅，尽量安装家用火灾探测报警装置。

表 F8.14 规范要求应设置火灾自动报警系统的工业建筑或场所

应设置火灾自动报警系统的建筑或场所	设 置 条 件
制鞋、制衣、玩具、电子等类似用途的厂房	任一层建筑面积 >1500m²
	总建筑面积 >3000m²
棉、毛、丝、麻、化纤及其制品的仓库	一座仓库的占地面积 >1000m²
卷烟仓库（包括卷烟成品库和材料库）	一座仓库占地面积 >500m²
	一座仓库的总建筑面积 >1000m²
设置火灾报警系统的建筑中的技术夹层，如电缆夹层等	净高 >2.6m 且可燃物较多
设置火灾报警系统的建筑中的闷顶或吊顶内	净高 >0.8m 且有可燃物
工业建筑中电子信息系统的主机房及其控制室、记录介质库	无其他设置条件
工业建筑中特殊贵重或火灾危险性大的机器、仪表、仪器设备室、贵重物品库房	无其他设置条件
建筑中设置雨淋或预作用自动喷水灭火系统、固定消防炮灭火系统、气体灭火系统、防火卷帘、机械防排烟系统等需与火灾自动报警系统联锁动作的场所或部位	

对于总建筑面积小于或等于 3000m² 的旅馆建筑以及公寓和集体宿舍，也建议尽量设置火灾自动报警系统。

规范要求应设置火灾自动报警系统的民用建筑或场所，见表 F8.15。

表 F8.15 规范要求应设置火灾自动报警系统的民用建筑或场所

需设置火灾自动报警系统的建筑或场所	设 置 条 件
地下或半地下商店	总建筑面积 >500m²
商店和展览、财贸金融、客运、货运建筑等类似用途的建筑	任一层的建筑面积 >1500m²
商店和展览、财贸金融、客运、货运建筑等类似用的建筑	总建筑面积 >3000m²
电力、交通和防灾等指挥调度建筑	城市或区域性
广播电视建筑、邮政建筑、电信建筑	地市级及以上
重要的档案馆、图书或文物的珍藏库，藏书量大于 50 万册的图书馆	无其他设置条件
歌舞娱乐放映游艺场所	无其他设置条件
特等剧场、甲等剧场	无其他设置条件

续表 F8.15

需设置火灾自动报警系统的建筑或场所	设 置 条 件
乙等剧场、电影院	座位数 >1500 座
会堂、礼堂	座位数 >2000 座
体育馆	座位数 >3000 座
幼儿园的儿童用房等场所	大、中型
老年人照料设施	床位总数 >20 床，或可容纳老年人总数 >20 人
其他儿童活动场所，疗养院的病房楼、旅馆建筑	任一层建筑面积 >1500m²
	总建筑面积大于 3000m²
医院的门诊楼、病房楼和手术部等	床位数 ≥ 200 床
民用建筑中电子信息系统的主机房及其控制室、记录介质库	无其他设置条件
民用建筑中特殊贵重或火灾危险性大的机器、仪表、仪器设备室、贵重物品库房	无其他设置条件
设置火灾自动报警系统的建筑中的技术夹层	净高 >2.6m 且可燃物较多
设置火灾自动报警系统的建筑中的闷顶或吊顶内	净高 >0.8m 且有可燃物
二类高层公共建筑内的可燃物品库房	建筑面积 >50m²
二类高层公共建筑内的营业厅	建筑面积 >500m²
除上述建筑外的其他一类高层公共建筑	无其他设置条件
住宅建筑	建筑高度 >100m
住宅建筑的公共区域	建筑高度 <100m，且 ≥ 54m
建筑内设置机械防排烟系统，雨淋或预作用自动喷水灭火系统，固定消防炮灭火系统、气体灭火系统等需与火灾自动报警系统联锁动作的场所或部位	

注：规定不需要设置火灾自动报警系统的高层住宅建筑的公共部位，应设置具有语音功能的火灾声警报装置或应急广播。

8.4.3 建筑内可能散发可燃气体、可燃蒸气的场所应设置可燃气体报警装置。

【条文要点】
本条规定了建筑内应设置可燃气体报警装置的场所。
【相关标准】
《可燃气体报警控制器》GB 16808—2008；

《可燃气体报警探测器》GB 15322—2003；

《火灾自动报警系统设计规范》GB 50116—2013。

【设计要点】

规范规定应设置可燃气体报警装置的场所主要为生产车间中使用可燃气体或易挥发性可燃液体的部位；储存可燃气体或易挥发性可燃液体的库房，如液化石油气储瓶间等；民用建筑中使用可燃气体或可能产生可燃蒸气的场所，如燃气、燃油锅炉房等。对于住宅中使用燃气的厨房，可根据相应专项标准的要求设置相应的可燃气体探测与报警装置。

规范规定的可燃气体报警装置可以是独立的装置，也可以是与其他火灾自动报警系统联系的报警系统，依建筑整体的火灾报警系统设置情况和可燃气体报警部位的数量等综合考虑确定。

8.5 防烟和排烟设施

8.5.1 建筑的下列场所或部位应设置防烟设施：

1 防烟楼梯间及其前室；

2 消防电梯间前室或合用前室；

3 避难走道的前室、避难层（间）。

建筑高度不大于50m的公共建筑、厂房、仓库和建筑高度不大于100m的住宅建筑，当其防烟楼梯间的前室或合用前室符合下列条件之一时，楼梯间可不设置防烟系统：

1 前室或合用前室采用敞开的阳台、凹廊；

2 前室或合用前室具有不同朝向的可开启外窗，且可开启外窗的面积满足自然排烟口的面积要求。

【条文要点】

本条规定了建筑内需要设置防烟设施的场所或部位。

【设计要点】

建筑内的防烟楼梯间及其前室、消防电梯前室、疏散楼梯间与消防电梯的合用前室、避难走道的前室、避难层（间）是供人们逃生疏散的室内安全区域，应确保人员在进入这些部位后不受烟气的威胁，能安全疏散。采取自然通风方式防止烟气在楼梯间和前室内聚集，或采用机械送风加压方式防止烟气进入其中，都是有效的防烟措施。

1. 采用自然通风方式进行防烟时，应确保这些部位具有足够有效开口面积的排烟口，并具备对流条件。具有良好通风条件的开敞凹廊、阳台和具有足够可开启外窗及对流条件的前室，本身就满足防烟的要求，能够防止烟气聚集，因而楼梯间在开门时进入其中的烟气较少，可以不再设置机械加压送风防烟设施。但是，建筑高度大于50m的公共建筑、厂房、仓库和建筑高度大于100m的住宅建筑，考虑到外部风压的作用，楼梯间内仍需设置机械加压送风系统进行防烟。

2. 采用机械加压送风方式进行防烟时，应使防烟部位内具有一定的正压，使开口部位具有一定的向外风速，并能够有效阻止烟气进入前室和楼梯间。一般，防烟部位的相对正压值应保持在 25Pa 左右，同时还应核算疏散门的开启力不致过大，能够满足人员正常开启的要求。相关计算参见国家标准《建筑防烟排烟系统技术标准》GB 51251—2017 中的相关规定。

【释疑】

疑点 8.5.1-1：建筑内的封闭楼梯间是否要设置防烟设施？

释义：建筑内的封闭楼梯间应根据其是否具备自然通风与排烟条件来确定是否要设置防烟设施。一般，封闭楼梯间应尽量靠外墙布置，使其具有良好的自然排烟条件；当不能自然通风或自然通风不能满足自然排烟的要求时，应设置机械加压防烟设施，或者改为防烟楼梯间。

疑点 8.5.1-2：规范对建筑内疏散楼梯间的前室、共用前室、与消防电梯的合用前室的自然通风有何要求？

释义：建筑内疏散楼梯间的前室、共用前室、与消防电梯的合用前室的自然通风，应符合国家标准《建筑防烟排烟系统技术标准》GB 51251—2017 第 3.2.2 条的规定。

疑点 8.5.1-3：建筑内剪刀楼梯间的共用前室与消防电梯前室的合用前室（即三合一前室）是否要求设置防烟设施？

释义：建筑内的三合一前室应按规范要求设置防烟设施。

8.5.2 厂房或仓库的下列场所或部位应设置排烟设施：

　　1 人员或可燃物较多的丙类生产场所，丙类厂房内建筑面积大于 300m² 且经常有人停留或可燃物较多的地上房间；

　　2 建筑面积大于 5000m² 的丁类生产车间；

　　3 占地面积大于 1000m² 的丙类仓库；

　　4 高度大于 32m 的高层厂房（仓库）内长度大于 20m 的疏散走道，其他厂房（仓库）内长度大于 40m 的疏散走道。

8.5.3 民用建筑的下列场所或部位应设置排烟设施：

　　1 设置在一、二、三层且房间建筑面积大于 100m² 的歌舞娱乐放映游艺场所，设置在四层及以上楼层、地下或半地下的歌舞娱乐放映游艺场所；

　　2 中庭；

　　3 公共建筑内建筑面积大于 100m² 且经常有人停留的地上房间；

　　4 公共建筑内建筑面积大于 300m² 且可燃物较多的地上房间；

　　5 建筑内长度大于 20m 的疏散走道。

8.5.4 地下或半地下建筑（室）、地上建筑内的无窗房间，当总建筑面积大于 200m² 或一个房间建筑面积大于 50m²，且经常有人停留或可燃物较多时，应设置排烟设施。

【条文要点】

这三条规定了工业与民用建筑的地上房间、建筑的地下或半地下室及其他地下建筑中应设置排烟设施的场所或部位。

【设计要点】

1. 规范主要规定了工业建筑和民用建筑中需要设置排烟设施或系统的场所和部位，地下、半地下建筑中需要设置排烟设施或系统的部位也主要针对工业与民用功能和用途。对于隧道工程、人防工程、地铁工程、城市综合管廊工程等的排烟设置要求，应按照相应专项标准的规定确定。原则上，任何存在火灾危险的房间均应考虑排烟，以便在其中发生火灾时能通过排烟设施尽快将火灾的烟和热排至建筑外。排烟的目的在前面已有叙述（见《指南》第 8.1.9 条的设计要点），排烟的方式有自然通风排烟和机械强制排烟两种，相关要求见国家标准《建筑防烟排烟系统技术标准》GB 51251—2017。

2. 住宅建筑、普通的办公建筑、教学建筑等建筑绝大部分具有满足自然排烟要求的外窗，规范不再强制其排烟设施的设置，而只要求公共建筑中因火灾可能导致较严重后果的房间设置排烟设施。歌舞娱乐放映游艺场所、大型商业综合体、仓库绝大部分无外窗，生产车间因工艺要求而致建筑的自然排烟条件相差较大，设计要根据建筑的具体通风条件考虑设置相应的排烟设施。当建筑的自然通风条件满足规范规定的排烟要求时，可不再单独设置排烟设施。

3. 对中庭进行排烟，可较好地防止着火区域的烟气通过中庭的分隔缺陷蔓延至其他楼层或区域。中庭的面积、体积、贯通高度和防火分隔方式，决定了中庭排烟方式的有效性及其所需排烟量以及是否需要进行补风，设计中要注意研究。

4. 地下或半地下场所绝大部分不具备自然排烟条件，导致烟气只能沿与人员疏散相同的路线自然排除，这对于人员疏散和灭火救援十分不利，排烟效果很差，往往导致火灾延续很长时间。一般，地下、半地下场所应按整个地下、半地下区域来考虑排烟设施的设置，当其中房间的建筑面积较小时，可以不在房间内设置排烟设施，而可以利用房间外的公共区进行排烟。根据规范规定，地下或半地下总建筑面积大于 $200m^2$ 的区域或其中建筑面积大于 $50m^2$ 的一个房间需要设置排烟设施，其中的总建筑面积应为一个不具备自然排烟条件的区域或场所的总建筑面积，不能将多个楼层的面积叠加计算后作为设置条件。

地上无可开启外窗的场所，特别是一些采用封闭外窗或玻璃幕墙的高层和超高层建筑，或者一些即使设置了外窗，但只能下悬开启很小角度的建筑，基本等同于地下和半地下场所的自然通风条件。这些建筑均应考虑设置相应的排烟设施。

5. 地上工业与民用建筑及其地下室、其他地下建筑中应设置排烟设施的场所或部位，见表 F8.16。对于规范未明确规定的场所，应根据场所的大小、用途和使用人员情况及其他火灾危险性因素确定其是否需要设置排烟设施。

表 F8.16　工业与民用建筑和地下建筑中应设置排烟设施的场所

设置场所	基本设置条件
人员或可燃物较多的丙类生产场所	—
丙类厂房内经常有人停留的地上房间	房间的建筑面积 >300m²
丙类厂房内可燃物较多的地上房间	
丁类生产车间	车间的建筑面积 >5000m²

续表 F8.16

设 置 场 所	基本设置条件
丙类仓库	一座仓库的占地面积 >1000m²
建筑高度 >32m 的高层厂房（仓库）内的疏散走道	走道长度 >20m
其他厂房（仓库）内的疏散走道	走道长度 >40m
位于建筑地上 1~3 层内的歌舞娱乐放映游艺场所	房间的建筑面积 >100m²
位于建筑四层及以上楼层的歌舞娱乐放映游艺场所	无其他设置条件
位于地下或半地下的歌舞娱乐放映游艺场所	无其他设置条件
中庭	无其他设置条件
公共建筑内经常有人停留的地上房间	房间的建筑面积 >100m²
公共建筑内可燃物较多的地上房间	房间的建筑面积 >300m²
民用建筑内的疏散走道	走道长度 >20m
地下、半地下经常有人停留或可燃物较多的房间或区域；地上建筑内经常有人停留或可燃物较多的无窗房间或区域	房间总建筑面积 >200m² 的区域
	房间的建筑面积 >50m²

9　供暖、通风和空气调节

9.1　一 般 规 定

9.1.1　供暖、通风和空气调节系统应采取防火措施。

【条文要点】

本条规定了供暖、通风和空气调节系统的原则性防火要求。

【相关标准】

《工业建筑供暖通风与空气调节设计规范》GB 50019—2015；

《民用建筑供暖通风与空气调节设计规范》GB 50736—2012；

《建筑防烟排烟设计技术标准》GB 51251—2017。

【设计要点】

1. 建筑的性质与类型、建筑高度与规模、实际功能或用途千差万别，建筑所处地区的气候条件和室内环境及其要求也有很大差异，其内部供暖、通风和空气调节的方式也可能各不相同。但是，无论采用什么方式进行供暖、通风或空气调节，都有可能带来一定的火灾危险，均需要考虑采取相应的防火措施：

（1）对于明火供暖场所，要考虑供暖位置与周围可燃物的距离和室内是否存在爆炸危险性物质。

（2）对于散热器供暖场所，要考虑散热器的表面温度和散热器上是否可能积聚可燃粉尘等可燃物质。

（3）对于采用独立空调机进行空气调节的场所，要合理确定空调机组的安装位置和相应的电气防火措施。

（4）对于利用管道方式进行集中空气调节的场所，要考虑系统管道穿越防火分隔区可能带来的火灾蔓延危险。

（5）对于采用排风机进行通风换气的场所，要考虑风机是否需要防爆。

（6）对于采用管道系统进行通风的场所，要考虑所排除的气体能否循环利用、是否会带来火灾与爆炸危险、是否需要具有相应的防火防爆性能或采取相应的防爆措施等。

2. 规范规定各类建筑中的供暖、通风和空气调节系统应采取防火措施，是一个总的原则性要求，具体设计还要根据建筑的实际情况和具体场所采取的供暖、通风和空气调节方式，根据相关标准的要求和防火、防爆的基本原理来考虑。

9.1.2　甲、乙类厂房内的空气不应循环使用。

丙类厂房内含有燃烧或爆炸危险粉尘、纤维的空气，在循环使用前应经净化处理，并应使空气中的含尘浓度低于其爆炸下限的25%。

【条文要点】

本条规定了存在爆炸危险性物质（粉尘、纤维等）的生产场所的通风要求，以防止空气循环引发爆炸危险。

【设计要点】

1. 甲、乙类厂房按照生产过程中使用或产生的物质类别分别可以分成6类，其中存在可燃气体、蒸气、粉尘或纤维的场所，无论是对室内空气进行净化、还是对室内空气的湿度和温度进行调节，均不允许循环使用室内空气，而应将室内空气排出至室外，不再循环，并直接向室内送新风。但是，当某些场所考虑节能等原因不得不循环使用室内空气时，必须对需循环使用的空气进行监测，确保其所含可燃气体或蒸气的浓度远低于其爆炸下限。对于空气中不含爆炸性危险物质或不含可燃粉尘、纤维等物质的甲、乙类厂房，其空气仍可以循环利用。

2. 空气中含有可燃或爆炸危险粉尘、纤维的丙类厂房，主要为木产品加工和部分竹制品生产厂房以及部分制药、精细化工、粮食等生产车间。此类厂房尽管会在粉尘产生部位进行除尘处理，但空气中仍存在一定的可燃粉尘，当集中收纳进入通风系统后，系统内的空气中所含粉尘的浓度将会升高，原则上也不应循环利用；如要循环利用，必须在空气循环使用前经过滤净化处理，并监测循环利用的空气中的粉尘浓度。

3. 空气中含有可燃或爆炸危险粉尘、纤维和可燃气体、蒸气的场所，其排风系统应独立设置，不应与其他场所的排风系统共用，也不应与其他通风系统合用。

9.1.3 为甲、乙类厂房服务的送风设备与排风设备应分别布置在不同通风机房内，且排风设备不应和其他房间的送、排风设备布置在同一通风机房内。

【条文要点】

本条规定了存在爆炸危险性物质的生产场所的送、排风设备的布置要求。

【设计要点】

1. 空气含有可燃气体、蒸气、粉尘或纤维的场所，其排风系统所排出的空气中均可能含有较高浓度的可燃气体、蒸气、粉尘或纤维，大部分在排入大气前要进行净化和环保处理，排风机房存在较其他通风机房更高的火灾与爆炸危险性。因此，排风设备及相应的电气设备应具有一定的防爆性能，并在排风系统中采取静电导除措施。设计时，要将这些场所的排风机房独立设置，不与本场所及其他不含可燃气体、蒸气、粉尘或纤维的场所的送风设备、排风设备布置在一个机房内，防止将具有爆炸危险的空气送回本场所或其他场所，或防止发生火灾或爆炸的场所通过风管将火灾蔓延至机房。

2. 对于空气中不含可燃气体、蒸气、粉尘或纤维的甲、乙类生产场所，其排风机房与送风机房也要尽量分隔设置，与其他场所的送、排风机房应分开设置。

3. 排除可燃气体、蒸气、粉尘或纤维等物质的排风机房，与服务本场所的送风机房、其他场所的送、排风机房之间应采用耐火极限不低于2.00h的防火隔墙进行分隔，隔墙上不应设置任何开口，机房本身的门应为甲级防火门。

9.1.4　民用建筑内空气中含有容易起火或爆炸危险物质的房间，应设置自然通风或独立的机械通风设施，且其空气不应循环使用。

【条文要点】
本条规定了民用建筑内有爆炸危险性的房间的通风要求。
【设计要点】

1. 民用建筑内存放容易着火或爆炸物质的房间，应防止因通风条件不符合要求而导致可燃物内部湿度、温度增加或室内可燃气体或蒸气积聚引发火灾或爆炸。例如：存放含油脂的邮袋、木屑、易挥发性有机物质、白磷等易自燃物质、活泼的碱金属的房间、氢气或氧气储瓶间、硝化纤维胶片库等。

2. 民用建筑内有爆炸危险性的房间的通风要求，应与相应生产厂房的要求一致，见本《指南》第9.1.2条的设计要点。民用建筑内有爆炸危险性物质的房间较集中时，其通风机房应独立设置，排风机房也不应与其送风机房、其他场所的送、排风机房布置在同一机房内，见本《指南》第9.1.3条的设计要点。

9.1.5　当空气中含有比空气轻的可燃气体时，水平排风管全长应顺气流方向向上坡度敷设。

9.1.6　可燃气体管道和甲、乙、丙类液体管道不应穿过通风机房和通风管道，且不应紧贴通风管道的外壁敷设。

【条文要点】
这两条规定了防止可燃气体在排风管道内积聚，降低可燃气体、液体管道通过通风系统增大建筑火灾和爆炸危险的要求。
【设计要点】

用于排除含有氢气、天然气、甲烷等较空气轻的可燃气体的管道，在布置时要采取措施防止这些可燃气体在排风管道内积聚，使残留的可燃气体能顺管道自然排出。水平排风管顺气流方向向上设置的坡度，一般不应小于5‰，管道间的接头应尽量平滑。

建筑内的可燃气体管道和甲、乙、丙类液体管道，应单独敷设和设置管架，不应穿越水平或竖向的风管、风井，也不应穿越排烟、送风、排风和空调机房，不应利用风管进行敷设或贴附风管敷设，要防止可燃气体或液体因事故进入风管系统并蔓延至相连通的房间内导致更大的危害。这些风管包括排烟管道、补风和送风管道、排风管道、空调系统的送回风管道。

9.2　供　　暖

9.2.1　在散发可燃粉尘、纤维的厂房内，散热器表面平均温度不应超过82.5℃。输煤廊的散热器表面平均温度不应超过130℃。

9.2.2　甲、乙类厂房（仓库）内严禁采用明火和电热散热器供暖。

【条文要点】

这两条规定了供暖方式和相应的防火要求，以预防因取暖或供暖设施引发火灾或爆炸。

【设计要点】

散发可燃粉尘、纤维的厂房，主要为木材加工、木器加工、棉与亚麻纺织厂、轮毂抛光等金属制品抛光、面粉加工、玉米等饲料加工、谷物提升塔、硫黄粉碎等丙、丁类生产厂房，其中少数属于乙类或戊类生产场所或部位，如金属制品抛光部位的火灾危险性属于乙类。可燃粉尘和纤维难以通过除尘系统清除干净，总是会在空气中悬浮并逐渐积沉在不光滑或凸出的物体表面，如散热器、电机和电气开关或插座的表面。尽管绝大部可燃粉尘的自燃点都较高，如木粉约430℃、淀粉和麦粉470℃、棉纤维430℃、赛璐珞粉130℃，但如果一定厚度的粉尘始终处于受热状态，将会逐步炭化起火，部分金属粉尘受热后还会加速分解而自燃，如镁粉和铝粉。在对这些场所进行供暖设计时，应校核室内散热器的表面温度，并控制在规范规定的温度以下，以预防因积聚的粉尘或纤维受热起火而引发火灾，甚至发生爆炸事故。

物质发生燃烧和爆炸必须具备合适的条件，而点火源或点火能是其要素之一。明火、热气辐射供暖器的热辐射器和电热散热器等高温热表面，是直接的热源。因此，甲、乙类厂房或甲、乙类仓库内的供暖设计，必须严格限制使用明火或电热散热器等高温散热器，以预防引发火灾或爆炸。

9.2.3 下列厂房应采用不循环使用的热风供暖：

1 生产过程中散发的可燃气体、蒸气、粉尘或纤维与供暖管道、散热器表面接触能引起燃烧的厂房；

2 生产过程中散发的粉尘受到水、水蒸气的作用能引起自燃、爆炸或产生爆炸性气体的厂房。

【条文要点】

本条规定了热风供暖的基本防火要求，以预防生产场所因供暖的循环热风引发火灾或爆炸。

【设计要点】

热风供暖系统是通过风机、风管和风口把热风强制直接送到需供暖区域的一种供暖系统。由于热风是将经燃气、燃油或煤炭等燃烧加热后的空气直接送入供暖场所，因而在供暖期间送风管道及风口等的表面温度高，而在使用和停止供暖过程中部分设备或管道可能会发生结露现象。因此，在可能散发可燃气体、蒸气、粉尘或纤维的场所和散发的粉尘受到水、水蒸气的作用能引起自燃、爆炸或产生爆炸性气体的场所，循环使用热风将会使空气中的可燃物质的浓度逐渐增加，并在遇到高温或水、水汽时引发事故。这种循环使用热风进行供暖的系统，本质上与循环使用室内空气的通风系统可能产生的危险性是一样的，甚至更高，应严格限制使用。生产过程中常见部分可燃气体、蒸气、粉尘或纤维的火灾危险性，见表F9.1。

表 F9.1　常见部分可燃气体、蒸气、粉尘或纤维的火灾危险性

可能引起燃烧或爆炸的物质	火灾危险性
二硫化碳气体、黄磷蒸气及其粉尘等	散发的可燃气体、蒸气、粉尘、纤维与采暖管道、散热器表面接触，可能引起燃烧
钾、钠、钙等物质	散发的粉尘受到水、水蒸气的作用，能引起自燃和爆炸
电石、碳化铝、氢化钾、氢化钠、硼氢化钠	散发的粉尘受到水、水蒸气的作用能产生爆炸性气体

9.2.4　供暖管道不应穿过存在与供暖管道接触能引起燃烧或爆炸的气体、蒸气或粉尘的房间，确需穿过时，应采用不燃材料隔热。

9.2.5　供暖管道与可燃物之间应保持一定距离，并应符合下列规定：

　　1　当供暖管道的表面温度大于 100℃时，不应小于 100mm 或采用不燃材料隔热；

　　2　当供暖管道的表面温度不大于 100℃时，不应小于 50mm 或采用不燃材料隔热。

9.2.6　建筑内供暖管道和设备的绝热材料应符合下列规定：

　　1　对于甲、乙类厂房（仓库），应采用不燃材料；

　　2　对于其他建筑，宜采用不燃材料，不得采用可燃材料。

【条文要点】

这三条规定了供暖管道和设备的布置与基本燃烧性能要求，以预防火灾或爆炸事故。

【设计要点】

室内供暖的温度高低取决于供暖管道内的水温和水量。在供暖期间，供暖管道的温度较高。对于热水管道，其供水管道的水温大都超过 90℃，最高的可达 150℃；对于热风供暖管道，其热风温度也很高，导致管道表面的温度也较高。在布置供暖管道时，要使裸露的管道具有良好的通风散热条件，与可燃物保持一定距离；受空间条件限制时，要采用导热性能差的不燃性材料，如砌体等将供暖管道与可燃物（如木构件、可燃家具等）隔开。供暖管道表面包覆绝热材料时，要预防绝热材料受热分解和炭化引发火灾。无论是厂房、仓库，还是公共建筑、居住建筑均不应采用可燃材料做管道的绝热层。

供暖管道敷设不应穿过散发可燃气体、蒸气、粉尘或纤维的房间；必须穿过时，要采取预防过热管道接触这些物质引发火灾或爆炸的措施。例如，设置密闭的管沟、管槽，采用不燃材料进行隔热包覆。

9.3　通风和空气调节

9.3.1　通风和空气调节系统，横向宜按防火分区设置，竖向不宜超过 5 层。当管道设置防止回流设施或防火阀时，管道布置可不受此限制。竖向风管应设置在管井内。

【条文要点】

本条规定了通风与空气调节系统的基本布置要求，以防止火灾和烟气经通风与空气调节系统蔓延。

【设计要点】

1. 建筑内集中的通风和空气调节系统，通过机房和管道对房间进行通风换气或调节空气的温度、湿度，在同层横向由主管道和支管道及风口构成，不同楼层间通过竖向风管与各层的主管道连接。尽管在风管穿越防火隔墙、防火墙及竖向主管与横向管道之间均要求设置防火阀，但防火阀的防火性能还是不如实体的防火墙、防火隔墙和耐火楼板可靠。为保证防火分区的完整性，要尽量减少一个通风系统或空气调节系统服务的防火分区数或楼层数（因为建筑竖向一般是先按楼层进行竖向防火分区后，再在同层按建筑面积进行水平防火分区）。设计中，要根据风管连通的防火分区尽量少的原则进行布置。在同一楼层，通风系统或空气调节系统尽量按照不同防火分区进行布置；在竖向，一个系统所服务的楼层不宜大于 5 层，特别是当一个楼层划分多个防火分区时，更要减少一个系统服务的楼层数。例如，一座每个楼层为一个防火分区的 5 层建筑，其集中空气调节系统可以采用一套系统；如果该建筑为 8 层，则需要采用两套系统，每套系统服务的楼层数不大于 5 个。

2. 通风和空气调节系统的竖向风管应设置在专用管井内，井壁的耐火极限不应低于 1.00h，管井上的检查门应采用耐火性能不低于丙级的防火门。其他防火分隔与封堵要求应符合《新建规》第 6.3.5 条的规定。

3. 多、高层住宅建筑中的排风一般是将各层每户的排风管道汇流至同一单元中的共用排风竖井。因此，在每户通向排风竖井的支管道上一般应设置防止烟气回流的阀门，也可以采用其他防止烟气回流的措施，如增加各层垂直排风支管的高度，使各层排风支管穿越 2 层楼板；把排风竖管分成大小两个管道，竖向干管直通屋面，排风支管分层与竖向干管连通；将排风支管顺气流方向插入竖向风道，并使支管出口高出水平管段不小于 600mm，参见图 9.1。

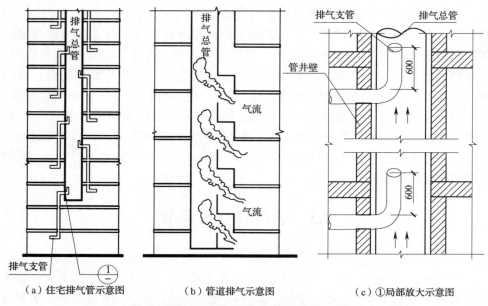

（a）住宅排气管示意图　　（b）管道排气示意图　　（c）①局部放大示意图

图 9.1　住宅建筑中的排风竖向管道布置及构造示意图

【释疑】

疑点 9.3.1-1：建筑内的竖向正压送风管道是否要设置在管井内？

释义：根据国家标准《建筑防烟排烟系统技术标准》GB 51251—2017 第 3.3.8 条和《新建规》第 6.2.9 条的规定，建筑内的竖向正压送风管道应设置在井壁耐火极限不低于 1.00h 的管井内。对于建筑高度大于 250m 的工业与民用建筑，该井壁的耐火极限不应低于 2.00h。

疑点 9.3.1-2：建筑内的竖向排烟管道是否要设置在管井内？

释义：根据国家标准《建筑防烟排烟系统技术标准》GB 51251—2017 第 4.4.8 条和《新建规》第 6.2.9 条的规定，建筑内的竖向排烟管道应设置在井壁耐火极限不低于 1.00h 的管井内。对于建筑高度大于 250m 的工业与民用建筑，该井壁的耐火极限不应低于 2.00h。

9.3.2　厂房内有爆炸危险场所的排风管道，严禁穿过防火墙和有爆炸危险的房间隔墙。

【条文要点】

本条规定了厂房内爆炸危险场所排风管道的布置要求。

【设计要点】

厂房内有爆炸危险的场所主要为散发可燃气体、蒸气、粉尘或纤维等物质的房间，其排风系统应独立设置，空气不应循环使用，目的在于防止排除的空气中可能含有可燃气体、蒸气、粉尘或纤维等物质。此外，这些场所也是易发生火灾或爆炸事故的场所。因此，无论管道在防火墙或防火隔墙两侧均应设置防火阀，这些场所的排风管道不能再通过其他防火分区或有爆炸危险的房间，防止将有爆炸危险场所的危险性物质或所发生的火灾或爆炸波引入其他场所，避免增大其他防火分区或有爆炸危险的房间的火灾危险。在设计中，要尽量将有爆炸危险的场所或房间布置在建筑上部靠外墙的部位。

9.3.3　甲、乙、丙类厂房内的送、排风管道宜分层设置。当水平或竖向送风管在进入生产车间处设置防火阀时，各层的水平或竖向送风管可合用一个送风系统。

【条文要点】

本条规定了厂房内送、排风系统的布置要求。

【相关标准】

《工业建筑供暖通风与空气调节设计规范》GB 50019—2015；

《建筑防烟排烟设计技术标准》GB 51251—2017。

【设计要点】

厂房的防火分区一般较大，一个楼层往往是一个防火分区。因此，甲、乙、丙类厂房内的送、排风管道要求尽量按楼层进行设置，实际上就是要求这些厂房内的送、排风一个系统尽量只服务一个防火分区或一个楼层。另外，甲、乙类厂房内的排风管道应独立设置，厂房内不同房间的空气中存在不同爆炸性可燃物质时，这些房间的排风系统也不应共用；排风系统的空气不应循环使用。

甲、乙、丙类厂房内不同房间的送风系统，在送风管道穿越防火隔墙处设置了防火阀时，具有一定的阻止火灾向其他区域或楼层蔓延的作用，允许各层的水平送风管或者各层的竖向送风管道共用一个送风系统，但也要尽量不跨越防火分区。

9.3.4 空气中含有易燃、易爆危险物质的房间，其送、排风系统应采用防爆型的通风设备。当送风机布置在单独分隔的通风机房内且送风干管上设置防止回流设施时，可采用普通型的通风设备。

【条文要点】

本条规定了爆炸危险性场所通风设备的电气防爆要求。

【设计要点】

1. 建筑内空气中含有的易燃、易爆危险物质主要为可燃气体、蒸气、粉尘和纤维，在工业和民用建筑及其他工程中均可能存在，如水厂的加氯室、污水处理车间、面粉加工车间、高度白酒勾兑车间、燃气锅炉房等。在设计这些场所的送、排风系统时，要注意防止送、排风系统中的空气从风管倒流到风机，如遇电火花、静电等会引起爆炸或燃烧，一般应选用相应防爆等级的防爆型风机。对于不设置机房和管道，而直接设置在房间外墙上的排风设备，也应选用具有相应防爆性能的防爆型排风设备。

2. 送风系统是从外部吸入新风后再送到室内，系统中不存在易燃、易爆危险物质。当具有防止外部易燃易爆物质被吸入的措施，并能确定外部易燃易爆物质不可能进入送风机房内时，送风机可以采用非防爆型风机。例如，将送风机设置在独立机房内，不与服务上述房间的排风机或空调风机设置在同一机房内，并在进入送风房间的送风管内设置止回阀或单向阀，进风口远离危险物质排放地点。

9.3.5 含有燃烧和爆炸危险粉尘的空气，在进入排风机前应采用不产生火花的除尘器进行处理。对于遇水可能形成爆炸的粉尘，严禁采用湿式除尘器。

【条文要点】

本条规定了具有粉尘爆炸危险性场所的排风机的除尘防爆要求。

【相关名词】

殉爆——当炸药（主爆药）发生爆炸时，由于冲击波的作用引起相隔一定距离另一炸药（受爆药）爆炸的现象（引自《民用爆破器材术语》GB/T 14659—2015 中第 2.2.19 条规定）。

【设计要点】

散发可燃粉尘或纤维场所的排风，是要将室内的可燃粉尘等物质在空气中的含量降低到其爆炸下限的 25% 以下。但可燃粉尘、纤维和可燃气体、蒸气还不一样，后者会顺管道随空气一起被排出，一般不会在系统内积存，而前者在利用排风设备排除过程中，如不加除尘处理，不仅会在管道和风机等设备上积尘，而且进入排风管道后的粉尘浓度可能会处于其爆炸极限范围内，导致排风道或排风机内发生的小的爆炸而引起散发粉尘的房间内发生灾难性的殉爆现象。在设计时，应采取措施严格预防发生这种现象，主要措施为：在排风机的进风口前设置不会产生火花的除尘器对室内含尘的空气进行处理，降低进入风机和风管的可燃粉尘含量。

采用排风机进行除尘的场所主要为生产场所和部分仓储场所，如大豆、谷物等进出仓的卸料区。一些粉尘，如镁粉、氧化钙粉（即生石灰粉）、碳化钙粉（即电石粉）以及碱金属粉尘等，遇水可发生剧烈反应，放出易燃气体和大量热量并引起燃烧、爆炸，或者形成爆炸性混合气体。对这类物质进行除尘处理时，禁止使用湿式除尘器。在设计中，要仔细分析使用场所内散发的粉尘的性质，采用适用的除尘设备，切实预防引发爆炸事故。

9.3.6 处理有爆炸危险粉尘的除尘器、排风机的设置应与其他普通型的风机、除尘器分开设置，并宜按单一粉尘分组布置。

9.3.7 净化有爆炸危险粉尘的干式除尘器和过滤器宜布置在厂房外的独立建筑内，建筑外墙与所属厂房的防火间距不应小于10m。

具备连续清灰功能，或具有定期清灰功能且风量不大于15000m³/h、集尘斗的储尘量小于60kg的干式除尘器和过滤器，可布置在厂房内的单独房间内，但应采用耐火极限不低于3.00h的防火隔墙和1.50h的楼板与其他部位分隔。

【条文要点】

这两条规定了可燃粉尘的除尘器、排风机的布置要求。

【设计要点】

1. 处理粉尘的除尘器、排风机，难以避免粉尘的泄漏，泄漏的这些粉尘弥漫到空气中后会逐步积沉在地面、设备和管道表面。对于处理有爆炸危险粉尘的机电设备，均要求采用相应防爆性能的防爆型设备；处理无爆炸危险灰尘的普通除尘器、排风机不需要采用防爆型设备。设计时，要注意将处理不同危险性粉尘的除尘器、排风机分开布置在不同的机房内。当处理无爆炸危险灰尘的除尘器等机电设备也采用相应防爆等级的设备时，也可以与有防爆要求的设备布置在同一机房内，但一旦发生火灾或爆炸事故，将可能影响其他场所的正常除尘与排风，因此还是尽量分开设置较好。

2. 不同类型的可燃粉尘，其爆炸下限和着火温度不同（参见表F9.2）；不同性质的粉尘混合后可能会发生化学反应并引发火灾或爆炸，如硫黄与过氧化铅、氯酸盐混合物能发生爆炸，炭黑混入氧化剂自燃点会降低到100℃。设计时，要尽量将不同粉尘的除尘器、排风机按单一粉尘分组布置，以确保生产安全。但是，当所用粉尘处理设备少、不同粉尘混合在一起也不会增大燃烧和爆炸的危险性时，可以不分组布置。

表 F9.2 部分粮食粉尘的爆炸特性

粉尘名称	最低着火温度（℃）	最低爆炸浓度（g/m³）	最大爆炸压力（kg/cm³）
谷物粉尘	430	55	68
面粉粉尘	380	50	6.68
小麦粉尘	380	70	7.38

续表 F9.2

粉尘名称	最低着火温度（℃）	最低爆炸浓度（g/m³）	最大爆炸压力（kg/cm³）
大豆粉尘	520	35	7.03
咖啡粉尘	360	85	2.66
麦芽粉尘	400	55	6.75
米粉尘	440	45	6.68

3. 尽管净化有爆炸危险粉尘的干式除尘器和过滤器要采取分开布置和防爆措施，但事实上仍有爆炸事故发生。因此，要尽量将这类除尘器和过滤器布置在厂房外的独立建筑内，以防除尘机房火灾或爆炸导致厂房发生更大的爆炸事故。

一般，建筑外墙与所属厂房的防火间距不应小于 10m，当受场地限制时，应采取在除尘设备房与厂房间设置防爆墙等隔离措施。除尘器的种类很多，不同类型除尘器的工作原理和方式也不尽相同。对于能够保持除尘器内粉尘积存数量少、即使发生爆炸事故影响也不会大的干式除尘器可布置在厂房内，但考虑到其仍存在一定的爆炸危险性，应将厂房中的除尘器布置在具有防火分隔的单独房间内，并避免将房间门直接开向人员疏散走道、重要的设备和可燃物较多的方向。

【释疑】

疑点 9.3.6：设置干式除尘器和过滤器的建筑物，其耐火等级是否有要求？

释义：设置干式除尘器和过滤器的建筑物，其耐火等级不应低于二级。否则，应按《新建规》第 3.4.1 条的规定确定其与所属厂房的防火间距。

9.3.8 净化或输送有爆炸危险粉尘和碎屑的除尘器、过滤器或管道，均应设置泄压装置。净化有爆炸危险粉尘的干式除尘器和过滤器应布置在系统的负压段上。

【条文要点】

本条规定了爆炸危险性粉尘过滤系统的防爆要求。

【设计要点】

除尘器、过滤器和排风管道相对封闭，在其中发生爆炸后只有尽快泄压才能更好地减轻爆炸对周围环境的激荡作用，避免在厂房内引发殉爆。有关泄压装置及泄压面积的确定，可以根据粉尘的危险性类别和管道的截面大小、长度或除尘器、过滤器的容积大小，根据《新建规》第 3.6 节及相关文献进行确定。

除尘器和过滤器的布置位置，要以尽可能降低除尘系统的火灾和爆炸危险性及其事故危害为目标来确定。在布置时，要尽量通过缩短含尘段风管的长度、采用光滑的管壁来减少风管内的积尘。

【释疑】

疑点 9.3.8：除尘器、过滤器和管道的泄压面积如何确定？

释义：除尘器、过滤器和管道的泄压面积，需根据有爆炸危险的粉尘、纤维的危险性类别，参照本《指南》第 3.6.4 条释义经计算确定。

9.3.9 排除有燃烧或爆炸危险气体、蒸气和粉尘的排风系统，应符合下列规定：

1 排风系统应设置导除静电的接地装置；

2 排风设备不应布置在地下或半地下建筑（室）内；

3 排风管应采用金属管道，并应直接通向室外安全地点，不应暗设。

【条文要点】

本条规定了排除爆炸危险性物质的排风系统的防火防爆要求。

【设计要点】

1. 预防排除含有可燃气体、蒸气、粉尘和纤维的排风系统（包括排风机、风管、连接接头、防火阀以及除尘器和过滤器等）引发火灾和爆炸，需要从防止爆炸气氛形成与可燃物质积聚、防止产生火花或静电打火，防止可燃物质接触高温表面等多方面采取措施。有些措施和要求，在本条之前的规范条文中已有规定，如采用防爆型设备、排出的空气不循环使用、不采用可与粉尘发生剧烈反应的湿式除尘器、将干式除尘器布置在除尘系统的负压段上、将除尘器布置在排风机进风口前等。

2. 可燃气体、粉尘等在排风管道、除尘器和过滤器内快速流动时，会使粉尘与粉尘、粉尘与管壁或容器壁不断发生碰撞、摩擦而产生静电。显然，流动速度越快，产生的静电越严重；控制风管内的流速，可以减小静电，但难以消除产生的静电。静电放电产生的火花能量足以引起可燃气体、蒸气或粉尘燃烧或爆炸，静电放电是此类场所和排风系统应予重视和治理的危害之一。在设计此类危险性场所的排风与除尘系统时，应充分考虑静电的危害性，采取可靠的针对性措施来消除静电放电。消除静电的常用措施有：采用金属排风管道，在管道的连接法兰上设置跨接导线，在排风管道、连接接头处和相关设备上设置静电接地线等。

3. 排除含有可燃气体、蒸气、粉尘和纤维的机房，属于甲类或乙类火灾危险性场所。比照《新建规》第3.3.4条的规定，不应设置在地下或半地下。

4. 排风管道所排除的空气仍含有一定的可燃性物质，特别是含有可燃气体、蒸气的空气。对于允许直接排放的排风口，要布置在远离明火、人员通过或停留的室外安全地点，远离建筑的进风口，排风口应高出建筑物或地面一般不小于2m，与进风口一般应位于建筑的不同方位或立面。

9.3.10 排除和输送温度超过80℃的空气或其他气体以及易燃碎屑的管道，与可燃或难燃物体之间的间隙不应小于150mm，或采用厚度不小于50mm的不燃材料隔热；当管道上下布置时，表面温度较高者应布置在上面。

【条文要点】

本条规定了排除和输送较高温度气体等物质的管道的基本防火措施。

【设计要点】

排除和输送温度超过80℃的空气或其他气体等物质的管道，应避免与可燃性或难燃性构件、制品或材料长时间直接接触而引发火灾，通常可采取与可燃性或难燃性物体保持一定间隔距离，或者采用导热性能差的不燃性材料包覆或分隔。

9.3.11 通风、空气调节系统的风管在下列部位应设置公称动作温度为 70℃的防火阀：

  1 穿越防火分区处；

  2 穿越通风、空气调节机房的房间隔墙和楼板处；

  3 穿越重要或火灾危险性大的场所的房间隔墙和楼板处；

  4 穿越防火分隔处的变形缝两侧；

  5 竖向风管与每层水平风管交接处的水平管段上。

  注：当建筑内每个防火分区的通风、空气调节系统均独立设置时，水平风管与竖向总管的交接处可不设置防火阀。

【条文要点】

本条规定了通风、空气调节系统的风管在贯穿防火分隔处的防火措施。

【设计要点】

1. 建筑中的通风、空气调节系统大多服务多个楼层或防火分区，其风管一般需要穿过防火隔墙、防火墙、楼板，导致相应的实体防火分隔被破坏，应在管道的贯穿部位设置防火阀，以确保在火灾时能及时关断在贯穿部位的风管。在通风和空气调节系统管道中设置的防火阀一般为 70℃公称动作温度的防火阀。该温度高于正常环境温度 40℃左右，可以认为管道内或管道所连通的空间内温度异常，可能存在火灾。

2. 需要设置防火阀的部位主要有：风管穿越防火墙的分隔处，风管穿越建筑变形缝的两侧，风管穿越空调机房的防火隔墙处，风管穿越建筑内规范要求采用防火隔墙分隔的房间处（如消防设备房、消防控制室、消防水泵房、贵重设备房、精密仪器室、重要的档案资料室、珍贵图书库、指挥中心和调度室、生产控制室以及可燃物储存房间、燃油、燃气锅炉房、发电机房、变配电室等房间），风管穿过楼板处的下部，竖向管井或风管与每层水平支管连接处的水平管段上，参见图 9.2 所示。

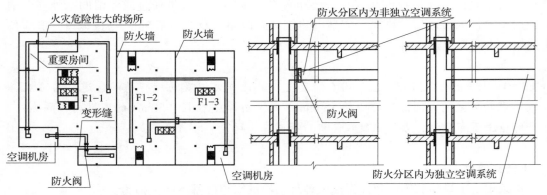

（a）空调风管平面布置示意图　　（b）竖向风管局部示意图（一）　　（c）竖向风管局部示意图（二）

图 9.2　防火阀布置示意图

注：F1-1、F1-2、F1-3 表示不同防火分区。

当建筑内服务于一个防火分区的通风、空气调节系统为非独立设置时，系统竖向管道与水平支管的交接处应设置防火阀，参见图9.2（b）；当建筑内服务于一个防火分区的通风、空气调节系统独立设置时，系统竖向管道与水平支管的交接处可以不设置防火阀，参见图9.2（c）。

风管穿越建筑变形缝处的防火阀设置构造，参见图9.3。风管在其穿越部位除需要设置防火阀外，还应将其周围的缝隙等采用防火封堵材料或组件密实封堵，并加固穿越处的管道，防止受热变形而致孔口封闭失效。

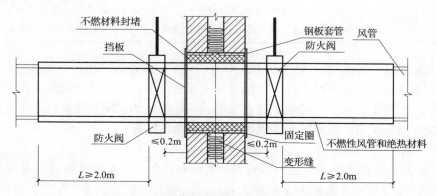

图 9.3　防火阀穿越变形缝构造示意图

【释疑】

疑点 9.3.11–1：《新建规》第 9.3.11 条中的"重要房间"指哪些房间？

释义：该条中的"重要房间"主要指：工业与民用建筑内重要的会议室、贵宾休息室、多功能厅等房间，调度室或指挥中心、存放有贵重物品的房间、设置精密设备或贵重设备的房间、消防设备房、消防控制室、消防水泵房等。

疑点 9.3.11–2：防火阀有哪几类？各自的用途是什么？

释义：防火阀有三类：①正常条件下防止火焰和烟气经通风空调系统管道蔓延的防火阀；②火灾条件下防止高温烟气或火势经排烟管道蔓延的防火阀；③火灾条件下防止烟气通过加压送风管道送入防烟部位的防火阀。各类防火阀和风口及其用途见表 F9.3。

表 F9.3　防火阀和风口的基本分类

类别	名称	性能及用途
防火类	防火阀	采用 70℃ 温度熔断器自动关闭（防火），具有手动关闭功能。设在通风空调系统的风管内。个别特殊场所采用 150℃ 的防火阀，设在排油烟管道内
	防烟防火阀	与火灾探测器联动电磁阀自动关闭（防烟），或采用 70℃ 温度熔断器自动关闭（防火），具有手动关闭功能。设在通风空调系统和加压送风系统的风管内
	防火调节阀	采用 70℃ 温度熔断器 70℃ 自动关闭（防火），具有手动关闭和复位功能，动作温度可在 0℃～90℃ 范围内调整。设在通风空调系统的风管内
防烟类	加压送风口	利用电信号联动打开并联动送风机开启，具有手动开启功能，可以利用 70℃ 温度熔断器重新关闭。设在墙壁下部等位置上，用于加压送风系统的送风

续表 F9.3

类别	名称	性能及用途
排烟类	排烟阀	利用电信号联动打开并联动排烟机开启，具有手动开启功能。设在排烟系统的风管内
	排烟防火阀	利用电信号或手动开启，采用 280℃温度熔断器重新关闭。设在排烟风机的入口管道或排烟支管上及排烟管道穿越防火分隔处
	排烟口	利用电信号并联动排烟机开启。具有手动开启功能，采用 280℃温度熔断器重新关闭。设在排烟房间的顶棚或墙壁上，用于排烟系统的排烟

　　疑点 9.3.11-3：《新建规》第 9.3.11 条中的"火灾危险性大的场所"指哪些场所？

　　释义：该条中的"火灾危险性大的场所"主要指：甲、乙类生产场所，丙、丁、戊类厂房中的甲、乙类生产部位，建筑中存在易燃、易爆物品的房间或库房，工业与民用建筑内的变配电室、开关室、发电机房、锅炉房、可燃物质库等。

　　9.3.12　公共建筑的浴室、卫生间和厨房的竖向排风管，应采取防止回流措施并宜在支管上设置公称动作温度为 70℃的防火阀。

　　公共建筑内厨房的排油烟管道宜按防火分区设置，且在与竖向排风管连接的支管处应设置公称动作温度为 150℃的防火阀。

　　9.3.13　防火阀的设置应符合下列规定：

　　1　防火阀宜靠近防火分隔处设置；

　　2　防火阀暗装时，应在安装部位设置方便维护的检修口；

　　3　在防火阀两侧各 2.0m 范围内的风管及其绝热材料应采用不燃材料；

　　4　防火阀应符合现行国家标准《建筑通风和排烟系统用防火阀门》GB 15930 的规定。

　　【条文要点】

　　这两条规定了卫浴和厨房排风管道的防火要求以及建筑中各类防火阀的设置和性能要求。

　　【相关标准】

　　《工业建筑供暖通风与空气调节设计规范》GB 50019—2015；

　　《民用建筑供暖通风与空气调节设计规范》GB 50736—2012；

　　《建筑防烟排烟设计技术标准》GB 51251—2017；

　　《建筑通风和排烟系统用防火阀门》GB 15930—2007。

　　【设计要点】

　　1. 公共建筑内浴室、卫生间和厨房的竖向排风管，通常需利用共用的竖管向外排风。因此，应在其竖向排风管上采取设置回流阀等防止回流的措施，或在支管上设置公称动作温度为 70℃的防火阀，防止着火房间的烟气进入其他房间。

　　2. 我国烹饪部位火灾和排油烟管道因积淀的油垢引发的火灾比较常见。公共建筑内厨房的排油烟管道，一般应单独布置和排放油烟。但是，设置在航站楼、商业综合体等建筑内的小型餐饮设施，往往难以全部独立设置。此时，可以按所在防火分区分别设置。根据排油烟管道的起火温度以及易熔合金的敏感动作温度，应在排油烟管道与竖向排风管连接的支管处设置公称动作温度为 150℃ 的防火阀，以阻断火势向排风系统中的其他区域蔓延。

3. 防火阀应以在设定动作温度时能够及时完全关断风管，并且在高温或火焰作用下，防火阀仍然处于原位，不变形、不脱落，使着火一侧的火势和烟气不能越过防火阀蔓延为目标进行选型和设置。防火阀的安装位置，在满足安装与维护操作要求的情况下，要尽量靠近防火分隔处，如防火隔墙、防火墙、竖井井壁或楼板；在防火阀两侧各 2.0m 范围内的风管应采用刚度较高的加厚不燃性材料，并设置可靠的固定支架，风管的绝热材料也应采用 A 级材料。暗装时，需在安装部位设置方便检修的检修口，参见图 9.4。

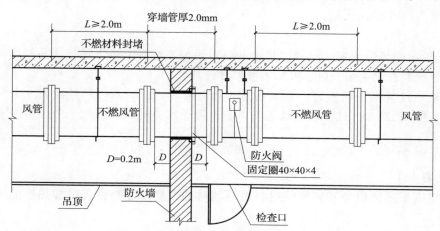

图 9.4　暗装风管检查口构造示意图

4. 防火阀应具有自行严密关闭的功能，其关闭的方向应与风管内的气流方向一致。防火阀的其他性能要求，应符合国家标准《建筑通风和排烟系统用防火阀门》GB 15930—2007 的规定，如防火阀感温元件的公称动作温度、手动与电动控制功能、关闭时间、烟密闭性能、耐腐蚀性能、耐火性能等。

9.3.14　除下列情况外，通风、空气调节系统的风管应采用不燃材料：
　　1　接触腐蚀性介质的风管和柔性接头可采用难燃材料；
　　2　体育馆、展览馆、候机（车、船）建筑（厅）等大空间建筑，单、多层办公建筑和丙、丁、戊类厂房内通风、空气调节系统的风管，当不跨越防火分区且在穿越房间隔墙处设置防火阀时，可采用难燃材料。

【条文要点】
本条规定了通风、空气调节系统中风管的基本燃烧性能。
【设计要点】
通风、空气调节系统风管的常用材料有镀锌板、钢板、铝板、不锈钢板、无机玻璃钢等不燃性材料和硬聚氯乙烯板、酚醛复合板、聚氨酯复合板、玻璃纤维复合板、塑钢板等可燃、难燃性材料。

风管尽管在连通不同分防火分隔间、楼层或防火分区的分隔处需要设置防火阀，但在同一空间仍分布在空间上部的不同位置，多位于吊顶内，往往成为火势传播的通道，且隐蔽不易发现。正常情况下，风管应选用不燃性材料。但是，不燃性风管（如镀锌铁皮风管）往往不耐腐蚀，容易产生冷桥现象、易结露和滋生细菌等。因此，对于有特殊使用要求的场所，如排除的空气中含有腐蚀性介质或使用环境需经常接触腐蚀性介质，风管和柔性接头难以采用常规A级材料（如不锈钢）时，可采用B₁级材料（如复合风管材料等）。

对于不跨越防火分区的通风、空气调节系统的风管，即一个系统只服务一个防火分区的风管，如有特殊要求（如高大空间场所，食品、药品生产车间，洁净电子厂房等）时，也可以可采用B₁级材料，但在穿越同一防火分区内的不同房间的防火隔墙处仍需设置公称动作温度为70℃的防火阀。

> **9.3.15** 设备和风管的绝热材料、用于加湿器的加湿材料、消声材料及其粘结剂，宜采用不燃材料，确有困难时，可采用难燃材料。
>
> 风管内设置电加热器时，电加热器的开关应与风机的启停联锁控制。电加热器前后各0.8m范围内的风管和穿过有高温、火源等容易起火房间的风管，均应采用不燃材料。

【条文要点】

本条规定了通风设备和风管绝热材料等辅材的燃烧性能与设置电加热器的风管防火要求。

【设计要点】

1. 通风、空气调节系统中设备和风管的绝热材料以及加湿材料、风管消声材料和绝热材料与风管之间的粘结剂等，一般为可燃性或难燃性材料，如橡塑类绝热材料，设计如不注明，往往容易忽视。因此，设计要尽量选用A级材料，并明确标注，预防这些材料起火或加剧、传播火势。只有在为了保证相应空间的使用功能要求，难以采用A级材料时，才可以采用热解毒性较低的B₁级材料。

2. 风管内设置加热器，主要用于集中空调系统的辅助加热，以提升空气的温度。相关设计要使风机的开关能与电加热器的开关联锁，在风机启动后联动电加热器启动，在风机停止运转的同时联动自动切断电加热器的电源，预防通风机已停而电加热器在无风状态下继续干烧、过热引发火灾。由于风管加热器的加热温度高，电加热器前后各至少0.8m范围的风管应采用A级材料进行绝热、穿过有火源及容易着火的房间的风管也应采用A级绝热材料，以防止风管意外过热引起绝热材料火灾并蔓延至其他房间。

【释疑】

疑点9.3.15：《新建规》第9.3.15条中所指不燃和难燃的绝热材料、消声材料有哪些？

释义：不燃的绝热材料、消声材料主要有：超细玻璃棉制品、玻璃纤维制品、矿棉制品、硅酸铝纤维制品、膨胀珍珠岩制品、硅酸钙绝热制品等。难燃的绝热材料、消声材料有：自熄性聚氨酯泡沫塑料、自熄性聚苯乙烯泡沫塑料、酚醛泡沫塑料等。

9.3.16 燃油或燃气锅炉房应设置自然通风或机械通风设施。燃气锅炉房应选用防爆型的事故排风机。当采取机械通风时，机械通风设施应设置导除静电的接地装置，通风量应符合下列规定：

1 燃油锅炉房的正常通风量应按换气次数不少于 3 次 /h 确定，事故排风量应按换气次数不少于 6 次 /h 确定；

2 燃气锅炉房的正常通风量应按换气次数不少于 6 次 /h 确定，事故排风量应按换气次数不少于 12 次 /h 确定。

【条文要点】
本条规定了燃油或燃气锅炉房的基本防爆措施。

【设计要点】
1. 各类使用燃油、燃气的锅炉，包括直燃型溴化锂冷（热）水机组，其设置场所均可能散发或存在可燃气体或蒸气。尽管锅炉房的防火设计总体上可比照丁类生产厂房的火灾危险性考虑，但仍应重视可燃气体或蒸气可能带来的危害，采取相应的预防爆燃引发火灾的措施。特别是发生泄漏事故时的预防措施，如保证室内有良好的通风条件、选用防爆风机和防爆电气开关、机械通风设备按静电防范要求设置静电接地装置等。相关规定见国家标准《防止静电事故通用导则》GB 12158—2006，《防静电工程施工与质量验收规范》GB 50944—2103 中有关静电接地措施和要求。

2. 燃油、燃气锅炉房正常情况下可以采用自然通风方式进行通风换气，但房间的自然通风应能保持室内可燃气体或蒸气与空气的混合气体浓度始终低于其爆炸下限的 25%。锅炉房应设置机械事故通风设施，其风量应为正常通风量的 2 倍。有关设计还应符合国家标准《锅炉房设计规范》GB 50041—2008 的规定。

10 电 气

10.1 消防电源及其配电

10.1.1 下列建筑物的消防用电应按一级负荷供电：

1 建筑高度大于 50m 的乙、丙类厂房和丙类仓库；

2 一类高层民用建筑。

10.1.2 下列建筑物、储罐（区）和堆场的消防用电应按二级负荷供电：

1 室外消防用水量大于 30L/s 的厂房（仓库）；

2 室外消防用水量大于 35L/s 的可燃材料堆场、可燃气体储罐（区）和甲、乙类液体储罐（区）；

3 粮食仓库及粮食筒仓；

4 二类高层民用建筑；

5 座位数超过 1500 个的电影院、剧场，座位数超过 3000 个的体育馆，任一层建筑面积大于 3000m² 的商店和展览建筑，省（市）级及以上的广播电视、电信和财贸金融建筑，室外消防用水量大于 25L/s 的其他公共建筑。

10.1.3 除本规范第 10.1.1 条和第 10.1.2 条外的建筑物、储罐（区）和堆场等的消防用电，可按三级负荷供电。

【条文要点】

这三条规定了各类建筑消防用电的最低供电负荷等级要求，以确保相应建筑内的消防设施在发生火灾或正常供电中断后仍能正常运行并发挥作用。

【相关标准】

《供配电系统设计规范》GB 50052—2009。

【设计要点】

1. 消防用电设备的供电负荷要求与建筑物的重要性、发生火灾后可能产生的后果有关。规范的要求是对工业与民用建筑及储罐、堆场中消防用电负荷等级的最低要求，未包括地铁工程、交通隧道工程、综合管廊工程等建筑工程。对于其他专项标准有专门规定且供电负荷等级要求较《新建规》高者，还应按照相应标准的规定确定消防电源。

2. 当建筑的消防用电负荷等级低于该建筑非消防用电负荷中的最高负荷等级时，消防用电负荷一般应按该建筑中供电负荷等级最高者确定。对于一些特殊建筑，如建筑高度大于 250m 的建筑或单体建筑体量巨大的建筑等，其消防用电负荷还需要根据实际情况，在规范规定的基础上提高至一级负荷中特别重要的负荷。

3. 不同等级负荷的电源要求，应符合国家标准《供配电系统设计规范》GB 50052—2009 的规定。如一级负荷应由双路电源供电，当一路电源发生故障时，另一路电源不应受到损坏。

4. 不同建筑的消防用电负荷等级要求，见表 F10.1。

表 F10.1　不同建筑的消防用电负荷等级要求

供电负荷等级	建（构）筑物类型及堆场	备　注
一级负荷	乙、丙类厂房和丙类仓库	建筑高度 >50m
	一类高层公共建筑	建筑高度 >24m
	一类高层住宅建筑	建筑高度 >54m
二级负荷	厂房、仓库	室外消防用水量 >30L/s
	可燃材料堆场、可燃气体储罐（区）	室外消防用水量 >35L/s
	甲、乙类液体储罐（区）	
	粮食仓库及粮食筒仓	—
	二类高层民用公共建筑	建筑高度 ≤ 50m
	二类高层住宅建筑	建筑高度 ≤ 54m
	电影院、剧场	座位数 >1500 个
	体育馆	座位数 >3000 个
	商店建筑、展览建筑	任一层建筑面积 >3000m²
	省（市）级及以上的广播电视	建筑高度小于或等于 24m
	电信和财贸金融建筑	建筑高度 ≤ 24m，或建筑高度 24m 以上部分任一楼层的建筑面积 ≤ 1000m²
	其他公共建筑	室外消防用水量 >25L/s
三级负荷	除上述建筑以外的其他建筑物、储罐区和堆场	—

【释疑】

疑点 10.1.1–1：建筑的消防用电包括哪些？

释义：建筑的消防用电主要包括：建筑内的消防用电设施和设备的用电，灯光疏散指示标志和疏散照明灯具的用电，消防控制室、消防水泵、排烟风机房和加压送风机房、消防配电室、备用发电机房等火灾时仍需坚持工作的房间的备用照明用电。

消防用电设施和设备主要有：消防电梯、排烟风机、加压送风机、电动排烟窗、火灾自动报警系统与联动系统、消防水泵、需电动启动的自动灭火系统或装置、电动防火窗、辅助疏散电梯、防火卷帘和电动阀门等。

疑点 10.1.1–2：一、二、三级消防用电负荷的基本要求有哪些？

释义：根据国家标准《供配电系统设计规范》GB 50052—2009 的规定，建筑的电源分正常电源和备用电源两种。正常电源一般是直接取自城市低压输电网，电压等级为 380V/220V。当城市有两路高压（10kV 级及以上）供电时，其中一路可作为备用电源；当城市只有一路供电时，需采用自备发电设备作为备用电源。一、二、三级负荷消防供电的基本要求如下：

1. 一级负荷供电应由两路电源供电，且应满足：当一路电源发生故障时，另一路电源不应同时受到破坏；一级负荷中特别重要的负荷，除由两路电源供电外，尚应增设应急电源，并严禁将其他负荷接入应急供电系统。应急电源可以是独立于正常电源的发电机组、供电网中独立于正常电源的专用的馈电线路、蓄电池或干电池。

结合目前我国经济和技术条件、不同地区的供电状况以及消防用电设备的用电情况，具备下列条件之一的供电，可视为一级负荷：电源来自两个不同发电厂；电源来自两个区域变电站（电压一般在 35kV 及以上）；电源来自一个区域变电站，另一个设置自备发电设备。

2. 二级负荷的供电系统，要尽可能采用两回线路供电。在负荷较小或地区供电条件困难时，二级负荷可以采用一回路 6kV 及以上专用的架空线路或电缆供电。当采用架空线时，可为一回路架空线供电；当采用电缆线路时，应采用两回路电缆组成的线路供电，每回路电缆应能满足 100% 的负荷供电要求。

3. 三级负荷供电是建筑供电的最基本要求，一般为来自终端变电站的单回路供电。有条件的建筑要尽量通过设置两台终端变压器来保证建筑的消防用电。

10.1.4 消防用电按一、二级负荷供电的建筑，当采用自备发电设备作备用电源时，自备发电设备应设置自动和手动启动装置。当采用自动启动方式时，应能保证在 30s 内供电。

不同级别负荷的供电电源应符合现行国家标准《供配电系统设计规范》GB 50052 的规定。

【条文要点】
本条规定了按一、二级负荷进行消防供电的建筑的备用电源要求。

【相关标准】
《供配电系统设计规范》GB 50052—2009；
《低压配电设计规范》GB 50054—2011；
《通用用电设备配电设计规范》GB 50055—2011；
《高电压柴油发电机组通用技术条件》GB/T 31038—2014。

【设计要点】
消防用电按一、二级负荷供电的建筑，当不能满足两个回路的供电要求时，应配置柴油发电机组等自备发电设备作为备用电源。自备发电设备应设置自动和手动启动装置，且正常情况下应处于自动启动状态，从主电源失电至自备发电设备启动的时间不应大于 30s。手动启动为自动启动失败后供应急人员在发电设备现场应急启动进行供电的方式。

10.1.5 建筑内消防应急照明和灯光疏散指示标志的备用电源的连续供电时间应符合下列规定：

1 建筑高度大于 100m 的民用建筑，不应小于 1.50h；

2 医疗建筑、老年人照料设施、总建筑面积大于 100000m² 的公共建筑和总建筑面积大于 20000m² 的地下、半地下建筑，不应少于 1.00h；

3 其他建筑，不应少于 0.50h。

10.1.6 消防用电设备应采用专用的供电回路，当建筑内的生产、生活用电被切断时，应仍能保证消防用电。

备用消防电源的供电时间和容量，应满足该建筑火灾延续时间内各消防用电设备的要求。

【条文要点】

这两条规定了建筑的消防供电回路要求和建筑内备用电源的基本供电时间和容量。

【设计要点】

1. 建筑内消防应急照明和灯光疏散指示标志的备用电源，其最短连续供电时间不应小于表 F10.2 的要求值，有条件的建筑应尽量增加相应的供电时间。连续供电时间需通过增加备用电源的容量或自备发电机组的发电功率、相应的消防供电线路在火灾下的防火与耐火性能来保证。消防应急照明包括备用照明和疏散照明，大部分建筑中消防应急照明的电源由自带蓄电池或集中设置的蓄电池组保证。

表 F10.2　建筑内消防应急照明和灯光疏散指示标志的备用电源的连续供电时间（h）

建筑类型	建筑规模	连续供电时间
高层民用建筑	建筑高度 >100m	1.50
老年人照料设施	床位总数或可容纳老年人总数 ≥ 20 床位（人）	1.00
医疗建筑	建筑面积不限	1.00
其他地上公共建筑	总建筑面积 >100000m²	1.00
地下、半地下建筑	总建筑面积 >20000m²	1.00
其他建筑	建筑面积不限	0.50

2. 消防用电设备的供电回路应为独立的专用供电回路，一般是从建筑的低压总配电室、分配电室或总配电箱（柜）至消防设备或消防设备室（如消防水泵房、消防控制室、消防电梯机房等）最末级配电箱的配电线路。该回路不能与其他动力、照明配电线路共用回路，避免消防供电受到生产、生活用电被切断的影响，或者消防救援人员到场后需要切断电源时连同消防电源一并切断，保证消防用电设备的供电回路在生产、生活用电被切断时仍能正常供电。因此，很有必要在消防用电回路的各级配电箱或开关处设置清晰的标志，避免救援人员误操作而切断消防供电回路。

对于一些消防用电负荷很小的建筑（如仅设置自带蓄电池的疏散照明和灯光疏散指示标志的住宅建筑），当消防用电回路与生活、生产用电回路共用后，仍不会影响消防设备在火灾时的正常运行时，可以共用回路。当然，在条件许可时，最好还是设置独立的供电回路。

3. 应急照明和灯光疏散指示标志的备用电源的供电时间不应小于表 F10.2 中的时间。消防控制室、消防电梯机房、水泵房的备用照明和火灾自动报警控制设备、消防水泵、消防电梯、加压送风机等的供电时间，不应小于建筑的设计火灾延续时间要求。其他一次性电动设备，如电动排烟窗、要求自动启闭的电动阀门、防火卷帘、电动防火窗等以及能与火灾温度联动的排烟风机，重点要考虑其备用电源的容量。

备用消防电源的供电容量应能满足在建筑火灾延续时间内不同消防用电设备的用电量。不同消防设备所需连续供电时间不同，有的也不是需要同时动作。因此，该供电容量主要是火灾时在火灾延续时间内需要同时动作的消防设备所需用电量。不同建筑的火灾延续时间，见表 F10.3。

表 F10.3　不同建筑的火灾延续时间

建筑类别	建 筑 名 称	火灾延续时间（h）
仓库	甲、乙、丙类仓库	3.00
	丁、戊类仓库	2.00
厂房	甲、乙、丙类厂房	3.00
	丁、戊类厂房	2.00
民用建筑	一类高层建筑，建筑体积大于 $100000m^3$ 的公共建筑	3.00
	其他公共建筑	2.00
住宅建筑	一类高层住宅建筑	2.00
	其他住宅建筑	1.00
人民防空工程	建筑面积小于或等于 $3000m^2$	1.00
	建筑面积大于 $3000m^2$	2.00
城市交通隧道	一、二类	3.00
	三类	2.00
地铁工程		2.00

【释疑】

疑点 10.1.6-1：《新建规》第 10.1.6 条所指"供电回路"是指哪一段回路？

释义：该条所指"供电回路"是从建筑的低压总配电室（箱、柜）至消防设备或消防设备室（如消防水泵房、消防控制室、消防电梯机房等）最末级配电箱的配电线路。

疑点 10.1.6-2：《新建规》第 10.1.6 条所指消防设备的备用电源通常有几种？

释义：消防设备的备用电源，通常有三种：①独立于工作电源的外部供电电源，如来自另一个发电厂或区域变电站的电源；②建筑自身配置的柴油发电机等自备发电设备；③建筑自身配置或消防设备自带的蓄电池（组）。

10.1.7 消防配电干线宜按防火分区划分，消防配电支线不宜穿越防火分区。

10.1.8 消防控制室、消防水泵房、防烟和排烟风机房的消防用电设备及消防电梯等的供电，应在其配电线路的最末一级配电箱处设置自动切换装置。

10.1.9 按一、二级负荷供电的消防设备，其配电箱应独立设置；按三级负荷供电的消防设备，其配电箱宜独立设置。

消防配电设备应设置明显标志。

【条文要点】

这三条规定了消防配电线路和配电设备的基本设置要求，以确保消防供电可靠。

【设计要点】

1. 消防配电干线主要指建筑内从配电室或总配电箱至各防火分区分配电箱的输电线路，消防配电支线主要指从分配电箱至最末一级配电箱或消防用电设备的输电线路。配电干线要尽量按照防火分区来划分，以避免其中一个防火分区的输电线路故障而影响其他防火分区的消防供电，这种划分可靠性较高。配电支线不穿越防火分区，也可以提高每个防火分区内消防配电线路的可靠性。

2. 消防控制室、消防水泵房、加压送风机房和排烟风机房的备用照明和消防用电设备及消防电梯等的供电，包括防火卷帘、疏散照明和灯光疏散指示标志及其他消防用电设备的供电，应在消防设备或消防设备室配电线路的最末一级配电箱处设置自动切换装置，以提高这些部位供电的可靠性。有的消防用电设备的最末一级配电箱就是其所在防火分区的消防配电箱，有的用电量大的设备，则是消防用电设备或直接设置在消防设备室内的独立配电箱。

3. 消防用电按一、二级负荷供电的消防设备，其配电箱应独立设置；消防用电按三级负荷供电的消防设备，其配电箱也要尽量独立设置。此外，消防配电箱要尽量设置在消防设备房内或不容易受到火势或高温烟气直接作用的位置。对于可能受到火势作用而影响其正常工作的配电箱（柜），应采取一定的防火隔热保护措施，如采用不燃性绝热材料包覆等。

4. 为便于在火灾时能区别普通配电设备与消防配电设备，应注意在消防配电设备上的明显位置设置清晰的标志。

10.1.10 消防配电线路应满足火灾时连续供电的需要，其敷设应符合下列规定：

1 明敷时（包括敷设在吊顶内），应穿金属导管或采用封闭式金属槽盒保护，金属导管或封闭式金属槽盒应采取防火保护措施；当采用阻燃或耐火电缆并敷设在电缆井、沟内时，可不穿金属导管或采用封闭式金属槽盒保护；当采用矿物绝缘类不燃性电缆时，可直接明敷。

2 暗敷时，应穿管并应敷设在不燃性结构内且保护层厚度不应小于30mm。

3 消防配电线路宜与其他配电线路分开敷设在不同的电缆井、沟内；确有困难需敷设在同一电缆井、沟内时，应分别布置在电缆井、沟的两侧，且消防配电线路应采用矿物绝缘类不燃性电缆。

【条文要点】

本条规定了消防配电线路的基本性能要求和线路敷设的防火措施。

【相关标准】

《电力工程电缆设计标准》GB 50217—2018；

《电缆及光缆燃烧性能分级》GB 31247—2014；

《阻燃及耐火电缆：塑料绝缘阻燃及耐火电缆分级和要求　第 1 部分：阻燃电缆》GA 306.1—2007；

《阻燃及耐火电缆：塑料绝缘阻燃及耐火电缆分级和要求　第 2 部分：耐火电缆》GA 306.2—2007。

【设计要点】

1. 消防配电线路无论采用什么材质和敷设方式，均应能在火灾状态下保证建筑中的消防用电设备在建筑的设计火灾延续时间内连续供电的要求：

（1）穿金属导管或采用封闭式金属槽盒保护明敷的消防配电线路，需要在金属导管或封闭式金属槽盒外采用防火涂料、不燃绝热材料或防火板包覆等方式进行保护。

（2）燃烧性能不低于 B_2 级的消防配电线路敷设在电缆井、沟内时，可以直接明敷。

（3）对于矿物绝缘类不燃性等燃烧性能为 A 级的耐火电缆，可以直接明敷，不需要采用金属导管或封闭式金属槽盒保护。

（4）暗埋在土建结构内的消防配电线路，应穿金属管或塑料管，管道表面的结构层等不燃性保护层厚度不应小于 30mm。

2. 对于消防用电设备较多的建筑，消防配电线路要避免与其他配电线路敷设在同一电缆井、沟内，防止其他电气线路火灾导致消防供电中断。使用矿物绝缘类不燃性等燃烧性能为 A 级的耐火电缆，在不可避免的情况下可以与其他供配电线路共井敷设，但应分别布置在电缆井、沟的两侧。

对于重要的建筑和高度高、规模巨大的建筑，其消防供配电线路还要尽量采用双路由供电方式，并将供配电干线设置在不同的竖井内，以起到相互备份的作用。

【释疑】

疑点 10.1.10-1：矿物绝缘电缆是否为耐火电缆？

释义：矿物绝缘电缆是一种以铜护套包裹铜导体芯线，并以氧化镁粉末为无机绝缘材料隔离导体与护套的电缆。耐火电缆应能在规定的受火条件下和设计的火灾延续时间内保证消防连续供电的需要。矿物绝缘电缆是耐火电缆。目前，耐火电缆的标准比较多，尚未统一，在工程应用中要认真分析使用环境中电缆的受火条件，选用符合相应标准的耐火电缆。

疑点 10.1.10-2：建筑内消防配电线缆的选用是否有规定？

释义：建筑内的消防配电干线应选用燃烧性能为 A 级或 B_1 级的耐火电线电缆，配电支线应采用燃烧性能不低于 B_2 级的电线电缆。有关电线电缆的燃烧性能应符合国家标准《电缆及光缆燃烧性能分级》GB 31247—2014 的规定。对于一些规模较小或消防用电设备少和用电量小的建筑，也可以采用普通的电线电缆。电缆的燃烧性能分级见表 F10.4。

表 F10.4　电缆燃烧性能分级表

燃烧性能等级	A	B₁	B₂	B₃
说　明	不燃电缆	阻燃1级电缆	阻燃2级电缆	普通电缆

注：本表引自《电缆及光缆燃烧性能分级》GB 31247—2014 第 4.1 条的规定。

10.2　电力线路及电器装置

10.2.1　架空电力线与甲、乙类厂房（仓库），可燃材料堆垛，甲、乙、丙类液体储罐，液化石油气储罐，可燃、助燃气体储罐的最近水平距离应符合表 10.2.1 的规定。

35kV 及以上架空电力线与单罐容积大于 200m³ 或总容积大于 1000m³ 液化石油气储罐（区）的最近水平距离不应小于 40m。

表 10.2.1　架空电力线与甲、乙类厂房（仓库）、可燃材料堆垛等的最近水平距离（m）

名　称	架空电力线
甲、乙类厂房（仓库），可燃材料堆垛，甲、乙类液体储罐，液化石油气储罐，可燃、助燃气体储罐	电杆（塔）高度的 1.5 倍
直埋地下的甲、乙类液体储罐和可燃气体储罐	电杆（塔）高度的 0.75 倍
丙类液体储罐	电杆（塔）高度的 1.2 倍
直埋地下的丙类液体储罐	电杆（塔）高度的 0.6 倍

【条文要点】

本条规定了架空电力线与具有爆炸危险性的建筑、堆场、储罐的最小距离。

【相关标准】

《66kV 及以下架空电力线路设计规范》GB 50061—2010；

《110kV ~ 750kV 架空输电线路设计规范》GB 50545—2010；

《1000kV 架空输电线路设计规范》GB 50665—2011。

【设计要点】

架空电力线主要为高压输电线路。架空高压线路因短路故障、雷击、大风等原因发生倒杆、断线后存在因产生高压电弧而引发火灾或爆炸的隐患，其线路经过的位置应与易燃、易爆场所保持一定的安全距离，使高压线即使在发生意外断线或倒杆等情况时也不会接触到可燃易燃材料或场所。架空电力线与甲、乙类厂房（仓库）、可燃材料堆垛、储罐等的最近水平距离要求，见表 F10.5。

表 F10.5　架空电力线与甲、乙类厂房（仓库）、可燃材料堆垛等的最近水平距离（m）

名　　称		距架空电力线	备注
甲、乙类厂房（仓库），可燃材料堆垛，甲、乙类液体储罐，液化石油气储罐，可燃、助燃气体储罐		1.5H	H 为电杆高度或电塔最上一条输电线路的高度（m）
直埋地下的甲、乙类液体储罐和可燃气体储罐		0.75H	
丙类液体储罐		1.20H	
直埋地下的丙类液体储罐		0.60H	
液化石油气储罐（区）	单罐容积不小于200m³	1.5H 且不小于40m	输电电压大于或等于35kV
	总容积不小于1000m³		

注：当专项规范的有关距离要求与本表不一致时，应取二者中的较大值。

【释疑】

疑点 10.2.1-1：架空电力线与建筑物的水平距离（L）如何计算？

释义：架空电力线与建筑物的水平距离（L），应按架空电力线的边导线与建筑物外墙之间的最小水平距离计算，参见图 10.1（a）；当建筑物外墙有可燃挑檐或雨篷时，应以建筑物外墙上可燃挑檐或雨篷最外边缘与架空电力线边导线之间的最小水平距离计算，参见图 10.1（b）。

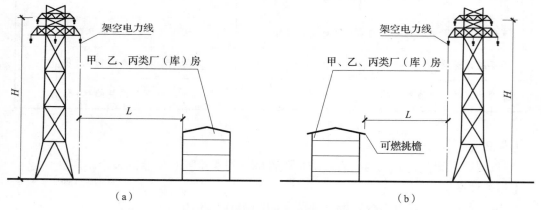

图 10.1　架空电力线电杆或铁塔与建筑物间距示意图

注：L 应符合《新建规》表 10.2.1 的规定。

疑点 10.2.1-2：架空电力线与储罐、堆场的水平距离（L）如何计算？

释义：架空电力线与储罐、堆场的水平距离（L），应按架空电力线边导线与储罐、堆场外边缘之间的最近水平距离计算，参见图 10.2（a）；与埋地储罐之间的水平距离按架空电力线边导线与储罐的最近边缘计算，参见图 10.2（b）。35kV 及以上架空电力线与单罐容积大于200m³ 的液化石油气储罐的水平距离，应按架空电力线边导线与储罐罐壁的最近水平距离计算，参见图 10.3（a）；与总容积大于1000m³ 的液化石油气储罐区之间的水平距离，应按罐区中距离架空电线最近的储罐罐壁与架空电力线的最近水平距离计算，参见图 10.3（b）。

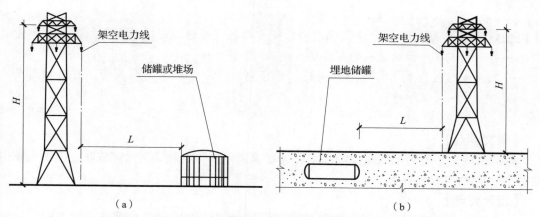

图 10.2 架空电力线电杆或铁塔与储罐、堆场间距示意图

注: L 应符合《新建规》表 10.2.1 的规定。

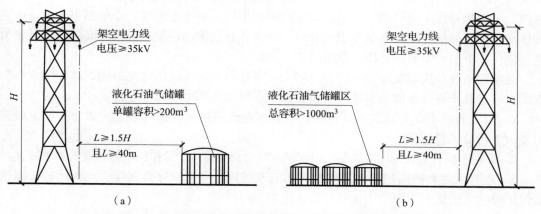

图 10.3 架空电力线电杆或铁塔与液化气储罐间距示意图

疑点 10.2.1–3: 架空电力线与丁、戊类厂（库）房、民用建筑的水平距离是否有要求？

释义:《新建规》未明确架空电力线与丁、戊类厂（库）房、民用建筑间的水平距离要求。根据国务院令第 239 号（1987 年 9 月 15 日发布, 2011 年 1 月 8 日国务院第二次修订）《电力设施保护条例》第十条的规定, 架空电力线与建筑物的保护距离不应小于表 F10.6 的规定值。电压大于 500kV 的架空电力线与建筑物的最小安全距离尚应符合国家标准《110kV ~ 750kV 架空输电线路设计规范》GB 50545—2010 第 13.0.4 条和《1000kV 架空输电线路设计规范》GB 50665—2011 第 13.0.4 条的规定。

表 F10.6 架空电力线路导线边线与建筑物的最小净空距离

电压（kV）	1 ~ 10	35 ~ 110	154 ~ 330	≥ 500
距离（m）	5.0	10	15	20

10.2.2 电力电缆不应和输送甲、乙、丙类液体管道、可燃气体管道、热力管道敷设在同一管沟内。

10.2.3 配电线路不得穿越通风管道内腔或直接敷设在通风管道外壁上，穿金属导管保护的配电线路可紧贴通风管道外壁敷设。

配电线路敷设在有可燃物的闷顶、吊顶内时，应采取穿金属导管、采用封闭式金属槽盒等防火保护措施。

【条文要点】

这两条规定了电力电缆敷设的基本防火要求，以预防电气线路火灾或防止电缆火灾引发更严重的火灾后果。

【设计要点】

电力电缆与输送甲、乙、丙类液体管道、可燃气体管道、热力管道敷设在同一管沟内，存在因易燃易爆物质输送管道渗漏、电缆绝缘老化、线路出现破损、产生短路等原因引发火灾或爆炸的隐患。设计中，要注意防止将电力电缆与这些管道敷设在同一管沟或管井内。对于敞开式架空管廊，当电力电缆确需利用同一管廊敷设时，要根据甲、乙、丙类液体或可燃气体的性质，尽量与输送管道分开布置在管廊的两侧或不同标高层中，且电力电缆应位于下层，但要避免位于管道的正下方。

低压配电线路因老化短路或接触电阻大而发热是引发火灾的常见原因，需在建筑内敷设配电线路时采取多种措施来预防其引发火灾或导致更严重的火灾危害：

1. 配电线路不应穿越通风管道内腔或直接敷设在通风管道外壁上，以防止配电线路引发火灾后沿风管蔓延。

2. 必须沿风管敷设的配电线路，应在采取穿金属导管保护等措施后沿风管的外壁敷设。

3. 在有可燃物的闷顶、吊顶内敷设的配电线路，应采取穿金属导管或封闭式金属槽盒保护等防火措施，不应使用塑料导管或阻燃塑料导管。

10.2.4 开关、插座和照明灯具靠近可燃物时，应采取隔热、散热等防火措施。

卤钨灯和额定功率不小于 100W 的白炽灯泡的吸顶灯、槽灯、嵌入式灯，其引入线应采用瓷管、矿棉等不燃材料作隔热保护。

额定功率不小于 60W 的白炽灯、卤钨灯、高压钠灯、金属卤化物灯、荧光高压汞灯（包括电感镇流器）等，不应直接安装在可燃物体上或采取其他防火措施。

【条文要点】

本条规定了预防高温照明灯具、电器开关等引发火灾的措施。

【设计要点】

建筑内要尽量避免使用易形成高温表面的灯具，当使用此类灯具时，要注意与可燃物体保持一定的安全距离，或者采用导热性能低的不燃材料进行隔热，并留有必要的散热间隔。不同功率白炽灯的表面温度及其烤燃可燃物的时间、温度，参见表 F10.7。

对于开关、插座等电器应注意不直接安装在可燃物体上。英国近些年针对木结构建筑中安装的开关、插座，采用在开关、插座周围包覆阻燃隔热海绵的方式进行隔离防火。此种方式可以借鉴。

表 F10.7 白炽灯泡将可燃物烤至着火的时间、温度

灯泡功率（W）	摆放形式	可燃物	烤至着火的时间（min）	烤至着火的温度（℃）	灯具与可燃物的接触方式
75	卧式	稻草	2	360～367	埋入
100	卧式	稻草	12	342～360	紧贴
100	垂式	稻草	50	碳化	紧贴
100	卧式	稻草	2	360	埋入
100	垂式	棉絮被套	13	360～367	紧贴
100	卧式	乱纸	8	333～360	埋入
200	卧式	稻草	8	367	紧贴
200	卧式	乱稻草	4	342	紧贴
200	卧式	稻草	1	360	埋入
200	垂式	玉米秸	15	365	埋入
200	垂式	纸张	12	333	紧贴
200	垂式	多层报纸	125	333～360	紧贴
200	垂式	松木箱	57	398	紧贴
200	垂式	棉被	5	367	紧贴

10.2.5 可燃材料仓库内宜使用低温照明灯具，并应对灯具的发热部件采取隔热等防火措施，不应使用卤钨灯等高温照明灯具。

配电箱及开关应设置在仓库外。

【条文要点】

本条规定了仓库内照明灯具的防火要求，以预防电器散热引发可燃材料仓库火灾。

【设计要点】

可燃材料仓库内应尽量采用低温照明灯具，对灯具的发热部件要采取与可燃物体保持一定的空间间隔，或使用导热性能低的不燃性材料进行隔热等防火措施，不应使用卤钨灯等高温照明灯具。在灯具表面会形成高温的照明灯具应采取防破碎保护措施，防止灯具破碎并坠落至可燃物体表面引发火灾。

对于甲、乙、丙类仓库，其配电箱和开关要设置在仓库外；对于丁、戊类仓库，配电箱和开关也要尽量设置在仓库外，或使其设置位置远离可燃物体。

【释疑】

疑点 10.2.5-1：丁、戊类仓库内照明及电器装置设置是否要执行《新建规》第 10.2.5 条规定？

释义：丁、戊类材料仓库内的照明灯具和电器装置是否需采取防火隔热措施，应视其储存物品包装材料的燃烧性能而定。对于采用可燃或易燃包装材料的区域，不应使用灯具表面会形成高温的照明灯具，配电箱和开关应设置在远离可燃物体的区域或部位。

疑点 10.2.5-2：甲、乙、丙类仓库内的照明灯具和电气设备设置是否要执行《新建规》第 10.2.5 条规定？

释义：甲、乙类仓库内的照明灯具和电气设备设置，除应符合本条的要求外，还应符合国家标准《爆炸危险环境电力装置设计规范》GB 50058—2014 的规定。丙类仓库应按本条规定设置低温照明灯具，照明灯具的发热部件应采取隔热防火措施。其他电器装置应设置在库房外或集中布置在库房中的安全区域内。

10.2.6 爆炸危险环境电力装置的设计应符合现行国家标准《爆炸危险环境电力装置设计规范》GB 50058 的规定。

【条文要点】

本条规定了具有爆炸危险性环境内的电力装置的防火防爆设计依据。

【相关标准】

《爆炸危险环境电力装置设计规范》GB 50058—2014；

《爆炸性环境　第 1 部分：设备　通用要求》GB 3836.1—2010。

【设计要点】

《新建规》未规定爆炸危险区域的划分，未详细规定位于爆炸危险性环境内的电力装置的防火防爆要求。相关设计应符合国家标准《爆炸危险环境电力装置设计规范》GB 50058—2014 的规定。

【释疑】

疑点 10.2.6-1：《新建规》第 10.2.6 条所指建筑内哪些场所属于爆炸危险环境？

释义：爆炸危险环境是建筑内可能散发可燃性气体、蒸气或可燃性粉尘、纤维，并可能与空气混合形成爆炸性气氛的环境，按爆炸性物质的形态分气体爆炸危险环境和粉尘爆炸危险环境两类。

疑点 10.2.6-2：《新建规》第 10.2.6 条提到的电力装置指哪些装置？

释义：该条中提到的电力装置是指产生电力或由电力驱动的装置，包括发电机、各类电机、电器、变压器、开关设备、电容器等变电与配电装置和各类交流、直流高低压用电设备或装置。

10.2.7 老年人照料设施的非消防用电负荷应设置电气火灾监控系统。下列建筑或场所的非消防用电负荷宜设置电气火灾监控系统：

　　1　建筑高度大于 50m 的乙、丙类厂房和丙类仓库，室外消防用水量大于 30L/s 的厂房（仓库）；

　　2　一类高层民用建筑；

　　3　座位数超过 1500 个的电影院、剧场，座位数超过 3000 个的体育馆，任一层建筑面积大于3000m² 的商店和展览建筑，省（市）级及以上的广播电视、电信和财贸金融建筑，室外消防用水量大于25L/s 的其他公共建筑；

　　4 国家级文物保护单位的重点砖木或木结构的古建筑。

【条文要点】

本条规定了需要考虑设置电气火灾监控系统的工业与民用建筑，以预防电气线路火灾。

【相关标准】

《火灾自动报警系统设计规范》GB 50116—2013；

《视频安防监控系统工程设计规范》GB 50395—2007。

【设计要点】

电气火灾监控系统通常包括电气火灾监控器、剩余电流式电气火灾监控探测器和测温式电气火灾监控探测器，主要用于监测电气线路中的剩余电流、线路故障电弧情况、供配电线路及电缆接头、端子等部位的异常升温情况，预防因电气线路过载、短路、连接不良发热和电气设备故障等引发火灾。对重要的工业与民用建筑以及用电量大的建筑，其非消防用电负荷要考虑设置电气火灾监控系统，有关设置场所可参考表 F10.8。

表 F10.8　需考虑在非消防用电负荷上设置电气火灾监控系统的建筑或场所

建 筑 类 型	设 置 条 件
高层民用建筑	一类
电影院、剧场	座位数 >1500 个
体育馆	座位数 >3000 个
商店建筑、展览建筑	任一层建筑面积 >3000m²
广播电视、电信和财贸金融建筑	省（市）级及以上
其他公共建筑	室外消防用水量 >25L/s
乙、丙类厂房和丙类仓库	建筑高度 >50m
其他厂房和仓库	室外消防用水量 >30L/s
重点砖木或木结构的古建筑	国家级文物保护单位

10.3　消防应急照明和疏散指示标志

10.3.1　除建筑高度小于27m 的住宅建筑外，民用建筑、厂房和丙类仓库的下列部位应设置疏散照明：

　　1 封闭楼梯间、防烟楼梯间及其前室、消防电梯间的前室或合用前室、避难走道、避难层（间）；

2 观众厅、展览厅、多功能厅和建筑面积大于 200m² 的营业厅、餐厅、演播室等人员密集的场所；

3 建筑面积大于 100m² 的地下或半地下公共活动场所；

4 公共建筑内的疏散走道；

5 人员密集的厂房内的生产场所及疏散走道。

10.3.2 建筑内疏散照明的地面最低水平照度应符合下列规定：

1 对于疏散走道，不应低于 1.0 lx。

2 对于人员密集场所、避难层（间），不应低于 3.0 lx；对于老年人照料设施、病房楼或手术部的避难间，不应低于 10.0 lx。

3 对于楼梯间、前室或合用前室、避难走道，不应低于 5.0 lx；对于人员密集场所、老年人照料设施、病房楼或手术部内的楼梯间、前室或合用前室、避难走道，不应低于 10.0 lx。

【条文要点】

这两条规定了工业与民用建筑内疏散照明的主要设置部位和最低照度要求。

【相关标准】

《建筑照明设计标准》GB 50034—2013；

《消防应急照明和疏散指示系统技术标准》GB 51309—2018。

【设计要点】

1. 疏散照明是在建筑发生火灾和正常照明中断后供人员疏散用的应急照明。火灾时，着火建筑的正常供电往往会被中断，在建筑内设置疏散照明装置可以为人员疏散提供必要的照明，引导人员比较快速、安全地有序进行疏散。疏散照明的地面照度越高，越有利于提高人员的疏散速度，缩短疏散时间。由于疏散照明灯具是分散设置的，因而地面的水平照度不均匀，在相邻两只照明灯具之间必然有一最低照度点。从保障疏散安全考虑，疏散照明的照度采用地面的最低水平照度值来衡量，在测试时，应以其最低照度区的平均照度值确定。表 F10.9 为本规范规定建筑内应设置疏散照明的场所或部位及相应的地面最低水平照度要求。

2. 除规范规定应设置疏散照明装置的场所或部位外，其他建筑、场所或部位也应从保障人员安全疏散角度设置必要的疏散照明装置，并使其地面的最低水平照度不低于 1.0 lx。

3. 有关疏散照明灯具的选型和具体设置要求，见国家标准《消防应急照明和疏散指示系统技术标准》GB 51309—2018，表 F10.10 为引自该标准第 3.2.5 条的规定，供参考。

表 F10.9　建筑内应设置疏散照明的场所或部位及其照度要求

建筑类型	应设置疏散照明装置的场所或部位	地面最低水平照度（lx）
老年人照料设施	避难间、封闭楼梯间、防烟楼梯间及其前室或合用前室、消防电梯的前室、避难走道	10.0
病房楼或手术部		
人员密集场所		

续表 F10.9

建筑类型	应设置疏散照明装置的场所或部位	地面最低水平照度（lx）
公共建筑	观众厅、展览厅、多功能厅和建筑面积大于200m²的营业厅、餐厅、演播室等人员密集的场所及疏散走道	3.0
	建筑面积大于100m²的地下或半地下公共活动场所及疏散走道	
厂房	人员密集的厂房的生产场所及疏散走道	3.0
厂房，丙类仓库，建筑高度大于或等于27m的住宅建筑，其他公共建筑	除上述建筑外，其他建筑的封闭楼梯间、防烟楼梯间及其前室或合用前室、消防电梯的前室、避难走道	5.0
	除上述建筑外，其他建筑的避难层（间）	3.0
	除人员密集的场所外，其他建筑（包括地下、半地下建筑）内的疏散走道	1.0

表 F10.10　疏散照明的设置场所或部位及其照度要求

编号	设置部位或场所		地面水平最低照度（lx）
I–1	病房楼或手术部的避难间		10.0
I–2	老年人照料设施		
I–3	人员密集场所、老年人照料设施	楼梯间、前室或合用前室、避难走道	
	病房楼或手术部		
I–4	逃生辅助装置存放处等特殊区域		
I–5	屋顶直升机停机坪		
II–1	除I–3规定外，其他建筑的敞开楼梯间、封闭楼梯间、防烟楼梯间及其前室、室外楼梯		5.0
II–2	消防电梯间的前室或合用前室		
II–3	除I–3规定外的其他建筑的避难走道		
II–4	寄宿制幼儿园和小学的寝室		
	医院手术室及重症监护室等病人行动不便的病房等需要救援人员协助疏散的区域		
III–1	除I–1规定外的其他建筑的避难层（间）		3.0
III–2	观众厅、展览厅、电影厅、多功能厅		
	建筑面积大于200m²的营业厅、餐厅、演播厅		
	建筑面积大于400m²的办公大厅、会议室等人员密集场所		

续表 F10.10

编号	设置部位或场所	地面水平最低照度（lx）
Ⅲ-3	人员密集厂房内的生产场所	3.0
Ⅲ-4	室内步行街两侧的商铺	
Ⅲ-5	建筑面积大于 100m² 的地下或半地下公共活动场所	
Ⅳ-1	除Ⅰ-1、Ⅱ-4、Ⅲ-2 ~ Ⅲ-5 规定场所外的疏散走道（通道）	1.0
Ⅳ-2	室内步行街	
Ⅳ-3	城市交通隧道两侧、人行横通道和人行疏散通道	
Ⅳ-4	宾馆和酒店的客房	
Ⅳ-5	自动扶梯上方或侧上方	
Ⅳ-6	安全出口外面及附近区域、连廊的连接处两端	
Ⅳ-7	进入屋顶直升机停机坪的途径	
Ⅳ-8	配电室、消防控制室、消防水泵房、自备发电机房等发生火灾时仍需工作、值守的区域	

10.3.3 消防控制室、消防水泵房、自备发电机房、配电室、防排烟机房以及发生火灾时仍需正常工作的消防设备房应设置备用照明，其作业面的最低照度不应低于正常照明的照度。

10.3.4 疏散照明灯具应设置在出口的顶部、墙面的上部或顶棚上；备用照明灯具应设置在墙面的上部或顶棚上。

【条文要点】
这两条规定了建筑内备用照明和应急照明灯具设置的基本要求。
【相关标准】
《建筑照明设计标准》GB 50034—2013；
《消防应急照明及疏散指示系统技术标准》GB 51309—2018；
《消防安全标志 第 1 部分：标志》GB 13495.1—2015；
《消防标志安全设置要求》GB 15630—1995；
《消防应急照明和疏散指示系统》GB 17945—2010。
【设计要点】
1. 备用照明是在正常照明中断后，为保证尚需继续进行正常活动场所的应急照明。当建筑发生火灾后，相关管理人员和消防救援人员需要进入消防控制室（中心）、消防水泵房，还可能需要进入自备发电机房、配电室以及防排烟风机房等消防设备房进行操作，保证能够及时启动相应的消防设施和保障消防供电，是火灾时还需继续坚持工作的场所。这些场所除需要设置疏散照明和灯光疏散指示标志外，尚应设置备用照明。备用照明的照度按正常照明的要求确定。

2. 其他正常工作照明因中断工作可能会造成火灾爆炸、人身伤亡、重大经济损失或严重社会影响等后果的场所，也需要设置备用照明。

3. 火灾时需设置备用照明的消防设备室等场所及其最低照度要求，见表 F10.11。表中的照度值引自国家标准《建筑照明设计标准》GB 50034—2013 第 5.5.1 条的规定。火灾时仍需备用照明的其他场所或部位的最低照度要求，应符合相关专项标准的规定。

表 F10.11　火灾时需设置备用照明的场所及其最低照度要求

设置场所	参考平面及其高度（m）	备用照明的照度标准值（lx）
消防控制室	距地面 0.75m 高的水平面	300
消防水泵房	地面	100
自备发电机房	地面	200
配电室	距地面 0.75m 高的水平面	200
防排烟机房	地面	100

4. 建筑内的疏散照明灯具主要为火灾时的人员疏散提供照明，主要沿疏散通道、疏散走道设置和设置在安全出口、疏散门口的上部，一般朝人员疏散方向照射。对于人员聚集的场所，如观众厅、多功能厅、展览厅、营业厅等场所，尚应在侧墙的墙面上部或顶棚上设置疏散照明灯具，以向该场所的全部地面提供基本的照度。

5. 建筑内设置备用照明灯具的场所需要保证其照度不低于正常照明的照度，因而备用照明灯具的设置和正常照明灯具的设置是一样的，只是需要采用专用的消防供电线路保证供电。

6. 其他有关消防应急照明和疏散指示标志的具体设置要求，应符合国家标准《消防应急照明及疏散指示系统技术标准》GB 51309—2018 的规定。

【释疑】

疑点 10.3.3：《新建规》第 10.3.3 条所指建筑内应急照明与备用照明有什么区别？

释义：该条中的应急照明是在正常照明系统因火灾不再提供正常照明的情况下，供人员疏散、保障安全或继续工作的照明，包括疏散照明和备用照明。备用照明是在正常照明电源发生故障时，为确保消防设备、重要的正常工作能继续进行而设置的照明。疏散照明一般是由蓄电池或消防电源供电，规范要求能维持最低照度，其照度见表 F10.9；备用照明一般是由备用电源（如自备柴油发电机）供电，规范规定这些场所要维持能正常工作的照度，其照度见表 F10.11。

10.3.5　公共建筑、建筑高度大于54m的住宅建筑、高层厂房（库房）和甲、乙、丙类单、多层厂房，应设置灯光疏散指示标志，并应符合下列规定：

1　应设置在安全出口和人员密集的场所的疏散门的正上方。

2 应设置在疏散走道及其转角处距地面高度 1.0m 以下的墙面或地面上。灯光疏散指示标志的间距不应大于 20m；对于袋形走道，不应大于 10m；在走道转角区，不应大于 1.0m。

10.3.6 下列建筑或场所应在疏散走道和主要疏散路径的地面上增设能保持视觉连续的灯光疏散指示标志或蓄光疏散指示标志：

1 总建筑面积大于 8000m² 的展览建筑；

2 总建筑面积大于 5000m² 的地上商店；

3 总建筑面积大于 500m² 的地下或半地下商店；

4 歌舞娱乐放映游艺场所；

5 座位数超过 1500 个的电影院、剧场，座位数超过 3000 个的体育馆、会堂或礼堂；

6 车站、码头建筑和民用机场航站楼中建筑面积大于 3000m² 的候车、候船厅和航站楼的公共区。

10.3.7 建筑内设置的消防疏散指示标志和消防应急照明灯具，除应符合本规范的规定外，还应符合现行国家标准《消防安全标志》GB 13495 和《消防应急照明和疏散指示系统》GB 17945 的规定。

【条文要点】

这三条规定了建筑内疏散指示标志设置的基本要求。

【相关标准】

《消防应急照明及疏散指示系统技术标准》GB 51309—2018；

《消防安全标志 第 1 部分：标志》GB 13495.1—2015；

《消防应急照明和疏散指示系统》GB 17945—2010。

【设计要点】

1. 疏散指示标志是用于指示疏散方向和（或）位置、引导人员疏散的标志，一般由疏散通道方向标志、疏散出口标志或两种标志组成。疏散指示标志对于引导人员在建筑发生火灾后快速、安全地进行疏散，具有积极的作用，能够较好地帮助人员发现最近的疏散路线和疏散出口。原则上，任何有人进行生产、生活的活动场所及相应建筑内的疏散设施均应设置疏散指示标志。疏散指示标志的类型多样，有些建筑的疏散楼梯间空间小、疏散走道短，有些建筑使用人员对环境十分熟悉，即使不设置疏散照明也可以满足人员疏散的要求，因而不强制要求这些建筑设置灯光疏散指示标志。这些场所可以设置其他类型的疏散指示标志，也可以不设置，视建筑平面布置、火灾危险性及火灾时人员能否快速找到疏散出口等具体情况而定。

因此，尽管规范只规定了公共建筑、建筑高度大于 54m 的住宅建筑和高层厂房（库房）和甲、乙、丙类单、多层厂房应设置灯光疏散标志灯，但并不是说其他建筑就不需要设置。例如：汽车制造的装配车间等建筑面积较大的丁类生产车间，尽管火灾危险性较小，但空间大、内部生产线和通道复杂，仍需在疏散出口和疏散通道上设置必要的灯光疏散指示标志及疏散线路诱导标志。除本规范要求设置疏散指示标志的场所或部位外，其他场所或部位疏散指示标志的设置应符合相应专项标准的规定。

2. 疏散标志灯应位于建筑内人员疏散经过的路径和疏散出口上的醒目位置，并且不易被火灾烟气或建筑内的构件、广告等遮挡，应便于疏散人员清晰地辨识疏散路径、方向、疏散出口的位置及所处的楼层位置。

3. 疏散标志灯有出口标志灯和方向标志灯两种。出口标志灯设置在疏散门、楼梯间及前室等出入口的上方，方向标志灯设置在疏散通道（疏散走道、楼梯等）两侧距楼地面1.0m 高度以下的墙面或柱面上。

4. 有关疏散指示标志的性能要求，应符合国家标准《消防安全标志　第 1 部分：标志》GB 13495.1—2015 的规定；有关疏散指示标志的具体设置要求，应符合国家标准《消防应急照明及疏散指示系统技术标准》GB 51309—2018 第 3.2.7 条～第 3.2.11 条的规定。

建筑内疏散通道上方向标志灯的布置，参见图 10.4。

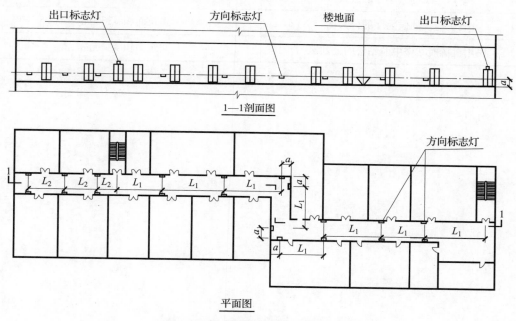

图 10.4　疏散标志灯布置示意图

注：$a \leqslant 1.0$m，$L_1 \leqslant 20.0$m，$L_2 \leqslant 10.0$m。

5. 对于高大空间的场所和大面积的人员密集的场所，如航站楼的候机厅、医院的门诊大厅、商店的营业厅、展览建筑的展览厅等场所，只在疏散出口设置灯光疏散指示标志，其指示、引导效果较差，在疏散通道上部设置时，往往也不能有效发挥作用，而在人员疏散的路径上增设诱导疏散指示标志则可以很好地引导人员进行疏散。规范要求增设地面疏散指示标志的场所，见表 F10.12。

这些诱导标志的设置间距和标志大小应合理，使之能在疏散通道和主要路径的地面上形成视觉连续的醒目疏散指示带，不会使人在行走过程中产生犹豫。通常，应采用灯光或光致发光型疏散指示标志，在条件符合蓄光型疏散指示标志使用要求的场所也可以采用蓄光型发光疏散指示标志。一般，设置蓄光型发光疏散指示标志的场所的正常电光或日光照度，对于荧光灯，不应低于 25 lx；对于白炽灯，不应低于 40 lx。

表 F10.12　规范要求增设地面疏散指示标志的场所

应设置的建筑类型或场所	建筑规模或建筑面积
展览建筑	总建筑面积 >8000m²
地上商店建筑	总建筑面积 >5000m²
地下、半地下商店建筑	总建筑面积 >500m²
歌舞娱乐放映游艺场所	建筑面积不限
电影院、剧场	座位数 >1500 个
体育馆、会堂或礼堂	座位数 >3000 个
车站建筑的候车厅的公共区	建筑面积 >3000m²
码头建筑的候船厅的公共区	建筑面积 >3000m²
民用机场航站楼中航站楼的公共区	建筑面积 >3000m²

11 木结构建筑

11.0.1 木结构建筑的防火设计可按本章的规定执行。建筑构件的燃烧性能和耐火极限应符合表 11.0.1 的规定。

表 11.0.1 木结构建筑构件的燃烧性能和耐火极限

构 件 名 称	燃烧性能	耐火极限（h）
防火墙	不燃性	3.00
承重墙，住宅建筑单元之间的墙和分户墙，楼梯间的墙	难燃性	1.00
电梯井的墙	不燃性	1.00
非承重外墙，疏散走道两侧的隔墙	难燃性	0.75
房间隔墙	难燃性	0.50
承重柱	可燃性	1.00
梁	可燃性	1.00
楼板	难燃性	0.75
屋顶承重构件	可燃性	0.50
疏散楼梯	难燃性	0.50
吊顶	难燃性	0.15

注：1 除本规范另有规定外，当同一座木结构建筑存在不同高度的屋顶时，较低部分的屋顶承重构件和屋面不应采用可燃性构件，采用难燃性屋顶承重构件时，其耐火极限不应低于 0.75h。

2 轻型木结构建筑的屋顶，除防水层、保温层及屋面板外，其他部分均应视为屋顶承重构件，且不应采用可燃性构件，耐火极限不应低于 0.50h。

3 当建筑的层数不超过 2 层、防火墙间的建筑面积小于 600m² 且防火墙间的建筑长度小于 60m 时，建筑构件的燃烧性能和耐火极限可按本规范有关四级耐火等级建筑的要求确定。

【条文要点】

本条规定了木结构建筑各类构件的基本耐火极限和燃烧性能，以保证木结构建筑具备一定的耐火性能。

【相关标准】

《木结构设计标准》GB 50005—2017；

《木骨架组合墙体技术标准》GB/T 50361—2018；

《建筑材料及制品燃烧性能分级》GB 8624—2012；

《建筑构件耐火试验方法》GB/T 9978—2008。

【设计要点】

1. 木结构建筑按照木结构承重构件所用木材，可以分为方木原木结构、胶合木结构和轻型木结构建筑。其中，方木原木结构是传统中国木结构建筑的主要形式，其防火要求与规范有关四级耐火等级建筑的规定基本相同。现代木结构建筑主要为胶合木结构和轻型木结构建筑。《新建规》有关木结构建筑的防火要求，主要针对胶合木结构和轻型木结构建筑，但不适用于国家标准《多高层木结构建筑技术标准》GB/T 51226—2017所规定的多高层木结构建筑。

2. 对于2层的木结构建筑，当防火墙之间的建筑长度不大于60m且防火墙之间的总建筑面积不大于600m²时，该建筑实际符合《新建规》第5.3.1条有关四级耐火等级建筑的防火分区要求。此类木结构建筑的构件的燃烧性能和耐火极限可以按照《新建规》第5.1.2条有关四级耐火等级建筑的要求确定；同时，其他要求也应符合规范关于四级耐火等级建筑的规定，而不能再按照木结构建筑的相关要求进行设计。

3. 木结构建筑的主要承重构件为木材制作的构件，其燃烧性能为可燃，难以满足建筑防火的要求。因此，大部分木结构构件需要采用防火石膏板等进行包覆，以满足其基本的防火要求。对于梁和柱这种横截面较大的构件，可以利用木材在燃烧过程中产生的炭化层的保护作用，通过加大构件的截面尺寸来满足其耐火时间的要求，而不一定都需要用防火材料进行包覆保护，因而梁和柱可以直接使用可燃的木材制作。轻型木结构建筑用木基结构板、规格材和石膏板制作其主要承重构件和围护体系，大多采用木龙骨作支架，内填防火棉，外面用防火石膏板等进行包覆，大部分构件的燃烧性能可表现为难燃。

4. 木结构建筑构件的燃烧性能分级应符合国家标准《建筑材料及制品燃烧性能分级》GB 8624—2012的规定，其耐火极限应按照国家标准《建筑构件耐火试验方法》GB/T 9978—2008规定的试验方法进行测定，与钢筋混凝土等其他类型结构建筑构件的耐火极限测试方法和要求相同。对于直接利用方木、原木或胶合木制作的梁和柱，也可以根据不同种类木材的炭化速率、构件的设计耐火极限和设计荷载，按照国家标准《木结构设计标准》GB 50005—2017规定的方法通过计算确定。除防火墙和电梯井墙外，其他常见构造的梁（楼板）、柱、墙（隔墙）等木结构构件的耐火极限和燃烧性能，详见《新建规》条文说明附表2。轻型木结构构件的耐火极限，主要取决于其保护层的类型和厚度。

5. 木结构建筑由于具有可燃的特点，除混合木结构中钢筋混凝土等不燃性结构的楼层外，其他采用木结构楼板与木承重构件的楼层，均是按照防火墙之间全部木结构楼层的总建筑面积来划分防火分区。因此，在木结构建筑内外设置的防火墙，应采用不燃性墙体，其防火构造及其耐火性能要求均应符合《新建规》第6.1节的规定。建筑内电梯竖井的耐火性能，实际上可以和建筑的分隔墙体或疏散楼梯间的分隔墙体的要求一致。但是，由于设置电梯的木结构建筑主要为混合木结构建筑，电梯竖井与其他下部（绝大部分混合木结构为此种组合方式）的不燃性结构部分连通在一起。因此，电梯竖井应为耐火极限不低于1.00h的不燃性结构，与电梯层门及木结构楼梯间的分隔墙的耐火极限一致。

6. 对于存在不同高度屋面的木结构建筑，需要将较低部分屋面的防火作用视为建筑下部的楼板来考虑，以保证建筑各部分在同一个防火分区内的防火水平一致。因此，较低部分的屋顶承重构件和屋面应采用耐火极限不低于0.50h的不燃性结构，不应采用可燃性结构；采用难燃性屋顶承重构件时，其耐火极限不应低于 0.75h。这里实际上存在一个换算关系，即当不燃性构件可以改为难燃性构件时，其耐火极限应相应提高 0.25h。

轻型木结构建筑的屋顶承重构件往往采用断面较小的可燃木构件，耐火极限低，在火灾中不仅容易被破坏而且加剧火势，一般需要在承重构件下采用耐火极限不低于 0.50h 的石膏板作顶棚进行保护，以提高整个屋顶的耐火极限。

【释疑】

疑点 11.0.1-1： 什么是轻型木结构建筑？

释义： 根据国家标准《木结构设计标准》GB 50005—2017 的规定，轻型木结构是采用规格材、木基结构板或石膏板制作的木构架墙体、楼板和屋盖系统构成的建筑结构。因此，轻型木结构建筑是采用轻型木结构的建筑，包括混合轻型木结构建筑。

混合轻型木结构是指轻型木结构与钢筋混凝土等其他结构或构件形成的共同受力结构体系。

疑点 11.0.1-2： 木柱、木梁的耐火极限如何确定？可燃木构件为什么具有一定的耐火时间？

释义： 木柱、木梁的耐火极限是应按照国家标准《建筑构件耐火试验方法》GB/T 9978—2008 规定的标准耐火试验条件进行火灾测试，按其从受火时开始至其失去承载力或变形超过允许值时止的这段时间进行确定。例如：一根如图 11.1（a）所示截面的木柱在标准耐火试验条件下燃烧 t 时间后的截面形状，见图 11.1（b）。图中 c 为有效炭化厚度，燃烧后柱的有效剩余截面的高度和宽度分别为（$h-2c$、$b-2c$）。当该有效剩余截面的承载能力正好满足设计要求时，此柱的受火时长 t 就是该构件的耐火极限。因此，木构件在燃烧时由于具有炭化作用，而使其具有一定的耐火时间。

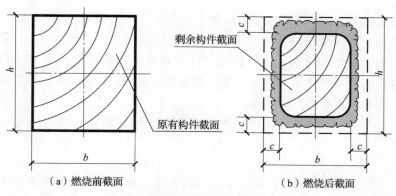

图 11.1　木柱燃烧前后的截面示意图

11.0.2　建筑采用木骨架组合墙体时，应符合下列规定：

1　建筑高度不大于 18m 的住宅建筑、建筑高度不大于 24m 的办公建筑和丁、戊类厂房（库房）的房间隔墙和非承重外墙可采用木骨架组合墙体，其他建筑的非承重外墙不得采用木骨架组合墙体；

2　墙体填充材料的燃烧性能应为 A 级；

3 木骨架组合墙体的燃烧性能和耐火极限应符合表 11.0.2 的规定，其他要求应符合现行国家标准《木骨架组合墙体技术规范》GB/T 50361 的规定。

表 11.0.2 木骨架组合墙体的燃烧性能和耐火极限（h）

构件名称	建筑物的耐火等级或类型				
	一级	二级	三级	木结构建筑	四级
非承重外墙	不允许	难燃性 1.25	难燃性 0.75	难燃性 0.75	无要求
房间隔墙	难燃性 1.00	难燃性 0.75	难燃性 0.50	难燃性 0.50	难燃性 0.25

【条文要点】

本条规定了木骨架组合墙体的应用条件及其在不同建筑中的耐火性能要求。

【相关标准】

《木骨架组合墙体技术标准》GB/T 50361—2018。

【设计要点】

1. 木骨架组合墙体由木骨架外覆石膏板或其他耐火板材、内填充岩棉等隔声、绝热材料构成，可以避免火焰或高温直接作用于木龙骨，其燃烧性能为难燃，耐火极限取决于墙体的填充材料和外覆面材料的性能与厚度。

2. 木骨架组合墙体一般用作非承重墙体，如非承重的外墙和内隔墙，既可用于木结构建筑，也可用于钢结构、钢筋混凝土结构等其他结构建筑，适用于建筑高度不大于 18m 的住宅建筑、建筑高度不大于 24m 的办公建筑、建筑高度不大于 24m 的丁、戊类厂房或丁、戊类仓库。

3. 表 11.0.2 有关木骨架组合墙体的耐火极限要求主要是根据民用建筑的相关要求，按照燃烧性能由不燃降低至难燃时，耐火极限相应提高 0.25h 的原则来确定的。厂房和仓库中木骨架组合墙体的耐火极限也可以按照此原则根据《新建规》表 3.2.1 的相应要求来确定，但一级耐火等级的建筑主要为办公楼和规模巨大的厂房或仓库，需确保其建筑外墙的防火性能，不能采用难燃性的墙体。

4. 用于一、二、三级耐火极限建筑中的木骨架组合墙体，其内填充材料应为不燃材料。

11.0.3 甲、乙、丙类厂房（库房）不应采用木结构建筑或木结构组合建筑。丁、戊类厂房（库房）和民用建筑，当采用木结构建筑或木结构组合建筑时，其允许层数和允许建筑高度应符合表 11.0.3-1 的规定，木结构建筑中防火墙间的允许建筑长度和每层最大允许建筑面积应符合表 11.0.3-2 的规定。

表 11.0.3-1 木结构建筑或木结构组合建筑的允许层数和允许建筑高度

木结构建筑的形式	普通木结构建筑	轻型木结构建筑	胶合木结构建筑	木结构组合建筑
允许层数（层）	2	3	1	3	7
允许建筑高度（m）	10	10	不限	15	24

表 11.0.3-2　木结构建筑中防火墙间的允许建筑长度和每层最大允许建筑面积

层数（层）	防火墙间的允许建筑长度（m）	防火墙间的每层最大允许建筑面积（m²）
1	100	1800
2	80	900
3	60	600

注：1　当设置自动喷水灭火系统时，防火墙间的允许建筑长度和每层最大允许建筑面积可按本表的规定增加1.0倍，对于丁、戊类地上厂房，防火墙间的每层最大允许建筑面积不限。

2　体育场馆等高大空间建筑，其建筑高度和建筑面积可适当增加。

【条文要点】

本条规定了木结构建筑或混合木结构建筑的防火分区划分要求及不适用的建筑类型。

【设计要点】

1. 木结构建筑或木结构组合建筑由于其木结构构件的燃烧性能为可燃或难燃，在火灾中会参与燃烧而加大火势，主要适用于规模较小或火灾危险性低的工业与民用建筑，不适用于甲、乙、丙类厂房或甲、乙、丙类仓库。

2. 表 11.0.3-1 中的普通木结构建筑，即国家标准《木结构设计标准》GB 50005—2017 规定的方木原木结构建筑，相当于中国的传统木结构建筑，建筑的耐火等级与《新建规》第 5.1.2 条规定的四级基本一致，其建造层数及其他相关防火设计要求均应符合《新建规》有关四级耐火等级建筑的规定。

3. 木结构组合建筑，即国家标准《多高层木结构建筑技术标准》GB/T 51226—2017 规定的木结构混合建筑，是由木结构与钢筋混凝土、砌体、钢结构等其他类型结构组合建造的建筑，包括水平组合和竖向组合。对于水平组合的木结构组合建筑，当在木结构与其他类型结构之间设置了防火墙时，木结构部分和其他类型结构部分可分别按照各自的防火设计要求确定；当相互间未设置防火墙时，应全部按照有关木结构的防火设计要求确定。对于竖向组合的木结构组合建造，木结构部分应设置在其他类型建筑的上部，除竖向井道和疏散楼梯间外，建筑内的防火分区、防火墙间的长度、安全疏散，可分别按照规范对木结构建筑和其他相应结构类型建筑的要求确定，但建筑的防火间距、室内外消防给水等要求仍应按照整体建筑的体积或高度等来确定。

采用木结构建筑或木结构组合建筑的丁、戊类厂房或仓库、民用建筑，其允许层数和允许建筑高度参见图 11.2。对于体育馆等单层高大空间的木结构建筑，应控制其内部可燃物，其防火分区的大小在对其中火灾危险性较高的场所做好防火分隔、提高该建筑主要承重结构的耐火极限、增加相应灭火系统、增大疏散出口宽度等后，可以不受规范对木结构建筑一个防火分区最大允许建筑面积的限制。

4. 木结构建筑大部分构件的燃烧性能较低，建筑内的防火分区是根据防火墙之间全部木结构楼层的总建筑面积来划分的，在竖向不再按照自然楼层划分防火分区。当木结构建筑中一个防火分区的最大允许建筑面积不应大于 1800m² 时，则 2 层和 3 层的木结构建筑中每层的建筑面积分别不应大于 900m² 和 600m²（假设各层的建筑面积相同）。此外，木结构建筑在划分防火分区时，不仅要控制其建筑面积，而且要控制两座防火墙之间的建筑长度。当建筑设置自动灭火系统时，其中设置自动灭火系统部分的建筑面积可以按照其

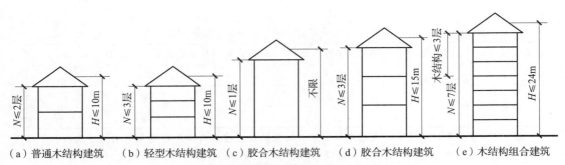

图 11.2　木结构建筑或木结构组合建筑示意图

注：N—建筑层数；H—建筑高度。

一半计入所在防火分区的允许总建筑面积。对于木结构组合建筑，表 11.0.3-2 中的规定只适用于其中的木结构部分，不适用于其他类型结构部分。其他类型结构部分的要求，参见本《指南》第 11.0.12 条的释义。

防火墙之间的建筑最大允许长度和每层的最大允许建筑面积，参见图 11.3。表中的数值是在各层建筑面积相同情况下的允许值；当各层建筑面积不同时，应按照防火墙之间的全部楼层的总建筑面积不大于 $1800m^2$ 进行控制，且防火墙之间的建筑长度应符合相应的要求。

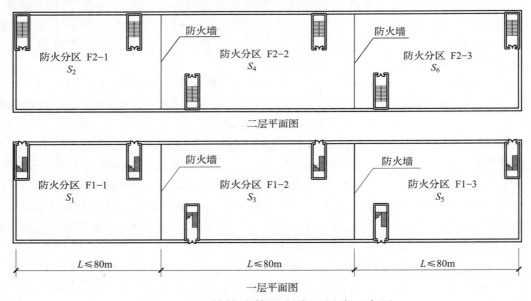

图 11.3　木结构建筑防火分区划分示意图

注：$\max\ (S_1+S_2,\ S_3+S_4,\ S_5+S_6)\leqslant 1800m^2$。

11.0.4　老年人照料设施，托儿所、幼儿园的儿童用房和活动场所设置在木结构建筑内时，应布置在首层或二层。

商店、体育馆和丁、戊类厂房（库房）应采用单层木结构建筑。

【条文要点】

本条规定了木结构建筑中老年人照料设施、托儿所、幼儿园的儿童用房等的设置位置和商店、体育馆和丁、戊类厂房或仓库的允许层数。

【设计要点】

1. 老年人照料设施的耐火等级不应低于三级，因而不应采用普通木结构建筑；采用其他类型木结构建筑时，老年人的生活用房、公共活动用房、康复和医疗用房应位于建筑的首层或二层，不应布置在三层。

2. 采用普通木结构建筑的托儿所、幼儿园，其儿童用房和活动场所应位于建筑的首层；采用其他类型木结构建筑时，应位于首层或二层，不应位于三层，且2周岁以下的幼儿用房和活动场所应位于建筑的首层。

3. 木结构商店建筑、体育馆和丁、戊类厂房或仓库，均应为单层建筑。

4. 上述建筑采用木结构组合建筑时，应根据其组合方式和木结构的层数，依据《新建规》第5章和本条的规定来确定，详见表F11.1。当水平组合时，应按上述要求确定其设置的楼层位置；当竖向组合时，存在以下情形：

（1）组合建筑为2层或3层时，老年人照料设施、托儿所、幼儿园的儿童用房等应布置在一层或二层。

（2）组合建筑为4层及以上时，如其他类型结构的楼层为1层或2层时，老年人照料设施、托儿所、幼儿园的儿童用房等应布置在一层或二层；如其他类型结构的楼层为3层或4层时，老年人照料设施、托儿所、幼儿园的儿童用房等应布置在一层、二层或三层。

（3）对于商店、体育馆、厂房和仓房，无论建筑为几层，木结构组合建筑中用作商店、体育馆、厂房和仓房的木结构部分只允许1层。

表 F11.1 老年人照料设施、托儿所、幼儿园和商店建筑等在木结构建筑中的设置要求

木结构形式	建 筑 类 型	所在楼层位置	允许建筑层数
普通木结构	老年人照料设施	不允许	不允许
	托儿所、幼儿园的儿童用房和活动场所	一层	2
	商店、体育馆、丁、戊类厂房和库房	一层	1
轻型木结构	老年人照料设施	一层或二层	3
	托儿所、幼儿园的儿童用房和活动场所	一层或二层	3
	商店、丁、戊类厂房和库房	一层	1
胶合木结构	老年人照料设施	一层或二层	3
	托儿所、幼儿园的儿童用房和活动场所	一层或二层	3
	商店、体育馆、丁、戊类厂房和库房	一层	1
木结构组合建筑	老年人照料设施	见本表注	7
	托儿所、幼儿园的儿童用房和活动场所		7
	商店，体育馆，丁、戊类厂房或仓库	一层	7

注：1. 组合建筑为2层或3层时，老年人照料设施、托儿所、幼儿园的儿童用房等应布置在一层或二层。

2. 组合建筑为4层及以上时，如其他类型结构的楼层为1层或2层时，老年人照料设施、托儿所、幼儿园的儿童用房等应布置在一层或二层；如其他类型结构的楼层为3层或4层时，老年人照料设施、托儿所、幼儿园的儿童用房等应布置在一层、二层或三层。

11.0.5 除住宅建筑外，建筑内发电机间、配电间、锅炉间的设置及其防火要求，应符合本规范第 5.4.12 条～第 5.4.15 条和第 6.2.3 条～第 6.2.6 条的规定。

11.0.6 设置在木结构住宅建筑内的机动车库、发电机间、配电间、锅炉间，应采用耐火极限不低于 2.00h 的防火隔墙和 1.00h 的不燃性楼板与其他部位分隔，不宜开设与室内相通的门、窗、洞口，确需开设时，可开设一樘不直通卧室的单扇乙级防火门。机动车库的建筑面积不宜大于 60m²。

【条文要点】

这两条规定了木结构建筑中火灾危险性较大的房间的布置与防火分隔要求。

【相关标准】

《锅炉房设计规范》GB 50041—2008；

《20kV 及以下变电所设计规范》GB 50053—2013；

《低压配电设计规范》GB 50054—2011；

《民用建筑电气设计规范》JGJ 16—2008。

【设计要点】

1. 根据国家行业标准《民用建筑电气设计规范》JGJ 16—2008 第 6.1.13 条的规定，柴油发电机房内发电机间、储油间的耐火性能不应低于一级耐火等级建筑的相应要求，控制室和配电室的耐火性能不应低于二级耐火等级建筑的相应要求。根据国家标准《低压配电设计规范》GB 50054—2011 第 4.3.1 条的规定，配电室屋顶承重构件的耐火性能不应低于二级耐火等级建筑的相应要求，其他构件不应低于三级耐火等级建筑的相应要求；根据国家标准《20kV 及以下变电所设计规范》GB 50053—2013 第 6.1.1 条的规定，配电室的耐火等级不应低于二级。根据国家标准《锅炉房设计规范》GB 50041—2008 第 15.1.1 条的规定，单台蒸汽锅炉额定蒸发量大于 4t/h 或单台热水锅炉额定热功率大于 2.8MW 时，锅炉间的耐火性能不应低于二级耐火等级的相应要求；单台蒸汽锅炉额定蒸发量小于或等于 4t/h 或单台热水锅炉额定功率不大于 2.8MW 时，锅炉间的耐火性能不应低于三级耐火等级的相应要求；设在其他建筑内的锅炉房，锅炉间的耐火性能不应低于二级耐火等级建筑的相应要求。

因此，符合上述要求的柴油发电机间、配电间、锅炉间，位于木结构建筑内时，需要采用符合上述标准及《新建规》第 5 章、第 6 章相应要求的防火隔墙、楼板等与建筑的其他部位进行分隔。其平面布置和疏散门的设置等应符合《新建规》第 5.4.12 条～第 5.4.15 条的要求。

2. 位于木结构住宅建筑内的机动车库、发电机间、配电间、锅炉间，主要为住户自用的机动车库和发电机间、配电间、锅炉间，应布置在建筑的下部或水平贴邻，与木结构部分及相互间应采用耐火极限不低于 2.00h 的防火隔墙和 1.00h 的不燃性楼板进行分隔。这些场所尽量不开设与住宅其他使用场所相通的门，否则只允许开设 1 道门相通，并采用甲级或乙级防火门进行分隔。机动车库的建筑面积按照可以满足自用车辆停放来确定，一般不应大于 60m²，参见图 11.4。位于单元式木结构住宅建筑中的共用机动车库、发电机间、配电间、锅炉间，应符合国家标准《汽车库、修车库、停车场设计防火规范》GB 50067—2014、《锅炉房设计规范》GB 50041—2008 等标准及《新建规》第 5.4.12 条～第 5.4.15 条和第 6.2.3 条～第 6.2.6 条的规定。

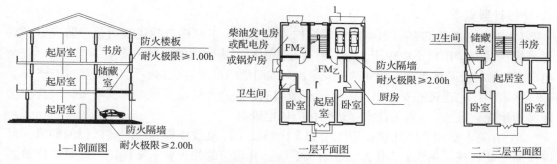

图11.4 住宅建筑设备用房及车库布置示意图

11.0.7 民用木结构建筑的安全疏散设计应符合下列规定：

1 建筑的安全出口和房间疏散门的设置，应符合本规范第5.5节的规定。当木结构建筑的每层建筑面积小于200m²且第二层和第三层的人数之和不超过25人时，可设置1部疏散楼梯。

2 房间直通疏散走道的疏散门至最近安全出口的直线距离不应大于表11.0.7-1的规定。

表11.0.7-1 房间直通疏散走道的疏散门至最近安全出口的直线距离（m）

名 称	位于两个安全出口之间的疏散门	位于袋形走道两侧或尽端的疏散门
托儿所、幼儿园、老年人照料设施	15	10
歌舞娱乐放映游艺场所	15	6
医院和疗养院建筑、教学建筑	25	12
其他民用建筑	30	15

3 房间内任一点至该房间直通疏散走道的疏散门的直线距离，不应大于表11.0.7-1中有关袋形走道两侧或尽端的疏散门至最近安全出口的直线距离。

4 建筑内疏散走道、安全出口、疏散楼梯和房间疏散门的净宽度，应根据疏散人数按每100人的最小疏散净宽度不小于表11.0.7-2的规定计算确定。

表11.0.7-2 疏散走道、安全出口、疏散楼梯和房间疏散门

每100人的最小疏散净宽度（m/百人）

层 数	地上1层～2层	地上3层
每100人的疏散净宽度	0.75	1.00

11.0.8 丁、戊类木结构厂房内任意一点至最近安全出口的疏散距离分别不应大于50m和60m，其他安全疏散要求应符合本规范第3.7节的规定。

【条文要点】

这两条规定了木结构建筑疏散出口、安全疏散距离和疏散宽度的基本设计要求。

【设计要点】

1. 第11.0.7条的要求主要针对木结构公共建筑。木结构公共建筑内每个防火分区或每个楼层的安全出口不应少于2个，防火分区内每个房间内的疏散门不应少于2个，安全出口或疏散门应分散布置，相邻两个安全出口或疏散门最近边缘的水平距离不应小于5.0m。

木结构住宅建筑的安全出口或房间疏散门的设置，与住宅建筑的形式有关，同样应按照《新建规》第5.5节有关住宅建筑的相应规定确定。

2. 有关木结构公共建筑设置1个安全出口或1部疏散楼梯和房间疏散门的要求，可以按照《新建规》第5.5节有关三级耐火等级公共建筑的相关要求来确定，即每层建筑面积小于或等于200m²且第二层和第三层的人数之和不超过25人的小型木结构建筑，可设置1部疏散楼梯；符合《新建规》第5.5.15条规定的房间，也可以只设置1个疏散门。

3. 第11.0.7条和第11.0.8条所规定的疏散距离是对木结构组合建筑中木结构部分的要求。木结构公共建筑内每个房间和每个防火分区的疏散距离，均不应大于《新建规》第5.5.17条有关四级耐火等级相应使用功能建筑的疏散距离要求。在表11.0.7中"其他民用建筑"的"位于两个安全出口之间的疏散门"的疏散距离，在有关规定的基础上有所调整，其数值约为三级与四级耐火等级建筑相关疏散距离的中间值。其他未明确者，均应符合《新建规》第5.5.17条的规定。木结构组合建筑的疏散距离，可以按照第11.0.3条【设计要点】中阐述的原则来确定。

疏散距离应为房间内任一点至最近疏散门的直线距离，或者防火分区内任一点至最近安全出口或任一房间疏散门至最近安全出口的直线距离；当疏散路径中间有隔墙等建筑结构阻挡时，应按折线距离之和计算。

4. 民用木结构建筑内各类功能用房的疏散走道、安全出口、疏散楼梯和房间疏散门的净宽度，应根据通过该疏散出口的疏散人数，按每100人的最小疏散净宽度不小于表11.0.7-2的规定计算确定。木结构建筑只允许建造3层，其百人疏散净宽度按照三级耐火等级建筑的要求确定，1层或2层的建筑，百人疏散净宽度不应小于0.75m；3层的建筑，不应小于1.00m；4层及以上的建筑，不应小于1.25m。4层及以上的建筑主要针对木结构组合建筑。

百人疏散净宽度只与建筑的层数和耐火等级有关，与疏散出口所处楼层位置无关，即使位于首层的疏散出口，其百人疏散净宽度要求也应与该建筑上部楼层一致。此外，对于多层建筑，其下部楼层的疏散楼梯净宽度不应小于上部楼层中楼梯设计净宽度最大者。疏散走道、疏散出口的最小净宽度应符合《新建规》第5.5.18条等及相应专项标准对相应使用功能建筑的规定。

5. 丁、戊类木结构建筑厂房中防火分区内任意一点至最近安全出口的疏散距离，比照三级耐火等级相应厂房的要求确定，分别不应大于50m和60m；厂房内疏散走道、安全出口、疏散楼梯和房间疏散门的最小净宽度，应符合《新建规》第3.7.5条的规定，总净宽度应根据总疏散人数按照百人疏散净宽度不大于0.60m经计算确定。木结构仓库面积较小，其疏散距离不做要求。

6. 木结构建筑的疏散楼梯设置应符合《新建规》第5.5.13条的规定，一般可以采用敞开楼梯间；但用于商店的木结构组合建筑，其疏散楼梯间应与上部建筑的疏散楼梯间分别独立设置，其他使用功能部分的疏散楼梯间仍可采用敞开楼梯间，而多层的商店部分的疏散楼梯间应为封闭楼梯间，与敞开式外廊直接连通的疏散楼梯间仍可以采用敞开楼梯间。

用于老年人照料设施和托儿所、幼儿园的疏散楼梯应符合相应专项标准的规定，并应满足老年人和幼儿安全使用的要求。设置老年人照料设施、旅馆、歌舞娱乐放映游艺场所、图书馆等的木结构建筑，其疏散楼梯应为封闭楼梯间；对于办公用等 6 层或 7 层的木结构组合建筑，应采用封闭楼梯间。

【释疑】

疑点 11.0.7-1：《新建规》第 11.0.7 条规定"疏散门至最近安全出口的直线距离"中的安全出口是否指封闭楼梯间？

释义：对于多层木结构或多层木结构组合建筑，本条所指安全出口应为楼层上疏散楼梯间的入口，但不一定是封闭楼梯间。木结构建筑内的疏散楼梯可为敞开楼梯间、封闭楼梯间、防烟楼梯间，这取决于建筑的使用功能、层数和楼梯间的位置。

疑点 11.0.7-2：当民用木结构建筑内各疏散门开向敞开式外廊时，表 11.0.7-1 中的疏散距离是否可以增大？

释义：民用木结构建筑内的房间疏散门直接开向敞开式外廊时，其疏散距离可以按照《新建规》表 5.5.17 注 1 的规定增加 5m。

疑点 11.0.7-3：当民用木结构建筑内的疏散楼梯为敞开楼梯间时，表 11.0.7-1 中的疏散距离是否需要减小？

释义：当民用木结构建筑内的疏散楼梯为敞开楼梯间时，表 11.0.7-1 中位于两个安全出口之间的疏散门和位于袋形走道两侧或尽端的疏散门至最近安全出口的疏散距离，应按照《新建规》表 5.5.17 注 2 的规定分别减小 5m 和 2m。

疑点 11.0.7-4：当民用木结构建筑内全部设置自动灭火系统时，表 11.0.7-1 中的疏散距离是否可以增加？

释义：当民用木结构建筑内全部设置自动灭火系统时，表 11.0.7-1 中的疏散距离可以按照《新建规》表 5.5.17 注 3 的规定分别增加 25%。

疑点 11.0.7-5：丁、戊类木结构厂房内的疏散楼梯是否要求采用封闭楼梯间？

释义：丁、戊类木结构厂房只允许 1 层，不需要设置疏散楼梯。

疑点 11.0.7-6：丁、戊类木结构厂房内的疏散距离是否与其室内设置自动灭火系统有关？

释义：厂房内的疏散距离与厂房内是否设置自动灭火系统无关，即使厂房内全部设置自动灭火系统，其疏散距离也不允许增大。

11.0.9 管道、电气线路敷设在墙体内或穿过楼板、墙体时，应采取防火保护措施，与墙体、楼板之间的缝隙应采用防火封堵材料填塞密实。

住宅建筑内厨房的明火或高温部位及排油烟管道等，应采用防火隔热措施。

【条文要点】

本条规定了木结构建筑内有关贯穿孔口和缝隙及明火或高温部位的防火要求。

【设计要点】

1. 木结构建筑的墙体一般由可燃或难燃材料构成，输送可燃液体、可燃气体的管道不应敷设在墙体内，其他管道需敷设在墙体或楼板内时，要采取防火隔离措施，避免供热管道或热水管道等长期直接与可燃材料接触；电气线路应穿导管敷设在墙体或楼板内。管道、电气线路穿越楼板、墙体时的孔口和缝隙，应采取相应的防火封堵措施。

2. 位于木结构建筑（包括住宅建筑和其他建筑）内的厨房，其使用明火或具有高温操作的部位以及排油烟管道，均应用导热性能低的不燃材料进行隔热处理，特别是我国的烹饪生活习惯，容易在烹饪过程中出现明火，排油烟道也容易发生局部燃烧现象，要特别注意使这些操作部位与木结构墙体等保持较大的距离，并采用增加耐火石膏板厚度与板的层数等方法与内部的木龙骨及难燃性绝热、隔声材料进行分隔。

3. 有关木结构的详细防火构造要求，还可参见国家标准《木结构设计标准》GB 50005—2017第10.2节的规定。

11.0.10 民用木结构建筑之间及其与其他民用建筑的防火间距不应小于表11.0.10的规定。

民用木结构建筑与厂房（仓库）等建筑的防火间距、木结构厂房（仓库）之间及其与其他民用建筑的防火间距，应符合本规范第3、4章有关四级耐火等级建筑的规定。

表11.0.10 民用木结构建筑之间及其与其他民用建筑的防火间距（m）

建筑耐火等级或类别	一、二级	三级	木结构建筑	四级
木结构建筑	8	9	10	11

注：1 两座木结构建筑之间或木结构建筑与其他民用建筑之间，外墙均无任何门、窗、洞口时，防火间距可为4m；外墙上的门、窗、洞口不正对且开口面积之和不大于外墙面积的10%时，防火间距可按本表的规定减少25%。

2 当相邻建筑外墙有一面为防火墙，或建筑物之间设置防火墙且墙体截断不燃性屋面或高出难燃性、可燃性屋面不低于0.5m时，防火间距不限。

【条文要点】
本条规定了木结构建筑之间以及木结构建筑与其他建筑的防火间距。
【设计要点】
1. 民用木结构建筑（包括木结构组合建筑）之间，民用木结构建筑与其他民用建筑的防火间距，见表F11.2和图11.5；民用木结构建筑（包括木结构组合建筑）与厂房或仓库的防火间距，见表F11.3、表F11.4和图11.5。
2. 民用木结构建筑（包括木结构组合建筑）与可燃液体、可燃气体储罐（区）、可燃材料堆场、液化石油气瓶装供应站的瓶库等的防火间距，应按照《新建规》第4章有关储罐（区）和堆场等与四级耐火等级民用建筑的防火间距要求确定。

表F11.2 民用木结构建筑之间及其与其他民用建筑的防火间距（m）

建筑类别	民用木结构建筑（L_1）	高层民用建筑（L_2）	其他单层或多层民用建筑（L_2）		
			一、二级	三级	四级
民用木结构建筑	10	14	8	9	11

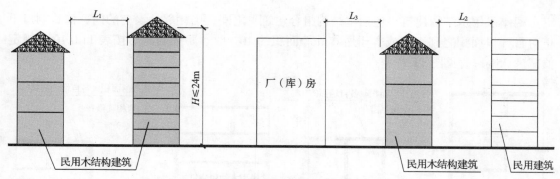

图 11.5 民用木结构建筑的防火间距示意图

注：1. H——建筑高度；L_1、L_2、L_3 为防火间距，见表 F11.2 ～表 F11.4；民用木结构建筑之间的防火间距应自可燃材料檐口或挑廊的外边缘计算。

2. 当厂（库）房和其他建筑雨篷、挑廊和檐口为可燃材料时，防火间距应自可燃材料外边缘计算。

表 F11.3 民用木结构建筑与厂（库）房的防火间距（m）

建筑类别	单、多层甲类厂房和乙类厂（库）房（L_3）	乙类高层厂房（L_3）	丙、丁、戊类厂（库）房（L_3）			
			高层	单层或多层		
			一、二级	一、二级	三级	四级
民用木结构建筑	25	17	14（8）	16（9）	18（11）	

注：表中括号内的数值为民用木结构建筑与戊类厂房的防火间距。

表 F11.4 民用木结构建筑与甲类仓库的防火间距 L_3（m）

建筑类别	甲类储存物品第 3、4 项		甲类储存物品第 1、2、5、6 项	
	储量 ≤ 5t	储量 >5t	储量 ≤ 10t	储量 >10t
民用木结构建筑	30	40	25	30

3. 两座民用木结构建筑（包括木结构组合建筑）之间、民用木结构建筑（包括木结构组合建筑）与其他民用建筑之间，当相邻外墙均无任何开口时，防火间距可为 4m，参见图 11.6。民用木结构建筑与建筑高度大于 100m 的民用建筑的防火间距，仍不应小于 14m。

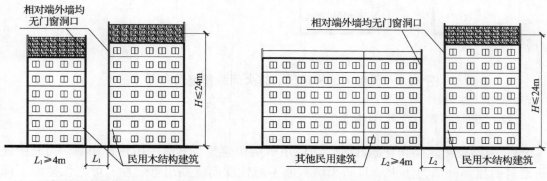

（a）两座民用木结构建筑相邻立面示意图　　（b）民用木结构建筑与其他民用建筑相邻立面示意图

图 11.6 民用木结构建筑的防火间距调整示意图（一）

注：H——建筑高度。

两座民用木结构建筑（包括木结构组合建筑）之间，当相邻外墙上的门、窗、洞口不正对且开口面积之和小于或等于所在外墙面积的10%时，防火间距可按表11.0.10的规定值减少25%，参见图11.7。

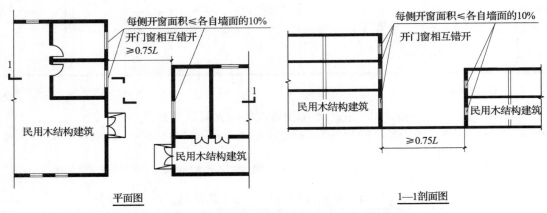

图11.7 民用木结构建筑的防火间距调整示意图（二）

注：1. 高层建筑除外。
    2. L应符合《新建规》表11.0.10的规定。

民用木结构建筑（包括木结构组合建筑）与其他单、多层民用建筑之间，当相邻外墙上的门、窗、洞口不正对且开口面积之和小于或等于所在外墙面积的10%时，防火间距可按表11.0.10的规定减少25%，参见图11.8；与建筑高度大于100m的民用建筑的防火间距，仍不应小于14m。

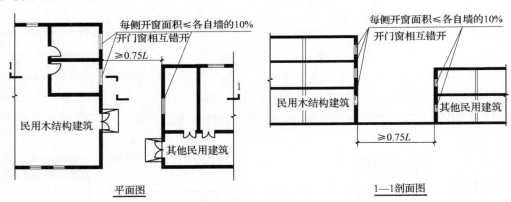

图11.8 民用木结构建筑的防火间距调整示意图（三）

注：1. 高层建筑除外。
    2. L应符合《新建规》表11.0.10的规定。

4. 两座民用木结构建筑相邻，或民用木结构建筑与其他民用建筑相邻，当其中任一建筑的相邻外墙为防火墙且防火墙截断不燃性屋面或高出难燃性、可燃性屋面不低于0.5m时，或在相邻两座建筑之间设置防火墙且防火墙不低于不燃性屋面或高出难燃性、可燃性屋面不低于0.5m时，防火间距不限，参见图11.9。该防火墙上不应开设任何开口。

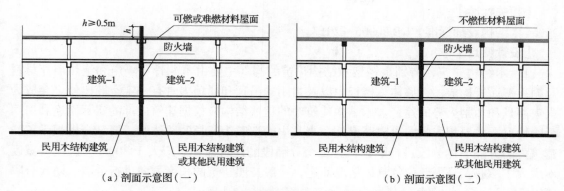

（a）剖面示意图（一）　　　　　　　　　　　（b）剖面示意图（二）

图 11.9　民用木结构建筑防火间距不限示意图

【释疑】

疑点 11.0.10-1：民用木结构建筑与高层民用建筑的防火间距是多少？

释义：民用木结构建筑与高层民用建筑的防火间距不应小于 14m；当符合相应防火间距可减小的条件时，可按规定减小其防火间距，但与建筑高度大于 100m 的建筑的防火间距仍不应小于 14m。

疑点 11.0.10-2：民用木结构建筑与丙、丁、戊类高层厂（库）房的防火间距是多少？

释义：民用木结构建筑与丙、丁、戊类高层厂（库）房的防火间距不应小于 17m；当符合相应防火间距可减小的条件时，可按规定减小其防火间距。

疑点 11.0.10-3：民用木结构建筑与乙类高层厂房的防火间距是多少？

释义：民用木结构建筑与乙类高层厂房的防火间距不应小于 25m。

疑点 11.0.10-4：民用木结构建筑与甲类多层厂房、乙类多层厂（库）房的防火间距是多少？

释义：民用木结构建筑与甲类多层厂房、乙类多层厂（库）房的防火间距分别不应小于 25m。

疑点 11.0.10-5：两座不同建筑高度的民用木结构建筑相邻，且需按表 11.0.10 的注 1 减少防火间距时，对其中较低一座木结构建筑有何要求？

释义：两座不同建筑高度的民用木结构建筑相邻，且需按表 11.0.10 的注 1 减少防火间距时，应控制正对面外墙上的开口面积，且较低一座建筑屋顶的耐火极限与燃烧性能不应低于该建筑外墙的耐火极限和燃烧性能。

11.0.11　木结构墙体、楼板及封闭吊顶或屋顶下的密闭空间内应采取防火分隔措施，且水平分隔长度或宽度均不应大于 20m，建筑面积不应大于 300m²，墙体的竖向分隔高度不应大于 3m。

轻型木结构建筑的每层楼梯梁处应采取防火分隔措施。

【条文要点】

本条规定了木结构建筑中隐蔽空腔的防火分隔要求，以阻止火势和烟气的蔓延。

【相关标准】

《木结构设计标准》GB 50005—2017。

【设计要点】

1. 木结构建筑，特别是轻型木结构建筑的构件主要由木龙骨、隔声和绝热填充材料及耐火覆面板构成，在墙体、楼板内以及封闭的吊顶和屋顶内具有一定空腔，使之会成为火灾蔓延和加剧火势的途径。木结构建筑中的这些结构应根据建筑内部的实际用途和房间分隔情况，采取相应的防火隔断措施。当其中的空腔为通长的腔体时，要结合楼板设置和建筑内的分隔墙体分段进行隔断，且每个分隔段的建筑面积不应大于 300m²，长度或宽度不应大于 20m，分隔部位依具体情况而定，一般按照建筑的长度方向进行分隔。防火分隔可以采用耐火石膏板等。

2. 对于弧型转角吊顶、下沉式吊顶和局部下沉式吊顶，需要在构件的竖向空腔与横向空腔的交汇处采取防火隔断措施。例如：采用墙体的顶梁板、楼板中的端部桁架、端部支撑等进行隔断。对于外墙和内隔墙中的空腔，主要采用墙体的顶梁板和底梁板进行隔断，多见于轻型木结构墙体和木骨架组合墙体的防火分隔。

水平密闭空腔与竖向密闭空腔的连接交汇处、轻型木结构建筑的梁与楼板交接的最后一级踏步处，一般也需要采取类似的防火分隔措施。

3. 详细的结构性防火构造措施，还可见国家标准《木结构设计标准》GB 50005—2017 第 10.2 节的规定。

11.0.12 木结构建筑与钢结构、钢筋混凝土结构或砌体结构等其他结构类型组合建造时，应符合下列规定：

1 竖向组合建造时，木结构部分的层数不应超过 3 层并应设置在建筑的上部，木结构部分与其他结构部分宜采用耐火极限不低于 1.00h 的不燃性楼板分隔。

水平组合建造时，木结构部分与其他结构部分宜采用防火墙分隔。

2 当木结构部分与其他结构部分之间按上款规定进行了防火分隔时，木结构部分和其他部分的防火设计，可分别执行本规范对木结构建筑和其他结构建筑的规定；其他情况，建筑的防火设计应执行本规范有关木结构建筑的规定。

3 室内消防给水应根据建筑的总高度、体积或层数和用途按本规范第 8 章和国家现行有关标准的规定确定，室外消防给水应按本规范有关四级耐火等级建筑的规定确定。

【条文要点】

本条规定了木结构组合建筑的组合方式及其防火分隔要求和其他防火设计原则。

【相关标准】

《木结构设计标准》GB 50005—2017；

《木骨架组合墙体技术标准》GB/T 50361—2018；

《消防给水及消火栓系统技术规范》GB 50974—2014。

【设计要点】

1. 木结构与其他类型结构组合建造的方式有水平组合和竖向组合建造两种。相关组合示意参见图 11.10 和图 11.11。

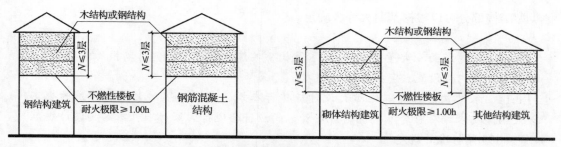

图 11.10　木结构建筑竖向组合建造示意图

注：N—建筑层数。

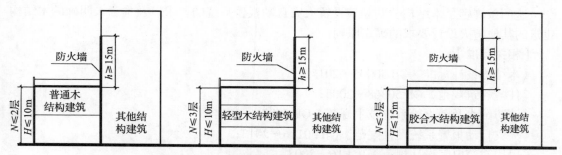

图 11.11　木结构建筑水平组合建造示意图

注：N—建筑层数；H—建筑高度。

2.　对于竖向组合建造的木结构组合建筑，木结构应位于上部，且尽量不采用普通木结构。当不同类型结构之间设置了耐火极限不低于 1.00h 的不燃性楼板分隔后，可以按照规范对各自结构的要求进行防火设计。其中，钢结构、钢筋混凝土结构等结构部分，应先根据其承重构件的耐火时间和燃烧性能确定其对应的耐火等级（一般不低于二级），再根据其用途、层数和建筑面积来确定相应的防火设计要求。当不同类型结构之间楼板的耐火极限和燃烧性能不满足二级耐火等级的相应要求时，整座建筑应按照木结构建筑的要求确定，包括建筑的层数和总建筑高度。

3.　对于水平组合建造的木结构建筑，当在木结构与其他类型结构之间设置防火墙时，可以按照规范对各自结构的要求进行防火设计；当在木结构与其他类型结构之间未设置防火墙时，整座建筑应按照规范对木结构建筑的相关要求进行防火设计。

4.　无论何种组合建造方式，木结构部分的层数和高度均应符合表 11.0.3-1 的规定，建筑的室内外消防给水和消火栓系统的设置应根据整座建筑的体积或规模、建筑高度，按照《新建规》第 8.1 节和第 8.2 节以及国家标准《消防给水及消火栓系统技术规范》GB 50974—2014 的规定确定，不应分开考虑。其中，室外消防给水应将木结构组合建筑整体按照《消防给水及消火栓系统技术规范》GB 50974—2014 有关四级耐火等级建筑的规定确定。

【释疑】

疑点 11.0.12：规范对木结构组合建筑的总建筑高度是否有限制？

释义：木结构与钢结构等其他类型结构组合建造的木结构组合建筑，当为竖向组合时，其总建筑高度不应大于 24m，且木结构部分不应大于 3 层、高度不应大于 10m 或 15m，总层数不应大于 7 层；当为水平组合时，木结构部分应符合表 11.0.3-1 的规定，其他类型结构部分可以根据其耐火等级确定。

11.0.13 总建筑面积大于 1500m² 的木结构公共建筑应设置火灾自动报警系统，木结构住宅建筑内应设置火灾探测与报警装置。

11.0.14 木结构建筑的其他防火设计应执行本规范有关四级耐火等级建筑的规定，防火构造要求除应符合本规范的规定外，尚应符合现行国家标准《木结构设计规范》GB 50005 等标准的规定。

【条文要点】

这两条规定了木结构公共建筑设置火灾自动报警系统的要求以及本章未明确的木结构建筑的其他防火设计要求的确定原则。

【相关标准】

《木结构设计标准》GB 50005—2017；

《住宅建筑规范》GB 50368—2005；

《消防给水及消火栓系统技术规范》GB 50974—2014；

《火灾自动报警系统设计规范》GB 50116—2013；

《民用建筑电气设计规范》JGJ 16—2008。

【设计要点】

1. 木结构公共建筑，不论是纯木结构建筑，还是木结构组合建筑，只要其总建筑面积大于 1500m²，就应设置火灾自动报警系统。此外，设置火灾自动报警系统的木结构建筑公共建筑还要尽量设置电气火灾监控系统。

木结构住宅建筑，不论建筑规模大小，均应设置火灾探测与警报装置，火灾自动报警装置或系统的类型可以根据住宅建筑的形态和规模来确定；对于单独的住宅建筑，可以采用家用独立火灾探测与报警装置；对于有物业管理的多户共用的住宅建筑，应尽量采用集中管理的火灾自动报警系统。住宅建筑中火灾自动报警系统的设置应包括公共区和住宅套内，有关报警系统类型选型，参见国家标准《火灾自动报警系统设计规范》GB 50116—2013 第 7 章。

2. 木结构建筑的耐火等级介于三级与四级之间，除本章已有明确规定的要求外，其他防火设计要求，如消防给水、防烟与排烟、消防配电线路与消防电源、应急照明与疏散指示标志、疏散楼梯、消防水泵房等消防设备房的设置等以及竖井、防火墙和防火隔墙的设置、结构内阻火、连接件防火等防火构造，均应按照《新建规》及其他专项标准有关四级耐火等级相应功能建筑的要求来确定。

12 城市交通隧道

12.1 一 般 规 定

12.1.1 城市交通隧道（以下简称隧道）的防火设计应综合考虑隧道内的交通组成、隧道的用途、自然条件、长度等因素。

12.1.2 单孔和双孔隧道应按其封闭段长度和交通情况分为一、二、三、四类，并应符合表 12.1.2 的规定。

表 12.1.2 单孔和双孔隧道分类

用 途	一类	二类	三类	四类
	隧道封闭段长度 L（m）			
可通行危险化学品等机动车	$L>1500$	$500<L \leqslant 1500$	$L \leqslant 500$	—
仅限通行非危险化学品等机动车	$L>3000$	$1500<L \leqslant 3000$	$500<L \leqslant 1500$	$L \leqslant 500$
仅限人行或通行非机动车	—	—	$L>1500$	$L \leqslant 1500$

【条文要点】

这两条规定了城市交通隧道的防火设计原则和分类标准。

【相关标准】

《火灾分类》GB/T 4968—2008；

《铁路隧道设计规范》TB 10003—2016；

《公路隧道设计规范 第二册 交通工程与附属设施》JTG D 70/2—2014。

【设计要点】

1. 城市交通隧道是在城市规划区内建设的供机动车、非机动车和行人通行的通道。根据城市交通隧道经过的地理条件，主要有位于地下、水下和山体中的城市交通隧道，穿过地面建筑物所形成的相对封闭的道路，也可以参照城市交通隧道考虑其防火要求。

2. 城市交通隧道与公路隧道的主要区别在于，城市交通隧道附近具有较好的市政消防给水、电力和城市消防应急救援力量保障，主要通行小型车辆和公交车，车流量较大。城市交通隧道根据隧道的封闭段长度和交通组成分为一、二、三、四类共 4 类，以此作为确定其防火设防水平的基础。

3. 隧道火灾以通行车辆及其运输物品的火灾、隧道附属用房或隧道设备火灾为主，表现为 A（可燃固体火灾）、B（可燃液体或可熔化固体的火灾）和 E 类火灾（物体带电燃烧的火灾），少部分为 C 类火灾（可燃气体火灾）。

隧道为狭长形相对封闭空间，出入口少，发生火灾后排烟困难、消防救援人员难以进入深处、受困人员和车辆疏散难度大，城市交通隧道的防火设计应根据隧道内通行车辆运输物品的火灾危险性和通行车辆类型、隧道的封闭段长度、隧道的外部自然条件和位置等因素综合考虑，重点在于合理确定隧道结构的耐火性能、隧道火灾的有效排烟、火灾后人员和车辆的疏散以及火灾的控制方法与措施。此外，对于火灾危险性大，发生火灾难以扑救或对城市交通影响大、受火灾破坏后难以修复的隧道，还应在规范要求的基础上适当提高设防水平。

【释疑】

疑点 12.1.1-1：本章（第 12 章）规定的隧道防火设计，是否包括铁路、地铁隧道的防火设计？

释义：本章规定不适用于地铁隧道和铁路隧道。地铁隧道的防火设计应符合国家标准《地铁设计防火标准》GB 51298—2018 的规定；铁路隧道的防火设计应符合国家铁路行业标准《铁路隧道设计规范》TB 10003—2016 的规定。

疑点 12.1.1-2：火灾分类共有几类，如何区别？

释义：根据国家标准《火灾分类》GB/T 4968—2008 的规定，火灾类型共分 6 类，各类火灾及其燃烧特征见表 F12.1。

表 F12.1　火灾分类及其燃烧特征

火灾分类	A	B	C	D	E	F
火灾燃烧特征	固体物质燃烧	液体或可熔化的固体燃烧	可燃气体燃烧	金属物质燃烧	物体带电燃烧	烹饪器具内的油脂等烹饪物燃烧

12.1.3　隧道承重结构体的耐火极限应符合下列规定：

1　一、二类隧道和通行机动车的三类隧道，其承重结构体耐火极限的测定应符合本规范附录 C 的规定；对于一、二类隧道，火灾升温曲线应采用本规范附录 C 第 C.0.1 条规定的 RABT 标准升温曲线，耐火极限分别不应低于 2.00h 和 1.50h；对于通行机动车的三类隧道，火灾升温曲线应采用本规范附录 C 第 C.0.1 条规定的 HC 标准升温曲线，耐火极限不应低于 2.00h。

2　其他类别隧道承重结构体耐火极限的测定应符合现行国家标准《建筑构件耐火试验方法　第 1 部分：通用要求》GB/T 9978.1 的规定；对于三类隧道，耐火极限不应低于 2.00h；对于四类隧道，耐火极限不限。

【条文要点】

本条规定了不同类型城市交通隧道承重结构体的基本耐火性能。

【相关标准】

《建筑构件耐火试验　可供选择和附加的试验程序》GB/T 26784—2011；

《建筑构件耐火试验方法　第 1 部分：通用要求》GB/T 9978.1—2008。

【设计要点】

1. 国家标准《建筑构件耐火试验方法　第 1 部分：通用要求》GB/T 9978.1 主要用于模拟工业与民用建筑中以纤维类物质为主的常见可燃物火灾，与隧道内可能存在的可燃液体、气体火灾有一定区别。对于可通行化学危险品车辆的一、二、三类隧道，不仅可能发生可燃液体、气体火灾，而且车辆可能运输的化学危险品数量大，导致可能发生的火灾规模巨大且热释放速率高；通行其他类型机动车的隧道大多为小型车辆和公交车辆，也存在可燃液体或气体火灾，但当前以可燃液体火灾为主，其火灾规模相对较小。这些火灾与纤维类物质火灾的主要区别在于火灾温度高、火灾初期的热冲击作用强，需要采用更严酷的模拟火灾升温环境来考察这两类隧道的承重结构体的耐火性能。目前，主要为德国提出的 RABT 标准升温曲线和法国提出的改进型 HC 标准升温曲线，其中，一、二类隧道应按照 RABT 标准升温曲线进行测定其耐火性能。对于允许通行化学危险品车辆的一、二类水底隧道，还应考虑采用荷兰提出的 RWS 标准升温曲线进行测定其承重结构体的耐火性能；对于封闭段较短的这类隧道，严格地，也应采用 RABT 标准升温曲线测定，但根据城市区域具有较强的灭火救援力量且封闭段短的隧道发生火灾后扑救相对容易的条件，可以采用 HC 标准升温曲线；对于通行非机动车和行人的隧道，其火灾与一般工业与民用建筑的火灾没有区别，可以直接采用国家标准《建筑构件耐火试验方法　第 1 部分：通用要求》GB/T 9978.1—2008 规定的常规标准火灾升温曲线测试其承重结构体的耐火性能。

2. 国家标准《建筑构件耐火试验　可供选择和附加的试验程序》GB/T 26784—2011 规定了 HC 升温曲线和隧道 RABT–ZTV 升温曲线，但目前还未发布有关隧道结构体耐火性能测试的标准。因此，有关隧道承重结构体的耐火极限还应按下述方法确定：

（1）采用 RABT 标准升温曲线测试时，隧道承重结构体的耐火极限应为：从隧道结构体表面受火开始至距离结构体混凝土底表面 25mm 处钢筋的温度超过 300℃时的时间，或者从隧道结构体表面受火开始至结构体混凝土表面的温度超过 380℃时的时间。

（2）采用 HC 标准升温曲线测试时，隧道承重结构体的耐火极限应为：从隧道结构体表面受火开始至距离结构体混凝土底表面 25mm 处钢筋的温度超过 250℃时的时间，或者从隧道结构体表面受火开始至结构体混凝土表面的温度超过 380℃时的时间。

（3）采用《建筑构件耐火试验方法　第 1 部分：通用要求》GB/T 9978.1—2008 规定的标准升温曲线测试时，隧道承重结构体的耐火极限应为从隧道结构体表面受火开始至其失去承载力或变形超过规定允许变形时的时间。

3. 尽管一类隧道承重结构体的耐火极限要求与三类隧道承重结构体的耐火极限要求一样，均为不应低于 2.00h，但是前者耐火测试所用标准升温条件与后者不同，且交通组成不同的三类隧道之间，其承重结构体耐火试验所用标准升温条件也不相同。

4. 对于四类隧道承重结构体的耐火极限，由于结构体本身的构造已经具备足够高的耐火极限，只要其能满足隧道结构本身的受力要求就能满足此类场所的基本耐火要求，在外部救援力量展开灭火救援前及救援过程中不发生影响结构安全的破坏。

12.1.4　隧道内的地下设备用房、风井和消防救援出入口的耐火等级应为一级，地面的重要设备用房、运营管理中心及其他地面附属用房的耐火等级不应低于二级。

12.1.5　除嵌缝材料外，隧道的内部装修应采用不燃材料。

【条文要点】

这两条规定了隧道附属设备用房、风井等的最低耐火等级及隧道内部装修材料的燃烧性能要求。

【设计要点】

1. 隧道的附属设备用房对保障隧道正常运行和在火灾时及时引导人员与车辆进行疏散，保障消防给水与灭火系统、排烟风机等正常动作和发挥效能起着重要的作用。所有设置在隧道内的设备用房以及隧道风机、消防救援出入口，均应按照地下建筑的耐火要求，按照一级耐火等级进行设计；设置在隧道外的设备用房、控制室、值班室等，应按照一级或二级耐火等级进行设计。

2. 隧道内结构体表面的衬砌或装修，人行疏散通道或人行横通道、车行横通道、避难间以及设备用房等的墙面、地面和顶棚等，所有内部装修材料均应采用 A 级材料。隧道内的结构嵌缝材料的燃烧性能可不要求。

12.1.6 通行机动车的双孔隧道，其车行横通道或车行疏散通道的设置应符合下列规定：

1 水底隧道宜设置车行横通道或车行疏散通道。车行横通道的间隔和隧道通向车行疏散通道入口的间隔宜为 1000m ~ 1500m。

2 非水底隧道应设置车行横通道或车行疏散通道。车行横通道的间隔和隧道通向车行疏散通道入口的间隔不宜大于 1000m。

3 车行横通道应沿垂直隧道长度方向布置，并应通向相邻隧道；车行疏散通道应沿隧道长度方向布置在双孔中间，并应直通隧道外。

4 车行横通道和车行疏散通道的净宽度不应小于 4.0m，净高度不应小于 4.5m。

5 隧道与车行横通道或车行疏散通道的连通处，应采取防火分隔措施。

12.1.7 双孔隧道应设置人行横通道或人行疏散通道，并应符合下列规定：

1 人行横通道的间隔和隧道通向人行疏散通道入口的间隔，宜为 250m ~ 300m。

2 人行疏散横通道应沿垂直双孔隧道长度方向布置，并应通向相邻隧道。人行疏散通道应沿隧道长度方向布置在双孔中间，并应直通隧道外。

3 人行横通道可利用车行横通道。

4 人行横通道或人行疏散通道的净宽度不应小于 1.2m，净高度不应小于 2.1m。

5 隧道与人行横通道或人行疏散通道的连通处，应采取防火分隔措施，门应采用乙级防火门。

12.1.8 单孔隧道宜设置直通室外的人员疏散出口或独立避难所等避难设施。

【条文要点】

这三条规定了不同断面隧道的车行和人行疏散通道或疏散口设置的基本要求。

【设计要点】

1. 通行机动车的隧道应设置人行疏散出口、疏散通道或避难间；通行机动车的双孔隧道应设置可以到达相邻隧道的车行疏散通道。疏散通道或出口等的设置应结合隧道的封闭段长度、交通组成、断面形式和隧道构筑方式等综合确定。

2. 对于通行机动车的双孔隧道，应沿垂直隧道长度方向设置车行横通道和人行横通道，其间隔视隧道的构筑方式及通行车辆的火灾危险性而定。对于明挖或矿山法施工的隧道、盾构隧道，要尽量短；对沉管隧道，不应大于规范规定值，并在保证隧道安全的情况下尽可能短。有条件的隧道，可以在隧道路面下或双孔隧道之间设置专用人行疏散通道，进入人行疏散通道的入口间隔应按照不大于 300m 确定。

3. 对于单孔隧道，人员安全疏散可利用平行导坑、竖井、斜井等直通隧道外地面；对于难以设置疏散口的单孔长隧道，应比照疏散口的设置间距设置避难间，避难间的使用面积宜按每人不小于 $0.3m^2$ 确定，人数可以根据交通车辆组成和流量综合分析确定。

4. 对于车行横通道的防火分隔一般采用防火卷帘，人行横通道或人行疏散通道的入口应采用甲级防火门。对于设置在路面下的人行疏散通道入口，应设置在车行道外侧，并采用可自动和手动开启的盖板。

水底隧道中的车行（人行）横通道、车行（人行）疏散通道平面、剖面布置，参见图 12.1；非水底隧道中的车行（人行）横通道、车行（人行）疏散通道平面、剖面布置，参见图 12.2；隧道与车行（人行）横通道或车行（人行）疏散通道的连通处的防火分隔措施，参见图 12.3。

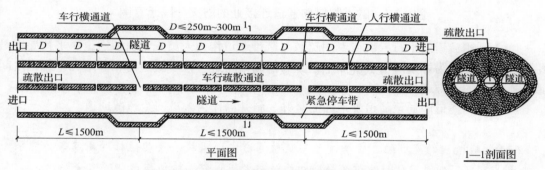

图 12.1 水底隧道平面、剖面布置示意图

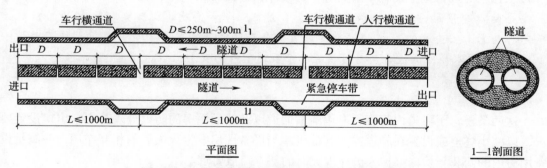

图 12.2 非水底隧道平面、剖面布置示意图

【释疑】

疑点 12.1.8：单孔、双孔隧道的人员安全疏散通道有几种方式？

释义：隧道内人员安全疏散通道一般有三种：

（1）设置在双孔隧道内、间隔不大于 300m 并可到达相邻隧道的人行横向通道，为隧道内相邻两孔车行道的互为人员安全疏散通道。

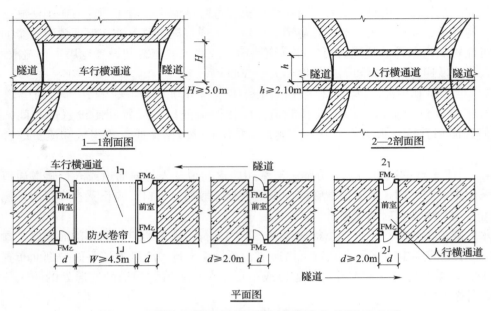

图 12.3　隧道与横向通道连接处的防火分隔示意图

（2）利用隧道的平行导坑或专用疏散与避难通道作为人员安全疏散通道。平行导坑是沿隧道长度方向为修筑隧道在断面上最先开挖的小坑道，位于隧道内相邻两孔车行道之间或单孔隧道的下方或侧边。

（3）利用隧道内通至隧道外地面的竖井、斜井等作为人员安全疏散通道。

12.1.9　隧道内的变电站、管廊、专用疏散通道、通风机房及其他辅助用房等，应采取耐火极限不低于 2.00h 的防火隔墙和乙级防火门等分隔措施与车行隧道分隔。

12.1.10　隧道内地下设备用房的每个防火分区的最大允许建筑面积不应大于 1500m²，每个防火分区的安全出口数量不应少于 2 个，与车道或其他防火分区相通的出口可作为第二安全出口，但必须至少设置 1 个直通室外的安全出口；建筑面积不大于 500m² 且无人值守的设备用房可设置 1 个直通室外的安全出口。

【条文要点】

这两条规定了隧道内管廊、专用疏散通道以及辅助用房的防火分隔与安全出口设置要求，以减小隧道或设置在隧道内的其他设施与设备用房发生火灾后的相互作用，并满足设备用房内的安装与检修维护人员在火灾时的基本疏散要求。

【设计要点】

1. 隧道内的变电站一般不应采用油浸变压装置或充油开关；要尽量避免其他管道、电线电缆或管廊进入车行隧道或在车行隧道内沿隧道敷设，不应在车行隧道内敷设输送可燃液体、可燃气体等具有火灾爆炸危险性物质的管道。与城市交通隧道相邻布置的管廊，应采用耐火极限不低于 2.00h 的结构与隧道进行分隔；在车行隧道下部布置的管廊，应视管廊内敷设的管线的火灾危险性大小，采用相应耐火极限的结构与上部车行隧道分隔，其耐火极限一般不应低于 2.00h。

2. 设置在隧道内的变电站等设备用房以及人行疏散通道，应采用耐火极限不低于 2.00h 的结构体与车行隧道分隔；变电站、附属设备用房相互之间应采用耐火极限不低于 2.00h 的防火隔墙进行分隔，变电站、附属设备用房与车行隧道相通的门应为甲级或乙级防火门。

3. 隧道外的地上设备用房和位于隧道内的设备用房均应独立划分防火分区。地上设备用房可以比照相应类别的地上建筑划分防火分区和设置安全出口及疏散门。

位于隧道内的设备用房，无论位于地下还是地上，也无论是否设置自动灭火系统，均应按照一个防火分区的最大允许建筑面积不大于 1500m² 划分防火分区。每个防火分区的安全出口不应少于 2 个；当一个防火分区具有至少 1 个直通室外或隧道外的安全出口时，其他安全出口可以利用通向车行隧道或其他设备用房的疏散口作为安全出口。对于建筑面积小于 500m² 且无人值守的设备用房，应设置 1 个直通室外的安全出口；当该设备用房邻近隧道的人行疏散通道入口（不应大于 15m）时，可以利用该入口作为安全出口。

【释疑】

疑点 12.1.10-1：对于封闭段长度较长的一、二、三类隧道，隧道中的地下设备用房每个防火分区需设置 1 个直通室外（隧道外）的安全出口十分困难，怎么办？

释义：对于封闭段长度较长的隧道，当设备用房每个防火分区不能设置至少 1 个直通室外或隧道外地面的安全出口时，应调整设备用房的布置位置，或者通过避难走道、隧道内的专用人行疏散通道通至隧道外。

疑点 12.1.10-2：隧道中设置的避难走道或人行疏散通道是否有长度要求？

释义：规范对在隧道中设置的避难走道或人行疏散通道，无明确的长度要求。对于避难走道，任一防火分区通向避难走道的入口与隧道任一直通室外地面的出口的长度不应大于 60m；否则，应采取在避难走道超过该疏散距离的位置利用甲级或乙级防火门将避难走道分隔成若干段，并加强相应的防烟措施。

疑点 12.1.10-3：当隧道中的地下设备用房内全部设置自动灭火系统时，其防火分区的最大允许建筑面积是否可以增加？

释义：当隧道中的地下设备用房内全部设置自动灭火系统时，其防火分区的最大允许建筑面积不应增加，即仍不应大于 1500m²。

12.2　消防给水和灭火设施

12.2.1　在进行城市交通的规划和设计时，应同时设计消防给水系统。四类隧道和行人或通行非机动车辆的三类隧道，可不设置消防给水系统。

12.2.2　消防给水系统的设置应符合下列规定：

1　消防水源和供水管网应符合国家现行有关标准的规定。

2　消防用水量应按隧道的火灾延续时间和隧道全线同一时间发生一次火灾计算确定。一、二类隧道的火灾延续时间不应小于 3.0h；三类隧道，不应小于 2.0h。

3　隧道内的消防用水量应按同时开启所有灭火设施的用水量之和计算。

4 隧道内宜设置独立的消防给水系统。严寒和寒冷地区的消防给水管道及室外消火栓应采取防冻措施；当采用干式给水系统时，应在管网的最高部位设置自动排气阀，管道的充水时间不宜大于 90s。

5 隧道内的消火栓用水量不应小于 20L/s，隧道外的消火栓用水量不应小于 30L/s。对于长度小于 1000m 的三类隧道，隧道内、外的消火栓用水量可分别为 10L/s 和 20L/s。

6 管道内的消防供水压力应保证用水量达到最大时，最不利点处的水枪充实水柱不小于 10.0m。消火栓栓口处的出水压力大于 0.5MPa 时，应设置减压设施。

7 在隧道出入口处应设置消防水泵接合器和室外消火栓。

8 隧道内消火栓的间距不应大于 50m，消火栓的栓口距地面高度宜为 1.1m。

9 设置消防水泵供水设施的隧道，应在消火栓箱内设置消防水泵启动按钮。

10 应在隧道单侧设置室内消火栓箱，消火栓箱内应配置 1 支喷嘴口径 19mm 的水枪、1 盘长 25m、直径 65mm 的水带，并宜配置消防软管卷盘。

12.2.3 隧道内应设置排水设施。排水设施应考虑排除渗水、雨水、隧道清洗等水量和灭火时的消防用水量，并应采取防止事故时可燃液体或有害液体沿隧道漫流的措施。

12.2.4 隧道内应设置 ABC 类灭火器，并应符合下列规定：

1 通行机动车的一、二类隧道和通行机动车并设置 3 条及以上车道的三类隧道，在隧道两侧均应设置灭火器，每个设置点不应少于 4 具；

2 其他隧道，可在隧道一侧设置灭火器，每个设置点不应少于 2 具；

3 灭火器设置点的间距不应大于 100m。

【条文要点】

这几条规定了各类隧道的消防给水和灭火设施、器材的基本设置要求。

【相关标准】

《消防给水及消火栓系统技术规范》GB 50974—2014；

《建筑灭火器配置设计规范》GB 50140—2005；

《建筑给水排水设计规范》GB 50015—2009；

《城镇给水排水技术规范》GB 50788—2012。

【设计要点】

1. 城市交通隧道位于城市规划区内，具备利用市政给水系统作为消防水源的条件。在进行城市交通隧道的规划和设计时，应同时为隧道规划或设计相应的消防给水系统，并根据隧道的类别及其附属设备用房的布置情况，在隧道内、外设置相应的消火栓系统。对于封闭段较短或不通行机动车辆的隧道，可以利用隧道外的市政消火栓系统进行保护，而不需要再设置专门的消防给水系统。消防给水系统由消防水源、供水管网、消火栓和消防水泵接合器等组成；对于利用消防水池等作水源时，还需设置消防水泵。

隧道内的消防给水系统一般应采用平时充水的湿式系统，但处于严寒和寒冷地区的隧道，应采取相应的防冻措施以防止隧道内的消防给水管道被冻，或者在隧道内采用干式给水系统，但应在给水管网上设置相应的快速排气充水装置，以保证能够满足灭火救援时的用水需要。

2. 隧道消防给水系统的用水量应根据隧道内外消火栓系统的用水量、隧道内设置的自动水灭火系统或泡沫灭火系统的用水量来确定。其中，细水雾灭火系统的用水量可以不计入消防给水系统的用水量；在考虑消防给水系统的总用水量时，可以不考虑隧道与附属设备用房同时着火的情况，且大多数附属设备用房的消防用水量较小，因此可以不计算隧道内附属设备用房的消防用水量。对于市政给水系统不能满足隧道消防用水需要的隧道，应设置消防水池等消防水源及相应的消防水泵、消防水泵房，在消火栓箱内设置可以联动启动消防水泵的手动启动按钮。

3. 消防水源和供水管网应符合国家标准《消防给水及消火栓系统技术规范》GB 50974—2014 的规定，隧道内的消火栓应符合室内消火栓的设置要求，隧道外的消火栓应符合室外消火栓的设置要求。隧道内灭火设施的设置要求，见表 F12.2。

表 F12.2　隧道内灭火设施的设置要求

隧 道 类 别		一类	二类	三类	四类	备注
同一时间的火灾次数		1 次	1 次	1 次	—	
消防给水系统		宜独立	宜独立	宜独立	—	
设计火灾延续时间		≥ 3.00h	≥ 3.00h	≥ 2.00h	—	
灭火器	设置点	双侧设	双侧设	双侧设	单侧设	见本表注 1
	数量 / 点	4 具 / 点	4 具 / 点	4 具 / 点	2 具 / 点	
	设置间距	ABC 类灭火器，设置点的间距 ≤ 100m				
消火栓	隧道内的设置间距	≤ 50m			—	栓口距地面宜为 1.1m
	隧道内用水量	≥ 20L/s			—	见本表注 2
	隧道外用水量	≥ 30L/s				
消防用水量		需要同时开启的所有灭火设施的用水量之和				
供水管道内的压力		最不利点处水枪充实水柱不应小于 10m，消火栓栓口处的压力应不应大于 0.5MPa			—	
隧道出入口		应设置消防水泵接合器和室外消火栓				

注：1. 通行机动车并设置 2 条及以下车道的三类隧道，可在隧道单侧设置灭火器，每个设置点不应少于 2 具。

　　2. 封闭段长度小于 1000m 的三类隧道，其隧道内、外消火栓的用水量可以分别减小 10L/s，且分别不应小于 10L/s 和 20L/s。

4. 对于隧道内的消火栓系统设置，当为单洞单向通行的隧道时，可以在隧道的单侧布置；当为单洞双向通行的隧道时，要尽量在双侧间隔布置。对于隧道外的消火栓，应设置在隧道出入口外便于消防车安全取水的位置，消防水泵接合器应设置在隧道出入口外便于消防车连接并向隧道内加压送水的位置。考虑到隧道火灾应急救援时到场车辆较多的情况，在设置室外消火栓和消防水泵接合器的位置附近应具备较开阔的场地，供消防车停靠。

5. 对于隧道内的灭火器设置，应根据机动车可能发生 A、B、C 类火灾的情况，应配备可扑救 A、B、C 类火灾的灭火器，至于灭火剂的类型（如干粉、水系等），则可以根据隧道内的温湿度等环境条件来确定。灭火器的配置要求，除本条规定外，其他要求应按照国家标准《建筑灭火器配置设计规范》GB 50140—2005 的要求确定，例如每具灭火器的最小灭火级别、灭火器固定位置距离地面的高度、灭火器的防护要求等。

6. 隧道内应设置相应的排水设施。排水设施的排水能力应考虑渗水、雨水、隧道清洗等水量和灭火时产生的消防废水量，特别是要防止灭火时的消防废水与车辆产生的可燃液体混合的废水漫流或进入隧道下的人行疏散通道、电缆沟等低凹处。隧道内的排水应采用独立的排水系统和相应的废水收集井与排水泵等。

7. 四类隧道和行人或通行非机动车辆的三类隧道内的消防给水系统设置，可以根据隧道的位置以及周围市政供水系统、市政消火栓系统设置等实际情况确定，没有规定性要求。

【释疑】

疑点 12.2.2： 规范不要求在四类城市交通隧道和行人或通行非机动车辆的三类城市交通隧道内设置消防给水系统，但在隧道出入口处是否要设置消防水泵接合器和室外消火栓？

释义： 不设置消防给水系统以及消火栓系统或自动灭火系统的城市交通隧道，在隧道的出入口处设置消防水泵接合器没有作用，因此不需要设置消防水泵接合器，但一般应在隧道外设置室外消火栓，也可以直接利用隧道出入口外附近的市政消火栓。

12.3 通风和排烟系统

12.3.1 通行机动车的一、二、三类隧道应设置排烟设施。

12.3.2 隧道内机械排烟系统的设置应符合下列规定：

1 长度大于 3000m 的隧道，宜采用纵向分段排烟方式或重点排烟方式；

2 长度不大于 3000m 的单洞单向交通隧道，宜采用纵向排烟方式；

3 单洞双向交通隧道，宜采用重点排烟方式。

12.3.3 机械排烟系统与隧道的通风系统宜分开设置。合用时，合用的通风系统应具备在火灾时快速转换的功能，并应符合机械排烟系统的要求。

12.3.4 隧道内设置的机械排烟系统应符合下列规定：

1 采用全横向和半横向通风方式时，可通过排风管道排烟。

2 采用纵向排烟方式时，应能迅速组织气流、有效排烟，其排烟风速应根据隧道内的最不利火灾规模确定，且纵向气流的速度不应小于 2m/s，并应大于临界风速。

3 排烟风机和烟气流经的风阀、消声器、软接等辅助设备，应能承受设计的隧道火灾烟气排放温度，并应能在 250℃下连续正常运行不小于 1.0h。排烟管道的耐火极限不应低于 1.00h。

【条文要点】

这几条规定了各类隧道排烟系统的设置要求及其基本性能。

【相关标准】

《建筑防烟排烟系统技术标准》GB 51251—2017。

【设计要点】

1. 交通隧道由于出入口有限且隧道内部狭长，发生火灾后的燃烧热和高温烟气将对隧道内的被困人员以及救援人员的人身安全产生很大的威胁，同时也会对隧道的结构安全产生大的影响。因此，隧道内的排烟是隧道设计的重点。

规范要求通行机动车的一、二、三类隧道应设置排烟设施，主要为机械排烟设施；四类隧道、人行和通行非机动车的三类隧道可以利用隧道内的通风设施进行排烟。对于封闭段较短（一般不大于100m）的机动车通行隧道，当本身的自然通风与排烟条件能够满足火灾排烟要求时，可以不设置排烟设施。

2. 城市交通隧道排烟可以采用自然排烟和机械排烟两种方式进行。自然排烟是利用隧道的洞口或在隧道沿途顶部开设通风井口，利用热烟气的自身浮力进行排烟，机械排烟方式是利用机械力强制进行排烟。

隧道内的排烟方式应根据隧道类型及其长度、人员的疏散方式、交通组成、隧道的坡度、隧道正常工况的通风方式等，以在火源附近形成一定的临界风速，或将烟气控制在火源附近的较小范围内为目标综合进行确定。对于长度大于3000m并通行机动车的隧道，机械排烟系统宜采用纵向分段排烟方式或重点排烟方式；对于长度不大于3000m通行机动车的单洞单向交通隧道，机械排烟系统宜采用纵向排烟方式；对于单洞双向通行机动车的交通隧道，机械排烟系统宜采用重点排烟方式。

3. 隧道内兼作火灾时排烟的正常通风系统，不仅应能在火灾时快速转换为排烟模式，而且其设备和管道均应具备机械排烟系统的相应耐高温性能、风机应能在250℃下持续运行1.0h、相应的电源符合隧道消防电源的要求、风机及排烟量能够满足在隧道纵向火灾附近形成设计临界风速的要求等。

【释疑】

疑点12.3.1-1： 隧道内的机械排烟有几种方式？

释义： 隧道内的机械排烟有纵向排烟、全横向排烟、半横向排烟和重点排烟4种方式。

1. 纵向排烟。纵向排烟是利用射流风机等设备直接压迫烟气沿隧道纵向（一般顺车行方向）流动并排出至隧道外。这种排烟方式是交通隧道机械排烟的主要方式，适用于单向通行的隧道。

2. 全横向排烟。全横向排烟是在隧道上部沿隧道纵向设置送风管道、送风口、排烟管道和排烟口，通过排烟管道将烟气排出至隧道外。

3. 半横向排烟。半横向排烟是沿隧道纵向在隧道上部设置排烟管道和排烟口，利用管道将烟气排出隧道，排烟时由隧道两端沿纵向自然补风。

4. 重点排烟。重点排烟是横向排烟的一种特殊情况，这种排烟方式在火灾时只开启火源附近的排烟口进行局部排烟，排烟时在火源两边的沿隧道纵向自然补风并形成一定风速，使烟气不致扩散。

无论采用何种机械排烟方式，均应考虑隧道内可能出现的最不利火灾场景，确定合理的设计火灾，并确定合适的排烟量。采用横向排烟方式时，应能有效控制火灾烟气的蔓延范围；采用纵向排烟方式时，应能在隧道内沿纵向形成大于临界风速的风速。

疑点 12.3.1-2： 什么叫临界风速？它有什么作用？

释义： 临界风速是能够阻止隧道内的火灾烟气发生逆排烟方向流动的最小风速，一般为能阻止火灾烟气沿车行方向反向流动的最小风速。临界风速主要用于控制火灾烟气不能向人员疏散方向流动。

12.3.5 隧道的避难设施内应设置独立的机械加压送风系统，其送风的余压值应为 30Pa ～ 50Pa。

12.3.6 隧道内用于火灾排烟的射流风机，应至少备用一组。

【条文要点】

这两条规定了隧道内的防烟要求和排烟风机的设置要求。

【设计要点】

1. 隧道内的避难设施主要有：在单孔交通隧道内设置的避难间、在隧道设备区内设置的避难间、隧道或设备区内设置的避难走道。这些人员避难区内应具有能防止隧道火灾或设备区火灾及其烟气进入的性能，一般采用设置防火分隔和加压送风防烟的措施。

避难区内的防烟系统应具备较高的可靠性，加压送风系统应独立，不应与设备区或隧道内的送风系统合用，加压送风区内的余压值既要能防止外部烟气侵入，也要便于人员开启疏散门。因此，需在设计中根据避难设施所在位置及上述要求对余压值进行校核。

2. 采用纵向排烟方式进行排烟的隧道，应在隧道上部同时安装备用射流风机，确保隧道发生火灾后能及时排烟。

12.4　火灾自动报警系统

12.4.1 隧道入口外 100m ～ 150m 处，应设置隧道内发生火灾时能提示车辆禁入隧道的警报信号装置。

12.4.2 一、二类隧道应设置火灾自动报警系统，通行机动车的三类隧道宜设置火灾自动报警系统。火灾自动报警系统的设置应符合下列规定：

　　1 应设置火灾自动探测装置；

　　2 隧道出入口和隧道内每隔 100m ～ 150m 处，应设置报警电话和报警按钮；

　　3 应设置火灾应急广播或应每隔 100m ～ 150m 处设置发光警报装置。

12.4.3 隧道用电缆通道和主要设备用房内应设置火灾自动报警系统。

12.4.4 对于可能产生屏蔽的隧道，应设置无线通信等保证灭火时通信联络畅通的设施。

12.4.5 封闭段长度超过 1000m 的隧道宜设置消防控制室，消防控制室的建筑防火要求应符合本规范第 8.1.7 条和第 8.1.8 条的规定。

隧道内火灾自动报警系统的设计应符合现行国家标准《火灾自动报警系统设计规范》GB 50116 的规定。

【条文要点】

这几条规定了各类隧道的火灾报警系统或装置、消防通信的基本设置要求。

【相关标准】

《火灾自动报警系统设计规范》GB 50116—2013。

【设计要点】

城市交通隧道的火灾自动报警系统主要包括火灾探测装置、火灾报警控制器、联动控制装置、报警电话、报警按钮以及声光警报器和警示装置等。在隧道车行空间内的声警报装置可以与应急广播合用，但在隧道内的设备区仍应同时设置声、光警报装置。报警电话、报警按钮一般可以结合隧道和设备区内的消火栓箱或灭火器设置点来设置；声光警报装置一般结合人员和车辆的疏散出口设置；警示装置的设置应根据隧道的长度、断面尺寸等情况和便于驾驶员快速、准确识别的需要来设置，并且还应在隧道入口处附近设置，为后方来车提供警示和足够的时间进行制动和处理。火灾探测装置和报警控制器等的设置应符合现行国家标准《火灾自动报警系统设计规范》GB 50116—2013 的规定。隧道内外火灾自动报警系统的设置要求，见表 F12.3。

对于可能屏蔽外部无线通信信号的隧道或无法与外部进行正常无线通信联络的隧道，应设置无线通信信号引入装置，使之能实现消防无线通信信号在隧道内（包括隧道内的设备区）的全覆盖，确保灭火救援时隧道内外的消防通信联络畅通。

表 F12.3　隧道内外火灾自动报警系统的设置要求

隧 道 类 别	一类	二类	通行机动车的三类	备注
火灾自动报警系统	应设置		宜设置	
火灾探测器	线型光纤感温火灾探测器等			
报警电话	隧道内的设置间距 100m ~ 150m			见表注 1
报警按钮				
光警报装置				
消防应急广播	间距根据隧道内的声强测定结果确定			见本表注 2
消防控制室	长度 >1000m 的隧道应设置			见本表注 3
火灾警示装置	在距隧道入口 100m ~ 150m 处设置			见本表注 4
隧道用电缆通道	火灾自动报警系统			见本表注 4
隧道用主要设备间	火灾自动报警系统			

注：1. 消防应急广播与发光警报装置在隧道内可以不同时设置。

　　2. 消防控制室的建筑防火应符合《新建规》第 8.1.7 条和第 8.1.8 条的规定。

　　3. 一、二、三、四类隧道的入口处均应设置隧道火灾时人员和车辆禁入的警示装置。

　　4. 一、二、三、四类隧道中的隧道用电缆通道和设备用房均应设置火灾自动报警系统，有关火灾探测器、警报装置和火灾报警按钮等的选择与设置要求应符合《火灾自动报警系统设计规范》GB 50116—2013。

【释疑】

疑点 12.4.2：隧道内可选用什么类型的火灾探测器？

释义：需要设置火灾自动报警系统的城市交通隧道主要为通行机动车的隧道，人行隧道和通行非机动车的交通隧道可以不设置火灾自动报警系统。隧道内的火灾表现以热和烟为主，火灾探测器可以选用感烟、感温和红外探测器，但由于隧道内的环境条件和一般房屋建筑有较大差异，如火灾探测器选型不合适，容易发生误报，并增加维护工作量，比较适合的火灾探测器为线型光纤感温火灾探测器、图像火灾探测器。

12.5 供电及其他

12.5.1 一、二类隧道的消防用电应按一级负荷要求供电；三类隧道的消防用电应按二级负荷要求供电。

12.5.2 隧道的消防电源及其供电、配电线路等的其他要求应符合本规范第 10.1 节的规定。

【条文要点】

这两条规定了不同类别城市交通隧道消防供配电的基本要求。

【相关标准】

《供配电系统设计规范》GB 50052—2009。

【设计要点】

1. 隧道的消防用电负荷等级的划分和电源要求，应符合国家标准《供配电系统设计规范》GB 50052—2009 的规定。

2. 隧道的消防用电负荷要求包括其附属设备用房的消防用电负荷，即附属设备用房的消防用电负荷应与隧道的消防用电负荷要求相同。隧道及其附属用房的消防配电线路要尽量采用燃烧性能不低于 B_1 级的耐火电缆。由于一、二类隧道内的火灾较一般房间建筑要严酷，因此其消防配电线路应选用耐火等级较高的线缆，其敷设应采取更可靠的防火保护措施，确保在隧道发生火灾后消防用电供电的可靠性。例如，采用暗埋方式并增加保护层的厚度；采用专门的耐火线槽等电缆通道敷设。

12.5.3 隧道两侧、人行横通道和人行疏散通道上应设置疏散照明和疏散指示标志，其设置高度不宜大于 1.5m。

一、二类隧道内疏散照明和疏散指示标志的连续供电时间不应小于 1.5h；其他隧道，不应小于 1.0h。其他要求可按本规范第 10 章的规定确定。

【条文要点】

本条规定了不同类别城市交通隧道疏散照明和疏散指示标志的基本设置要求。

【相关标准】

《消防应急照明和疏散指示系统技术标准》GB 51309—2018。

【设计要点】

1.　在一、二、三、四类城市交通隧道内，应沿隧道两侧以及人行横通道或人员疏散通道、避难走道内及其入口处设置疏散照明和疏散指示标志。为便于人员在疏散过程中保持有序，尽量采用示距疏散指示标志，在标志上清楚标示与最近疏散出口的步行距离。隧道及人员疏散通道、避难走道内疏散照明的地面最低水平照度值不应低于 1.0 lx，疏散楼梯间、前室的地面最低水平照度不应低于 5.0 lx。疏散照明和疏散指示标志的设置高度既要便于人员观察，还要不影响人员疏散行动，疏散指示标志的间距应根据标牌的大小、光强度和便于人员识别来确定。

2.　隧道内附属设备用房的疏散照明和疏散指示标志设置，应符合房屋建筑有关疏散照明和疏散指示标志的设置位置、高度、照度值、间距等的要求，主要设置在疏散口和疏散走道处。隧道及其附属用房的疏散指示标志应采用灯光型等电致发光型疏散指示标志。

3.　消防控制室、消防水泵房、自备发电机房、配电室、防排烟机房以及发生火灾时仍需正常工作的消防设备房应设置备用照明，其作业面的最低照度不应低于正常照明的照度。

4.　疏散照明和疏散指示标志设置的其他要求，应符合《新建规》第 10 章及国家标准《消防应急照明和疏散指示系统技术标准》GB 51309—2018 的规定。

> **12.5.4**　隧道内严禁设置可燃气体管道；电缆线槽应与其他管道分开敷设。当设置 10kV 及以上的高压电缆时，应采用耐火极限不低于 2.00h 的防火分隔体与其他区域分隔。
>
> **12.5.5**　隧道内设置的各类消防设施均应采取与隧道内环境条件相适应的保护措施，并应设置明显的发光指示标志。

【条文要点】

这两条规定了隧道内设置管道、电缆等管线的防火要求和消防设施的防护要求。

【相关标准】

《城镇燃气设计规范》GB 50028—2006；

《电力工程电缆设计标准》GB 50217—2018。

【设计要点】

1.　在一、二、三、四类城市交通隧道内，禁止输送可燃气体的管道借用隧道敷设经过，除隧道用供电线路外的其他高压电线电缆也不应在隧道内敷设经过。对于借用隧道敷设的电缆，应采用专用隧道或通道敷设，并用耐火极限不低于 2.00h 的结构体与隧道车行空间分隔；对于隧道用电缆应敷设在耐火线槽内或在结构体内暗敷设，线槽的耐火极限不应低于隧道内消防用电的持续供电时间要求，电缆线槽应与其他管道分开敷设。

2.　与城市交通隧道相邻或上下布置的城市综合管廊或城市轨道交通设施，均应采用耐火极限不低于 2.00h 的结构体完全分隔。该耐火极限应与规范对相应类型隧道承重结构体的耐火极限要求相同。

3. 各类城市交通隧道内设置的消火栓箱、灭火器、报警按钮、消防电话、声光警报器、疏散照明和疏散指示标志、无线消防通信信号引入装置、自动灭火系统的喷头、消防供水管道及其阀门、防火门或防火卷帘等消防设施与装置，均应采取与隧道（包括附属设备用房）内环境条件相适应的保护措施，如防腐蚀、防潮、防尘等措施；在火灾时不主动发光的设施或装置，应在其表面的明显位置设置便于人员识别的发光标志。

附录 A 关于印发《建筑高度大于 250 米民用建筑防火设计加强性技术要求（试行）》的通知

关于印发《建筑高度大于 250 米民用建筑防火设计加强性技术要求（试行）》的通知

（公消〔2018〕57 号）

各省、自治区、直辖市公安消防总队，新疆生产建设兵团公安局消防局：

为保障建筑高度大于 250 米民用建筑的消防安全设防水平，提高其抗御火灾能力，我局组织制定了《建筑高度大于 250 米民用建筑防火设计加强性技术要求（试行）》（见附件，以下简称"《加强性技术要求》"），现印发你们，请认真贯彻执行，同时落实以下工作要求：

一、强化属地管理。自本通知下发之日起，对建筑高度大于 250 米的建设工程所采取的更加严格的防火措施，由各总队组织专家评审研究确定。

二、严格专家评审。各总队应在落实《加强性技术要求》的基础上，结合当地灭火救援能力情况，对建筑构件耐火性能、外部平面布局、内部平面布置、安全疏散和避难、防火构造、建筑保温和外墙装饰防火性能、自动消防设施及灭火救援设施的配置及其可靠性、消防给水、消防电源及配电、建筑电气防火等消防设计内容进行全方位技术审查，确保所采取的更加严格的防火措施能够切实增强超高层建筑火灾时的自防自救能力。专家评审意见应当明确、具体，不得提出模棱两可、无法实施或需要另行解释的原则性意见，不得采取任何变通方式规避执行现行国家工程建设消防技术标准，严禁以管理性措施替代或减少国家标准规定的防火技术措施。

本通知下发之日以前，建筑高度超过 250 米的民用建筑消防设计已由公安机关消防机构受理，并已按程序形成专家评审意见的，可按专家评审意见内容进行审核，但应鼓励建设单位积极按照《加强性技术要求》对原消防设计方案进行修改完善。

公安部消防局
2018 年 4 月 10 日

附件：

建筑高度大于 250m 民用建筑防火设计
加强性技术要求（试行）

第一条　本技术要求适用于建筑高度大于 250m 的民用建筑高层主体部分（包括主体投影范围内的地下室）的防火设计。裙房的防火设计应符合现行国家标准《建筑设计防火规范》GB 50016 的规定。

【条文说明】

高层建筑一般由高层主体部分及其附属的多层裙房部分构成。本技术要求主要针对民用建筑中高层主体及其投影范围内的地下室部分的防火设计。裙房可以不执行本技术要求，但应执行现行国家标准《建筑设计防火规范》GB 50016。当附属建筑为高层建筑时，附属建筑的防火设计也要符合本技术要求。

本技术要求是在现行国家标准相关规定基础上的加强性要求。本技术要求未涉及的其他防火要求，仍要执行现行国家标准的相关规定。

第二条　建筑构件的耐火极限除应符合现行国家标准《建筑设计防火规范》GB 50016 的规定外，尚应符合下列规定：

1. 承重柱（包括斜撑）、转换梁、结构加强层桁架的耐火极限不应低于 4.00h；
2. 梁以及与梁结构功能类似构件的耐火极限不应低于 3.00h；
3. 楼板和屋顶承重构件的耐火极限不应低于 2.50h；
4. 核心筒外围墙体的耐火极限不应低于 3.00h；
5. 电缆井、管道井等竖井井壁的耐火极限不应低于 2.00h；
6. 房间隔墙的耐火极限不应低于 1.50h、疏散走道两侧隔墙的耐火极限不应低于 2.00h；
7. 建筑中的承重钢结构，当采用防火涂料保护时，应采用厚涂型钢结构防火涂料。

【条文说明】

建筑高度大于 250m 的民用建筑，一旦发生火灾往往延烧时间长，扑救难度大，其主要承重构件必须具备较高的耐火性能；电缆井、管道井等竖井的完整性如受到破坏，也将导致火灾在建筑内部迅速蔓延，而变得难以控制。为了进一步提高建筑的防火安全和疏散救援安全，通过调研上海中心大厦、武汉民生银行大厦等国内超高层建筑案例，综合考虑超高层建筑消防安全需求、现有技术条件、经济合理性等因素，在现行国家标准对民用建筑构件耐火极限要求的基础上，参考美国《建筑结构类型标准》NFPA 220 等标准的规定，提高了若干建筑构件的耐火极限要求。

（1）承重柱（包括斜撑）、梁、核心筒等是超高层建筑体系的重要组成部分，受力条件较为严酷，此类构件若在火灾下出现破坏或者失效的情况，会严重影响建筑的整体稳定性。因此，将承重柱（包括斜撑）的耐火极限提高到 4.00h，将梁、与梁结构功能类似的构件以及核心筒外围墙体的耐火极限提高到 3.00h，将楼板和屋顶承重构件的耐火极限提高到 2.50h。由于转换梁、结构加强层桁架为超高层建筑关键受力构件，其作用等同于承重柱，如转换梁等构件失效后，与之相连的支撑柱也将失效。因此，要求转换梁、结构加强层桁架与承重柱具有相同的耐火极限。

（2）建筑核心筒的外围墙体是指与环形疏散走道或其他非核心筒空间交界处的分隔墙体。

（3）超高层建筑的核心筒内设置有大量的电梯井、管道井等竖井，这些竖井容易成为火灾和烟气在竖向蔓延的通道。竖井井壁的耐火极限提高到 2.00h，可以防止火灾通过这些竖井蔓延至核心筒外。

（4）提高房间隔墙、疏散走道等防火分隔墙体的耐火极限，能够为人员提供更加安全的疏散环境。

（5）超高层建筑中的钢结构主要应用于承重柱和梁等具有较高耐火极限要求的受力构件，采用厚涂型钢结构防火涂料进行防火保护有利于提高构件的耐火性能。厚涂型钢结构防火涂料技术成熟，可靠性高，已广泛应用于海口双子塔、武汉民生银行大厦等多项工程。

第三条　防火分隔应符合下列规定：

1. 建筑的核心筒周围应设置环形疏散走道，隔墙上的门窗应采用乙级防火门窗；

2. 建筑内的电梯应设置候梯厅；

3. 用于扩大前室的门厅（公共大堂），应采用耐火极限不低于 3.00h 的防火隔墙与周围连通空间分隔，与该门厅（公共大堂）相连通的门窗应采用甲级防火门窗；

4. 厨房应采用耐火极限不低于 3.00h 的防火隔墙和甲级防火门与相邻区域分隔；

5. 防烟楼梯间前室及楼梯间的门应采用甲级防火门，酒店客房的门应采用乙级防火门，电缆井和管道井等竖井井壁上的检查门应采用甲级防火门；

6. 防火墙、防火隔墙不得采用防火玻璃墙、防火卷帘替代。

【条文说明】

本条进一步明确了超高层建筑核心筒、电梯厅、门厅（公共大堂）、厨房、防烟楼梯间的分隔要求，特别是对墙体上开设的门窗的防火要求以及防火墙和防火隔墙的做法进行了加强。

（1）核心筒。

超高层建筑的核心筒内通常包含疏散楼梯、电梯井、通风井、电缆井、卫生间、设备间等功能。加强核心筒防火分隔对于防止火灾在建筑内部竖向蔓延，保证人员疏散安全和外部救援安全具有重要作用。在核心筒周围设置环形疏散走道，可以更好地将楼层上有较大火灾危险性的区域与核心筒相互分隔，避免了因这些区域与核心筒直接相连，而导致安全出口在火灾时不能使用等问题，有助于进一步提高建筑的防火安全性能。

（2）电梯厅。

建筑内的电梯井在火灾时易成为火势沿竖向蔓延扩大的通道，因此要设置候梯厅，避免将电梯直接设置在使用功能空间内。

（3）门厅（公共大堂）。

超高层建筑的门厅（公共大堂）是建筑内人员集散的主要区域。绝大部分建筑的疏散楼梯、消防电梯、辅助疏散电梯的出口都需要利用门厅（公共大堂）作为扩大的前室来通向室外。因此，不仅要严格控制该场所的火灾荷载，而且要采取防火分隔措施来降低其他部位着火对门厅（公共大堂）的影响。

（4）厨房。

厨房火灾危险性较大，对厨房的防火分隔在现行国家标准规定的采用耐火极限不低于 2.00h 的防火隔墙和乙级防火门的基础上进一步提高了相应要求。

（5）防烟楼梯间和竖井等。

现行规范对防烟楼梯间及前室的门均要求采用乙级防火门，电缆井等竖井井壁上的检查门采用丙级防火门。本条结合长沙国际滨江金融中心、九江市国际金融广场 A1# 楼、武汉长江航运中心项目 1# 塔楼等工程实践，将建筑高度大于 250m 建筑内楼层进入防烟楼梯间前室的门、竖井上的检查门统一要求采用甲级防火门，以进一步降低火灾在建筑内部竖向蔓延的危险。

结合武汉中心等工程实践，要求酒店客房的门采用乙级防火门，将火灾控制在房间内，降低火灾蔓延的危害和影响。

（6）防火玻璃墙、防火卷帘。

防火玻璃墙的可靠性不仅与玻璃本身的耐火性能有关，而且取决于固定框架的安装情况；对于 C 类防火玻璃，还取决于冷却水保护系统是否维护良好、水源是否可靠以及能否处于正常的工作状态等条件。因此，本条明确建筑内的防火墙、防火隔墙不能采用防火玻璃墙替代，以提高防火分隔的有效性和可靠性。

防火卷帘在实际使用过程中，存在防烟效果差、可靠性低等问题。因此对于超高层建筑，要求防火墙、防火隔墙不应采用防火卷帘替代。

第四条 酒店的污衣井开口严禁设置在楼梯间内，应设置在独立的服务间内，该服务间应采用耐火极限不低于 2.00h 的防火隔墙与其他区域分隔，房间门应采用甲级防火门。

污衣井应符合下列规定：

1. 顶部应设置自动喷水灭火系统的洒水喷头和火灾探测器以及与火灾自动报警系统联动的排烟口；
2. 应至少每隔一层设置一个自动喷水灭火系统的洒水喷头；
3. 检修门应采用甲级防火门；
4. 污衣道应采用不燃材料制作。

【条文说明】

污衣井一般为不锈钢筒体，污衣从每层开口投入，通过重力输送至底层出口到收纳室或洗衣房。现行国家标准要求建筑内的竖井应每层分隔，但污衣井是一个从下至上完全贯通的井道，通过污衣投入门与各层连通，因使用功能的需要无法逐层进行分隔，因此应采取措施防止火势通过污衣井沿竖向蔓延。另外，污衣井属于隐蔽空间，根据其构造和烟气蔓延特性，需在其上部设置火灾探测器和排烟口，以便早期发现火情，同时尽快排除烟气。

第五条 用作扩大前室的门厅（公共大堂）内不应布置可燃物，其顶棚、墙面、地面的装修材料应采用不燃材料。

建筑外墙装饰、广告牌等应采用不燃材料，不应影响火灾时逃生、灭火救援和室内自然排烟，不应改变或破坏建筑立面的防火构造。

【条文说明】

建筑外墙上设置的装饰、广告牌等，一旦发生火灾，容易导致火势沿建筑外立面蔓延扩大，因此应采用不燃材料。同时装饰、广告牌不应遮挡建筑外窗等，以便于火灾时建筑排烟、人员逃生和外部灭火救援。

第六条 除广播电视发射塔建筑外，建筑高层主体内的安全疏散设施应符合下列规定：

1. 疏散楼梯不应采用剪刀楼梯；

2. 疏散楼梯的设置应保证其中任一部疏散楼梯不能使用时，其他疏散楼梯的总净宽度仍能满足各楼层全部人员安全疏散的需要；

3. 同一楼层中建筑面积大于 2000m² 防火分区的疏散楼梯不应少于 3 部，且每个防火分区应至少有 1 部独立的疏散楼梯；

4. 疏散楼梯间在首层应设置直通室外的出口。当确需利用首层门厅（公共大堂）作为扩大前室通向室外时，疏散距离不应大于 30m。

【条文说明】

建筑的高度越高其疏散距离越长，进入楼梯间内的人员越多，导致楼梯间内的人员拥挤，疏散时间长。根据美国对一些高层建筑的疏散演练和火灾事件中人的疏散行为和时间调查，对于正常的成年人而言，当楼梯间内的人员密度为 2 人 /m² 时，向下行走的速度为 0.5m/s；当为 4 人 /m² 时，行走速度将为 0。因此，疏散楼梯宽度和数量的增加将会大大缩短人员的疏散时间，但实际上，疏散楼梯的数量和宽度还受到多种因素的制约。本条在综合考虑各种因素的基础上，做出此规定。

对于超高层建筑的疏散，各国都做出了比较严格的规定，如美国《国际建筑规范》（2015 年版）规定 "建筑高度大于 128m 的超高层建筑，应在规范规定的疏散楼梯数量的基础上增加 1 个疏散楼梯，该楼梯不应为剪刀楼梯"。又如英国《建筑条例 2010– 消防安全 – 批准文件 B– 卷 2》（2013 年版）规定，建筑高度大于 45m 的建筑，要在设计上采取加强性措施来保证疏散的安全，例如考虑 1 部疏散楼梯在无法使用的情况下，其余疏散楼梯仍能满足全部人员疏散的要求。

剪刀楼梯间是将两部楼梯叠合设置在建筑内的同一个位置，在同等总疏散宽度和梯段宽度的条件下，非剪刀楼梯间的分散性明显优于剪刀楼梯间，更符合现行国家标准有关安全出口应当分散设置的基本原则，因此，本规范规定超高层建筑不允许采用剪刀楼梯，以确保楼层上的人员在火灾时具有至少两个方向的疏散路径。

由于我国规范目前未明确各种用途场所的使用人员密度值，难以统一设计疏散人数，故以楼层防火分区建筑面积为基数做了增加疏散楼梯的规定。

超高层建筑的疏散楼梯间通常设置在核心筒内部，在首层往往无法直接通向室外，需要通过门厅或公共大堂通向室外。门厅和公共大堂在满足第三条第 3 款和第五条的要求的情况下，可以为人员提供相对安全的疏散过渡区，但疏散距离要控制在不大于 30m。

第七条 除消防电梯外，建筑高层主体的每个防火分区应至少设置一部可用于火灾时人员疏散的辅助疏散电梯，该电梯应符合下列规定：

1. 火灾时，应仅停靠特定楼层和首层；电梯附近应设置明显的标识和操作说明；

2. 载重量不应小于 1300kg，速度不应小于 5m/s；

3. 轿厢内应设置消防专用电话分机；

4. 电梯的控制与配电设备及其电线电缆应采取防水保护措施。当采用外壳防护时，外壳防护等级不应低于现行国家标准《外壳防护等级（IP 代码）》GB 4208 关于 IPX6MS 的要求；

5. 其他要求应符合现行国家标准《建筑设计防火规范》GB 50016 有关消防电梯及其设置要求；

6. 符合上述要求的客梯或货梯可兼作辅助疏散电梯。

【条文说明】

利用电梯进行疏散，各国都开展了长时间的研究，目前还存在一定的争议，但对在一定条件下可使用电梯进行辅助疏散的看法基本趋于一致。目前，美国、英国等国家的建筑规范对高层建筑利用电梯进行辅助疏散做了一定的规定。我国部分已建成和在建的超高层建筑也在利用电梯进行辅助疏散方面进行了尝试，积累了一定经验，如上海中心大厦、上海环球金融中心、深圳平安国际金融中心、天津周大福金融中心、北京中国尊等。本条结合消防电梯及其设置要求，规定了辅助疏散电梯的设置要求。辅助疏散电梯平时可以兼作普通的客梯或货梯，但需要制定相应的消防应急响应模式与操作管理规程，确保辅助疏散电梯在火灾时的安全使用。辅助疏散电梯停靠的特定楼层指避难层，以及根据操作管理规程需要在火灾时紧急停靠的楼层。

第八条 避难层应符合下列规定：

1. 避难区的净面积应能满足设计避难人数的要求，并应按不小于 0.25m²/ 人计算；

2. 设计避难人数应按该避难层与上一避难层之间所有楼层的全部使用人数计算；

3. 在避难区对应位置的外墙处不应设置幕墙。

【条文说明】

根据各地工程实践，本条明确了避难层中设计避难人数的计算范围，并提高了避难区人均使用面积的计算指标。有关要求比美国建筑规范规定的 0.28m²/ 人略低。通向避难区的疏散走道或联系走道的面积不计入人员的避难面积。

在避难区对应位置的外墙处不应设置幕墙的规定主要为便于对避难区展开救援，方便特殊情况下，救援人员直接进入避难层开辟阵地。同时，防止火势和烟气通过幕墙内的空腔进入避难区，提高避难层的防火安全性。

避难层的其他要求应符合现行国家标准《建筑设计防火规范》GB 50016 第 5.5.23 条的规定。

第九条 在建筑外墙上、下层开口之间应设置高度不小于 1.5m 的不燃性实体墙，且在楼板上的高度不应小于 0.6m；当采用防火挑檐替代时，防火挑檐的出挑宽度不应小于 1.0m、长度不应小于开口的宽度两侧各延长 0.5m。

【条文说明】

本条是在综合分析国内外规范及国内部分超高层建筑层间防火措施的基础上做出的规定。美国《国际建筑规范》IBC（2015 版）第 705.8.5 条规定，3 层以上未设置自动喷水灭火系统的建筑，其外墙上、下层开口之间应设置高度不小于 914mm，耐火极限不低于 1.00h 的竖向防火分隔，或出挑宽度不小于 762mm 的防火挑檐。《澳大利亚建筑规范》NCC（2015 版）规定未设置自动喷水灭火系统的建筑外墙上、下层开口之间应设置整体高度不小于 900mm 且楼板上部高度不小 600mm 的竖向防火分隔，或出挑宽度不小于 1100mm 的防火挑檐。国内部分建筑高度大于 250m 的建筑中也都采取了较为严格的层间防火措施，如山东省部分建筑工程采取在外墙上、下层开口之间设置高度不小于 1.2m 且耐火极限不低于 1.50h 的墙体作为竖向防火分隔；江苏省采取在外墙上、下层开口之间设置高度 1.2m 的实体墙，且楼板以上的墙体高度不低于 800mm、耐火极限不低于 1.00h；湖北省采取在楼板以上设置高度不小于 800mm 的实体墙；四川省采取在外墙上、下层开口之间设置高度不低于 1.2m、耐火极限不低于 2.00h 的防火隔墙；重庆市采取在外墙上、下层开口之间的楼板上设置高度不低于 800mm 的实体墙等。

第十条　建筑周围消防车道的净宽度和净空高度均不应小于 4.5m。

消防车道的路面、救援操作场地，消防车道和救援操作场地下面的结构、管道和暗沟等，应能承受不小于 70t 的重型消防车驻停和支腿工作时的压力。严寒地区，应在消防车道附近适当位置增设消防水鹤。

【条文说明】

本条是依据我国当前装备的重型消防车的实际情况作出的规定，主要考虑建筑高度大于 250m 的建筑，灭火救援时需要出动重型消防车，增加消防车道的净宽度和净空高度，有利于消防车的快速调度和通行。

根据消防车相关资料，78m 登高平台消防车总重为 50t，101m 登高平台消防车总重为 62t。因此，为确保重型消防车到达现场后能够安全展开救援作业，要求消防车道的路面、救援操作场地，消防车道和救援操作场地下面的结构、管道和暗沟等，能承受不小于 70t 的重型消防车驻停和支腿工作时的压力。

第十一条　建筑高层主体消防车登高操作场地应符合下列规定：

1. 场地的长度不应小于建筑周长的 1/3 且不应小于一个长边的长度，并应至少布置在两个方向上，每个方向上均应连续布置；

2. 在建筑的第一个和第二个避难层的避难区外墙一侧应对应设置消防车登高操作场地；

3. 消防车登高操作场地的长度和宽度分别不应小于 25m 和 15m。

【条文说明】

超高层建筑发生火灾时，出动的消防车一般为对登高操作场地有较高要求的大型消防车，因此对于建筑高度大于 250m 的超高层建筑，提高了消防车登高操作场地的长度和设置方向要求，便于从不同方向对建筑进行灭火救援，如厦门国际中心、成都绿地中心的消防车登高操作场地的长度均不小于建筑周长的 1/3。

在避难层外墙一侧对应设置消防车登高操作场地有利于救援避难层的人员。

第十二条　在建筑的屋顶应设置直升机停机坪或供直升机救助的设施。

【条文说明】

本条为在现行国家标准规定基础上提出的加强性措施，为超高层建筑内部人员提供在特殊情况下的逃生路径。原则上应在建筑屋顶设置直升机停机坪，确因建筑造型等原因难以设置时，应设置可以确保直升机安全悬停并进行救助的设施。

第十三条　建筑高层主体内严禁使用液化石油气、天然气等可燃气体燃料。

【条文说明】

在建筑内使用燃气具有较大的火灾危险性。对于建筑高度大于 250m 的建筑，为有效防范燃气事故所带来的危险，除在裙房内必须设置的燃气锅炉房、燃气厨房等场所外，在建筑高层主体和主体投影范围内的地下室内，不允许使用燃气。

第十四条 室内消防给水系统应采用高位消防水池和地面（地下）消防水池供水。

高位消防水池、地面（地下）消防水池的有效容积应分别满足火灾延续时间内的全部消防用水量。

高位消防水池与减压水箱之间及减压水箱之间的高差不应大于200m。

【条文说明】

美国消防协会《消防竖管和软管系统标准》NFPA 14第9.1.5条规定，消防给水系统的供水可采用市政直接供水、消防水泵供水和重力水箱供水等方式。《自动喷水灭火系统安装标准》NFPA 13第24.1.1条和第24.1.2条规定，每个自动喷水灭火系统均至少设置1个自动供水水源，且应提供火灾延续时间内系统所需的流量和压力，该自动供水水源包括高位消防水池和市政供水。

超高层建筑采用屋顶高位消防水池并且高位消防水池储存全部消防用水量的供水方式，可充分利用自身重力满足高层建筑在任何时候的消防给水流量和压力，在发生火灾时无需启动消防水泵，提高了消防给水系统的可靠性，该供水方式目前已在广州电视塔、广州周大福金融中心、中国尊等项目中广泛应用。本条总结工程实践经验，要求同时设置屋顶高位消防水池和地面（地下）消防水池，且有效容积均要满足火灾延续时间内的全部消防用水量，进一步保障了火灾发生时的供水能力。

超高层建筑采用减压水箱分区供水时，如果减压水箱之间的间距大于200m，则其产生的静压大于2.0MPa，阀后压力高于0.7MPa，不利于消防队员展开灭火作业，因此要求减压水箱之间或者屋顶消防水池与减压水箱之间的高差不大于200m。

第十五条 自动喷水灭火系统应符合下列规定：

1. 系统设计参数应按现行国家标准《自动喷水灭火系统设计规范》GB 50084规定的中危险级Ⅱ级确定；

2. 洒水喷头应采用快速响应喷头，不应采用隐蔽型喷头；

3. 建筑外墙采用玻璃幕墙时，喷头与玻璃幕墙的水平距离不应大于1m。

【条文说明】

现行国家标准《自动喷水灭火系统设计规范》GB 50084规定，高层民用建筑的火灾危险等级不低于中危险级Ⅰ级，喷水强度不低于6L/（min·m²），作用面积不应小于160m²，且超出水泵接合器供水高度的楼层宜采用快速响应喷头；美国消防协会《自动喷水灭火系统安装标准》NFPA 13则根据建筑不同使用功能分别确定了其火灾危险等级，如对于办公室、酒店等建筑为轻危险级，车库、洗衣房等为普通危险级Ⅰ级，相应的喷水强度分别为4L/（min·m²）和6（L/min·m²），作用面积不应低于139m²，但对于居住场所，如酒店强调应采用快速响应喷头。本条提高了超高层建筑自动喷水灭火系统的设防等级。

火灾事故调查发现，隐蔽型喷头的应用存在较大安全隐患，主要表现在：喷头装饰盖板在装修过程中易被油漆、涂料喷涂，发生火灾时不能及时脱落；装饰盖板脱落后喷头溅水盘不能正常滑落到吊顶平面下方，喷头无法形成有效布水。因此，明确超高层建筑不应采用隐蔽型喷头。

高层建筑设置的自动喷水灭火系统，喷头间距通常为1.8m～3.0m，喷头距离端墙（外墙）的距离为喷头间距的一半，因此当建筑外墙采用玻璃幕墙时，规定喷头与玻璃幕墙的水平距离不大于 1m，可保证喷头启动后对玻璃幕墙进行有效喷水保护，如湖北省的超高层建筑采取了该做法。

第十六条　电梯机房、电缆竖井内应设置自动灭火设施。

【条文说明】

本条规定旨在防止火灾沿竖向井道扩大蔓延。自动灭火设施可以与火灾自动报警系统联动启动，也可以利用自身热敏元件启动。

第十七条　厨房应设置厨房自动灭火装置。

【条文说明】

厨房火灾主要发生于烹饪部位的灶台、排油烟罩及附近排油烟管，在这些部位设置自动灭火装置能有效减小此类火灾危害。

第十八条　在楼梯间前室和设置室内消火栓的消防电梯前室通向走道的墙体下部，应设置消防水带穿越孔。消防水带穿越孔平时应处于封闭状态，并应在前室一侧设置明显标志。

【条文说明】

本条总结了灭火救援实践经验教训，旨在方便消防员进入建筑后能够快速敷设水带，并安全进入火场，有效防止火灾烟气进入疏散楼梯间及其前室或消防电梯的前室。根据灭火救援实战经验，消防员进入建筑后主要依靠楼梯间敷设水带和利用消防电梯进入着火楼层，由于水带在经过楼梯间或前室的门时，破坏了该部位的防烟密闭性，使得火灾烟气进入楼梯间或消防电梯，导致救援行动困难或受阻，甚至危及人员疏散安全。作为供消防水带穿越的孔洞，其大小和位置要根据具体情况确定，对于设置室内消火栓的前室或楼梯间，可以考虑一条水带穿越的需要，即在从楼梯间或前室进入楼层部位的墙体下部合适位置设置一个直径 130mm 的圆形孔口；对于未设置室内消火栓的楼梯间，主要依靠消防员敷设水带进入楼层灭火时，一般要考虑至少能穿过 2 条水带。

第十九条　防烟楼梯间及其前室应分别设置独立的机械加压送风系统。

避难层的机械加压送风系统应独立设置，机械加压送风系统的室外进风口应至少在两个方向上设置。

【条文说明】

防烟楼梯间及其前室分别设置独立的加压送风系统主要是为了提高系统的可靠性。火灾时，防烟楼梯间和前室以及前室和走道之间必须形成一定的压力梯度，才能有效阻止烟气侵入，防烟楼梯间和前室所要维持的正压值不同，两者的机械加压送风系统如果合设在一个管道甚至一个系统，对两个空间正压值的形成有不利的影响，所以要求在楼梯间、前室分别设置独立的加压送风系统。目前，国内已有超高层建筑在防烟楼梯间及其前室分别设置了独立的加压送风系统，如武汉恒隆广场一期、天津周大福金融中心、海口双子塔（南塔）、长沙国际滨江金融中心等。

同样，避难层设置独立的加压送风系统也是为了提高系统的可靠性。在两个方向设置室外进风口主要是为降低火灾烟气对加压送风系统的影响，避免进风口吸入烟气，如武汉绿地国际金融城 1 号楼、利科西安国际金融中心等项目的加压送风系统均考虑设置了两个方向的室外进风口。

第二十条　置自然排烟设施的场所中，自然排烟口的有效开口面积不应小于该场所地面面积的 5%。

采用外窗自然通风防烟的避难区，其外窗应至少在两个朝向设置，总有效开口面积不应小于避难区地面面积的 5% 与避难区外墙面积的 25% 中的较大值。

【条文说明】

本条的目的主要是为提高场所的自然通风防烟效率。一般情况下，一个场所的自然通风口净面积越大，则自然通风防烟效率越高，考虑到超高层建筑自然通风易受室外风的影响，对自然通风口的净面积要求应有所提高。本条基本采用了对一般场所要求的上限值，如九江市国际金融广场 A1# 楼办公门厅的可开启外窗面积为门厅面积的 5%，苏州园区271 地块超高层项目避难层可开启外窗的面积要求不低于该区域外墙面积的 25%。

第二十一条　机械排烟系统竖向应按避难层分段设计。沿水平方向布置的机械排烟系统，应按每个防火分区独立设置。机械排烟系统不应与通风空气调节系统合用。

核心筒周围的环形疏散走道应设置独立的防烟分区；在排烟管道穿越环形疏散走道分隔墙体的部位，应设置 280℃时能自动关闭的排烟防火阀。

【条文说明】

本条规定排烟系统在竖向和水平方向的布置要求，主要是为提高系统的可靠性和排烟效率。一个排烟系统承担的防烟分区越多，其管道布置就越复杂、阻力损失越大，同时对系统的控制要求也越高，排烟系统可靠性也越差。目前，国内已有部分超高层建筑采取了排烟系统按避难层分段设计的方案，如南宁天龙财富中心、武汉长江航运中心项目 1# 塔楼、长沙国金中心、台州天盛中心等建筑。

对于环形疏散走道排烟系统所提要求主要是为人员疏散安全提供更为可靠的保障。因超高层建筑的疏散楼梯、电梯等多布置在核心筒内，其周围的环形疏散走道是人员疏散必经之路，因此要求其排烟系统要独立设置。在排烟管道穿越其分隔墙体的部位设置 280℃时能自动关闭的排烟防火阀主要是为防止其他区域的火灾通过排烟管道蔓延至环形疏散走道。

第二十二条　水平穿越防火分区或避难区的防烟或排烟管道、未设置在管井内的加压送风管道或排烟管道、与排烟管道布置在同一管井内的加压送风管道或补风管道，其耐火极限不应低于 1.50h。

排烟管道严禁穿越或设置在疏散楼梯间及其前室、消防电梯前室或合用前室内。

【条文说明】

本条旨在防止防烟和排烟管道在火灾时受到高温破坏，同时保证加压送风系统和排烟系统能够正常发挥作用。超高层建筑人员疏散时间较长，保证防排烟系统的连续有效性至关重要。因此，提出了防排烟管道耐火极限不应低于 1.50h 的要求，相应工程案例包括长沙国际滨江金融中心、九江市国际金融广场 A1# 楼的防排烟管道。

第二十三条　火灾自动报警系统应符合下列规定：

1. 系统的消防联动控制总线应采用环形结构；
2. 应接入城市消防远程监控系统；
3. 旅馆客房内设置的火灾探测器应具有声警报功能；
4. 电梯井的顶部、电缆井应设置感烟火灾探测器；
5. 旅馆客房及公共建筑中经常有人停留且建筑面积大于 100m² 的房间内应设置消防

应急广播扬声器；

6. 疏散楼梯间内每层应设置 1 部消防专用电话分机，每 2 层应设置一个消防应急广播扬声器；

7. 避难层（间）、辅助疏散电梯的轿厢及其停靠层的前室内应设置视频监控系统，视频监控信号应接入消防控制室，视频监控系统的供电回路应符合消防供电的要求；

8. 消防控制室应设置在建筑的首层。

【条文说明】

为了保证火灾自动报警系统能够探测到建筑内的火灾情况，要求消防联动控制总线采用环形结构，当一条线路发生故障时，另一条线路还可以正常传输信号，如海口双子塔南塔采取了该措施。

根据国内外多年的研究，当察觉到火灾报警信号或闻到烟味，人们往往忽视这些初始的信号或将时间花在调查初始信息和形势的严重性，从而延误了可以更安全进行疏散的宝贵时间。高层建筑人员疏散所需时间长，特别是对于客房等场所，如能及早发出火灾声警报信号，将有利于缩短人员疏散反应时间。本条规定参考了美国消防协会标准《国家火灾报警规范》NFPA 72—2016 的规定。

在楼梯间内设置消防电话插孔，可以方便救援人员安全可靠地进行联系和沟通；设置消防应急广播扬声器既可以在疏散期间更好地稳定人员情绪，指导人员有序疏散，提高疏散效率，又可以在救援过程中及时向救援人员通报情况和发出指令。

为及时了解避难层（间）、辅助疏散电梯的轿厢及其停靠层的前室等部位人员的实时情况，增加了设置视频监控系统的要求。

第二十四条　消防用电应按一级负荷中特别重要的负荷供电。应急电源应采用柴油发电机组，柴油发电机组的消防供电回路应采用专用线路连接至专用母线段，连续供电时间不应小于 3.0h。

【条文说明】

本条规定主要为提高消防用电的可靠性，连续供电时间根据超高层建筑消火栓系统的设计火灾延续时间确定。

现行国家标准《供配电系统设计规范》GB 50052 规定，一级负荷中特别重要的负荷是指中断供电将发生中毒、爆炸和火灾等情况的负荷，以及特别重要场所中不允许中断供电的负荷。超高层建筑属于特别重要场所，需要增加柴油发电机组作为消防用电的应急电源，并采用专用的母线段，以确保市政电网故障导致停电事故时，仍具有独立的电源供电。

第二十五条　消防供配电线路应符合下列规定：

1. 消防电梯和辅助疏散电梯的供电电线电缆应采用燃烧性能为 A 级、耐火时间不小于 3.0h 的耐火电线电缆，其他消防供配电电线电缆应采用燃烧性能不低于 B_1 级，耐火时间不小于 3.0h 的耐火电线电缆。电线电缆的燃烧性能分级应符合现行国家标准《电缆及光缆燃烧性能分级》GB 31247 的规定；

2. 消防用电应采用双路由供电方式，其供配电干线应设置在不同的竖井内；

3. 避难层的消防用电应采用专用回路供电，且不应与非避难楼层（区）共用配电干线。

【条文说明】

本条规定在于提高和保障建筑消防供配电可靠性。消防供配电线路的阻燃耐火性能直接关系到消防用电设备在火灾时能否正常运行。

（1）本条中的"消防电梯和辅助疏散电梯的供电电线电缆"，是指消防电梯或辅助疏散电梯末端配电装置之前为电梯供电用的电线电缆。电线电缆的耐火性能试验要求见现行国家标准《在火焰条件下电缆或光缆的线路完整性试验 第 21 部分：试验步骤和要求—额定电压 0.6/1.0kV 及以下电缆》GB/T 19216.21，但试验时的火焰温度不应低于 950℃。

（2）消防用电采用双路由供电方式且供配电干线设置在不同的竖井内，是提高消防用电供电可靠性的一项重要措施。

（3）避难层作为重要的疏散设施应具有更高的供电保护要求，其消防用电设备要采用专用的供电回路。

第二十六条 非消防用电线电缆的燃烧性能不应低于 B_1 级。非消防用电负荷应设置电气火灾监控系统。

【条文说明】

电气线路过载、短路等一直是我国建筑火灾的主要原因。本条规定旨在通过提高非消防用电线路的燃烧性能，降低电气线路故障引发火灾的可能性。电线电缆的燃烧性能等级根据现行国家标准《电缆及光缆燃烧性能分级》GB 31247 确定，B_1 级即为阻燃 1 级电线电缆。

电气火灾监控系统的设计要求见现行国家标准《火灾自动报警系统设计规范》GB 50116。

第二十七条 消防水泵房、消防控制室、消防电梯及其前室、辅助疏散电梯及其前室、疏散楼梯间及其前室、避难层（间）的应急照明和灯光疏散指示标志，应采用独立的供配电回路。

疏散照明的地面最低水平照度，对于疏散走道不应低于 5.0 lx；对于人员密集场所、避难层（间）、楼梯间、前室或合用前室、避难走道不应低于 10.0 lx。

建筑内不应采用可变换方向的疏散指示标志。

【条文说明】

消防水泵房、消防控制室等场所在建筑发生火灾时需要继续保持正常工作，消防电梯及其前室、辅助疏散电梯及其前室、疏散楼梯间及其前室、避难层（间）是火灾时供消防救援和人员疏散使用的重要设施，故这两类场所的应急照明和灯光疏散指示标志，要采用独立的供配电回路，以提高供电安全和可靠性。

适当增加疏散应急照明的照度值，可以有效提高人员的疏散效率和安全性。本条规定参考了美国等国家的相关标准和我国相关工程实践经验，如美国《国际建筑规范》IBC（2012 年版）第 1006.2 条规定，建筑内疏散路径上疏散照明的地面水平照度不应低于 11 lx；加拿大《国家建筑规范》规定平均照度不低于 10 lx；沈阳宝能环球金融中心的消防应急照明与疏散指示系统的照度指标采取了在现行国家标准要求的基础上提高一倍的技术措施。

鉴于可变换指示方向的疏散指示标志在我国工程实践中尚存在一定问题，因此规定超高层建筑内不应采用此类疏散指示标志。

附录 B　关于加强超大城市综合体消防安全工作的指导意见

关于加强超大城市综合体消防安全工作的指导意见

（公消〔2016〕113号）

各省、自治区、直辖市公安消防总队，新疆生产建设兵团公安局消防局：

近年来，超大城市综合体在各地不断涌现，并呈迅猛发展势头。此类建筑功能复杂、占地面积大、火灾荷载高、人员数量多，发生火灾后，火灾蔓延速度快、人员疏散逃生难、灭火救援难度大，极易造成重大人员伤亡和财产损失。为切实加强超大城市综合体消防安全工作，维护人民群众生命财产安全，现就总建筑面积大于10万平方米（含本数，不包括住宅和写字楼部分的建筑面积），集购物、旅店、展览、餐饮、文娱、交通枢纽等两种或两种以上功能于一体的超大城市综合体消防安全工作提出以下指导意见（总建筑面积小于10万平方米的城市综合体参照执行）。

一、加强消防安全源头把关

（一）强化部门联合监管。各公安消防总队、支队在当地政府领导下，就超大城市综合体立项、选址、审批等环节，提出加强消防安全工作的建议和措施，充分考虑建筑防火、消防设施以及灭火救援等消防安全综合因素；积极配合有关部门在规划建设初期合理确定超大城市综合体的布局、体量、功能，配套建设市政消火栓、消防车道等基础设施。要根据本地城市综合体建设和发展实际，推动出台更加严格的地方消防安全管理规定和技术标准，有针对性地提高建筑消防安全设防等级。

（二）严格消防审批规程。要严格按照消防法律法规和技术标准进行消防设计审核、消防验收和监督检查，严格专家评审范围，严禁超范围运用专家评审规避国家标准规定；对于适用专家评审的项目，评审意见中严禁采用管理类措施替代建筑防火技术要求。要依法加强对超大城市综合体室内装修工程的消防审批，装修工程的消防设计除应符合国家工程建设消防技术标准要求外，还应符合原有特殊消防设计及相关针对性技术措施要求。

（三）提高有顶步行街设防等级。对于利用建筑内部有顶棚的步行街进行安全疏散的超大城市综合体，其步行街两端出口之间的距离不应大于300米，步行街两侧的主力店应采用防火墙与步行街之间进行分隔，连通步行街的开口部位宽度不应大于9米，主力店应设置独立的疏散设施，不允许借用连通步行街的开口。步行街首层与地下层之间不应设置中庭、自动扶梯等上下连通的开口。步行街、中庭等共享空间设置的自动排烟窗，应具有与自动报警系统联动和手动控制开启的功能，并宜能依靠自身重力下滑开启。

（四）严格防火分隔措施。严禁使用侧向或水平封闭式及折叠提升式防火卷帘，防火卷帘应当具备火灾时依靠自重下降自动封闭开口的功能。建筑外墙设置外装饰面或幕墙时，其空腔部位应在每层楼板处采用防火封堵材料封堵。电影院与其他区域应有完整的防火分隔并应设有独立的安全出口和疏散楼梯。餐饮场所食品加工区的明火部位应靠外墙设置，并应与其他部位进行防火分隔。商业营业厅每层的附属库房应采用耐火极限不低于 3.00h 的防火隔墙和甲级防火门与其他部位进行分隔。

（五）充分考虑灭火救援需求。在消防设计中应结合灭火救援实际需要设置灭火救援窗，灭火救援窗应直通建筑内的公共区域或走道；在设置机械排烟设施的同时，在建筑外墙上仍需设置一定数量用于排除火灾烟热的固定窗；鼓励面积较大的地下商业建筑设置有利于人员疏散和灭火救援的下沉式广场。

二、严格实施消防监督管理

（六）推动加强行业管理。要与规划、建设、文化、旅游、商务、体育、交通等超大城市综合体相关管理部门建立健全会商研判、联合检查、情况通报等机制，推动落实部门管理职责，加强超大城市综合体消防检查，推广标准化、规范化消防管理。推动相关部门依据相关标准、规定，采取有力措施，加强超大城市综合体消防安全风险管控。

（七）督促落实特殊防范措施。对经过专家评审并投入使用的超大城市综合体，要逐条梳理其特殊消防设计及相关针对性技术措施，将其整理为检查要点，存档备查，并列入消防监督人员工作移交内容。对超大城市综合体进行监督抽查时，应将特殊消防设计及相关针对性技术措施作为重点抽查内容，发现未按要求落实的，坚决严肃依法查处。

（八）督促落实重点管控措施。超大城市综合体内各区域管理部门，必须与消防控制室建立畅通的信息联系，确保一旦发生火警，能够及时确认、处置和组织疏散。有顶棚的步行街、中庭应仅供人员通行，严禁设置店铺摊位、游乐设施及堆放可燃物，灭火救援窗严禁被遮挡，标识应明显。餐饮场所严禁使用液化石油气，设置在地下的餐饮场所严禁使用燃气。餐饮场所使用可燃气体作燃料时，可燃气体燃料必须采用管道供气，其排油烟罩及烹饪部位应设置能联动自动切断燃料输送管道的自动灭火装置。建筑内的敞开式食品加工区必须采用电加热设施，严禁在用餐场所使用明火，厨房的油烟管道应当定期进行清洗。建筑内商场市场营业结束后，要积极采取降落防火卷帘等措施降低火灾风险。建筑内各经营主体营业时间不一致时，应采取确保各场所人员安全疏散的措施。具有电气火灾危险的场所应设置电气火灾监控系统。有条件的地区应将超大城市综合体纳入城市消防物联网远程监控系统，强化对其消防设施运行管理情况的动态监测。

（九）加大监督执法力度。要依法履行消防监督管理职责，采取全面检查与局部检查、监督执法与技术服务相结合等方式，加强对超大城市综合体的监督抽查，对发现的火灾隐患，及时下达法律文书督促整改，并依法实施处罚。构成重大火灾隐患的，提请政府挂牌督办，督促落实整改责任、方案、资金以及整改期间的火灾防范措施。

三、落实单位消防安全管理责任

（十）落实日常消防安全管理责任。超大城市综合体的产权单位、委托管理单位以及各经营主体、使用单位要分别明确消防安全责任人、管理人，设立消防安全工作归口管理部门，建立健全消防安全管理制度，逐级明确消防安全管理职责。超大城市综合体的产权单位或委托管理单位要牵头建立统一的消防安全管理组织，每月至少召开 1 次消防工作例会，处理消防安全重大问题，研究部署消防安全工作，每次会议要形成会议纪要。超大城市综合体应依照有关规定书面明确各方的消防安全责任，消防车通道、涉及公共消防安全的疏散设施和其他建筑消防设施原则上应由产权单位或委托管理单位统一管理。超大城市综合体应严格落实消防安全"户籍化"管理，定期向公安消防部门报告备案消防安全责任人及管理人履职、消防安全评估、消防设施维护保养情况。

（十一）加强防火巡查检查。超大城市综合体的产权单位、委托管理单位以及各经营主体、使用单位每季度要组织开展消防联合检查，定期开展防火检查（各岗位每天 1 次、各部门每周 1 次、各单位每月 1 次），每 2 小时组织开展防火巡查。防火巡查和检查应如实填写巡查和检查记录，及时纠正消防违法违章行为，对不能当场整改的火灾隐患应逐级报告，整改后应进行复查，巡查检查人员、复查人员及其主管人员应在记录上签名。同时，要充分利用建筑内部设置的视频监控系统，每 2 小时对建筑内进行 1 次视频巡查。超大城市综合体的特殊消防设计及相关针对性技术措施，要作为防火巡查、检查的重点内容。

（十二）加强消防设施管理维护。超大城市综合体产权单位、委托管理单位以及各经营主体、使用单位，应按照职责分工委托具备相应资质的消防技术服务机构，每年对建筑消防安全情况进行评估，定期对建筑消防设施进行检测维护，并在醒目位置张贴年度检测合格标识。设有自动排烟窗的建筑应每月对其联动开启功能进行全数测试。设有多个消防控制室的建筑，各消防控制室应建立可靠、快捷的联系机制。鼓励聘用注册消防工程师，加强单位消防安全管理的技术保障力量。消防控制室值班操作人员应取得国家职业资格持证上岗。

四、提升单位自防自救能力

（十三）加强公众消防宣传。超大城市综合体应在公共区域利用图文、音视频媒体等形式广泛开展消防安全宣传，重点提示该场所火灾危险性、安全疏散路线、灭火器材位置和使用方法，消防设施器材应设置醒目的图文提示标识。确认发生火灾后，建筑内电影院、娱乐场所、宾馆饭店等区域的电子屏幕、电视以及楼宇电视、广告屏幕的画面、音响，应能切换到火灾提示模式，引导人员快速疏散。

（十四）强化单位消防培训。超大城市综合体产权单位、委托管理单位以及各经营主体、使用单位的消防安全责任人、管理人应参加当地公安消防部门组织的集中培训，并登记备案。消防控制室值班操作人员应定期接受培训，重点学习建筑消防设施操作及火灾应急处置等内容。单位员工在入职、转岗等时间节点以及每半年必须参加消防知识培训，掌握场所火灾危险性，会报火警、会扑救初起火灾、会组织逃生和自救。

（十五）建设微型消防站。超大城市综合体应当提高微型消防站建设标准和要求，设置满足需要的专（兼）职消防队员，配备战斗服、防毒防烟面具、灭火器具等装备器材，组织开展经常性实战训练，主动联系辖区消防中队开展业务强化训练。组织发动员工、安保人员作为兼职消防队员，分层、分区域设立最小灭火单元，建立应急通信联络机制，确保任何位置发生火情，3 分钟内有力量组织扑救。微型消防站应至少每季度开展 1 次消防演练，提高扑救初起火灾能力。

（十六）制定预案并组织演练。超大城市综合体产权单位、委托管理单位应制定整栋建筑的灭火应急疏散预案，主动与辖区消防中队联系，每年至少开展 1 次联合消防演练。各经营主体、使用单位应针对营业和非营业时段分别制定应急疏散预案，分区、分层细化优化疏散路线，明确各防火分区或楼层的应急疏散引导员，每半年至少组织开展 1 次演练。

五、扎实做好灭火应急救援准备。

（十七）加强熟悉演练。各公安消防总队、支队要组织有关专家对辖区超大城市综合体进行灭火救援风险评估，组织消防官兵开展调查摸底与熟悉演练，使官兵熟练掌握建筑结构、功能布局、防火分区、重点部位、疏散路线、消防设施等，修订完善灭火救援预案。要与单位员工共同形成战时灭火救援、人员疏散、设备保障和医疗后勤等工作小组，定期开展演练。总队、支队每年要组织所属部队与社会联动力量联合开展实地实装演练，提高协同处置能力。

（十八）开展实战训练。各公安消防总队、支队要强化指挥员培训，建立完善指挥员能力考评体系，提高专业指挥水平。要针对超大城市综合体建筑火灾特点，充分利用建筑和模拟训练设施开展实战化训练，提高官兵高温浓烟适应、精准侦察判断、快速救人灭火、有效设防堵截、破拆排烟散热、班组协同内攻、无线组网通信等能力。要加强灭火救援技战术研究，制定超大城市综合体建筑火灾处置指挥规程，明确力量编成、内攻时机、固定设施应用、排烟散热、阵地设置、紧急避险等程序和要求。

（十九）强化战勤保障。各公安消防总队、支队要加强大流量、大功率灭火、排烟、破拆、供水、高喷等特种消防车辆装备配备，加大高性能空气呼吸器等个人防护装备以及单兵三维追踪定位系统、侦察与灭火机器人等先进技术装备研发配备，并根据实际需求加快推进大型工程机械配备，积极探索组建大跨度大空间建筑火灾扑救专业队伍，提高攻坚打赢能力。

（二十）提升综合应急处置能力。各公安消防总队、支队要建立完善与超大城市综合体、相关应急部门、技术专家和专业力量的联勤联动机制，全面掌握辖区大型工程机械设备和应急物资储备情况，确保战时调集及时、保障到位。一旦发生险情，要提高火警调派等级，加强第一出动，按作战编成一次性调足灭火救援力量，全勤指挥部要遂行作战，参战官兵要准备把握战机，科学施救，安全高效处置，切实做到"灭早、灭小、灭初期"。

公安部消防局

2016 年 4 月 25 日

附录 C 疑点释义内容索引表

疑点释义内容索引表

编号	内 容	释义页码范围
1 总 则		
疑点 1.0.4–1	同一建筑内设置生产车间、办公和除宿舍外的生活用房时，是否全部要按工业建筑进行防火设计？	
疑点 1.0.4–2	变配电站属于什么使用性质，能否和生产建筑或民用建筑合建？	
疑点 1.0.4–3	能否在地铁车辆基地的盖上建造其他建筑？	17~18
疑点 1.0.4–4	在厂房或民用建筑内设置汽车库或停车场，是否可行？如果合建，该建筑如何定性？	
2 术语与建筑高度 **2.1 术 语**		
疑点 2.1.1–1	建筑高度大于 21m，但不大于 27m 的多层住宅建筑，其防火设计要求是否按规范有关多层住宅建筑的要求确定？	
疑点 2.1.1–2	建筑高度大于 24m，但其中局部有多个楼层的单层建筑，是否属于高层建筑？	20~21
疑点 2.1.2	裙房与一座贴邻高层建筑的单、多层建筑有何区别？	
疑点 2.1.7–1	坡地建筑中一部分外墙外露、其余外墙位于地下的房间，如何判断其是否属于地下室或半地下室？	
疑点 2.1.7–2	如何区分坡地建筑的地下室和半地下室？	26
疑点 2.1.10–1	可燃材料制作的构件是否没有耐火极限？	
疑点 2.1.10–2	不燃材料、难燃材料是否不考虑耐火极限？	27~28
疑点 2.1.10–3	组合楼板的耐火极限如何确定？	
疑点 2.1.12–1	防火墙上的洞口采用甲级防火门、窗分隔时，对门、窗的面积是否有限制？	
疑点 2.1.12–2	防火墙上的洞口采用防火卷帘分隔时，对该洞口大小是否有限制？	29
疑点 2.1.14	哪些区域属于室内安全区域？哪些区域属于室外安全区域？	30
疑点 2.1.15–1	常见的室内疏散楼梯间有防烟楼梯间、封闭楼梯间、敞开楼梯间，疏散用的楼梯间指的是哪种楼梯间？敞开楼梯能否作为疏散楼梯间？	
疑点 2.1.15–2	疏散楼梯间的围护结构指哪些建筑构件？	31~32
疑点 2.1.15–3	封闭楼梯间和防烟楼梯间在每个自然楼层的开门数量是否有规定？	

续表

续表

编号	内　　　容	释义 页码范围
疑点 3.3.5-1	防爆墙与防火墙有什么不同？	72
疑点 3.3.5-2	防爆墙如何设计？	72
疑点 3.3.6	厂房内丙、丁、戊类中间仓库的储量或规模如何确定？	73
疑点 3.3.9	工业建筑中，宿舍、办公、休息等生活用房的疏散设计是否与工业厂房的要求相同？	76
3.4　厂房的防火间距		
疑点 3.4.1-1	厂（库）房之间设置封闭式或敞开式连廊时，厂（库）房之间的防火间距如何确定？	80~83
疑点 3.4.1-2	相邻两座耐火等级均不低于二级并且平面呈"丁"字形布置的厂房，如需减小其防火间距，建筑应采用何种防火构造？	80~83
疑点 3.4.1-3	相邻两座耐火等级均不低于二级的丙、丁、戊类厂房与丙、丁、戊类仓库相邻且平面呈"丁"字形布置时，如防火间距不足，建筑需采用何种防火构造？	80~83
疑点 3.4.5-1	丙、丁、戊类厂房与高层公共建筑相邻时，是否可以按相关规定减少防火间距？	86~87
疑点 3.4.5-2	丙、丁、戊类厂房与住宅建筑相邻时，是否可以按相关规定减少防火间距？	86~87
疑点 3.4.5-3	耐火等级不低于二级的丙、丁、戊类厂房与耐火等级不低于二级的民用建筑呈"丁"字形相邻布置时，其防火间距如需调整，相邻建筑需采用什么防火构造？	86~87
3.5　仓库的防火间距		
疑点 3.5.3-1	丁、戊类仓库与民用建筑呈"丁"字形贴邻布置，相邻两座建筑的耐火等级均不低于二级且高度不同时，如何考虑其防火构造？	99~100
疑点 3.5.3-2	丁、戊类仓库与民用建筑呈"丁"字形相邻布置，相邻两座建筑的耐火等级均不低于二级且高度相同时，采取什么防火构造可以减小其防火间距？	99~100
疑点 3.5.3-3	对于高层民用建筑或建筑高度大于100m的民用建筑，是否可与耐火等级不低于二级的丁、戊仓库贴邻？采取防火措施后是否可以减小防火间距？	99~100
3.6　厂房和仓库的防爆		
疑点 3.6.4	平面较复杂厂房的泄压面积如何计算？	106
疑点 3.6.6-1	什么叫不发火花的地面？	109
疑点 3.6.6-2	为什么建筑的地面和墙面要防静电？	109

续表

编号	内　　容	释义页码范围
疑点 3.6.9–1	独立设置的厂房总控制室与甲、乙类厂房的防火间距如何确定？	110~111
疑点 3.6.9–2	与甲、乙类厂房贴邻的厂房分控制室，其防火隔墙是否要考虑抗爆？	
3.7　厂房的安全疏散		
疑点 3.7.2–1	每层允许设置 1 个安全出口的厂房，其耐火等级是否有要求？	115
疑点 3.7.2–2	每层允许设置 1 个安全出口的厂房，是否限制其地上和地下的建筑层数？	
疑点 3.7.2–3	每层允许设置 1 个安全出口的厂房，其设置条件中的每层或每个防火分区的最大建筑面积可否理解为厂房的局部楼层或房间的面积？	
疑点 3.7.4–1	根据规范要求，厂房内允许设置 1 个安全出口的楼层，其疏散距离如何控制？	117~118
疑点 3.7.4–2	电缆层、电缆隧道内的疏散距离如何确定？	
疑点 3.7.5	如疏散门的净宽与洞口宽度不符合有关建筑门窗洞口尺寸标准的模数标准，怎么办？	119
疑点 3.7.6–1	丁、戊类多层厂房的疏散楼梯形式是否有规定？	120~121
疑点 3.7.6–2	疏散楼梯的形式与厂房的耐火等级是否有关？	
疑点 3.7.6–3	多层厂房内的疏散楼梯是否需要通至屋面？	
疑点 3.7.6–4	厂房内设置的普通电梯（如货梯）是否需要设置电梯厅？	
3.8　仓库的安全疏散		
疑点 3.8.7–1	各类地上多层仓库疏散楼梯的形式应如何确定？	124
疑点 3.8.7–2	建筑高度大于 32m 的高层仓库是否要设置防烟楼梯间？	
疑点 3.8.7–3	仓库建筑的耐火等级与疏散楼梯的形式有何直接关系？	
疑点 3.8.7–4	地下或半地下仓库的疏散楼梯形式应如何确定？	
疑点 3.8.8	规范对厂（库）房的疏散楼梯布置是否有要求？	125
4　甲、乙、丙类液体、气体储罐（区）和可燃材料堆场 **4.3　可燃、助燃气体储罐（区）的防火间距**		
疑点 4.3.1–1	对于不同储存压力的储罐，罐内气体的体积如何换算为标准大气压下的体积？	139
疑点 4.3.1–2	《新建规》第 4.3.1 条表 4.3.1 中的气体总容积，是在何种状态下的容积？	
疑点 4.3.1–3	建筑物与储罐的防火间距如何确定？	

续表

编号	内　　　容	释义 页码范围
5　民　用　建　筑		
5.1　建筑分类和耐火等级		
疑点 5.1.1-1	住宅与公共建筑组合在同一座建筑内,是否属于多种功能组合的建筑?	
疑点 5.1.1-2	单元式或通廊式公寓,其户与户之间是否要按住宅建筑的要求进行防火分隔?	156
疑点 5.1.1-3	集体宿舍与其他功能用房合建时,其疏散设施是否要各自独立?	
疑点 5.1.2-1	疏散走道两侧的隔墙能否设普通玻璃窗?	
疑点 5.1.2-2	屋面板是否为屋顶承重构件?	159~160
疑点 5.1.2-3	裙房与高层建筑主体的耐火等级是否要一致?	
疑点 5.1.3-1	单、多层民用建筑的耐火等级如何确定?	
疑点 5.1.3-2	民用建筑内的配套设备用房,如水泵房、锅炉房、变配电站、汽车库、修车库等的最低耐火等级是否有限定?	161~162
5.2　总平面布局		
疑点 5.2.2-1	相邻两座呈"丁"字形布置的民用建筑,当符合《新建规》第5.2.2条表5.2.2注2的条件并需减小防火间距时,规定条件中的防火墙应如何设置?	
疑点 5.2.2-2	多幢位于同一多层裙楼(包括裙房)之上的民用建筑,其防火间距如何确定?	
疑点 5.2.2-3	对于平面布置中存在凹口的同一座民用建筑,该凹口宽度是否要符合相邻建筑间的防火间距要求?	169~172
疑点 5.2.2-4	民用建筑与汽车库的防火间距如何确定?	
疑点 5.2.2-5	民用建筑与地下汽车库的天窗或侧天窗的防火间距如何确定?	
疑点 5.2.2-6	民用建筑与地下汽车库出地面疏散楼梯的防火间距如何确定?	
疑点 5.2.3-1	室外变、配电站是无封闭围护结构的全露天变、配电站吗?	
疑点 5.2.3-2	室外变、配电站变压器的总油量,是否与防火间距有关?	
疑点 5.2.3-3	室外变、配电站的火灾危险性如何确定?	
疑点 5.2.3-4	确定室外变、配电站与民用建筑的防火间距要考虑哪些因素?	
疑点 5.2.3-5	什么是终端变电站?其火灾危险性如何确定?	
疑点 5.2.3-6	终端变电站可以附建在民用建筑内部吗?	174~176
疑点 5.2.3-7	什么是预装式变电站?预装式变电站有火灾危险吗?	
疑点 5.2.3-8	热水锅炉与蒸汽锅炉有什么区别?	
疑点 5.2.3-9	高压锅炉与常压锅炉如何区分?	
疑点 5.2.3-10	高压锅炉房的爆炸属于哪种爆炸?	

续表

编号	内　　容	释义页码范围
疑点 5.2.3–11	锅炉房的火灾危险性如何确定？	174~176
疑点 5.2.3–12	锅炉房与民用建筑的防火间距如何确定？	
	5.3　防火分区和层数	
疑点 5.3.1–1	住宅建筑要划分防火分区吗？	182~185
疑点 5.3.1–2	建筑高度大于250m的民用建筑中一个防火分区的最大允许建筑面积是多少？	
疑点 5.3.1–3	汽车库内的设备用房是否需要独立划分防火分区？	
疑点 5.3.1–4	防火分区内局部设置自动灭火系统时，如何确定该防火分区的建筑面积？	
疑点 5.3.1–5	体育馆、剧场的观众厅中一个防火分区的最大允许建筑面积可适当增加，具体可以增加多少？是否仍有最大允许建筑面积限制？	
疑点 5.3.1–6	规范对地下、半地下设备用房中一个防火分区的最大允许建筑面积为1000m²的规定，是否有对设备用房的火灾危险性要求？	
疑点 5.3.1–7	高层建筑的高层主体与裙房采用防火墙分隔后，如何确定裙房的防火设计要求？	
疑点 5.3.1–8	坡地建筑的坡顶层与坡底层之间的楼层中一个防火分区的最大允许建筑面积如何确定？	
疑点 5.3.1–9	规范对独立建造的老年人照料设施中地下室的功能是否有所限制？	
疑点 5.3.2–1	如何区分敞开楼梯与敞开楼梯间？	188~189
疑点 5.3.2–2	建筑内上、下楼层设置敞开楼梯间等开口时，其防火分区的建筑面积是否需要叠加？	
疑点 5.3.2–3	与中庭连通的房间疏散门至安全出口或疏散楼梯的最大距离如何控制？	
疑点 5.3.2–4	中庭内是否需要设置排烟设施？	
疑点 5.3.2–5	中庭内是否要设置自动灭火系统和火灾自动报警系统？	
疑点 5.3.2–6	中庭的楼地面不在建筑首层时，如何进行防火设计？	
疑点 5.3.3–1	防火墙能否采用防火玻璃墙替代？	190~191
疑点 5.3.3–2	防火墙上的开口能否采用防火分隔水幕分隔？	
疑点 5.3.3–3	防火分隔水幕的宽度是否有限定？	
疑点 5.3.3–4	规范对防火墙上的开口是否有面积或宽度的限定？	
疑点 5.3.5–1	总建筑面积大于20000m²的单层地下商店如何划分防火分隔区？	193~196
疑点 5.3.5–2	总建筑面积大于20000m²的2层地下商店如何划分防火分隔区？	

续表

编号	内 容	释义 页码范围
疑点 5.3.5–3	总建筑面积大于 20000m² 的 2 层地下商店内设置中庭时如何划分防火分隔区？	195~196
疑点 5.3.5–4	贯穿地下楼层的电梯井、管井等是否有防火构造要求？	
疑点 5.3.5–5	下沉式广场与室外设计地坪的自动扶梯能否作为辅助疏散设施？	
疑点 5.3.6–1	有顶棚的步行商业街的最大净高度是否有限制？	200~201
疑点 5.3.6–2	当有顶棚的步行商业街内的地面高差较大，需设置台阶连通不同高度的街道而导致消防车道无法贯通时，如何处理？	
疑点 5.3.6–3	规范要求有顶棚的步行商业街两侧的商铺建筑面积不宜大于 300m²，是否允许商铺跨楼层设置？	
疑点 5.3.6–4	有顶棚的步行商业街两侧建筑外墙外保温材料的燃烧性能是否有要求？	
疑点 5.3.6–5	有顶棚的步行商业街两侧建筑上、下层竖向防火构造如何确定？	
疑点 5.3.6–6	设置在有顶棚的步行商业街内的疏散楼梯，是否允许与地下或半地下室的疏散楼梯共用？	
疑点 5.3.6–7	有顶棚的步行商业街本身的疏散如何确定？是否要划分防火分区？	
疑点 5.3.6–8	有顶棚的步行商业街两侧商铺内的疏散距离如何确定？	
疑点 5.3.6–9	多层有顶棚的步行商业街内公共疏散楼梯的形式如何确定？	
疑点 5.3.6–10	有顶棚的步行商业街首层端部和中部外门的总宽度如何确定？	
5.4 平 面 布 置		
疑点 5.4.3–1	规范对一、二级耐火等级的商店建筑、展览建筑、儿童活动场所、医疗建筑、教学建筑、食堂和菜市场的建筑层数有何规定？	206~207
疑点 5.4.3–2	规范对非独立建造的老年人照料设施的耐火等级、安全出口等有何规定？	
疑点 5.4.7	规范对一、二级耐火等级的剧场、电影院、礼堂以及设置在一、二级耐火等级建筑内的会议厅、多功能厅等人员密集的场所的建筑层数是否有规定？	209
疑点 5.4.10–1	住宅与非住宅功能上下组合的建筑，当非住宅功能部分不需要设置消防电梯时，设置在住宅部分的消防电梯是否需要在非住宅部分层层停靠？	214~215
疑点 5.4.10–2	如果非住宅部分为多层建筑，按建筑总高度需要设置消防电梯时，非住宅部分是否要设置消防电梯？	
疑点 5.4.11–1	住宅建筑下部设置商业服务网点后，该建筑是否按仍可按住宅建筑进行防火设计？	217
疑点 5.4.11–2	商业服务网点的外墙面是否能突出住宅建筑的外墙？	

续表

编号	内　　容	释义页码范围
疑点 5.4.11–3	商业服务网点每个分隔单元内的疏散楼梯为封闭楼梯间时，其疏散距离如何确定？	217
疑点 5.4.11–4	高层、多层住宅建筑中商业服务网点内的疏散距离是按高层建筑还是按多层建筑？	
疑点 5.4.12–1	变、配电站的火灾危险性如何确定？变、配电站应配置何种灭火设施？	222~223
疑点 5.4.12–2	位于民用建筑内的锅炉房与其他部位之间要设置防爆墙吗？	
疑点 5.4.12–3	为什么位于地下或半地下的燃气锅炉房不能使用相对密度大于 0.75 的燃气？	
疑点 5.4.12–4	对民用建筑内的储油间所储油品种类有何规定？	
疑点 5.4.13–1	位于民用建筑内的柴油发电机房，当所需柴油量大于 $1.0m^3$ 时怎么办？	224~226
疑点 5.4.13–2	规范对位于民用建筑内的柴油发电机房的耐火等级有何规定？	
疑点 5.4.13–3	地上、地下或半地下柴油发电机房内的疏散距离如何确定？	
疑点 5.4.14–1	单个容量不大于 $15m^3$ 的丙类液体储罐，与民用建筑的防火间距是多少？	
疑点 5.4.14–2	容量不大于 $15m^3$ 的丙类液体储罐直埋在民用建筑附近的地下时，需要埋多深？	
疑点 5.4.14–3	多个容量不大于 $15m^3$ 的丙类液体储罐直埋地下时，其防火间距是否可不限？	
5.5　安全疏散和避难		
疑点 5.5.3–1	建筑通至屋面的疏散楼梯是否有数量规定？	232~233
疑点 5.5.3–2	建筑只有 1 部疏散楼梯时，该疏散楼梯是否也要通至屋面？	
疑点 5.5.3–3	当建筑有疏散楼梯通至平屋面时，对屋面上可供人员停留的面积是否有规定？	
疑点 5.5.6	国家标准《汽车库、修车库、停车场设计防火规范》GB 50067—2014 第 5.1.6 条规定："设在建筑内的汽车库与其他部位之间，应采用防火墙和耐火极限不低于 2.00h 的楼板进行分隔"。这条要求与《新建规》第 5.5.6 条的规定有差异，该如何执行？	235
疑点 5.5.8	符合设置 1 部疏散楼梯条件的地上公共建筑，是否应为独立的建筑？	237
疑点 5.5.9–1	相邻防火分区之间的疏散楼梯是否可以共用？	239
疑点 5.5.9–2	共用疏散楼梯间的建筑的耐火等级有何要求？	
疑点 5.5.9–3	建筑平面上共用疏散楼梯间的防火分区数量是否有限制？	

续表

编号	内　容	释义 页码范围
疑点 5.5.9–4	人员密集场所中的共用疏散楼梯间有何防火要求？	239
疑点 5.5.10–1	规范规定公共建筑楼层上任一疏散门至最近疏散楼梯间入口的距离不应大于 10m。如果该建筑全部设置自动灭火系统，该距离是否可增加 25%，即调整至 12.5m？	241
疑点 5.5.10–2	公共建筑标准层平面上无房间分隔，为开敞大空间布置时，如需采用剪刀楼梯间，则其平面上任一点至最近安全出口的距离应为多少？	
疑点 5.5.10–3	公共建筑中用于 2 个独立安全出口的剪刀楼梯间，在首层能否共用同一个扩大前室？	
疑点 5.5.11–1	建筑屋面上局部升高的部分开向屋面的疏散出口 1.40m 范围内是否允许布置台阶？	243
疑点 5.5.11–2	利用平屋面或露台疏散时，人员在平屋面或露台上的行走距离是否有要求？	
疑点 5.5.11–3	规范对建筑屋面上局部升高部分的疏散距离是否有要求？	
疑点 5.5.11–4	在公共建筑的地上或地下楼层间存在局部夹层时，该夹层是否可以参照《新建规》第 5.5.11 条的规定设计夹层的疏散楼梯？	
疑点 5.5.12–1	建筑层数不大于 5 层的中、小校教学楼、幼儿园是否一定要采用封闭楼梯间？	245
疑点 5.5.12–2	地下或半地下建筑的疏散楼梯应采用何种形式？	
疑点 5.5.12–3	建筑高度大于 32m 的高层公共建筑主体投影范围内，仅用于一至四层（24m 以下）的疏散楼梯是否仍需要采用防烟楼梯间？	
疑点 5.5.15–1	不具备双向疏散条件的房间，其室内的最大疏散距离是否有要求？	248~249
疑点 5.5.15–2	只有 1 个疏散门的房间，其疏散门是否一定要向外开启？	
疑点 5.5.15–3	《新建规》第 5.5.15 条第 2 款规定中，位于疏散走道尽端、只有 1 个疏散门且疏散距离不大于 15m 的房间，当建筑内全部设置自动灭火系统时，其设置条件中"房间内任一点至疏散门的直线距离"是否可以增加 25%，即可为 18.75m？	
疑点 5.5.16–1	规范对剧场、电影院、礼堂、体育馆等场所的耐火等级是否有要求？	252
疑点 5.5.16–2	在建筑内布置剧场、电影院、礼堂等场所时，其楼层位置是否有规定？	
疑点 5.5.16–3	规范对剧场、电影院、礼堂、体育馆等场所的疏散时间是否有规定？	
疑点 5.5.16–4	规范对剧场、电影院、礼堂、体育馆等场所的最大疏散距离是否有要求？	
疑点 5.5.17–1	《新建规》第 5.5.17 条表 5.5.17 规定的"房间疏散门至最近安全出口的直线距离"中的"安全出口"包括哪些？是否包括设置在防火墙上通向相邻防火分区的门？	255~257

续表

编号	内　　容	释义页码范围
疑点 5.5.17-2	除《新建规》第5.5.17条表5.5.17规定情况外，其他情况（如遇敞开外廊、敞开楼梯间等）时的安全疏散距离如何确定？	
疑点 5.5.17-3	建筑内存在"T"字形疏散走道，且"T"字的端部无安全出口时，其疏散距离如何计算？	
疑点 5.5.17-4	《新建规》第5.5.17条第2款规定，"当层数不超过4层且未采用扩大的封闭楼梯间或防烟楼梯间前室时，可将直通室外的门设置在离楼梯间不大于15m处"，这一规定是否有其他限制条件？当建筑内全部设置自动灭火系统时，楼梯间至直通室外的门的距离可否增加25%，即可否增加至18.75m？	255~257
疑点 5.5.17-5	《新建规》第5.5.17条第3款所规定的"房间内任一点至房间直通疏散走道的疏散门的直线距离"，是否要求房间的疏散门设置应符合双向疏散的要求？	
疑点 5.5.17-6	规范对公共建筑中管线夹层、避难层（间）内的安全疏散距离是否有要求？	
疑点 5.5.18-1	根据国家标准《建筑门窗洞口尺寸系列》GB/T 5824—2008和《建筑门窗洞口尺寸协调要求》GB/T 30591—2014的规定，门的洞口宽度尺寸以1.00m为标准系列。防火门如按上述两项标准规定的宽度设置，门的净宽度达不到0.90m时，如何协调？	259~260
疑点 5.5.18-2	疏散走道、疏散门的最小净宽度不同时，应以哪个为准计算疏散宽度？	
疑点 5.5.19-1	建筑物首层与疏散楼梯连通的疏散外门，在1.40m范围内是否允许设台阶？	
疑点 5.5.19-2	开向建筑内院、上人（屋面）大平台、下沉式庭院的门，是否能作为安全出口？	260~261
疑点 5.5.19-3	开向灰空间的门能否作为建筑外门而用于安全出口？	
疑点 5.5.21-1	规范无人员密度规定值的场所，如何计算其疏散人数？	
疑点 5.5.21-2	除剧场、电影院、礼堂、体育馆外，其他场所是否要计算疏散时间？	265
疑点 5.5.21-3	礼堂能否等同于多功能厅？公共建筑内多功能厅的人员密度是多少，是否要计算疏散时间？	
疑点 5.5.23-1	避难层的避难人数如何计算？建筑（包括裙房）的平屋面能否用作避难区域？	
疑点 5.5.23-2	避难层的避难区域内是否允许开设管道井和设备间的门？	269
疑点 5.5.23-3	除设备间和避难间外，避难间所在的楼层是否允许布置其他功能用房？	
疑点 5.5.23-4	避难层（间）所在楼层是否允许普通电梯停靠？	

续表

编号	内 容	释义页码范围
疑点 5.5.23-5	避难层（间）需要设置消防救援窗吗？	269
疑点 5.5.23-6	避难区域是否一定要与消防救援场地对应？	
疑点 5.5.23-7	避难区域与上下层的楼板耐火极限是否有特别规定？	
疑点 5.5.24-1	医院病房区的避难间与公共建筑中的一般避难间有何区别？	271~272
疑点 5.5.24-2	普通电梯的电梯厅是否可用作病房楼层的避难间？	
疑点 5.5.24-3	消防电梯的合用前室是否可用作病房区的避难间？	
疑点 5.5.24-4	疏散楼梯在设置避难间的楼层或者避难间处，是否需要同层错位或上下层断开？	
疑点 5.5.25-1	三、四级耐火等级的多层单元式住宅建筑设置 1 个安全出口的条件是否另有规定？	276
疑点 5.5.25-2	每层允许设置 1 个安全出口的多层独立单元式（或塔式）住宅建筑，是否要将疏散楼梯通至上人平屋面？	
疑点 5.5.27-1	住宅建筑的疏散楼梯形式与建筑耐火等级是否有关？	279~280
疑点 5.5.27-2	建筑高度不大于 21m 的三级耐火等级单元式住宅建筑是否可采用敞开楼梯间？	
疑点 5.5.27-3	建筑高度不大于 21m 的三级耐火等级通廊式住宅建筑是否可采用敞开楼梯间？	
疑点 5.5.28-1	建筑高度不大于 33m 的单元式住宅建筑能否采用剪刀楼梯间？	281
疑点 5.5.28-2	住宅建筑的户门可以开向合用前室或三合一前室吗？	
疑点 5.5.29-1	规范第 5.5.29 条表 5.5.29 规定的疏散距离，是否为户门至封闭楼梯间门或防烟楼梯间前室的门的直线距离？	282~283
疑点 5.5.29-2	将直通室外的门设置在离楼梯间不大于 15m 处，是否包括封闭楼梯间？	
疑点 5.5.29-3	将疏散楼梯间设置在直通室外的门不大于 15m 处时，是否允许地下室的楼梯间在首层共用此门？	
疑点 5.5.29-4	住宅建筑户内任一点至户门的直线距离，当住宅全楼或本套设置自动灭火系统时，是否可增加 25%？	
疑点 5.5.29-5	低层独立式、双拼式、联排式住宅建筑，当户内设置与地下室连通的楼梯时能否与户内共用外门？	
疑点 5.5.32-1	建筑高度大于 54m 的住宅建筑中处于楼层位置低于 24m 的住户是否仍需要设置火灾时可用于避难的房间？	284~285
疑点 5.5.32-2	建筑高度大于 100m 的住宅建筑，每户是否要设置火灾时可用于避难的房间？	

续表

编号	内　容	释义页码范围
	6　建 筑 构 造 **6.1　防 火 墙**	
疑点 6.1.1-1	建筑内上下楼层的防火墙是否需要对齐？	288
疑点 6.1.1-2	建筑内的防火墙能否跨越建筑的变形缝？	
疑点 6.1.3	防火墙与建筑外墙相交处为玻璃幕墙时，是否应采取防火措施？	290
疑点 6.1.4-1	当外墙为难燃或可燃性墙体时，防火墙能否布置在外墙的内转角处？	
疑点 6.1.4-2	当在不燃性外墙采用难燃或可燃性外保温材料，且防火墙布置在建筑的内转角处时，如图6.5所示，防火墙两侧门、窗、洞口之间的外墙面是否要采取防火措施？	291
疑点 6.1.4-3	当建筑外墙面为透明玻璃幕墙时，位于建筑内转角处防火墙两侧的外墙是否要采取防火措施？	
疑点 6.1.5-1	在何种情况下，防火墙上不允许设置防火门、窗？	292~293
疑点 6.1.5-2	防火墙上设置防火卷帘时，其开口面积是否有要求？	
	6.2　建筑构件和管道井	
疑点 6.2.1-1	设置在大型综合体内的影剧院，其防火构造是否有要求？	296
疑点 6.2.1-2	多功能厅内的舞台与观众厅之间是否要进行防火分隔？	
疑点 6.2.3-1	民用建筑内附属库房储存物品的火灾危险性是否有限定？	299
疑点 6.2.3-2	民用建筑内的附属库房与《新建规》第3章规定的生产厂房内的中间仓库有何区别？	
疑点 6.2.3-3	民用建筑内每间附属库房的面积大小是否有限定？	
疑点 6.2.4-1	建筑内采用不燃性硬质吊顶时，防火隔墙是否要穿过吊顶？	
疑点 6.2.4-2	建筑内有架空不燃性地板时，防火隔墙能否自架空地板面隔至楼板底面基层？	300~301
疑点 6.2.4-3	四级耐火等级建筑采用可燃性楼板时，防火隔墙是否要隔至楼板底面？	
疑点 6.2.4-4	屋面板的耐火极限低于0.50h且为难燃或可燃性时，防火隔墙是否要凸出屋面？	
疑点 6.2.5-1	对于外墙为难燃性墙体的建筑，如何加强窗槛墙和窗间墙的防火构造？	
疑点 6.2.5-2	当建筑外墙外保温采用难燃或可燃性保温材料时，如何提高窗槛墙和窗间墙的防火性能？	304~305
疑点 6.2.5-3	当建筑设置玻璃幕墙时，如何提高窗槛墙的防火性能？	
疑点 6.2.7-1	消防水泵房能否与生活、生产水泵房布置在同一房间内？	307~308
疑点 6.2.7-2	消防控制室能否与安全技术防范系统监控中心布置在同一房间内？	

续表

编号	内 容	释义页码范围
疑点 6.2.7-3	附设在地上建筑内的变配电站和消防控制室的外墙开口与相邻其他房间的外墙开口之间的窗间墙宽度是否有要求？	308
疑点 6.2.7-4	附设在地上建筑内的变配电站、消防控制室的窗槛墙高度是否有要求？	
疑点 6.2.9	电梯层门应为不燃性材料且耐火极限不应低于 1.00h 的要求，是否适用所有电梯？	311
6.3 屋顶、闷顶和建筑缝隙		
疑点 6.3.1-1	闷顶与建筑内的夹层有什么区别？	313
疑点 6.3.1-2	闷顶内的防火分隔区与防火分区有什么区别？	
疑点 6.3.4-1	建筑在变形缝处是否要设置双墙？	314
疑点 6.3.4-2	防火分区能否跨越变形缝？	
疑点 6.3.5	防火阀与排烟防火阀的区别是什么？	316
疑点 6.3.7	当较低屋面开口的边缘水平距离较高建筑的外墙小于 6m 时，应如何处理？	317
6.4 疏散楼梯间和疏散楼梯等		
疑点 6.4.1-1	楼梯间与前室或合用前室之间的窗间墙宽度是否有要求？	320
疑点 6.4.1-2	在疏散楼梯的楼层入口处，如何知道该疏散梯是否能通向屋面？	
疑点 6.4.2-1	当建筑在首层采用扩大的封闭楼梯间时，楼梯间在首层的楼梯起步至外门的距离是否有要求？	322~323
疑点 6.4.2-2	对于层数大于 4 层的建筑中不能直通室外的封闭楼梯间以及层数不大于 4 层的建筑中距离建筑外门大于 15m 的封闭楼梯间，如何处理才能满足防火安全的要求？	
疑点 6.4.2-3	扩大的封闭楼梯间能否用于建筑内其他楼层？	
疑点 6.4.2-4	封闭楼梯间的外门（首层外门、出屋面外门），是否要求采用防火门？	
疑点 6.4.2-5	封闭楼梯间内的梯段是否可以采用剪刀式楼梯？	
疑点 6.4.3-1	住宅建筑中防烟楼梯间的前室、合用前室内能否开设水、电等管井的检修门？	325
疑点 6.4.3-2	《新建规》第 5.5.27 条规定，住宅建筑在确有困难时允许每层开向同一前室的户门不应大于 3 樘。对于单元式住宅建筑，是否指每个单元每层允许开向同一前室的户门不应大于 3 樘？	
疑点 6.4.3-3	规范要求普通电梯层门的耐火极限不应低于 1.00h。这可否理解为普通电梯层门可以开向防烟楼梯间的前室？	

续表

编号	内　　容	释义 页码范围
疑点 6.4.3–4	防烟楼梯间在首层和通向屋面处能否不设置前室，使得楼梯间的门能直接对外？	325
疑点 6.4.3–5	防烟楼梯间的前室有几种？	
疑点 6.4.4–1	地下或半地下建筑（室）的疏散楼梯间入口处室内、外地坪有高差时，建筑埋深如何计算？	327
疑点 6.4.4–2	3 层及以上的地下或半地下建筑（室）的疏散楼梯间应为防烟楼梯间。此处的层数是指疏散楼梯间的层数还是指地下或半地下建筑（室）的自然楼层数？	
疑点 6.4.5–1	室外疏散楼梯各层结构梁、柱的耐火极限如何确定？	329
疑点 6.4.5–2	室外疏散楼梯防护栏杆（栏板）的燃烧性能是否有要求？	
疑点 6.4.5–3	室外疏散楼梯能否用于人员密集场所？	
疑点 6.4.5–4	设置室外疏散楼梯的建筑外墙，其耐火极限是否有要求？	
疑点 6.4.5–5	室外疏散楼梯 2m 范围内的外墙上能否设置防火窗？	
疑点 6.4.11–1	建筑内开向疏散走道的疏散门是否要考虑门开启后不能影响走道的有效宽度？	333
疑点 6.4.11–2	设备用房或民用建筑中房间内的疏散人数较少时，其疏散门的开启方向是否不限？	
疑点 6.4.12–1	下沉式广场设置了防风雨篷后，是否还能按室外空间考虑？	335
疑点 6.4.12–2	如图 6.36 所示，下沉式广场（上部开口可以防止烟气积聚）地面位于地下二层，地下一层为敞开挑廊，则区域二和区域三中开向这些挑廊的疏散门是否可作为安全出口？	
疑点 6.4.12–3	下沉式广场内设置的自动扶梯能否计入疏散宽度？	
疑点 6.4.12–4	下沉式广场设置多部自动扶梯后，能否不设室外疏散楼梯？	
疑点 6.4.12–5	面向下沉式广场的外墙能否为玻璃幕墙？	
疑点 6.4.13–1	开向防火隔间上的防火门，其开启方向是否有要求？	336~337
疑点 6.4.13–2	防火隔间要靠近安全出口或疏散楼梯布置吗？	
疑点 6.4.13–3	防火隔间上的门的净宽度是否有规定？	
疑点 6.4.13–4	防火隔间的门能否采用防火卷帘？	
疑点 6.4.13–5	防火隔间每侧墙上的开门数量是否有要求？	
疑点 6.4.13–6	大型地下商店需要分隔成每个总建筑面积不大于 20000m² 的多个防火分隔区域。当这些防火分隔区域之间的防火墙较长时，在分隔部位布置的防火隔间是否有数量限制？	
疑点 6.4.13–7	防火隔间的墙上能否开设洞口？	

续表

编号	内　　容	释义页码范围
疑点 6.4.14-1	避难走道内是否要求设置防烟设施？	
疑点 6.4.14-2	地上建筑首层（或坡顶层、坡底层）能否采用避难走道？	
疑点 6.4.14-3	地下建筑中设置的避难走道，其通向地面的楼梯的防烟是否有要求？	339~340
疑点 6.4.14-4	在避难走道两侧的防火隔墙上能否设置固定窗扇的防火窗？	
疑点 6.4.14-5	避难走道两侧的防火隔墙能否采用防火玻璃墙？	
疑点 6.4.14-6	避难走道内能否设置其他功能用途？	
6.5　防火门、窗和防火卷帘		
疑点 6.5.1-1	防火门（疏散门）的净宽度如何确定？	
疑点 6.5.1-2	防火门和防火窗能否拼成门连窗形式？	342
疑点 6.5.1-3	住宅户门开向前室时，是否要自行关闭？	
疑点 6.5.1-4	耐火完整性与耐火隔热性有什么区别？	
疑点 6.5.3-1	防火卷帘的耐火完整性与耐火隔热性有什么区别？	
疑点 6.5.3-2	防火卷帘与防火分隔水幕有什么区别？	344~345
疑点 6.5.3-3	用于中庭部位的防火卷帘如何控制其宽度或长度？	
6.6　天桥、栈桥和管沟		
疑点 6.6.1-1	天桥与连廊有何区别？	
疑点 6.6.1-2	天桥、栈桥的承重构件需要考虑耐火极限吗？	347
疑点 6.6.1-3	连廊是否要考虑划分防火分区？	
6.7　建筑保温和外墙装饰		
疑点 6.7.4	人员密集场所或老年人照料设施的建筑外墙，能否采用结构－保温一体化外墙保温系统？	350
疑点 6.7.5	当外墙外保温系统采用 B_1、B_2 级保温材料时，如何处理疏散楼梯间及其前室外窗洞口窗间墙的防火构造？	351~352
疑点 6.7.8	建筑外墙上无空腔外保温层外的保护层是否能替代饰面层？	354~355
7　灭火救援设施		
7.1　消　防　车　道		
疑点 7.1.1	对于沿街长度大于 150m 或总长度大于 220m 的建筑，要求设置穿过建筑物的消防车道。确有困难时，允许设置环形消防车道。此处确有困难是指哪些困难？	358
疑点 7.1.2-1	建筑的占地面积一般指建筑物首层的建筑面积。对于多层商店、展览建筑，按占地面积是否大于 3000m² 确定其是否要设置环形消防车道，当这类建筑的首层局部或大部分架空时，其占地面积较二、三层的建筑面积要小得多，此类情况如何确定是否要设置环形消防车道？	360

续表

编号	内　　容	释义 页码范围
疑点 7.1.2–2	除商店建筑和展览建筑外，占地面积大于 3000m² 的其他公共建筑（如影视建筑、观演建筑）是否要设置环形消防车道？	360
疑点 7.1.4–1	含内院或天井的多层建筑设置了环形消防车道，内院或天井短边长度大于 24m 时，消防车道是否要进入内院？	
疑点 7.1.4–2	穿过建筑物或进入建筑内院的消防车道入口处，如何保障消防车通行和人员安全疏散？	361
疑点 7.1.4–3	进入内院或天井的消防车道是否要布置消防车登高操作场地？	
疑点 7.1.4–4	当建筑内院或天井的平面形状为异形时，其短边如何判定？	
疑点 7.1.9–1	基地内能够采用隐形消防车道吗？	366
疑点 7.1.9–2	如何根据消防车总重设计消防车道的承载？	
7.2　救援场地和入口		
疑点 7.2.1–1	对于建筑高度大于 50m 的矩形平面高层建筑，是否允许其消防车登高操作场地的长度小于建筑的一个长边的长度，但不小于 1/4 周长（参见图 7.14）？	369~370
疑点 7.2.1–2	消防车登高操作场地与高层建筑之间是否允许设置汽车库出入口？	
疑点 7.2.4–1	单、多层公共建筑是否要求设置消防救援窗？	371
疑点 7.2.4–2	建筑的结构转换层、管线夹层、技术夹层是否要求设置消防救援窗？	
疑点 7.2.4–3	对于丁、戊类火灾危险性的生产车间或仓库是否要求设置消防救援窗？	
疑点 7.2.4–4	消防救援窗的玻璃能否采用中空玻璃或钢化玻璃？	
7.3　消　防　电　梯		
疑点 7.3.1–1	高层建筑的裙房是否需要设置消防电梯？	373~374
疑点 7.3.1–2	单、多层建筑的地下室是否要求设置消防电梯？	
疑点 7.3.1–3	需要设置消防电梯的地下汽车库，能否两个防火分区共用 1 台消防电梯？	
疑点 7.3.1–4	消防电梯能否兼作无障碍电梯？	
疑点 7.3.5–1	消防电梯前室内能否布置客用电梯、货运电梯等普通电梯？	375
疑点 7.3.5–2	消防电梯前室的防火门是否应向外开启？	
疑点 7.3.7	消防电梯在建筑的结构转换层、电缆管线夹层、技术夹层等是否也要停靠？	376

续表

续表

编号	内　　　容	释义 页码范围
疑点 11.0.10–2	民用木结构建筑与丙、丁、戊类高层厂（库）房的防火间距是多少？	
疑点 11.0.10–3	民用木结构建筑与乙类高层厂房的防火间距是多少？	
疑点 11.0.10–4	民用木结构建筑与甲类多层厂房、乙类多层厂（库）房的防火间距是多少？	461
疑点 11.0.10–5	两座不同建筑高度的民用木结构建筑相邻，且需按表 11.0.10 的注 1 减少防火间距时，对其中较低一座木结构建筑有何要求？	
疑点 11.0.12	规范对木结构组合建筑的总建筑高度是否有限制？	463~464
12　城市交通隧道 **12.1　一般规定**		
疑点 12.1.1–1	本章（第 12 章）规定的隧道防火设计，是否包括铁路、地铁隧道的防火设计？	466
疑点 12.1.1–2	火灾分类共有几类，如何区别？	
疑点 12.1.8	单孔、双孔隧道的人员安全疏散通道有几种方式？	469~470
疑点 12.1.10–1	对于封闭段长度较长的一、二、三类隧道，隧道中的地下设备用房每个防火分区需设置 1 个直通室外（隧道外）的安全出口十分困难，怎么办？	
疑点 12.1.10–2	隧道中设置的避难走道或人行疏散通道是否有长度要求？	471
疑点 12.1.10–3	当隧道中的地下设备用房内全部设置自动灭火系统时，其防火分区的最大允许建筑面积是否可以增加？	
12.2　消防给水和灭火设施		
疑点 12.2.2	规范不要求在四类城市交通隧道和行人或通行非机动车辆的三类城市交通隧道内设置消防给水系统，但在隧道出入口处是否要设置消防水泵接合器和室外消火栓？	474
12.3　通风和排烟系统		
疑点 12.3.1–1	隧道内的机械排烟有几种方式？	475~476
疑点 12.3.1–2	什么叫临界风速？它有什么作用？	
12.4　火灾自动报警系统		
疑点 12.4.2	隧道内可选用什么类型的火灾探测器？	478

说明：本书共有 12 章 430 个条文，除《新建规》中附录外，本书对 430 个条文均给出了"设计要点"等解释，其中一部分条文还给出了"释疑"。为了方便读者快速便捷地在本书中查询到一些条文中问题"疑点"的释义，现将本书中所有"疑点"内容及释义页码列于本表中，便于大家查询。